北京市高等教育精品教材立项项目

21 世纪普通高等教育电子信息类规划教材

电路分析

第 2 版

许信玉　主编

白敏丹
陈晋伦　参编
肖怀宝

机 械 工 业 出 版 社

本书是 2007 年“电路分析”教材的修订版。新版在内容上仍然覆盖了高等工科院校电路分析课程的教学大纲所要求的内容，在体系结构上基本保留了原书的特色。本书被列入北京市高等教育精品教材立项项目。

本书由电阻电路、动态电路、正弦稳态电路三大块构成内容体系，系统全面地介绍了电路的基本概念、基本理论和基本分析方法。全书共 12 章，内容包括：电路的基本概念和基尔霍夫定律、电阻电路的等效电路、线性电路的一般分析方法、电路定律、电容元件和电感元件、一阶电路、二阶电路、正弦稳态电路分析、正弦稳态功率和三相电路、耦合电感和理想变压器、双口网络、电路的频率特性，另附有 PSpice 简介。本书配有较丰富的例题和习题，并附有习题答案。

本书配有电子课件，欢迎选用本书作教材的教师登录 www.cmpedu.com 注册下载或发邮件到 xufan666@163.com 索取。

本书可作为普通高等学校电子信息工程、通信工程、电子科学与技术等专业的教材，也可供相关工程技术人员参考。

图书在版编目（CIP）数据

电路分析/许信玉主编. —北京：机械工业出版社，2009.8
（2025.1 重印）
北京市高等教育精品教材立项项目
ISBN 978-7-111-27839-9

Ⅰ.电… Ⅱ.许… Ⅲ.电路分析-高等学校-教材 Ⅳ.TM133

中国版本图书馆 CIP 数据核字（2009）第 126057 号

机械工业出版社（北京市百万庄大街 22 号 邮政编码 100037）
责任编辑：王保家 徐 凡 版式设计：霍永明 责任校对：张莉娟
封面设计：张 静 责任印制：郜 敏
北京富资园科技发展有限公司印刷
2025 年 1 月第 2 版 · 第 8 次印刷
184mm×260mm · 20 印张 · 496 千字
标准书号：ISBN 978-7-111-27839-9
定价：49.80 元

电话服务	网络服务
客服电话：010-88361066	机 工 官 网：www.cmpbook.com
010-88379833	机 工 官 博：weibo.com/cmp1952
010-68326294	金 书 网：www.golden-book.com
封底无防伪标均为盗版	机工教育服务网：www.cmpedu.com

前　言

“电路分析”课程是电子信息工程、通信工程、电子科学与技术、自动化等相关专业必修的一门重要的专业基础课，主要讨论电路的基本概念、基本理论和基本分析方法，为进一步研究电路理论和学习后续课程打下重要的理论基础。

本书作为“电路分析”课程的教材，是根据高等工科院校电路分析课程的教学大纲及基本要求并结合编者多年在教学实践中的体会和经验编写而成的。在编写时立足点放在了以下几个方面：

（1）内容的编排突出课程体系和结构，有利于教学，有利于学生掌握该课程的知识点及内在联系；

（2）本着教材宜细不宜粗的指导思想，内容由浅入深、循序渐进、阐述透彻、重点突出、层次分明，符合认知规律，便于自学；

（3）通过精选例题，从不同角度介绍分析问题的方法，使学生掌握电路分析方法的灵活性，力求体现教材不仅是教学内容的载体，更是思维方法和认知过程的载体，有利于培养学生分析问题和解决问题的能力；

（4）突出与后续相关课程的联系，加强了端口的概念及含受控源电路的分析力度，有利于与后续课程的衔接；

（5）较好地处理了教学基本要求与加深扩展内容的关系，一般教学与计算机辅助计算工具教学的关系；

（6）根据重点和难点选编了大量例题和习题，并增加了部分工程性习题、设计性习题和综合性习题。

参加本书编写工作的有许信玉、白敏丹、陈晋伦、肖怀宝。其中第1、2章由白敏丹编写；第5、6、7章由陈晋伦编写；附录由肖怀宝编写；其余各章由许信玉编写。全书经许信玉修改、补充和定稿。在本书的编写过程中，信息工程学院刘剑波院长、史萍副院长及有关教师给予了大力支持和帮助，并提出了许多宝贵意见。在此一并致以衷心的感谢。

本书配有电子课件，欢迎选用本书作教材的教师登录 www. cmpedu. com 注册下载或发邮件到 xufan666@163. com 索取。

限于编者的水平，书中难免存在不妥之处，敬请读者批评指正。意见请发到 xuxuan@cuc. edu. cn。

编　者

目　　录

第 1 章
电路的基本概念和基尔霍夫定律

本章介绍电路模型、电路分析的变量、集中参数电路的基本定律——基尔霍夫定律，以及电阻、独立电源、受控电源等电路元件。这些内容是分析讨论集中参数电路的基础。

1.1 电路及电路模型

电在日常生活、工农业生产、科研及国防等领域都得到广泛应用。人们在通信、自动控制、计算机、电力等系统的诸多电子设备中使用形形色色的电路来完成各种各样的任务。

各种实际电路都是由电器件，如电阻器、电容器、电感线圈、变压器、晶体管、电源等相互以不同形式连接组成的。不同的电路具有不同的功能。例如，供电电路用来传输和分配电能，通信电路用来传输、加工和处理信号；计算机的存储电路用来存放数据、程序；测量电路用来测量电压、电流和电阻；等等。

虽然电路种类繁多功能各异，然而，不论其功能如何，其结构有多么不同，不论电路是复杂还是简单，却都具有共性，服从共同的基本规律。正是在这一共同规律的基础上，形成了“电路理论”这一学科。

电路理论含有两大分支：一是电路分析，主要讨论在给定电路结构和元件参数的条件下，求电路中各支路电压和电流的分配等问题；二是电路综合，主要研究在给定输入和输出（即电路传输特性）的条件下，求电路的结构和参数。本书重点讨论前者，主要任务是研究线性（linear）、时不变（Time-invariant）电路的基本理论和基本分析方法。

本课程是电路理论的入门课程，通过本课程的学习，应掌握电路的基本概念和基本分析方法，为进一步学习电路理论以及后续课程打下基础。

在大多数学科领域内，经常使用理想化的模型来描述所研究的物理系统。这种模型虽然并不需要把系统中所发生的一切物理现象不分主次地全部表现出来，但是根据这个模型进行分析所得到的结果，在所允许的精度范围内，必须与物理系统的实际情况相符合。例如，在经典力学中，为了分析机械系统，采用质点作为小物体的模型，并把刚体作为实际物体的模型。电路理论同样也是建立在模型（Model）的基础上的。

在实际电路中，每一电器件中所发生的物理现象是很复杂的，在很多情况下除一种主要的物理现象外往往还伴随着其他的物理现象。例如，一个实际的线绕电阻器通过电流时，除消耗电能这一主要物理现象外，还可能会有一定的磁场和电场的效应；一个实际的电源也总会有内阻，因此，在使用时不可能总保持一定的端电压；连接导线也总会有一点电阻。

在分析电路时，如果把每一电器件中的全部物理现象都加以考虑势必会使分析复杂化，给分析带来困难。因此，必须在一定的条件下，对实际电器件加以近似化、理想化，忽略它的次要性质，用一个足以表征其主要物理性能的模型（即理想电路元件）来表示。譬如，一个新的干电池，在其内阻很小而可以忽略不计的条件下，把它看成一个端电压恒定的理想电压源；在连接导线很短的情况下，其电阻也可完全忽略不计看作理想导体。

理想电路元件客观上是不存在的，它与实际电器件具有不同的含义：实际电器件是指具有两个或多个端钮的物理实体，而理想电路元件是指具有两个或多个端钮的理想化的模型，其端钮上的物理量（电压或电流）都具有精确的数学关系，因此又称之为数学模型。

每一个理想电路元件（以下简称电路元件）都只表示一种物理现象。很多实际电器件的运用一般都和电能的消耗、电场、磁场的存储这三种物理现象有关。由此，可定义出三种最基本的电路元件——电阻元件、电感元件、电容元件。其中，电阻元件一般只表示消耗电能（电能转换为其他形式的能量）的电路元件；电感元件只表示存储磁场能的电路元件；电容元件只表示存储电场能的电路元件。三种电路元件的图形符号如图 1-1 所示。

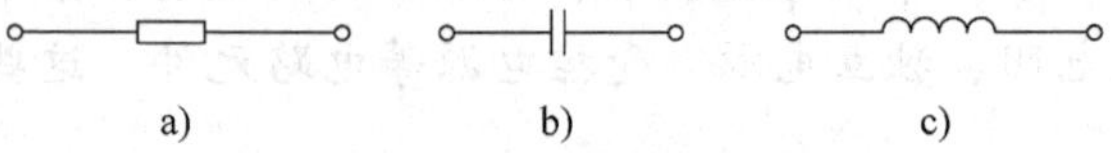

图 1-1 三种电路元件的图形符号

a）电阻元件 b）电容元件 c）电感元件

除以上三种基本的电路元件外，还有电压源元件、电流源元件等其他电路元件，这些将在后面陆续讨论。

在一定条件下，各种实际电器件都可以找出其电路模型。有些电器件的模型简单，可只用一个电路元件作为模型，例如一个碳膜电阻器就可只用一个电阻元件作为其模型；有些电器件的模型比较复杂，需要用几种电路元件的组合才能建立其模型，例如一个实际的电源就需要用一个电压源元件和一个电阻元件的串联构成其模型。同一个实际电器件在不同工作条件下有可能采用不同的模型。

引入电路模型的最大优点在于：可以用有限的几种电路元件来描述种类繁多的实际电器件的物理特性，而具有很强的通用性和灵活性。至于如何用电路元件来构成实际电器件的模型，则不是本课程所要讨论的问题。

电路元件是抽象的模型，没有体积，其特性集中在空间的一点上，所以又称其为集中参数元件（Lumped Parameter Element）。所谓“集中”的另一含义为，原本同时存在且又发生在整个电器件之中并交织在一起的物理现象，假定这些现象分别集中在一起，用完全分开的“集中参数元件”（简称“集中元件”）来构成其模型。

电路元件可分为二端元件、三端元件、四端元件等，具有两个端钮的元件（如上述三种元件）称为二端元件（或单口元件），具有四个端钮的元件称为四端元件（或双口元件）如受控源、耦合电感、变压器等。

由集中元件组成的电路称为集中参数电路。在求实际电器件的模型时，采用上述的集中假设是有条件的。由于集中意味着把电器件中的电场和磁场分隔开，电场只与电容元件相关联，磁场只与电感元件相关联，这样，两种场之间就不存在相互作用，而电场与磁场间的相互作用将产生电磁波，一部分能量将通过辐射损失掉，因此，只有在辐射能量可以忽略不计的情况下才能采用“集中”的概念。这就要求电路尺寸 L 要远小于最高工作频率所对应的波长 λ，即

$$L \ll \lambda$$

其中，$\lambda = c/f$，$c = 3 \times 10^8$ m/s（光速）。

例如，电力网的交流电频率为50Hz，对应的波长为6000km，对实验室的设备来说，其电路尺寸与这一波长相比可以忽略不计，因此可以采用集中参数电路，而对远距离的电力输电线则不满足上述条件，就不能用集中参数电路而必须采用分布（Distributed）参数电路。当满足上述集中条件时，就可以采用集中参数电路模型。

本书只对集中参数电路进行分析，因此，以后将省略“集中”二字。集中假设是本书最主要的假设，后面所讨论的电路的基本定律及以基本定律为基础推出的各种分析方法必须在满足这一集中假设的前提下才能使用。

最后需要指出的是：电路理论所分析的对象是从大量实际电路中抽象出来的电路模型（简称电路）而不是实际电路，对电路进行分析也只是分析电路中电流的流通情况，以及电路中各电路元件的电压、电功率等，而不讨论电路的具体作用。

1.2 电路分析的基本变量

在分析电路时，经常遇到的问题是在给定电路结构、电路元件参数和激励的情况下求解电路中各个支路的电流和电压，当然也经常需要求出电路各支路的功率等。由于只要求得电路的电流和电压就可以确定该电路的性能，因此，电流和电压是衡量电路性能的两个重要物理量，故称为电路的基本变量。

1.2.1 电流及其参考方向

带电粒子有规则的运动形成电流。单位时间内通过导体横截面的电荷量的多少定义为电流（Current）。电流用符号 i 表示，其数学式为

$$i=\frac{\mathrm{d}q}{\mathrm{d}t} \tag{1-1}$$

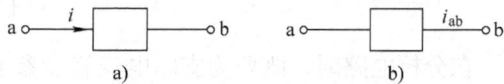

电流实际上是由导体内的自由电子在电场的作用下有规则地移动形成的，但习惯上规定正电荷移动的方向为电流的真实方向。如果电流的大小和方向均不随时间变化，则称这种电流为恒定电流，简称直流（Direct Current），记作DC。如果电流的大小和方向是随时间变化的，则称交变（Alternating）电流，简称交流，记作AC。在简单电路中电流的真实方向容易判断，但在复杂的电路中往往难以事先判断电流的真实方向，而且电流为交流时就不可能用一个固定的箭头来表示其真实方向。为此引入参考方向的概念。所谓参考方向（Reference Direction）是：在分析电路前先任意假设电流的方向，参考方向在电路图中用箭头表示，如图1-2a所示。图中方框表示一个电路元件或一个支路。电流的参考方向也可以用双下标表示，如图1-2b所示。参考方向的选取完全是人为的，可以任意选取。引入参考方向后电流是代数量：当电流的参考方向与真实方向一致时电流为正值，否则电流为负值。

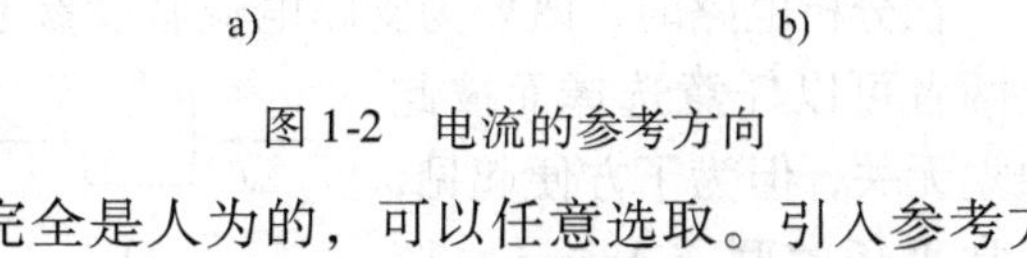

图1-2 电流的参考方向

在分析电路时，必须首先选定支路电流的参考方向，然后根据所选参考方向进行分析计算，从最后得出的电流值的正负可以确定其真实方向。显然，在未标注电流参考方向的情况下其正负值毫无意义。电流的参考方向尽可任意假设，但一经选定，在分析电路的过程中就不可再变动。在电路图中所标的电流方向都是指参考方向。电流的参考方向又叫电流的正方向。

在国际单位制（SI）中，电流、电荷和时间的单位分别为安培（简称安，用A表示）、库仑（简称库，用C表示）和秒（用s表示），且有

$$1\mathrm{A}=\frac{1\mathrm{C}}{1\mathrm{s}}$$

1.2.2 电压及其参考方向

电路中两点间的电位之差通常称为电压（Voltage），用符号u表示。电路中a、b两点的电压表明了单位正电荷由a点转移到b点时所获得或失去的能量，其数学式为

$$u=\frac{\mathrm{d}w}{\mathrm{d}q} \tag{1-2}$$

式中，dq为由a点转移到b点的电荷量，单位为C；dw为电荷dq在转移过程中，所获得或失去的能量，单位为焦耳（简称焦，用J表示）。

如果正电荷由a转移到b获得能量，则电位升高，即a点的电位低于b点。反之，正电荷由a转移到b失去电能，则电位降低，即a点电位高于b点。正电荷在电路中转移时电能的获得或失去体现在电位的升高或降低。大小和极性都不随时间而变的电压叫做恒定电压（或直流电压），大小和极性都随时间变化的电压则称为交变电压（或交流电压）。

电压和电流一样也是一个代数量，所以如同需要为电流规定参考方向一样，也需要规定电压的参考极性。电压的参考极性在电路图中用“+”、“-”号标注在电路元件或支路的两端，如图1-3a所示。其中标“+”号的端表示高电位端，标“-”号的端表示低电位端。电压的参考极性在电路中也可以用箭头表示，如图1-3b所示，也可以用双下标表示，如图1-3c所示，u_{ab}表示a为参考极性的高电位端，b为参考极性的低电位端。由电压的参考极性和电压的正负值，就可以判断电压的真实极性。当电压为正值时，该电压的真实极性与参考极性相同；当电压为负值时，则表示该电压的真实极性与所选定的参考极性相反。可见，在未标电压参考极性的情况下，电压的正负值毫无意义。因此，在求解电路时必须先选定电压的参考极性。电压的参考极性常称作参考方向。

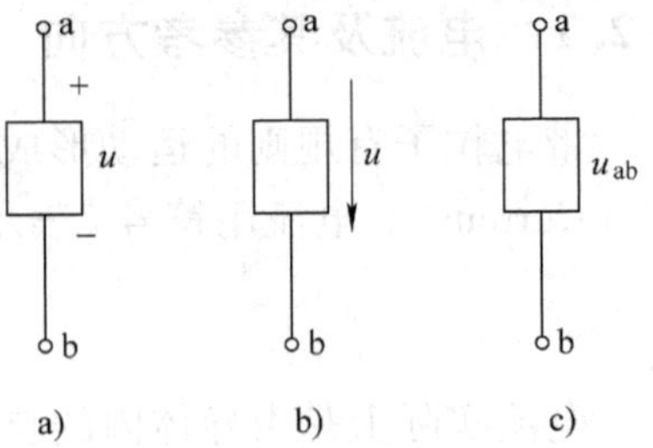

图1-3 电压的参考极性

在国际单位制（SI）中，电压的单位为伏特（简称伏，用V表示），且有

$$1\mathrm{V}=\frac{1\mathrm{J}}{1\mathrm{C}}$$

在分析电路时，既要为支路电流假设参考方向，也要为支路电压假设参考极性，虽然原则上两者可以任意选择而彼此独立无关，但为了方便起见，通常采用关联（Associated）参考方向。所谓关联参考方向是指电流的参考方向由电压参考极性的正极指向负极，如图1-4a所示。在关联参考方向下，只需标出电流的参考方向或电压的参考极性中任何一个即可，如图1-4b、c所示。换而言之，如果在电路图中只标其中一个即默认两者取关联参考方向。

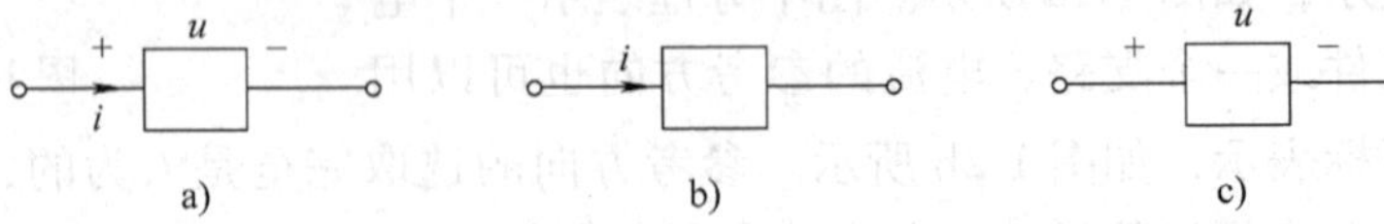

图1-4 关联参考方向

1.2.3　功率

功率（Power）是电路分析中常用到的另一个物理量，用符号 P 表示。功率定义为支路在单位时间内吸收的电能。当电路在 $\mathrm{d}t$ 时间内吸收的电能为 $\mathrm{d}w$ 时，电路吸收的功率为

$$P=\frac{\mathrm{d}w}{\mathrm{d}t} \tag{1-3}$$

根据电压、电流的定义，当 u、i 取关联参考方向时，功率又可表示为

$$P=\frac{\mathrm{d}w}{\mathrm{d}t}=\frac{\mathrm{d}w}{\mathrm{d}q}\frac{\mathrm{d}q}{\mathrm{d}t}=ui \tag{1-4}$$

因为 u、i 均为代数量，因此功率也应为代数量。当 $P>0$ 时表示该支路吸收功率；当 $P<0$ 时表示该支路实为提供功率。

如果支路电压和电流取非关联参考方向，电流的参考方向则与图 1-4a 所示方向相反，故功率的表示式为

$$P=-ui \tag{1-5}$$

根据支路电压、电流参考方向是否关联，可选用相应的计算公式，但不论是式（1-4）还是式（1-5）都表示支路吸收的功率。若功率的值为正，表示支路吸收功率；若功率的值为负，表示支路实为提供功率。

在国际单位制（SI）中，功率的单位为瓦特（简称瓦，用 W 表示）。

伏（V）、安（A）和瓦（W）分别是电压、电流和功率的主单位。但是在实际应用中常因为这些单位太大或太小而有时感到使用不便，为此需采用辅助单位。辅助单位通过在主单位前冠以表 1-1 所示的词头或乘以因数 10^n 来表示。

例如，$3\mu\mathrm{A}$(微安) $=3\times10^{-6}\mathrm{A}$(安)，$5\mathrm{kW}$(千瓦) $=5\times10^{3}\mathrm{W}$(瓦)。

表 1-1　部分国际单位制词头

词头符号	词头名称	因数	词头符号	词头名称	因数
T	太（tera）	10^{12}	m	毫（milli）	10^{-3}
G	吉（giga）	10^{9}	μ	微（micro）	10^{-6}
M	兆（mega）	10^{6}	n	纳（nano）	10^{-9}
k	千（kilo）	10^{3}	p	皮（pico）	10^{-12}

例 1-1　电路如图 1-5 所示，已知 $u_1=1\mathrm{V}$，$u_2=-6\mathrm{V}$，$u_3=-4\mathrm{V}$，$u_4=5\mathrm{V}$，$u_5=-10\mathrm{V}$，$i_1=1\mathrm{A}$，$i_2=-3\mathrm{A}$，$i_3=4\mathrm{A}$，$i_4=-1\mathrm{A}$，$i_5=-3\mathrm{A}$，试求：（1）各元件的功率；（2）验证功率平衡。

解　（1）根据式（1-4）和式（1-5）

$P_1=u_1i_1=1\times1\mathrm{W}=1\mathrm{W}$(消耗)

$P_2=u_2i_2=-6\times(-3)\mathrm{W}=18\mathrm{W}$(消耗)

$P_3=-u_3i_3=-(-4)\times4\mathrm{W}=16\mathrm{W}$(消耗)

$P_4=u_4i_4=5\times(-1)\mathrm{W}=-5\mathrm{W}$(提供)

$P_5=-u_5i_5=-(-10)\times(-3)\mathrm{W}=-30\mathrm{W}$(提供)

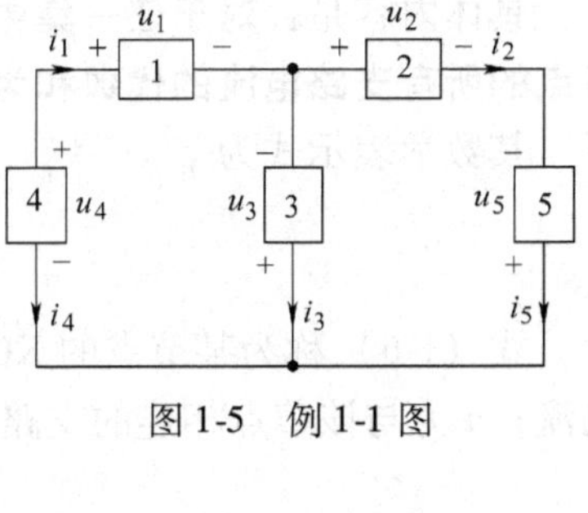

图 1-5　例 1-1 图

（2）验证功率平衡。

$$\sum_{k=1}^{5} P_k = P_1 + P_2 + P_3 + P_4 + P_5 = (1 + 18 + 16 - 5 - 30)\,\mathrm{W} = 0\mathrm{W}$$

1.3 基尔霍夫定律

在讨论基尔霍夫定律（Kirchhoff's Law）之前，先介绍几个相关的名词。

支路（Branch）：电路中每一个二端元件称为一条支路。

节点（Node）：电路中支路的连接点称为节点。在图1-6中共有6条支路，4个节点。显然节点是两条或两条以上支路的连接点。为方便起见，在分析电路时，往往把多个电路元件串联而成的一段电路看成一条支路。例如在图1-6中把5、6元件的串联作为一条支路，在这种情况下节点定义为三条或三条以上支路的连接点，如a、b和d点，而c点往往不当成节点。这样的定义，显然比前面的定义支路数和节点数都要减少，对分析求解电路是方便的。

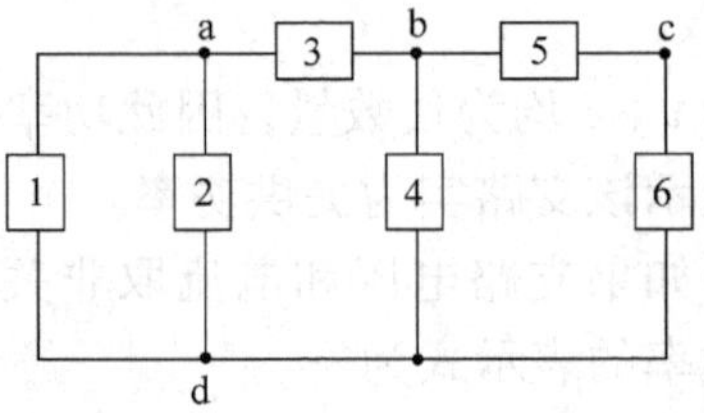

图1-6 支路、节点、回路、网孔

回路（loop）：电路中的任一个闭合路径均称为回路。在图1-6中，由1、2支路构成的路径，由2、3、4支路构成的路径，由4、5、6支路构成的路径，由1、3、4支路构成的路径，由2、3、5、6支路构成的路径，由1、3、5、6支路构成的路径都是回路。该电路有6个回路。

网孔（mesh）：在回路内部不另含有支路的回路称为网孔。在图1-6中，1、2支路组成的回路，2、3、4支路组成的回路，4、5、6支路组成的回路均为网孔。该电路有三个网孔。

在集中参数电路中，任何时刻流经元件（或支路）的电流及其端电压分别称为支路电流和支路电压，它们是集中参数电路中分析和研究的对象。

集中参数电路是由电路元件连接而成的，整个电路表现如何，既要看这些元件是如何连接而成的整体（简称拓扑约束），又要看每个元件各具有什么样的电压、电流关系（简称元件的伏安关系）。集中参数电路所遵循的这两方面的规律通常称为电路的两类约束。

本节先讨论电路整体所遵循的基本规律，即基尔霍夫定律。基尔霍夫定律包括电流定律和电压定律。

1.3.1 基尔霍夫电流定律

基尔霍夫电流定律（Kirchhoff's Current Law）又称基尔霍夫第一定律，简写为KCL，它表明电路中各支路电流间必须遵循的规律，这规律体现在电路的各个节点上。

具体内容是：**对于任一集中参数电路中的任一节点，在任一时刻，流出（或流入）该节点的所有支路电流的代数和为零。**

其数学表示式为

$$\sum_{k=1}^{n} i_k = 0 \tag{1-6}$$

式（1-6）称为某节点的KCL方程。式中，i_k 为流出（或流入）该节点的第 k 条支路的电流；n 为与该节点相连的支路数。

在图 1-7 中取流进节点的电流为正，对节点①②③列 KCL 方程可得

$$i_1 - i_4 + i_6 = 0 \quad (1)$$

$$i_2 + i_4 - i_5 = 0 \quad (2)$$

$$i_3 + i_5 - i_6 = 0 \quad (3)$$

从以上三个方程不难看出：每个节点流入的电流与流出的电流相等。因此，KCL 的数学表示式又可以改写为

$$\sum i_{出} = \sum i_{入} \quad (1\text{-}7)$$

基尔霍夫电流定律不仅适用于节点，也可以推广运用到电路中任一假设的闭合面，例如图 1-7 中虚线所示的闭合面 C。

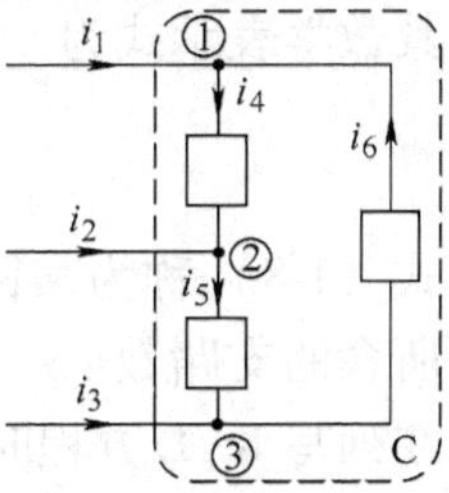

图 1-7　列写 KCL 方程

把对节点①②③所列的三个方程相加可得

$$i_1 + i_2 + i_3 = 0$$

可见流入封闭面 C 的所有支路电流的代数和为零。这种闭合面在电路中也称广义节点（或割集）。

在列写 KCL 方程时，可设支路电流的参考方向流入节点的为正（流出为负）或是以流出为正（流入为负），两种标准可任选，但一经选定必须以此为准。

电流定律实质是电流连续性原理，是电荷守恒定律的体现。由 KCL 方程可看到：每一个 KCL 方程中的各个电流彼此相约束，例如在图 1-7 中对节点①所列的方程中，若已知 i_1 和 i_4 的值，i_6 的值随之而定，不能取任何其他值。KCL 为电流施加的这种约束关系称之为电流线性相关。

KCL 适用于任何集中参数电路，KCL 仅与支路和节点的连接方式有关，而与电路元件的特性无关。

例 1-2　图 1-8 中，a 表示某一电路中的某一个节点，已知 $i_1 = 5\text{A}$，$i_2 = 2\text{A}$，$i_3 = -6\text{A}$，试求电流 i_4。

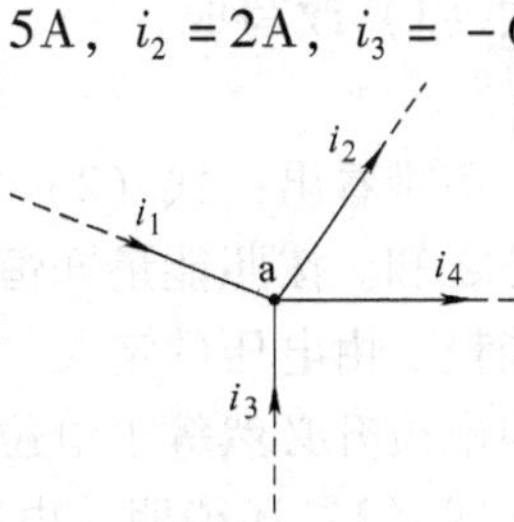

图 1-8　例 1-2 图

解　i_1、i_2、i_3 和 i_4 分别是汇集于节点 a 的支路电流，以流入节点的电流为正，列 KCL 方程得

$$i_1 - i_2 + i_3 - i_4 = 0$$

把已知数据代入上式得

$$i_4 = i_1 - i_2 + i_3 = 5\text{A} - 2\text{A} + (-6\text{A}) = -3\text{A}$$

其中，i_4 为负值说明：i_4 的真实方向与参考方向相反。在这种情况下，尽可不必去把图中所标的方向改过来，图中所标的参考方向与所得结果已足以说明其真实方向。

例 1-3　电路如图 1-9 所示，已知 $i_1 = 2\text{A}$，$i_2 = -1\text{A}$，求电流 i_3。

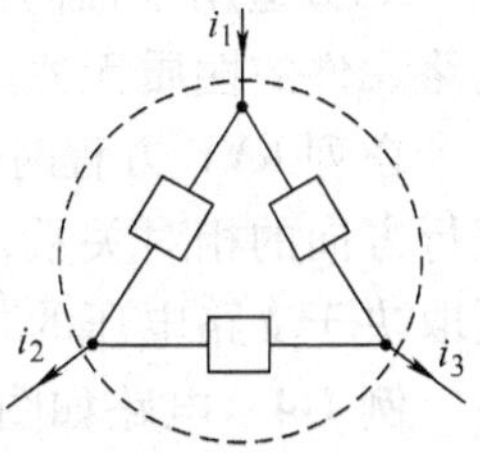

图 1-9　例 1-3 图

解　图中虚线所示闭合面，以流进封闭面的电流为正列 KCL 方程得

$$i_1 - i_2 - i_3 = 0$$

把已知数据代入上式得

$$i_3 = i_1 - i_2 = 2\text{A} - (-1\text{A}) = 3\text{A}$$

通过这两个例题可以看到，在运用 KCL 时需要和两套符号打交

道：一是方程中各项前的正、负号，其正负取决于电流参考方向对节点的相对关系，如以流出为正，则流入为负；另一是电流本身数值的正负值，其正负值取决于电流的真实方向与参考方向的关系，如上式中各括弧内的符号。两者不要混淆。

1.3.2 基尔霍夫电压定律

基尔霍夫电压定律也叫基尔霍夫第二定律，简写为 KVL，它表明电路中各支路电压之间必须遵循的规律。这个规律体现在电路的各个回路中。具体内容是：**对于任一集中参数电路中的任一回路，在任一时刻，沿该回路所有支路电压降的代数和为零。**

其数学表示式为

$$\sum_{k=1}^{n} u_k = 0 \tag{1-8}$$

式（1-8）称为某回路的 KVL 方程式。式中，u_k 为该回路中的第 k 条支路电压，n 为该回路所含的支路数。

在列写 KVL 方程时，必须先设回路的绕行方向即回路的参考方向，绕行方向可选顺时针方向，也可选逆时针方向，一般在回路中用带箭头的实线表示，如图 1-10 所示。这里“绕行”的含义是：从一个节点出发，沿一定路径，经过若干个支路又回到出发点。列方程时，在所设的绕行方向下，若支路电压的参考极性与回路绕行方向一致取正号，否则取负号。图 1-10 所示为某一电路中的一个回路，对其列 KVL 方程得

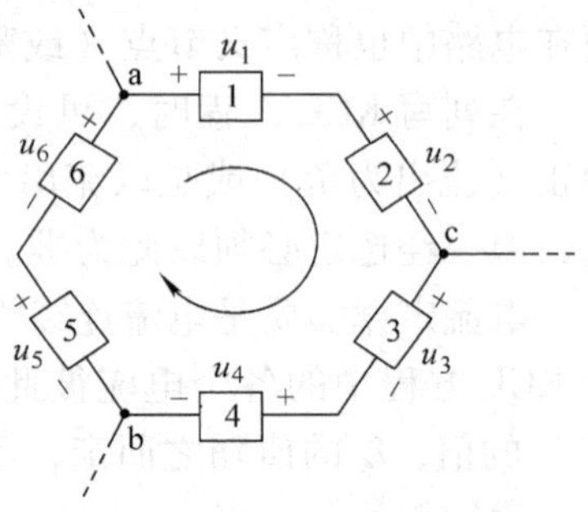

图 1-10　列写 KVL 方程

$$u_1 + u_2 + u_3 + u_4 - u_5 - u_6 = 0 \tag{1}$$

把式（1）改写成

$$u_1 + u_2 + u_3 + u_4 = u_5 + u_6 \tag{2}$$

不难看出：式（2）左端为该回路在所设绕行方向下支路电压的电压降之和，右端为电压升之和。按照能量守恒定律，单位正电荷沿回路绕行一周，所获得的能量必须等于所失去的能量。由电压的定义，正电荷获得能量则电位升高，失去能量则电位降低，所以在闭合回路中电位升必然等于电位降。因此，基尔霍夫电压定律实质是能量守恒定律的体现。

式（2）还说明：电路中 a、b 两节点间的电压与从节点 a 到节点 b 所选的路径无关，即电路中任意两点之间的电压与所选择的路径无关。

由 KVL 方程可看到：每一个 KVL 方程中的各个电压彼此相约束，即每一个回路中各电压彼此相约束，KVL 为电压所施加的这种约束称之为电压线性相关。

KVL 适用于任何集中参数电路，KVL 仅与电路元件（或支路）的连接方式有关，而与电路元件的性质无关。

在列 KVL 方程时，也需要和两套符号打交道：一套取决于支路电压的参考极性与回路绕行方向的相对关系，当支路电压参考极性与绕行方向一致时取正号，反之取负号；另一套则取决于支路电压的真实极性与参考极性间的关系。

例 1-4　电路如图 1-11 所示，已知 $u_1 = -10\text{V}$，$u_3 = -5\text{V}$，$u_4 = 20\text{V}$，$u_5 = -15\text{V}$，求 u_2、u_6 和 u_{13}。

解　设两个回路的绕行方向如图1-11所示，分别对1、2回路列KVL方程得

$$u_1+u_2-u_3-u_4=0 \quad (1)$$

$$-u_2+u_5+u_6=0 \quad (2)$$

把已知数据分别代入式（1）式（2）得

$$u_2=-u_1+u_3+u_4=[-(-10)+(-5)+(20)]\text{V}=25\text{V}$$

$$u_6=-u_5+u_2=-(-15)\text{V}+(25)\text{V}=40\text{V}$$

$$u_{13}=u_4+u_3=u_1+u_2=15\text{V}$$

u_{13}为节点①和③之间的电压，两点之间的电压与所选路径无关。

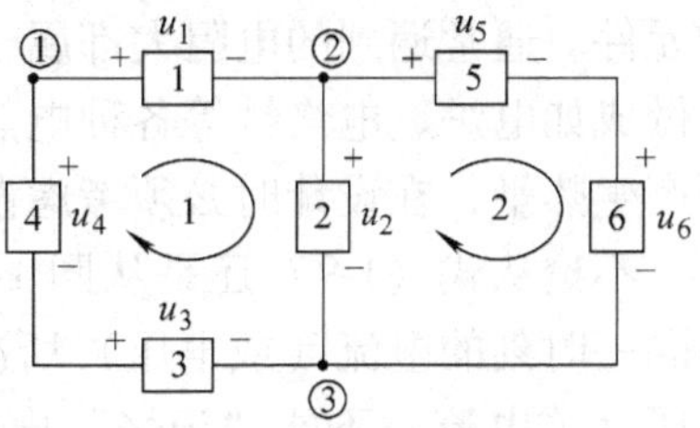

图1-11　例1-4图

以上讨论了电路由电路元件的连接方式所决定的规律，电路元件是组成电路的最小单元，各元件在电路中的特性表示为其端钮上电压与电流之间的关系（Voltage Current Relation，VCR），简称为元件的伏安关系。每个电路元件的伏安关系都有精确的定义，其定义用数学关系式或曲线（即伏安特性曲线）描述。基尔霍夫定律连同元件的伏安关系构成了分析集中参数电路的基本依据（简称两类约束）。下面要介绍电阻电路中常用的几种二端元件及其VCR。

1.4　电阻元件

电阻（Resistor）元件（简称电阻）是电路中最常用的元件之一，是从实际电阻器抽象出来的理想化的模型。其图形符号如图1-12a所示。在电压、电流取关联参考方向的条件下，其VCR为

$$u=Ri \quad (1\text{-}9)$$

式（1-9）即为在物理学中已学过的欧姆定律。其中$R=u/i$为一正常数，是表征电阻元件特性的电路参数，即电阻值。电阻元件的伏安特性曲线如图1-12b所示，它是通过坐标原点的一条直线，其斜率为R。由式（1-9）定义的电阻元件，称为线性电阻。

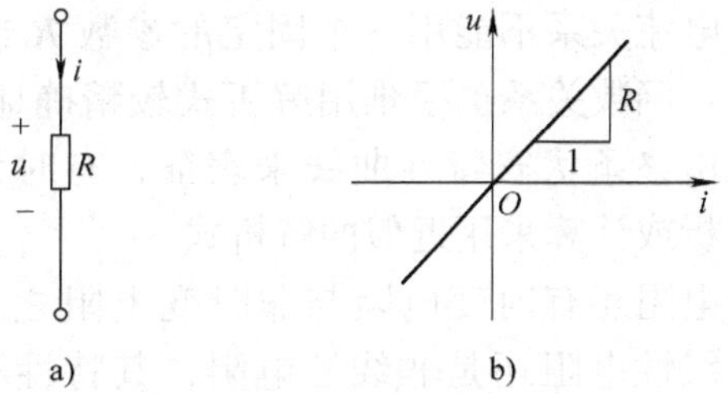

图1-12　线性电阻的图形符号及伏安特性曲线
a）线性电阻的图形符号
b）线性电阻的伏安特性曲线

需要注意：在图1-12a中，如果u、i取非关联参考方向，其VCR为

$$u=-Ri \quad (1\text{-}10)$$

电阻元件的伏安关系还可以用另一种形式表示，即

$$i=Gu \quad (1\text{-}11)$$

式中，G称为电导（Conductance），$G=1/R$。在国际单位制中，电阻的单位为欧姆（简称欧，用符号Ω表示）；电导的单位为西门子（简称西，用符号S表示）。

从式（1-9）可看出：当电压一定时，电阻越大电流越小，这说明电阻对电流有阻力，因此，电流通过电阻时必然要消耗能量。线性电阻元件在电压电流取关联参考方向下，其功率为

$$P=ui=i^2R=u^2G \quad (1\text{-}12)$$

因为 i^2（或 u^2）总为正值，所以 $R\geqslant0$ 时电阻吸收的功率总为正值，说明电阻是一种耗能元件。通常遇到的电阻大都属于这种情况。工程上利用电阻消耗电能并转化成热能的特点可做成如电炉、电烙铁等各种电热器。但在电子设备中由于电流通过电阻器件时不可避免地要产生热量，在设计时必须考虑散热问题。

不论从式（1-9）还是从图 1-12b 都可以看到：在任一时刻电阻元件端电压（或电流）由同一时刻的电流（或电压）所决定，而与过去的电流（或电压）无关。这就是说电阻的电压（或电流）不能“记忆”电流（或电压）在历史上曾对它的作用。因此，电阻是一种无记忆（Memoryless）的电路元件。任何一个二端元件只要它的电压与电流之间存在这种关系，不论这一关系是线性的还是非线性，在电路理论中均称为电阻元件。

电阻元件的一般定义是：任何一个二端元件，在任一时刻其端电压 $u(t)$ 与流过的电流 $i(t)$ 之间存在代数关系，亦即这一关系在 u—i 平面（或 i—u 平面）上，由唯一的一条过原点的曲线所决定，不论其波形如何，均称其为电阻元件。

由电阻的定义不难想到除线性电阻外还有非线性电阻。凡元件特性在 u—i 平面上不是一条直线，就属于非线性电阻，非线性电阻的图形符号如图 1-13 所示。

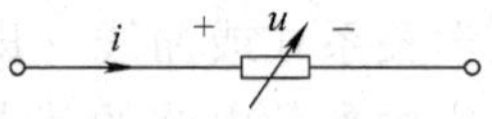

图 1-13　非线性电阻的图形符号

许多电子元器件可用非线性电阻构成其电路模型，例如电子电路中常用的半导体二极管，其图形符号如图 1-14a 所示，伏安特性曲线如图 1-14b 所示。

非线性电阻的电阻值不是常量，而是随着电压或电流的大小和方向而改变。因此，其电压、电流关系不能用一个固定的参数 R 或 G 来描述，函数关系也很难用解析式较精确地表示，一般由整条伏安特性曲线来表征，有时为了理论分析或计算采用近似的解析式。

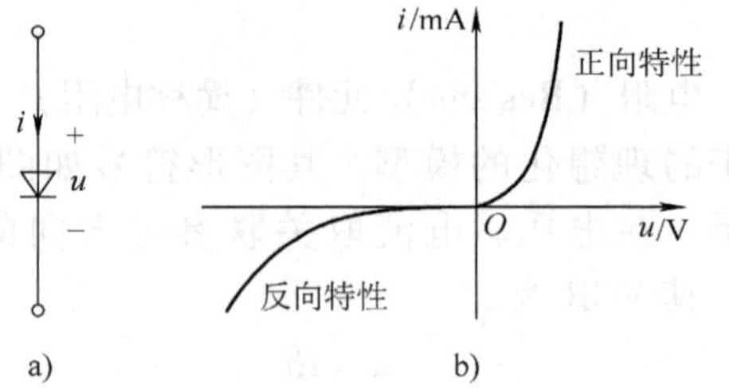

图 1-14　二极管的图形符号和伏安特性曲线
a）二极管图形符号　b）二极管的伏安特性曲线

电阻还有时变电阻与非时变电阻之分。不论是线性电阻还是非线性电阻，其特性不随时间变化的称非时变（或定常）电阻，随时间变化的称时变电阻。在电压、电流取关联参考方向下，线性时变电阻和非线性时变电阻的伏安特性曲线如图 1-15a、b 所示。

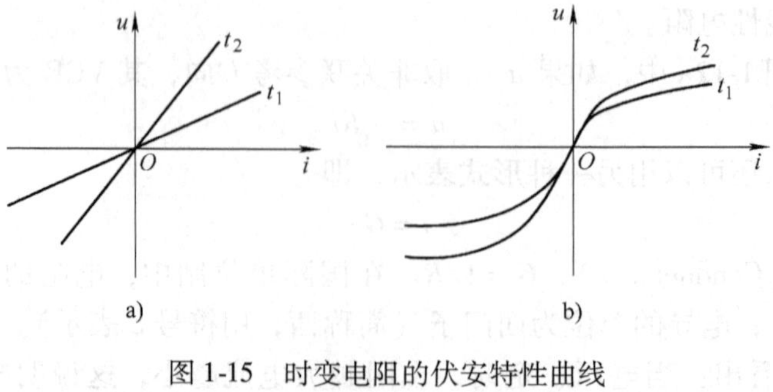

图 1-15　时变电阻的伏安特性曲线
a）线性时变电阻的特性曲线　b）非线性时变电阻的特性曲线

对于线性电阻，由于其伏安特性曲线是通过原点的直线，对称于原点，电压与电流的比值（即电阻值）与电流的方向和电压的极性均无关，因此线性电阻元件具有**双向性**，在接入电路时它的两个外接端钮无需加以区分。而非线性电阻，其伏安特性曲线对坐标原点不对称，当电流方向或电压极性不同时，其电阻值也不同，因此在使用非线性电阻（如半导体二极管）时，它的两个端钮必须明确区分，正极和负极不能接错：正向偏置时电流由正极流向负极，电阻较小（见图 1-14b 中的正向特性）；反向偏置时，电流由负极流向正极，电阻很大（见图 1-14b 中的反向特性）。因此，在电子设备中二极管常当作开关使用。

根据电阻元件的一般定义，在 u—i 平面（或 i—u 平面）上，用一条斜率为负的特性曲线（见图 1-16）表征的电路元件也属于电阻元件。这种电阻元件称为负电阻，利用电子技术可以实现负电阻，这种元件实际上是一个对外有两个端钮的电子电路，其端钮上的 VCR 符合电阻的定义。当电压、电流取关联参考方向时其伏安关系式仍为

$$u=Ri \quad R<0 \tag{1-13}$$

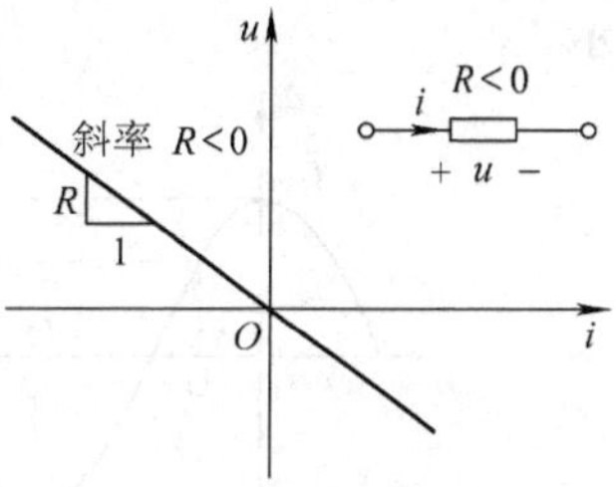

图 1-16　线性负电阻的伏安特性曲线

由于 $R<0$，所以由式（1-12）算得的功率为负值，说明这种元件实际上是供出功率，即对外电路提供能量，它们向外提供的能量来自电子电路或器件工作时所需要的电源。虽然电阻元件当初是从实际电阻器抽象出来的一种耗能元件，但是满足电阻元件一般定义的有些元件，可向外电路提供能量，从而使电阻元件有正负之分。

下面所有章节中如无特别说明，通常所说的电阻 R 均指线性、时不变且具有正实常数的正电阻。

1.5　独立电源

在实际电路中电源通常是电路的输入（即激励），电源在电路中通常是提供能量的元件。在电路分析中所说的独立电源就是从实际电源（如干电池、直流发电机、交流发电机、信号源等）抽象出来的理想化的电路模型，电源可分为理想电压源（简称电压源）和理想电流源（简称电流源）两种。

1.5.1　电压源

电压源的定义：如果一个二端元件接入任一电路后，其两端的电压总能保持规定值 u_s，而与流过它的电流的大小方向均无关，则称该二端元件为电压源（Voltage Source）。电压源的电压可以是常数 U_s（直流）也可以是一定的时间函数 $u_s(t)$。电压源的图形符号如图 1-17 所示。图 1-17a 是电压源的一般图形符号。图 1-17b 是直流电压源的图形符号，其长线端代表高电位，短线端代表低电位。

由电压源的定义可以得出**电压源的两个基本性质**。

（1）电压源的端电压［无论是定值 U_s 还是一定的时间函数 $u_s(t)$］与流过它的电流无关，换句话说电压源的端电压由电压源本身确定而与其外接电路无关。

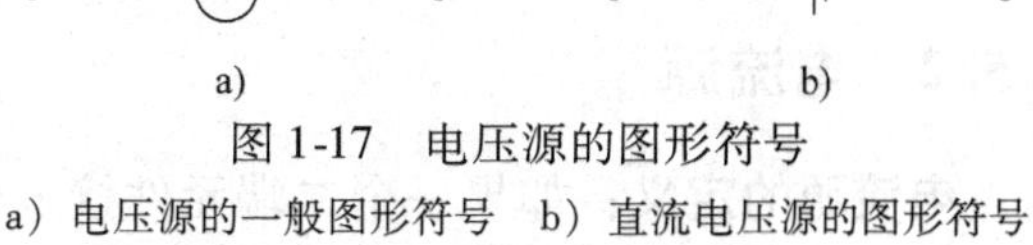

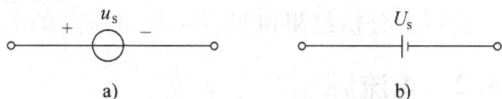

图 1-17　电压源的图形符号
a）电压源的一般图形符号　b）直流电压源的图形符号

(2) 流过电压源的电流则是任意的，随所接外电路的变化而变化。换言之，流过电压源的电流不是由它本身能确定，而是取决于与之相连的外电路。

直流电压源的伏安特性曲线如图 1-18 所示，在 i—u 平面上它是一条平行于 i 轴的直线。

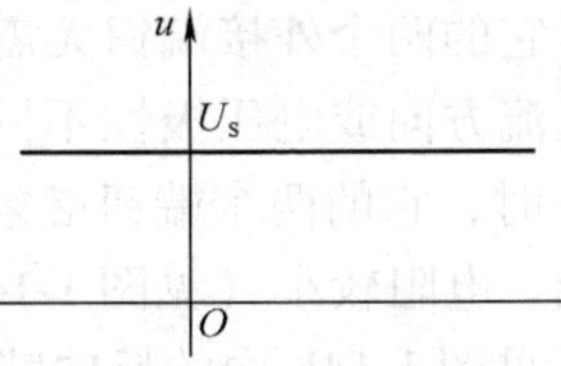

图 1-18 直流电压源的伏安特性曲线

正弦交流电压源 $u_s(t)$ 的伏安特性曲线，在 i—u 平面上可以用一族平行于 i 轴的直线描述，如图1-19 所示。

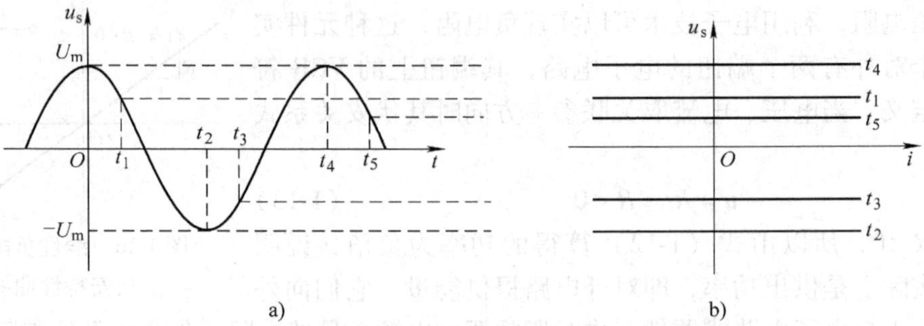

图 1-19 正弦交流电压源的电压波形和 VCR 曲线

a) 正弦交流电压源的电压波形 b) 正弦交流电压源的 VCR 曲线

一般来说电压源在电路中是作为激励的（即提供能量），但不论是直流电压源还是交流电压源，从其伏安特性曲线可看出：电流可以从不同方向流过电压源，因而电压源既可以对外电路提供能量也可以从外电路接受能量。因此，电压源有时也可能以吸收功率而作为负载出现在电路中。

在分析含电压源的电路时，可以根据电压源电压、电流的参考方向，应用计算功率的相应公式，结合其功率的正负值来判断电压源是提供功率还是吸收功率。

例 1-5 电路如图 1-20 所示，求 S 分别接在 a 点和 b 点时流过 12V 电压源的电流及电压源的功率。

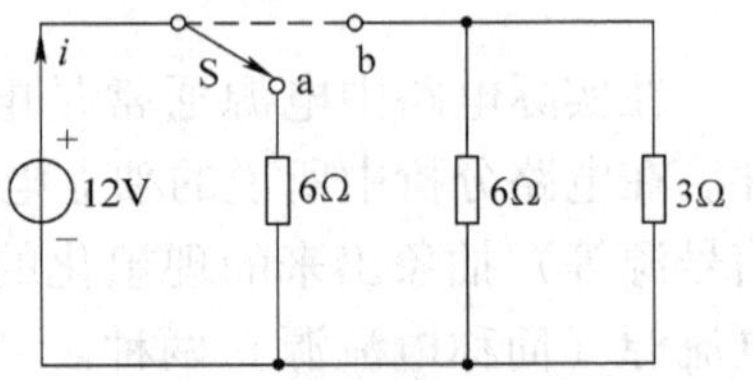

图 1-20 例 1-5 图

解 (1) S 与 a 点相接时

$$i=\frac{12}{6}\text{A}=2\text{A}$$

$$p=-u_s i=-12\times 2\text{W}=-24\text{W}$$

(2) S 与 b 点相接时

$$i=\frac{12}{6}\text{A}+\frac{12}{3}\text{A}=6\text{A}$$

$$p=-u_s i=-12\times 6\text{W}=-72\text{W}$$

由以上分析结果可见，一个电压源的电流随所接外电路的不同而变化。

1.5.2 电流源

电流源的定义：如果一个二端元件接入任一电路后由该元件流出的电流总能保持规定值

i_s 而与其两端电压的大小方向均无关，则称该元件为电流源（Current Source）。电流源的电流可以是常数 I_s（直流），也可以是一定的时间函数 $i_s(t)$。其图形符号如图 1-21a 所示。

电流源的两个基本性质：

（1）电流源输出的电流［无论是定值 I_s 还是一定的时间函数 $i_s(t)$］与其两端电压无关。换句话说，电流源输出的电流不因所接外电路的不同而变化。

（2）电流源两端的电压则可以是任意的，随所接外电路的变化而变化。换言之，其两端电压不是由电流源本身确定而是取决于与之相连的外电路。直流电流源的伏安特性曲线如图 1-21b 所示。

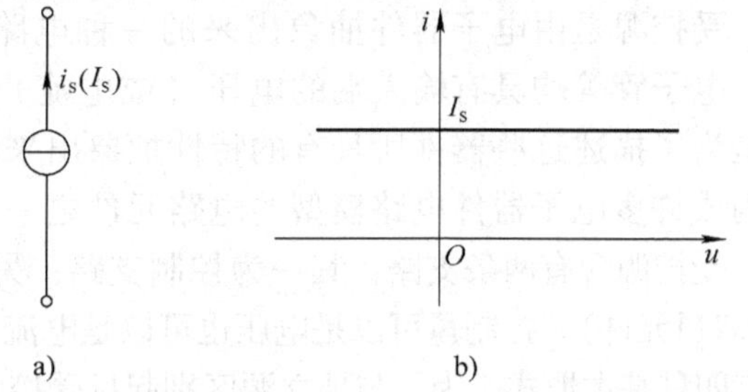

图 1-21　电流源的图形符号和伏安特性曲线
a）电流源的图形符号　b）直流电流源的伏安特性曲线

电流源的端电压是任意的，说明电流源的端电压可以有不同的极性，因而电流源可以对外电路提供能量，也可从外电路接受能量，视其电压的极性而定。

例 1-6　电路如图 1-22 所示，求 S 分别接在 a 点和 b 点时 2A 电流源的端电压及电流源的功率，并验证功率平衡。

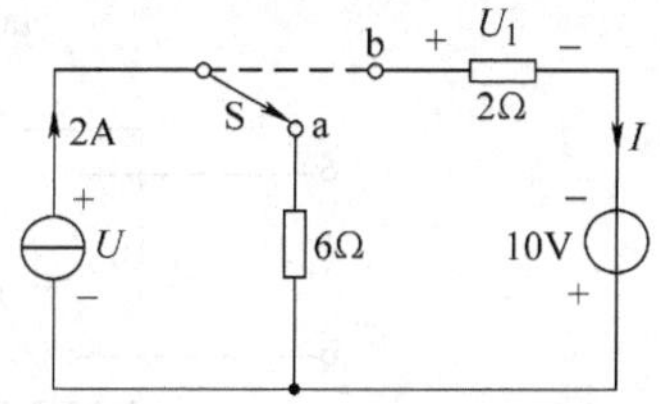

图 1-22　例 1-6 图

解　设电流源端电压 U 的参考极性如图 1-22 所示。

（1）S 与 a 点相接时

$$U = 2\times 6\text{V} = 12\text{V}$$
$$p_{2\text{A}} = -I_sU = -2\times 12\text{W} = -24\text{W}(\text{提供})$$

（2）S 与 b 点相接时

由 3 个元件的 VCR 和连接方式可得

$$I = I_s = 2\text{A}$$
$$U = U_1 - 10\text{V} = 4\text{V} - 10\text{V} = -6\text{V}$$
$$p_{2\text{A}} = -UI_s = -(-6)\times 2\text{W} = 12\text{W}(\text{消耗})$$
$$p_{\text{R}} = U_1I = 4\times 2\text{W} = 8\text{W}(\text{消耗})$$
$$p_{10\text{V}} = -U_sI = -(10)\times 2\text{W} = -20\text{W}(\text{提供})$$
$$\sum_{k=1}^{3} P_k = p_{2\text{A}} + p_{\text{R}} + p_{10\text{V}} = 0$$

由以上分析结果可见，一个电流源的端电压和功率随所接外电路的不同而变化。

需要注意：在对含电流源的回路列 KVL 方程时，不要遗漏电流源的端电压。一个电流源的端电压虽然可以为任意值，但一经和某一外电路相连，其端电压是一个确定的值。

1.6　受控电源

电源可分为独立电源和受控电源。在上两节讨论的电压源和电流源均为独立电源，其独立的含义在于电压源的电压和电流源的电流都由其电源本身决定而与其他支路的电流、电压无关。而受控电源则不然，受控电压源的电压或受控电流源的电流都要受同一电路中另一支路电压或电流的控制而不能独立存在，所以受控电源又称非独立电源，受控电源简称受控源（Controlled Source）。

受控源是由电子器件抽象出来的一种电路模型。有些电子器件如晶体管、场效应晶体管、电子管等均具有输入端的电压（或电流）能控制输出端的电压或电流的特点，受控源正是为了描述这些器件所具有的特性抽象出来的理想化的电路元件。在电子电路中，受控源是构成许多电子器件电路模型的电路元件之一。

受控源含有两条支路：其一为控制支路；另一为受控支路。因此，受控源是一种四端元件（即双口元件）。控制量可以是电压也可以是电流；受控量可以是电压也可以是电流。因此，受控源有四种基本形式，为了与独立源区别起见受控电源的图形符号用菱形表示，如图 1-23 所示。

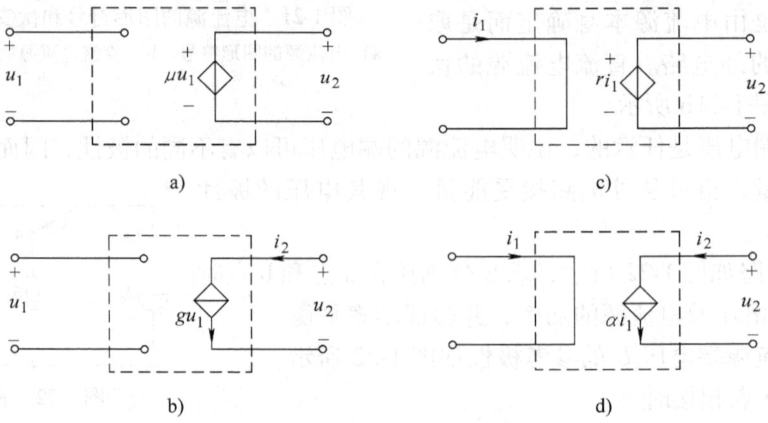

图 1-23　4 种受控源的图形符号

（1）电压控制电压源（Voltage-Controlled Voltage Source）。如果一个四端元件在任意时刻 t，其端口电压满足 $u_2=\mu u_1$，如图 1-23a 所示，则称该四端元件为电压控制电压源（简称 VCVS），其中 μ 称电压放大系数（或转移电压比），是个无量纲的常量。

（2）电压控制电流源（Voltage-Controlled Current Source）。如果一个四端元件在任意时刻 t，满足 $i_2=gu_1$，如图 1-23b 所示，则称该四端元件为电压控制电流源（简称 VCCS），其中 g 是具有电导量纲的常量，称转移电导。

（3）电流控制电压源（Current-Controlled Voltage Source）。如果一个四端元件在任意时刻 t，满足 $u_2=ri_1$，如图 1-23c 所示，则称该四端元件为电流控制电压源（简称 CCVS），其中 r 是具有电阻量纲的常量，称转移电阻。

（4）电流控制电流源（Current-Controlled Current Source）。如果一个四端元件在任意时刻 t，满足 $i_2=\alpha i_1$，如图 1-23d 所示，则称该四端元件为电流控制电流源（简称 CCCS），其中 α 称电流放大系数（或转移电流比），是个无量纲的常量。

由于表征受控源的数学关系式是以电压和电流为变量的代数方程，只是电压和电流不在同一端口，其数学关系式表明的是一种“转移”关系，所以受控源可看作是双口电阻元件。本书所称的电阻电路包括含受控源和电阻的电路。

图 1-24a 和 1-24b 分别是电压控制电压源的转移特性和输出端口的伏安特性曲线。其中图 1-24a 是一条通过原点且斜率为 μ 的直线，反映 u_2 与 u_1 的约束关系，由于控制电压 u_1 和受控电压 u_2 不在同一端口，故称它为转移特性。图 1-24b 是受控电压源的输出特性，它是

一族对应于不同控制电压 u_1 且平行于 i_2 轴的直线。类似可画出其余三种受控源的转移特性和输出特性。

上述四种受控源的 μ、g、r、α 分别为相应受控源的电路参数，若受控源的参数是常数，则受控源是一种线性元件，此时受控量正比于控制量。若线性受控源的参数又不随时间变化，则该受控源为线性、时不变的电路元件，本书只讨论线性时不变受控源。

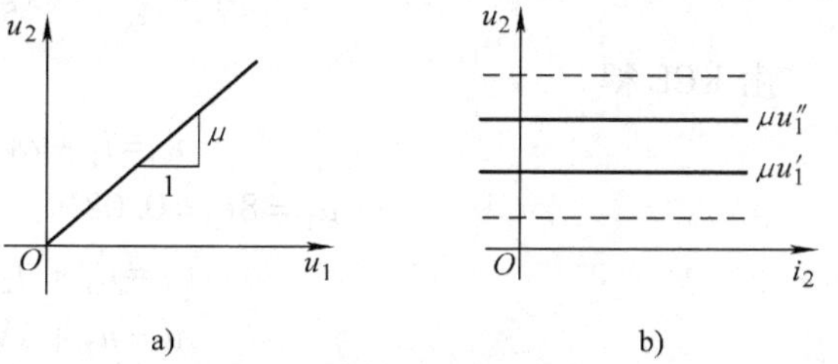

图 1-24　VCVS 的转移特性及输出

a）转移特性　b）输出特性

从图 1-24b 所示的受控电压源的输出特性看，其与独立电压源的伏安特性有类似之处，即受控电压源输出的电压与流过它本身的电流无关。但受控源与独立源有本质的区别，它们在电路中的作用完全不同。独立源是作为电路的输入，代表着外界对电路的作用。独立电压源无论是否接入外电路，其电压总是独立存在的，而受控电压源却不同，它的输出电压不能独立存在，是由其所在电路中某一支路的电压或电流按一定关系“转移”过来的。受控源是用来描述电子器件中所发生的物理现象的一种电路模型。

上述四种受控源是理想受控源。所谓理想的含义是：对受控电压源来说输出电阻为零；对受控电流源来说输出电阻为无穷大；对输入电阻而言，电压控制的受控源输入电阻为无穷大（即输入端开路，见图 1-23a、b）；对电流控制的受控源来说输入电阻为零（即输入端短路，见图 1-23c、d）；非理想受控源其输出和输入电阻均为有限值。图 1-25 所示为一个非理想受控电压源。

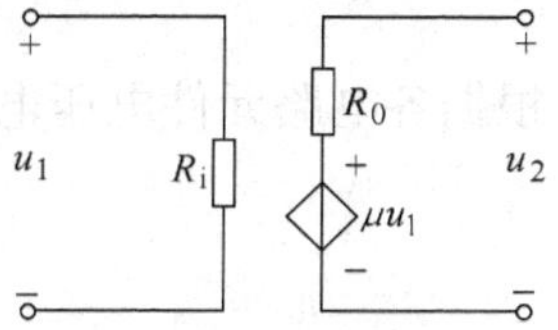

图 1-25　非理想受控电压源

例 1-7　电路如图 1-26a 所示，求 u_s 及受控源的功率，其中 $\alpha = 50$。

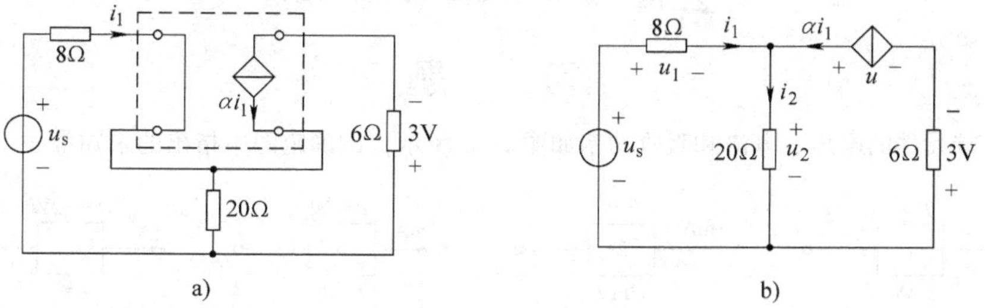

图 1-26　例 1-7 图

解　图 1-26a 与图 1-26b 所示两个图连接方式完全相同，只是画法不同。在图 1-26b 中受控源模型的两条支路（即两个端口）并不明显，但在电路分析中为了简便常采用图 1-26b 中的画法。

分析含受控源电路的基本依据仍为两类约束，即 KCL、KVL 及元件的 VCR。该电路中，因为受控电流源与 6Ω 电阻串联，所以流过 6Ω 电阻的电流应等于受控源电流，由于 6Ω 电阻两端电压为 3V，由欧姆定律可得

$$\alpha i_1 = \frac{3}{6}\text{A} = 0.5\text{A}$$

$$i_1 = \frac{0.5}{\alpha}\text{A} = \frac{0.5}{50}\text{A} = 0.01\text{A}$$

由 KCL 得

$$i_2 = i_1 + \alpha i_1 = 0.51\text{A}$$
$$u_1 = 8i_1 = 0.08\text{V}, \quad u_2 = 20i_2 = 10.2\text{V}$$
$$u_s = u_1 + u_2 = 10.28\text{V}$$
$$u = u_2 + 3\text{V} = 13.2\text{V}$$
$$P_{受} = -\alpha i_1 u = -0.5 \times 13.2\text{W} = -6.6\text{W}(\text{提供功率})$$

例 1-8 电路如图 1-27 所示，求各元件的功率并验证功率平衡。

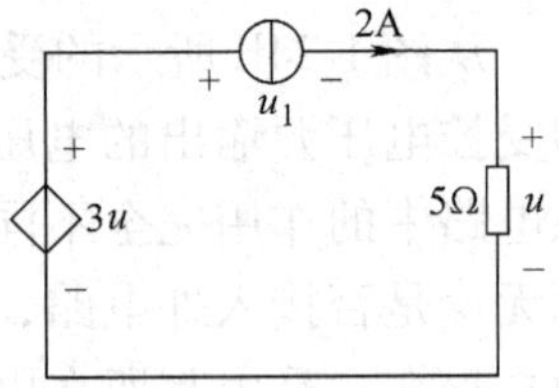

图 1-27 例 1-8 图

解 设理想电流源端电压为 u_1，其参考方向与电流取关联。对回路按顺时针列 KVL 方程可得（注意：在列 KVL 方程时不论是什么电路元件只考虑其两端电压）

$$u_1 + u - 3u = 0$$

由电阻元件的 VCR 可得控制量

$$u = 5 \times 2\text{V} = 10\text{V}$$

把控制量代入 KVL 方程可得

$$u_1 = 2u = 20\text{V}$$

根据各电路元件电压电流参考方向可得

$$p_{2\text{A}} = u_1 i_s = 20 \times 2\text{W} = 40\text{W}$$
$$p_{受} = -3ui_s = -30 \times 2\text{W} = -60\text{W}$$
$$p_{5\Omega} = ui_s = 10 \times 2\text{W} = 20\text{W}$$
$$\sum_{k=1}^{3} p_k = 40\text{W} - 60\text{W} + 20\text{W} = 0\text{W}$$

习　题

1-1 各二端元件的电压、电流和吸收功率如图 1-28 所示，试确定图中指出的未知量。

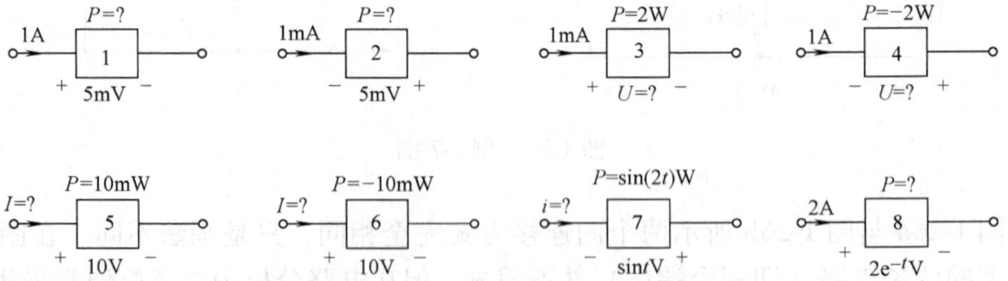

图 1-28 题 1-1 图

1-2 判断下列说法是否正确。

（1）在节点处各支路电流的方向不能均设为流向节点，否则将只有流入节点的电流而无流出节点的电流。

（2）对某一节点利用 KCL 方程求解某一支路电流时，若改变接在同一节点所有其他已知支路电流的参考方向，将使求得的结果有符号的差别。

1-3　接在图 1-29a 所示电路中的电流表 A 的读数（单位为安）随时间变化的情况如图 1-29b 所示。试确定 $t=1\text{s}$、2s、3s 时的电流。

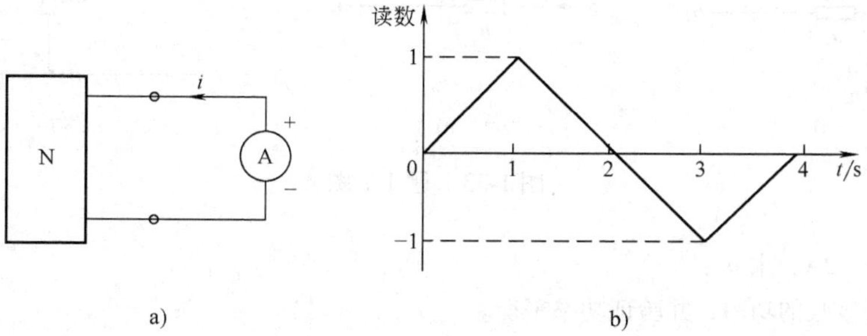

图 1-29　题 1-3 图

1-4　某元件电压 u 和电流 i 的波形如图 1-30 所示，u 和 i 为关联参考方向，试绘出该元件吸收功率 $P(t)$ 的波形，并计算该元件从 $t=0$ 至 $t=2\text{s}$ 期间吸收的能量。

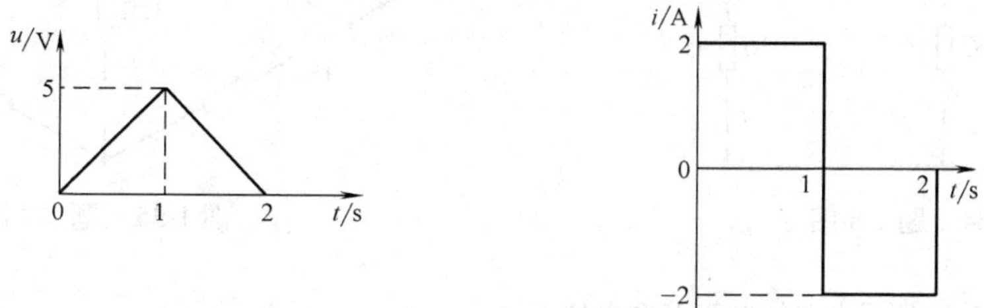

图 1-30　题 1-4 图

1-5　如图 1-31 所示电路，已知 $I_1=24\text{A}$，$I_3=1\text{A}$，$I_4=5\text{A}$，$I_7=-5\text{A}$，$I_{10}=-3\text{A}$，求其他未知电流。

1-6　如图 1-32 所示电路，已知 $i_1=2\text{A}$，$i_3=-3\text{A}$，$u_1=10\text{V}$，$u_4=-5\text{V}$，试求各元件吸收的功率。

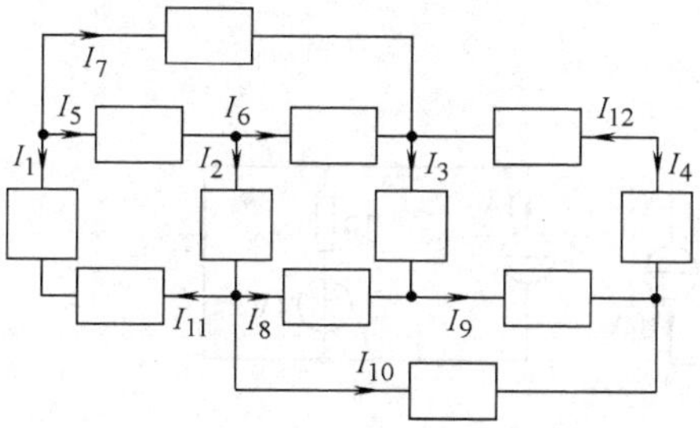

图 1-31　题 1-5 图

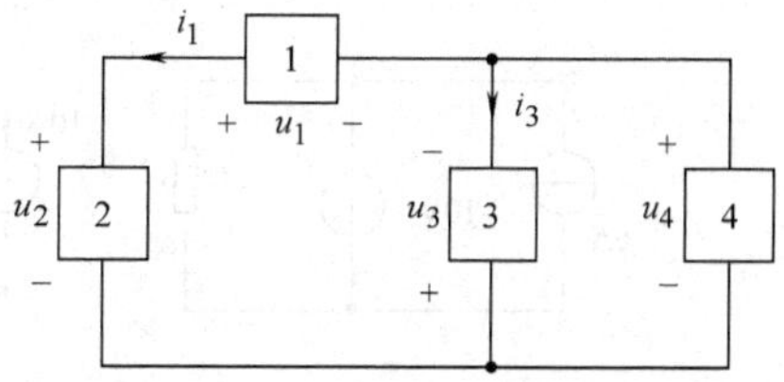

图 1-32　题 1-6 图

1-7　如图 1-33 所示电路。

（1）图 a 中已知 $u=7\cos(2t)\text{V}$，求 i；

（2）图 b 中已知 $u=(5+4\text{e}^{-6t})\text{V}$，$i=(15+12\text{e}^{-6t})\text{V}$，求 R；

（3）图 c 中已知 $u=3\cos(2t)\text{V}$，求 5Ω 电阻的功率。

1-8　电路如图 1-34 所示。

（1）已知 $i_1=4\text{A}$，求 u_1；

（2）已知 $i_2=-2\text{A}$，求 u_2；

（3）已知 $i_3=2\text{A}$，求 u_3；

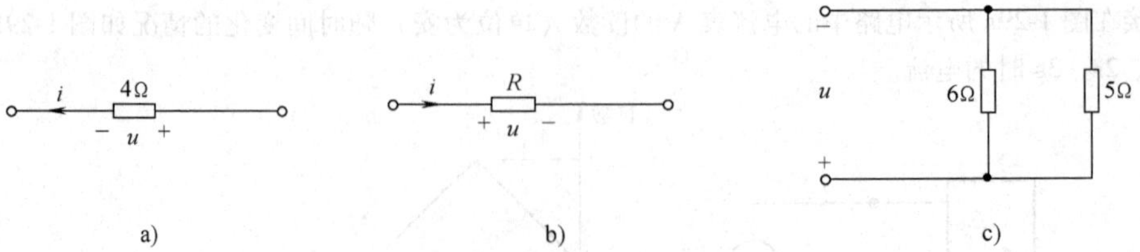

图 1-33 题 1-7 图

（4）已知 $i_4=-2\mathrm{A}$，求 u_4；

（5）求各元件吸收的功率，并验证功率平衡。

1-9 求图 1-35 所示电路中的 u_s 和 i。

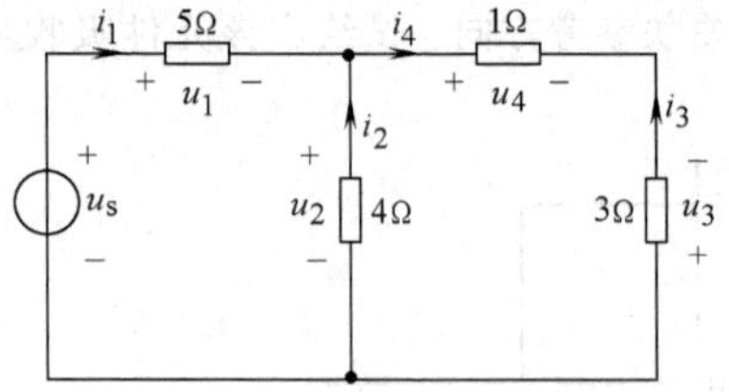

图 1-34 题 1-8 图

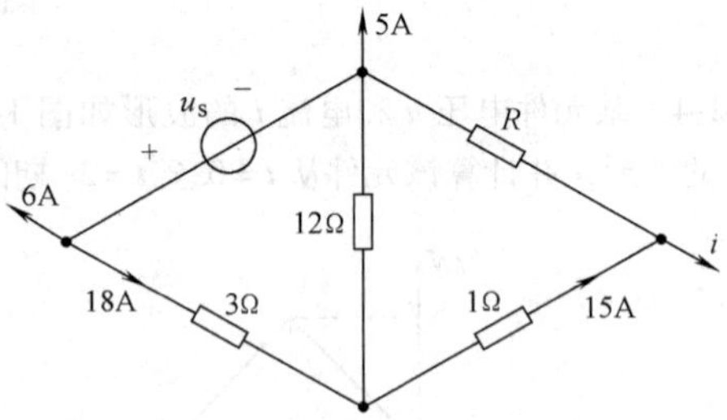

图 1-35 题 1-9 图

1-10 试求图 1-36 所示电路的电压 U 和电流 I。

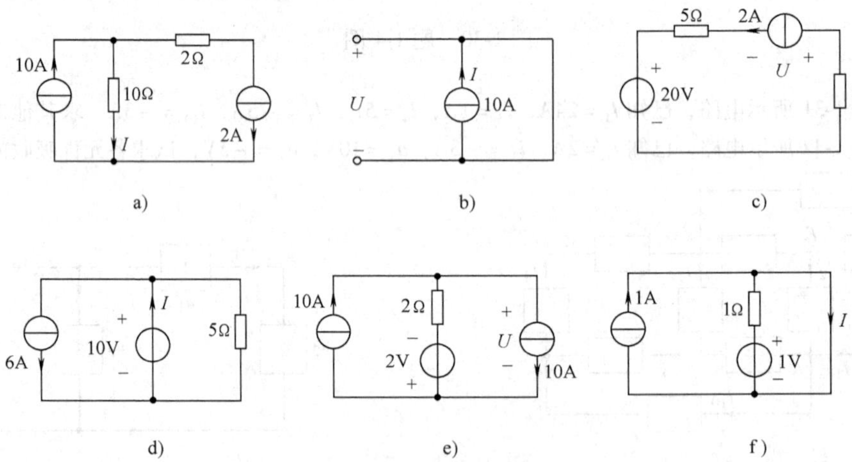

图 1-36 题 1-10 图

1-11 电路如图 1-37 所示。

（1）求 −5V 电压源提供的功率；

（2）如果要使 −5V 电压源提供的功率为零，4A 电流源应改变为多大电流？

1-12 电路如图 1-38 所示，其中受控源参数 $r=5\Omega$，求各元件吸收的功率。

1-13 电路如图 1-39 所示，试求受控源提供的电流及每一元件吸收的功率，核对功率平衡关系。

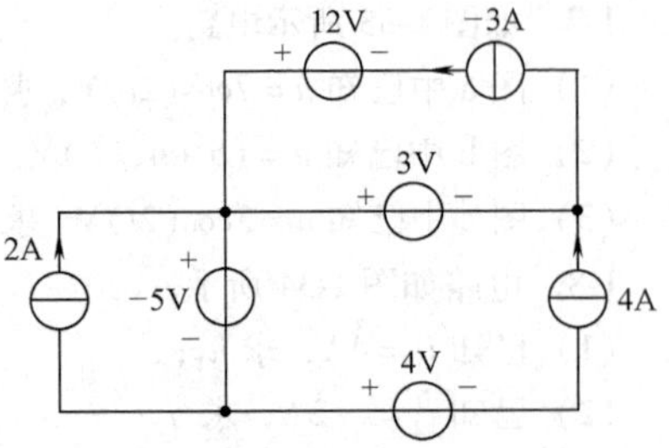

图 1-37 题 1-11 图

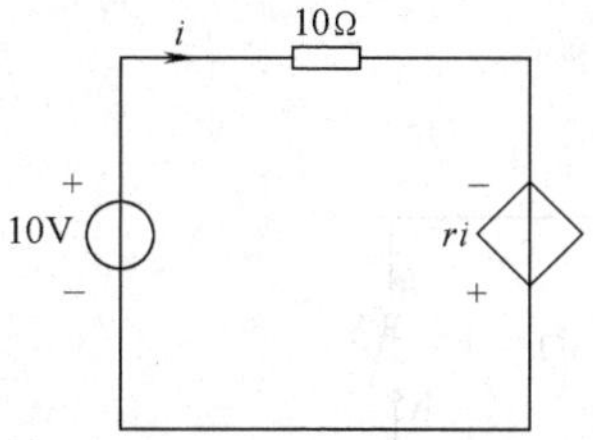

图 1-38　题 1-12 图

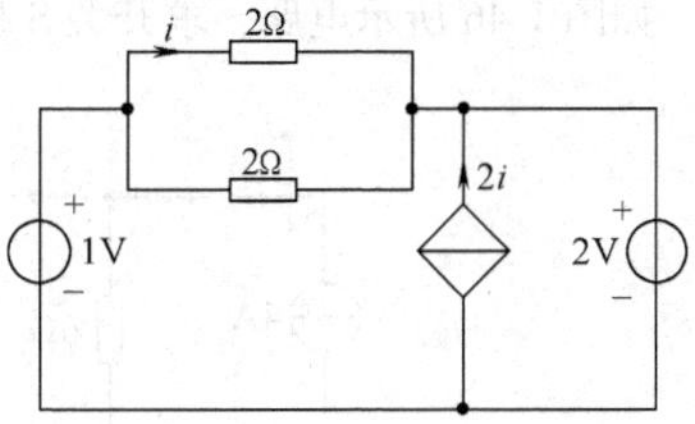

图 1-39　题 1-13 图

1-14　电路如图 1-40 所示，若 $u_s = -19.5\text{V}$，$u_1 = 1\text{V}$，求 R。

1-15　电路如图 1-41 所示，已知 16V 电压源发出 8W 功率。试求电压 U 和电流 I 以及未知元件 A 吸收的功率。

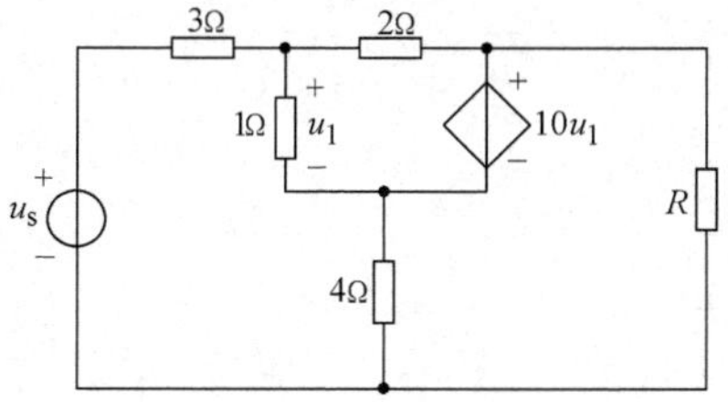

图 1-40　题 1-14 图

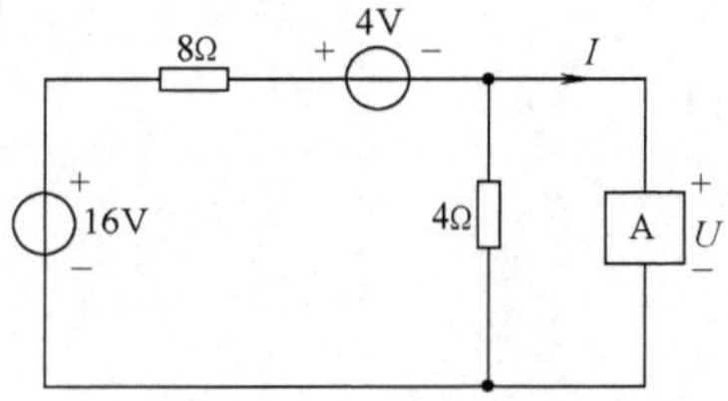

图 1-41　题 1-15 图

1-16　电路如图 1-42 所示，求每个独立电源的功率。

1-17　电路如图 1-43 所示，求三个电流源的功率。

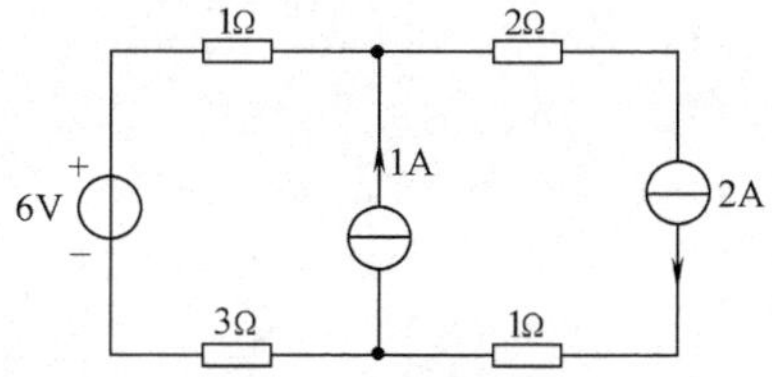

图 1-42　题 1-16 图

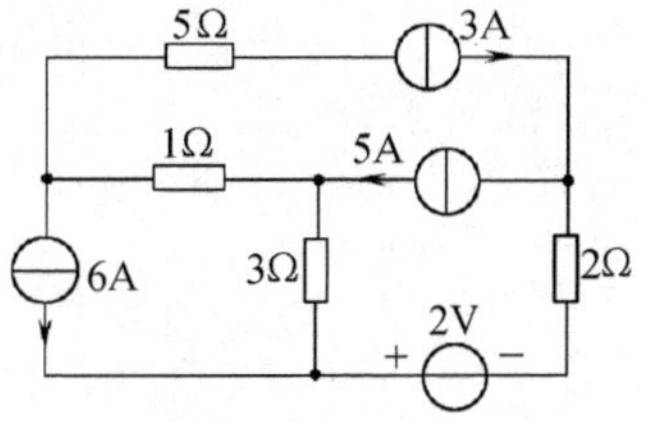

图 1-43　题 1-17 图

1-18　如图 1-44 所示电路，求各电源的功率，并验证功率平衡。

1-19　如图 1-45 所示电路，已知 2A 电流源消耗 30W 的功率，6A 电流源提供 30W 的功率，试求两个电压源的值 U_{s1}、U_{s2}。

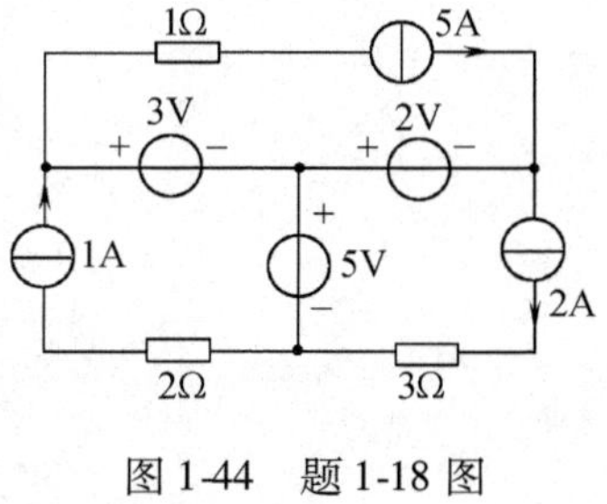

图 1-44　题 1-18 图

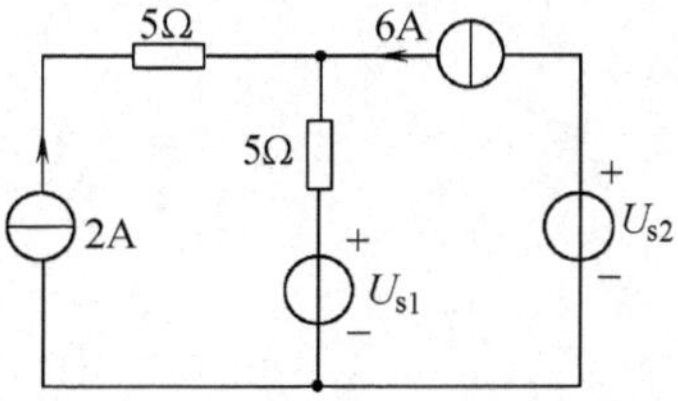

图 1-45　题 1-19 图

1-20 如图 1-46 所示电路，求开关 S 打开及闭合时的 U_a、U_b 及 U_{ab}。

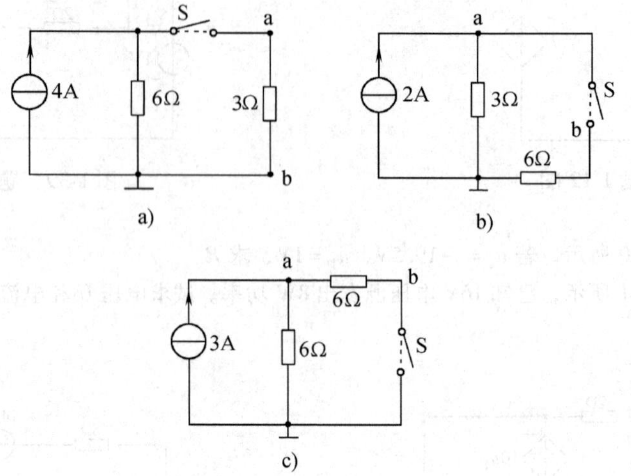

图 1-46 题 1-20 图

第 2 章

电阻电路的等效变换

本章将在上一章基础上讨论等效电路的概念及其运用。等效是电路理论中一个十分重要的概念，常用等效电路的概念来简化电路的分析计算。

2.1 单口网络及等效电路的概念

在电路分析中，可以把一组元件作为一个整体来看，当这个整体只有两个端钮和外电路相连接而进出这两个端钮的电流为同一个电流时，称这一组元件的整体为单口网络（One-port Network）或二端网络。单口网络常用一个方框 N 表示，如图 2-1 所示。

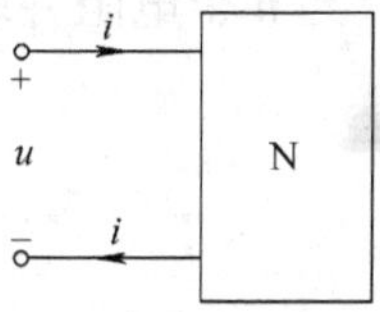

图 2-1 单口网络的一般形式

单个二端元件是单口网络的最简形式，单个二端元件的特性用它的伏安关系来描述，一个单口网络的特性也用其端钮上的伏安关系来描述。

等效单口网络的定义：如果两个单口网络 N_1 和 N_2 其端钮的伏安关系完全相同，则称这两个单口网络 N_1 和 N_2 是等效的。这两个单口网络尽管具有完全不同的内部结构，但对任一外电路来讲它们具有完全相同的作用。

下面利用大家熟知的电阻串并联电路来说明等效电路的含义。设有两个单口网络 N_1 和 N_2 分别如图 2-2a、b 所示，N_1 由三个电阻串联而成，N_2 只有一个电阻，显然 N_1 和 N_2 内部结构完全不同。

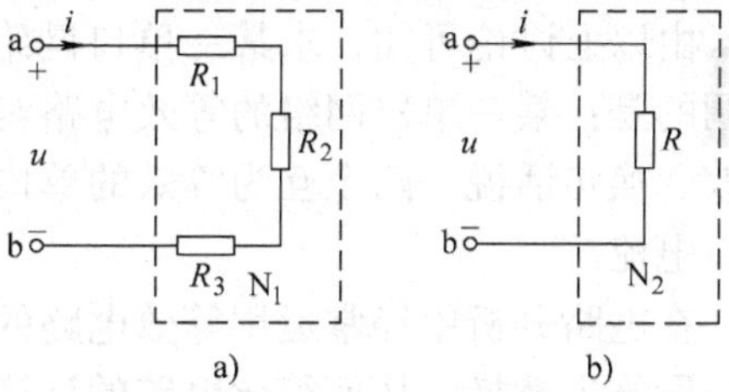

图 2-2 串联电路的等效单口网络

单口网络 N_1 端钮的 VCR 为

$$u = R_1 i + R_2 i + R_3 i = (R_1 + R_2 + R_3) i$$

单口网络 N_2 的 VCR 为

$$u = Ri$$

上两式若满足

$$R = R_1 + R_2 + R_3 \tag{2-1}$$

则 N_1 和 N_2 在端钮 ab 上的伏安关系完全相同，因此，N_1 和 N_2 互为等效电路，在电路分析时 N_1 和 N_2 可以互相替换而对外电路的作用丝毫没有区别。式（2-1）是这两个网络等效的条件，是大家熟知的串联等效电阻公式。

当 n 个电阻串联时，等效电阻公式为

$$R = R_1 + R_2 + \cdots + R_k + \cdots + R_n = \sum_{k=1}^{n} R_k \tag{2-2}$$

大家熟知的并联等效电阻的公式，同样也是根据等效电路的概念推导的。设有两个单口网络 N_1 和 N_2，分别如图 2-3a、b 所示。N_1 由三个电阻并联而成，N_2 只有一个电阻，显然 N_1 和 N_2 内部结构完全不同。

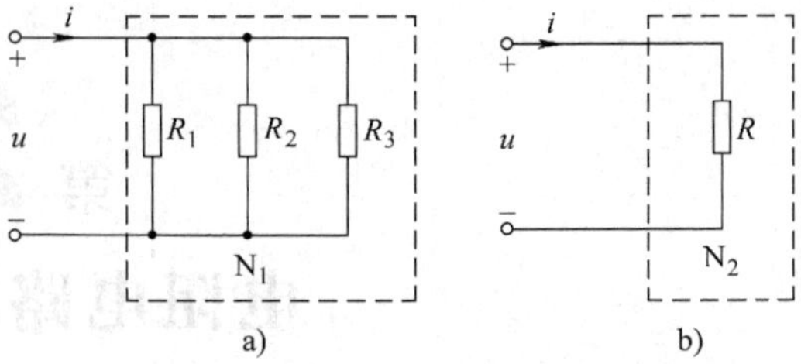

图 2-3 并联电路的等效单口网络

单口网络 N_1 的 VCR 为

$$i = \frac{u}{R_1} + \frac{u}{R_2} + \frac{u}{R_3} = \left(\frac{1}{R_1} + \frac{1}{R_2} + \frac{1}{R_3}\right)u$$
$$= (G_1 + G_2 + G_3)u$$

单口网络 N_2 的 VCR 为

$$i = \frac{u}{R} = Gu$$

上两式若满足

$$G = G_1 + G_2 + G_3 \tag{2-3}$$

则 N_1 和 N_2 在端钮上的伏安关系完全相同，因此，N_1 和 N_2 是互为等效电路。

当 n 个电阻并联时，等效电导公式为

$$G = G_1 + G_2 + \cdots + G_k + \cdots + G_n = \sum_{k=1}^{n} G_k \tag{2-4}$$

或

$$\frac{1}{R} = \frac{1}{R_1} + \frac{1}{R_2} + \cdots + \frac{1}{R_k} + \cdots + \frac{1}{R_n} \tag{2-5}$$

式中，G 和 R 分别为等效电导和等效电阻；G_k、R_k 分别为第 k 个电导和电阻。

在电路中经常遇到两个电阻并联的情况，此时，一般直接求其等效电阻 R 为

$$R = \frac{R_1 R_2}{R_1 + R_2} \tag{2-6}$$

由以上讨论可知，求某一单口网络的等效电路，实际上是求该单口网络的 VCR。需要强调的是：某一单口网络的等效电路对任意的外电路都等效，而不是指对某一特定的外电路等效。换句话说，两个互为等效的单口网络，在接任何外电路时，都具有相同的端口电压和端口电流。

在电路分析中经常运用等效电路的概念，把一个结构复杂的单口网络用一个结构简单的单口网络去替换，从而简化电路的计算。

2.2 分压电路和分流电路

2.2.1 分压电路

在电子电路中常需要多种不同数值及极性的直流工作电压，对信号电压的大小也常需要加以控制（如录音机、电视机的音量等），运用分压电路就可以解决这类问题。

设有 n 个电阻串联电路，由于串联电路流过每一元件的电流 i 相等，因此，当 n 个电阻串联时每个电阻元件上的电压分别为

$$u_1 = R_1 i,\quad u_2 = R_2 i, \cdots, u_k = R_k i, \cdots, u_n = R_n i \tag{2-7}$$

由 KVL 可知：n 个串联电阻的总电压 u 为

$$
\begin{aligned}
u &= u_1 + u_2 + \cdots + u_k + \cdots + u_n \\
&= (R_1 + R_2 + \cdots + R_k + \cdots + R_n)\,i \\
&= \sum_{k=1}^{n} R_k i
\end{aligned} \tag{2-8}
$$

由此不难得出第 k 个电阻的电压 u_k 为

$$
u_k = R_k i = R_k \frac{u}{\sum\limits_{k=1}^{n} R_k} = \frac{R_k}{R_{总}} u \tag{2-9}
$$

式（2-9）即为电阻串联电路的分压公式，它表明电阻串联电路中任一电阻两端的电压等于该电阻对总电阻的比值乘以总电压，显然，电阻值越大分到的电压也就越大。

2.2.2 分流电路

设有 n 个电阻并联电路，由于并联电路每一元件的端电压 u 相等，因此，当 n 个电阻并联时每个电阻元件上的电流分别为

$$
i_1 = G_1 u,\quad i_2 = G_2 u,\cdots,\quad i_k = G_k u,\cdots,\quad i_n = G_n u \tag{2-10}
$$

由 KCL 可知：n 个并联电导的总电流 i 为

$$
\begin{aligned}
i &= i_1 + i_2 + \cdots + i_k + \cdots + i_n \\
&= (G_1 + G_2 + \cdots + G_k + \cdots + G_n)\,u \\
&= \sum_{k=1}^{n} G_k u
\end{aligned} \tag{2-11}
$$

由此不难得出第 k 个电导的电流 i_k 为

$$
i_k = G_k u = G_k \frac{i}{\sum\limits_{k=1}^{n} G_k} = \frac{G_k}{G_{总}} i \tag{2-12}
$$

式（2-12）即为电阻并联电路的分流公式，它表明电导并联电路中流过任一电导的电流等于该电导对总电导的比值乘以总电流。显然，电导值越大分到的电流也就越大。

当两个电阻并联时，经常用电阻来表示分流关系，即

$$
\left.
\begin{aligned}
i_1 &= \frac{G_1}{G_1 + G_2} i = \frac{R_2}{R_1 + R_2} i \\
i_2 &= \frac{G_2}{G_1 + G_2} i = \frac{R_1}{R_1 + R_2} i
\end{aligned}
\right\} \tag{2-13}
$$

例 2-1 常用的分压电路如图 2-4 所示，电阻分压器的固定端 a、b 接到电源上。利用分压器上滑动触头 c 的滑动可以使输出电压 U_2 在 $0 \sim U_s$ 间变化。已知 $U_s = 21\text{V}$，滑动触头 c 的位置使 $R_1 = 900\Omega$，$R_2 = 1800\Omega$。（1）未接电压表时，求输出电压 U_2；（2）求用内阻 $R_V = 3600\Omega$ 的电压表去测量 U_2 时电压表的读数；（3）求用内阻 $R'_V = 1800\Omega$ 的电压表去测量 U_2 时电压表的读数。

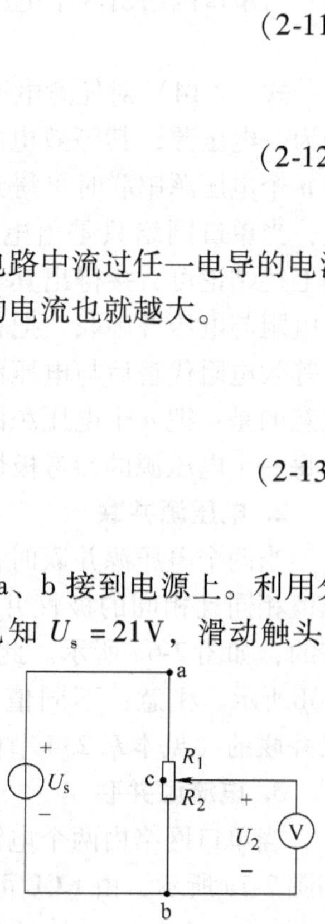

图 2-4 例 2-1 图

解 （1）未接电压表时，应用分压公式得

$$
U_2 = \frac{R_2}{R_1 + R_2} U_s = \frac{1800}{900 + 1800} \times 21\text{V} = 14\text{V}
$$

（2）电压表的内阻为3600Ω，则

$$R_{cb}=\frac{R_2R_V}{R_2+R_V}=\frac{1800\times3600}{1800+3600}\Omega=1200\Omega$$

$$U_V=\frac{R_{cb}}{R_1+R_{cb}}U_s=\frac{1200}{900+1200}\times21\text{V}=12\text{V}$$

（3）电压表的内阻为1800Ω时

$$R'_{cb}=\frac{R_2R'_V}{R_2+R'_V}=\frac{1800\times1800}{1800+1800}\Omega=900\Omega$$

$$U'_V=\frac{R'_{cb}}{R_1+R'_{cb}}U_s=\frac{900}{900+900}\times21\text{V}=10.5\text{V}$$

可见，电压表内阻越大对测量电路的影响越小。而测量电流时，将电流表串接在电路中，因此，电流表的内阻越小对测量电路的影响就越小。

2.3 一些含源单口网络的等效规律

由等效电路的定义可知，对任意单口网络，求其等效电路的依据就是其端口的VCR，但一些简单的含源单口网络求其等效电路时可直接使用一些结论。

1. 电压源串联

当单口网络由两个电压源串联组成时，如图2-5a所示，由KVL可得

$$u=u_{s1}+u_{s2}=u_s \tag{2-14}$$

式（2-14）对任意电流i（即对任意外电路）都成立，可见两电压源串联后的等效电路仍为一电压源，其等效电路如图2-5b所示。当n个电压源串联时可得到同样的结论。因此，当单口网络只是由电压源串联组成时，用上述结论可直接得出其等效电路。如果还有电阻与电压源串联，把相串联的电阻用一个等效电阻代替后与电压源串联即可。需要注意的是：把n个电压源的电压相加时要考虑每一个电压源的参考极性。

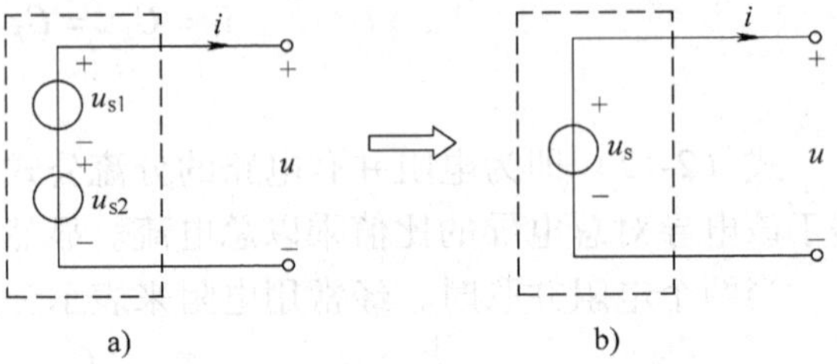

图2-5 电压源的串联及其等效电路

2. 电压源并联

当两个电压源并联时，如果两电压源的电压值不相等，则将违背KVL，因此只有当电压值相同且相同的极性并在一起时才是允许的，如图2-6a所示。此时等效电路如图2-6b所示。注意：不同值的实际电源是可以并联的（见本章2.4节内容）。

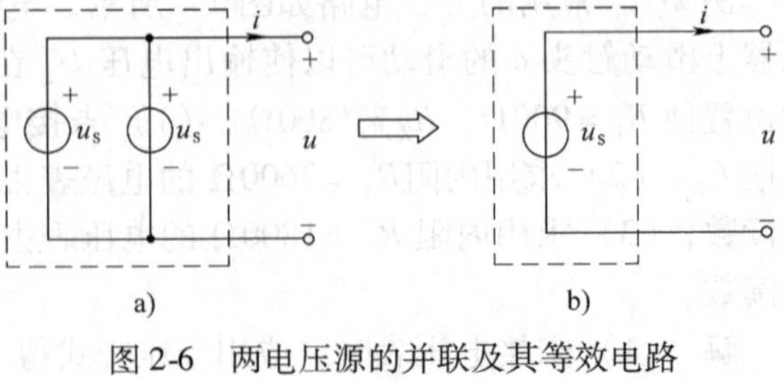

图2-6 两电压源的并联及其等效电路

3. 电流源并联

当单口网络由两个电流源并联组成时，如图2-7a所示，由KCL可得

$$i=i_{s1}+i_{s2}=i_s \tag{2-15}$$

式（2-15）对任意端电压 u（即对任意外电路）都成立，可见两电流源并联后的等效电路仍为一电流源，其等效电路如图 2-7b 所示。当 n 个电流源并联时，可得到同样的结论。因此，当单口网络只是由电流源并联组成时，用上述结论可直接得出其等效电路。如果还有电阻与电流源并联，把相并联的电阻用一个等效电阻代替后与电流源并联即可。电流源的电流相加时同样需要注意每一电流源的参考方向。

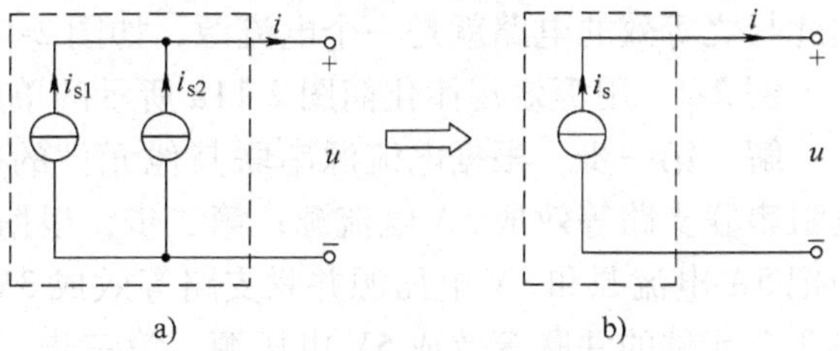

图 2-7　两电流源的并联及其等效电路

4. 电流源串联

不同值的电流源串联，将违背 KCL，因此只有当电流值相同且方向一致的电流源串联才是允许的，如图 2-8a 所示，其等效电路如图 2-8b 所示。

5. 电压源与其他元件（或支路）的并联

在图 2-9a 所示单口网络 N 中，N′可以是一个电流源或电阻，也可以是一组元件组合的单口网络，单口网络 N 对端钮而言其 VCR 为

$$u = u_s \tag{2-16}$$

N′的存在与否并不影响端口电压 u 的大小，端口电压总是等于电压源的电压值 u_s，这是由 KVL 以及电压源的性质所决定的。N′的存在虽然会使流过电压源的电流有所改变，但由于电压源的电流可以是任意值，因此单口网络 N 的端电流也仍为任意值。由此可以得出结论：对单口网络 N 的端钮而言，N′为多余元件（或支路）可去掉。因此与之等效的电路就是一个电压源，如图 2-9b 所示。

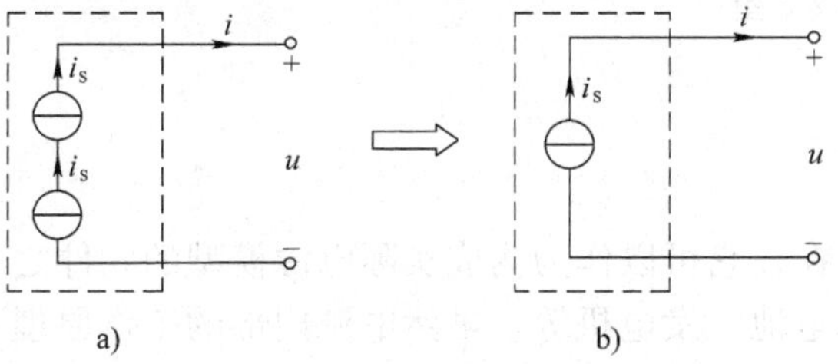

图 2-8　两相同电流源的串联及其等效

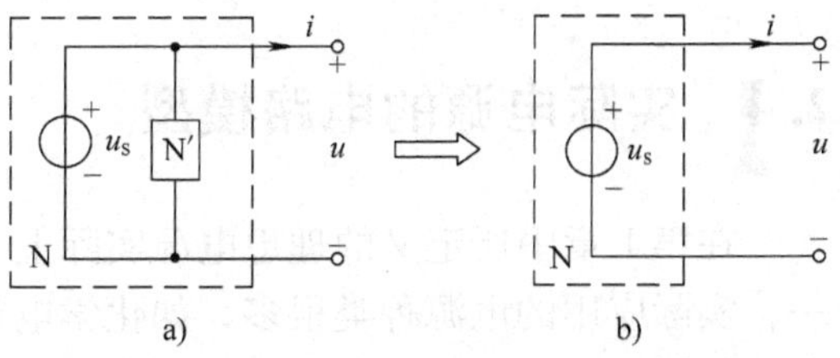

图 2-9　电压源与其他元件并联时的等效电路

6. 电流源与其他元件（或支路）的串联

在图 2-10a 所示单口网络 N 中，N′可以是一个电压源或电阻，也可以是一组元件的组合，单口网络 N 对端钮而言其 VCR 为

$$i = i_s \tag{2-17}$$

N′的存在与否并不影响端钮电流 i 的大小，端钮电流 i 总是等于电流源的电流值 i_s，这是由 KCL 及电流源的性质所决定的。N′的存在虽然会使电流源的端电压有所改变，但由于电流源的端电压可以是任意值，因此单口网络 N 的端电压也仍为任意值。由此可以得出结论：从等

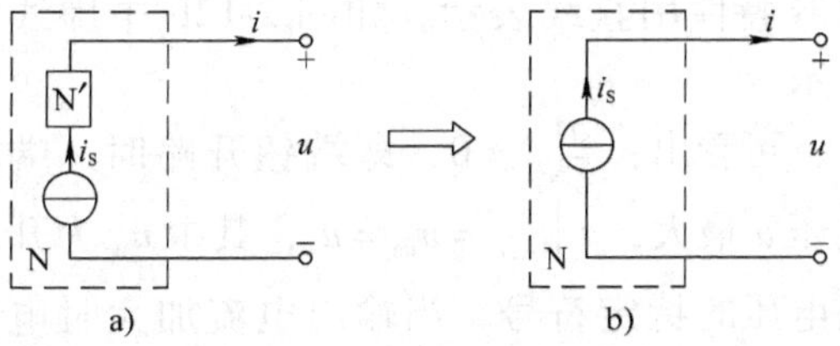

图 2-10　电流源与其他元件串联时的等效电路

效的观点，对单口网络 N 的端钮而言与电流源串联的 N′为多余元件（或支路）可以去掉。因此与之等效的电路就是一个电流源，如图 2-10b 所示。

例 2-2 用等效规律化简图 2-11a 所示的单口网络。

解 第一步，根据电流源串联其他元件的等效规律，在图 2-11a 中把 5A 电流源和 2Ω 电阻串联支路等效成 5A 电流源；第二步，根据电压源并联其他元件的等效规律，在图2-11b 中把 5A 电流源和 3V 电压源并联支路等效成 3V 电压源，把 2A 电流源、6Ω 电阻、5V 电压源 3 个元件的并联等效成 5V 电压源；第三步，根据电压源串联电阻的等效规律，在图2-11c 中把 5V 电压源、3V 电压源及 4Ω 电阻串联支路等效成 8V 电压源和 4Ω 电阻串联支路。化简过程如图 2-11b、c、d 所示。

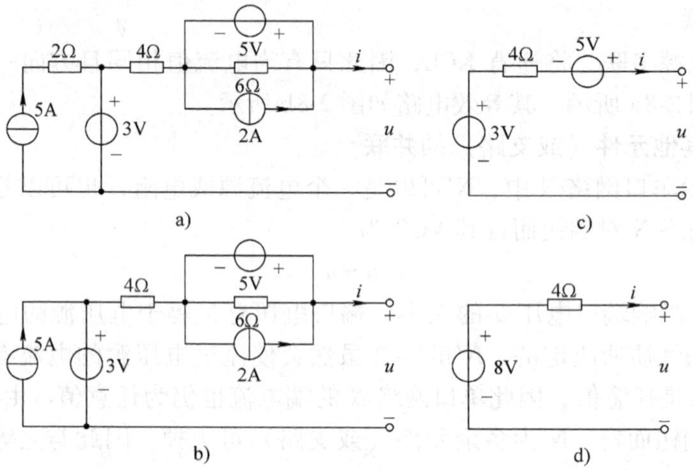

图 2-11 例 2-2 图

2.4 实际电源的电路模型

在第 1 章中所定义的理想电源实际上并不存在，它可以作为构成实际电源模型的元件之一，实际应用的电源种类很多，如化学电池、光电池、发电机等。虽然电源内部的工作原理各不相同，但在电路分析中所关心的是电源对外电路的影响，即电源的外部特性。

2.4.1 实际电源的两种电路模型

一个实际的电源，端钮接上可变负载 R_L，如图 2-12a 所示，测得端电压 u 和电流 i 时其端钮上的 VCR 特性曲线如图 2-12b 中实线所示。实际电源一般工作在其 VCR 特性的直线范围，因此，在讨论实际电源的特性时其 VCR 特性用直线表示，如图 2-12b 中虚线所示。

可看出：当 $i=0$，即端钮开路时，端电压 u 最大，$u\big|_{i=0}=u_{oc}=u_s$，其中 u_{oc} 为开路电压的特定符号，当输出电流加大时电源两端的电压随之减小，若将这一特性用

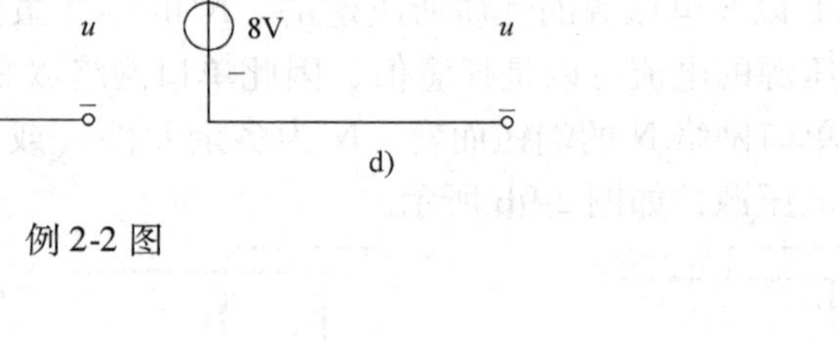

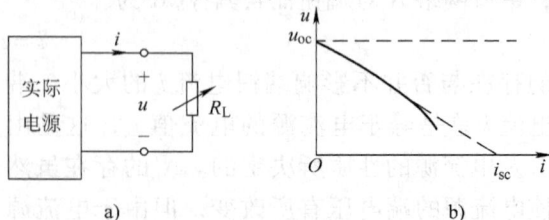

图 2-12 实际电源的负载及 VCR 特性曲线

a）电路 b）实际电源的 VCR 特性曲线

$u=f(i)$ 的数学关系式表示，令其斜率为 $K=-R_s$，则

$$u=u_s-R_s i \tag{2-18}$$

由式（2-18）可得出如图 2-13a 所示的电路模型，这一模型称为实际电源的串联模型，其中 u_s 等于实际电源的开路电压 u_{oc}，R_s 为电源内阻，是反映电源内部损耗的的参数。如果把图 2-12b 所示的特性，用 $i=f(u)$ 的数学关系式表示，则

$$i=i_s-\frac{u}{R_s} \tag{2-19}$$

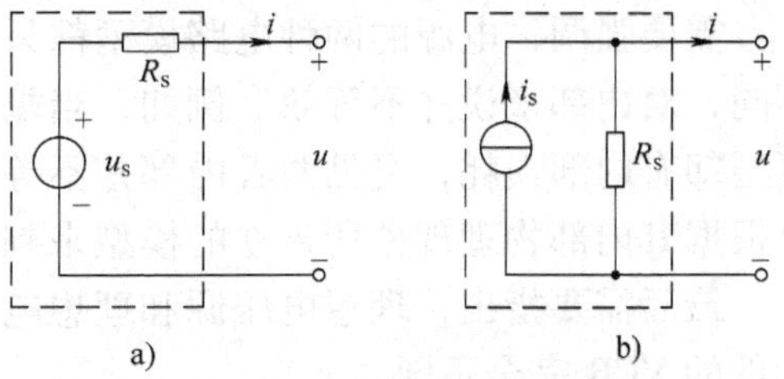

图 2-13　实际电源的两种电路模型
a）电压源串联电阻电路　b）电流源并联电阻电路

式（2-19）对应的电路模型如图 2-13b 所示，这一模型称为实际电源的并联模型。当 $u=0$ 即端口短路时，有 $i\big|_{u=0}=i_{sc}=i_s$，其中 i_{sc} 为短路电流的特定符号。（注意：因为实际电源的内阻 R_s 很小，若把电源短路将产生很大的电流，实际电源往往是不能接受的，在此 i_{sc} 只是实际电源伏安特性曲线（实线段）的延长线（虚线）与横坐标的交点。）

以上是根据实际电源的外部特性建立其两种电路模型的，至于一个实际的电源采用哪一种模型更合适，要从其内部的物理过程考虑。例如干电池，当每库仑的正电荷由电池的负极转移到正极时所获得的能量是化学反应所给予的定值能量与内部损耗能量的差值，因此电池的端电压将低于定值电压 u_s（即电动势），考虑这一物理过程应采用电压源串电阻的模型。又例如光电池，被光激发产生的电流，其中一部分在光电池的内部被分流，因此，用电流源并电阻的模型更合适。

2.4.2　电源的两种电路模型间的等效变换

由上述分析可知：任何一个实际电源可以用一个理想电压源 u_s 串联一个电阻 R_s 的模型表示，也可以用一个理想电流源 i_s 并联一个电阻 R_s 的模型表示。换句话说，由于这两种电路模型的外部特性即 VCR 完全相同，它们互为等效电路，因此一个实际电源对外电路来说可任取其中之一作为电路模型。

在电路分析中为了分析方便，经常在电源的串联模型与并联模型之间进行等效变换。

当已知串联模型，求其等效并联模型时，有 $i_s=u_s/R_s$，并联电阻仍为 R_s，其等效转换关系如图 2-14 所示。

当已知并联模型，求其等效串联模型时，有 $u_s=R_s i_s$，串联电阻仍为 R_s，其等效转换关系如图 2-15 所示。在这两种电路模型间进行等效变换时要注意电压源参考极性与电流源参考方向的关系。

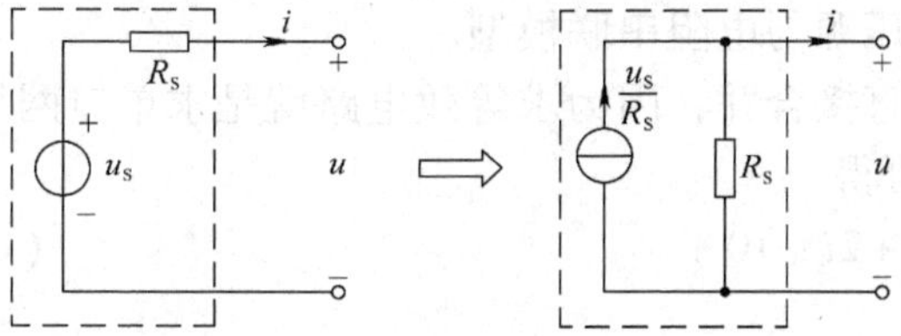

图 2-14　电源的串联模型转换成并联模型

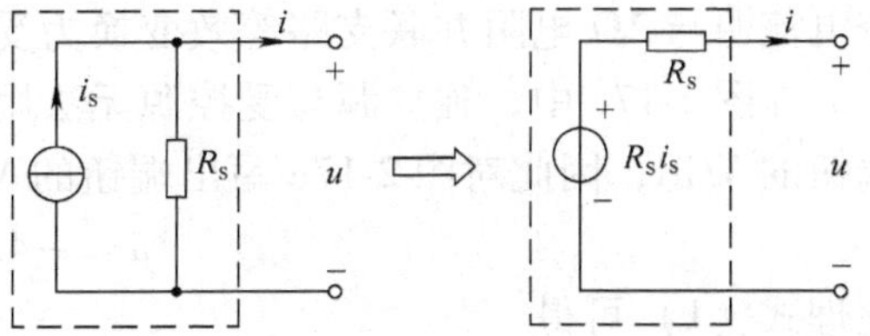

图 2-15　电源的并联模型转换成串联模型

上述的实际电源的两种电路模型间的等效转换，可以推广应用到任何含源支路的等效变换，即任何一个电压源与电阻串联支路和一个电流源与电阻并联支路可以等效转换，这里的电阻不一定是实际电源的内阻。

需要强调，电源的两种电路模型都只是对外电路等效，因为这两种电路模型的内部结构不同，对内部来说并不等效。例如，当端口开路时，就串联模型来说内部损耗为零，而并联模型却有内部损耗，可见两者内部并不等效。当端口开路时，实际电源内部究竟有无损耗，要根据其内部物理现象所建立的模型来判断。例如化学电池，应根据串联模型来判断。

最后需要指出，理想电压源和理想电流源之间是不能等效转换的，这是因为这两种电路元件的 VCR 完全不同。

例 2-3 求图 2-16a 所示电路中的电流 i。

解 根据电源两种电路模型间的等效互换及含源支路的等效规律，可求得其等效串联模型如图 2-16e 所示，简化过程如图 2-16b、c、d、e 所示。由图 2-16e 可得

$$i=\frac{5}{3+7}\text{A}=0.5\text{A}$$

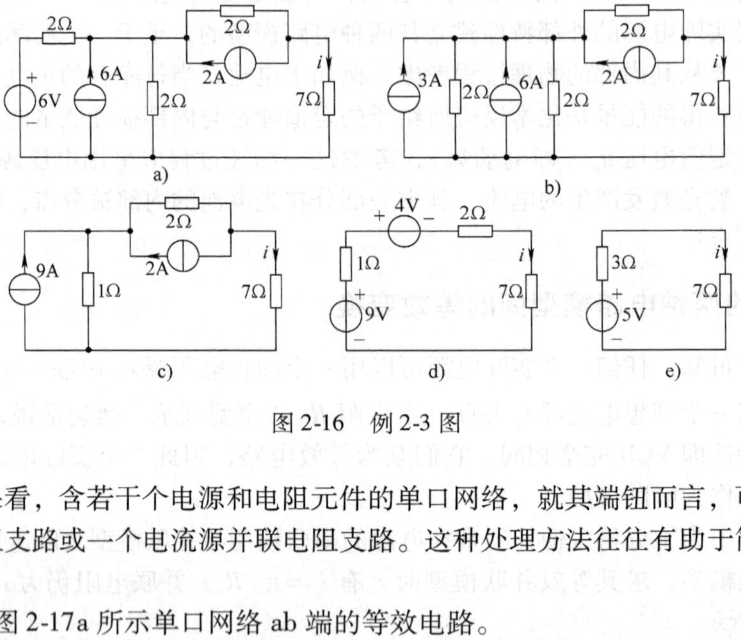

图 2-16 例 2-3 图

由分析结果看，含若干个电源和电阻元件的单口网络，就其端钮而言，可以化简为一个电压源串联电阻支路或一个电流源并联电阻支路。这种处理方法往往有助于简化一些电路的分析和计算。

例 2-4 求图 2-17a 所示单口网络 ab 端的等效电路。

解 该单口网络含有 VCCS，其控制量为端口电压 u，等效变换的规律同样可用于含线性受控源的电路。例如受控电压源串电阻支路和受控电流源并电阻支路间也可以进行等效互换，该电路先应用电源两种模型间的等效变换进行化简，如图 2-17b、c 所示。其中 $2u$ 的受控电流源与 2Ω 电阻并联支路等效变换为受控电压源与电阻串联模型。

在图 2-17c 中，独立源与受控源无法用规律直接合并，因为求等效电路就是求单口网络端钮的 VCR，因此对图 2-17c 写出端钮的 VCR 可得

$$u=-4u+2i+2i+10 \tag{1}$$

整理式（1）可得

$$u=2+0.8i \tag{2}$$

显然，由式（2）可得如图 2-17d 所示等效电路。

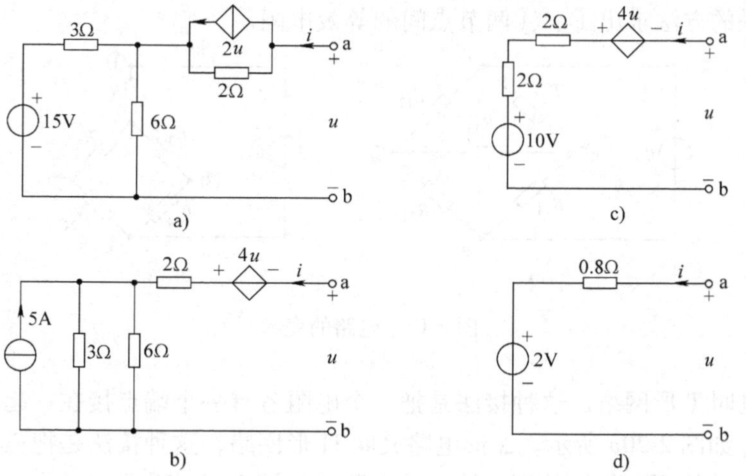

图 2-17　例 2-4 图

例 2-5　求图 2-18a 所示单口网络 ab 端的等效电路。

解　含受控源的单口网络等效简化时，要注意不要把控制量化简掉而受控源失去控制支路。在此 6Ω 与 3Ω 两电阻先不能合并，如先把它们合并，控制量 i_1 将被化简掉。

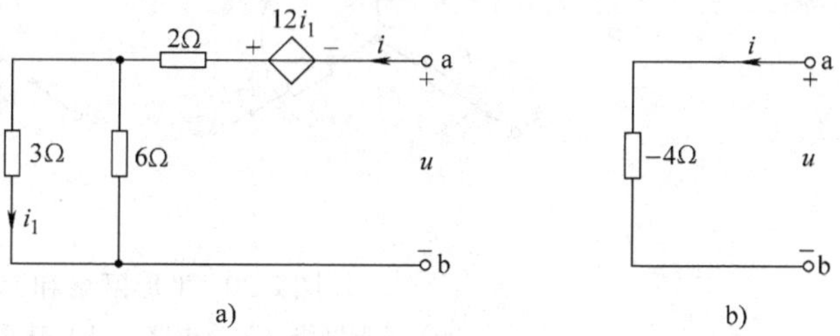

图 2-18　例 2-5 图

对图 2-18a 列端钮的 VCR 可得

$$u = -12i_1 + 2i + 3i_1 = 2i - 9i_1 \qquad (1)$$

其中

$$i_1 = \frac{6}{6+3}i = \frac{2}{3}i \qquad (2)$$

将式（2）代入式（1）可得 ab 端的 VCR 为

$$u = -4i \qquad (3)$$

由式（3）可见，端口电压与电流成正比，因此该单口网络的等效电路应为一电阻元件。由于端钮的电压和电流取关联，其 VCR（即欧姆定律）应满足 $u = R_0 i = -4i$，由此可得 $R_0 = u/i = -4\Omega$，等效电路如图 2-18b 所示。

上述结果表明：一个不含独立源而含受控源和电阻的单口网络可以用一个等效电阻代替。含受控源的单口网络其等效电阻可能为负值，正电阻消耗能量，负电阻则供出能量，说明受控源可以提供能量。

2.5　T 形网络和 Π 形网络的等效变换

在求单口网络的等效电阻时，有时遇到单口网络内的电阻连接方式不属于串、并联的情况，如图 2-19a 所示电路。如果把图中①，②，③这三个节点间由 R_{12}、R_{23}、R_{31} 这三个电阻组成的 Δ 形电路用 R_1、R_2、R_3 这三个电阻组成的 Y 形电路代替，如图 2-19b 所示，就可以采用电阻串并联的方法求出①、④两节点间的等效电阻。

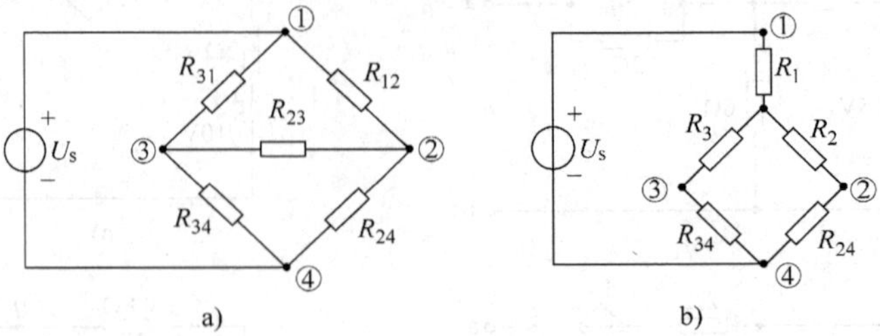

图 2-19　电路的变形

Y 形电路也叫 T 形网络，这种接法是把三个电阻各有一个端点接在一起，另一个端点分别接入外电路，如图 2-20a 所示。Δ 形电路又叫 Π 形网络，这种接法是把三个电阻头尾相接成一个三角形，并从两两相接的端点接入外电路，如图 2-20b 所示。

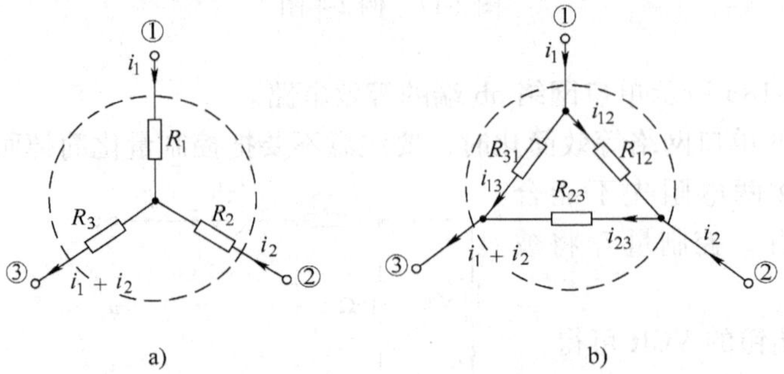

图 2-20　T 形网络和 Π 形网络

a）T 形网络（Y 形电路）　b）Π 形网络（Δ 形电路）

T 形网络和 Π 形网络可以等效变换，据等效电路的定义，把电路的一个局部用另一种新的电路结构代替时，对外电路应具有同样的效果，即端钮上的 VCR 应完全相同。在此就是图 2-20a、b 中流入节点①、②、③的电流以及三个节点间的电压应分别相等。

在图 2-20a、b 中，均设自节点①流入的电流为 i_1，自节点②流入的电流为 i_2，由 KCL 可知流入节点③的电流必然等于 i_1+i_2 而不需要另设。设节点①、③间和②、③间的电压分别为 u_{13}、u_{23}，由 KVL 可知①、②间的电压必然等于 $u_{13}-u_{23}$ 而不需要另设。

由图 2-20a 所示的 T 形网络可得

$$\left.\begin{aligned} u_{13} &= R_1 i_1 + R_3(i_1+i_2) = (R_1+R_3)i_1 + R_3 i_2 \\ u_{23} &= R_2 i_2 + R_3(i_1+i_2) = R_3 i_1 + (R_2+R_3)i_2 \end{aligned}\right\} \tag{2-20}$$

在图 2-20b 所示 Π 形网络中，令

$$G_{12}=1/R_{12},\quad G_{23}=1/R_{23},\quad G_{31}=1/R_{31}$$

则

$$i_{13}=G_{31}u_{13},\quad i_{23}=G_{23}u_{23},\quad i_{12}=G_{12}(u_{13}-u_{23})$$

$$\left.\begin{aligned} i_1 &= i_{12}+i_{13} = (G_{12}+G_{31})u_{13} - G_{12}u_{23} \\ i_2 &= i_{23}-i_{12} = -G_{12}u_{13} + (G_{12}+G_{23})u_{23} \end{aligned}\right\} \tag{2-21}$$

式（2-20）和式（2-21）分别为 T 形网络和 Π 形网络端口的 VCR，为了将这两式进行

比较，由式（2-20），解出 i_1、i_2 得

$$\left.\begin{aligned} i_1 &= \left(\frac{R_2}{R_1R_2+R_2R_3+R_3R_1}+\frac{R_3}{R_1R_2+R_2R_3+R_3R_1}\right)u_{13}-\frac{R_3}{R_1R_2+R_2R_3+R_3R_1}u_{23} \\ i_2 &= -\frac{R_3}{R_1R_2+R_2R_3+R_3R_1}u_{13}+\left(\frac{R_1}{R_1R_2+R_2R_3+R_3R_1}+\frac{R_3}{R_1R_2+R_2R_3+R_3R_1}\right)u_{23} \end{aligned}\right\} \quad (2\text{-}22)$$

式（2-22）为 T 形网络 VCR 的另一种形式。T 形与 Π 形网络在互为等效条件下式（2-22）与式（2-21）应相等，即这两组关系式中所对应项的系数应分别相等。比较这两组方程可得

$$\left.\begin{aligned} G_{12} &= \frac{R_3}{R_1R_2+R_2R_3+R_3R_1} \\ G_{23} &= \frac{R_1}{R_1R_2+R_2R_3+R_3R_1} \\ G_{31} &= \frac{R_2}{R_1R_2+R_2R_3+R_3R_1} \end{aligned}\right\} \quad (2\text{-}23)$$

将式（2-23）改用电阻表示则

$$\left.\begin{aligned} R_{12} &= \frac{R_1R_3+R_2R_3+R_1R_2}{R_3} \\ R_{23} &= \frac{R_1R_2+R_1R_3+R_3R_2}{R_1} \\ R_{31} &= \frac{R_1R_2+R_2R_3+R_1R_3}{R_2} \end{aligned}\right\} \quad (2\text{-}24)$$

在已知 T 形网络的三个电阻 R_1、R_2、R_3 时，由式（2-24）即可求出与之等效的 Π 形网络的三个电阻值 R_{12}、R_{23}、R_{31}。式（2-24）中的三个公式可概括为

$$R_{mn} = \frac{\text{两两电阻乘积之和}}{\text{接在与 } R_{mn} \text{ 相对端钮的电阻}}$$

如果由式（2-21），解出 u_{13}、u_{23}后与式（2-20）进行比较系数可得出

$$\left.\begin{aligned} R_1 &= \frac{R_{12}R_{31}}{R_{12}+R_{23}+R_{31}} \\ R_2 &= \frac{R_{12}R_{23}}{R_{12}+R_{23}+R_{31}} \\ R_3 &= \frac{R_{23}R_{31}}{R_{12}+R_{23}+R_{31}} \end{aligned}\right\} \quad (2\text{-}25)$$

在已知 Π 形网络的三个电阻 R_{12}、R_{23}、R_{31}时，由式（2-25）即可求出与之等效的 T 形网络的三个电阻 R_1、R_2、R_3。式（2-25）中的三个公式可概括为

$$R_n = \frac{\text{接于端钮 } n \text{ 的两电阻的乘积}}{\text{3 电阻之和}}$$

例 2-6 电路如图 2-21a 所示，求电流 i_1。

解 在原电路中用 T 形网络和 Π 形网络间的等效变换，把节点①、②、③间的 Π 形网络变换为 T 形网络，如图 2-21b 所示，其中 o 点是变换后出现的新节点，由式（2-25）可得

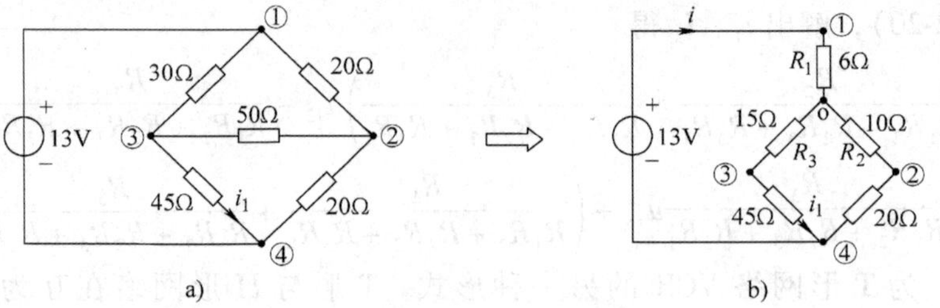

图 2-21　例 2-6 图

$$R_1 = \frac{30 \times 20}{30 + 20 + 50}\Omega = 6\Omega$$

$$R_2 = \frac{50 \times 20}{30 + 20 + 50}\Omega = 10\Omega$$

$$R_3 = \frac{30 \times 50}{30 + 20 + 50}\Omega = 15\Omega$$

$$R_{14} = R_1 + \frac{(R_2 + 20\Omega)(R_3 + 45\Omega)}{(R_2 + 20\Omega) + (R_3 + 45\Omega)} = 26\Omega$$

$$i = \frac{u_s}{R_{14}} = \frac{13}{26}\text{A} = \frac{1}{2}\text{A}$$

$$i_1 = \frac{30}{30 + 60} \times \frac{1}{2}\text{A} = \frac{1}{6}\text{A}$$

例 2-6 还可以有其他的变换方式。

2.6 运算放大器

运算放大器（Operational Amplifier）简称运放（Op-amp），是一种具有多个端钮的有源器件。最初运算放大器是由许多晶体管、二极管、电阻、电容等元器件组合而成的电路，随着集成电路技术的发展把晶体管、二极管、电阻、电容等几十个或更多的元器件集成在一小块硅片上封装后，引出许多引脚便成为对外具有多个端钮的电路器件，它具有体积小、性能稳定等优点。

早期，运算放大器是用来完成对信号的加法、减法、积分、微分等运算的，故称运算放大器。现在它的应用远远超出这一范围，成为现代电子技术中应用广泛的一种多端器件。图 2-22 所示为运算放大器的图形符号。

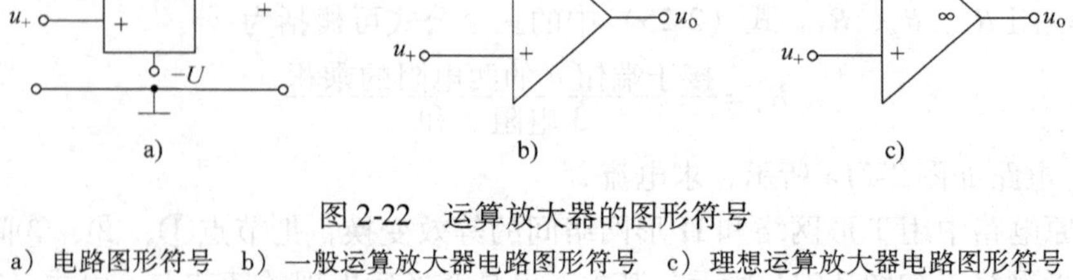

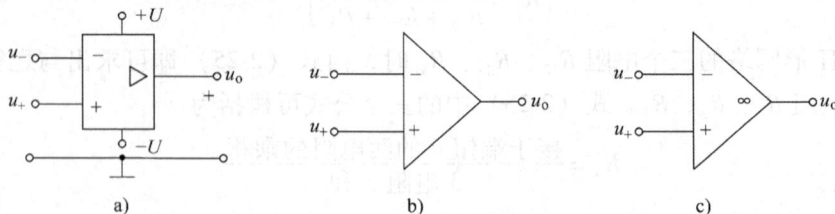

图 2-22　运算放大器的图形符号

a）电路图形符号　b）一般运算放大器电路图形符号　c）理想运算放大器电路图形符号

图2-22a中，运算放大器有两个输入端，一个输出端及输入、输出的公共端，通常公共端用接地符号表示，标注 $+U$ 和 $-U$ 字样的两个端钮是接直流电源的。为了简化起见，在运算放大器的电路模型中通常把接直流电源的端钮及接地端省略掉，如图2-22b所示。但在分析含运算放大器电路时，应考虑它们的存在。

标有“+”的输入端称为同相输入端，标有“-”的输入端称为反相输入端。需要指出，这里的“+”、“-”并非指电压的参考极性，只是一种用以区分两种不同性质输入端的标志，其含义是：当输入信号加在“-”端与公共端之间时，输出电压与输入电压反相；当输入电压加在“+”端与公共端之间时，输出电压与输入电压同相。运算放大器是一种单向器件，即它的输出电压受输入电压的控制，但输入电压却不受输出电压的影响。

运算放大器虽然有各种各样的型号，其内部结构也各不相同，但在电路分析中只是把它作为一种电路元件对待，感兴趣的只是其外部特性及等效电路。任何一种运算放大器，只要工作在线性区都可用图2-23所示等效电路作为其模型，可见运算放大器是一个电压放大器。其中 R_i 为运算放大器的输入电阻，其值很大，R_o 为输出电阻，其值很小，A 为运算放大器的电压放大倍数，其值很高。实际的运算放大器这三个参数的典型数据如表2-1所示。

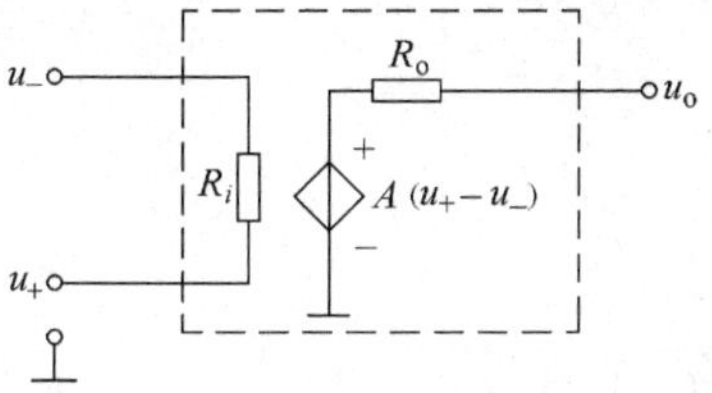

图2-23 运算放大器的等效电路

表2-1 运算放大器的典型数据

参数	名称	典型数值	理想值
A	放大倍数	$10^5 \sim 10^7$	∞
R_i	输入电阻	$10^6 \sim 10^{13}\Omega$	∞
R_o	输出电阻	$10 \sim 100\Omega$	0

在图2-23中，当 u_+ 和 u_- 同时作用时

$$A(u_+ - u_-) = Au_d \tag{2-26}$$

其中，$u_d = u_+ - u_-$ 称为差动输入电压。当 $u_- = 0$ 即“-”端与公共端相连（接地），输入信号单独由“+”端加入时，受控源的电压为 Au_+；当 $u_+ = 0$ 即“+”端与公共端相连（接地），输入电压单独由“-”端加入时，受控源的电压为 $-Au_-$，负号表明输出电压与输入电压反相。

当运算放大器满足：放大倍数 $A \to \infty$

输入电阻 $R_i \to \infty$

输出电阻 $R_o \to 0$

这三个条件时称其为理想运算放大器。理想运算放大器的电路图形符号如图2-22c所示。从理想运算放大器的条件可得出理想运算放大器有两个特点。

（1）由于理想运算放大器的电压放大倍数 A 为无穷大，而输出电压 u_o 为有限值，因此由式（2-26）可得

$$u_+ - u_- = 0$$

即

$$u_+ = u_- \tag{2-27}$$

式（2-27）说明运算放大器的反相输入端与同相输入端等电位，这个特点常称两个输入端“虚短”。如果不是差动输入，信号单由反相端（或同相端）输入，而同相端（或反相

端）接地［即 $u_+=0$（或 $u_-=0$）］时，由于 $u_+=u_-$，因此，不论同相端接地还是反相端接地都有 $u_+=u_-=0$。

（2）又由于理想运算放大器的输入电阻 R_i 为无穷大，因此从两个输入端流入运算放大器的电流为零，这个特点常称两个输入端“虚断”。即

$$i_+=i_-=0 \tag{2-28}$$

式（2-27）、式（2-28）是分析含运算放大器电路时经常用到的重要概念。

关于运算放大器在电子技术中的应用将在后续课程中进一步深入讨论，在本课程中仅仅从电路元件的角度讨论了其端钮上的 VCR。

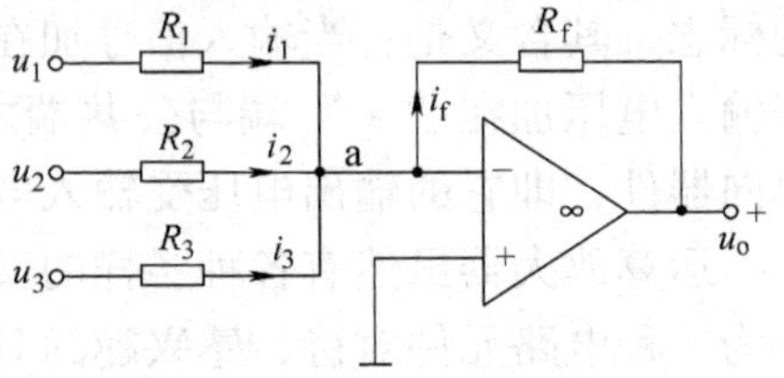

图 2-24　例 2-7 图

例 2-7　含运算放大器电路如图 2-24 所示，求输出电压 u_o。

解　由理想运算放大器的两个特点可知

$$u_+=u_-=0$$
$$i_+=i_-=0$$

对节点 a 列 KCL 方程可得

$$i_1+i_2+i_3=i_f$$

$$\frac{u_1}{R_1}+\frac{u_2}{R_2}+\frac{u_3}{R_3}=-\frac{u_o}{R_f}$$

即
$$u_o=-\left(\frac{R_f}{R_1}u_1+\frac{R_f}{R_2}u_2+\frac{R_f}{R_3}u_3\right)$$

负号表明输出电压与输入电压反相。当 $R_1=R_2=R_3=R_f$ 时

$$u_o=-(u_1+u_2+u_3)$$

从得出的结果看，图 2-24 所示电路具有加法功能，这一电路称为求和反相器，在模拟计算机中用它来精确地进行变量求和。

例 2-8　电路如图 2-25a、b、c 所示，求 u_o 和 u_i 的关系。

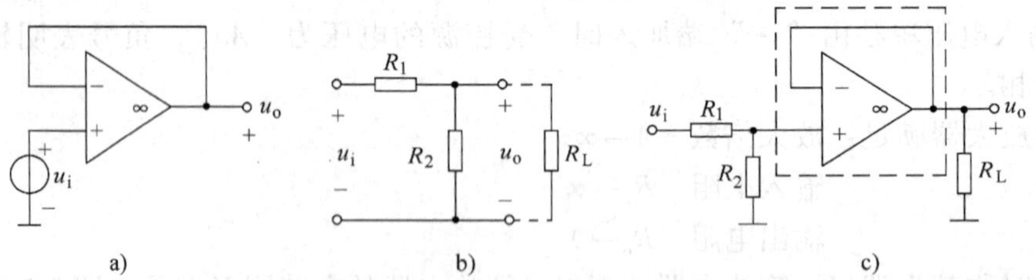

图 2-25　例 2-8 图

解　图 2-25a 中，由理想运算放大器的特点可知：$u_-=u_+=u_i$，又由于输出端与“−”端短接使 $u_o=u_-=u_i$。可见输出电压跟随（等于）输入电压 u_i，故称图 2-25a 所示电路为电压跟随器（Voltage Follower）。

图 2-25b 所示电路中实线部分为一分压器电路。u_o 与输入电压 u_i 的关系为

$$u_o=\frac{R_2}{R_1+R_2}u_i$$

当输出端接上 R_L 后，输出电压 u_o 与输入电压 u_i 的关系为

$$u'_o = \frac{R_2 /\!/ R_L}{R_1 + R_2 /\!/ R_L} u_i$$

符号$/\!/$表示两电阻并联，可见$u'_o \neq u_o$，这便是“负载效应”。如果在负载R_L与分压器之间插入一电压跟随器，如图2-25c中虚线所示，可完全消除（理论上）“负载效应”，这是由于运算放大器的输入电流为零，当把电压跟随器插入分压器和负载R_L之间时，起到隔离作用而保证了原电路（即图2-25b中实线部分）分压比不变，又由于跟随器的电压跟随作用而把原定的输出电压送到负载两端。图2-25c中u_o与输入电压u_i的关系为

$$u_o = \frac{R_2}{R_1 + R_2} u_i$$

例2-9　电路如图2-26所示，求i。

解　由理想运算放大器的两个特点及两类约束可得

$$u_2 = u_+ = u_- = 10\text{V}$$

$$i_1 = i_2 = \frac{10}{5}\text{A} = 2\text{A}$$

$$u = 2i_1 + 10\text{V} = 14\text{V}$$

$$i = \frac{u}{7} = \frac{14}{7}\text{A} = 2\text{A}$$

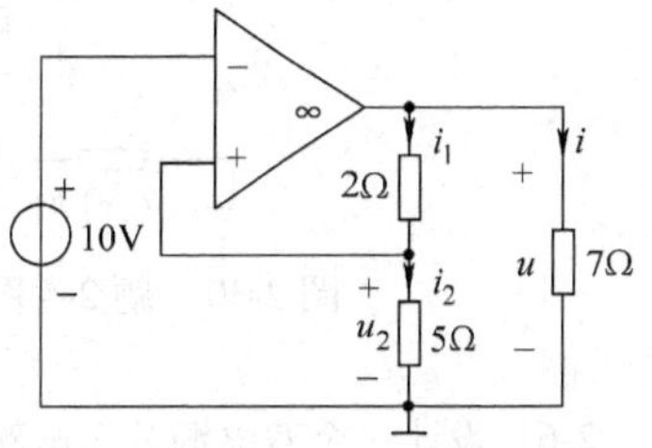

图2-26　例2-9图

通过以上例题可见，分析计算含理想运算放大器电路的基本依据仍是电路的两类约束，即电路连接方式的约束和理想运算放大器端钮上的VCR。

习　题

2-1　求图2-27所示各电路中ab端口的等效电阻及流过电阻R_1的电流I。

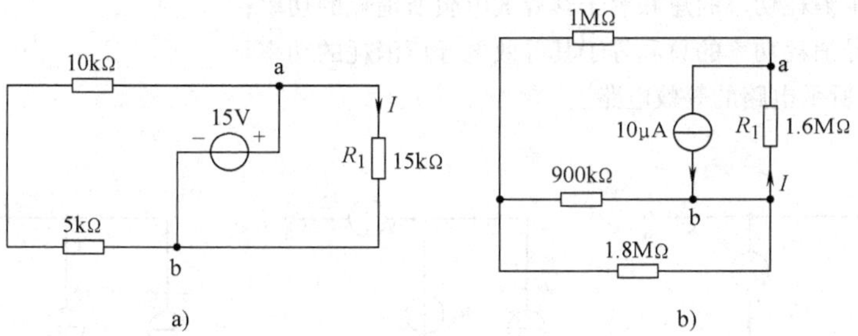

图2-27　题2-1图

2-2　求图2-28所示电路中开关断开和闭合时的电流I。

2-3　求图2-29所示电阻单口网络的等效电阻R_{ab}。

2-4　图2-30所示电路，若电源电流I超过6A时熔丝FU会熔断。试问哪个电阻因损坏而短路时，会熔断熔丝?

2-5　由图2-31所示电路：

（1）当N_1、N_2为任意网络时，问u_2与u_1的关系以及i_2与i_1的关系如何?

（2）在$i_2=0$的情况下，u_2与u_1的关系如何?

（3）在$i_1=0$的情况下，u_2与u_1的关系如何?

（4）在$u_2=0$和$u_1=0$时，i_2与i_1的关系分别如何?

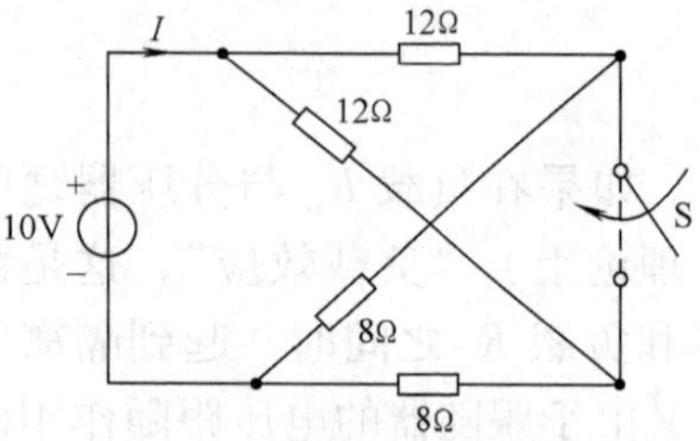

图 2-28 题 2-2 图

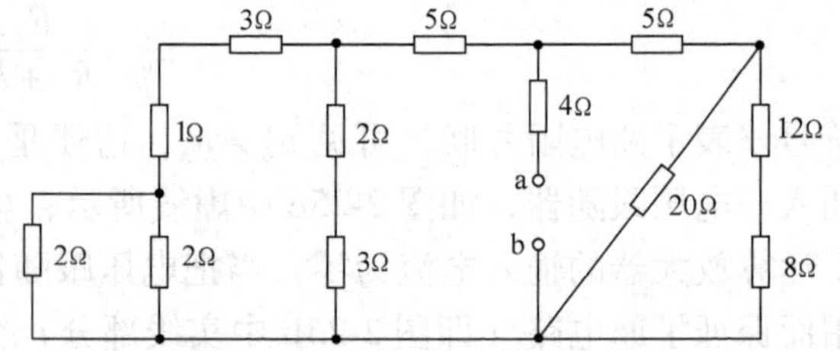

图 2-29 题 2-3 图

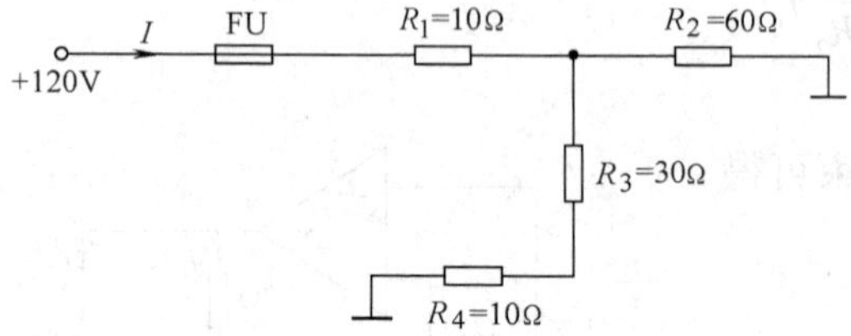

图 2-30 题 2-4 图

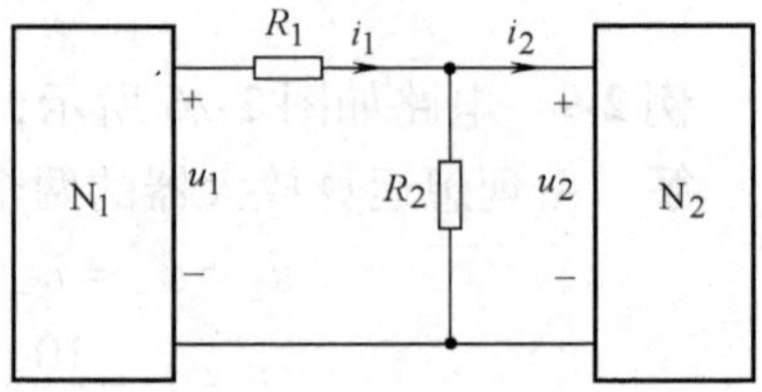

图 2-31 题 2-5 图

2-6 设计一个双电源分压电路，要求输出电压的变化范围为 $-5\sim+5$V。给定 $+24$V 和 -24V 电压源、10kΩ 电位器及若干电阻。

（1）请确定电路模型，并计算出电阻数值和电阻消耗的功率；

（2）当输出端接 10kΩ 负载时，求该电路输出电压的实际变化范围；

（3）如果在输出端接 10kΩ 负载电阻时，仍然保持输出电压的变化范围为 $-5\sim+5$V，重新设计电路中电阻的数值。

2-7 试证明：

（1）各串联电阻消耗功率的总和等于其等效电阻所消耗的功率；

（2）各并联电导消耗功率的总和等于其等效电导所消耗的功率。

2-8 求图 2-32 所示电路的等效电路。

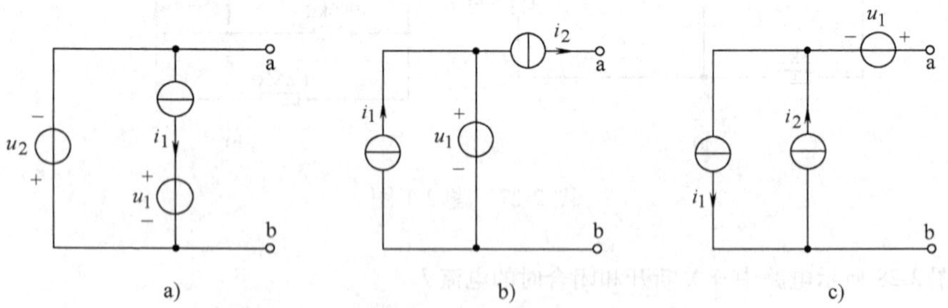

图 2-32 题 2-8 图

2-9 求图 2-33 所示电路 ab 端的等效电路。

2-10 在图 2-34 中，$u_{s1}=20$V，$u_{s2}=30$V，$i_{s1}=8$A，$i_{s2}=17$A，$R_1=5\Omega$，$R_2=10\Omega$，$R_3=10\Omega$，利用电源等效变换求电压 u_{ab}。

2-11 利用电源等效变换，求图 2-35 所示电路的电流 i。

2-12 求图 2-36 所示电路的输入电阻 R_i，已知 $\alpha=0.99$。

2-13 求图 2-37 所示电路中的 i_1 和 u_{ab}。

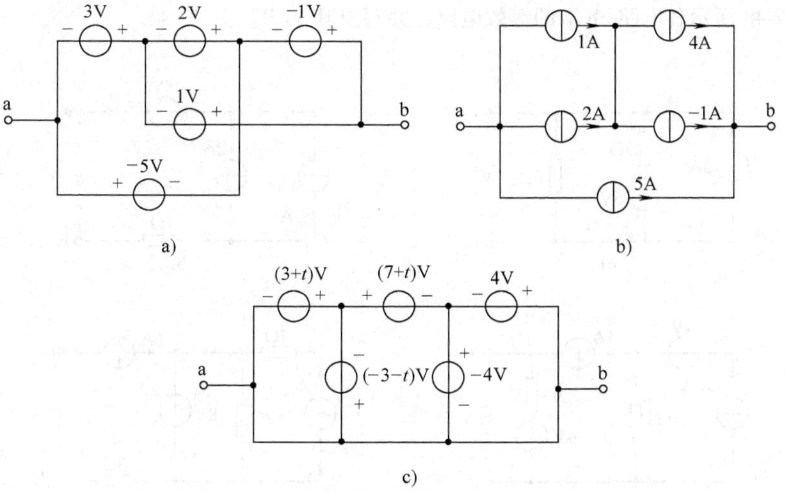

图 2-33　题 2-9 图

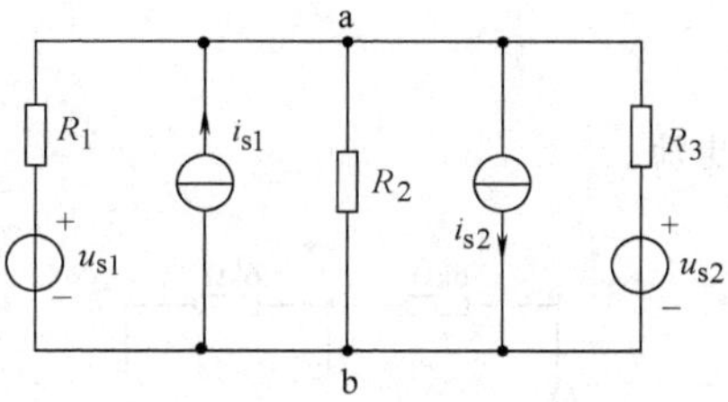

图 2-34　题 2-10 图

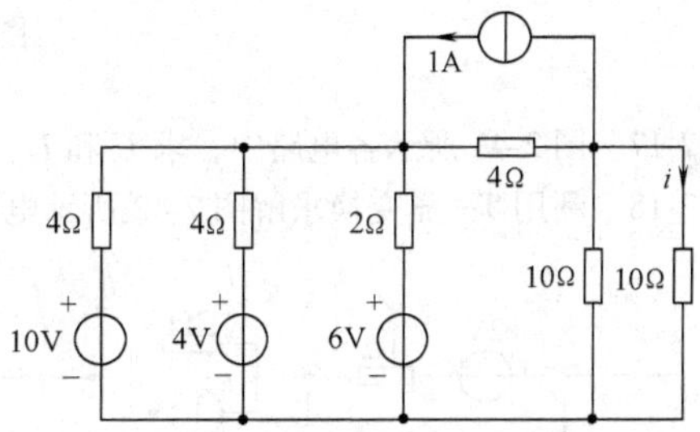

图 2-35　题 2-11 图

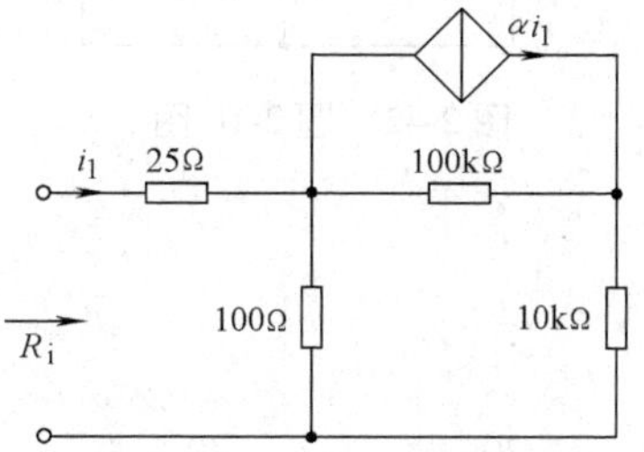

图 2-36　题 2-12 图

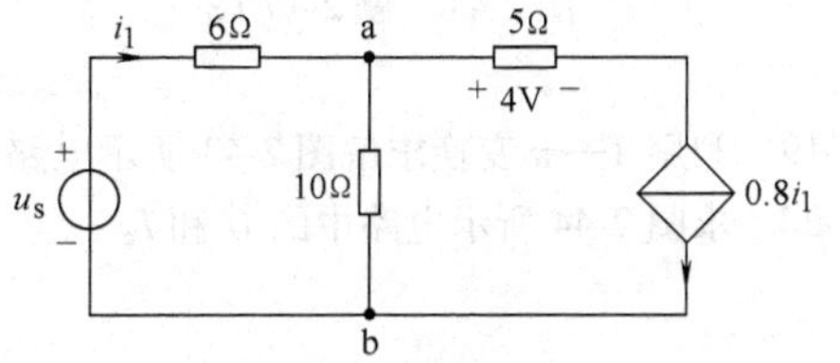

图 2-37　题 2-13 图

2-14　求图 2-38 所示电路 ab 端的等效电路。

2-15　求图 2-39 所示单口网络的 VCR。

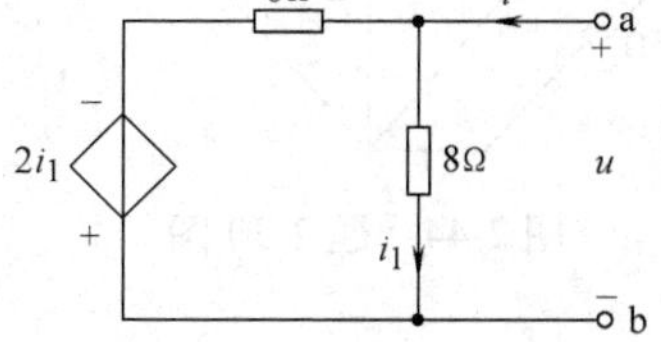

图 2-38　题 2-14 图

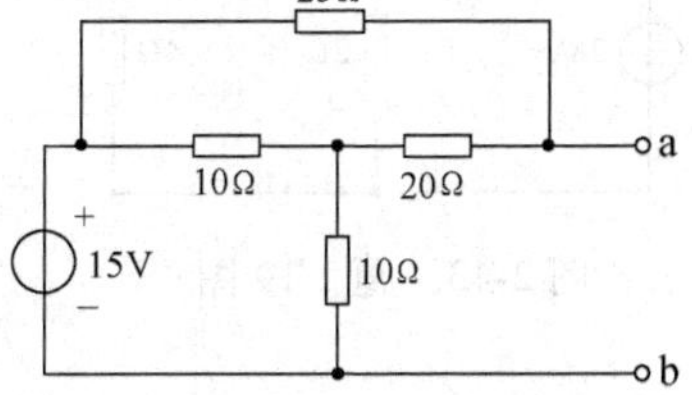

图 2-39　题 2-15 图

2-16 求图 2-40 所示各电路 ab 端的等效电路，并写出其 VCR。

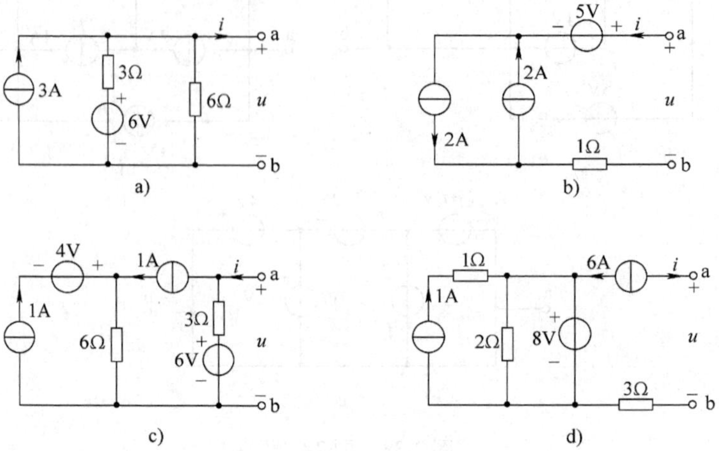

图 2-40 题 2-16 图

2-17 图 2-41 所示各电路中，求 U 和 I。

2-18 利用 T—π 变换求解图 2-42 所示电路中 10V 电压源的电流。

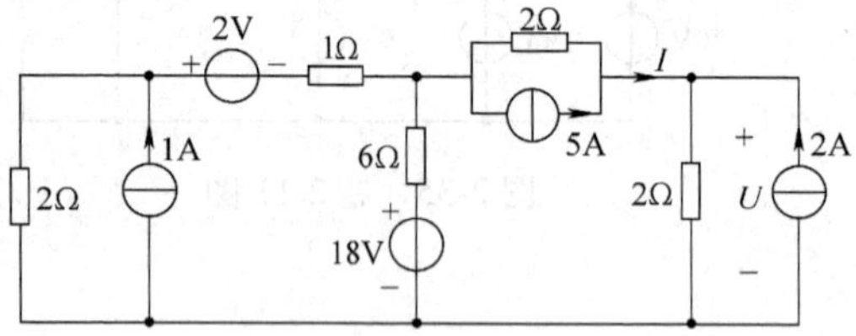

图 2-41 题 2-17 图

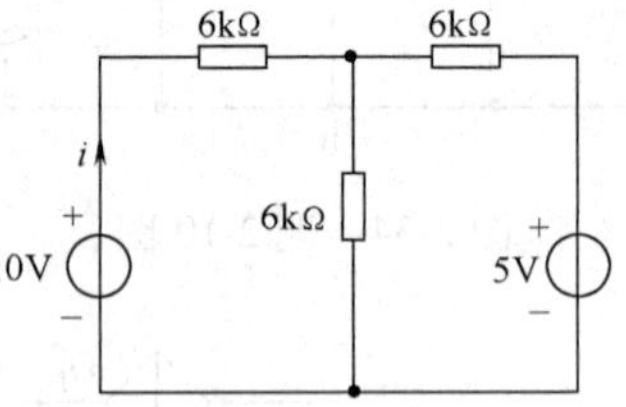

图 2-42 题 2-18 图

2-19 利用 T—π 变换求解图 2-43 所示电路中的电流 i。

2-20 求图 2-44 所示电路中的 U 和 I。

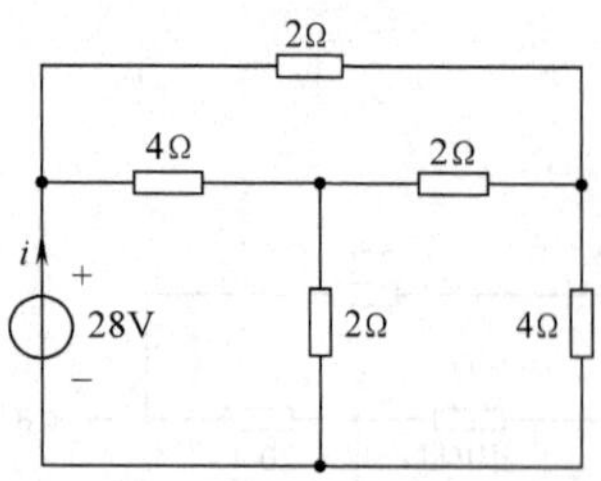

图 2-43 题 2-19 图

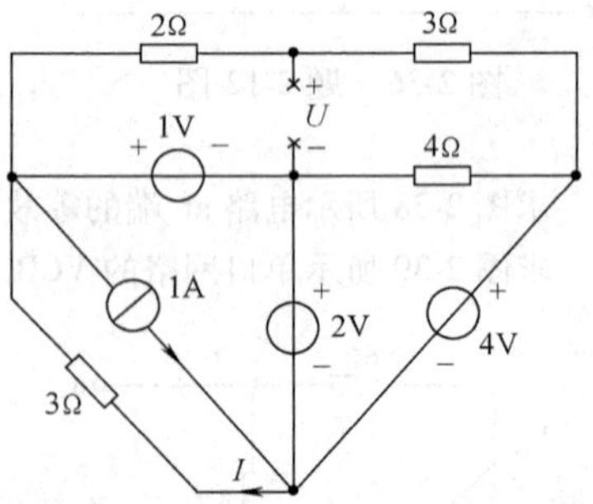

图 2-44 题 2-20 图

2-21 图 2-45 所示电路中，$R_2 = 2R_1 = 1\text{k}\Omega$，$u_s = 3\cos 4t\text{V}$，求电流 i。

2-22 图 2-46 所示电路中，求输出电压 u_o 和输入电压 u_s 的比值。

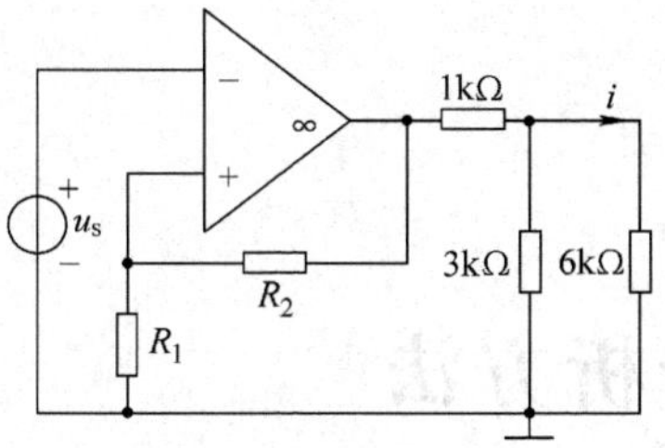

图 2-45　题 2-21 图

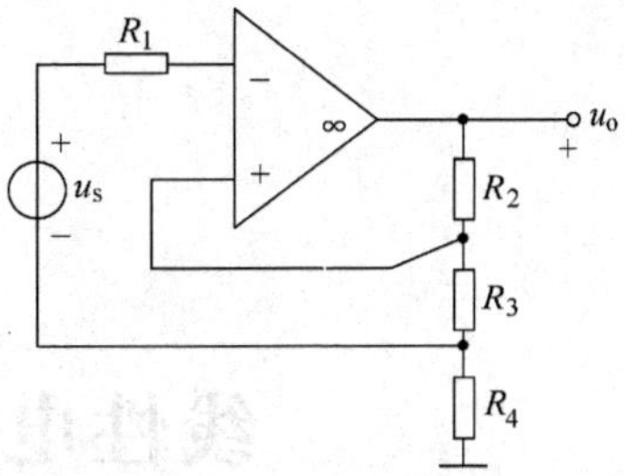

图 2-46　题 2-22 图

第 3 章

线性电路的一般分析方法

前两章利用电路的两类约束和等效变换，对一些简单电路进行了分析。本章讨论的方法适用于分析任何线性网络，故称一般分析方法。本章首先利用网络拓扑的一些基本概念来说明如何选择电路的独立变量，在引入独立电流变量和独立电压变量的基础上介绍“网孔分析法”、“节点分析法”、“割集分析法”和“回路分析法”。其中节点分析法应用广泛，可作为学习的重点。

3.1 网络拓扑的基本概念

3.1.1 图的概念

KCL 及 KVL 分别表明支路电流之间以及支路电压之间的约束关系。由于这类约束关系仅与元件的连接方式即电路的结构有关，而与组成电路的元件性质无关，因此在研究电路连接方式的约束关系时可暂时撇开组成电路的元件性质，将各支路用一线段来代替，而每一支路两端的节点仍保留。这种只表示电路几何关系的图形，称为网络的拓扑图或线图，简称图。图用符号 G 表示。图 3-1a、b 所示的两个不同电路的几何结构完全相同，因此具有完全相同的拓扑图，如图 3-1c 所示。

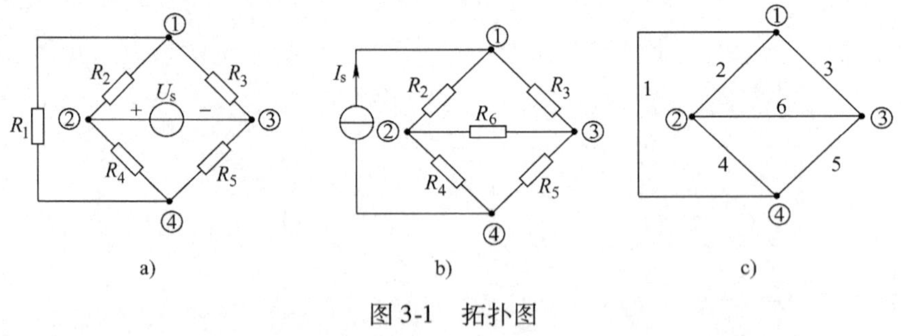

a)　　b)　　c)

图 3-1　拓扑图

标有支路参考方向的图，称有向图，图 3-2b 为图 3-2a 所示电路的有向图。在电路分析中所用的都是有向图，图中每一边的编号和方向既表示支路电压又表示支路电流，因此图中每个支路电压与电流都符合关联参考方向。

如果在图 G 的任意两节点之间至少有一条由支路构成的路径相连通时，则称图 G 为连通图，否则为非连通图（或称分离图）。图 3-1c 和图 3-2b 均为连通图，而图 3-3 为非连通图。每一个连通图都可以说是一个分离部分，因此一个非连通图至少有两个分离部分。以下讨论的都是连通图。

如果图 G 画在一个平面上时，除端点外任何两条边均不发生交叉，这样的图称平面图，否则为非平面图。图 3-1c 和图 3-2b 均为平面图，而图 3-4 为一非平面图。

从图 G 中删去某些支路（或某些支路和节点）得到的图 G_n 称图 G 的一个子图，换句话说，图 G_n 中的每个节点和每条支路都是图 G 的一部分，图 3-5b、c、d 均为图 3-5a 所示图 G 的一个子图。

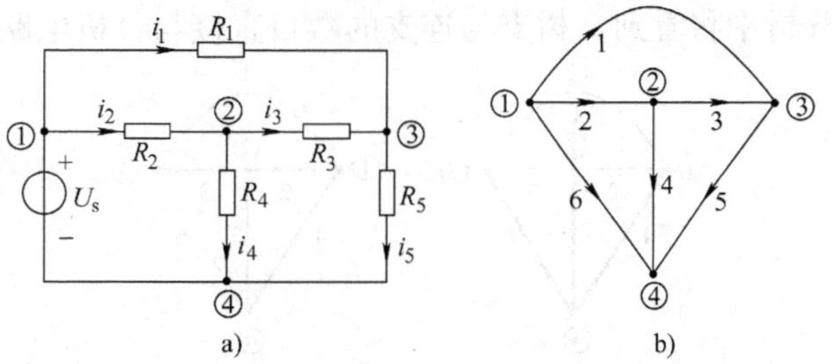

图 3-2　有向图

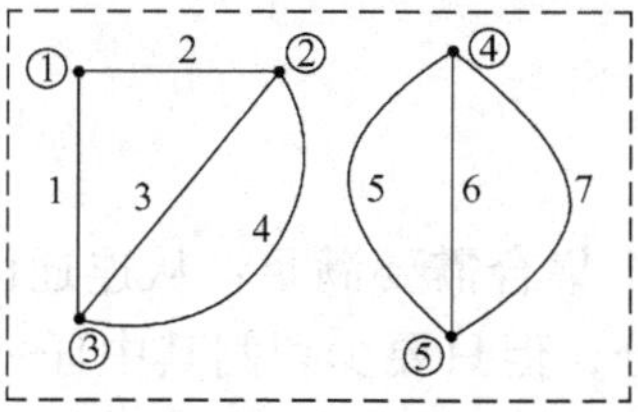

图 3-3　非连通图

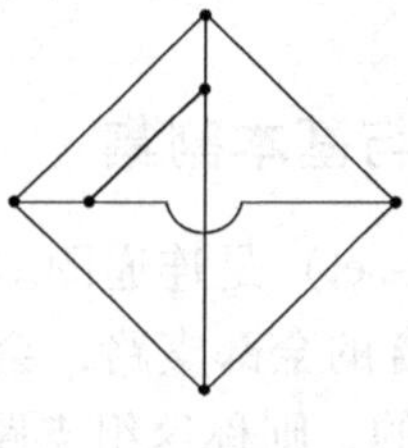
图 3-4　非平面图

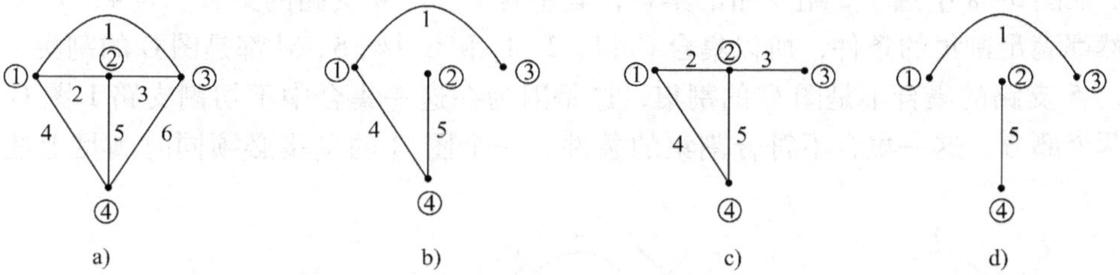

图 3-5　子图的概念

3.1.2　树的概念

树（Tree）的定义：连通图 G 的一个子图 G_n，若包含图 G 的全部节点，而不存在任何闭合的回路，且所有节点仍相互连通时，称子图 G_n 为图 G 的树。在图 3-5 中，图 3-5b 为图 3-5a 所示图 G 的一个树，而图 3-5c、d 分别只是图 G 的子图而不是图 G 的树。原因是：图 3-5c 虽然包含 G 的全部节点，但存在闭合回路而不符合树的定义；图 3-5d 所有节点没有连通也不符合树的定义，所以也不是图 G 的树。一个图 G 的树必须同时满足这两个条件。

图 G 的一个树所含的支路称为树支（Tree Branch），其余的支路称连支（Link）。一个图 G 可以有很多种不同的树，但每一种树的树支数都是相等的，如图 3-6a、b、c、d 所示（树支在图中用粗线表示，连支用细线表示）。可见一个图 G 虽然可以有不同的树，但树支数都是相同的。

若一个图 G 节点数为 n，支路数为 b，则有

$$树支数 = n - 1 \tag{3-1}$$

$$连支数 = b - (n - 1) \tag{3-2}$$

这是因为，一个树支连接两个节点，此后每增加一个节点，需添加一个树支。因此连接全部节点所需要的树支数，必然比节点数少一个，即 $n-1$ 个。又因为图 G 的所有支路分为两

类，一类为树支，另一类为连支，已知树支数为 $n-1$，则连支数一定为 $b-n+1$。在后面的分析中将看到，树支与连支的数目直接与分析电路所需独立变量的个数有关。

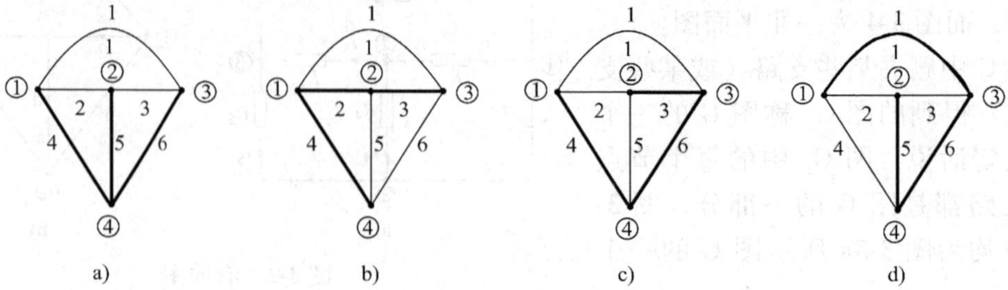

图 3-6 树的概念

3.1.3 割集与基本割集

割集（Cut-set）是连通图 G 中一组支路的集合，这个集合需要满足：从连通图 G 中切割这一集合所含的全部支路，会使图 G 分为两个分离部分，但只要少切割其中任一条支路，图 G 仍是连通的，则称这组支路的集合为割集。割集在图 G 中用 C 表示。切割在图中用虚线表示。在图 3-7a 中选了 3 组支路的集合，其中含 1、2、4 支路的集合和含 4、5、6 支路的集合显然都满足割集的条件，所以集合 $C_1\{1, 2, 4\}$ 和 $C_2\{4, 5, 6\}$ 都是图 G 的割集，但是含 1、2、3、5 支路的集合不是图 G 的割集，这是因为在这一集合中不切割支路 1 图 G 仍可被分离为两个部分，这一集合不符合割集的条件。一个图 G 的割集必须同时满足上述两个条件。

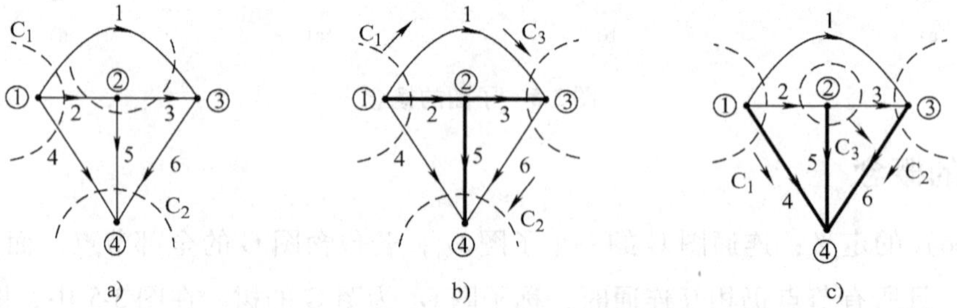

图 3-7 割集与基本割集的概念

如果每一割集中只含一条树支，其余都是连支，这样的割集叫做基本割集。图 3-7b、c 分别为图 G 选两种不同树时所对应的基本割集。基本割集与树密切相关，所以作基本割集时首先对图 G 任选一种树。尽管一个图 G 可以选不同的树，但每一种树的树支数都是 $n-1$ 个，由于一条树支确定一个基本割集，所以一个图 G 的基本割集数与树支数相等。即

$$\text{基本割集数} = \text{树支数} = n-1 \tag{3-3}$$

基本割集的方向与该基本割集所含树支的方向一致。通常用箭头标在切割线的两端，如图 3-7b、c 中所示。

3.1.4 回路与基本回路

在前面讨论 KVL 时已经介绍了回路的概念，回路与基本回路既有联系又有区别。连通

图的树连通所有节点，但不构成回路，也就是说，只有树支是构不成回路的。对连通图 G 选定树后，如果每接上一条连支就可以形成一个闭合回路，这一回路是由一条连支与其他相关的树支组成的，这样只含一条连支而其余均为树支的回路就称为基本回路。基本回路在图中用 l 表示。在图 3-8 所示的图 G 中选 4、5、6 为树枝，1、2、3 为连支时，其基本回路分别为 l_1(1，4，6)，l_2(2，4，5)，l_3(3，5，6)。

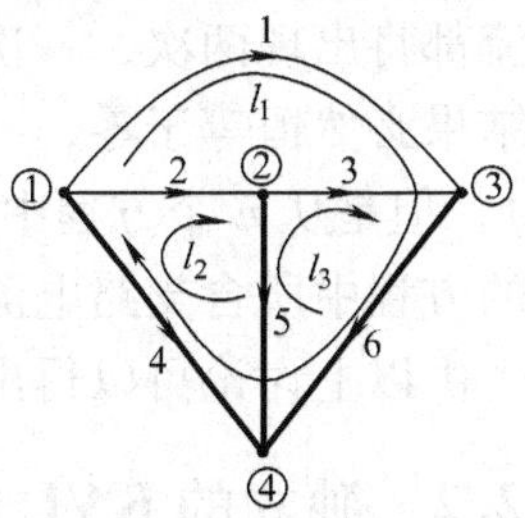

图 3-8　基本回路的概念

基本回路的方向与基本回路中所含连支的方向一致，由于每一条连支确定一个基本回路，所以一个图 G 其基本回路的数目与连支数目相等。即

$$基本回路数 = 连支数 = b - (n - 1) \tag{3-4}$$

3.2　基尔霍夫定律方程的独立性

当把元件相互连接组成具有一定几何结构的电路后，电路中各部分的电压、电流将被两类约束所支配。其一，来自元件的连接方式，与一个节点相连的各支路电流必须受 KCL 的约束；与一个回路相连的各支路电压必须受 KVL 的约束。这种只取决于连接方式的约束，称拓扑约束。另一类约束，来自元件的特性，例如，一个线性非时变电阻其端电压和电流必须服从欧姆定律，即 $U = RI$ 而别无选择，这种只取决于元件性质的约束，称为元件约束。一切集中参数电路中的电压和电流都受这两类约束的支配。因此，两类约束是分析求解一切集中参数电路的基本依据。下面讨论如何列出求解电路所需要的独立方程的问题。

3.2.1　独立的 KCL 方程

设电路的节点数为 n，则独立的 KCL 方程为 $n-1$ 个，且为任意的 $n-1$ 个。下面用基本割集的概念来论证这一结论。在第 1 章讨论 KCL 时早已指出，基尔霍夫电流定律可推广运用到电路中任一假设的封闭面，割集中的切割线就可设想为封闭面，因此引入割集这一概念后，KCL 可描述为：对图 G 中的任一割集来说，流进（或流出）割集电流的代数和为零。

在图 3-9 中选支路 1、2、3 为树支，4、5、6 为连支，三个基本割集 C_1、C_2、C_3 分别如图中所示，对三个基本割集列 KCL 方程得

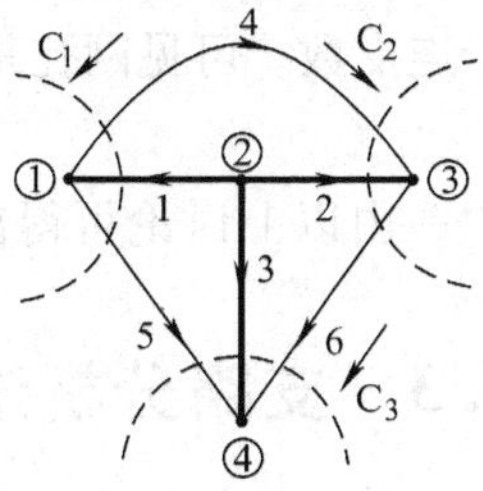

图　3-9

$$C_1: i_1 - i_4 - i_5 = 0 \tag{1}$$
$$C_2: i_2 + i_4 - i_6 = 0 \tag{2}$$
$$C_3: i_3 + i_5 + i_6 = 0 \tag{3}$$

由式(1)、式(2)、式(3)可看出，在列写每一基本割集的 KCL 方程时与基本割集方向相同的支路电流取正，相反的支路电流取负。观察这三个方程，其中任一个方程都不能由其他方程导出，因而这三个方程是独立的，这是因为对每一基本割集列写 KCL 方程时，每个方程都各自含有其他方程所没有的树支电流。因为有 n 个节点的电路有 $n-1$ 个基本割集，所以有

$$独立的 KCL 方程数 = 基本割集数 = n - 1 个$$

如果对节点列 KCL 方程其道理也完全一样，因为每一支路都接在两节点之间。因而每

一支路电流对其中一个节点为流入，而对另一节点必为流出，所以对所有节点来说每一支路电流都将出现两次，一次为正，一次为负。因此，对所有节点所列的 n 个 KCL 方程相加，其结果必然恒等于零，即对所有节点列写 KCL 方程所得的 n 个方程是非独立的（即线性相关），但是从 n 个方程中去掉任意一个，余下的 $n-1$ 个方程一定是相互独立的，因为被去掉的方程中所含支路电流在其他方程中就只出现一次。

由以上讨论可以得出：对基本割集或对任意 $n-1$ 个节点所列的 KCL 方程是独立的。

3.2.2 独立的 KVL 方程

设电路的节点数为 n，支路数为 b，则电路独立的 KVL 方程数为 $b-n+1$ 个，下面用基本回路的概念论证这一结论。

图 3-10 所示图 G 中，三个基本回路如图所示，基本回路的方向与连支方向一致，三个基本回路的 KVL 方程分别为

$$l_1: u_1 + u_6 - u_4 = 0 \qquad (1)$$

$$l_2: u_2 + u_5 - u_4 = 0 \qquad (2)$$

$$l_3: u_3 + u_6 - u_5 = 0 \qquad (3)$$

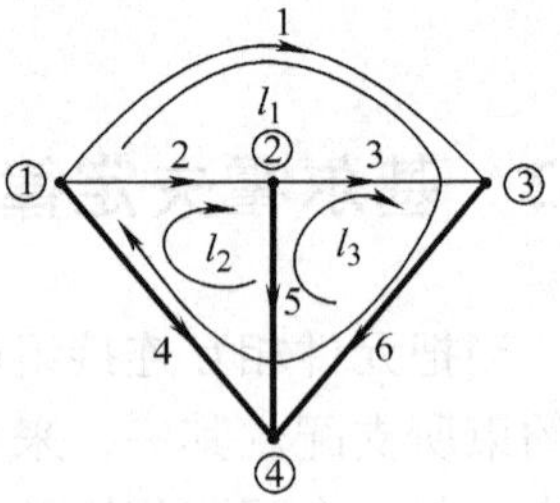

图 3-10

观察这三个方程，其中任一个方程都不能由其他方程导出，因而这三个方程是独立的，这是因为对基本回路列写 KVL 方程时，每个方程中都各自含有其他方程所没有的连支电压。由式(1)、式(2)、式(3)可看出：对基本回路列 KVL 方程时支路电压参考方向与基本回路方向一致取正号，相反则取负号。因为电路的基本回路数等于连支数，所以有

$$独立的 KVL 方程数 = 基本回路数 = b - n + 1 个$$

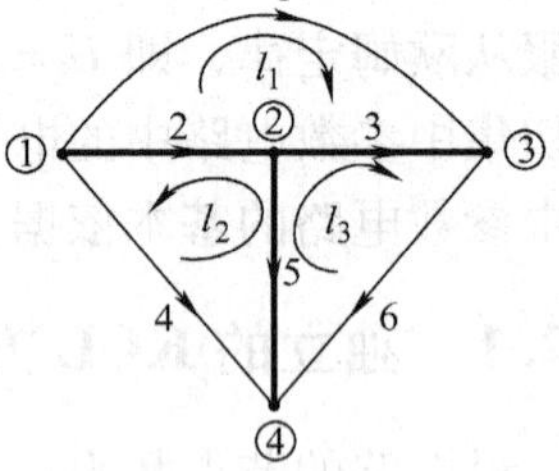

图 3-11

同样，还可以证明：一平面网络有 $b-n+1$ 个网孔（证略）。下面以图 3-11 加以说明，在图 3-11 中，当选支路 2、3、5 为树支，1、4、6 为连支时其基本回路恰好等于网孔，显然，网孔数等于连支数。可见网孔是基本回路的特例，因此对网孔所列的 KVL 方程也是独立的，即

$$独立的 KVL 方程数 = 网孔数 = b - n + 1 个$$

由以上讨论可得出：由 KCL、KVL 可列出 b 个独立的方程。

3.3 支路分析法

电路分析的主要任务是：给定电路结构、元件参数及激励（即各独立源的电压和电流）的情况下，求各支路的电压和电流（或某指定支路的电压和电流）。支路分析法包括 $2b$ 法、支路电流法、支路电压法。下面以图 3-12 所示电路为例分别进行讨论。

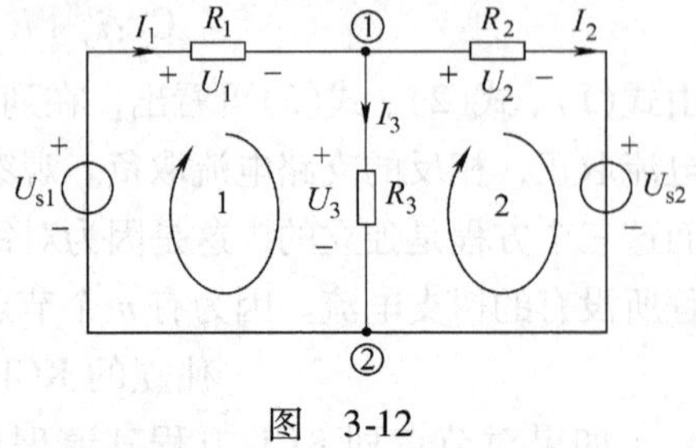

图 3-12

含有 b 个支路的电路，分别含有 b 个支路电流和 b 个支路电压，因而有 $2b$ 个电路变量，直接求解 $2b$ 个电路变量的方法称 $2b$ 法，这种方法需要列 $2b$ 个联立方程。

图 3-12 所示电路有两个节点，两个网孔，三条支路，有三个支路电流和三个支路电压，共有六个未知量，$2b$ 法需要列六个方程。显然，KCL 和 KVL 可提供三个独立方程。

对节点①列 KCL 方程可得

$$I_1 - I_2 - I_3 = 0 \tag{1}$$

分别对网孔 1 和 2 列 KVL 方程可得

$$U_1 + U_3 - U_{s1} = 0 \tag{2}$$

$$U_2 - U_3 + U_{s2} = 0 \tag{3}$$

其余三个方程由元件的 VCR 提供

$$U_1 = R_1 I_1 \tag{4}$$

$$U_2 = R_2 I_2 \tag{5}$$

$$U_3 = R_3 I_3 \tag{6}$$

联立以上六个方程即可求出六个未知量。

$2b$ 法在实际求解电路时很少用，主要是因为联立的方程数太多。但是从概念上说 $2b$ 很重要，它直接体现了电路的两类约束，是所有其他分析方法的基本依据。

支路电流法和支路电压法联立方程数可减少为 b 个，这种方法与 $2b$ 法的区别仅在于并不同时解出支路电流和电压，而是先求出支路电流（或电压）后再根据支路的 VCR 求支路电压（或电流）。

支路电流法是把元件的 VCR 直接代入独立的 KVL 方程中，把 KVL 方程表示成以支路电流为变量的方程，再与独立的 KCL 方程联立，先求解支路电流。对图 3-12 所示电路，采用支路电流法列方程可得

$$I_1 - I_2 - I_3 = 0 \tag{1}$$

$$R_1 I_1 + R_3 I_3 - U_{s1} = 0 \tag{2}$$

$$R_2 I_2 - R_3 I_3 + U_{s2} = 0 \tag{3}$$

其中，式(2)、式(3)是以电流与电阻表示的 KVL 方程。

支路电压法与支路电流法对偶，仍以图 3-12 电路为例，采用支路电压法列方程可得

$$\frac{U_1}{R_1} - \frac{U_2}{R_2} - \frac{U_3}{R_3} = 0 \tag{1}$$

$$U_1 + U_3 - U_{s1} = 0 \tag{2}$$

$$U_2 - U_3 + U_{s2} = 0 \tag{3}$$

其中，式(1)是以电压与电阻表示的 KCL 方程。

当电路所含支路数较多时，这种方法同样涉及求解大量联立方程。那么能否使求解电路所需的方程进一步减少呢？这就是下面要讨论的问题。

3.4　电路的独立变量

由于电路中各支路电流受 KCL 的约束，因此，可以由少于 b 个的某一组电流来确定 b 个支路电流。因此，先选适当的一组电流而不是全部支路电流作为第一步求解的对象，在求得这一组电流后再去确定所有支路电流和电压。同理，也可以选少于 b 个的某一组电压作为第一步求解的对象。这样做显然可以减少联立方程数。如何选择这一组电流或电压呢？这就

是所谓电路独立变量的选取问题。

电路的独立变量必须满足独立性和完备性，独立性是指一组变量中的任意一个变量均不能由这组中的其余变量表示，即变量间是线性无关的；完备性是指由这组变量就可以求出电路中其他全部变量。

3.4.1 独立电流变量

由树的定义：树连通所有节点，显然只切割连支，图仍然是连通的，也就是说只有连支是构不成割集的。因此，只有连支电流就写不出 KCL 方程，即连支电流不能与 KCL 相联系，所以任一连支电流都不能用其余连支电流表示，故连支电流是一组独立的电流变量。

又根据基本割集的定义：每一基本割集中都只含有一条树支，所以只要知道连支电流，对每一基本割集列 KCL 方程便可确定所有树支电流，故连支电流又是一组完备的电流变量。由此可得：**连支电流是一组独立的完备的电流变量。**

对于平面网络，网孔电流是沿着网孔的边界流动的假想的电流，用 i_m 表示，如图 3-13 所示。

每一网孔电流沿着网孔的边界流动而经过某一节点时，从该节点流入，又从该节点流出。因此在为该节点所列的 KCL 方程中网孔电流彼此抵消。显然，各网孔电流之间不能用 KCL 相联系，因此，各网孔电流彼此独立无关，故网孔电流是一组独立的电流变量。

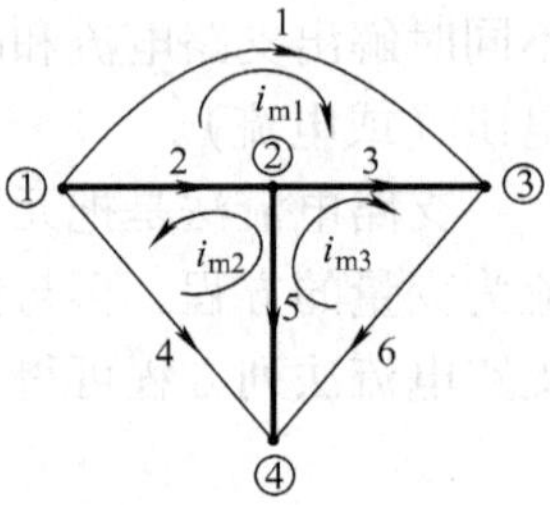

图 3-13

从图 3-13 不难看出：所有支路电流都可以用网孔电流表示，即

$$i_1 = i_{m1} \qquad i_2 = -(i_{m1} + i_{m2}) \qquad i_3 = i_{m3} - i_{m1}$$

$$i_4 = i_{m2} \qquad i_5 = -(i_{m2} + i_{m3}) \qquad i_6 = i_{m3}$$

可见一旦求得了网孔电流，所有支路电流就随之确定。故网孔电流又是一组完备的电流变量。

由此可得：**网孔电流是一组独立的完备的电流变量。**在图 3-13 中，如果选支路 2、3、5 为树支，1、4、6 为连支，则网孔电流恰好就是连支电流。

3.4.2 独立电压变量

由树的定义可知，仅由树支是构不成回路的，显然，仅有树支电压也就写不出 KVL 方程，即树支电压不能与 KVL 相联系，这就是说，任一树支电压不能用其余的树支电压表示。故树支电压是一组独立的电压变量。

又根据基本回路的定义：每一基本回路中都只含有一条连支，因此只要求出树支电压，由 KVL 便可确定所有连支电压，故树支电压又是一组完备的电压变量。由此可得：**树支电压是一组独立的完备的电压变量。**

节点电压（又称节点电位）也是一组完备的独立的电压变量。在电路中任选一个节点为参考点（即零电位，参考点在图中用接地符号⊥表示），其余各节点至参考点的电压降定义为该节点的节点电压，用 u_n 表示。显然，一个具有 n 个节点的电路有 $n-1$ 个节点电压。图 3-14 所示电路中，若选节点④为参考点，则其余三个节点电压分别为 u_{n1}、u_{n2}、u_{n3}。

由于仅由节点电压写不出 KVL 方程，因此节点电压不能与 KVL 相联系，显然，任一节点电压均不能用其余节点电压表示，说明各节点电压彼此独立无关。

又因为电路中的支路或是接在节点与参考点之间或是接在两节点之间，因此，所有支路电压都可以用节点电压表示。图 3-14 中把所有支路电压用节点电压表示可得

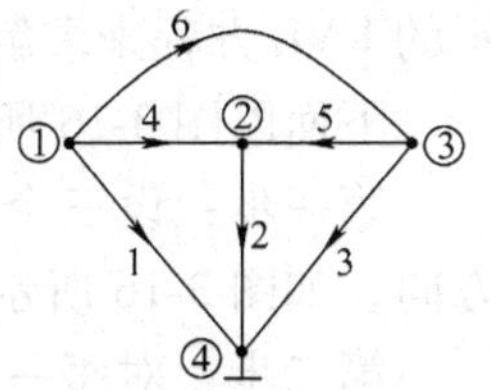

图 3-14

$$u_1 = u_{n1} \qquad u_2 = u_{n2} \qquad u_3 = u_{n3}$$
$$u_4 = u_{n1} - u_{n2} \quad u_5 = u_{n3} - u_{n2} \quad u_6 = u_{n1} - u_{n3}$$

可见，一旦求得了节点电压，便可确定所有其他支路电压。故节点电压是一组完备的电压变量。由此可得：**节点电压是一组独立的完备的电压变量**。在图 3-14 中，如果选支路 1、2、3 为树支，4、5、6 为连支，则节点电压恰好就是树支电压。

例 3-1 在图 3-15a 所示图 G 中，已知 $u_2=2\text{V}$，$u_4=4\text{V}$，$u_5=5\text{V}$，$u_6=-6\text{V}$，$u_7=7\text{V}$，$u_{12}=-8\text{V}$，$u_{13}=3\text{V}$，问由已知电压能否确定其他所有支路电压。

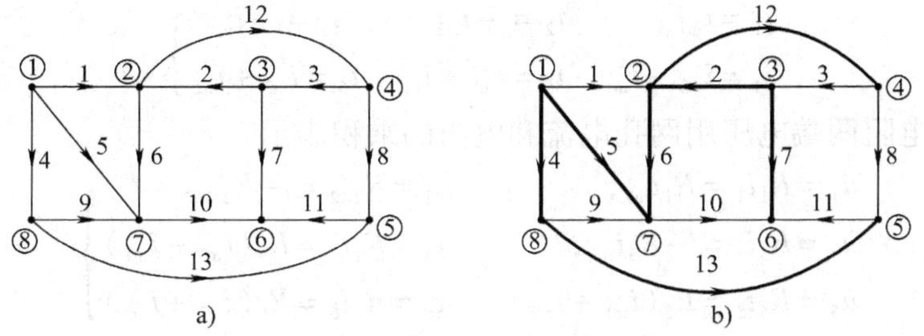

图 3-15 例 3-1 图

解 当已知的电压具有独立性和完备性时就可以确定所有支路电压，树支电压是一组独立的完备的电压变量，因此，本题只要判断已知电压支路的集合能否构成一种树即可得出解答。

在图 3-15b 中，把已知电压的支路均用粗线表示，可看出已知电压支路的集合恰好构成图 G 的一种树，故这些已知电压满足独立性和完备性。因此，由已知电压能确定其他全部未知电压。

对基本回路列 KVL 方程可得

$$u_1 = u_5 - u_6 = 11\text{V}$$
$$u_3 = -u_{12} - u_2 = 6\text{V}$$
$$u_8 = -u_{12} + u_6 - u_5 + u_4 + u_{13} = 4\text{V}$$
$$u_9 = -u_4 + u_5 = 1\text{V}$$
$$u_{10} = -u_6 - u_2 + u_7 = 11\text{V}$$
$$u_{11} = -u_{13} - u_4 + u_5 - u_6 - u_2 + u_7 = 9\text{V}$$

3.5 网孔分析法

网孔分析法又称网孔电流法，是求解线性网络常用的一种方法。有关网孔电流（Mesh

Current）的概念在前面已作过讨论，网孔电流是一组独立的完备的电流变量，因此，可作为第一步求解的对象。网孔分析法是以网孔电流为求解对象，列写以网孔电流和电阻乘积表示的 KVL 方程来求解电路的方法。

下面以图 3-16 所示电路为例讨论网孔方程的列写方法。

第一步：设三个网孔电流 i_{m1}、i_{m2}、i_{m3} 及其参考方向，如图 3-16 所示。

第二步：对每一网孔列写 KVL 方程，把网孔电流的参考方向作为列 KVL 方程的绕行方向

$$\left.\begin{aligned}u_1-u_4+u_5&=u_{s1}-u_{s4}\\-u_2+u_5+u_6&=u_{s2}\\-u_3+u_4+u_6&=u_{s3}+u_{s4}\end{aligned}\right\}\tag{3-5}$$

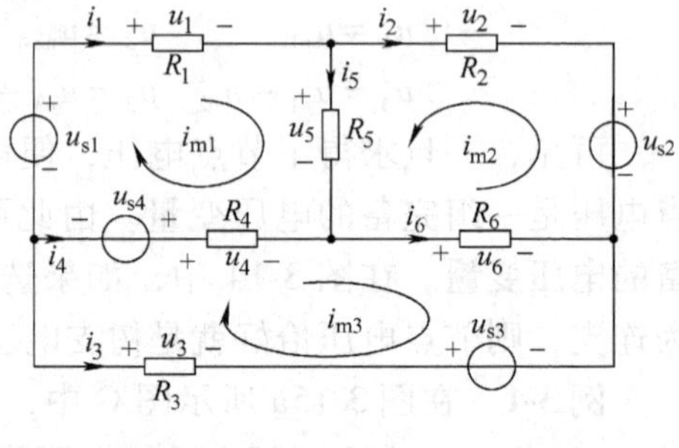

图 3-16 网孔方程的列写方法

第三步：各支路电流用网孔电流表示

$$\left.\begin{aligned}&i_1=i_{m1} && i_2=-i_{m2} && i_3=-i_{m3}\\&i_4=i_{m3}-i_{m1} && i_5=i_{m1}+i_{m2} && i_6=i_{m2}+i_{m3}\end{aligned}\right\}\tag{3-6}$$

第四步：把电阻两端电压用网孔电流和电阻的乘积表示

$$\left.\begin{aligned}&u_1=R_1i_1=R_1i_{m1}, && u_2=R_2i_2=-R_2i_{m2}\\&u_3=R_3i_3=-R_3i_{m3}, && u_4=R_4i_4=R_4(i_{m3}-i_{m1})\\&u_5=R_5i_5=R_5(i_{m1}+i_{m2}), && u_6=R_6i_6=R_6(i_{m2}+i_{m3})\end{aligned}\right\}\tag{3-7}$$

第五步：将式(3-7)代入式(3-5)并整理可得

$$\left.\begin{aligned}&(R_1+R_4+R_5)i_{m1}+R_5i_{m2}-R_4i_{m3}=u_{s1}-u_{s4}\\&R_5i_{m1}+(R_2+R_5+R_6)i_{m2}+R_6i_{m3}=u_{s2}\\&-R_4i_{m1}+R_6i_{m2}+(R_3+R_4+R_6)i_{m3}=u_{s4}+u_{s3}\end{aligned}\right\}\tag{3-8}$$

式（3-8）即为图 3-16 所示电路的网孔电流方程。通过以上建立网孔电流方程的具体过程可知：网孔分析法所列的网孔电流方程实际上是以网孔电流为求解量的 KVL 方程。由式（3-8）可解出 i_{m1}、i_{m2}、i_{m3}，由此可进一步求出各支路电流和电压。采用网孔分析法后，六个支路的电路只需解三个联立方程即可，大大简化了电路的计算。

根据式（3-8）可以总结出用观察法直接列写网孔方程的简便方法，为此，把式（3-8）改写成如下形式：

$$\left.\begin{aligned}R_{11}i_{m1}+R_{12}i_{m2}+R_{13}i_{m3}&=u_{s11}\\R_{21}i_{m1}+R_{22}i_{m2}+R_{23}i_{m3}&=u_{s22}\\R_{31}i_{m1}+R_{32}i_{m2}+R_{33}i_{m3}&=u_{s33}\end{aligned}\right\}\tag{3-9}$$

式中，R_{11}、R_{22}、R_{33}分别是各自网孔所含电阻的总和，称为各自网孔的自电阻（Self Resistance），$R_{11}=R_1+R_4+R_5$，$R_{22}=R_2+R_5+R_6$，$R_{33}=R_3+R_4+R_6$；R_{12}、R_{13}、R_{21}、R_{23}、R_{31}、R_{32}分别为其下标数字所示两网孔间的共有电阻的正值或负值，称有关两网孔的互电阻（Mutual Resistance），$R_{12}=R_{21}=R_5$，$R_{13}=R_{31}=-R_4$，$R_{32}=R_{23}=R_6$，例如 R_{12}称为网孔 1 和网孔 2 的互电阻，互电阻的正负取决于有关两网孔电流流过共有电阻时的参考方向，如果两网孔电流对共有电阻的参考方向相同，则互电阻为正，否则为负；u_{s11}、u_{s22}、u_{s33} 分别为每一网孔中所含电压源电压升的代数和，电压升的方向与网孔电流方向一致取正，否则取负，

$u_{s11}=u_{s1}-u_{s4}$，$u_{s22}=u_{s2}$，$u_{s33}=u_{s3}+u_{s4}$。

由以上分析可得出用观察法列写网孔方程的规则：**本网孔的自电阻乘以本网孔电流，加上所有和本网孔相关的互电阻乘以相关网孔电流的各项，等于本网孔所含所有电源（所有电压源和电流源）两端电压升的代数和**。如果各网孔电流的参考方向一律设为顺时针方向，或一律设为逆时针方向，则互电阻均为负值。

不难理解，具有 m 个网孔的电路，网孔电流方程的一般形式为

$$\left.\begin{aligned}R_{11}i_{m1}+R_{12}i_{m2}+\cdots+R_{1k}i_{mk}+\cdots+R_{1m}i_{mm}&=u_{s11}\\R_{21}i_{m1}+R_{22}i_{m2}+\cdots+R_{2k}i_{mk}+\cdots+R_{2m}i_{mm}&=u_{s22}\\&\vdots\\R_{k1}i_{m1}+R_{k2}i_{m2}+\cdots+R_{kk}i_{mk}+\cdots+R_{km}i_{mm}&=u_{skk}\\&\vdots\\R_{m1}i_{m1}+R_{m2}i_{m2}+\cdots+R_{mk}i_{mk}+\cdots+R_{mm}i_{mm}&=u_{smm}\end{aligned}\right\}\tag{3-10}$$

由克莱姆法则，可得第 k 个网孔电流的一般形式为

$$i_{mk}=\frac{\Delta_{1k}}{\Delta}u_{s11}+\frac{\Delta_{2k}}{\Delta}u_{s22}+\cdots+\frac{\Delta_{kk}}{\Delta}u_{skk}+\cdots+\frac{\Delta_{mk}}{\Delta}u_{smm}\tag{3-11}$$

式中，Δ 为式（3-10）的系数行列式，Δ_{1k}，Δ_{2k}，…，Δ_{kk}，…，Δ_{mk} 为行列式 Δ 的代数余子式。式（3-10）所示网孔电流方程的一般形式，可用来研究线性电路的一些性质，如叠加性质、互易性质等。需要指出，网孔法只适用于求解平面网络。

例 3-2　用网孔分析法，求图 3-17 所示电路中的 I_1、I_2、I_3。

解　设网孔电流及其参考方向，如图中所示。

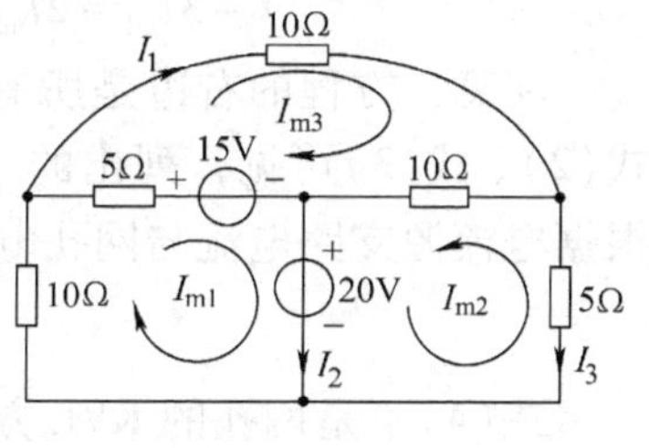

图 3-17　例 3-2 图

各自网孔的自电阻分别为

$$R_{11}=15\Omega,\ R_{22}=15\Omega,\ R_{33}=25\Omega$$

相关网孔间的互电阻分别为

$$R_{12}=R_{21}=0,\ R_{23}=R_{32}=10\Omega,\ R_{13}=R_{31}=-5\Omega$$

每一网孔内所有电源电压升的代数和分别为

$$u_{s11}=-35\text{V},\ u_{s22}=-20\text{V},\ u_{s33}=15\text{V}$$

用观察法列写网孔方程可得

$$\begin{cases}15I_{m1}-5I_{m3}=-35\\15I_{m2}+10I_{m3}=-20\\-5I_{m1}+10I_{m2}+25I_{m3}=15\end{cases}$$

解得

$$I_{m1}=-2\text{A},\ I_{m2}=-2\text{A},\ I_{m3}=1\text{A}$$

由支路电流和网孔电流关系可得

$$I_1=I_{m3}=1\text{A},\ I_2=I_{m1}+I_{m2}=-4\text{A},\ I_3=-I_{m2}=2\text{A}$$

以上讨论网孔法时所涉及的电路，只含有电阻元件和电压源元件，当电路含有电流源及受控源元件时如何应用网孔法分析求解电路呢？下面通过具体例子加以讨论。

1. 电路含有电流源

（1）当电流源支路为边沿支路时的例子。

例 3-3 图 3-18 所示电路，用网孔分析法求流过 40V 电压源的电流。

解 各网孔电流及其参考方向，如图 3-18 所示。该电路由于两个电流源位于电路的边沿，它们所在的网孔电流就是电流源的电流，即

$$I_{m1}=1A, I_{m2}=3A$$

因此，对电流源所在的网孔就不必列网孔电流方程，只需要对第三个网孔列网孔方程即可

$$-30I_{m1}-10I_{m2}+50I_{m3}=40$$

把 $I_{m1}=1A$，$I_{m2}=3A$ 代入上式解得

$$I_{m3}=2A$$

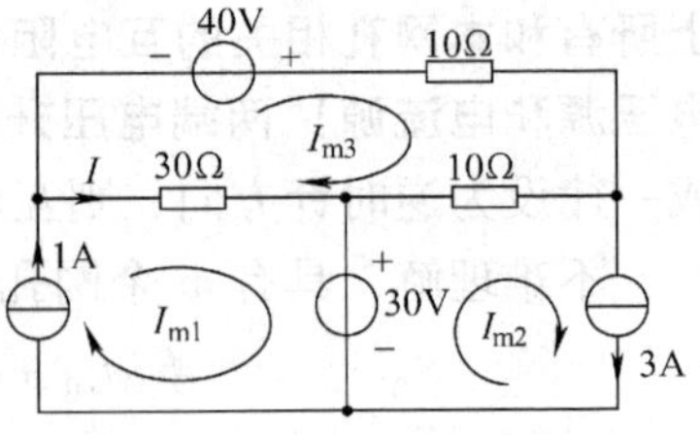

图 3-18 例 3-3 图

（2）当电流源支路为某两个网孔共有时的例子。

例 3-4 图 3-19 所示电路，试列出求解网孔电流所需要的方程。

解 网孔电流及参考方向如图所示。此电路中 3A 电流源支路为网孔 2 和网孔 3 所共有。由于网孔方程实质上是用网孔电流和电阻乘积表示的 KVL 方程，因此在列网孔方程时，两个网孔共有的电流源需要考虑其端电压。但其端电压为一未知量，为此，在列网孔方程时需要在电流源两端设电压为 U，如图 3-19 所示。

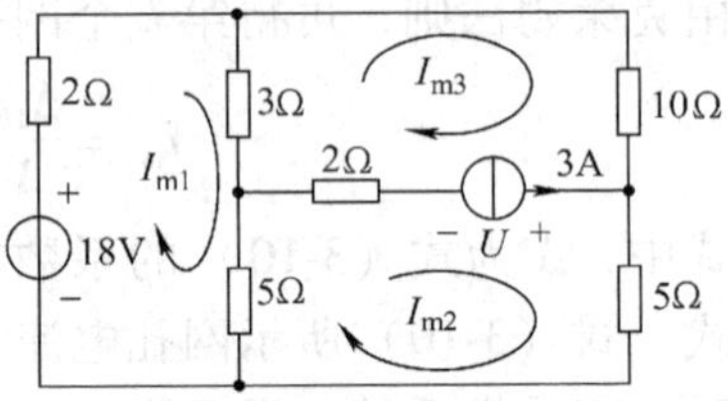

图 3-19 例 3-4 图

用观察法列三个网孔方程得

$$\begin{cases}10I_{m1}-5I_{m2}-3I_{m3}=18 & (1)\\ -5I_{m1}+12I_{m2}-2I_{m3}=U & (2)\\ -3I_{m1}-2I_{m2}+15I_{m3}=-U & (3)\end{cases}$$

注意：方程的右边是所有电源（包括电压源、电流源）电压升的代数和。从式(1)、式(2)、式(3)可见，列出的三个网孔方程，含有 4 个未知数，因此还需要补充一个方程。根据电流源支路电流与网孔电流关系可得补充方程为

$$I_{m2}-I_{m3}=3 \quad (4)$$

式(4)不是网孔的 KVL 方程，称它为补充方程。

联立式(1)、式(2)、式(3)、式(4)即可解出 I_{m1}、I_{m2}、I_{m3}。

2. 电路含有受控源

用网孔电流法分析含受控源的电路时，先把受控源当作独立源对待，按照独立源列网孔方程的方法，先列出相应的网孔电流方程，然后把控制量用网孔电流（当控制量是电流时）或用网孔电流与支路电阻乘积（当控制量是电压时）表示即可。

例 3-5 列出图 3-20 所示电路的网孔电流方程。

解 设网孔电流及其参考方向如图 3-20 所示。先把受控电压源当作电压值为 $8U$ 的独立电压源对待，按照含电阻和独立电压源的电路列网孔方程的方法列出两个网孔方程

$$3I_{m1}-2I_{m2}=18 \quad (1)$$

$$-2I_{m1}+5I_{m2}=-12-8U \quad (2)$$

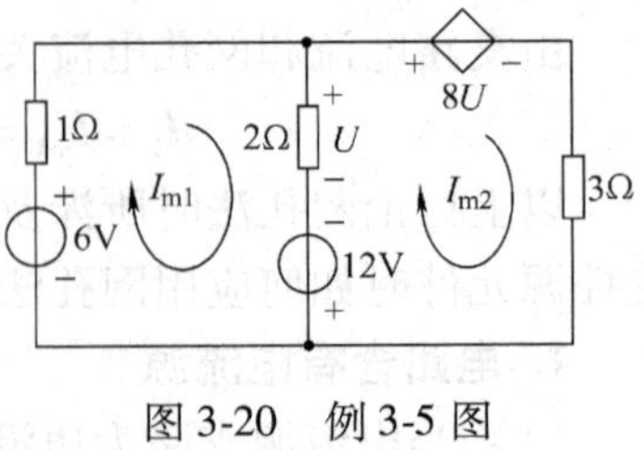

图 3-20 例 3-5 图

其中，$8U$ 是受控电压源，因此，还需要把控制量 U 用网孔电流表示，即

$$U=2(I_{m1}-I_{m2}) \tag{3}$$

联立三个方程即可求出 I_{m1}、I_{m2}、U。

例 3-6　列出图 3-21 所示电路的网孔电流方程。

解　该电路与例 3-3 所示电路的区别仅在于两个独立电流源中一个换成受控电流源，先暂时把受控电流源当作 $i_s=3I$ 的独立电流源对待，按照例 3-3 列方程的方法得

$$I_{m1}=1\text{A},\ I_{m2}=3I$$

$$-30I_{m1}-10I_{m2}+50I_{m3}=40$$

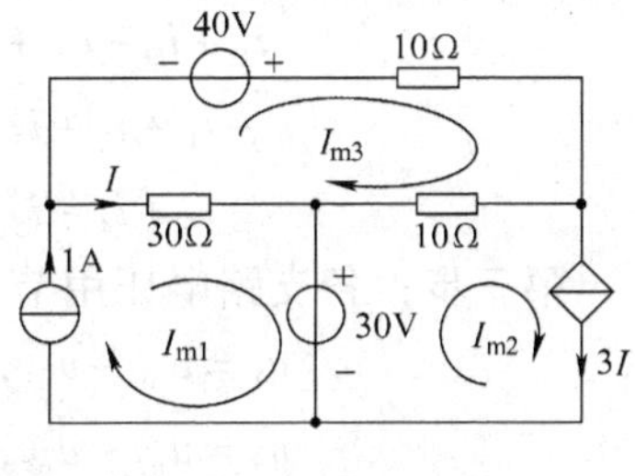

图 3-21　例 3-6 图

其中，$I_{m2}=3I$ 是受控电流源，因此，还需要把控制量 I 用网孔电流表示，即

$$I=I_{m1}-I_{m3}$$

可见，例 3-6 和例 3-3 列网孔方程的过程，区别仅在于例 3-6 最后需要把控制量用网孔电流表示。

例 3-7　列出图 3-22 所示电路的网孔电流方程。

解　该电路与例 3-4 所示电路的区别仅在于网孔 2 和网孔 3 共有支路中独立电流源换成受控电流源，先暂时把受控电流源当作 $i_s=5U_1$ 的独立电流源对待，按照例 3-4 列方程的方法可得（注意：受控电流源两端电压仍设为 U）

$$\begin{cases}10I_{m1}-5I_{m2}-3I_{m3}=18 & (1)\\ -5I_{m1}+12I_{m2}-2I_{m3}=U & (2)\\ -3I_{m1}-2I_{m2}+15I_{m3}=-U & (3)\end{cases}$$

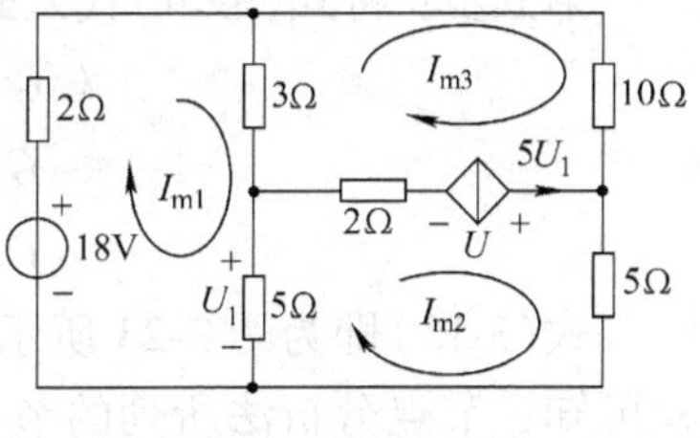

图 3-22　例 3-7 图

以上三个网孔方程和例 3-4 中所列的完全相同。三个网孔方程含有四个未知数，因此还需要补充一个方程。根据受控电流源支路电流与网孔电流关系可得补充方程为

$$I_{m2}-I_{m3}=5U_1 \tag{4}$$

在补充方程中 $5U_1$ 为受控电流源，因此，最后还需要把控制量 U_1 用网孔电流和电阻乘积表示，即

$$U_1=5(I_{m1}-I_{m2}) \tag{5}$$

含电流源和受控源的电路，列网孔方程的方法除以上介绍的方法外还有其他方法，如电流源并联电阻支路可等效转换成电压源串联电阻支路，如电流源转移等，在此不作具体介绍。

3.6　节点分析法

节点分析法（又称节点电压法）也是求解线性网络常用的一种方法，因为节点分析法不受平面网络的限制，且便于编程用计算机计算，更具使用价值，可以作为学习的重点。

有关节点电压的概念在前面已作过讨论。节点电压是一组完备的独立的电压变量，因此与网孔电流一样可作为第一步求解的对象。节点分析法就是以节点电压为求解量，对独立节点列写以节点电压和电导乘积表示的KCL方程，先求出节点电压，进而求出各支路电压和

电流的方法。下面以图 3-23 所示电路为例讨论节点方程的列写方法。

第一步：在图 3-23 中任选一节点（图中选节点 4）为参考点，其余三个节点的节点电压分别为 u_{n1}、u_{n2}、u_{n3}。

第二步：对每一独立节点列写 KCL 方程

$$\left.\begin{aligned} i_1+i_5-i_{s1}+i_{s2}&=0\\ -i_1+i_2+i_3&=0\\ -i_3+i_4-i_5-i_{s2}&=0 \end{aligned}\right\}\tag{3-12}$$

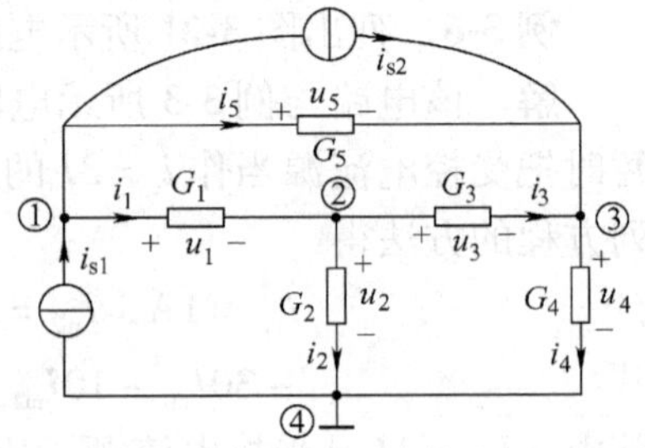

图 3-23　节点方程的列写方法

第三步：各支路电压用节点电压表示

$$\left.\begin{aligned} &u_1=u_{n1}-u_{n2},\ u_2=u_{n2}\\ &u_3=u_{n2}-u_{n3},\ u_4=u_{n3}\\ &u_5=u_{n1}-u_{n3} \end{aligned}\right\}\tag{3-13}$$

第四步：把电阻支路电流用节点电压和电导的乘积表示

$$\left.\begin{aligned} &i_1=G_1u_1=G_1(u_{n1}-u_{n2}),\ i_2=G_2u_2=G_2u_{n2}\\ &i_3=G_3u_3=G_3(u_{n2}-u_{n3}),\ i_4=G_4u_4=G_4u_{n3}\\ &i_5=G_5u_5=G_5(u_{n1}-u_{n3}) \end{aligned}\right\}\tag{3-14}$$

第五步：将式(3-14)代入式(3-12)并整理可得

$$\left.\begin{aligned} (G_1+G_5)u_{n1}-G_1u_{n2}-G_5u_{n3}&=i_{s1}-i_{s2}\\ -G_1u_{n1}+(G_1+G_2+G_3)u_{n2}-G_3u_{n3}&=0\\ -G_5u_{n1}-G_3u_{n2}+(G_3+G_4+G_5)u_{n3}&=i_{s2} \end{aligned}\right\}\tag{3-15}$$

式(3-15)即为图 3-23 所示电路的节点电压方程。通过以上建立节点电压方程的具体过程可知：节点分析法所列的节点电压方程实际上是以节点电压为求解量的 KCL 方程。由式(3-15)可解出 u_{n1}、u_{n2}、u_{n3}，由此可进一步求出各支路电流和电压。采用节点分析法后，7 个支路的电路只需解三个联立方程即可，大大简化了电路的计算。

根据式(3-15)同样可以总结出用观察法直接列写节点电压方程的简便方法，为此，把式(3-15)改写成如下形式：

$$\left.\begin{aligned} G_{11}u_{n1}+G_{12}u_{n2}+G_{13}u_{n3}&=i_{s11}\\ G_{21}u_{n1}+G_{22}u_{n2}+G_{23}u_{n3}&=i_{s22}\\ G_{31}u_{n1}+G_{32}u_{n2}+G_{33}u_{n3}&=i_{s33} \end{aligned}\right\}\tag{3-16}$$

式中，G_{11}、G_{22}、G_{33} 分别是与各自节点相接的电导之和，分别称各自节点的自电导（Self Conductance），$G_{11}=G_1+G_5$，$G_{22}=G_1+G_2+G_3$，$G_{33}=G_3+G_4+G_5$；G_{12}、G_{13}、G_{21}、G_{23}、G_{31}、G_{32} 分别是其下标数字所示两节点间共有电导的负值，称为有关两节点间的互电导（Mutual Conductance），$G_{12}=G_{21}=-G_1$，$G_{23}=G_{32}=-G_3$，$G_{13}=G_{31}=-G_5$，例如 $G_{12}=G_{21}=-G_1$ 称为节点①和节点②的互电导（注意：与网孔方程中互电阻可正可负不同，节点方程中互电导恒为负值，这是由于所有节点电压对参考点一律假定为电压降的缘故，因此通常节点电压不必标参考极性，参考点默认为是节点电压的“-”端）；i_{s11}、i_{s22}、i_{s33} 分别为流入各自节点的电源电流的代数和，$i_{s11}=i_{s1}-i_{s2}$，$i_{s22}=0$，$i_{s33}=i_{s2}$。

由以上分析可得出，用观察法列写节点方程的规则：**本节点电压乘以本节点的自电导，加上所有和本节点相关的互电导乘以相关节点电压的各项，等于流入本节点的所有电源**

（所有电压源和电流源）电流的代数和。

不难理解，具有 n 个节点的电路，节点电压方程的一般形式为

$$\left.\begin{aligned}G_{11}u_{n1}+G_{12}u_{n2}+\cdots+G_{1(n-1)}u_{n(n-1)}&=i_{s11}\\G_{21}u_{n1}+G_{22}u_{n2}+\cdots+G_{2(n-1)}u_{n(n-1)}&=i_{s22}\\&\vdots\\G_{k1}u_{n1}+G_{k2}u_{n2}+\cdots+G_{k(n-1)}u_{n(n-1)}&=i_{skk}\\&\vdots\\G_{(n-1)1}u_{n1}+G_{(n-1)2}u_{n2}+\cdots+G_{(n-1)(n-1)}u_{n(n-1)}&=i_{s(n-1)(n-1)}\end{aligned}\right\}\tag{3-17}$$

由克莱姆法则，可得第 k 个节点电压的一般形式为

$$u_{nk}=\frac{\Delta_{1k}}{\Delta}i_{s11}+\frac{\Delta_{2k}}{\Delta}i_{s22}+\cdots+\frac{\Delta_{(n-1)k}}{\Delta}i_{s(n-1)(n-1)}\tag{3-18}$$

式中，Δ 为式(3-17)的系数行列式，Δ_{1k}，Δ_{2k}，…，$\Delta_{(n-1)k}$ 为行列式 Δ 的代数余子式。式(3-17)所示节点电压方程的一般形式，也常用来研究线性电路的一些性质。

例 3-8 电路如图 3-24 所示，用节点电压法求电流源端电压 u。

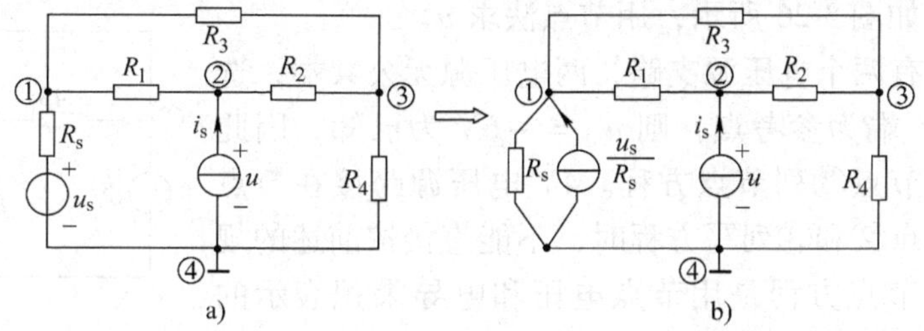

图 3-24 例 3-8 图

解 参考点及各独立节点如图 3-24 所示，该电路中电流源的端电压为节点②的节点电压，即 $u=u_{n2}$，此电路含有电压源串联电阻支路，不能直接用观察法列写方程，如果先把电压源串联电阻支路等效转换成如图 3-24b 所示电流源并联电阻支路，就可以用观察法列写方程。列方程时要注意，如果电阻的参数是用 R 表示的，则需转换成 G 后再列方程。

由图 3-24b 所示电路，对三个独立节点①、②、③列方程可得

$$\left.\begin{aligned}\left(\frac{1}{R_s}+\frac{1}{R_1}+\frac{1}{R_3}\right)u_{n1}-\frac{1}{R_1}u_{n2}-\frac{1}{R_3}u_{n3}&=\frac{u_s}{R_s}\\-\frac{1}{R_1}u_{n1}+\left(\frac{1}{R_1}+\frac{1}{R_2}\right)u_{n2}-\frac{1}{R_2}u_{n3}&=i_s\\-\frac{1}{R_3}u_{n1}-\frac{1}{R_2}u_{n2}+\left(\frac{1}{R_2}+\frac{1}{R_3}+\frac{1}{R_4}\right)u_{n3}&=0\end{aligned}\right\}$$

联立 3 个方程可解得 $u_{n2}=u$。

如果电路含有理想电压源支路及受控源元件时如何应用节点法分析求解电路呢？下面通过具体例子加以讨论。

1. 电路含有电压源支路

例 3-9 电路如图 3-25 所示，用节点法求 u_2。

解 电路含一个电压源支路，可设电压源支路的负端为参考点，各独立节点及参考点如图3-25所示，因为节点②与参考点之间接的是电压源，所以 $u_{n2}=u_s$ 为已知数。因此，只需要对节点①和节点③列节点方程即可

$$(G_1+G_2)u_{n1}-G_1u_{n2}-G_2u_{n3}=i_{s1} \quad (1)$$

$$-G_2u_{n1}+(G_2+G_3)u_{n3}=-i_{s2} \quad (2)$$

把 $u_{n2}=u_s$ 代入以上方程可解出 u_{n1}、u_{n3}，进而求出

$$u_2=u_{n1}-u_{n3}$$

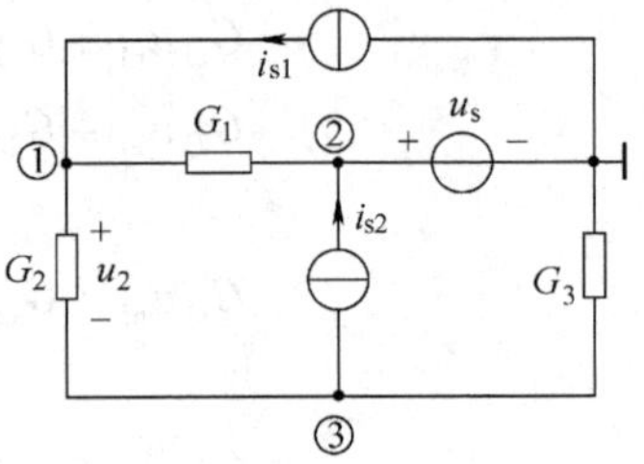

图3-25 例3-9图

如果电路含有两个或两个以上电压源支路而这些电压源的一端接在公共点上，可设该公共点为参考点，则这些电压源的另一端所接节点电压均为已知量，因此，仅对其余的独立节点列方程即可。实际上与含一个电压源支路电路的处理方法是一样的。

如果电路含有两个（或两个以上）电压源，且它们之间没有公共点时，只能选其中一个电压源的一端接地，因此必然有一个（或几个）电压源跨接在两个独立节点之间，不能按上述的方法列节点方程，需要另找其他的解决方法。下面以具体电路加以讨论。

例3-10 电路如图3-26所示，用节点法求 u。

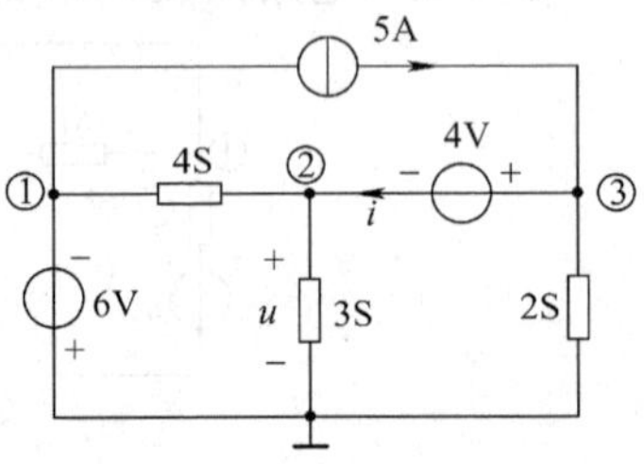

图3-26 例3-10图

解 该电路含有两个电压源支路，两电压源无公共端，选6V电压源的“+”端为参考点，则 $u_{n1}=-6\text{V}$ 为已知，因此只需要对节点②和节点③列节点方程。4V电压源跨接在节点②和③之间，对节点②和③列写方程时，不能直接按前述的规则列写方程。因为节点方程是用节点电压和电导乘积表示的KCL方程，因此对接有理想电压源支路的节点列方程时，应考虑流过电压源的电流。但其电流为一未知量，为此在电压源支路上先设一电流 i，在列节点方程时暂时只考虑其电流 i。一般情况下节点方程等式右边的 i_{skk} 可理解为流入节点 k 的所有电源电流的代数和，包括已知的电流源电流 i_s 以及未知的电压源电流 i。

在图3-26中，在4V电压源支路设一电流 i，分别对节点②和节点③列方程得

$$-4u_{n1}+7u_{n2}=i \quad (1)$$

$$2u_{n3}=5-i \quad (2)$$

式中，$u_{n1}=-6\text{V}$ 为已知量，但两个方程含有 u_{n2}、u_{n3}、i 这三个未知量，因此还需要补充一个方程，据电压源支路与节点电压的关系可得补充方程为

$$u_{n3}-u_{n2}=4\text{V} \quad (3)$$

联立式(1)、式(2)、式(3)可求得

$$u_{n2}=-3\text{V} \qquad u_{n3}=1\text{V}$$

进而求得

$$u=u_{n2}=-3\text{V}$$

2. 电路含有受控电源

用节点电压法分析含受控源的电路时，先暂时把受控源当作独立源对待，按照相应独立源列节点方程的方法，先列出相应的节点方程后，再把节点方程中的控制量用节点电压（控制量是电压时）或节点电压和电导的乘积（控制量是电流时）表示即可。下面以具体电

路为例加以讨论。

例 3-11　电路如图 3-27 所示，列出节点电压方程。

解　参考点及各独立节点如图 3-27 所示，电路含有电压控制的电流源，先暂时把受控电流源当作电流值为 $i_s=3u$ 的独立电流源对待，按照独立电流源列节点方程的方法对节点①、②、③列方程得

$$(G_1+G_4)u_{n1}-G_1u_{n2}-G_4u_{n3}=i_s \quad (1)$$

$$-G_1u_{n1}+(G_1+G_2+G_3)u_{n2}-G_3u_{n3}=0 \quad (2)$$

$$-G_4u_{n1}-G_3u_{n2}+(G_3+G_4)u_{n3}=3u \quad (3)$$

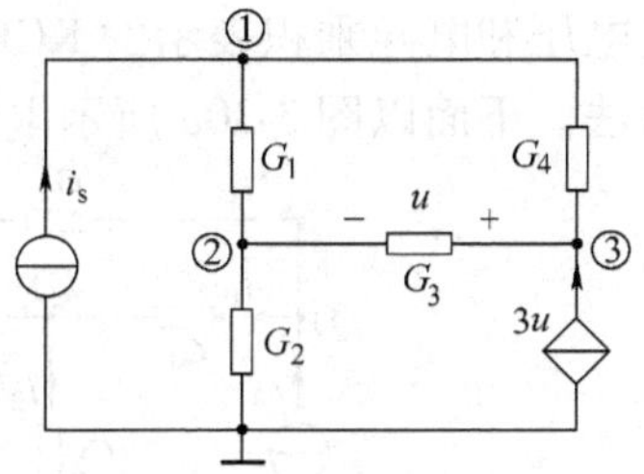

图 3-27　例 3-11 图

其中，$3u$ 是受控电流源，因此，还需要把控制量 u 用节点电压表示，即

$$u=u_{n3}-u_{n2} \quad (4)$$

由以上四个方程即可求出 u_{n1}、u_{n2}、u_{n3}。

例 3-12　电路如图 3-28 所示，列出节点电压方程。

解　该电路与例 3-10 所示电路的区别仅在于两个独立电压源中的 6V 电压源换成受控电压源，先暂时把受控电压源当作独立电压源对待，可得

$$u_{n1}=5u \quad (1)$$

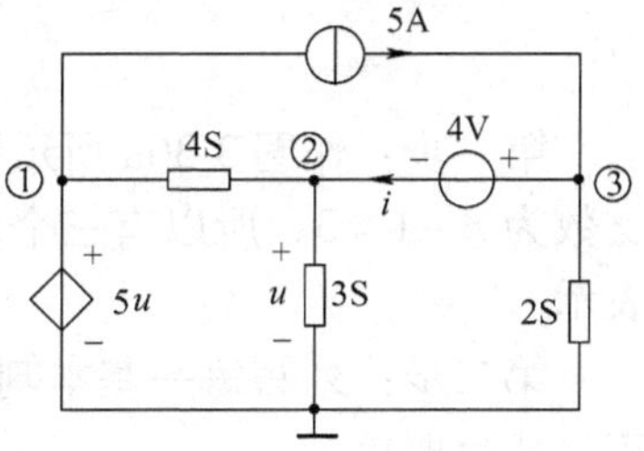

图 3-28　例 3-12 图

按照例 3-10 列节点方程的方法，分别对节点②和节点③列方程得

$$-4u_{n1}+7u_{n2}=i \quad (2)$$

$$2u_{n3}=5-i \quad (3)$$

其中，把 $u_{n1}=5u$ 暂时当作已知量对待，但式(2)、式(3)两个方程含有 u_{n2}、u_{n3}、i 三个未知量，因此还需要补充一个方程，据 4V 电压源支路与节点电压的关系得补充方程为

$$u_{n3}-u_{n2}=4\text{V} \quad (4)$$

因为 $u_{n1}=5u$ 是受控电压源，最后还需要把控制量 u 用节点电压表示，即

$$u=u_{n2} \quad (5)$$

由以上五个方程即可求出 u_{n1}、u_{n2}、u_{n3}。

节点法常用来分析含运算放大器的电路。

例 3-13　电路如图 3-29 所示，用节点法求电压比 u_o/u_s。

解　该电路有四个独立节点，其中 $u_{n1}=u_s$，$u_{n4}=u_o$，利用理想运算放大器“虚断”的特性，分别对节点②、③列节点方程可得

$$(G_1+G_2)u_{n2}-G_2u_o=0 \quad (1)$$

$$-G_3u_s+(G_3+G_4+G_5)u_{n3}-G_4u_o=0 \quad (2)$$

根据理想运算放大器“虚短”的特性，有

$$u_{n2}=u_{n3} \quad (3)$$

联立式(1)、式(2)、式(3)，解得

$$\frac{u_o}{u_s}=\frac{(G_1+G_2)G_3}{G_2G_3+G_2G_5-G_1G_4}$$

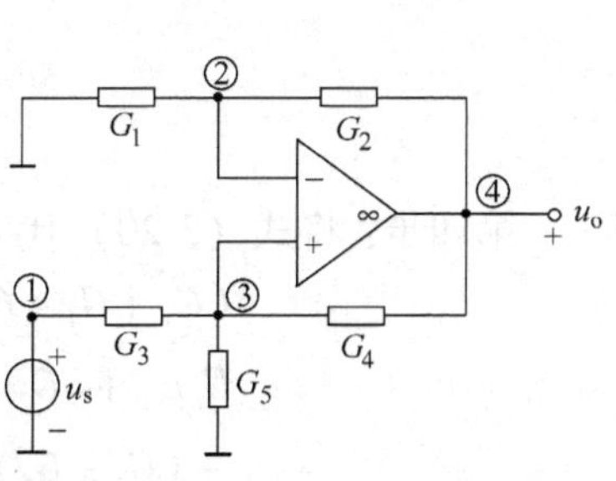

图 3-29　例 3-13 图

3.7 割集分析法

有关树支电压的概念已在前面作过讨论。树支电压是一组完备的独立的电压变量，因此可作为第一步求解的对象。割集分析法就是以树支电压为求解量，对每一基本割集列写以树支电压和电导乘积表示的KCL方程，先求出树支电压，进而求出连支电压和各支路电流的方法。下面以图3-30a所示电路为例讨论割集分析法。

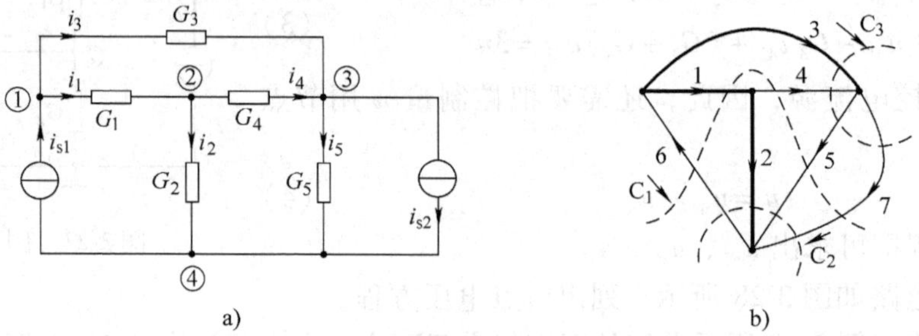

图3-30 割集分析法列写方程

第一步：作图3-30a所示网络的有向图，任选一种树并确定对应的基本割集，此电路树支数为 $n-1=3$，所以有三个基本割集，如图3-30b所示。三个树支电压分别用 u_{t1}、u_{t2}、u_{t3} 表示。

第二步：列写每一基本割集的KCL方程，支路电流的参考方向与基本割集方向相同取正，相反取负

$$\left.\begin{aligned}&C_1: i_1-i_4+i_5-i_6+i_7=0\\&C_2: i_2+i_5-i_6+i_7=0\\&C_3: i_3+i_4-i_5-i_7=0\end{aligned}\right\}\tag{3-19}$$

第三步：利用VCR把各支路电流用树支电压和支路电导的乘积表示

$$\left.\begin{aligned}&i_1=G_1u_{t1}\\&i_2=G_2u_{t2}\\&i_3=G_3u_{t3}\\&i_4=G_4(u_{t3}-u_{t1})\\&i_5=G_5(u_{t1}+u_{t2}-u_{t3})\\&i_6=i_{s1}\\&i_7=i_{s2}\end{aligned}\right\}\tag{3-20}$$

第四步：将式（3-20）代入式（3-19）并整理可得

$$\left.\begin{aligned}&(G_1+G_4+G_5)u_{t1}+G_5u_{t2}-(G_4+G_5)u_{t3}=i_{s1}-i_{s2}\quad(1)\\&G_5u_{t1}+(G_2+G_5)u_{t2}-G_5u_{t3}=i_{s1}-i_{s2}\quad(2)\\&-(G_4+G_5)u_{t1}-G_5u_{t2}+(G_3+G_4+G_5)u_{t3}=i_{s2}\quad(3)\end{aligned}\right\}\tag{3-21}$$

求解式(3-21)即可解出树支电压 u_{t1}、u_{t2}、u_{t3}，进而求出其他变量。下面，为便于用观

察法直接写出割集方程，对式(3-21)进行总结，找出规律性的东西。先分析式(3-21)的式(1)：其中$(G_1+G_4+G_5)$称为基本割集C_1的自电导，为割集C_1所切割支路电导的总和。G_5为同时被割集C_1和割集C_2切割的共有支路电导，称G_5为割集C_1与割集C_2的互电导，因为两割集的方向对共有支路相同，所以互电导取正号。$-(G_4+G_5)$为同时被割集C_1和割集C_3切割的共有支路电导总和的负值，称$-(G_4+G_5)$为割集C_1与割集C_3的互电导，互电导为负值是因为割集C_1和割集C_3的方向对共有支路相反。判断两割集对共有支路方向的方法是：把表示割集参考方向的两箭头分别沿各自的切割线移到共有支路看方向是否一致。方程的右端则为割集C_1所含电流源电流的代数和，当电流源的参考方向与割集方向相反时取正，相同时则取负。对式(3-21)中的式(2)、式(3)也可作出类似的总结。

由此可归纳出用观察法列写割集方程的规则：**本割集的自电导乘以本割集的树支电压，加上所有和本割集相关的互电导（可正可负）乘以相关割集树支电压的各项，等于本割集所含电流源电流的代数和**（电流源的方向与本割集的方向相反取正，相同取负）。

在图3-30b中，如果选支路2、5、6为树支，其基本割集的KCL方程恰好就是节点①、②、③的KCL方程，此时树支电压分别等于节点①、②、③对参考点④的节点电压，由此可看出节点分析法实际是割集分析法的特例。

一个电路不论其树有多少种，树支数是一定的。因此，含有电压源支路的电路用割集法时应尽量把电压源支路选为树支，使其未知的独立变量减少。

例3-14 用割集分析法求图3-31a所示电路中的电流。

解 图3-31a所示电路的有向图、树、基本割集如图3-31b所示。此电路含两个独立电压源，把两个电压源支路都选为树支，故三个树支电压中两个为已知量，即$u_{t1}=6V$，$u_{t3}=4V$。

因此，实际的求解对象只有u_{t2}，只需要对基本割集C_2列方程即可

$$4u_{t1}+(4+3+2)u_{t2}+2u_{t3}=5$$

把$u_{t1}=6V$，$u_{t3}=4V$代入上式解得$u_{t2}=-3V$。

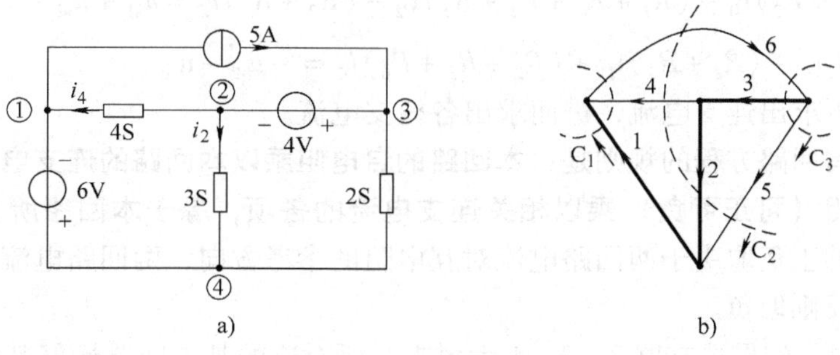

图3-31 例3-14图

由KVL可得

$$u_4=u_{t2}+u_{t1}=3V$$

由VCR可得

$$i_2=G_2u_{t2}=3\times(-3)A=-9A$$
$$i_4=G_4u_4=4\times3A=12A$$

本例用割集法只列了一个方程，如用节点法，补充方程在内则需要列3个方程，可看出当电路含有多个电压源时，利用割集法选树灵活的特点，大大减少了联立方程的个数。含受控源的电路用割集法时，先把受控源当作独立源对待，列出相应的割集方程后把控制量用树支电压表示即可。

3.8 回路分析法

有关连支电流的概念在前面已作过讨论。连支电流是一组独立的完备的电流变量，因此可作为第一步求解的对象。回路分析法就是以连支电流为求解量，对每一基本回路列写以连支电流和电阻乘积表示的KVL方程，先求出连支电流，进而求出树支电流和各支路电压的方法。下面以图3-32a所示电路为例讨论回路分析法。

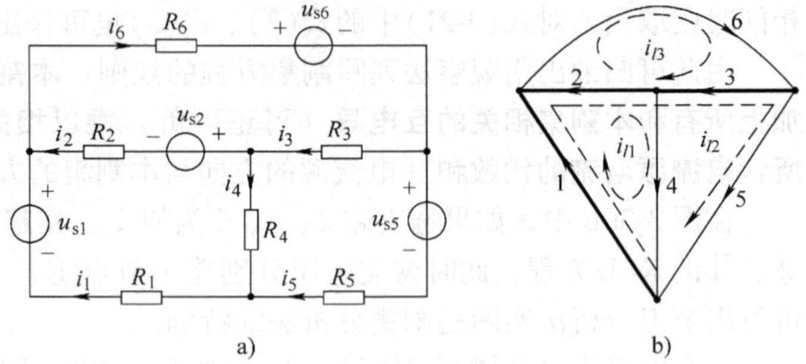

图3-32 回路分析法列写方程

图3-32a所示电路的有向图、树、基本回路及参考方向如图3-32b所示。3个基本回路电流（即连支电流）分别用i_{l1}、i_{l2}、i_{l3}表示。基本回路的方向与连支的方向一致，是列写KVL方程时的绕行方向，如图中虚线所示。

回路分析法与网孔分析法列写方程的方法类似，在此不作详细推导，这两种方法所不同的是，回路分析法在公共支路（即树支）上可有多个连支电流，而网孔分析法在公共支路上只有两个网孔电流。在图3-32b中对三个基本回路列写回路方程可得

$$\left.\begin{aligned}&(R_1+R_2+R_4)i_{l1}+(R_1+R_2)i_{l2}-R_2i_{l3}=u_{s1}+u_{s2}\\&(R_1+R_2)i_{l1}+(R_1+R_2+R_3+R_5)i_{l2}-(R_2+R_3)i_{l3}=u_{s1}+u_{s2}-u_{s5}\\&-R_2i_{l1}-(R_2+R_3)i_{l2}+(R_2+R_3+R_6)i_{l3}=-u_{s2}-u_{s6}\end{aligned}\right\}\quad(3\text{-}22)$$

由式(3-22)可求出连支电流，进而求出各树支电流。

用观察法列写回路方程的规则是：**本回路的自电阻乘以本回路的连支电流，加上所有和本回路相关互电阻（可正可负）乘以相关连支电流的各项，等于本回路所含电源电压升的代数和**。互电阻的正负取决于两回路电流对互电阻的参考方向，两回路电流流过互电阻的方向一致取正，相反则取负。

在图3-32b中，如果选支路2、3、4为树支，所对应的基本回路恰好就是网孔，此时网孔电流就是基本回路电流，由此可看出网孔分析法实际是回路分析法的特例。

因为回路法是以连支电流作为求解量的，所以用回路法求解含有电流源支路的电路时，把电流源支路尽可选为连支，使未知变量数减少来简化电路计算。

例3-15 用回路分析法求图3-33a所示电路中的电流i。

解 图3-33a所示电路的有向图、树、基本回路如图3-33b所示。此电路含两个独立电流源，把两个电流源支路都选为连支，故三个连支电流中两个为已知量，即$i_{l1}=4\text{A}$，$i_{l3}=8\text{A}$，实际的求解对象只有i_{l2}，因此只需要对回路l_2列方程即可，用观察法对回路l_2列写方

程得

$$(2+6)i_{l1}+(3+2+6)i_{l2}-2i_{l3}=-6$$

把 $i_{l1}=4\text{A}$，$i_{l3}=8\text{A}$ 代入上式解得

$$i_{l2}=i=-2\text{A}$$

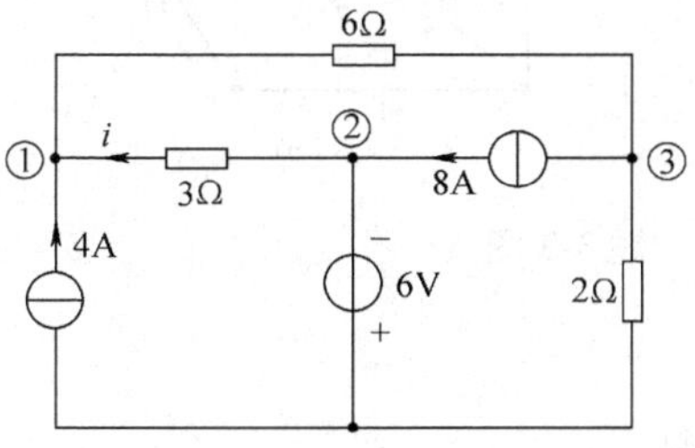

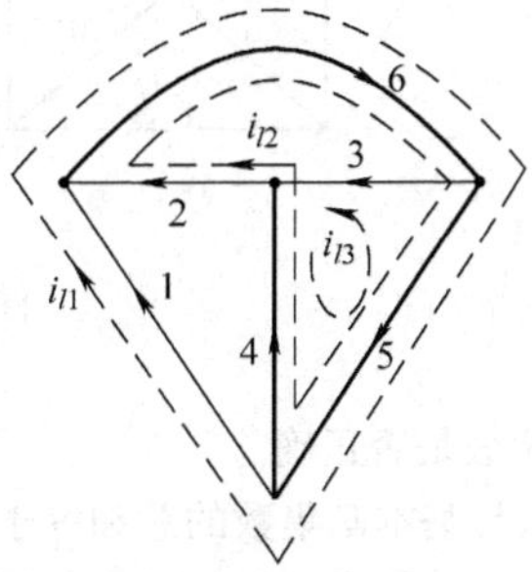

图3-33 例3-15图

含受控源的电路用回路分析法时，先把受控源当作独立源对待，列出相应的回路方程后把控制量用连支电流表示即可。

以上介绍的几种分析方法，在求解电路时具体应采用哪一种最佳，要从电路是否是平面网络（网孔法只适用于平面网络，而其他不受此限制），网孔数、节点数及所含电源的种类，连接方式等几个因素综合考虑。立足点应放在尽可能用最少的联立方程，且便于用观察法列写方程。由于回路分析法和割集分析法都从选择图的树着手，当电路含有多个电流源支路时用回路分析法，当电路含有多个电压源支路时用割集法，可大大减少联立方程的个数而简化电路的计算。因此，这两种方法比起网孔法、节点法更为灵活，但是回路分析法和割集分析法在列方程时，没有网孔法和节点法直观方便。

习 题

3-1 拓扑图如图3-34所示，指出下列支路的集合中，哪些支路集合中的电压为一组完备的独立变量：{1, 2, 6, 8, 10}，{3, 4, 5, 8}，{1, 3, 6, 11}，{1, 4, 7, 8, 11}，{5, 6, 7, 11}。

3-2 如图3-35所示拓扑图，试选择两种树，并标出两种树所对应的基本割集与基本回路。

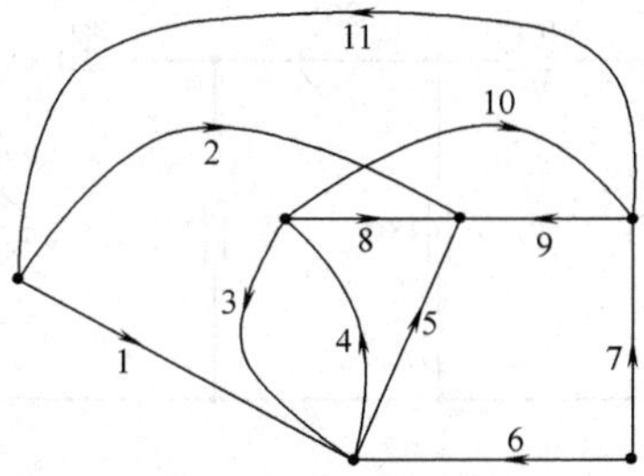

图3-34 题3-1图

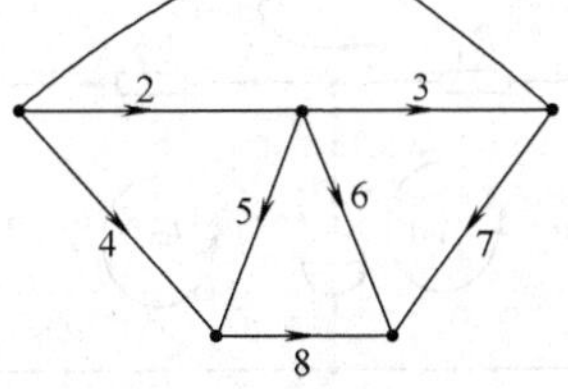

图3-35 题3-2图

3-3 如图3-36a、b所示，试各画出4个不同的树，树支数各为多少？

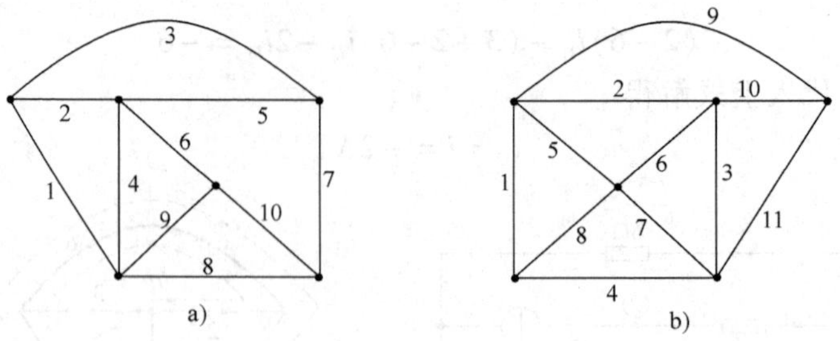

图 3-36　题 3-3 图

3-4　判断下列说法是否正确。

（1）基本回路数与基本割集数的总和等于支路数；

（2）在一个连通图中每个割集都具有相同数目的支路；

（3）在选定树之前不能确定电路的割集；

（4）电路的基本割集数与树支数相等；

（5）两基本回路间的公共支路是树支；

3-5　如图 3-37 所示有向图，若选支路 3、4、5、7、8 为树支，指出所有的基本回路和基本割集。

3-6　如图 3-38 所示电路，试用网孔电流法求电路中的电流 i 和 u_{ab}。

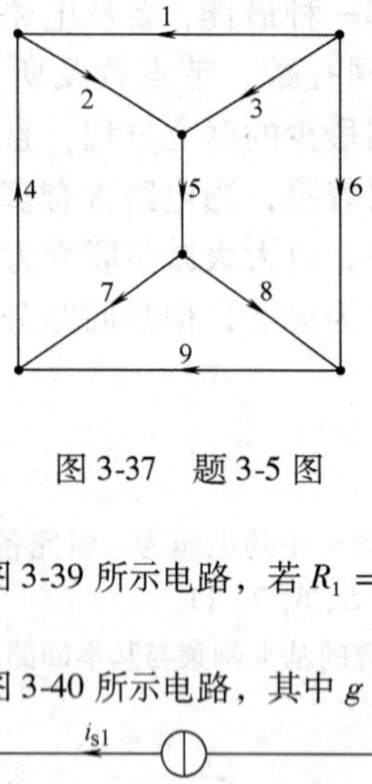

图 3-37　题 3-5 图

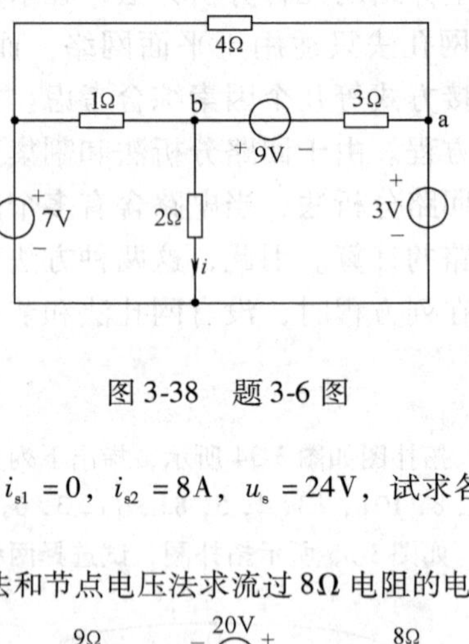

图 3-38　题 3-6 图

3-7　如图 3-39 所示电路，若 $R_1=1\Omega$，$R_2=3\Omega$，$R_3=4\Omega$，$i_{s1}=0$，$i_{s2}=8\text{A}$，$u_s=24\text{V}$，试求各网孔电流。

3-8　如图 3-40 所示电路，其中 $g=0.1\text{s}$，分别用网孔分析法和节点电压法求流过 8Ω 电阻的电流。

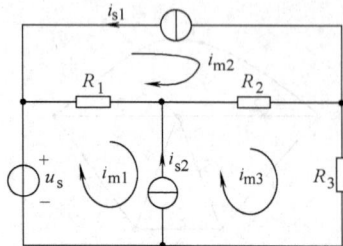

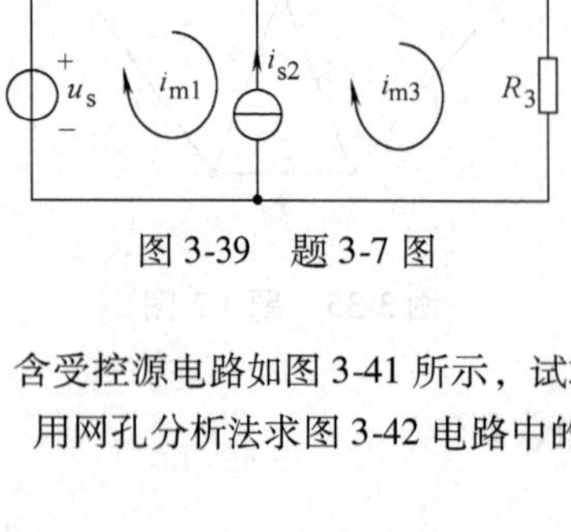

图 3-39　题 3-7 图

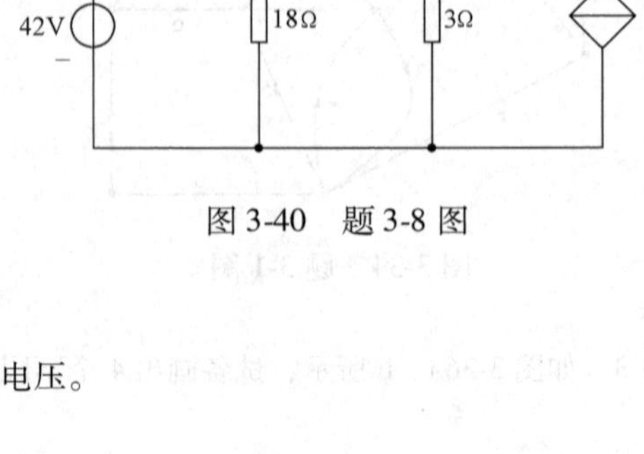

图 3-40　题 3-8 图

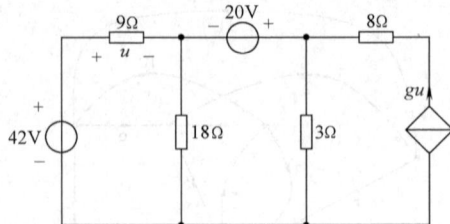

3-9　含受控源电路如图 3-41 所示，试求受控源功率。

3-10　用网孔分析法求图 3-42 电路中的各支路电流和电压。

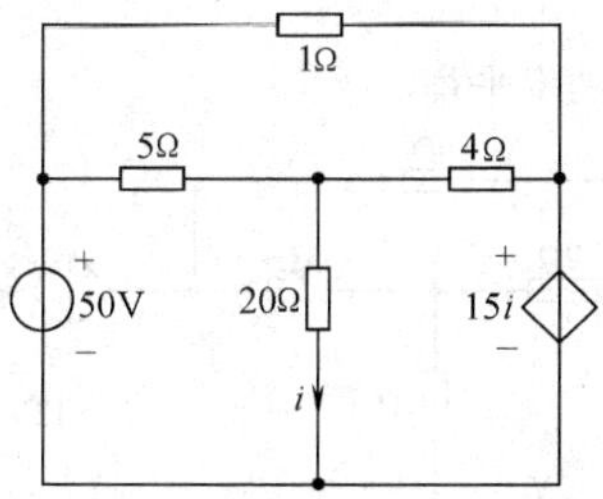

图 3-41　题 3-9 图

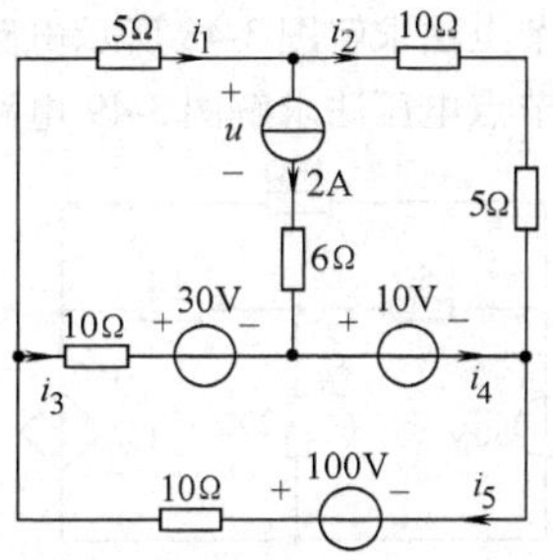

图 3-42　题 3-10 图

3-11　电路如图 3-43 所示，试用网孔电流法分别求图 a、b 所示电路中的电压 u。

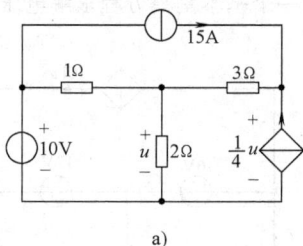

a)　　b)

图 3-43　题 3-11 图

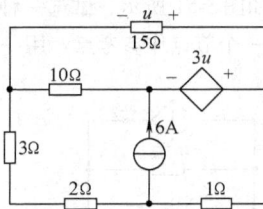

3-12　电路如图 3-44 所示，试用网孔法求 I_1 和受控源功率。

3-13　电路如图 3-45 所示，试用节点电压法求各支路电流。

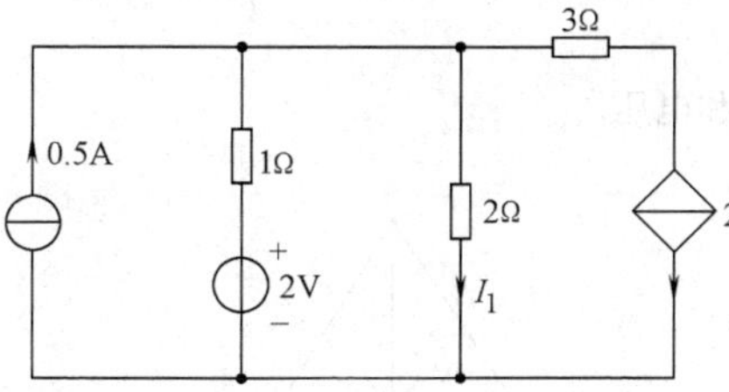

图 3-44　题 3-12 图

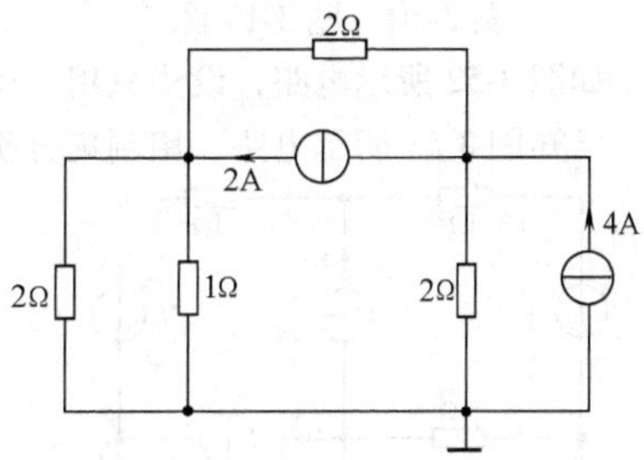

图 3-45　题 3-13 图

3-14　电路如图 3-46 所示，试用节点法求 i_1、i_2。

3-15　若节点方程为

$$1.6u_{n1} - 0.5u_{n2} - u_{n3} = 1$$
$$-0.5u_{n1} + 1.6u_{n2} - 0.1u_3 = 0$$
$$-u_{n1} - 0.1u_{n2} + 3.1u_3 = 0$$

试绘出最简单的电路。

3-16　如图 3-47 所示电路，试列出求 u_o 所需的节点方程。

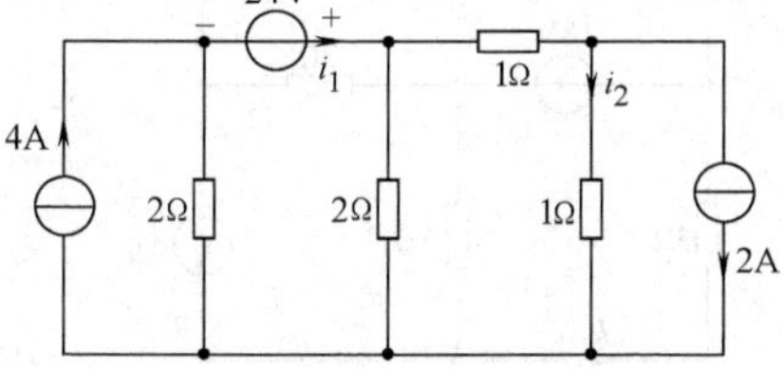

图 3-46　题 3-14 图

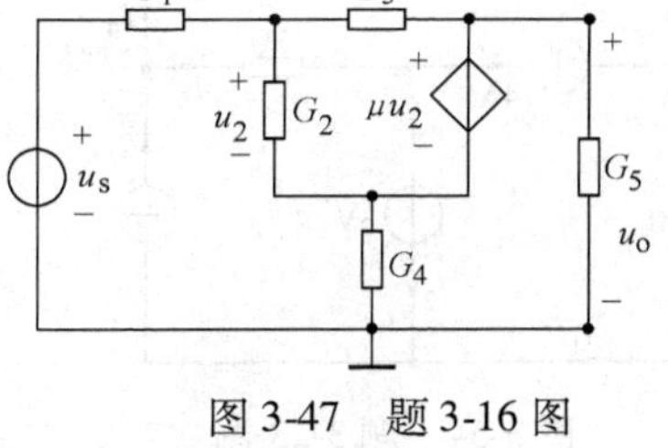

图 3-47　题 3-16 图

3-17　用节点法求解图 3-48 所示电路中电压 U。

3-18　用节点电压法求解图 3-49 电路中各元件的功率，并检验功率平衡。

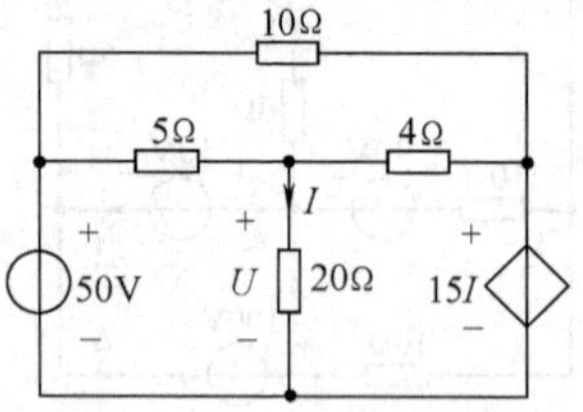

图 3-48　题 3-17 图

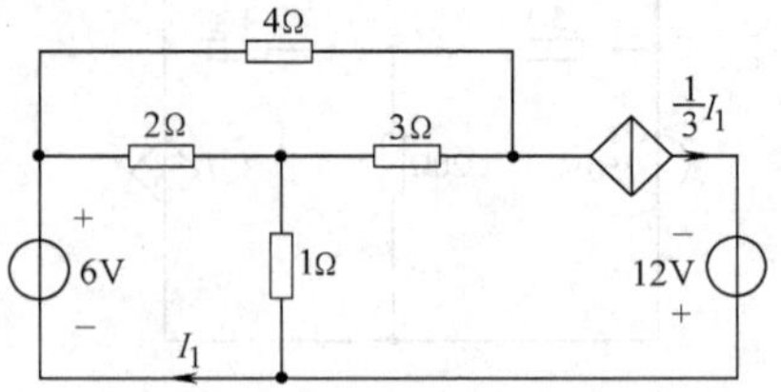

图 3-49　题 3-18 图

3-19　列写图 3-50 所示电路的节点电压方程。

3-20　电路如图 3-51 所示，试选一种树，确定基本割集，用一个基本割集方程求解电压 u。若用节点法，你将选择哪一个节点作参考点？用一个节点方程求电压 u。

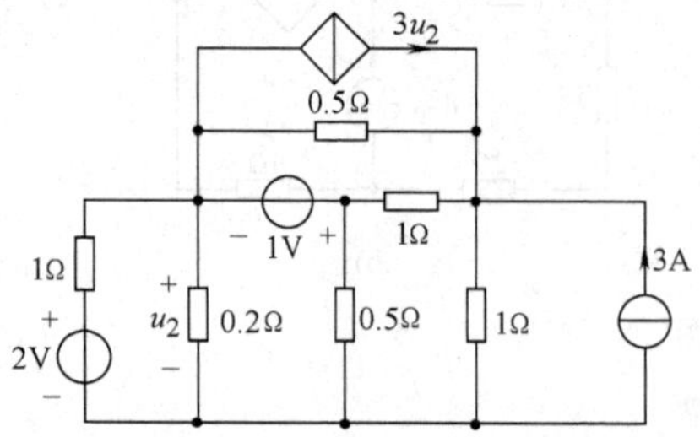

图 3-50　题 3-19 图

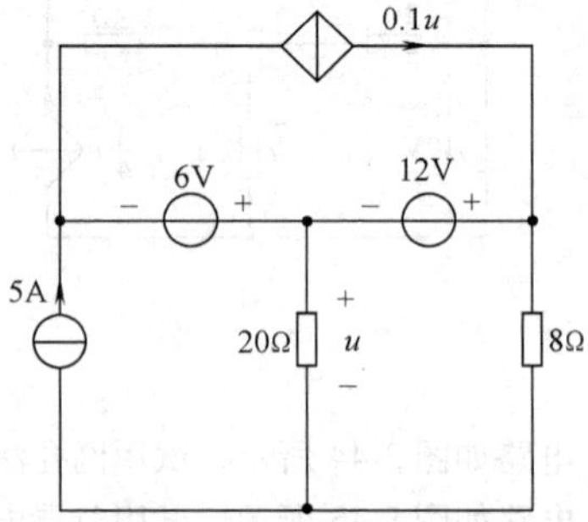

图 3-51　题 3-20 图

3-21　如图 3-52 所示电路，设法只用一个方程解出 I。

3-22　已知图 3-53 所示电路，用割集分析法求各支路电流和电压。

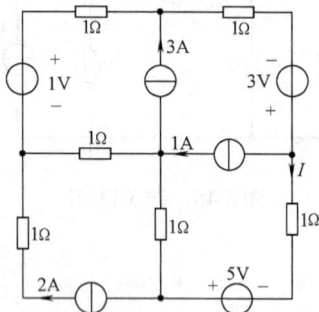

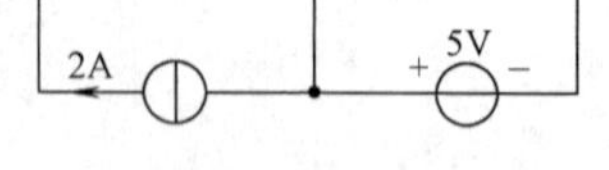

图 3-52　题 3-21 图

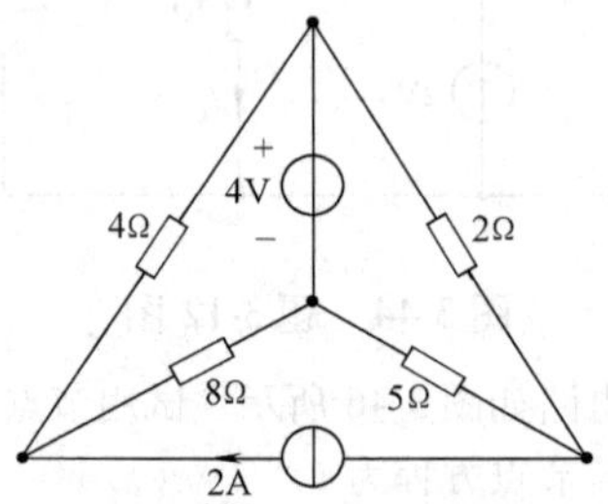

图 3-53　题 3-22 图

3-23　图 3-54 所示电路，用割集分析法求各支路电流。

3-24　图 3-55 所示电路，分别用节点分析法和网孔分析法求 I_1、I_2，并指出哪种方法更简便。

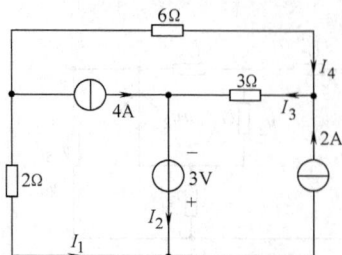

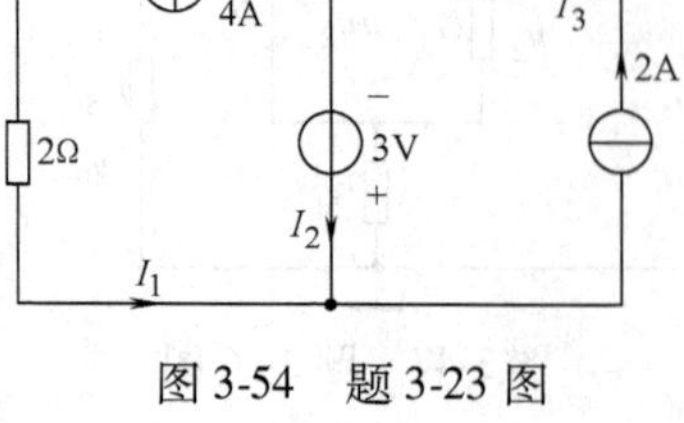

图 3-54　题 3-23 图

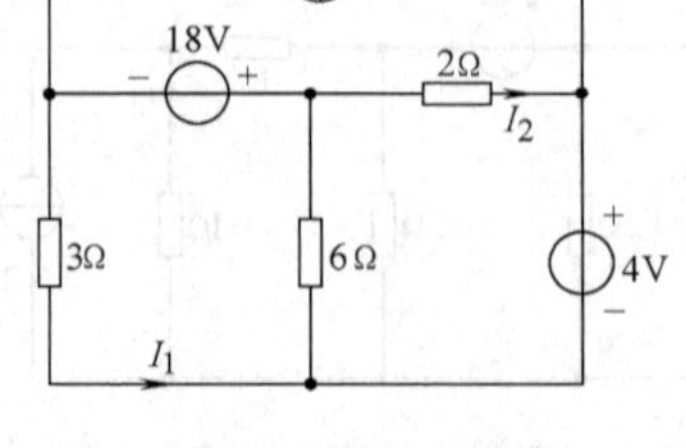

图 3-55　题 3-24 图

3-25　用回路分析法求图 3-56 所示电路的各电流。

3-26　图 3-57 所示为减法运算电路，试证明$\frac{R_2}{R_1}(u_{s2}-u_{s1})$。（提示：用节点分析法）

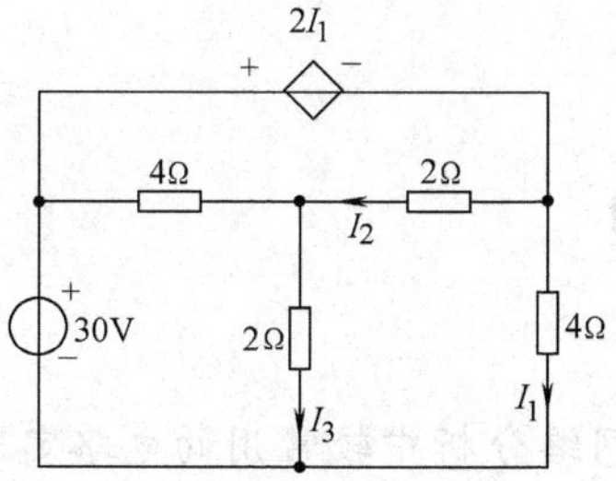

图 3-56　题 3-25 图

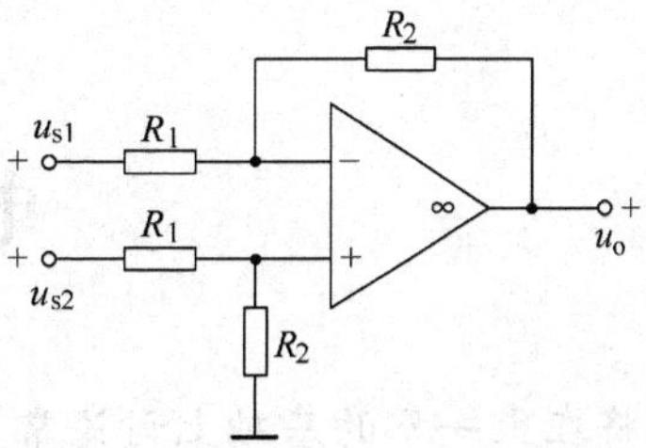

图 3-57　题 3-26 图

第 4 章

电 路 定 理

本章将在上一章的基础上讨论常用的电路定理。在网络分析中较常用的电路定理有叠加定理、置换定理、戴维南定理、诺顿定理、最大功率传递定理及互易定理。这些定理在网络理论中有重要的作用。其中，置换定理适用于具有唯一解的任何网络，包括线性、非线性、时变和非时变网络，而其他定理都以线性网络为前提条件。戴维南定理和诺顿定理是分析计算复杂线性电路的常用方法，是本章的学习重点。

4.1 叠加定理

叠加定理与线性电路的概念紧密相联。由线性元件及独立电源组成的电路为线性电路。其中，独立电源是电路的输入，对电路起着激励（Excitation）的作用，所有其他元件的电压、电流只是激励引起的响应（Response）。叠加定理体现了线性网络最基本的性质，这种基本性质表现在线性网络的激励与响应之间所具有的比例性和叠加性。现以图 4-1a 所示电路中电压 u_2 为响应，讨论线性网络的激励与响应之间所具有的比例性和叠加性。

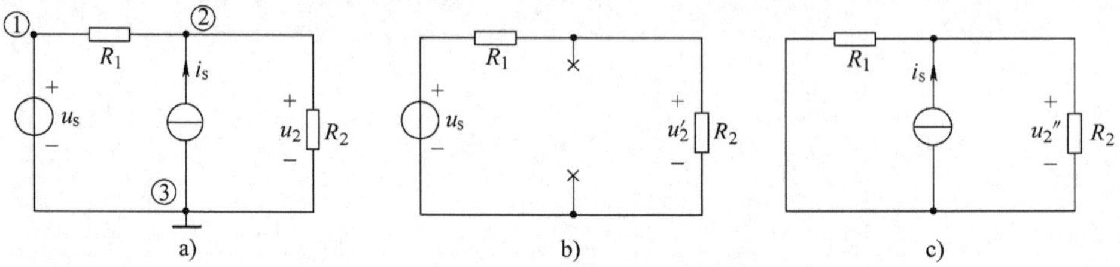

图 4-1　电路

在图 4-1a 中选节点③为参考点对节点②列节点电压方程可得

$$-\frac{1}{R_1}u_{n1}+\left(\frac{1}{R_1}+\frac{1}{R_2}\right)u_{n2}=i_s \tag{1}$$

式(1)中，$u_{n1}=u_s$，$u_{n2}=u_2$，解得

$$u_2=u_{n2}=\frac{R_2}{R_1+R_2}u_s+\frac{R_1R_2}{R_1+R_2}i_s=u_2'+u_2'' \tag{2}$$

不难看出，式（2）中第一项 u_2'是当 $i_s=0$ 即电流源开路（开路在图上用 × 表示），u_s 单独作用时 R_2 两端的电压，如图 4-1b 所示。第二项 u_2''是当 $u_s=0$ 即电压源短路，i_s 单独作用时 R_2 两端的电压，如图 4-1c 所示。

该例表明：两个独立电源同时作用于电路所产生的响应等于每一独立源单独作用于电路产生的响应之和，这是线性电路在多个独立源作用时的表现，称为“叠加性（Superposition）”。

又由于在电路中 R_1、R_2 为常数，式（2）还可表示成 $u_2 = K_1 u_s + K_2 i_s$（k_1、k_2 为比例常数）。显然，若 u_s 增大 α 倍 u_2'随之增大 α 倍；i_s 增大 β 倍 u_2''也随之增大 β 倍。这样的性质称为“齐次性（Homogeneity）”或“比例性（Proportionality）”。如果电路存在 n 个独立源，其结论完全相同。该电路中其他电压或电流对激励也都存在类似的线性关系。

叠加定理可以用网孔方程来论证，设有 m 个网孔的任意线性网络其网孔方程的一般形式如式（3-10）所示，应用克莱姆法则，第 k 个网孔电流的一般形式如式（3-11）所示，即

$$i_{mk} = \frac{\Delta_{1k}}{\Delta}u_{s11} + \frac{\Delta_{2k}}{\Delta}u_{s22} + \cdots + \frac{\Delta_{kk}}{\Delta}u_{skk} + \cdots + \frac{\Delta_{mk}}{\Delta}u_{smm} \tag{4-1}$$

式中，Δ 及 Δ_{1k}，Δ_{2k}，…，Δ_{mk} 是由网络中的电阻和受控源的电路参数组成的行列式，因此它们的值必然也是常数，而 u_{s11}，u_{s22}，…，u_{smm} 分别是相关网孔中所含独立电源电压值的代数和，因此第 k 个网孔电流 i_{mk} 为 u_{s11}，u_{s22}，…，u_{smm} 的线性组合。

令 $\frac{\Delta_{jk}}{\Delta} = G_{jk}$ 后式（4-1）可改写成

$$i_{mk} = G_{1k}u_{s11} + G_{2k}u_{s22} + \cdots + G_{kk}u_{skk} + \cdots + G_{mk}u_{smm} = i_{mk}' + i_{mk}'' + \cdots + i_{mk}^{m} \tag{4-2}$$

式中，i_{mk}'为第一个网孔内的电压源单独作用时第 k 个网孔电流分量；i_{mk}''为第二个网孔内的电压源单独作用时第 k 个网孔电流分量；i_{mk}^{m} 为第 m 个网孔内的电压源单独作用时第 k 个网孔电流分量。

由此可得出：网络中所有独立源共同作用时第 k 个网孔电流，等于每一个网孔内的独立源单独作用时第 k 个网孔电流分量的代数和。又因为各支路电流是网孔电流的线性组合，所以对于支路电流（或电压）上述结论同样成立。

又由于式（4-2）中，G_{1k}，G_{2k}，…，G_{mk} 均为常数，所以不难看到当电路中的某一个电源（即激励）增大 α 倍时其对应的响应分量（支路电流或电压）也增大 α 倍。以上就证明了任何线性电路的“叠加性”和“比例性”。

需要指出：对含有受控源的网络应用叠加定理时，只对每一个独立源单独作用时的响应分量进行叠加。换句话说，在计算某一独立源单独作用的响应分量时，其他独立源均置零，但受控源应保留在电路内。

在某一电源单独作用而其余电源置零时，反映在电路图上为电压源处短路、电流源处开路，如图 4-1b、c 中所示。

对于线性电路，电阻的功率不满足叠加原理，设流过某一电阻 R 的电流 i 由两个分量组成，即 $i = i' + i''$，则 R 吸收的功率为

$$P = Ri^2 = R(i' + i'')^2 = R(i')^2 + 2Ri'i'' + R(i'')^2$$

如果分别求出每一电源单独作用时该电阻 R 吸收的功率，则有以下关系：

当电流 i'单独流过 R 时

$$P_1 = R(i')^2$$

当电流 i''单独流过 R 时

$$P_2 = R(i'')^2$$

显然

$$P \neq P_1 + P_2$$

这就是说，叠加定理不能应用于计算电阻的功率。实际上，理由很简单，电阻的功率是

电流（或电压）的二次函数，不存在线性关系。

例 4-1 电路如图 4-2 所示，$u_s=50\text{V}$，求电流 i。

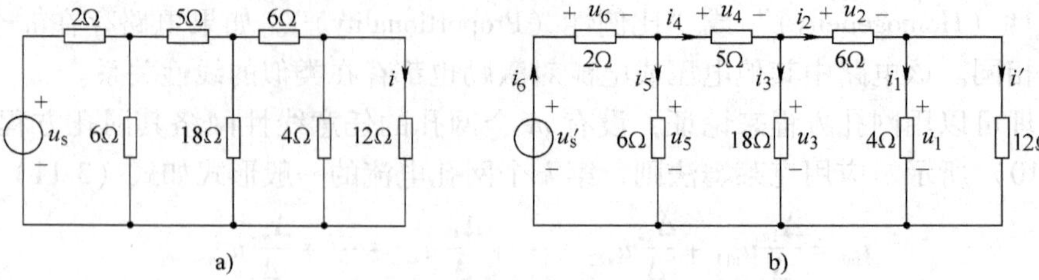

图 4-2 例 4-1 图

解 由于线性电路激励和响应之间存在比例性，图 4-2a 所示电路中响应 i 与激励 u_s 之间存在比例常数 K，即 $i=Ku_s$。由于这一比例常数 K 只与组成电路的元件参数和连接方式有关而与激励无关，因此可以先任意设一电流 i' 的值求出产生 i' 所需要的 u_s' 的值来确定比例系数 K，则即可利用比例性求出 $u_s=50\text{V}$ 作用时电路中的实际电流 i。

设 $i'=1\text{A}$，如图 4-2b 所示，运用两类约束从后往前推算，可得

$$u_1=12i'=12\text{V}$$
$$i_1=3\text{A},\quad i_2=i_1+i'=4\text{A}$$
$$u_2=24\text{V},\ u_3=u_1+u_2=36\text{V}$$
$$i_3=2\text{A},\quad i_4=i_2+i_3=6\text{A}$$
$$u_4=30\text{V},\ u_5=u_3+u_4=66\text{V}$$
$$i_5=11\text{A},\quad i_6=i_4+i_5=17\text{A}$$
$$u_6=34\text{V},\ u_s'=u_5+u_6=100\text{V}$$

由 $K=i'/u_s'$ 可求得

$$K=0.01$$

当 $u_s=50\text{V}$ 时由比例性可得

$$i=Ku_s=0.5\text{A}$$

该例题如果用其他方法计算，其计算过程会很麻烦，但利用比例性计算较简便。

例 4-2 电路如图 4-3a 所示，用叠加定理求电流 i。

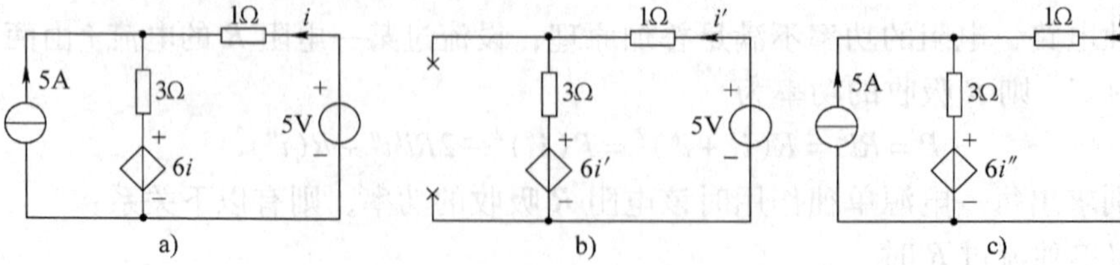

图 4-3 例 4-2 图

解 (1) 5V 电压源单独作用时，对应的电路如图 4-3b 所示。注意，此时受控源的控制量为 i'，由两类约束关系列得方程

$$i'+3i'+6i'=5$$

解得 $i'=0.5\text{A}$。

（2）5A 电流源单独作用时，对应的电路如图 4-3c 所示。此时受控源的控制量为 i''，由两类约束关系列得方程

$$i''+3(5+i'')+6i''=0$$

解得 $i''=-1.5\text{A}$。

由叠加定理得 $i=i'+i''=-1\text{A}$。

例 4-3 图4-4 所示电路中，N 的内部含有一独立源，设其值为 N_s。（1）当 $i_s=0$，$u_s=0$ 时 $i=4\text{A}$；（2）当 $i_s=12\text{A}$，$u_s=8\text{V}$ 时 $i=16\text{A}$；（3）当 $i_s=4\text{A}$，$u_s=-8\text{V}$ 时 $i=0\text{A}$。求：当 $i_s=-20\text{A}$，$u_s=20\text{V}$ 时 i 为多少？

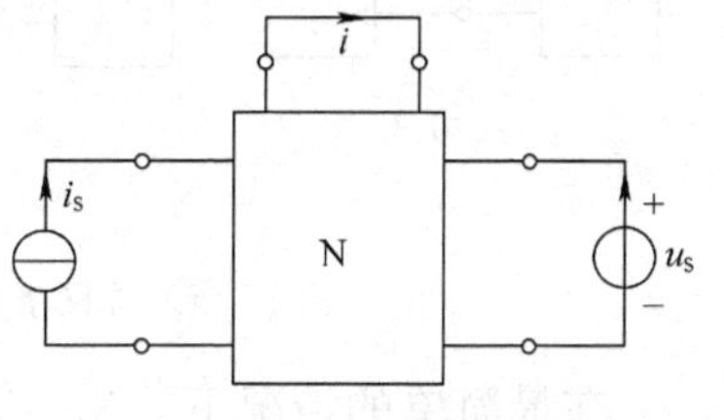

图 4-4 例 4-3 图

解 根据叠加性和比例性，把三个独立源同时作用于电路时的电流 i 可表示为三个独立源分别作用于电路时分量的线性组合，即

$$i=K_1N_s+K_2i_s+K_3u_s=i'+i''+i'''$$

当 $i_s=0$，$u_s=0$ 而内部独立源单独作用时

$$i'=K_1N_s=4\text{A} \tag{1}$$

当 $i_s=12\text{A}$，$u_s=8\text{V}$ 及 N_s 共同作用时

$$i'+12K_2+8K_3=16\text{A} \tag{2}$$

当 $i_s=4\text{A}$，$u_s=-8\text{V}$ 及 N_s 共同作用时

$$i'+4K_2-8K_3=0\text{A} \tag{3}$$

解得

$$K_2=1/2,\ K_3=3/4$$

故当 $i_s=-20\text{A}$，$u_s=20\text{V}$ 及 N_s 共同作用时

$$i=i'-20K_2+20K_3=9\text{A}$$

通过以上的分析可见：应用“叠加性”分析含多个独立源而不含受控源的电路，当每个独立源单独作用时，电路可变成电阻串并联的简单电路，从而可以简化计算。应用响应与激励间的“比例性”分析电路也可简化电路的计算。

“叠加性”和“比例性”作为线性电路的根本属性，在线性电路和线性系统分析中具有重要的地位，其概念应用十分广泛。如果电路含有不同类型的独立源（如电路含有直流又有交流电源）、含有不同频率的激励时就必须用叠加定理来求解电路的响应。叠加定理最重要的理论意义在于：它可使电路的复杂激励问题简化为单一激励的简单问题，这一点在后面的内容及后续课程的学习中同学们会有进一步的理解和体会。

4.2 置换定理

置换定理（Substitution Theorem）又称替代定理。该定理的表述是：若网络 N 由两个单口网络 N_1 和 N_2 连接组成，且已知端口电压 u 和电流 i 的值分别为 α 和 β，如图 4-5a 所示，则 N_2（或 N_1）可以用一个电压值为 α 的电压源或用一个电流值为 β 的电流源置换，如图 4-5b、c 所示，而不影响未被置换的单口网络 N_1（或 N_2）内各支路电压、电流的原有值。

置换定理的正确性是毋庸置疑的，不论这一网络是线性的或是非线性的，含源的或是不

含源的，置换定理都成立。这是因为在置换前后未被置换部分，其拓扑约束关系即 KCL、KVL 与置换前后完全相同。而且单口网络被置换后，其端口电压u和电流i与置换前完全相同，当然不会影响未被置换网络原有的工作状态。

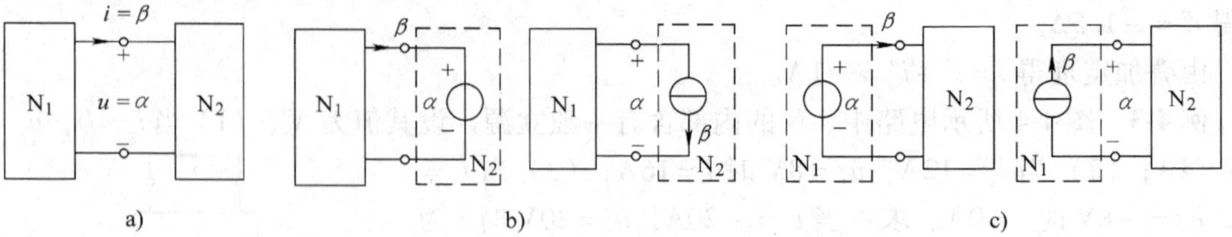

图 4-5 置换定理示意

a）原网络 N b）N_2 被置换后的网络 c）N_1 被置换后的网络

在最简单的情况下，N_1（或 N_2）为单个元件（或一条支路），支路电压和电流值分别为α和β。下面通过一个具体例子来验证这一定理的正确性。

例 4-4 电路如图 4-6a 所示，求出 i_1，然后应用置换定理，用一电压源（或电流源）置换 4Ω 电阻后再求 i_1。

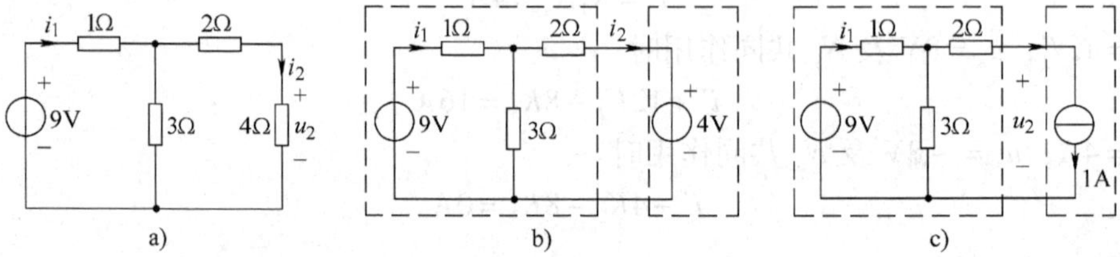

图 4-6 例 4-4 图

解 在图 4-6a 中易求得

$$i_1 = \frac{9}{1+3/\!/(2+6)}\text{A} = 3\text{A}$$

$$i_2 = \frac{3}{3+6} i_1 = 1\text{A}$$

$$u_2 = 4\Omega \times i_2 = 4\text{V}$$

将 4Ω 电阻用 4V 电压源置换，如图 4-6b 所示，列网孔方程可得

$$\left.\begin{aligned} 4i_1 - 3i_2 &= 9 \\ -3i_1 + 5i_2 &= -4 \end{aligned}\right\}$$

解得

$$i_1 = 3\text{A},\ i_2 = 1\text{A}$$

如把 4Ω 电阻用 1A 电流源置换，如图 4-6c 所示，将得到同样的结果。

在电路分析中，经常用分解的方法求解电路，其基本步骤如下：

1）把一个大网络分解成两个单口网络 N_1 和 N_2，如图 4-5a 所示；

2）分别求出 N_1 和 N_2 的 VCR 及 N_1 和 N_2 端口电压α和电流β；

3）用置换定理置换 N_2（或 N_1）进而求解 N_1（或 N_2）内支路电压（或电流）。

用分解的方法求解电路时至于如何分解电路，具体视电路分析的需要而定。如何简便快捷地实施步骤 2）是下一节重点讨论的问题，下一节将具体讨论如何应用分解方法求解电路。

4.3 戴维南定理和诺顿定理

在第2章曾讨论过等效电路的概念及一些简单单口网络求等效电路的问题，并指出：求单口网络等效电路实质是求单口网络的VCR。本节要介绍的戴维南（Thevenin）定理和诺顿（Norton）定理提供了求解线性含源单口网络等效电路及VCR普遍适用的方法。这两个定理在电路的分析计算中常用，是本章学习重点。

4.3.1 戴维南定理

1. 定理的内容

任何线性含源单口网络N对其端钮而言，都可以用一个电压源和电阻串联支路来代替，（见图4-7a），其中电压源的电压值等于该单口网络N的开路电压u_{oc}（见图4-7b），电阻R_0等于该网络中所有独立源置零时（即N中独立电压源短路，独立电流源开路）所得单口网络N_0的等效电阻（见图4-7c）。图4-7为戴维南定理的说明图，图中N表示含电源的线性单口网络，N_0表示N中所有独立源置零后所得的网络，M为任意外电路。

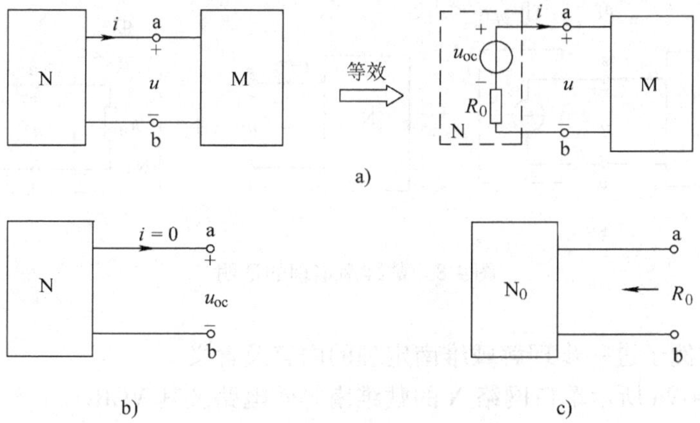

图4-7　戴维南定理说明

把电压源和电阻串联支路称为单口网络N的**戴维南等效电路**，其中串联电阻R_0在电子电路中有时也称其为“输出电阻”。

当端口电压u和电流i的参考方向，对单口网络N取非关联（见图4-7a）时，其VCR可表示为

$$u = u_{oc} - R_0 i \tag{4-3}$$

由式（4-3）可知：开路电压u_{oc}和等效电阻R_0是表征单口网络特性的两个参数。

2. 定理的证明

这一定理可用叠加定理和置换定理证明。设一线性单口网络N与外电路M相连，设其端口电压为u，电流为i，如图4-8a所示，M可以是纯电阻，也可以是含源单口网络，可以是线性的，也可以是非线性的。由于单口网络的VCR与外接电路无关，根据置换定理，将外电路M用一个电流值为i的电流源替换，如图4-8b所示。再根据叠加定理（见图4-8c），则端口电压u可表示为

$$u = u' + u'' \tag{4-4}$$

其中，第一项 u' 是当 $i=0$ 即单口网络 N 开路时，网络 N 中所有独立源共同作用时在端口产生的电压，即单口网络的开路电压 u_{oc}；第二项 u'' 是把网络 N 中所有独立源置零，电流源 i 单独作用时，单口网络 N_0 的端电压。因为 N_0 可用一电阻 R_0 等效，因此，此时端口电压为 $u''=-R_0 i$，负号是因为电压、电流参考方向对电阻 R_0 取非关联所致。由此，端口电压 u 可表示为

$$u = u' + u'' = u_{oc} - R_0 i \tag{4-5}$$

式（4-5）即为线性含源单口网络 N 在图 4-8a 所示电压、电流参考方向下 VCR 的一般形式，显然与之对应的等效电路为一电压源和电阻串联支路，如图 4-8d 所示。以上证明说明：线性含源单口网络 N，对其端钮 ab 来说，可以等效为一个电压源和电阻串联支路。其电压源的电压值为 u_{oc}，其电阻为 R_0。

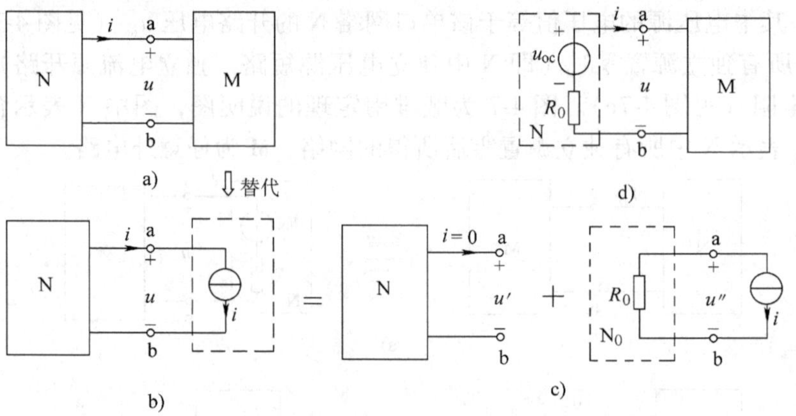

图 4-8　戴维南定理的证明

下面通过具体例子进一步理解戴维南定理的内容及含义。

例 4-5　求图 4-9a 所示单口网络 N 的戴维南等效电路及其 VCR。

解　求开路电压 u_{oc} 和等效电阻 R_0 的电路分别如图 4-9b、c 所示，在图 4-9b 中由分流公式和 KVL 易求得

$$i_1 = \frac{(10+2)}{(10+2)+(2+4)} \times 6\text{A} = 4\text{A}$$

$$i_2 = \frac{(2+4)}{(10+2)+(2+4)} \times 6\text{A} = 2\text{A}$$

$$u_{oc} = 4i_1 - 2i_2 = 12\text{V}$$

在图 4-9c 中，由电阻串、并联关系可得

$$R_0 = (4+2) /\!/ (10+2)\,\Omega = 4\Omega$$

其戴维南等效电路如图 4-9d 所示。其 VCR 为

$$u = u_{oc} + R_0 i = 12\text{V} + 4i$$

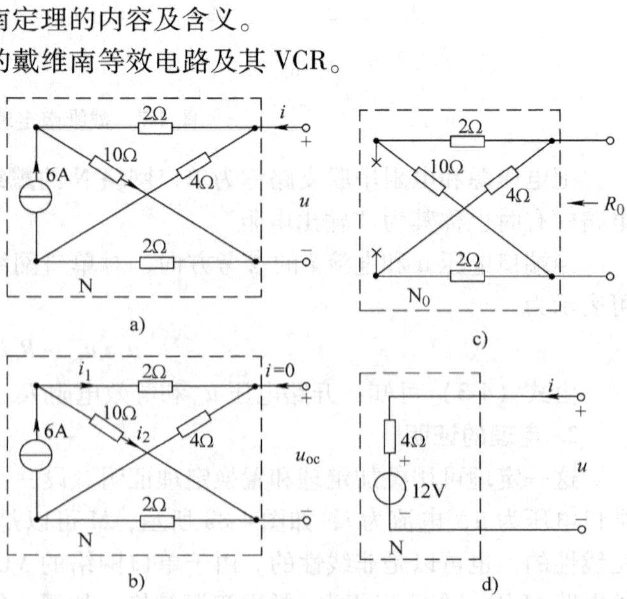

图 4-9　例 4-5 图

注意：上式与式（4-3）相比，第二项前的符号变为正，这是由于该电路与图4-7a所示电路相比，端口电流 i 的参考方向相反所致。

4.3.2 诺顿定理

诺顿定理指出：线性含源单口网络N，就其端口而言，可以用一个电流源并联电阻支路代替，如图4-10a所示，其中电流源的电流值等于该单口网络N的短路电流 i_{sc}，如图4-10b所示，电阻 R_0 等于该网络N中所有独立源置零所得网络 N_0 的等效电阻 R_0，如图4-10c所示。

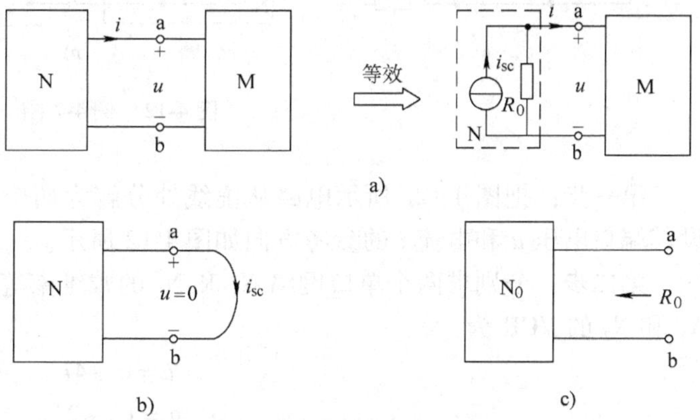

图4-10 诺顿定理的说明

当端口电压 u 和电流 i 的参考方向对单口网络N取非关联参考方向（见图4-10a）时，其VCR为

$$i = i_{sc} - \frac{u}{R_0} \qquad (4\text{-}6)$$

把电流源 i_{sc} 与电阻 R_0 并联的支路称为单口网络N的**诺顿等效电路**。在诺顿等效电路中 R_0 的求法与戴维南等效电路中 R_0 的求法完全相同。

诺顿定理的结论实际上不难想到，通过第2章的讨论已知：一个电压源和电阻串联的支路与一个电流源和电阻并联的支路可以等效互换。因此，既然一个单口网络N可以用一个电压源和电阻串联的支路来等效，当然也可以用一个电流源和电阻并联的支路来等效。戴维南定理和诺顿定理是互为对偶的两个定理，诺顿定理的证明也与戴维南定理的证明相对偶（略），这两个定理常统称为等效电源定理。

例4-6 求图4-11a所示单口网络N的诺顿等效电路。

解 在图4-11b中由两类约束关系易求得

$$i_{sc} = i_1 + i_2 + i_3 = \left(\frac{8}{2} + 0 + \frac{6}{3}\right)\text{A}$$

$$= 6\text{A}$$

在图4-11c中，由电阻并联关系可得

$$R_0 = (2 /\!/ 6 /\!/ 3)\Omega = 1\Omega$$

其诺顿等效电路如图4-11d所示。

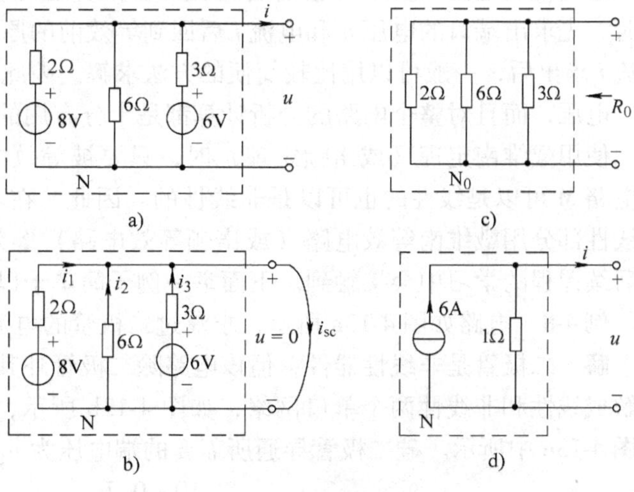

图4-11 例4-6图

在上一节的最后曾提出了用分解法求解电路的基本步骤，并说明将在这一节继续讨论，下面通过具体例子讨论如何用分解方法求解电路的问题。

例4-7 电路如图4-12a所示，

求 i_1、i_2。

解 该电路可以用网孔法或节点法等方法去解，但这种方法联立方程数多，计算麻烦，若用分解法求，计算则简单得多。

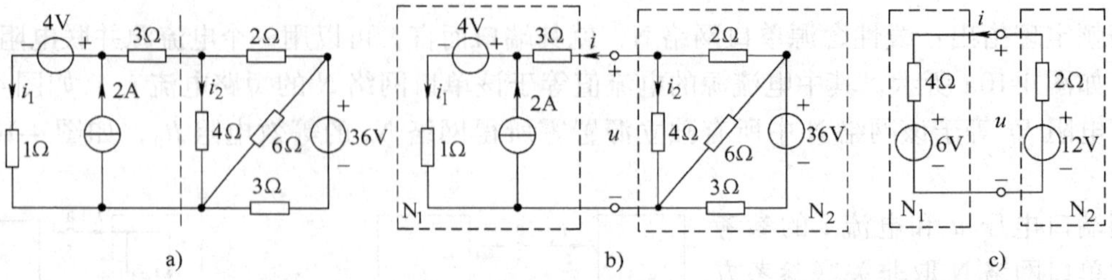

图 4-12 例 4-7 图

第一步：把图 4-12a 所示电路从虚线处分解为两个单口网络 N_1 和 N_2（见图 4-12b）并设其端口电压 u 和电流 i 的参考方向如图 4-12 所示。

第二步：分别求两个单口网络 N_1 和 N_2 的戴维南等效电路，如图 4-12c 所示。分别写出 N_1 和 N_2 的 VCR 为

$$u=6+4i \tag{1}$$

$$u=12-2i \tag{2}$$

联立式（1）、式（2）解得端口电压、电流分别为

$$u=10\text{V},\ i=1\text{A}$$

第三步：以 1A 电流源置换图 4-12b 中的 N_2，由 KCL 易求得

$$i_1=(1+2)\text{A}=3\text{A}$$

以 10V 电压源置换图 4-12b 中的 N_1，易求得

$$i_2=(10/4)\text{A}=2.5\text{A}$$

由于等效电路只对外电路等效，因此利用等效电路，只能用来计算与之相连的外电路中各支路电压、电流和功率（包括端口电压 u 和电流 i），若要求单口网络 N 内部的电压、电流时，先求出端口的电压 u 和电流 i 后回到等效前的原单口网络 N 中去求。当端口电压 u 和电流 i 求出后，一般可以用比较简便的方法求解。因此，这两个定理不仅对求解某支路的电流、电压，而且对整个电路的分析计算都是十分有用的。

使用戴维南定理（或诺顿定理）时，只要被等效的单口网络 N 是线性的，与之相连的外电路 M 可以是线性的也可以是非线性的。因此，在非线性电子电路的分析中经常把其中的线性部分用戴维南等效电路（或诺顿等效电路）等效后再进行分析，这种分析方法大家在后续课程的学习中会接触到。下面举一例子简单予以讨论。

例 4-8 电路如图 4-13a 所示，求流过二极管的电流 i_D（注：二极管为硅管）。

解 二极管是非线性器件，但该电路除二极管外其余的部分是线性电路，因此先把电路分解成线性和非线性两个单口网络，如图 4-13b 所示，把线性部分用戴维南等效电路代替，如图 4-13c 中所示。硅二极管导通所需要的端电压为 $u_D=0.7\text{V}$，由此可求得

$$i_D=\frac{10-0.7}{9\times10^3}\text{A}=1.03\text{mA}$$

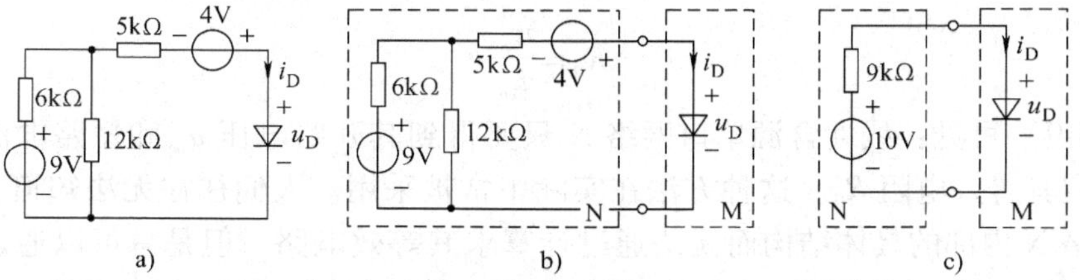

图 4-13 例 4-8 图

以上的几个例题，待等效的单口网络 N 中只含独立源和电阻元件，因此在求等效内阻 R_0 时所遇到的均为电阻的串、并、混联电路，但当电路含有受控源时单口网络 N_0 中受控源仍被保留，因此就不能用电阻串、并、混联的方法去求 R_0，需要用其他方法。下面介绍求等效内阻 R_0 的一般方法。

4.3.3 求等效内阻的一般方法

1. 外加电压（或电流）法

一个不含独立源的单口网络 N_0，从端口可等效为一电阻 R_0，因此，如果在 N_0 的两端加一电压值为 u 的电压源，相当于在电阻 R_0 两端加一电压值为 u 的电压源，如图 4-14 所示。此时 N_0 端钮上的 VCR 为 $i=u/R_0$，由此可以得出单口网络 N_0 的等效电阻为

$$R_0 = u/i \tag{4-7}$$

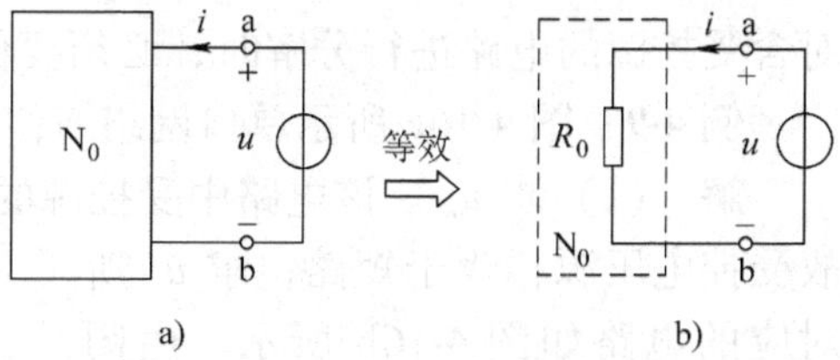

图 4-14 外加电压（电流）法

由式（4-7）可见：用外加法求等效内阻时，等效电阻 R_0 为其两端所加的电压 u 和响应电流 i 的比值，因此在 N_0 两端加电压 u 时不必给出具体值，其响应电流 i 也不必算出具体值。实际上这种方法就是在利用两类约束关系列出 N_0 端钮上 VCR 的基础上求 u 与 i 的比值即可。因此，又称这种方法为伏安关系法。若在 N_0 两端加一电流值为 i 的电流源时响应为电压 u，其 VCR 为 $u=R_0i$，等效电阻 R_0 仍为电压 u 和电流 i 的比值。因此称这种方法为外加电压（或电流）法。

需要注意的是：当端口电压 u 与电流 i 的参考方向对 N_0 取关联时可直接用式（4-7），否则应差一个负号。这一方法对任意 N_0 都适用，所以又常称其为求等效内阻 R_0 的一般方法。

2. 短路电流法

从前面的讨论已知：一个线性含源单口网络 N 对其端钮可以用一电压值为 u_{oc} 的电压源和电阻值为 R_0 的串联电路等效。因此，原单口网络 N（见图 4-15a）的短路电流 i_{sc} 应等于其等效电路（见图 4-15b）的短路电流 i_{sc}，由图 4-15b 所示电路可得

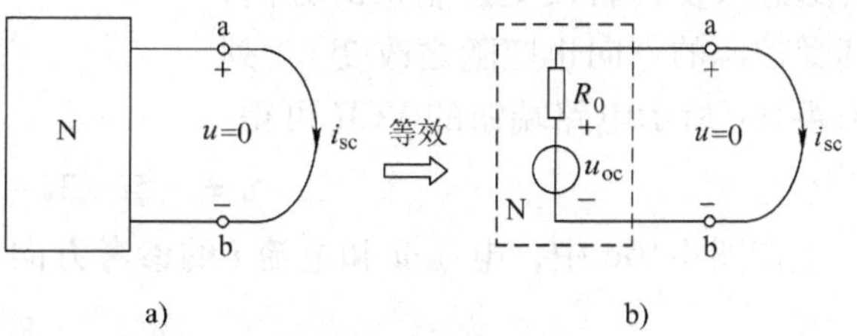

图 4-15 短路电流法

$$u_{oc} = R_0 i_{sc} \tag{4-8}$$

故有
$$R_0 = \frac{u_{oc}}{i_{sc}} \tag{4-9}$$

由式（4-9）可见：线性含源单口网络 N 只要得到其开路电压 u_{oc}和短路电流 i_{sc}这两个数据即可确定其等效电阻 R_0。这种方法在实际中常被采用。人们往往无法知道一个实际的含源单口网络 N 内部的具体结构而无法通过计算求其等效电路，但是总可以通过 N 的两个端钮，测出开路电压 u_{oc}和短路电流 i_{sc}（注：实际电路测短路电流时需要审慎，很多实际电路是不允许短路的），由测得的两个数据通过式（4-9）即可求出其等效电阻 R_0。

用短路电流法求等效电阻时，同样需要注意开路电压 u_{oc}和短路电流 i_{sc}的参考方向，当 u_{oc}和 i_{sc}的参考方向对 R_0 关联一致时（见图 4-15b）可直接用式（4-9），否则应差一个负号。

4.3.4 含受控源单口网络的等效电路

在第 2 章曾根据单口网络的 VCR 求过含受控源单口网络的等效电路。下面讨论如何运用戴维南定理（或诺顿定理）求含受控源单口网络的等效电路问题。

含受控源的单口网络用戴维南定理（或诺顿定理）求其等效电路时，待等效的单口网络 N 必须是明确的线性网络。所谓明确的含意是：单口网络 N 和外电路 M 中的元件之间不能有任何耦合关系，比如 N 中所含受控源的控制量不能在外电路 M 中，同样外电路 M 中所含受控源的控制量也不能在单口网络 N 中（但控制量可以是端口电压 u 或电流 i）。因此，对含受控源的电路进行分解时，必须要保证被分解的单口网络满足明确的线性网络的条件。

例 4-9 图 4-16a 所示单口网络 N，求 ab 端的等效电路，并写出其 VCR。

解 （1）求 u_{oc}。该电路中受控源的控制量为端口电流，当端口开路即 $i=0$ 时，$3i=0$，故受控电压源相当于短路，求 u_{oc}所对应的电路如图 4-16b 所示。由图 4-16b 易求得

$$u_{oc} = 2\times 10\text{V} = 20\text{V}$$

（2）求 R_0。把单口网络内部独立源置零（即 2A 电流源开路）后的 N_0 如图 4-16c 所示。外加电压 u 和由它产生的电流 i 的参考方向如图中所示（注意：在此端口电流 i 是控制量，其参考方向已经给定不要随意改变，若改变控制量的方向，其受控源的方向也应随之改变）。列图 4-16c 所示电路端钮的 VCR 可得

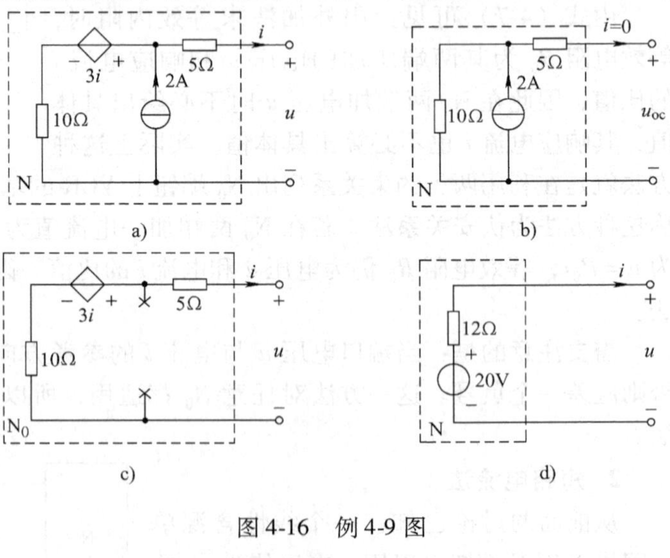

图 4-16 例 4-9 图

$$u = -5i + 3i - 10i = -12i$$

在图 4-16c 中，电压 u 和电流 i 的参考方向对 N_0（即对电阻 R_0）为非关联，故

$$R_0 = -\frac{u}{i} = 12\Omega$$

其等效电路如图 4-16d 所示，其 VCR 为

$$u = 20 - 12i$$

含受控源的单口网络，不论是端口开路还是短路，控制支路和被控制支路间的关系保持不变，受控源的大小和方向均随控制量的变化而变化。当控制量是端口电流 i 而求开路电压 u_{oc} 时，因控制量为零，所以与之相对应的受控源也为零；当控制量是端口电压 u 而求短路电流 i_{sc} 时，同样因控制量为零而与之相对应的受控电源也为零。有时利用这种特点可以简化求等效电路的计算，比如例4-9，若不是求开路电压而是求短路电流，则计算就没有那么简单。

例4-10　图4-17a中，负载 R_L 为一可变电阻，分别求当负载 R_L 为2Ω、6Ω、10Ω时的 i_L。

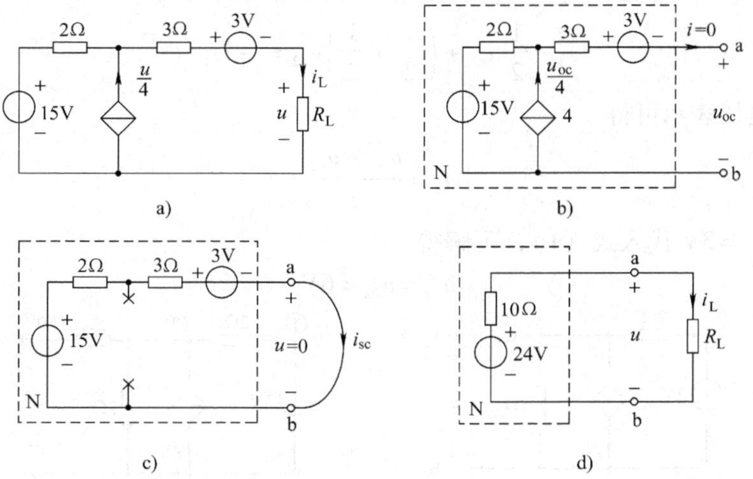

图4-17　例4-10图

解　因为本例只对流过 R_L 的电流感兴趣。因此，先求 R_L 左端的等效电路。

（1）求 u_{oc}。受控源的控制量为端口电压 u，当端口开路时，受控源的控制量为端口开路电压 u_{oc}，由图4-17b易求得

$$u_{oc} = -3 + 2 \times \frac{u_{oc}}{4} + 15$$

解得

$$u_{oc} = 24\text{V}$$

（2）用短路法求 R_0。把单口网络N的ab端短路，此时因 $u=0$，故 $u/4=0$，即受控电流源相当于开路，由图4-17c所示电路易求得

$$i_{sc} = 2.4\text{A}$$

开路电压 u_{oc} 和短路电流 i_{sc} 的参考方向对电阻 R_0 关联，由式（4-9）可得

$$R_0 = u_{oc}/i_{sc} = 10\Omega$$

在图4-17d所示等效电路中可得

$$i_L = \frac{u_{oc}}{R_0 + R_L} = \frac{24\text{V}}{10\Omega + R_L}$$

$R_L = 2\Omega$ 时　$i_L = 2A$

$R_L = 6\Omega$ 时　$i_L = 1.5A$

$R_L = 10\Omega$ 时　$i_L = 1.2A$

例 4-10 若不用等效电路求解，R_L 每变化一次都需要重新求解方程，比较麻烦，用等效电路求解电路的方便之处是显而易见的。

在以上的例题中，求 u_{oc}、i_{sc}时所涉及的计算都比较简单，如果遇到复杂电路时，则需要用网孔法、节点法等方法去求解。

例 4-11 求图 4-18a 所示单口网络的等效电路。

解 （1）该电路求开路电压时的电路为复杂电路，在图 4-18b 中用节点分析法求 u_{oc}，其中 $u_{n1} = u_s = 3V$，开路电压 $u_{oc} = u_{n2}$，对节点②列节点方程可得

$$-\frac{1}{2}u_{n1} + \left(\frac{1}{2} + \frac{1}{2}\right)u_{n2} = -3i_1 \tag{1}$$

控制量用节点电压表示可得

$$i_1 = \frac{u_{n1} - u_{n2}}{2} \tag{2}$$

将式（2）及 $u_{n1} = 3V$ 代入式（1），可解得

$$u_{oc} = u_{n2} = 6V$$

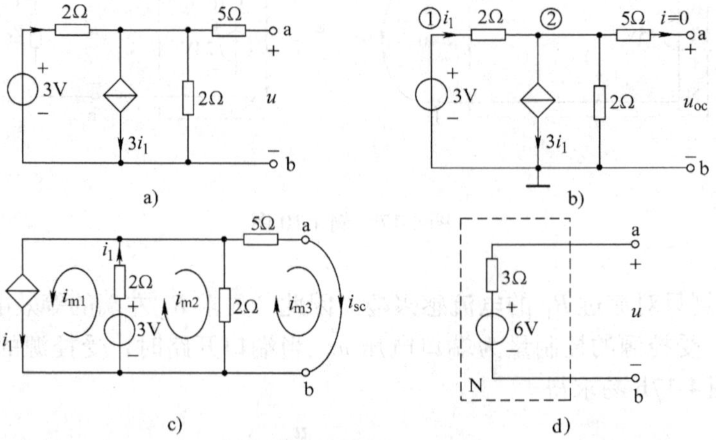

图 4-18　例 4-11 图

（2）用短路电流法求 R_0。对图 4-18c 所示电路列网孔方程可得

$$i_{m1} = 3i_1 \tag{1}$$

$$2i_{m1} + 4i_{m2} - 2i_{m3} = 3 \tag{2}$$

$$-2i_{m2} + 7i_{m3} = 0 \tag{3}$$

控制量用网孔电流表示可得

$$i_1 = i_{m1} + i_{m2} \tag{4}$$

解得

$$i_{sc} = i_{m3} = 2A$$

开路电压 u_{oc}和短路电流 i_{sc}的参考方向对电阻 R_0 关联，由式（4-9）可得

$$R_0 = u_{oc}/i_{sc} = 3\Omega$$

例 4-12 电路如图 4-19a 所示，求 i。

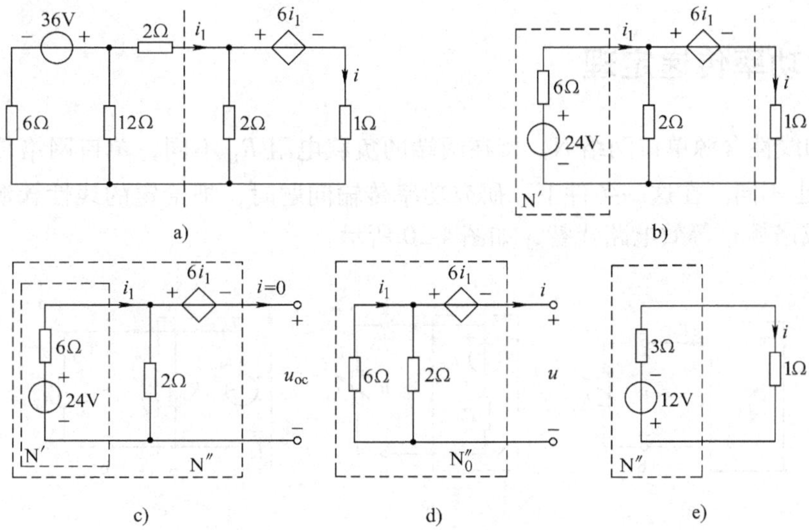

图 4-19 例 4-12 图

解 因为只需要求流过 1Ω 电阻的电流。先把 1Ω 左端部分用等效电路代替。

求复杂单口网络的等效电路，在求开路电压 u_{oc}（或短路电流 i_{sc}）时为避免求解联立方程，可多次运用戴维南（或诺顿）定理逐步进行化简。图 4-19a 所示电路先从的虚线处分开，易求得其左边的戴维南等效电路如图 4-19b 中 N′所示。再从图 4-19b 所示电路虚线处分开（注意：分解电路时要保证待化简的单口网络为明确的单口网络），求其左边单口网络 N″的等效电路。由图 4-19c 可得

$$u_{oc} = -6\Omega \times i_1 + 2\Omega \times i_1 = -12\text{V}$$

其中

$$i_1 = \frac{24}{2+6}\text{A} = 3\text{A}$$

求 R_0。图 4-19d 中在 N''_0两端加一电压 u 时其响应电流为 i，可得其 VCR 为

$$u = -6i_1 - 6i_1 = -12i_1 = -3i$$

其中

$$i_1 = \frac{2}{2+6}i = \frac{1}{4}i$$

因为在图 4-19d 中，电压 u 和电流 i 的参考方向对 N_0（即对电阻 R_0）为非关联，故有

$$R_0 = -\frac{u}{i} = 3\Omega$$

最后，由图 4-19e 所示电路可得

$$i = \frac{-12}{3+1}\text{A} = -3\text{A}$$

通过例 4-12 说明两个问题：

1）复杂电路可多次运用戴维南（或诺顿）定理逐步进行化简。

2）分解电路要保证单口网络为明确的，即分解电路时不要把控制量与受控源隔开，控制量和被控制量必须放在同一个单口网络 N 中。

4.4 最大功率传递定理

一给定的线性含源单口网络 N，接在两端的负载电阻 R_L 不同，单口网络传递给负载电阻 R_L 的功率也不同。在这一条件下，研究功率传输问题时，把给定的线性含源单口网络 N 用戴维南（或诺顿）等效电路代替，如图 4-20 所示。

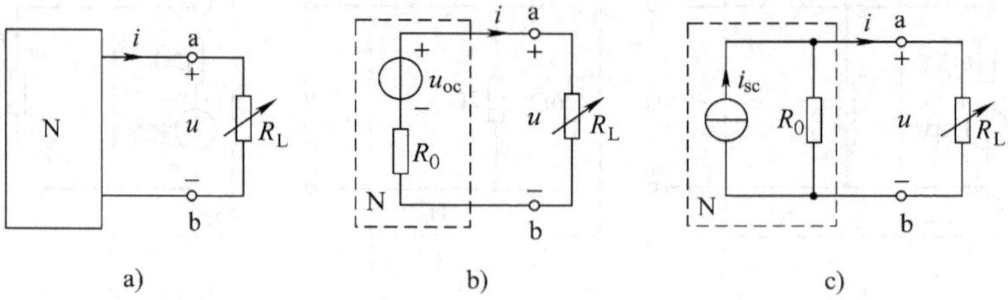

图 4-20 最大功率传递定理的说明

由图 4-20b 可知：一给定的单口网络 N，向负载电阻 R_L 提供功率的函数式为

$$P_L = i^2 R_L = \left(\frac{u_{oc}}{R_0 + R_L}\right)^2 R_L = f(R_L) \tag{4-10}$$

式（4-10）中，当 R_L 很大时流过 R_L 的电流 i 很小，因而 R_L 获得的功率 $R_L i^2$ 很小，当 $R_L \to \infty$ 时 $i \to 0$，R_L 获得的功率趋于零；如果 R_L 很小其两端的电压 u 很小，R_L 获得的功率 u^2/R_L 同样也很小，当 $R_L \to 0$ 时 $u \to 0$，R_L 获得的功率也趋于零。因此，在 $R_L = 0$ 与 $R_L = \infty$ 之间将有一个电阻 R_L 可使负载获得最大功率。那么 R_L 为何值时，可获得最大功率呢？要使 P_L 最大，应使 $dP_L/dR_L = 0$ 即

$$\frac{dP_L}{dR_L} = u_{oc}^2\left[\frac{(R_0 + R_L)^2 - 2R_L(R_0 + R_L)}{(R_0 + R_L)^4}\right] = \frac{u_{oc}^2(R_0 - R_L)}{(R_0 + R_L)^3} = 0 \tag{4-11}$$

亦即

$$R_L = R_0 \tag{4-12}$$

由于

$$\left.\frac{d^2 P_L}{(dR_L)^2}\right|_{R_L = R_0} = -\frac{u_{oc}^2}{8R_0^3} < 0$$

因此，由给定线性单口网络 N 传递给可变负载 R_L 的功率为最大的条件是：负载电阻 R_L 应等于戴维南（或诺顿）等效电路的内阻 R_0。常把 $R_L = R_0$ 这一条件称为最大功率匹配（Match）。此时负载获得最大功率为

$$P_{Lmax} = \frac{u_{oc}^2}{4R_0} \tag{4-13}$$

由诺顿等效电路可得到同样的条件，此时

$$P_{\mathrm{Lmax}}=\frac{i_{\mathrm{sc}}^2}{4G_0} \tag{4-14}$$

需要指出：前面得到的最大功率传递条件是在给定单口网络N(即u_{oc}、R_0一定)，R_{L}可变的条件下得到的。如果R_0可变而R_{L}固定，则R_0越小，R_{L}获得的功率越大。因此当$R_0=0$时，R_{L}可获最大功率。

下面讨论电路的传输效率。传输效率用希腊字母η表示

$$\eta=\frac{\text{负载获得的功率}}{\text{电源产生的功率}}\times 100\%=\frac{i^2R_{\mathrm{L}}}{i^2(R_0+R_{\mathrm{L}})}\times 100\% \tag{4-15}$$

当满足$R_{\mathrm{L}}=R_0$条件时，$\eta=50\%$。

可看出：在最大功率匹配条件下，电源产生的功率一半消耗在内阻R_0上，因此，在大功率传输的电力系统中，不能采用最大功率传输。只有在总的功率本身不大，而希望负载获得的功率尽可能大时，才考虑最大功率匹配。例如在通信系统中，当信号源的功率不大时，不考虑传输效率问题而特别重视负载获得的功率，以求使信号能得到最佳传输而尽量使系统满足最大功率匹配。

例4-13 电路如图4-21a所示，R_{L}为何值时可获得最大功率，求P_{Lmax}。

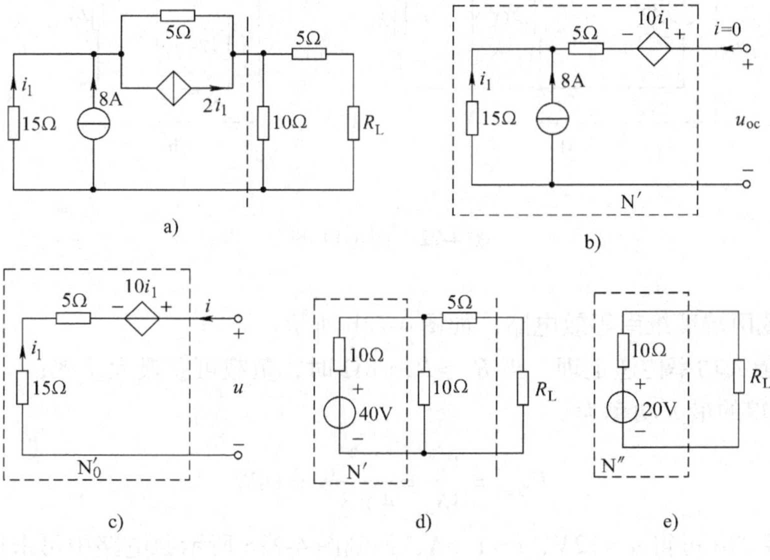

图4-21 例4-13图

解 求负载R_{L}获得的功率时遇到的主要问题，实际上是求与负载R_{L}相连单口网络的等效电路。该例题在求R_{L}两端单口网络的等效电路时，为避免求解联立方程，可采用分步解的方法。首先从图4-21a所示虚线处分解，其左边单口网络如图4-21b中N′所示，由图4-21b可得

$$u_{\mathrm{oc}}=10\Omega\times i_1-15\Omega\times i_1=-5\Omega\times i_1=40\mathrm{V}$$

其中，$i_1=-8\mathrm{A}$。

用外加法求R_0，对图4-21c列端口的VCR可得

$$u = 10i_1 + 5i - 15i_1 = 5i - 5i_1 = 10i$$

其中，$i_1 = -i$。

在图 4-21c 中，外加电压 u 和响应电流 i 的参考方向对 N_0'（即对电阻 R_0）关联，故可得

$$R_0 = \frac{u}{i} = 10\Omega$$

单口网络 N′的等效电路如图 4-21d 中所示，把图 4-21d 所示电路再从的虚线处分解，易求得负载 R_L 左端单口网络 N″的戴维南等效电路，如图 4-21e 所示。

由此可得当 $R_L = R_0 = 10\Omega$ 时负载可获最大功率，此时

$$P_{Lmax} = \frac{u_{oc}^2}{4R_0} = \frac{20^2}{4 \times 10}W = 10W$$

例 4-14 电路如图 4-22a 所示。（1）R_L 为何值时可获得最大功率；（2）求此时 R_L 获得的最大功率 P_{Lmax}；（3）求当 R_L 获得最大功率时电路的效率 η。

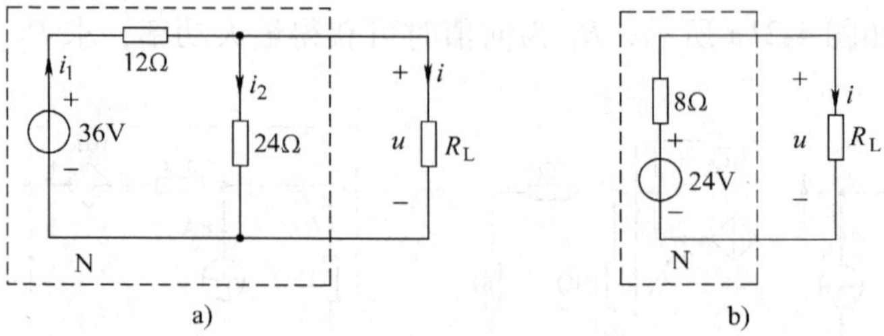

图 4-22 例 4-14 图

解 求负载两端戴维南等效电路，如图 4-22b 所示。

（1）根据最大功率传递定理，当 $R_L = R_0 = 8\Omega$ 时，负载可获最大功率；

（2）R_L 获得的最大功率为

$$P_{Lmax} = \frac{u_{oc}^2}{4R_0} = \frac{24^2}{4 \times 8}W = 18W$$

（3）由图 4-22b 可得 $u = 12V$，$i = 1.5A$，回到图 4-22a 所示原电路中可求得

$$i_2 = \frac{u}{24\Omega} = 0.5A, \ i_1 = i_2 + i = 2A$$

由此，可求得 36V 电压源的功率为

$$P_{u_s} = -u_s i_1 = -36 \times 2W = -72W$$

电路的效率为

$$\eta = \frac{P_{Lmax}}{P_{u_s}} = \frac{18}{72} = 25\%$$

从例 4-14 的分析结果可看出：如果负载直接与一个内阻为 R_0 的电源相接而获得最大功率时其效率为 50%，但是当负载与一个单口网络 N 相接时，原单口网络 N 和它的等效电路

就其内部功率而言是不等效的，由等效电阻 R_0 求得的功率并不等于原网络内部消耗的功率。因此，当负载获得最大功率时实际传输效率要小于50%。

4.5 互易定理

互易（Reciprocity）特性是线性网络具有的重要性质之一，下面先通过图4-23所示具体电路，说明线性网络互易特性的含义。

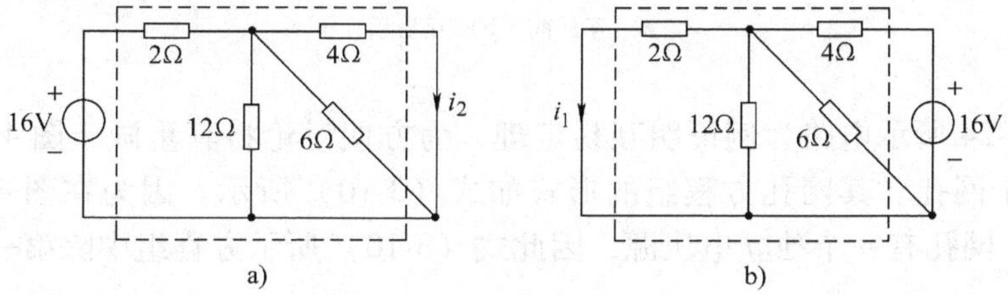

图4-23 互易定理的说明

由图4-23a可得

$$i_2 = \frac{16}{2+12/\!/6/\!/4} \times \frac{1/4}{1/12+1/6+1/4}\text{A} = 2\text{A}$$

由图4-23b可得

$$i_1 = \frac{16}{4+6/\!/12/\!/2} \times \frac{1/2}{1/6+1/12+1/2}\text{A} = 2\text{A}$$

由计算结果可看出：图4-23a中，在16V电压源激励下，在4Ω电阻支路中产生的电流 i_2，等于把16V电压源移到4Ω电阻支路（见图4-23b）去激励，而在原电压源所在支路中所产生的电流 i_1，即 $i_2 = i_1$。这就是线性电路互易特性的表现。

并非任意线性网络都存在互易性，当激励为电压源时，具有互易特性的网络可概括成如图4-24所示（注：图中A为电流表）。其中 $\tilde{\text{N}}$ 表示一个不含独立源、受控源的网络。因此在电阻电路中，图4-24所示的网络仅由一个电压源和若干个电阻元件组成。把图4-24所示电路的互易特性可形象地描述如下：在图4-24a所示电路中电压源 u_s 与测量 i_y 的电流表A交换位置（见图4-24b），而电流表A的读数不变，即 $i_y = i_x$。

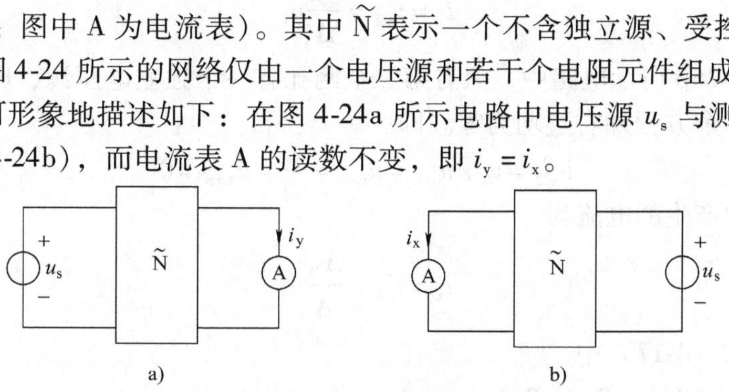

图4-24 激励为电压源的互易网络

a）互易前 b）互易后

当激励为电流源时，具有互易特性的网络可概括成如图4-25所示。形象地说，图4-25a所示电路中电流源 i_s 与测量 u_y 的电压表V交换位置（见图4-25b），而电压表V的读数不变，即 $u_y=u_x$。

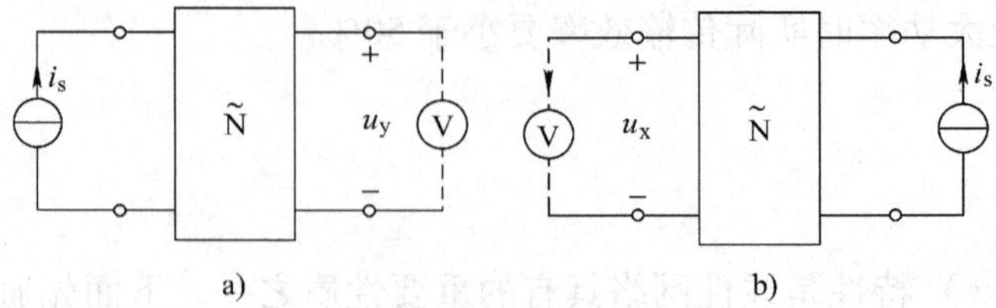

a) b)

图 4-25 激励为电流源的互易网络

a）互易前 b）互易后

下面以图 4-24 所示电路为例证明互易定理，为方便讨论将其重画于图 4-26。设图 4-26 所示电路有 m 个网孔。其网孔方程组的形式如式（3-10）所示。因为在图 4-26a 所示电路中，只有第一个网孔有一个独立电压源，因此式（3-10）所示方程组中除第一个方程外右边均为零，即

$$u_{s11}=u_s,\ u_{s22}=u_{s33}=\cdots=u_{smm}=0$$

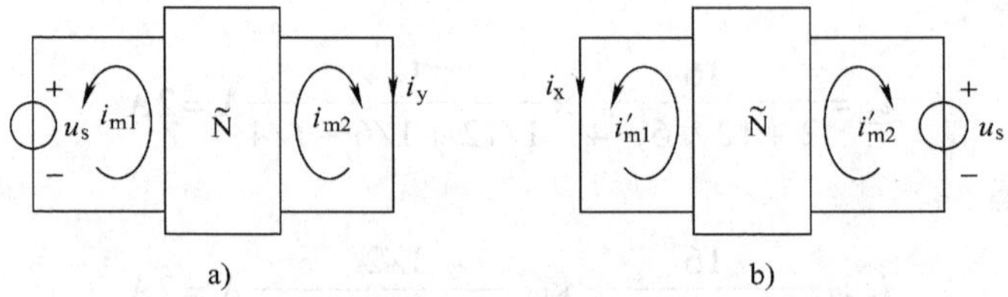

a) b)

图 4-26 互易定理的证明

a）互易前 b）互易后

此时，在支路 y 中产生的电流为

$$i_y=i_{m2}=\frac{\Delta_{12}}{\Delta}u_s \tag{4-16}$$

同样，在图 4-26b 所示电路中，只有第二个网孔有一个独立电压源，因此式（3-10）所示方程组中除第二个方程外右边均为零。即

$$u_{s22}=u_s,\ u_{s11}=u_{s33}=\cdots=u_{smm}=0$$

此时，在支路 x 中产生的电流为

$$i_x=i'_{m1}=\frac{\Delta_{21}}{\Delta}u_s \tag{4-17}$$

在式（4-16）及式（4-17）中

$$\Delta=\begin{vmatrix} R_{11} & R_{12} & R_{13} & \cdots & R_{1m} \\ R_{21} & R_{22} & R_{23} & \cdots & R_{2m} \\ R_{31} & R_{32} & R_{33} & \cdots & R_{3m} \\ \vdots & \vdots & \vdots & & \vdots \\ R_{m1} & R_{m2} & R_{m3} & \cdots & R_{mm} \end{vmatrix} \quad \Delta_{12}=\begin{vmatrix} R_{21} & R_{23} & \cdots & R_{2m} \\ R_{31} & R_{33} & \cdots & R_{3m} \\ \vdots & \vdots & & \vdots \\ R_{m1} & R_{m3} & \cdots & R_{mm} \end{vmatrix}$$

$$\Delta_{21}=\begin{vmatrix} R_{12} & R_{13} & \cdots & R_{1m} \\ R_{32} & R_{33} & \cdots & R_{3m} \\ \vdots & \vdots & & \vdots \\ R_{m2} & R_{m3} & \cdots & R_{mm} \end{vmatrix}$$

当电路不含受控源时，网孔方程组中互电阻满足 $R_{12}=R_{21}$，$R_{23}=R_{32}$，$R_{13}=R_{31}$，…，$R_{1m}=R_{m1}$，因此，行列式Δ_{21}是Δ_{12}的转置行列式，行列式与其转置行列式值相等，即$\Delta_{12}=\Delta_{21}$，因此有 $i_x=i_y$。

以上证明了互易定理。可以用节点方程组证明图 4-25 所示电路的互易特性（略）。

应用互易定理时需要注意：

（1）互易电路激励和响应，一个是电压，一个是电流，不能同为电流或同为电压。

（2）互易前后网络的拓扑结构保持不变，即仅理想电压源（或理想电流源）搬移。

（3）互易后激励和响应的参考方向与互易前激励和响应的参考方向，要关联都取关联，要非关联都取非关联。例如，在图 4-24 中把电压源 u_s 移到支路 y 时，电压源电压降的方向与 i_y 的方向取关联，电流 i_x 的方向与互易前电压源 u_s 的电压降的方向取关联。

例 4-15 电路如图 4-27a 所示，试用互易定理求 i_y。

解 图 4-27a 所示电路不存在电阻串并联的关系。互易后的电路如图 4-27b 所示为一简单电路，因此在互易后的电路中求 i_y 比在原电路求要简单。其中

$$i_1=\frac{48}{2+12/\!/6+4/\!/4}\text{A}=6\text{A}$$

由分流公式分别可得

$$i_2=\frac{1}{2}i_1=3\text{A}$$

$$i_3=\frac{6}{12+6}i_1=2\text{A}$$

对节点②列 KCL 方程可得

$$i_y=i_3-i_2=-1\text{A}$$

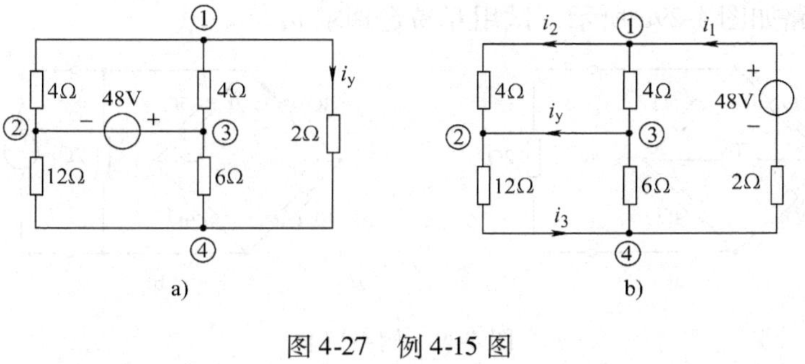

图 4-27 例 4-15 图

例 4-16 电路如图 4-28a 所示，试求 i。

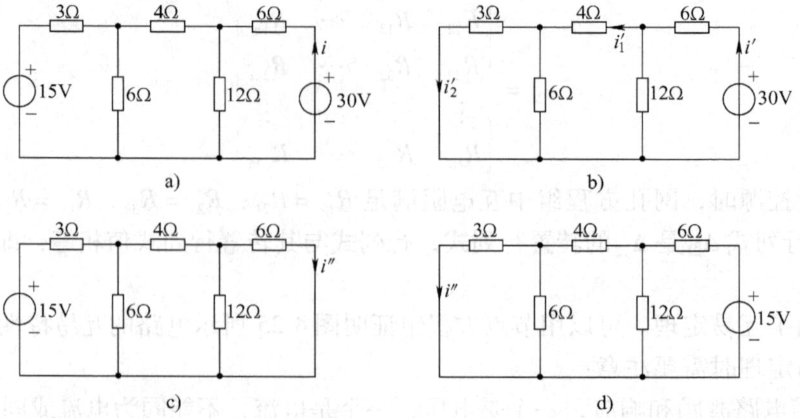

图 4-28 例 4-16 图

解 该题可利用叠加定理和互易定理求解。两个独立源单独作用的电路分别如图 4-28b、c 所示。

（1）30V 电压源单独作用时，由图 4-28b 可得

$$i' = \frac{30}{6+12/\!/(4+6/\!/3)}\text{A} = 3\text{A}$$

$$i_1' = \frac{12}{12+(4+6/\!/3)}i' = 2\text{A}$$

$$i_2' = \frac{6}{3+6}i_1' = \frac{4}{3}\text{A}$$

（2）15V 电压源单独作用时，应用互易定理求 i''。图 4-28c 的互易电路如图 4-28d 所示，比较图 4-28b 和图 4-28d，由线性电路的比例性可得

$$i'' = \frac{1}{2}i_2' = \frac{2}{3}\text{A}$$

（3）30V 和 15V 两电压源共同作用时

$$i = i' - i'' = \frac{7}{3}\text{A}$$

例 4-17 电路如图 4-29a 所示，试用互易定理求 u_y。

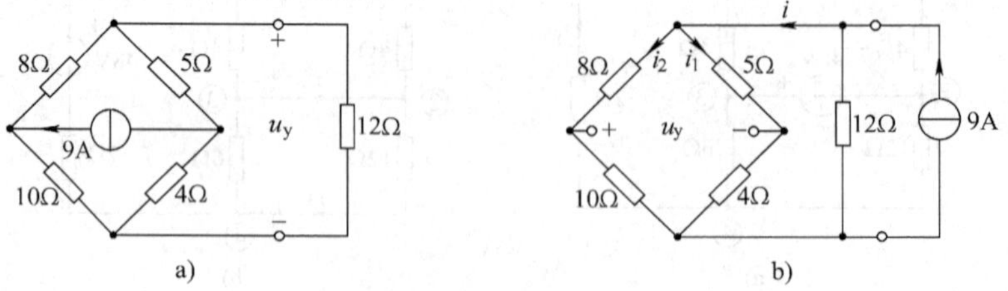

图 4-29 例 4-17 图

解 图 4-29a 所示电路的互易电路如图 4-29b 所示。在互易后电路中求 u_y 比在原电路求

要简单，在图 4-29b 中可得

$$i=6\text{A},i_1=4\text{A},i_2=2\text{A}$$

由 KVL 可得

$$u_y=10i_2-4i_1=4\text{V}$$

习 题

4-1 电路如图 4-30 所示：

（1）若 $u_2=10\text{V}$，求 i_1 及 u_s；

（2）若 $u_s=10\text{V}$，求 u_2。

4-2 如图 4-31 所示电路，用叠加原理求 i_x。

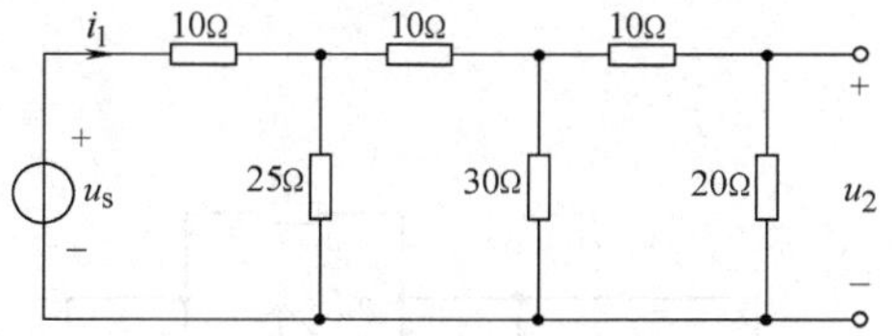

图 4-30 题 4-1 图

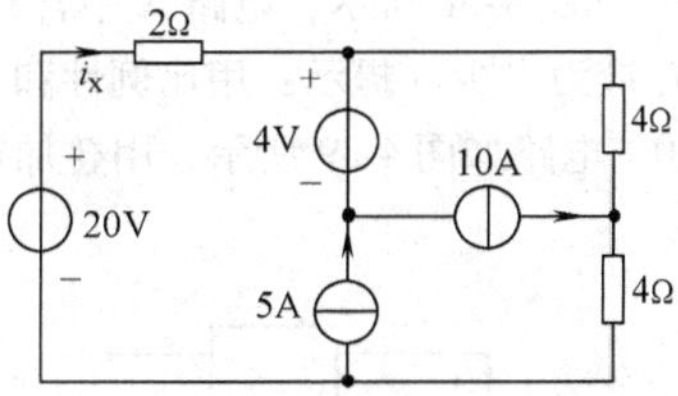

图 4-31 题 4-2 图

4-3 电路如图 4-32 所示，用叠加定理求 i，已知 $\mu=5$。

4-4 电路如图 4-33 所示。

（1）若电流源对电路提供的功率为零，求电流 i；

（2）若电压源对电路提供的功率为零，求电流 i；

（3）若电流源对电路提供的功率与电压源对电路提供的功率相等，求电流 i。

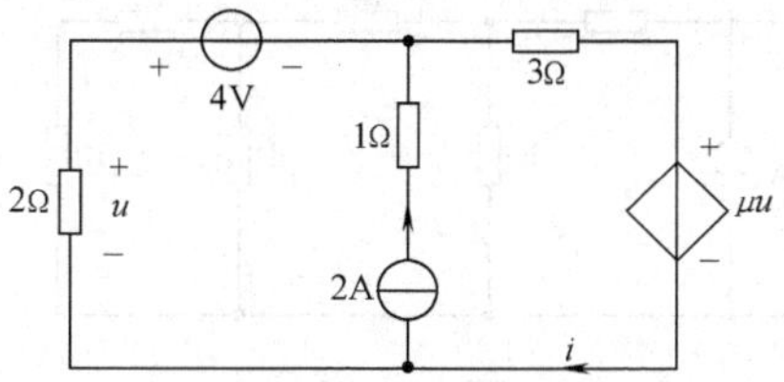

图 4-32 题 4-3 图

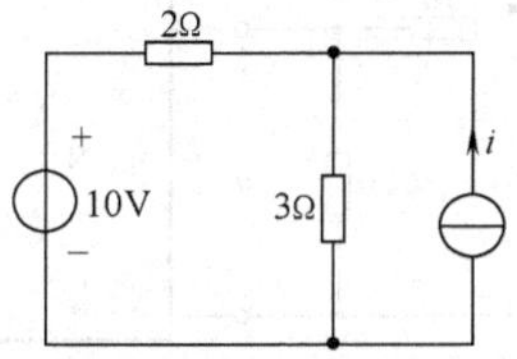

图 4-33 题 4-4 图

4-5 如图 4-34 所示电路中，当 3A 电流源不作用时，2A 电流源向电路提供 28W 功率，且 u_2 为 8V；当 2A 电流源不作用时，3A 电流源提供 54W，u_1 为 12V。问两电流源同时作用时，向电路提供的总功率是多少？

4-6 电路如图 4-35 所示，用叠加定理求 I_x。

图 4-34 题 4-5 图

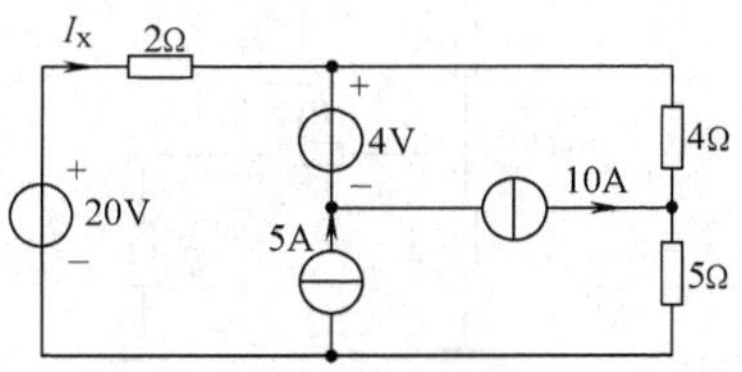

图 4-35 题 4-6 图

4-7 电路如图 4-36 所示，用叠加定理求 I_x。

4-8 如图 4-37 所示电路，试用比例性求 i。

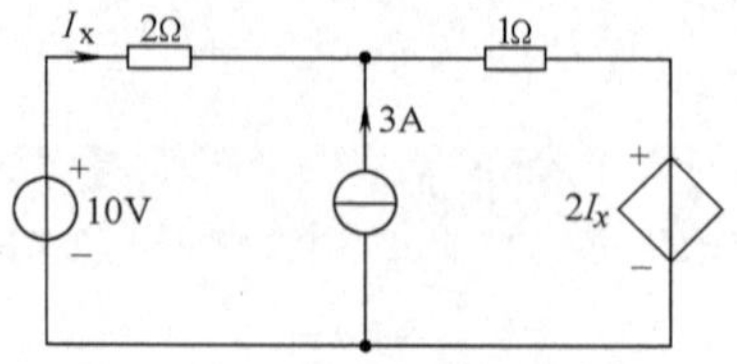

图 4-36 题 4-7 图

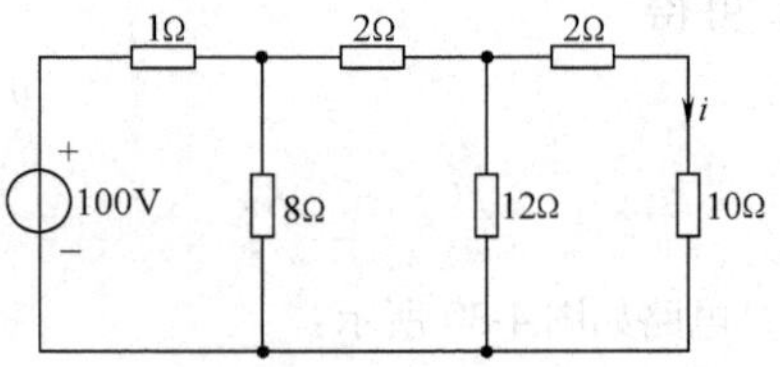

图 4-37 题 4-8 图

4-9 如图 4-38 所示，电路 N 中含有一独立源，已知 $i_s=2A$ 时 $i=-1A$，当 $i_s=4A$ 时 $i=0$。问若要使 $i=2A$，i_s 应为多少（提示：用比例性和叠加性）？

4-10 电路如图 4-39 所示，用叠加定理求 U_2。

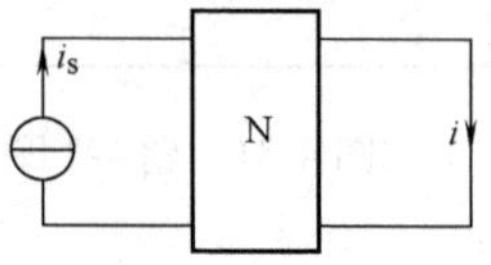

图 4-38 题 4-9 图

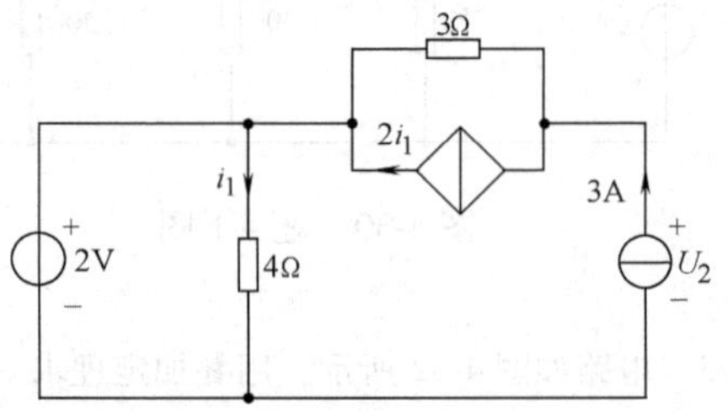

图 4-39 题 4-10 图

4-11 在图 4-40 所示电路中，已知 N 的 VCR 为 $5u=4i+5$，试求电路中各支路电流。

4-12 试利用比例性求解图 4-41 所示电路中的电压 u_0。

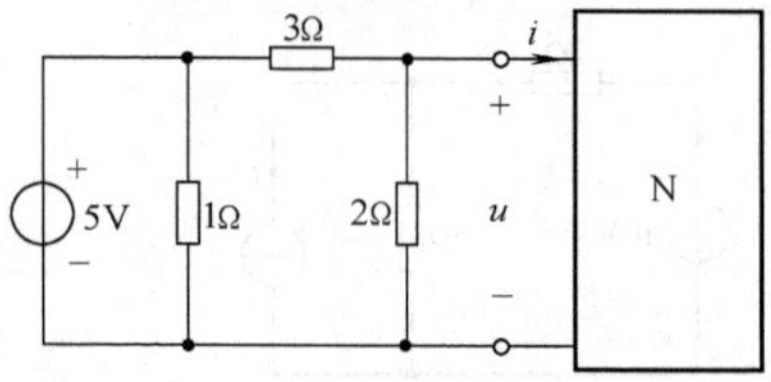

图 4-40 题 4-11 图

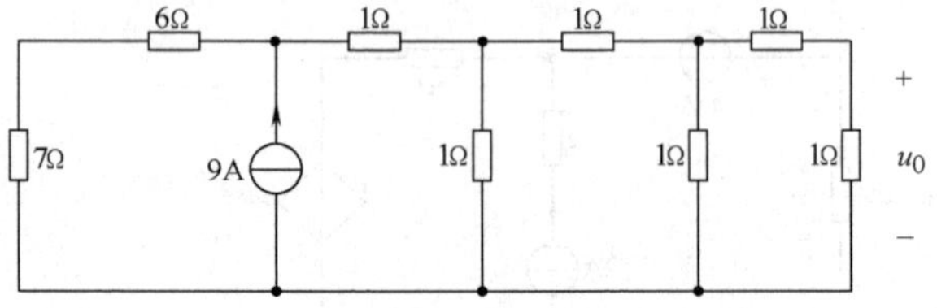

图 4-41 题 4-12 图

4-13 图 4-42 所示电路中，若电源电压改为 100V，$R_1=10\Omega$、$R_4=5\Omega$、$R_2=R_3=R$，问 R 为何值时，电阻 R_4 的电压为最大？

4-14 电路如图 4-43 所示，已知非线性元件 A 的 VCR 为 $u=i^2$，试求 u、i 和 i_1。

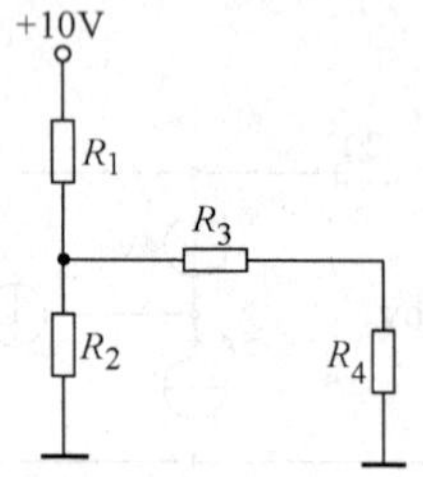

图 4-42 题 4-13 图

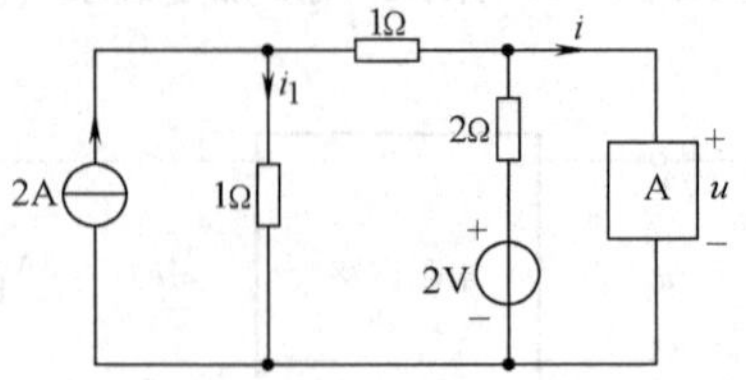

图 4-43 题 4-14 图

4-15 试求图 4-44 所示电路中流过两电压源的电流。

4-16 试求图 4-45 所示单口网络的诺顿等效电路。

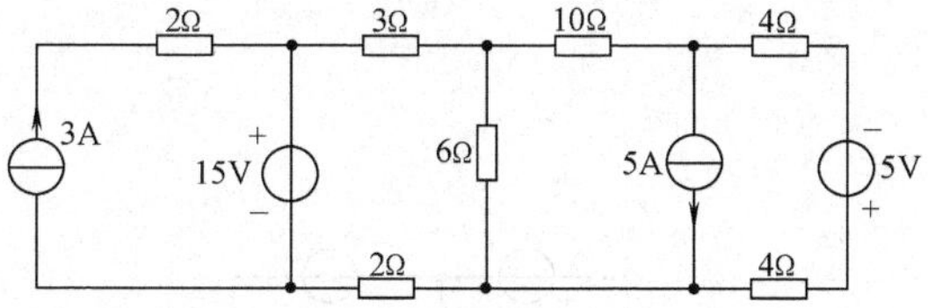

图 4-44 题 4-15 图

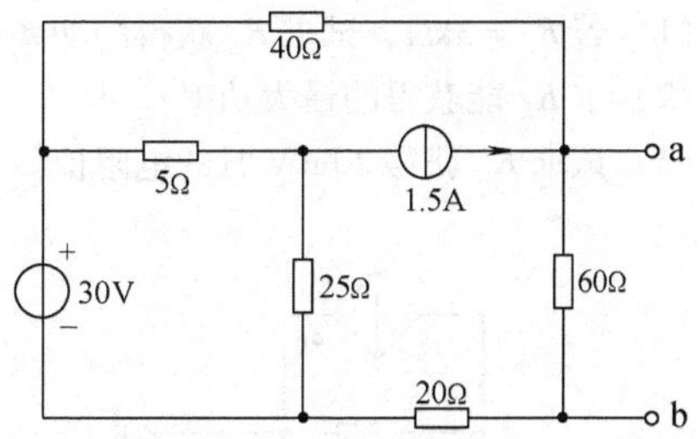

图 4-45 题 4-16 图

4-17 求图 4-46 所示电路的诺顿等效电路。已知：$R_1=15\Omega$，$R_2=5\Omega$，$R_3=10\Omega$，$u_s=10\text{V}$。

4-18 试用戴维南定理求图 4-47 所示网络中 6Ω 电阻支路的电流。

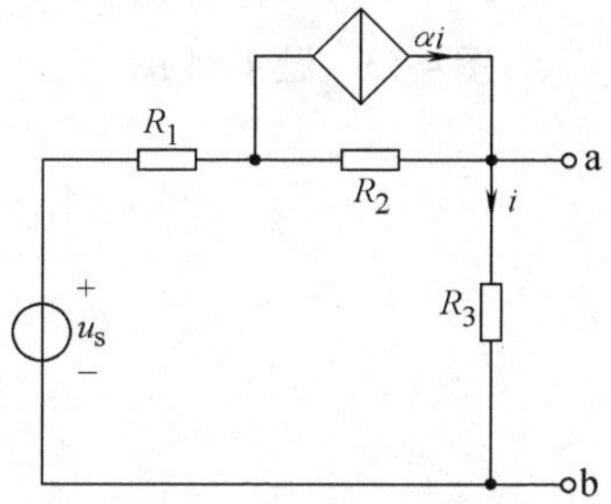

图 4-46 题 4-17 图

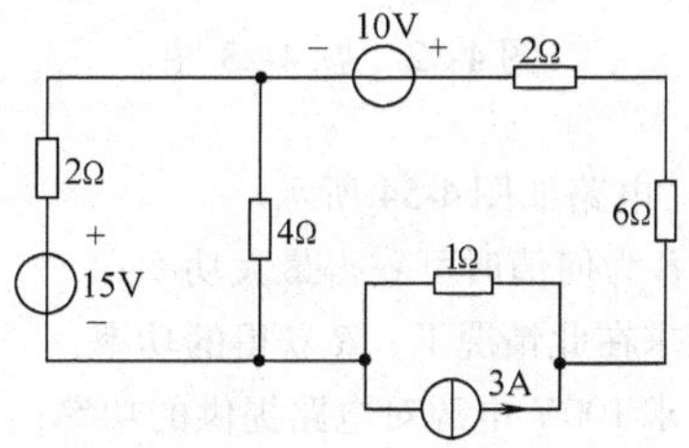

图 4-47 题 4-18 图

4-19 如图 4-48 所示电路，用戴维南定理求 ab 端的等效电路。

4-20 用诺顿定理求图 4-49 所示电路的 I。

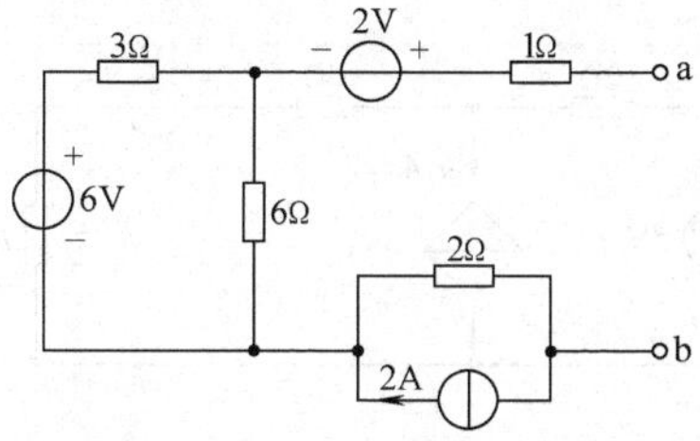

图 4-48 题 4-19 图

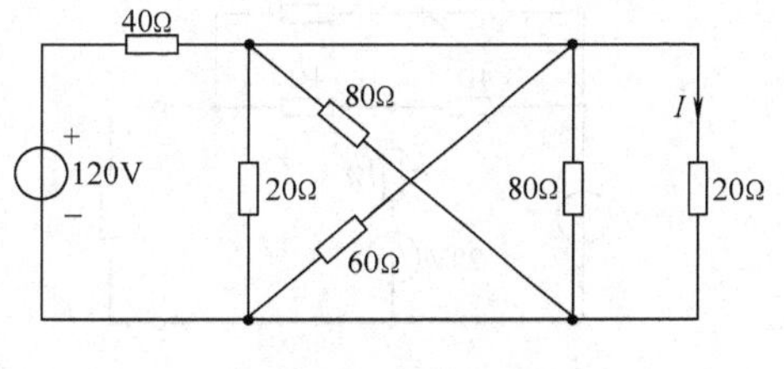

图 4-49 题 4-20 图

4-21 求图 4-50 所示电路的戴维南等效电路。

4-22 求图 4-51 所示网络的戴维南等效电路和诺顿等效电路。

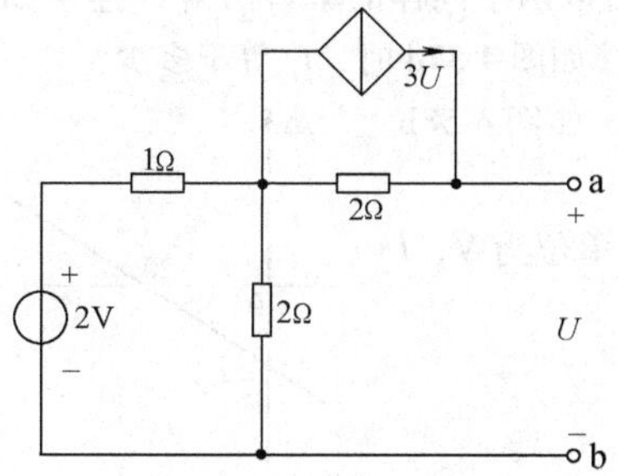

图 4-50 题 4-21 图

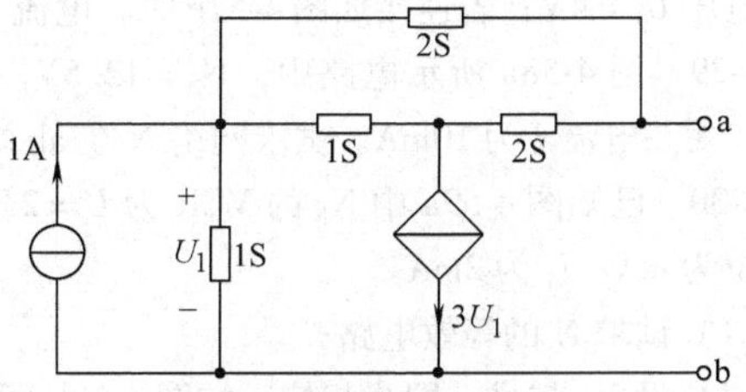

图 4-51 题 4-22 图

4-23　电路如图 4-52 所示，求 ab 端的诺顿等效电路。

4-24　电路如图 4-53 所示。

（1）若 $R_L=3k\Omega$，试求 R_L 获得的功率；

（2）求 R_L 能获得的最大功率；

（3）试求 R_L 获得 20mW 时的电阻值。

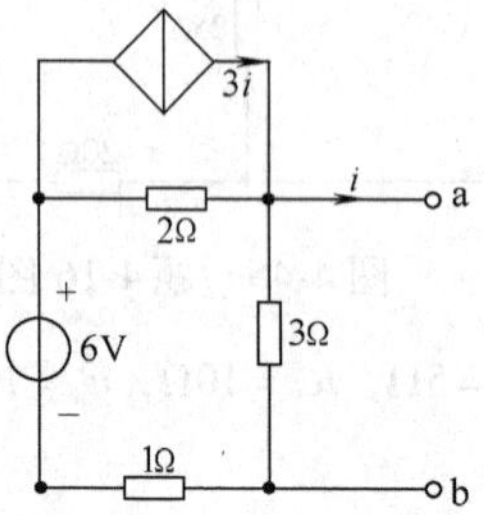

图 4-52　题 4-23 图

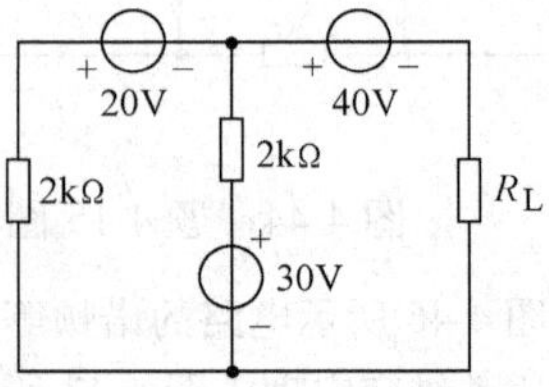

图 4-53　题 4-24 图

4-25　电路如图 4-54 所示。

（1）R 为何值时可获得最大功率；

（2）求在此情况下，R 获得的功率；

（3）求 100V 电源对电路提供的功率；

（4）求受控源的功率；

（5）R 获得功率占电路内电源产生功率的百分比。

4-26　如图 4-55 所示，电路中负载电阻 R_L 等于多少时可获得最大功率。求 P_{Lmax}。

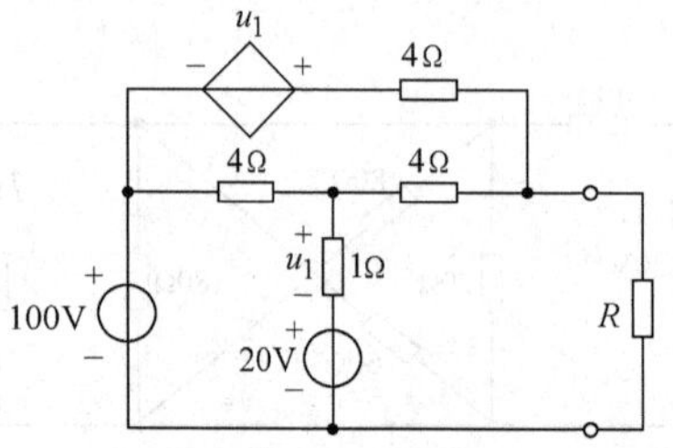

图 4-54　题 4-25 图

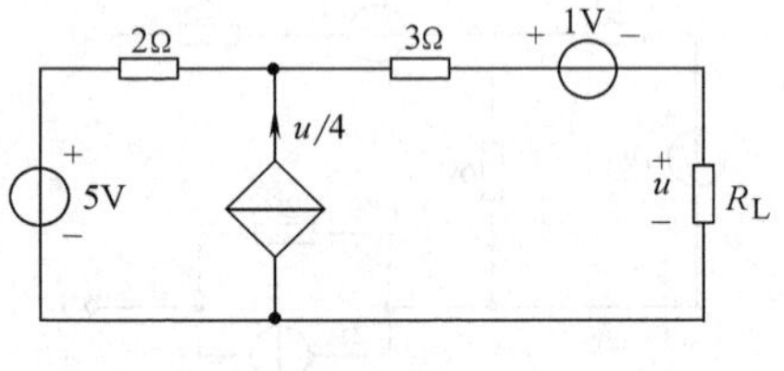

图 4-55　题 4-26 图

4-27　某单口网络在关联参考方向下的 VCR 如图 4-56 所示，试求它的戴维南等效电路。

4-28　含电阻及直流电源的单口网络 N 如图 4-57a 所示。若以两个同样的单口网络 N 连接如图 4-57b 时，电压 $U_1=4V$；若连接如图 4-57c 时，电流 $I_1=-1A$，问连接如图 4-57d 时，I_1 等于多少？

4-29　图 4-58a 所示电路中，$U_2=12.5V$。若将 ab 端短路，如图 4-58b 所示，短路电流 I 为 10mA。试求网络 N 在 ab 端的等效电路。

4-30　已知图 4-59a 中 N_1 的 VCR 为 $U=2I+10$，其中 U 的单位为 V，I 的单位为 mA。I_s 为 2mA。

（1）试求 N 的等效电路；

（2）设 N_1 与另一网络相接，如图 4-59b 所示。

1）若 $I_s=2mA$，试求使 $I=-1mA$ 的 R 值；

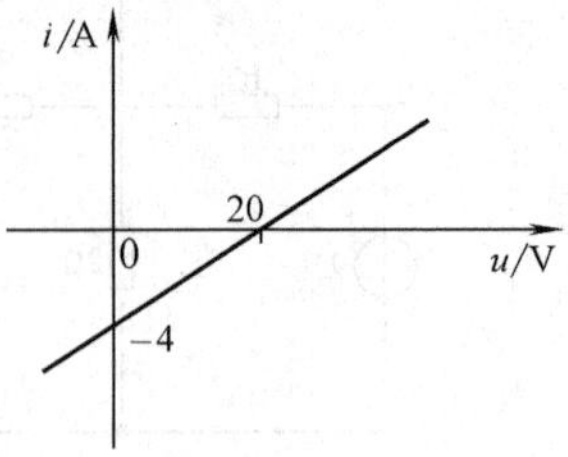

图 4-56　题 4-27 图

2）若 $I_s = 5\text{mA}$，R 为图 4-59b 中求出值，试求 I。

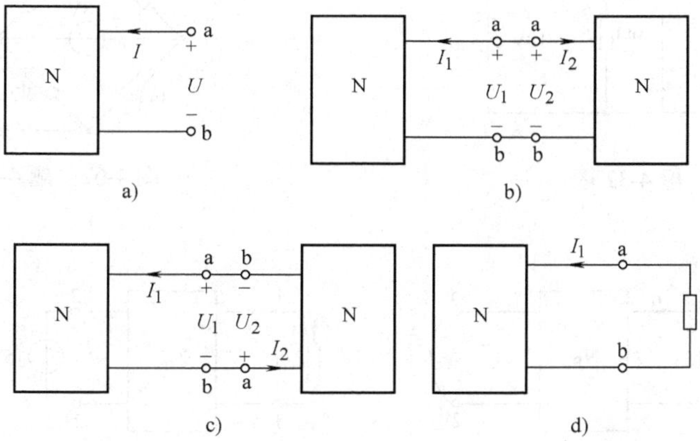

图 4-57 题 4-28 图

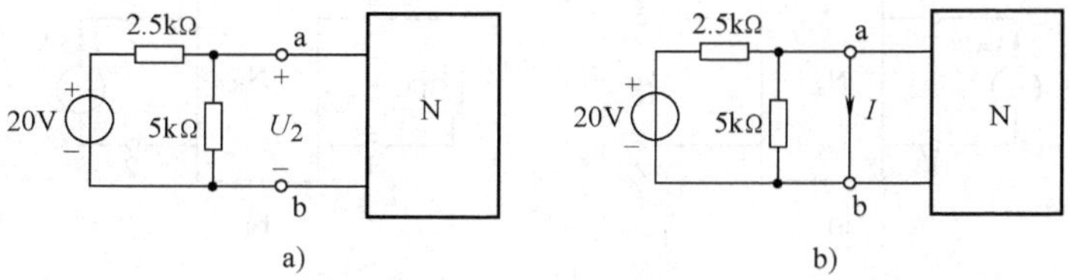

图 4-58 题 4-29 图

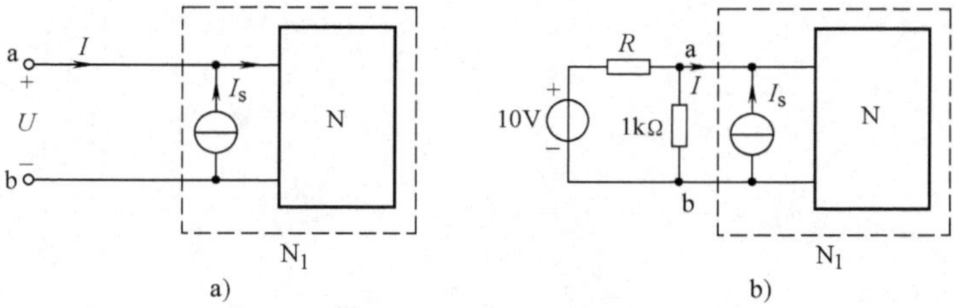

图 4-59 题 4-30 图

4-31 电路如图 4-60 所示，试问 R_L 为何值时吸收的功率最大？其最大功率等于多少？

4-32 如图 4-61 所示电路，用从虚线处分解为两个单口网络的方法求流过两电压源的电流。

4-33 试用互易定理求图 4-62 所示电路中的电流 i。

4-34 如图 4-63a 所示电路，测得 $i_1 = 5\text{A}$，$i_{sc} = 3\text{A}$。如果把 15V 电压源移到 22′端，同时在 11′端接 6Ω 电阻，如图 4-63b 所示，求 6Ω 电阻上的电流。（提示：用互易定理和诺顿定理）

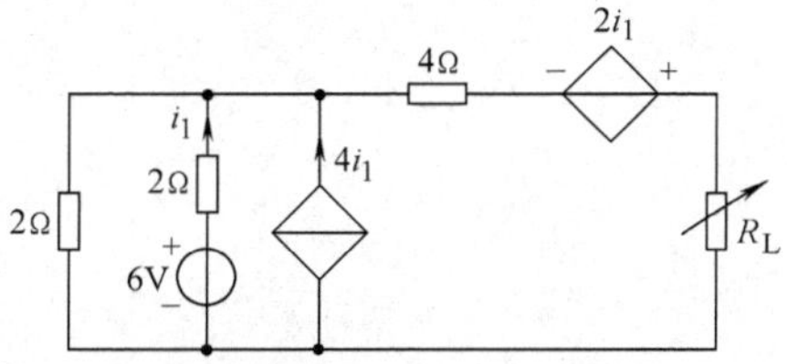

图 4-60 题 4-31 图

4-35 如图 4-64a 所示电路，测得 $u_1 = 18\text{V}$，$u_{oc} = 12\text{V}$。如果把 3A 电压源移到 22′端，同时在 11′端接 3Ω 电阻，如图 4-64b 所示，求 3Ω 电阻两端的电压。（提示：用互易定理和戴维南定理）

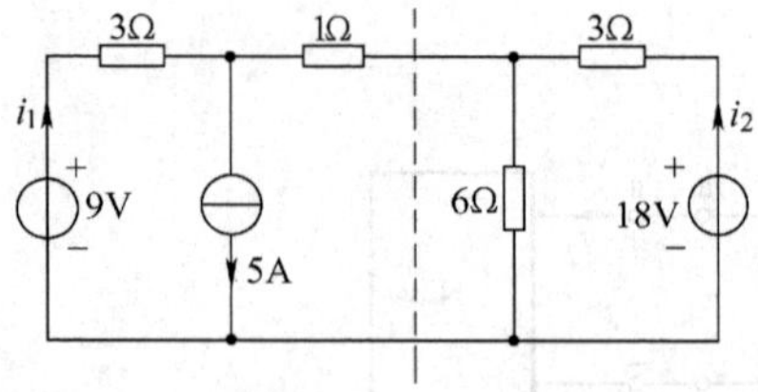

图 4-61 题 4-32 图

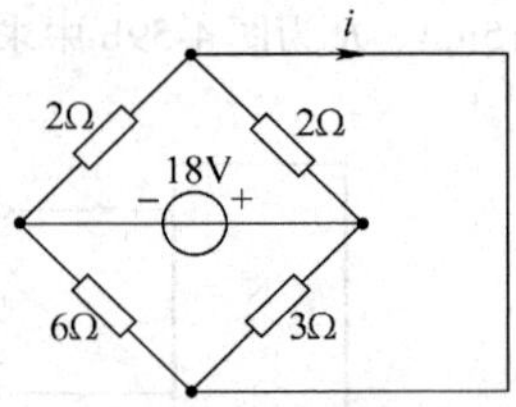

图 4-62 题 4-33 图

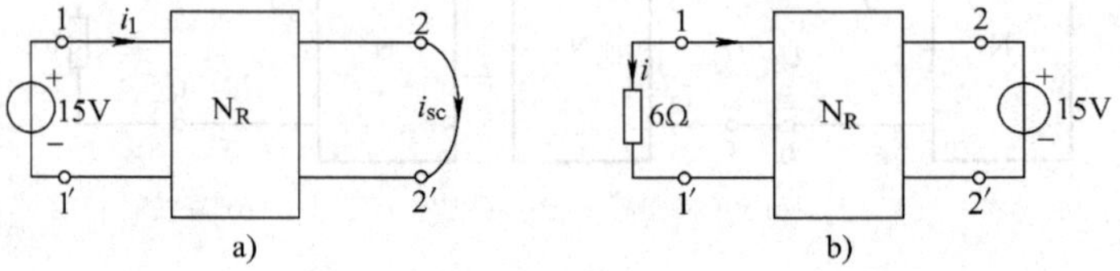

图 4-63 题 4-34 图

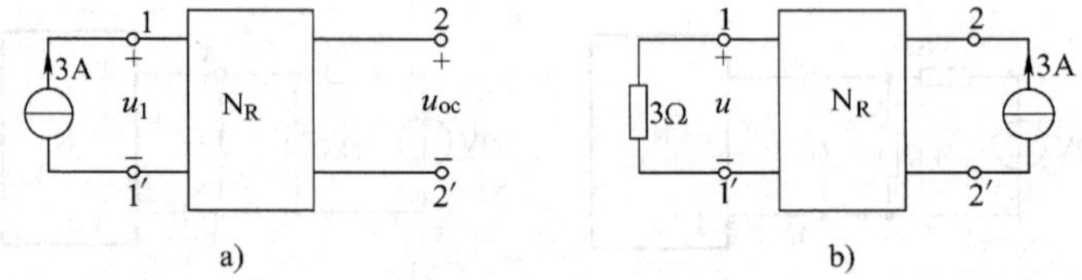

图 4-64 题 4-35 图

第 5 章 电容元件和电感元件

前面几章对电阻电路进行了分析。电阻电路是由电阻元件、独立源以及受控源组成的。由于这些元件的伏安关系是代数方程，因而描述电阻电路的数学方程也是代数方程。电阻电路中任一时刻任一支路上的电压、电流（响应），决定于该时刻电源的值（激励），与历史无关。即电阻电路的响应与激励之间的关系具有即时性，电阻电路和电阻一样也是无记忆的。

在这一章，将介绍两种与电阻元件性质不同的电路元件——电容元件和电感元件。这两种元件的伏安关系不是代数方程，而是微分方程，所以称为动态元件。它们是储能元件，可以储存电磁能量，因而具有记忆作用。电容元件和电感元件上任一时刻的电压和电流值，与该时刻以前的历史状态有关。

5.1 电容元件

电路理论中的电容元件（Capacitor）是（实际）电容器的理想化模型。

5.1.1 电容元件的定义

实际的电容器种类很多，其基本结构都是由被介质隔离的两金属导体组成，两导体又称为电容器的极板。当两极板与电源连接时电容器被充电，与电源正极连接的极板被充电荷 $+q$，与电源负极连接的极板被充电荷 $-q$，所充电荷 q 与极板间的电压成确定的函数关系，这种函数关系由电容器的几何结构和所填充介质所决定。若不计介质的漏电损耗和极化损耗，这样的电容器可以用一个理想化的电容元件构成其电路模型。

在电路理论中，电容元件只具有储存电荷（电场能量）的作用。据此可以得出电容元件的定义：一个二端元件，如果在任一时刻 t，它所储存的电荷 $q(t)$ 同它的端电压 $u(t)$ 之间的关系可以用 u—q 平面上的一条过原点的曲线所决定，则此二端元件称为电容元件。$q(t)-u(t)$的关系曲线称为电容元件的特性曲线。

5.1.2 电容元件的分类

电容元件一般按下面两种方法分类。

1. 时变电容与时不变电容

如果电容元件的特性曲线 $q(t)-u(t)$是随时间变化的，则该电容元件为时变的；如果特性曲线不随时间变化，则该电容元件为时不变的。

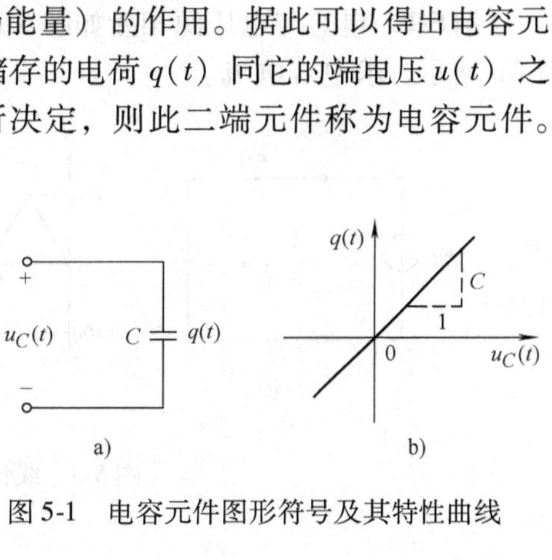

图 5-1 电容元件图形符号及其特性曲线

2. 线性电容和非线性电容

如果电容元件的特性曲线 $q(t)-u(t)$ 是通过原点的直线，则该电容元件是线性的；否则，该电容元件为非线性的。

下面将主要讨论线性时不变电容元件，线性时不变电容元件的特性曲线如图 5-1 所示，其中图 5-1a 为电容元件的图形符号，图 5-1b 为特性曲线。

在图 5-1a 所示关联情况下，线性时不变电容的特性表达式为

$$q(t)=Cu_C(t) \tag{5-1}$$

式中，C 为正值常数，它是特性曲线的斜率，称为电容（Capacitance）。在国际制单位中，C 的单位为法拉（简称法，用 F 表示），因法拉单位过大，实际中多用微法（μF）或皮法（pF）

$$1\text{F}=10^6\,\mu\text{F}=10^{12}\,\text{pF} \tag{5-2}$$

一个实际的电容器，除了电容值，额定工作电压也是重要参数。如果外加电压超过电容器的额定工作电压，电容器就有被击穿的危险。

5.2 电容元件的电压电流关系

电容作为一个电路元件，我们更关心它的电压和电流之间的关系（VCR）。

5.2.1 电容 VCR 的微分式

如图 5-2 所示，在关联情况下，电容 C 的特性方程为

$$q(t)=Cu_C(t)$$

电容的电流 i_C 为充电电流，即

$$i_C(t)=\frac{\mathrm{d}q(t)}{\mathrm{d}t}=C\frac{\mathrm{d}u_C(t)}{\mathrm{d}t} \tag{5-3}$$

式（5-3）即为线性时不变电容的 VCR，它是微分方程。该式表明，任一时刻的电容电流与该时刻电容电压的时间导数成正比。即使电压很高，如果不随时间变化，电容电流仍为零。即使电压不高，如果随时间变化很快，电容上也会出现很大的电流。这和电阻元件完全不同，反映了电容元件的动态特性。

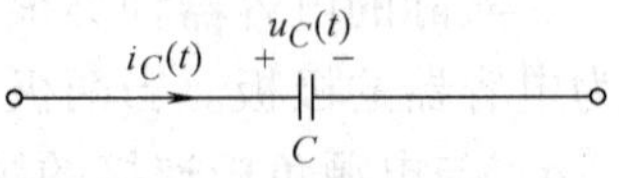

图 5-2 电容元件的 VCR

例 5-1 电容与电压源相接如图 5-3a 所示，电压源电压随时间按三角波方式变化，如图 5-3b 所示，求电容电流。

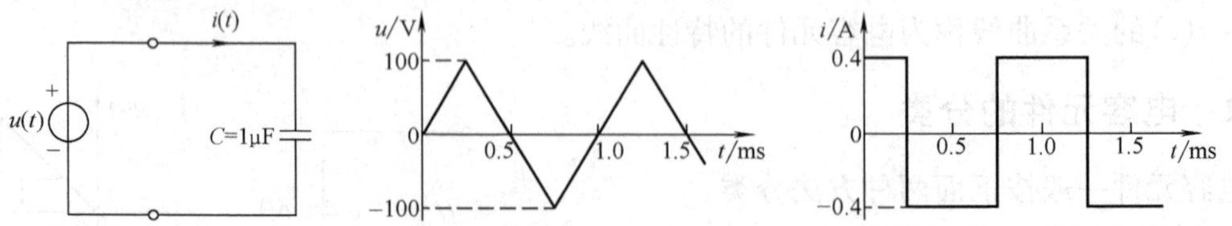

图 5-3 线性电容对三角波电压源的响应

解　已知电容两端电压 $u(t)$，求电流可用式（5-3）。

从 0 到 0.25ms 期间，电压 u 由 0V 线性增加到 100V，其变化率

$$\frac{\mathrm{d}u}{\mathrm{d}t}=\frac{100}{0.25}\times 10^3\mathrm{V/s}=4\times 10^5\mathrm{V/s}$$

在此期间，电流

$$i=C\frac{\mathrm{d}u}{\mathrm{d}t}=10^{-6}\times 4\times 10^5\mathrm{F\cdot V/s}=0.4\mathrm{A}$$

从 0.25ms 到 0.75ms 期间，电压 u 由 +100V 线性下降到 −100V，其变化率

$$\frac{\mathrm{d}u}{\mathrm{d}t}=-\frac{200}{0.5}\times 10^3\mathrm{V/s}=-4\times 10^5\mathrm{V/s}$$

在此期间，电流

$$i=C\frac{\mathrm{d}u}{\mathrm{d}t}=-10^{-6}\times 4\times 10^5\mathrm{F\cdot V/s}=-0.4\mathrm{A}$$

从 0.75ms 到 1.25ms 期间

$$\frac{\mathrm{d}u}{\mathrm{d}t}=\frac{200}{0.5}\times 10^3\mathrm{V/s}=4\times 10^5\mathrm{V/s}$$

在此期间

$$i=C\frac{\mathrm{d}u}{\mathrm{d}t}=10^{-6}\times 4\times 10^5\mathrm{F\cdot V/s}=0.4\mathrm{A}$$

故得电流随时间变化的曲线（波形图）如图 5-3c 所示。

从本例可见电容的电压波形和电流波形是不相同的，这和电阻元件所表现的情况是不相同的。

5.2.2　电容 VCR 的积分式

如果已知电容电流求电压，对式（5-3）积分可得

$$u_C(t)=\frac{1}{C}\int_{-\infty}^{t}i_C(\xi)\mathrm{d}\xi \tag{5-4}$$

如果只需了解在某一任意选定的初始时刻 t_0 以后电容电压的情况，可以把式（5-4）写为

$$\begin{aligned}u_C(t)&=\frac{1}{C}\int_{-\infty}^{t_0}i_C(\xi)\mathrm{d}\xi+\frac{1}{C}\int_{t_0}^{t}i_C(\xi)\mathrm{d}\xi\\&=u_C(t_0)+\frac{1}{C}\int_{t_0}^{t}i_C(\xi)\mathrm{d}\xi\qquad t\geqslant t_0\end{aligned}\tag{5-5}$$

由式（5-4）可知：在某一时刻 t 电容电压的数值并不取决于该时刻的电流值，而取决于从 $-\infty$ 到 t 所有时刻的电流值，也就是说，与电流全部过去历史有关。这是因为电容是聚集电荷的元件，电容电压反映了聚集电荷的多少，而电荷的聚集是电流从 $-\infty$ 到 t 长期作用的结果。

研究问题总有一个时间起点，即总有一个初始时刻 t_0。由式（5-5）可知：只要知道了从 t_0 时刻开始作用的电流 $i_C(t)$ 以及电容的初始电压 $u_C(t_0)$，就能确定 $t\geqslant t_0$ 时的电容电压 $u_C(t)$。

例 5-2 电路如图 5-4a 所示，电流源 i_s 在 $t=0$ 时刻作用于 $C=0.5\text{F}$ 的电容，电流源波形如图 5-4b 所示，且知 $u_C(0)=0$。试求 $t\geqslant 0$ 时的电容电压 $u_C(t)$ 并绘波形图。

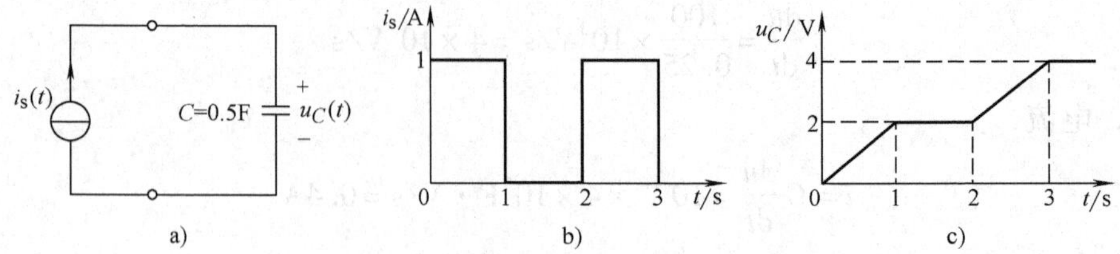

图 5-4 例 5-2 图

解 已知 $t=0$ 时刻以后通过电容的电流和电容电压的初始值 $u_C(0)=0$，求 $u_C(t)$ 可用式（5-5）计算，即

$$u_C(t) = u_C(0) + \frac{1}{C}\int_0^t i_s(\xi)\,\mathrm{d}\xi = 2\int_0^t i_s(\xi)\,\mathrm{d}\xi$$

$i_s(t)$ 的数学表达式如下：

$$i_s(t) = \begin{cases} 1\text{A} & 0 < t \leqslant 1 \\ 0 & 1 < t \leqslant 2 \\ 1\text{A} & 2 < t \leqslant 3 \\ 0 & 3 < t \end{cases}$$

（1）$0 < t \leqslant 1\text{s}$

$$u_C(t) = 2\int_0^t 1\,\mathrm{d}\xi = 2t$$

当 $t=1\text{s}$ 时，$u_C(1)=2\text{V}$，在这期间电容电压从 0 增长到 2V。

（2）$1\text{s} < t \leqslant 2\text{s}$

$$u_C(t) = u_C(1) + \frac{1}{C}\int_1^t i_s(\xi)\,\mathrm{d}\xi = 2\text{V} + 2\int_1^t 0\,\mathrm{d}\xi = 2\text{V}$$

在这期间电容电压保持 2V 不变。

（3）$2\text{s} < t \leqslant 3\text{s}$

$$u_C(t) = u_C(2) + \frac{1}{C}\int_2^t i_s(\xi)\,\mathrm{d}\xi = 2\text{V} + 2(t-2)\text{V} = 2(t-1)\text{V}$$

在这期间的电容电压从 2V 增加到 4V。

（4）$t > 3\text{s}$

$$u_C(t) = u_C(3) + \frac{1}{C}\int_3^t i_s(\xi)\,\mathrm{d}\xi = u_C(3) + 2\int_3^t 0\,\mathrm{d}\xi = 4\text{V}$$

当 $t>3\text{s}$ 时，电容电压保持 4V 不变。

电容电压波形图如图 5-4c 所示。

5.3 电容电压的连续性和记忆性

电容 VCR 的积分式（5-5）

$$u_C(t) = u_C(t_0) + \frac{1}{C}\int_{t_0}^t i_C(\xi)\,\mathrm{d}\xi \qquad t \geqslant t_0$$

反映出电容电压的两个重要性质，即电容电压的连续性质和记忆性质。

从例 5-2 可以看到，虽然作用于电容的电流波形是不连续的，而电容电压却是连续的。这是电容电压连续性质的表现。

电容电压的连续性质如下：

若电容电流 $i_C(t)$ 在闭区间 $[t_a, t_b]$ 上有界，则电容电压 $u_C(t)$ 在开区间 (t_a, t_b) 内为连续的。即对于 (t_a, t_b) 内的任意时刻 t，恒有

$$u_C(t_-) = u_C(t_+) = u_C(t) \tag{5-6}$$

证明　在 (t_a, t_b) 内 t 的邻域任取一小区间 $[t, t+\Delta t]$，根据电容元件 VCR 的积分式，有

$$u_C(t+\Delta t) = u_C(t) + \frac{1}{C}\int_t^{t+\Delta t} i_C(\xi)\mathrm{d}\xi$$

则

$$\lim_{\Delta t \to 0} u_C(t+\Delta t) = u_C(t) + \lim_{\Delta t \to 0}\frac{1}{C}\int_t^{t+\Delta t} i_C(\xi)\mathrm{d}\xi$$

因为 $i_C(t)$ 是有界的,故而

$$\lim_{\Delta t \to 0}\frac{1}{C}\int_t^{t+\Delta t} i_C(\xi)\mathrm{d}\xi = 0$$

所以

$$\lim_{\Delta t \to 0} u_C(t+\Delta t) = u_C(t)$$

若 $\Delta t > 0$，则有

$$\lim_{\Delta t \to 0} u_C(t+\Delta t) = u_C(t_+) = u_C(t)$$

若 $\Delta t < 0$，则有

$$\lim_{\Delta t \to 0} u_C(t+\Delta t) = u_C(t_-) = u_C(t)$$

即

$$u_C(t_-) = u_C(t_+) = u_C(t)$$

证毕。

连续性定理表明，若**电容电流有界**，则**电容电压不能跃变**。

式 (5-4) 还反映出电容电压的另一性质——记忆性质。

由式 (5-4) 可知，某一时刻电容电压取决于在此之前电流的全部历史。因此，可以说电容电压有“记忆”电流的性质，电容元件是一种记忆元件。通常只知道在某一初始时刻 t_0 后作用于电容的电流，而对 t_0 时刻之前电容电流的情况并不了解，因此，式 (5-5) 更有实际意义。在该式中初始电压 $u_C(t_0)$ 表明 $t < t_0$ 时电流的记忆作用，因此得以不必过问 $t < t_0$ 时电流的具体情况，即能在 $t \geqslant t_0$ 时的电容电压 $u_C(t)$ 中体现它的影响。在含电容的动态电路分析问题中，这是一个十分重要的概念，因而电容的初始电压是解题时一个必须具备的条件。

5.4　电容的储能

电容是储能元件，它能把外电路输送的功以电场能的形式储存起来。

在关联情况下，电容元件吸收的功率为

$$P_C(t)=u_C(t)i_C(t) \tag{5-7}$$

外电路对电容的做功增量等于电容的储能增量 dW_C，即

$$dW_C=P_C(t)dt=u_C(t)i_C(t)dt=Cu_Cdu_C \tag{5-8}$$

对上式积分，即可得电容元件储能表达式

$$W_C(t)=\int_0^{u_C(t)}Cu_Cdu_C=\frac{1}{2}Cu_C^2(t) \tag{5-9}$$

式（5-9）表明，电容在某一时刻的储能，只取决于该时刻的电容电压，而与电容电流无关。只要电压存在，电容就有储能，并且储能总为正值。

例 5-3 计算例 5-2 中电容的储能。

解 根据例 5-2 的解，电容电压表达式为

$$u_C(t)=\begin{cases}2t\ \text{V} & 0<t\leqslant 1\text{s}\\ 2\ \text{V} & 1\text{s}<t\leqslant 2\text{s}\\ 2(t-1)\ \text{V} & 1\text{s}<t\leqslant 2\text{s}\\ 4\ \text{V} & 3\text{s}<t\end{cases}$$

根据式（5-9），有

（1）$0<t\leqslant 1\text{s}$ 时

$$W_C(t)=\frac{1}{2}\times 0.5\times(2t)^2\text{J}=t^2\text{J}$$

（2）$1\text{s}<t\leqslant 2\text{s}$ 时

$$W_C(t)=\frac{1}{2}\times 0.5\times(2)^2\text{J}=1\text{J}$$

（3）$2\text{s}<t\leqslant 3\text{s}$ 时

$$W_C(t)=\frac{1}{2}\times 0.5\times(2t-2)^2\text{J}=(t^2-2t+1)\text{J}$$

（4）$3\text{s}<t$ 时

$$W_C(t)=\frac{1}{2}\times 0.5\times(4)^2\text{J}=4\text{J}$$

5.5 电感元件

电路理论中电感元件（Inductor）又称自感元件（简称电感），是实际电感器的理想模型。

5.5.1 电感元件的定义

用导线绕制的线圈就是一个简单的电感器。当线圈中通以电流时，导线周围产生磁场，磁场穿过线圈便形成磁通，线圈的总磁通称为磁链。磁通的方向与电流的方向遵守右手螺旋定则。

电感线圈的磁链和它的电流之间有着确定的函数关系，这种关系决定于线圈的结构和线圈所充的介质。若不计线圈的损耗和寄生电容，则这样理想化的电感器可用一个电感元件构

成其电路模型。

在电路理论中，电感元件只有储存磁场能量的作用。据此可给出电感元件的定义：如果二端元件 A 只具有储存磁场能量的作用，且在任意时刻 t，元件 A 的磁链 $\Psi(t)$ 和流过它的电流 $i(t)$ 的关系在 i—Ψ 平面上是一条过原点的曲线，则 A 称为电感元件。$i(t)$—$\Psi(t)$ 的关系曲线称为电感元件 A 的特性曲线。图 5-5 为电感线圈及电感元件的电路图形符号。

5.5.2　电感元件的分类

电感元件一般也按下面两种方法分类。

1. 时变电感与时不变电感

如果电感元件的特性曲线 $i(t)$—$\Psi(t)$ 是随时间变化的，则该电感元件是时变的；若特性曲线不随时间变化，则该电感元件是时不变的。

2. 线性电感与非线性电感

如果电感元件的特性曲线 $i(t)$—$\Psi(t)$ 是通过原点的直线，则该电感元件是线性的；否则，该电感元件是非线性的。

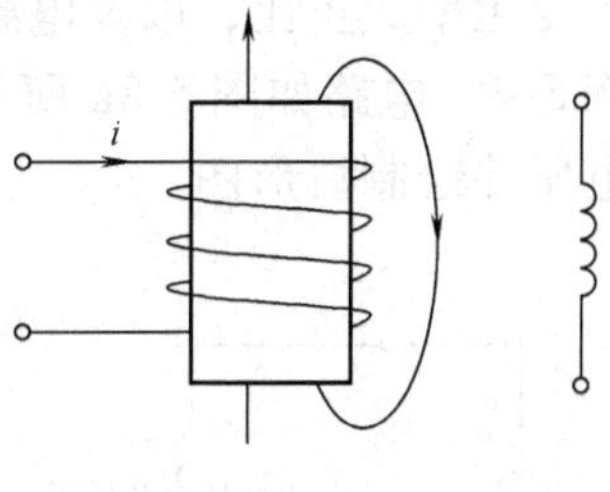

图 5-5　电感线圈及电感元件电路图形符号

下面将主要讨论线性时不变电感。图 5-6 为线性时不变电感元件及特性曲线，其中图 5-6a 为电感元件的电路图形符号，图 5-6b 为电感元件的特性曲线。

在 $i_L(t)$ 和 $\Psi(t)$ 遵守右手螺旋定则的情况下，线性时不变电感的特性表达式为

$$\Psi(t) = Li_L(t) \tag{5-10}$$

比例系数 L 为一常数，是特性曲线的斜率，它反映了电感元件通过电流时产生磁链的能力，称为电感。在国际单位中，电感 L 的单位是亨利（简称亨，用 H 表示）

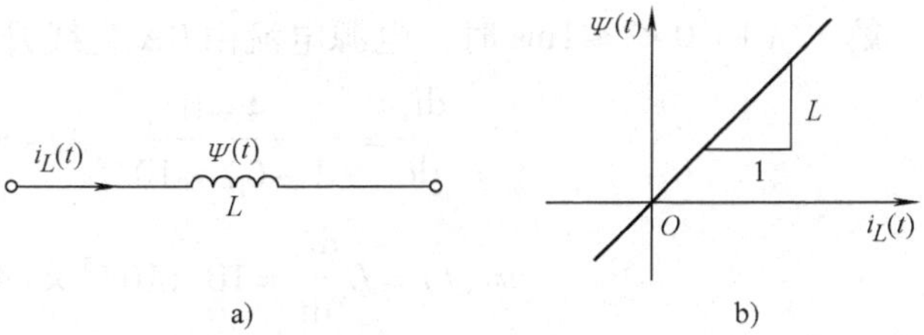

图 5-6　电感元件及其特性曲线

$$1\text{H} = 1\ \frac{\text{Wb}}{\text{A}} \tag{5-11}$$

式中，Wb 为磁通单位韦伯，A 为电流单位安培。实际中还用毫亨（mH）或微亨（μH）等单位

$$1\text{H} = 10^3\text{mH} = 10^6\mu\text{H} \tag{5-12}$$

一个实际的电感器，除了电感值，额定工作电流也是重要参数。如果电感电流超过额定工作电流，电感器就有烧毁的危险。

5.6　电感元件的电压电流关系

电感作为一个电路元件，我们更关心它的伏安关系（VCR）。

5.6.1 电感 VCR 的微分式

如图 5-7 所示，在关联情况下，电感元件的特性方程为

$$\Psi(t)=Li_L(t) \tag{5-13}$$

电感元件两端电压为感应电动势的负值，根据电磁感应定律

$$u_L(t)=-\varepsilon_L=\frac{\mathrm{d}\Psi(t)}{\mathrm{d}t}=L\frac{\mathrm{d}i_L(t)}{\mathrm{d}t} \tag{5-14}$$

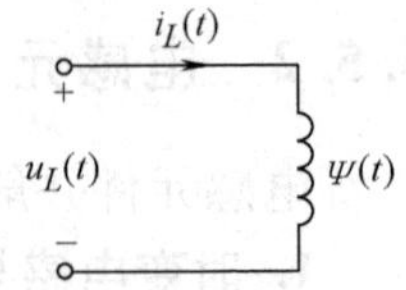

图 5-7 电感元件的 VCR

式（5-14）即为电感元件 VCR 的微分式。该式表明电感电压与电感电流的变化率成正比，以及电感元件的动态特性。

例 5-4 电路如图 5-8a 所示，电源 $i_s(t)$ 波形如图 5-8b 所示，试求电感电压并绘制波形图。

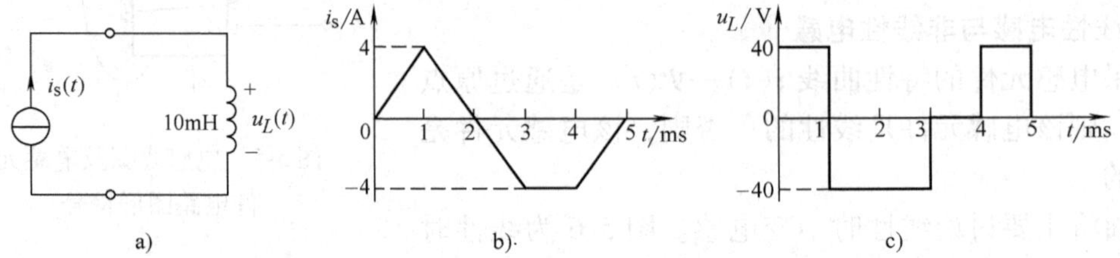

图 5-8 例 5-4 图

解 （1）$0<t\leqslant 1\text{ms}$ 时，电源电流由 0A 直线升至 4A

$$\frac{\mathrm{d}i_s}{\mathrm{d}t}=\frac{4-0}{(1-0)\times10^{-3}}\text{A/s}=4\times10^3\text{A/s}$$

$$u_L(t)=L\frac{\mathrm{d}i_s}{\mathrm{d}t}=10\times10^{-3}\times(4\times10^3)\text{V}=40\text{V}$$

（2）$1<t\leqslant 3\text{ms}$ 时，电源电流由 4A 降至 −4A

$$\frac{\mathrm{d}i_s}{\mathrm{d}t}=\frac{-4-(4)}{(3-1)\times10^{-3}}\text{A/s}=-4\times10^3\text{A/s}$$

$$u_L(t)=L\frac{\mathrm{d}i_s}{\mathrm{d}t}=10\times10^{-3}\times(-4\times10^3)\text{V}=-40\text{V}$$

（3）$3<t\leqslant 4\text{ms}$ 时，电源电流不变

$$\frac{\mathrm{d}i_s}{\mathrm{d}t}=0\text{A/s}$$

$$u_L(t)=L\frac{\mathrm{d}i_s}{\mathrm{d}t}=0\text{V}$$

（4）$4<t\leqslant 5\text{ms}$ 时，电源电流由 −4A 直线升至 0A

$$\frac{\mathrm{d}i_s}{\mathrm{d}t}=\frac{0-(-4)}{(5-4)\times10^{-3}}\text{A/s}=4\times10^3\text{A/s}$$

$$u_L(t)=L\frac{di_s}{dt}=10\times10^{-3}\times(4\times10^3)\text{V}=40\text{V}$$

（5）$t>5\text{ms}$ 时，$i_s=0$

$$u_L(t)=L\frac{di_s}{dt}=0$$

根据计算结果，画出 $u_L(t)$ 随时间变化的波形如图 5-8c 所示。该图表明，在关联情况下，当电感电流变化率为正时，电感电压也为正值；当电感电流变化率为负时，电感电压也为负值；当电感电流变化率为零时，电感电压为零。显然电感电压和电流的波形并不相同，这与电阻元件的情况完全不同。

5.6.2　电感 VCR 的积分式

对式（5-14）积分，用电感电压表示电流，可得电感元件 VCR 的积分式

$$i_L(t)=\frac{1}{L}\int_{-\infty}^{t}u_L(\xi)\mathrm{d}\xi \tag{5-15}$$

式（5-15）表明，电感元件在 t 时刻的电流与电感电压在 t 时刻以前的全部历史有关。这表明电感有记忆电压的作用，所以电感也是记忆元件。

式（5-15）又可写为

$$\begin{aligned}i_L(t)&=\frac{1}{L}\int_{-\infty}^{t_0}u_L(\xi)\mathrm{d}\xi+\frac{1}{L}\int_{t_0}^{t}u_L(\xi)\mathrm{d}\xi\\&=i_L(t_0)+\frac{1}{L}\int_{t_0}^{t}u_L(\xi)\mathrm{d}\xi \qquad t\geqslant t_0\end{aligned} \tag{5-16}$$

式中，t_0 为任意选定的初始时刻；$i_L(t_0)$ 为 t_0 时刻该电感电流，称为初始电流。只要知道初始电流 $i_L(t_0)$ 和 $t>t_0$ 时的电感电压 $u_L(t)$，由式（5-16）就可求得电感电流 $i_L(t)$。

例 5-5　电路如图 5-9a 所示，电源 $u_s(t)$ 波形如图 5-9b 所示，试求电感电流并绘制波形图，已知 $i_L(0)=0$。

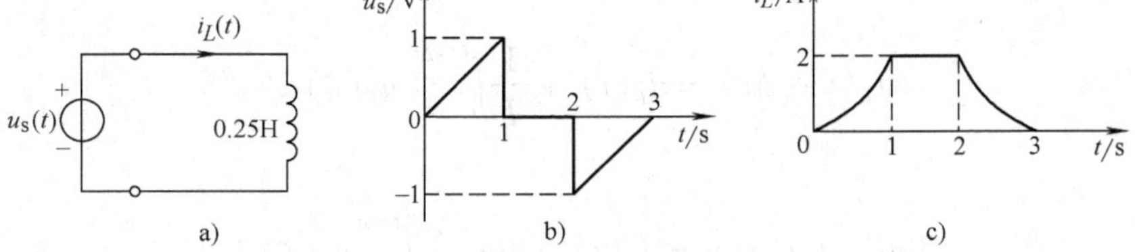

图 5-9　例 5-5 图

解　$u_s(t)$ 的表达式为

$$u_s(t)=\begin{cases}t & 0<t\leqslant1\\0 & 1<t\leqslant2\\t-3 & 2<t\leqslant3\\0 & 3<t\end{cases}$$

按式（5-16）分段计算 $i_L(t)$：

（1）$0<t\leqslant1\text{s}$ 时

$$i_L(t)=i_L(0)+\frac{1}{L}\int_0^t u_L(\xi)\mathrm{d}\xi=4\int_0^t \xi\mathrm{d}\xi=2t^2\mathrm{A}$$

（2）$1<t\leqslant 2\mathrm{s}$ 时

$$i_L(t)=i_L(1)+\frac{1}{L}\int_1^t u_L(\xi)\mathrm{d}\xi=2+4\int_0^t 0\mathrm{d}\xi=2\mathrm{A}$$

（3）$2<t\leqslant 3\mathrm{s}$ 时

$$\begin{aligned}i_L(t)&=i_L(2)+\frac{1}{L}\int_2^t u_L(\xi)\mathrm{d}\xi\\&=2+4\int_2^t(\xi-3)\mathrm{d}\xi=2(t^2-6t+9)\mathrm{A}\end{aligned}$$

（4）$3<t$ 时

$$i_L(t)=i_L(3)+\frac{1}{L}\int_3^t u_L(\xi)\mathrm{d}\xi=0+4\int_3^t 0\mathrm{d}\xi=0\mathrm{A}$$

根据计算结果画出 $i_L(t)$ 波形如图 5-9c 所示。本例表明，$t>0$ 以后的任一时刻的电感电流值均与电感电压过去的历史有关。特别是在 $1\mathrm{s}<t\leqslant 2\mathrm{s}$ 期间，电感电压虽等于零，但电感电流保持不变，由此可见电感的记忆作用。

5.7 电感电流的连续性和记忆性

从例 5-5 可以看到，虽然作用于电感的电压波形是不连续的，而电感电流却是连续的。这是电感电流连续性质的表现。

电感电流连续性质是电感元件的一个重要性质，该性质内容如下：

若电感电压 $u_L(t)$ 在闭区间 $[t_a,\ t_b]$ 上有界，则电感电流 $i_L(t)$ 在开区间 $(t_a,\ t_b)$ 内连续。即对于 $(t_a,\ t_b)$ 内的任意时刻 t，恒有

$$i_L(t_-)=i_L(t_+)=i_L(t) \tag{5-17}$$

证明 在 $(t_a,\ t_b)$ 内的 t 时刻邻域任取小区间 $[t,\ t+\Delta t]$，由电感元件 VCR 积分式，有

$$i_L(t+\Delta t)=i_L(t)+\frac{1}{L}\int_t^{(t+\Delta t)} u_L(\xi)\mathrm{d}\xi$$

则

$$\lim_{\Delta t\to 0} i_L(t+\Delta t)=i_L(t)+\lim_{\Delta t\to 0}\frac{1}{L}\int_t^{t+\Delta t} u_L(\xi)\mathrm{d}\xi$$

因为 $u_L(t)$ 是有界的，故有

$$\lim_{\Delta t\to 0}\frac{1}{L}\int_t^{t+\Delta t} u_L(\xi)\mathrm{d}\xi=0$$

所以

$$\lim_{\Delta t\to 0} i_L(t+\Delta t)=i_L(t)$$

若取 $\Delta t>0$，则

$$\lim_{\Delta t\to 0} i_L(t+\Delta t)=i_L(t_+)=i_L(t)$$

若取 $\Delta t<0$，则

$$\lim_{\Delta t\to 0} i_L(t+\Delta t)=i_L(t_-)=i_L(t)$$

即

$$i_L(t_-)=i_L(t_+)=i_L(t)$$

证毕。

电感电流连续性定理表明：**若电感电压有界，则电感电流不能跃变。**

5.8　电感的储能

电感是储能元件，它能把外电路输送的功以磁场能的形式储存起来。

在关联情况下，电感元件吸收的功率为

$$p_L(t)=u_L(t)i_L(t) \tag{5-18}$$

外电路对电感做功增量 $\mathrm{d}A$ 应等于电感的储能增量 $\mathrm{d}W_L$，即

$$\begin{aligned}\mathrm{d}W_L &= \mathrm{d}A = p_L(t)\mathrm{d}t\\ &= u_L(t)i_L(t)\mathrm{d}t = Li_L\frac{\mathrm{d}i_L}{\mathrm{d}t}\mathrm{d}t = Li_L\mathrm{d}i_L\end{aligned} \tag{5-19}$$

对式（5-19）积分，即可得电感元件储能表达式

$$W_L(t)=\int_0^{i_L(t)} Li_L\mathrm{d}i_L=\frac{1}{2}Li_L^2(t) \tag{5-20}$$

式（5-20）表明，电感元件在某一时刻的储能，只取决于该时刻的电感电流，而与电感电压无关。只要有电流，电感就有储能，并且储能总为正值。

例 5-6　计算例 5-5 中电感元件在下列时刻的储能：

$$t_1=0.5\mathrm{s},\quad t_2=1\mathrm{s},\quad t_3=1.5\mathrm{s},\quad t_4=2.5\mathrm{s},\quad t_5=3\mathrm{s}$$

解　由所求结果写出 $i_L(t)$ 的表达式为

$$i_L(t)=\begin{cases}2t^2 & 0<t\leqslant 1\mathrm{s}\\ 2 & 1\mathrm{s}<t\leqslant 2\mathrm{s}\\ 2(t^2-6t+9) & 2\mathrm{s}<t\leqslant 3\mathrm{s}\\ 0 & 3\mathrm{s}<t\end{cases}$$

根据式（5-20），有

$$W(t_1)=\frac{1}{2}\times L\times i_L^2(t_1)=\frac{1}{2}\times\frac{1}{4}\times\frac{1}{4}\mathrm{J}=\frac{1}{32}\mathrm{J}$$

$$W(t_2)=\frac{1}{2}\times L\times i_L^2(t_2)=\frac{1}{2}\times\frac{1}{4}\times 4\mathrm{J}=\frac{1}{2}\mathrm{J}$$

$$W(t_3)=\frac{1}{2}\times L\times i_L^2(t_3)=\frac{1}{2}\times\frac{1}{4}\times 4\mathrm{J}=\frac{1}{2}\mathrm{J}$$

$$W(t_4)=\frac{1}{2}\times L\times i_L^2(t_4)=\frac{1}{2}\times\frac{1}{4}\times\frac{1}{4}\mathrm{J}=\frac{1}{32}\mathrm{J}$$

$$W(t_5)=\frac{1}{2}\times L\times i_L^2(t_5)=\frac{1}{2}\times\frac{1}{4}\times 0\mathrm{J}=0\mathrm{J}$$

5.9 电容与电感的对偶关系

如果将电容与电感的 VCR 加以比较，就会发现，把电容 VCR 中的 i 换成 u，u 换成 i，C 换成 L 就可以得到电感的 VCR；反过来，通过类似的变换，由电感的 VCR 也可得到电容的 VCR。此外，电容和电感的储能公式、连续性等关系之间也存在对偶关系。表 5-1 列出了电容和电感的对偶量和对偶关系。

表 5-1 电容与电感的对偶量和对偶性

电路元件	电 容	电 感
电路参数	C	L
约束关系	$q(t)=Cu_C(t)$	$\Psi(t)=Li_L(t)$
状态变量	$u_C(t)$	$i_L(t)$
初始状态	$u_C(t_0)$	$i_L(t_0)$
伏安关系	$i_C(t)=C\dfrac{du_C(t)}{dt}$ $u_C(t)=u_C(t_0)+\dfrac{1}{C}\int_{t_0}^{t}i_C(\xi)d\xi$	$u_L(t)=L\dfrac{di_L(t)}{dt}$ $i_L(t)=i_L(t_0)+\dfrac{1}{L}\int_{t_0}^{t}u_L(\xi)d\xi$
连续性	i_C 有限时,u_C 不能跃变	u_L 有限时,i_L 不能跃变
记忆性	u_C 具有记忆 i_C 的作用	i_L 具有记忆 u_L 的作用
储能	$W_C(t)=\dfrac{1}{2}Cu_C^2(t)$	$W_L(t)=\dfrac{1}{2}Li_L^2(t)$

习 题

5-1 （1）1μF 电容的端电压为 $100\cos(1000t)$V，试求 $i(t)$。u 与 i 波形是否相同？最大值、最小值是否发生在同一时刻？

（2）10μF 电容的电流为 $10e^{-100t}$mA，若 $u(0)=-10$V，试求 $u(t)$，$t>0$。

5-2 图 5-10a 所示电压 u 施加于一电容 C，如图 5-10b 所示。试求 $i(t)$，并画出波形图。

5-3 0.1μF 电容的电流如图 5-11 所示，若 $u(0)=0$V，试绘出电容电压的波形。

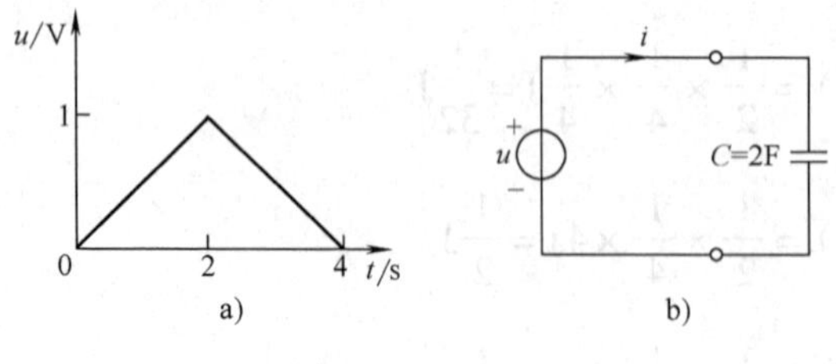

图 5-10 题 5-2 图

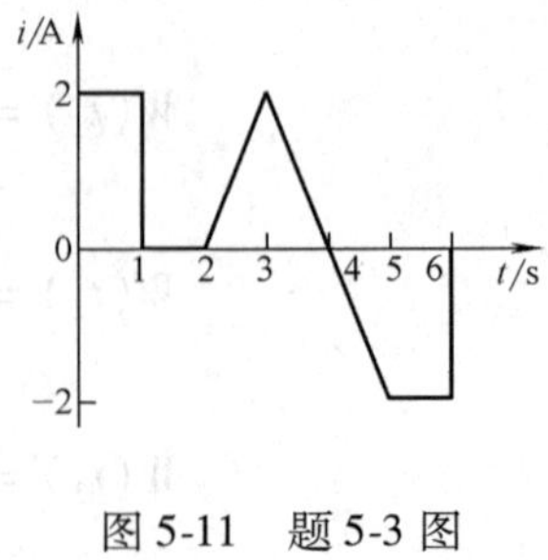

图 5-11 题 5-3 图

5-4 图 5-12 所示为一电容的电压和电流波形。

（1）求 C；

（2）计算电容在 $0<t<1$ms 期间所得到的电荷；

（3）计算在 $t=2$ms 时吸收的功率；

（4）计算在 $t=2\text{ms}$ 时储存的能量。

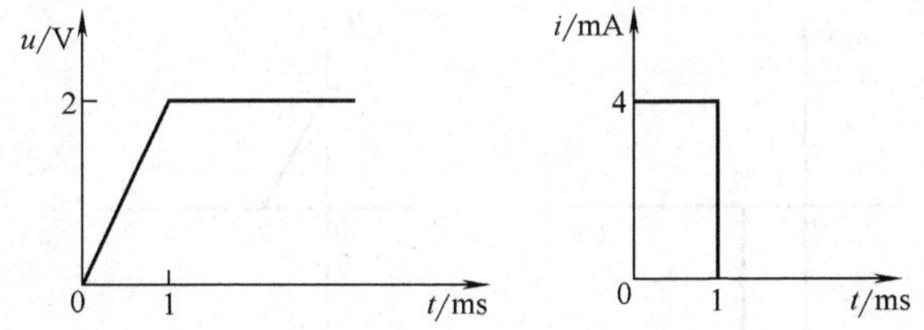

图 5-12　题 5-4 图

5-5　作用于 25μF 电容的电流如图 5-13 所示。若 $u(0)=0$，试确定：$t=17\text{ms}$ 及 $t=40\text{ms}$ 时的电容的电压、吸收功率以及储能各为多少？

5-6　试求图 5-14 所示电路中各电容的电压及储能。

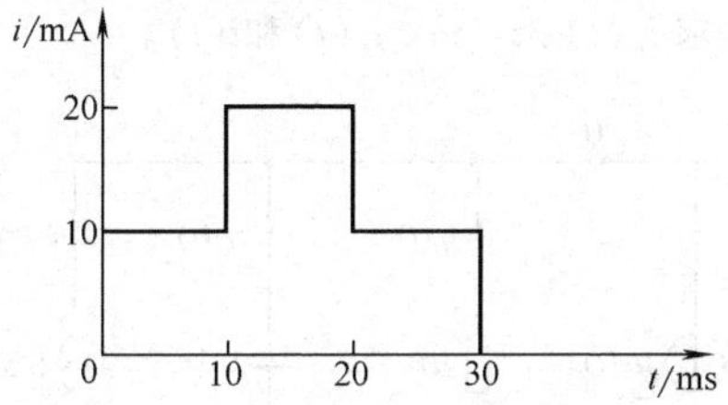

图 5-13　题 5-5 图

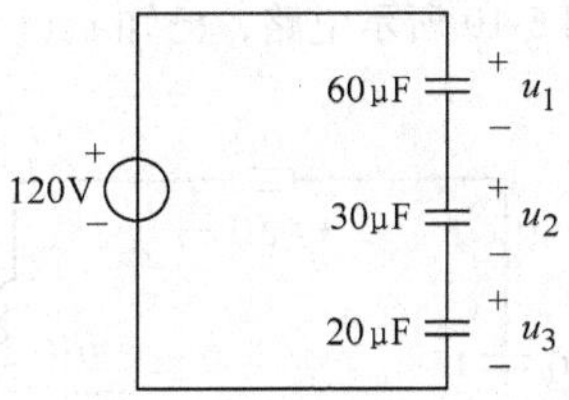

图 5-14　题 5-6 图

5-7　已知流过 0.75H 的电感的电流如图 5-15 所示。

（1）试求电感的电压，并画出波形；

（2）求 $t=2\text{ms}$、$t=5\text{ms}$ 和 $t=8\text{ms}$ 时电感的储能。

5-8　在图 5-16 所示电路中，$R=1\text{k}\Omega$，$L=100\text{mH}$，若

$$u_R(t)=\begin{cases}15(1-e^{-10^4 t}) & t>0\\ 0 & t<0\end{cases}$$

其中，u_R 单位为 V，t 单位为 s。

（1）求 $u_L(t)$，并画出波形；

（2）求电源电压 $u_s(t)$。

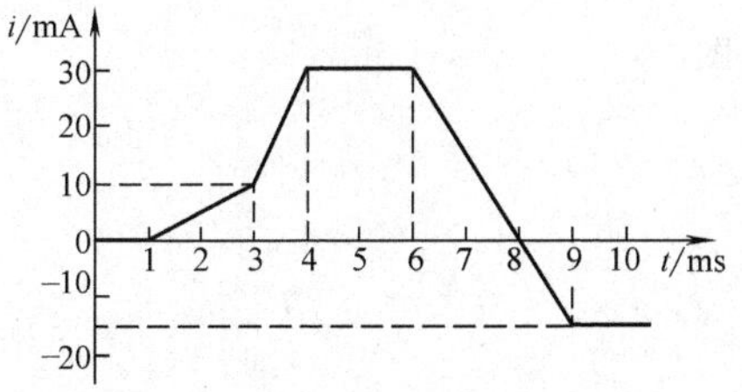

图 5-15　题 5-7 图

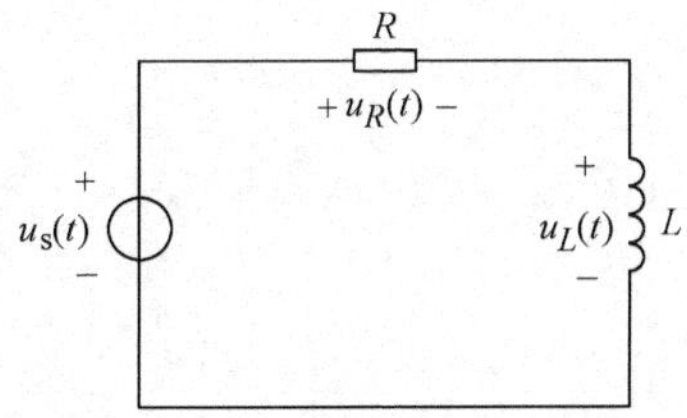

图 5-16　题 5-8 图

5-9　在关联参考方向下某电感的电流及电压波形如图 5-17 所示。

（1）试求电感 L；

（2）试求在 $0<t<1\text{s}$ 期间的 $W_L(t)$。

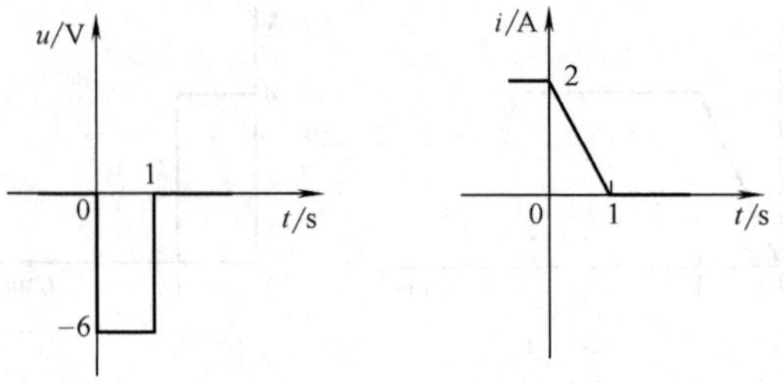

图 5-17　题 5-9 图

5-10　图 5-18 所示电路中，已知 $u_C(t)=te^{-t}\text{V}$。

（1）试求 $i(t)$ 及 $u_L(t)$；

（2）求电容储能达最大值的时刻，并求最大储能是多少。

5-11　图 5-19 所示电路，已知 $u_s(t)=4e^{-3t}\text{V}$，$i_L(0)=0$。求 $i_R(t)$、$i_C(t)$、$i_L(t)$和$i(t)$。

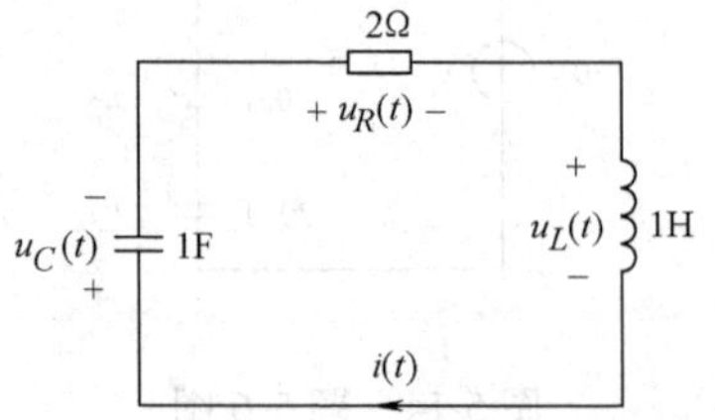

图 5-18　题 5-10 图

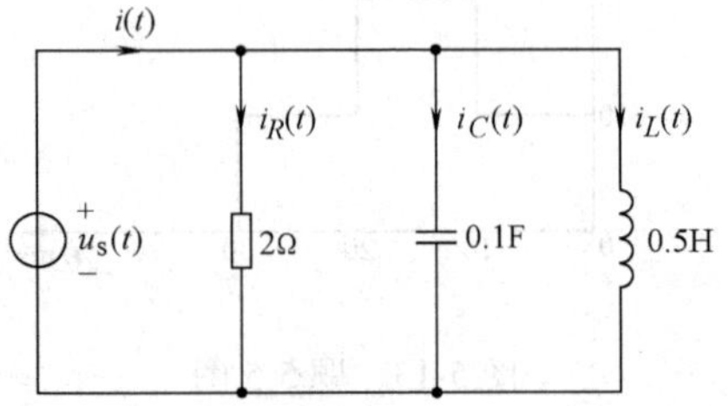

图 5-19　题 5-11 图

5-12　已知图 5-20 所示电路由一个电阻 R、一个电感 L 和一个电容 C 组成。已知 $i(t)=(10e^{-t}-20e^{-2t})\text{A}$，$t\geqslant0$；$u_1(t)=(-5e^{-t}+20e^{-2t})\text{V}$，$t\geqslant0$。若在 $t=0$ 时，电路的总储能为 25J，试求 R、L、C 的值。

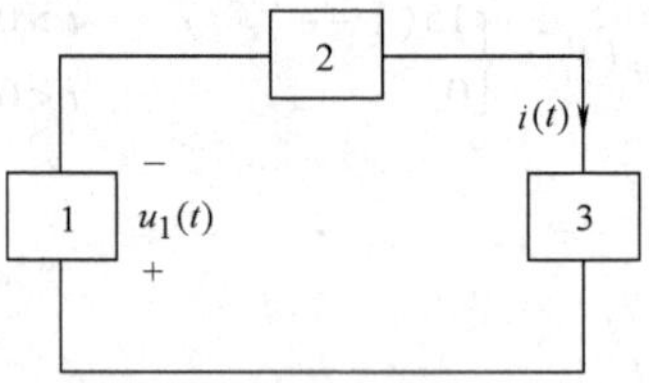

图 5-20　题 5-12 图

第 6 章 一阶电路

含有动态元件的电路为动态电路，动态电路的各支路电流和各支路电压仍然受 KCL 和 KVL 的约束。在动态电路中，来自元件性质的约束，除了电阻元件和电源元件的 VCR 外，还有电容和电感等动态元件的 VCR。后者需要用微分或积分的形式来表示，因此，线性时不变动态电路要用线性常系数常微分方程来描述。求解线性时不变动态电路的问题涉及求解这类微分方程。

在实际工作中常遇到只含一个动态元件的线性时不变动态电路，这种电路是用线性常系数一阶微分方程来描述的。用一阶微分方程来描述的电路称为一阶电路（First Order Circuit）。本章只讨论线性时不变的一阶电路的响应问题。

动态电路的求解问题，包括两项工作：一是列写电路的微分方程，求出该方程的通解；二是求初始值，由初始值确定解的积分常数，最后得出符合电路及电路初始条件的解。

6.1 一阶电路的典型形式及其数学模型

一阶电路就是只含一个独立动态元件的电路。一阶电路可以看成是由两个单口网络组成的，其中一个单口网络包含所有的电源和电阻元件，另一个则只含一个动态元件。以电容为例，电路如图 6-1a 所示。利用戴维南定理或诺顿定理，对含源电阻网络化简，可得图 6-1b 或图 6-1c 所示电路。

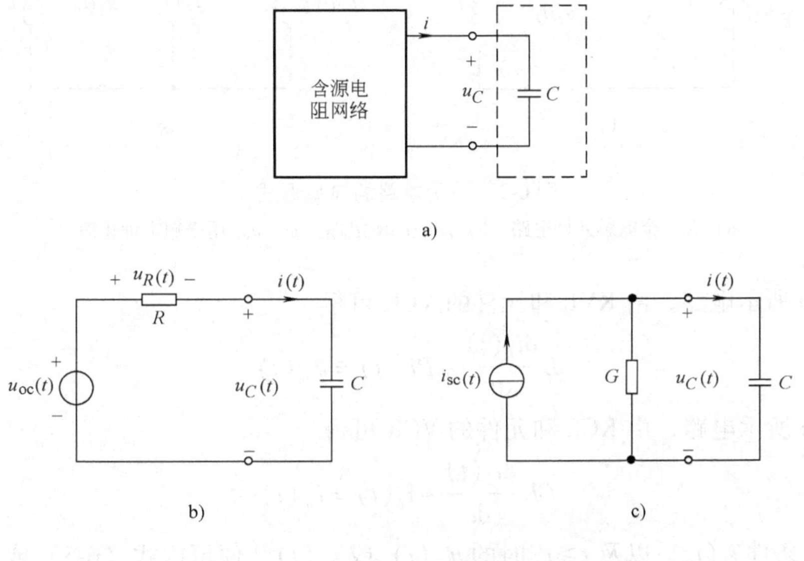

图 6-1 一阶电路的典型形式
a）单一电容元件电路 b）用戴维南定理化简 c）用诺顿定理化简

对图 6-1b 所示电路，由 KVL 可得

$$u_R(t)+u_C(t)=u_{oc}(t) \tag{6-1}$$

由元件的 VCR 得

$$u_R(t)=Ri(t),i(t)=C\frac{\mathrm{d}u_C(t)}{\mathrm{d}t} \tag{6-2}$$

把式（6-2）代入式（6-1）可得

$$RC\frac{\mathrm{d}u_C(t)}{\mathrm{d}t}+u_C(t)=u_{oc}(t) \tag{6-3}$$

类似地，对图 6-1c 所示电路，由 KCL 和元件的 VCR 可得

$$C\frac{\mathrm{d}u_C(t)}{\mathrm{d}t}+Gu_C(t)=i_{sc}(t) \tag{6-4}$$

给定初始条件 $u_C(t_0)$ 以及 $t\geqslant t_0$ 时的 $u_{oc}(t)$ 或 $i_{sc}(t)$，便可由式（6-3）或式（6-4）解得 $t\geqslant t_0$ 时的 $u_C(t)$。

对于含一个电感的一阶电路，如图 6-2a 所示。利用戴维南定理或诺顿定理，对含源电阻网络化简，可得图 6-2b 或图 6-2c 所示电路。

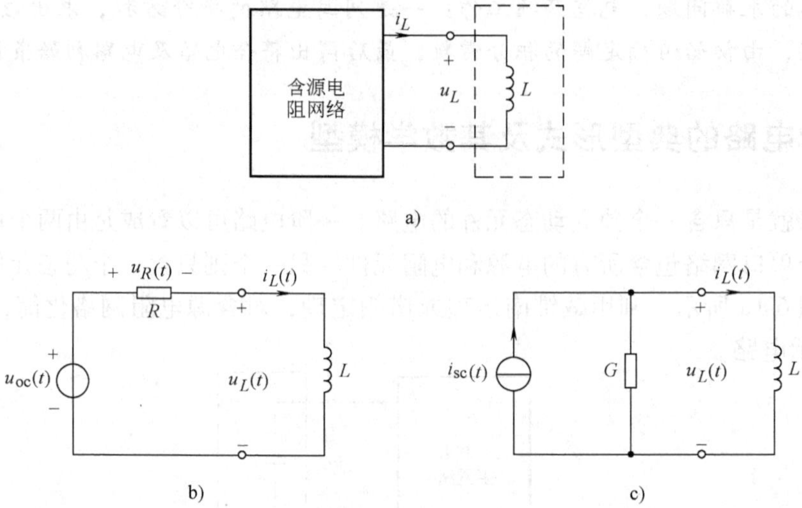

图 6-2　一阶电路的典型形式

a）含一个电感元件电路　b）用戴维南定理化简　c）用诺顿定理化简

对图 6-2b 所示电路，由 KVL 和元件的 VCR 可得

$$L\frac{\mathrm{d}i_L(t)}{\mathrm{d}t}+Ri_L(t)=u_{oc}(t) \tag{6-5}$$

对图 6-2c 所示电路，由 KCL 和元件的 VCR 可得

$$GL\frac{\mathrm{d}i_L(t)}{\mathrm{d}t}+i_L(t)=i_{sc}(t) \tag{6-6}$$

给定初始条件 $i_L(t_0)$ 以及 $t\geqslant t_0$ 时的 $u_{oc}(t)$ 或 $i_{sc}(t)$，便可由式（6-5）或式（6-6）解得 $t\geqslant t_0$ 时的 $i_L(t)$。

求得 $u_C(t)$ 或 $i_L(t)$ 后，便可以根据置换定理用电压值为 $u_C(t)$ 的电压源置换电容、或用电流值为 $i_L(t)$ 的电流源置换电感，使原电路变成一个电阻电路，运用电阻电的分析方法就可以解得 $t \geqslant t_0$ 时所有支路的电流和电压。

6.2 零输入响应

6.2.1 换路的概念和 $u_C(0_+)$、$i_L(0_+)$ 的确定

换路就是电路工作状态的改变，包括突然接入或切除电源，改变电路结构或电路元件参数等，统称为换路。若换路时刻为 $t=t_0$，则通常把 $t=t_{0-}$ 记为换路前的最终时刻，把这时的电压记为 $u(t_{0-})$，电流记为 $i(t_{0-})$；$t=t_{0+}$ 记为换路后的最初时刻，这时的电压、电流称为初始值，记为 $u(t_{0+})$、$i(t_{0+})$。为了方便，通常取 $t_0=0$，这样换路前最终时刻电压、电流记为 $u(0_-)$、$i(0_-)$，换路后的电压、电流初始值记为 $u(0_+)$、$i(0_+)$。

电路中电压、电流可分为两类：一类是电容电压 $u_C(t)$ 和电感电流 $i_L(t)$，它们反映了 t 时刻电路的储能状态，称为状态变量，$u_C(0_+)$、$i_L(0_+)$ 称为电路状态的初始值。另一类为电路中的其他电流、电压。例如电容电流、电感电压、电阻的电压和电流等。

由电容电压连续性定理可知：如果在换路时刻电容电流有界，则电容电压在换路时刻不能跃变，且连续，即 $u_C(0_+)=u_C(0_-)=u_C(0)$；由电感电流连续性定理可知：若换路时刻电感电压有界，则电感电流在换路时刻不能跃变，且连续，即 $i_L(0_+)=i_L(0_-)=i_L(0)$。这通常称为**换路定律**。

若电路满足换路定律，通过换路前最终时刻（$t=0_-$）的等效电路求得 $u_C(0_-)$ 和 $i_L(0_-)$，即可求得 $u_C(0_+)$ 和$i_L(0_+)$。

$u_C(0_+)$ 和 $i_L(0_+)$ 以外其他电压、电流在换路瞬间可能发生跃变，因而需要作出 $t=0_+$时刻的等效电路，才能求出其初始值 $u(0_+)$ 和 $i(0_+)$。在 $t=0_+$ 的电路中用电压值为 $u_C(0_+)$的电压源和电流值为 $i_L(0_+)$ 的电流源分别置换相应的电容和电感，便可得到 $t=0_+$ 时刻的等效电路。

例 6-1 如图 6-3a 所示的电路，在 $t=0$ 时刻换路，换路前电路已处于稳定状态。试求 $i(t)$的初始值$i(0_+)$。

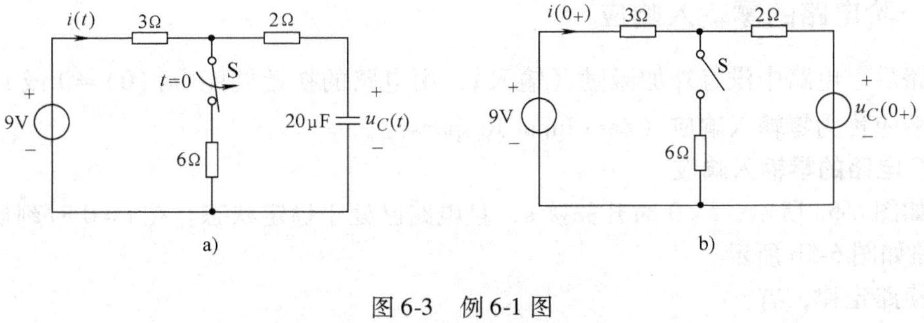

图 6-3 例 6-1 图

解 因为换路前电路处于稳态，电容相当于开路，所以

$$u_C(0_-)=9\times\frac{6}{3+6}\text{V}=6\text{V}$$

换路后由于电压源和电容之间存在电阻，因此电容电流受到限制，即 i_C 为有界的。根据换路定律有

$$u_C(0_+) = u_C(0_-) = 6\text{V}$$

$t=0_+$ 时刻的等效电路如图 6-3b 所示，其中电容用 $u_C(0_+)=6\text{V}$ 的电压源置换。由此电路可求得

$$i(0_+) = \frac{9\text{V} - u_C(0_+)}{3\Omega + 2\Omega} = \frac{9-6}{3+2}\text{A} = 0.6\text{A}$$

例 6-2 如图 6-4a 所示的电路，在 $t=0$ 时刻换路，换路前电路已处于稳定状态。试求 $i(t)$ 的初始值 $i(0_+)$。

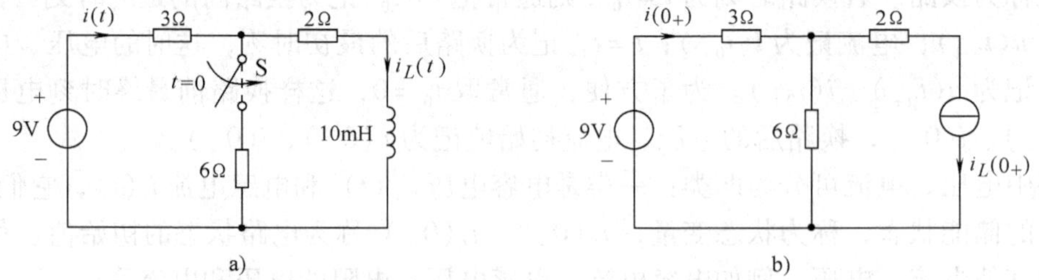

图 6-4 例 6-2 图

解 因为换路前电路处于稳态，电感相当于短路，所以

$$i_L(0_-) = \frac{9}{3+2}\text{A} = 1.8\text{A}$$

由于换路时，电感的两端不可能出现无穷大的电压，即 u_L 有界。根据换路定律有

$$i_L(0_+) = i_L(0_-) = 1.8\text{A}$$

$t=0_+$ 时刻的等效电路如图 6-4b 所示，其中电感用 $i_L(0_+)=1.8\text{A}$ 的电流源置换。由此电路得

$$3i(0_+) + 6[i(0_+) - i_L(0_+)] = 9$$

$$i(0_+) = \frac{9\text{V} + 6\Omega \times i_L(0_+)}{9\Omega} = \frac{9+6\times 1.8}{9}\text{A} = 2.2\text{A}$$

6.2.2 一阶电路的零输入响应

在换路后，电路中没有外加激励（输入），由电路的初始储能 $[u_C(0)\neq 0$ 或 $i_L(0)\neq 0]$ 所引起的响应称为**零输入响应**（Zero Input Response）。

1. *RC* 电路的零输入响应

电路如图 6-5a 所示，$t<0$ 时开关接 a，且电路已处于稳定状态。在 $t=0$ 时刻换路，则 $t>0$ 时电路如图 6-5b 所示。

根据换路定律，有

$$u_C(0_+) = u_C(0_-) = U_0 = u_C(0) \tag{6-7}$$

根据图 6-5b 列 KVL 方程，有

$$Ri_C(t) + u_C(t) = 0 \tag{6-8}$$

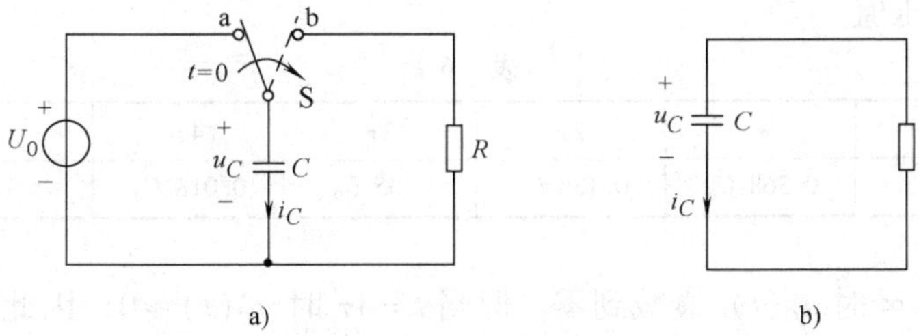

图6-5 *RC* 电路的零输入响应

把 $i_C(t)=C\dfrac{\mathrm{d}u_C(t)}{\mathrm{d}t}$代入式（6-8），并与初始条件式（6-7）联立，可得

$$\begin{cases}RC\dfrac{\mathrm{d}u_C(t)}{\mathrm{d}t}+u_C(t)=0\\ u_C(0)=U_0\end{cases}\tag{6-9}$$

式（6-9）为给定初始条件的一阶线性常系数齐次微分方程，可用特征根法求解。特征方程为

$$RCs+1=0$$

解得特征根 $s=-\dfrac{1}{RC}$，所以微分方程的通解为

$$u_C(t)=K\mathrm{e}^{st}=K\mathrm{e}^{-\frac{1}{RC}t}\qquad t\geqslant 0\tag{6-10}$$

把初始条件 $u_C(0)=U_0$ 代入式（6-10），得

$$u_C(0)=K=U_0$$

所以，式（6-9）的解为

$$u_C(t)=U_0\mathrm{e}^{-\frac{1}{RC}t}=U_0\mathrm{e}^{-\frac{1}{\tau}t}\qquad t\geqslant 0\tag{6-11}$$

根据电容的 VCR，可得

$$i_C(t)=C\frac{\mathrm{d}u_C(t)}{\mathrm{d}t}=-\frac{U_0}{R}\mathrm{e}^{-\frac{1}{RC}t}=-\frac{U_0}{R}\mathrm{e}^{-\frac{1}{\tau}t}\qquad t\geqslant 0\tag{6-12}$$

式中，τ 为 *RC* 电路的**时间常数**，$\tau=RC$，当 R 的单位为欧姆（Ω）、C 的单位为法拉（F）时，τ 的单位为秒（s）。

从式（6-11）和式（6-12）可看出 *RC* 电路的零输入响应中 $u_C(t)$ 和 $i_C(t)$ 均从初始值开始按同样的指数规律衰减到零。

RC 电路中的 $u_C(t)$ 和 $i_C(t)$ 的零输入响应波形如图 6-6 所示。由图可见，i_C 在换路时刻由零跃变到 $-U_0/R$，这正是 u_C 不能跃变的结果。i_C 换路后由零变为负值，表示换路后电容通过电阻放电，放电的快慢取决于时间常数 τ。τ 越大，放电越慢；反之，τ 越小，放电越快。表 6-1 列出了 $t=0$、1τ、2τ、3τ、

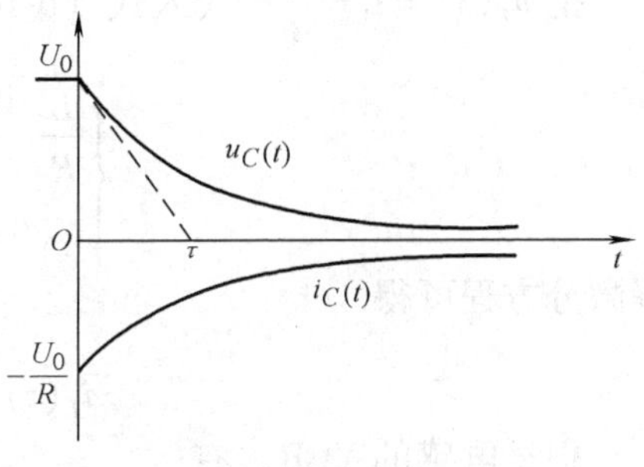

图6-6 *RC* 电路的零输入响应 $u_C(t)$ 和 $i_C(t)$ 的波形

4τ…不同时刻的电压值。

表 6-1

t	0	τ	2τ	3τ	4τ	…	∞
$u_C(t)$	U_0	$0.368\ U_0$	$0.135\ U_0$	$0.05\ U_0$	$0.018\ U_0$	…	0

从理论上讲 $t=\infty$ 时 $u_C(t)$ 衰减到零，但当 $t=4\tau$ 时 $u_C(t)\approx 0$，因此，实际上 $t\geqslant 4\tau$ 时可认为零输入响应结束。

在整个放电过程中，电阻 R 上消耗的能量为

$$W_R=\int_0^\infty i_C^2(t)R\mathrm{d}t=\frac{U_0^2}{R}\int_0^\infty \mathrm{e}^{-\frac{2t}{\tau}}\mathrm{d}t=\frac{U_0^2}{R}\left(-\frac{\tau}{2}\right)\mathrm{e}^{-\frac{2t}{\tau}}\Big|_0^\infty=\frac{U_0^2}{2R}\tau=\frac{1}{2}CU_0^2$$

可见整个放电过程中，电阻 R 所消耗的能量恰好等于电容在换路前的初始储能。

2. *RL* 电路的零输入响应

电路如图 6-7a 所示，在 $t=0$ 时换路，且换路前电路处于稳定状态。则当 $t>0$ 时，电路如图 6-7b 所示。

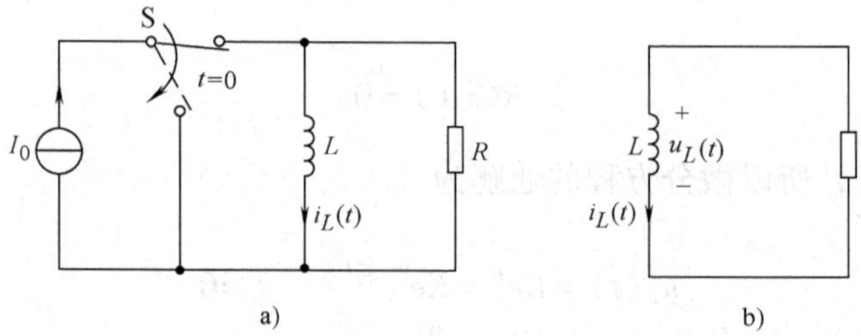

图 6-7 *RL* 电路的零输入响应

根据换路定律，有

$$i_L(0_+)=i_L(0_-)=i(0)=I_0 \tag{6-13}$$

对图 6-7b 所示电路，根据 KCL，有

$$i_L(t)+\frac{1}{R}u_L(t)=0 \tag{6-14}$$

把 $u_L(t)=L\dfrac{\mathrm{d}i_L(t)}{\mathrm{d}t}$ 代入式（6-14），并与初始条件式（6-13）联立，可得

$$\begin{cases}\dfrac{L}{R}\dfrac{\mathrm{d}i_L(t)}{\mathrm{d}t}+i_L(t)=0 & t\geqslant 0\\ i_L(0)=I_0\end{cases} \tag{6-15}$$

解微分方程可得

$$i_L(t)=I_0\mathrm{e}^{-\frac{R}{L}t}=I_0\mathrm{e}^{-\frac{1}{\tau}t} \qquad t\geqslant 0 \tag{6-16}$$

根据电感的 VCR，有

$$u_L(t)=L\frac{\mathrm{d}i_L(t)}{\mathrm{d}t}=-RI_0\mathrm{e}^{-\frac{R}{L}t}=-RI_0\mathrm{e}^{-\frac{1}{\tau}t} \qquad t\geqslant 0 \tag{6-17}$$

式中，τ 为 RL 电路的**时间常数**，$\tau = L/R$，当 R 的单位为欧姆（Ω）、L 的单位为亨利（H）时，τ 的单位为秒（s）。τ 越小，$i_L(t)$ 和 $u_L(t)$ 衰减越快。

由式（6-16）和式（6-17）可画出电感电流 $i_L(t)$ 和电压 $u_L(t)$ 的波形如图 6-8 所示。

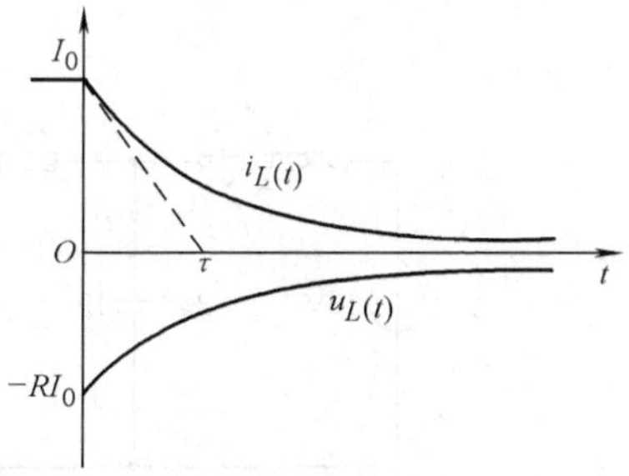

图 6-8 RL 电路的零输入响应 $i_L(t)$ 和 $u_L(t)$ 的波形

上述过程是由于电感的初始储能 $\left(\frac{1}{2}LI_0^2\right)$ 所驱动的。在整个过程中电阻所消耗的能量为

$$W_R = \int_0^{\infty} \frac{1}{R}u_L^2(t)\,\mathrm{d}t = RI_0^2\int_0^{\infty} \mathrm{e}^{-\frac{2t}{\tau}}\mathrm{d}t$$

$$= RI_0^2\left(-\frac{\tau}{2}\right)\mathrm{e}^{-\frac{2t}{\tau}}\Bigg|_0^{\infty} = \frac{RI_0^2}{2}\tau = \frac{1}{2}LI_0^2$$

可见，电感的初始储能在放电过程中全部被电阻消耗掉了。

零输入响应是在输入为零时，由非零初始状态产生的。它充分反映了电路的固有性质。这种响应与初始状态和电路的特性有关。在求解时，首先需要确定电容电压或电感电流的初始值，对一阶电路而言，电路的特性是通过时间常数 τ 来体现的。不论是 RC 电路还是 RL 电路，零输入响应都是随时间按指数规律衰减的，这是因为在没有外加电源的条件下，动态元件的储能总是要逐渐衰减到零的。在 RC 电路中，电容电压 u_C 总是由初始值 $u_C(0)$ 按指数规律衰减到零的，其时间常数 $\tau = RC$；在 RL 电路中，电感电流 i_L 总是由初始值 $i_L(0)$ 按指数规律衰减到零的，其时间常数 $\tau = L/R$。$u_C(t)$、$i_L(t)$决定着电路中其他响应的变化情况。求出 $u_C(t)$、$i_L(t)$ 后，运用置换定理便可求得其他支路电压、电流。

把初始状态可看作是电路的激励，则从式（6-11）和式（6-12）、式（6-16）和式(6-17)不难看出：若初始状态增大 n 倍，则零输入响应也相应增大 n 倍。这种初始状态和零输入响应的正比关系称为零输入响应的比例性，即零输入响应是初始状态的线性函数，简称**零输入响应线性或比例性。**

例 6-3 电路如图 6-9a 所示，已知 $R_1 = 3\Omega$、$R_2 = 6\Omega$、$R_3 = 3\Omega$。在 $t = 0$ 时换路，换路前电路已达稳态，求 $i_1(t)$、$i_2(t)$，$t \geqslant 0$。

解 $t = 0_-$ 时，即开关断开前的瞬间 $u_C(0_-) = 10\text{V}$，$i_C(0_-) = 0$(电容隔断直流)；$t = 0_+$ 时，即开关断开的瞬间，由于 u_C 不能跃变，$u_C(0_+) = u_C(0_-) = u_C(0) = 10\text{V}$。

先求 $u_C(t)$，$t \geqslant 0$。开关断开后，接在电容两端的网络的等效电阻

$$R_0 = R_1 + \frac{R_2R_3}{R_2 + R_3} = 3\Omega + \frac{3\times 6}{3+6}\Omega = 5\Omega$$

$$\tau = R_0C = 5 \times 1\text{s} = 5\text{s}$$

故得

$$u_C(t) = u_C(0)\mathrm{e}^{-\frac{t}{5}} = 10\mathrm{e}^{-\frac{t}{5}}\text{V} \qquad t \geqslant 0$$

用电压为 $u_C(t)$ 的电压源置换电容后，得电阻电路如图 6-9b 所示，算得

$$i(t) = \frac{10\mathrm{e}^{-\frac{t}{5}}}{5}\text{A} = 2\mathrm{e}^{-\frac{t}{5}}\text{A} \qquad t \geqslant 0$$

$$i_1(t)=2e^{-\frac{t}{5}}\left(\frac{3}{6+3}\right)A=\frac{2}{3}e^{-\frac{t}{5}}A \qquad t\geqslant 0$$

$$i_2(t)=2e^{-\frac{t}{5}}\left(\frac{6}{6+3}\right)A=\frac{4}{3}e^{-\frac{t}{5}}A \qquad t\geqslant 0$$

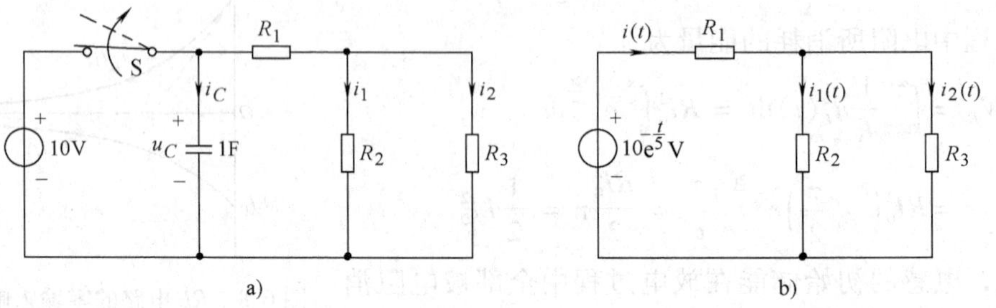

图 6-9 例 6-3 图

6.3 零状态响应

在零初始状态下[即 $u_C(0)=0$ 或 $i_L(0)=0$]，由外加激励（输入）所引起的电路响应称为**零状态响应**（Zero State Response）。显然，这时的响应与激励有关。直流电源是最简单的激励的形式。本节只讨论直流电源激励下一阶电路的零状态响应。

6.3.1 *RC* 电路的零状态响应

电路如图 6-10a 所示，在 $t=0$ 时换路，且换路前电路处于稳定状态。求 $t\geqslant 0$ 时，电容电压 $u_C(t)$ 和电流 $i_C(t)$。

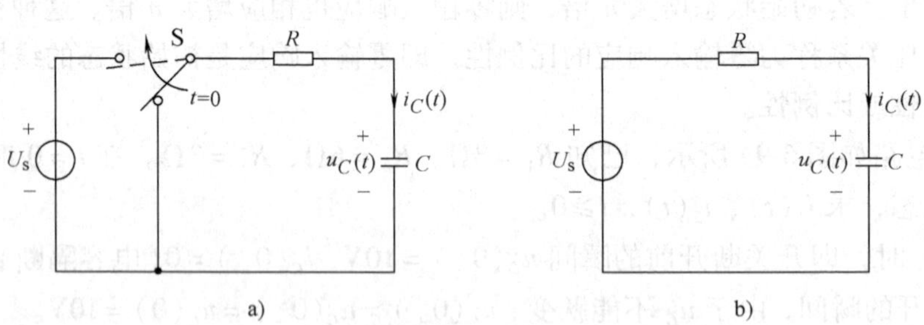

图 6-10 $t=0$ 时 *RC* 电路与直流电源接通

由已知条件，$u_C(0_-)=0$。根据换路定律，有

$$u_C(0_+)=u_C(0_-)=u_C(0)=0 \tag{6-18}$$

图 6-10b 为换路后的电路，根据 KVL，有

$$Ri_C(t)+u_C(t)=U_s \tag{6-19}$$

把 $i_C(t)=C\dfrac{du_C(t)}{dt}$ 代入式（6-19），并与初始条件式（6-18）联立，可得

$$\begin{cases} RC\dfrac{\mathrm{d}u_C(t)}{\mathrm{d}t}+u_C(t)=U_s & t\geqslant 0 \\ u_C(0)=0 \end{cases} \tag{6-20}$$

式（6-20）为给定初始条件的线性一阶常系数非齐次微分方程，它的通解为

$$u_C(t)=u_{Ch}(t)+u_{Cp}(t) \tag{6-21}$$

$u_{Ch}(t)$ 为一阶微分方程的齐次解，解得

$$u_{Ch}(t)=K\mathrm{e}^{-\frac{1}{RC}t} \qquad t\geqslant 0 \tag{6-22}$$

$u_{Cp}(t)$ 为一阶微分方程的特解，解得

$$u_{Cp}(t)=U_s \qquad t\geqslant 0 \tag{6-23}$$

所以原方程的通解为

$$u_C(t)=K\mathrm{e}^{-\frac{1}{RC}t}+U_s \qquad t\geqslant 0 \tag{6-24}$$

根据初条件 $u_C(0)=0$，令式（6-24）中 $t=0$，则得

$$K+U_s=0 \text{ 即 } K=-U_s$$

于是得串联 RC 电路的零状态响应 $u_C(t)$ 为

$$u_C(t)=U_s-U_s\mathrm{e}^{-\frac{1}{RC}t}=U_s(1-\mathrm{e}^{-\frac{1}{RC}t}) \qquad t\geqslant 0 \tag{6-25}$$

电容电流 $i_C(t)$ 为

$$i_C(t)=C\frac{\mathrm{d}u_C(t)}{\mathrm{d}t}=\frac{U_s}{R}\mathrm{e}^{-\frac{1}{RC}t} \qquad t\geqslant 0 \tag{6-26}$$

由式（6-25）和式（6-26）可看出，电容电压 $u_C(t)$ 从零初始值开始按指规律变化，最后达到稳态值 U_s。电容电流 $i_C(t)$ 从初始值开始按同样的指规律变化最后达到稳态值零。这实际上为电容 C 通过电阻 R 被电压源 U_s 充电的过程，充电的快慢取决于其时间常数 $\tau=RC$。

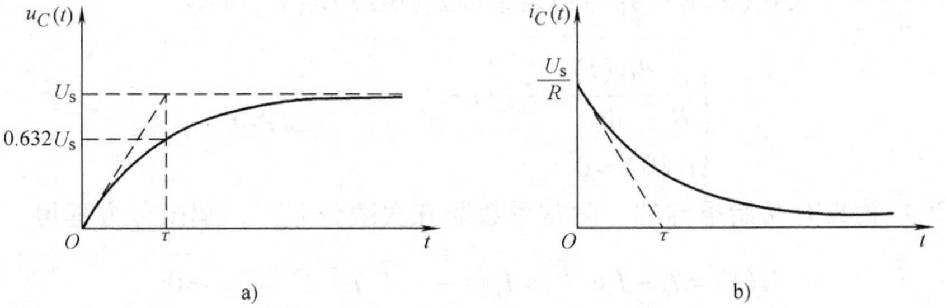

图6-11 RC 电路充电电压、电流曲线

a）电容电压曲线 b）电容电流曲线

充电过程中 $u_C(t)$ 和 $i_C(t)$ 的变化曲线如图6-11所示，当 $t=\tau$ 时，$u_C=0.632U_s$，一般经过 4τ 以后即可以认为充电完毕，电路达到稳定状态，此时**电容相当于开路**。

当充电完毕后，电容的储能为

$$W_C=\frac{1}{2}CU_s^2$$

在充电过程中电阻所消耗的能量为

$$W_R = \int_0^\infty i_C^2(t)R\mathrm{d}t = \frac{U_s^2}{R}\int_0^\infty \mathrm{e}^{-\frac{2t}{RC}}\mathrm{d}t = \frac{U_s^2}{R}\left(-\frac{RC}{2}\right)\mathrm{e}^{-\frac{2t}{RC}}\bigg|_0^\infty = \frac{1}{2}CU_s^2$$

即在充电过程中电源提供的能量，一半被电容以电场能量的形式储存起来；一半被电阻消耗掉了。

6.3.2 *RL* 电路的零状态响应

如图 6-12a 所示电路，在 $t=0$ 时换路，已知换路前 $i_L(0_-)=0$。试求 $t\geqslant0$ 时 $i_L(t)$ 和 $u_L(t)$。

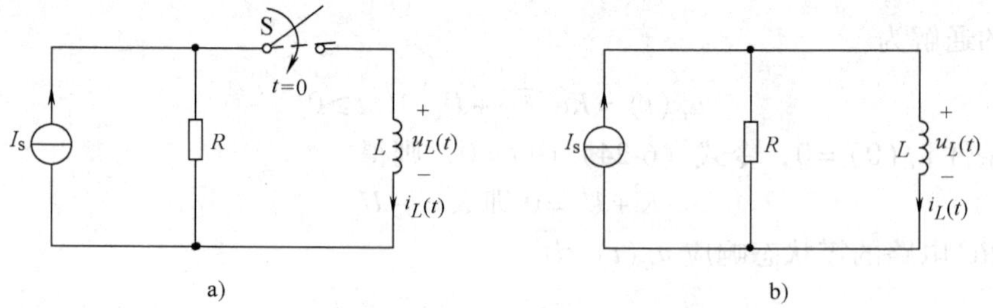

图 6-12 *RL* 电路的零状态响应

a) $t<0$ b) $t\geqslant0$

根据换路定律，有

$$i_L(0_+) = i_L(0_-) = i_L(0) = 0 \tag{6-27}$$

由换路后的电路图 6-12b 列写 KCL 方程

$$\frac{1}{R}u_L(t) + i_L(t) = I_s \tag{6-28}$$

把 $u_L(t) = L\dfrac{\mathrm{d}i_L(t)}{\mathrm{d}t}$代入式(6-28)，并与初始条件式(6-27)联立，可得

$$\begin{cases}\dfrac{L}{R}\dfrac{\mathrm{d}i_L(t)}{\mathrm{d}t} + i_L(t) = I_s & t\geqslant0\\ i_L(0) = 0\end{cases} \tag{6-29}$$

式（6-29）为具有初始条件的一阶常系数非齐次微分方程，解微分方程得

$$i_L(t) = I_s - I_s\mathrm{e}^{-\frac{R}{L}t} = I_s(1-\mathrm{e}^{-\frac{1}{\tau}t}) \qquad t\geqslant0 \tag{6-30}$$

根据电感的 VCR，电感电压为

$$u_L(t) = L\frac{\mathrm{d}i_L(t)}{\mathrm{d}t} = RI_s\mathrm{e}^{-\frac{1}{\tau}t} \qquad t\geqslant0 \tag{6-31}$$

式（6-31）中的时间常数为 $\tau = L/R$。电路换路后的响应过程为电感储能从零逐渐增长的过程，最终电感电流增至 I_s，电感电压衰减到零，电路达到稳定状态，此时**电感相当于短路**。

最终电感的储能为 $W_L = \dfrac{1}{2}LI_s^2$

在换路后的整个过程中，并联电阻消耗的能量为

$$W_R = \int_0^{\infty} \frac{1}{R}u_L^2(t)\,\mathrm{d}t = RI_s^2\int_0^{\infty} \mathrm{e}^{-\frac{2t}{\tau}}\,\mathrm{d}t = RI_s^2\left(-\frac{\tau}{2}\right)\mathrm{e}^{-\frac{2t}{\tau}}\bigg|_0^{\infty} = \frac{1}{2}LI_s^2$$

即电阻在整个过程中消耗的能量与电感的最终储能相等。

从前面的讨论可以看到，零状态响应时电路内的物理过程，实质上是电路中动态元件的储能从无到有逐渐增长的过程。因此，**电容电压**和**电感电流**都是从它的零值开始按指数规律上升到达它的稳态值的，时间常数 τ 分别为 RC 和 L/R。当电路到达**直流稳态**时，**电容相当于开路，而电感相当于短路**，由此可以确定电容电压或电感电流的稳态值。零状态响应是由电容电压或电感电流的稳态值和时间常数 τ 确定的，因此求解时不必再求解微分方程，根据它们从零按指数规律增长到稳态值的特点，即可直接写出 $u_C(t)$、$i_L(t)$。求得 $u_C(t)$ 或 $i_L(t)$后，运用置换定理就可求出其他各个电压和电流。

从式（6-25）和式（6-26）、式（6-30）和式（6-31）可以看出：若外加激励增大 n 倍，则零状态响应也相应增大 n 倍，称为零状态响应的比例性。若有多个激励，则还存在零状态响应叠加性。即零状态响应是激励的线性函数，简称**零状态响应线性**或**比例性**。

例 6-4　图 6-13a 所示电路在 $t=0$ 时刻换路，已知 $i_L(0)=0$，求 $t\geqslant 0$ 时 $i_L(t)$、$i(t)$。

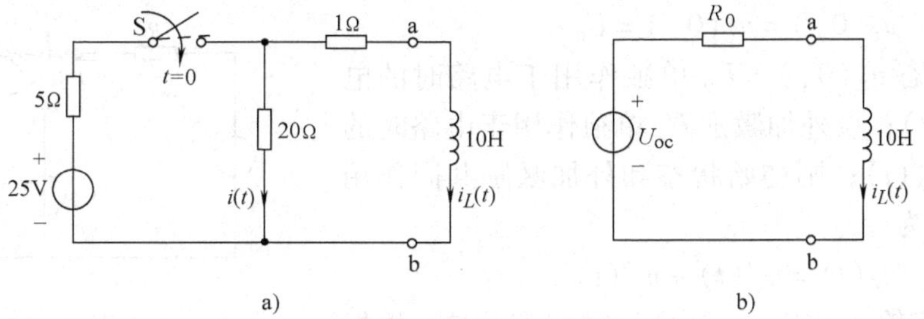

图 6-13　例 6-4 图

a）$t<0$　b）$t\geqslant 0$

解　先求 $i_L(t)$。为此可用戴维南定理将原电路化简为图 6-13b 所示电路，其中

$$U_{oc} = 25 \times \frac{20}{20+5}\mathrm{V} = 20\mathrm{V}$$

$$R_0 = \left[1 + \frac{5\times 20}{5+20}\right]\Omega = 5\Omega$$

故得

$$\tau = \frac{L}{R_0} = \frac{10}{5}\mathrm{s} = 2\mathrm{s}$$

又

$$i_L(\infty) = U_{oc}/R_0 = 4\mathrm{A}$$

求 $i_L(\infty)$时，图 6-13b 中电感相当于短路。

电感电流从零开始按指数规律上升到 4A，故得

$$i_L(t) = 4(1-\mathrm{e}^{-\frac{t}{2}})\mathrm{A} \qquad t\geqslant 0$$

利用图 6-13a，开关闭合后，电感用电流源 $i_L(t)$ 置换，运用 KCL 和 KVL 求解 $i(t)$。对

左边回路列写 KVL 方程，得

$$5[i(t)+i_L(t)]+20i(t)=25$$

解得 $i(t)=(0.2+0.8e^{-\frac{t}{2}})\text{A} \qquad t\geqslant 0$

$i(t)$ 不是按指数规律增长，而是按指数规律衰减的。需要注意的是：在 RC、RL 电路中，只有 $u_C(t)$、$i_L(t)$ 的零状态响应一定是按指数规律增长的，而电路中其他各电压、电流的零状态响应并不一定是按指数规律增长的。

6.4 线性动态电路的叠加原理

前面讨论了一阶电路的零输入响应和零状态响应。当一阶电路中的外加激励（输入）和动态元件的初始储能都不为零时，在电路中产生的响应称为**全响应**（Complete Response）。全响应是外加激励（输入）和非零初始状态共同作用下产生的响应。初始状态也可以被看作激励源，根据叠加原理，电路的全响应等于外加激励（输入）和非零初始状态分别作用于电路所引起的响应之和，即零状态响应和零输入响应之和。

如图 6-14 所示 RC 电路，在 $t=0$ 时换路，求 $u_C(t)$，$t\geqslant 0$。

由电路的连接方式易得

$$u_C(0_+)=u_C(0_-)=U_0$$

设初始状态 $u_C(0_+)=U_0$ 单独作用于电路时的电容电压为 $u_C'(t)$；设外加激励 U_s 单独作用于电路时的电容电压为 $u_C''(t)$；则初始状态和外加激励共同作用时，电容电压为

$$u_C(t)=u_C'(t)+u_C''(t)$$

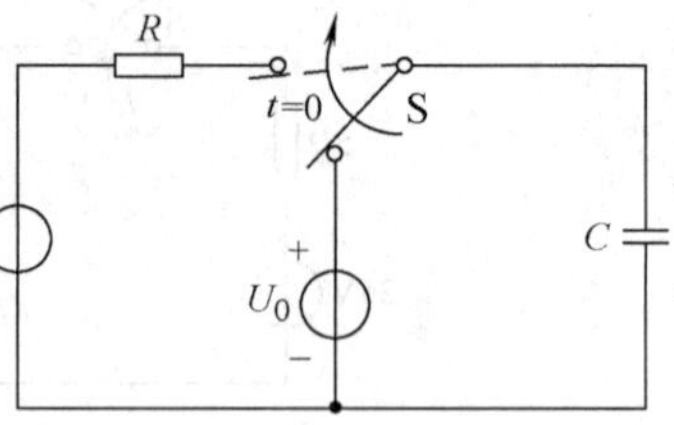

图 6-14

$u_C'(t)$为零输入响应、$u_C''(t)$为零状态响应。根据 6.2、6.3 节，有

$$u_C'(t)=U_0e^{-\frac{1}{RC}t} \qquad t\geqslant 0 \qquad （零输入响应）$$

$$u_C''(t)=U_s(1-e^{-\frac{1}{RC}t}) \qquad t\geqslant 0 \qquad （零状态响应）$$

故得 $u_C(t)=u_C'(t)+u_C''(t)=U_0e^{-\frac{1}{RC}t}+U_s(1-e^{-\frac{1}{RC}t}) \qquad t\geqslant 0 \qquad$ （全响应）

综合前两节的结论，线性一阶电路的叠加原理包含以下内容。设初始时刻为 $t=0$，则对所有 $t\geqslant 0$ 的时刻，有：

1）全响应 = 零输入响应 + 零状态响应；

2）零输入响应线性；

3）零状态响应线性。

这一结论对线性 n 阶动态电路也成立。

例 6-5 $t\geqslant 0$ 时电路图 6-15 所示，在下列条件下，试求 $t\geqslant 0$时的 $i_L(t)$。

（1）$I_s=1\text{A}, i_L(0)=2\text{A}$；

（2）$I_s=4\text{A}, i_L(0)=2\text{A}$；

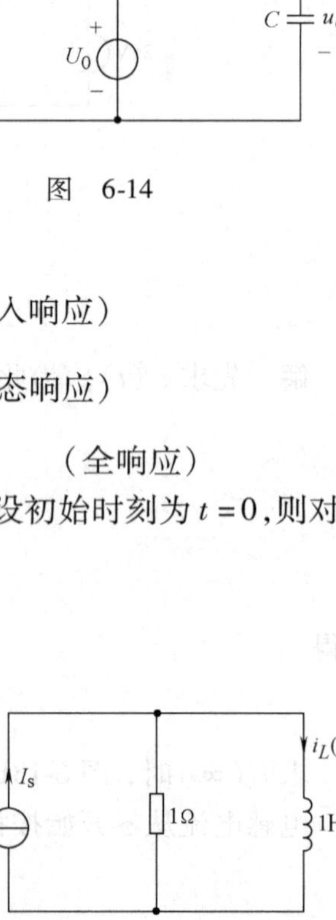

图 6-15 例 6-5 图

(3) $I_s=5\text{A}, i_L(0)=2\text{A}$。

解 (1) 零输入响应 $i'_{L1}(t)=i_L(0)e^{-\frac{1}{\tau}t}=2e^{-t}\text{A} \quad t\geqslant 0$

零状态响应 $i''_{L1}(t)=I_s(1-e^{-\frac{1}{\tau}t})=(1-e^{-t})\text{A} \quad t\geqslant 0$

全响应 $i_{L1}(t)=i'_{L1}(t)+i''_{L1}(t)=(1+e^{-t})\text{A} \quad t\geqslant 0$

(2) 零输入响应 $i'_{L2}(t)=i_L(0)e^{-\frac{1}{\tau}t}=2e^{-t}\text{A} \quad t\geqslant 0$

零状态响应 $i''_{L2}(t)=I_s(1-e^{-\frac{1}{\tau}t})=4(1-e^{-t})\text{A} \quad t\geqslant 0$

全响应 $i_{L2}(t)=i'_{L2}(t)+i''_{L2}(t)=(4-2e^{-t})\text{A} \quad t\geqslant 0$

(3) 零输入响应 $i'_{L3}(t)=i_L(0)e^{-\frac{1}{\tau}t}=2e^{-t}\text{A} \quad t\geqslant 0$

零状态响应 $i''_{L3}(t)=I_s(1-e^{-\frac{1}{\tau}t})=5(1-e^{-t})\text{A} \quad t\geqslant 0$

全响应 $i_{L3}(t)=i'_{L3}(t)+i''_{L3}(t)=(5-3e^{-t})\text{A} \quad t\geqslant 0$

从上述结果可以发现 $i_{L2}(t)\neq 4i_{L1}(t)$，$i_{L3}(t)\neq i_{L1}(t)+i_{L2}(t)$，这表明:全响应与外加激励(输入)之间不存在线性关系。

6.5 动态电路的工作状态

前面几节讨论的零输入响应、零状态响应和全响应是从线性电路的因果关系来研究一阶电路的。本节将从电路的工作状态——瞬态(Transient State)和稳态(Steady State)来研究一阶电路。

对于输入或电路状态(如参数)的变化,电阻电路能作出即时的反应,而动态电路由于储能的原因一般都要经过一个过渡状态(瞬态)才能到达稳定状态(稳态)。如6.3节所讨论的*RC*串联电路的零状态响应,当直流电源施加于电路时,电路并不能立即进入直流稳态,而是要经历一段时间后才能达到直流稳态,这段时间电路处于瞬态。因此,从时间上可以把电路分为两种工作状态——瞬态和稳态。

许多动态电路都呈现出这两种工作状态,下面给出这两种工作状态的定义。

当描述动态电路的变量为不随时间变化的常量,或描述动态电路的变量为随时间变化的周期量时,称此电路进入了稳定状态。

电路若不处于稳态则处于瞬态(暂态、过渡态)或非稳态(Unsteady State)。

在直流电源或交流电源作用下,线性动态电路若进入了稳态,则分别称为直流稳态或交流稳态。需要注意的是,有些电路不存在稳态。

瞬态表示电路从一种稳态或工作状态进入另一种稳态或工作状态的特征,因此又称为过渡过程。例如*RC*电路零输入响应中电容的放电过程,和*RC*电路零状态响应中电容的充电过程。

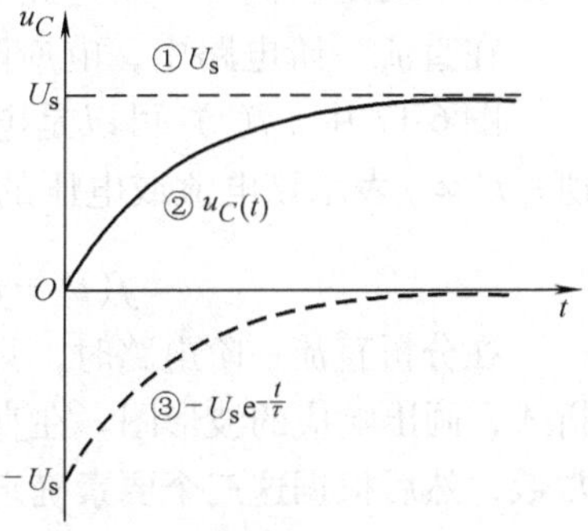

图6-16 瞬态分量和稳态分量

回顾图6-10所示*RC*电路的零状态响应,电路方程为

$$RC\frac{\mathrm{d}u_C(t)}{\mathrm{d}t}+u_C(t)=U_s \qquad t\geqslant 0$$

在 $u_C(0)=0$ 时的解为

$$u_C(t)=\underbrace{U_s}_{\substack{\text{稳态响应分量}\\\text{或强制响应分量}}}\quad\underbrace{-U_s\mathrm{e}^{-\frac{1}{\tau}t}}_{\substack{\text{瞬态响应分量}\\\text{或自由响应分量}}} \qquad t\geqslant 0$$

$u_C(t)$ 由两项组成，如图6-16所示。第一项 U_s 为稳态值，即直流电压源要求电容电压达到的数值，称为 $u_C(t)$ 的**稳态响应分量**或强制（Forced）响应分量。第二项 $-U_s\mathrm{e}^{-\frac{1}{\tau}t}$ 的初始值为 $-U_s$，与 $t=0$ 时的稳态分量 U_s 相抵消，以满足 u_C 的初始值为零的要求，以后即随时间按指数规律逐渐消失，$t\geqslant 4\tau$ 时，可认为已消失为零，此时，电路到达稳态。由于第二项是暂时存在的，故称**瞬态响应分量**或自由（Free）响应分量。从工作状态来说，在电源作用于电路的时刻至电路到达稳态的时刻，属瞬态阶段，这个阶段约为 4τ，以后即属稳态阶段。

相似地，非零状态和直流电源作用下的**全响应**也可分为**稳态响应分量**和**瞬态响应分量**。如6.4节图6-14所示 RC 电路的电容电压 $u_C(t)$ 全响应为

$$u_C(t)=\underbrace{U_0\mathrm{e}^{-\frac{1}{\tau}t}}_{\text{零输入响应分量}}+\underbrace{U_s(1-\mathrm{e}^{-\frac{1}{\tau}t})}_{\text{零状态响应分量}}$$

$$=\underbrace{U_s}_{\text{稳态响应分量}}+\underbrace{(U_0-U_s)\mathrm{e}^{-\frac{1}{\tau}t}}_{\text{瞬态响应分量}} \qquad t\geqslant 0 \tag{6-32}$$

因此，从叠加的观点来看，全响应 = 零输入响应 + 零状态响应；从工作状态的观点来看，全响应 = 稳态响应 + 瞬态响应。

6.6 直流一阶电路的三要素法

本节介绍的三要素法是一种求解直流一阶电路的简便方法，它可用于求解电路任一变量的零输入响应和直流源作用下的零状态响应、全响应。被求解的变量既可以是状态变量，也可是非状态变量。

这种方法的依据是：直流一阶电路中的响应都有初始值和稳态值，而且响应都是从初始值开始按指数规律变化（增长或衰减）并趋向于稳态值的，其变化过程唯一地由电路的时间常数 τ 决定；同一一阶电路中各支路电流和电压的时间常数是相同的。

在直流一阶电路中，响应随时间变化的方式有两种可能的情况，如图6-17所示。

图6-17中，$f(t)$ 可以是电路中任一支路电流或电压；$f(0_+)$ 表示该电流或电压的初始值；$f(\infty)$ 表示该电流或电压的稳态值；τ 表示电路的时间常数

$$f(t)=f(\infty)+[f(0_+)-f(\infty)]\mathrm{e}^{-\frac{t}{\tau}} \qquad t\geqslant 0 \tag{6-33}$$

在分析直流一阶电路时，只需求出 $f(0_+)$、$f(\infty)$、τ 这三个要素，就能写出响应的数学解析式，画出响应的波形图。在直流一阶电路的分析中把这种通过先求出初始值、稳态值、时间常数，然后根据这三个要素确定响应的方法，称作**三要素法**。三要素法可按下列步骤进行：

（1）第一步，求初始值。首先，求出电容电压初始值 $u_C(0_+)$ 或电感电流初始值 $i_L(0_+)$；然后，用电压为 $u_C(0_+)$ 的直流电压源等效电容或用电流为 $i_L(0_+)$ 的直流电流源

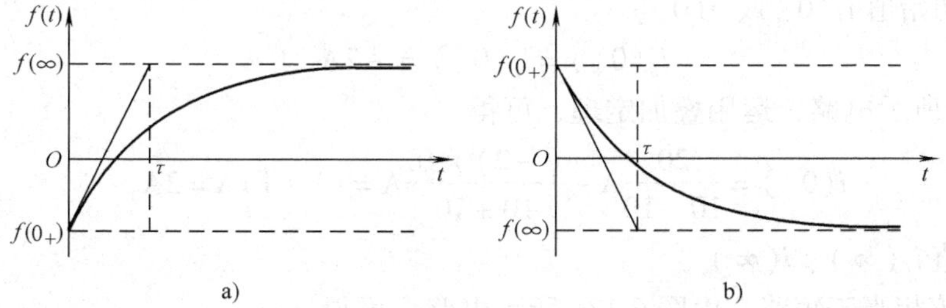

图 6-17 直流一阶响应随时间变化的两种方式

a) $f(\infty)>f(0_+)$ b) $f(\infty)<f(0_+)$

置换电感，所得电路为一直流电阻电路，称为 $t=0_+$ 时的等效电路，由此电路可求得任一支路电压或电流的初始值，即 $f(0_+)$。

（2）第二步，求稳态值。用开路置换电容或用短路置换电感，所得到的电路为一直流电阻电路，称为 $t=\infty$ 时的等效电路，由此电路可求得任一支路电压或电流的稳态值，即 $f(\infty)$。

（3）第三步，求时间常数。首先，求出接在动态元件两端的单口电阻网络的戴维南等效电阻 R_0；然后，计算电路的时间常数 $\tau=R_0C$ 或 $\tau=\dfrac{L}{R_0}$。

（4）第四步，由三要素写出响应。即 $f(t)=f(\infty)+[f(0_+)-f(\infty)]\mathrm{e}^{-\frac{t}{\tau}}\qquad t\geqslant 0$。

例 6-6 电路如图 6-18a 所示，在 $t=0$ 时换路，换路前电路已处于稳态。试求 $t\geqslant 0$ 时 $i_L(t)$、$i(t)$。

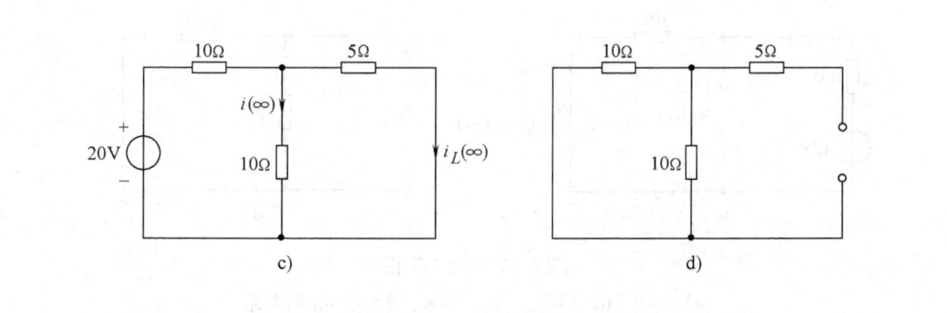

图 6-18 例 6-6 图

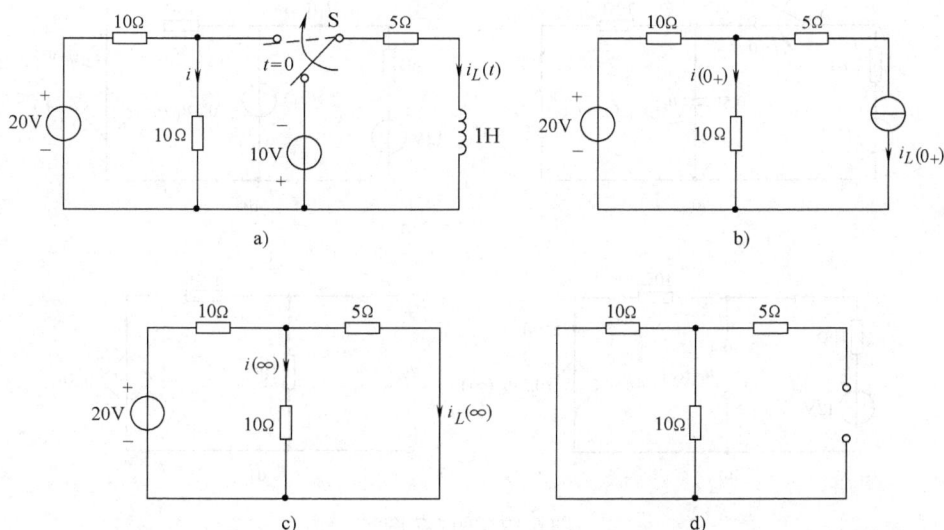

a) $t<0$ b) $t=0_+$ c) $t=\infty$ d) 求 R_0 的电路

解 （1）初始值 $i_L(0_+)$、$i(0_+)$

$$i_L(0_+)=i_L(0_-)=-2\text{A}$$

对图 6-18b 所示电路，运用叠加定理，可得

$$i(0_+)=\frac{20}{10+10}\text{A}-\frac{(-2)\times10}{10+10}\text{A}=(1+1)\text{A}=2\text{A}$$

（2）稳态值 $i_L(\infty)$、$i(\infty)$

$t=\infty$ 时电感相当于短路，由图 6-18c 所示电路，可得

$$i_L(\infty)=\frac{20}{10+(10/\!/5)}\times\frac{10}{10+5}\text{A}=1\text{A}$$

$$i(\infty)=\frac{20}{10+(10/\!/5)}\times\frac{5}{10+5}\text{A}=0.5\text{A}$$

（3）电路的时间常数

由图 6-18d 所示电路，戴维南等效电阻 $R_0=5\Omega+\frac{10+10}{10+10}\Omega=10\Omega$

$$\tau=\frac{L}{R_0}=\frac{1}{10}\text{s}$$

（4）根据式（6-33），由初始值、稳态值、和时间常数，写出对应变量的响应

$$i_L(t)=i_L(\infty)+[i_L(0_+)-i_L(\infty)]\text{e}^{-\frac{1}{\tau}t}=(1-3\text{e}^{-10t})\text{A}\qquad t\geqslant0$$

$$i(t)=i(\infty)+[i(0_+)-i(\infty)]\text{e}^{-\frac{1}{\tau}t}=(0.5+1.5\text{e}^{-10t})\text{A}\qquad t\geqslant0$$

例 6-7 如图 6-19a 所示电路，在 $t=0$ 时换路，已知 $u_C(0)=2\text{V}$。试求 $t\geqslant0$ 时的 $i_1(t)$、$i_2(t)$。

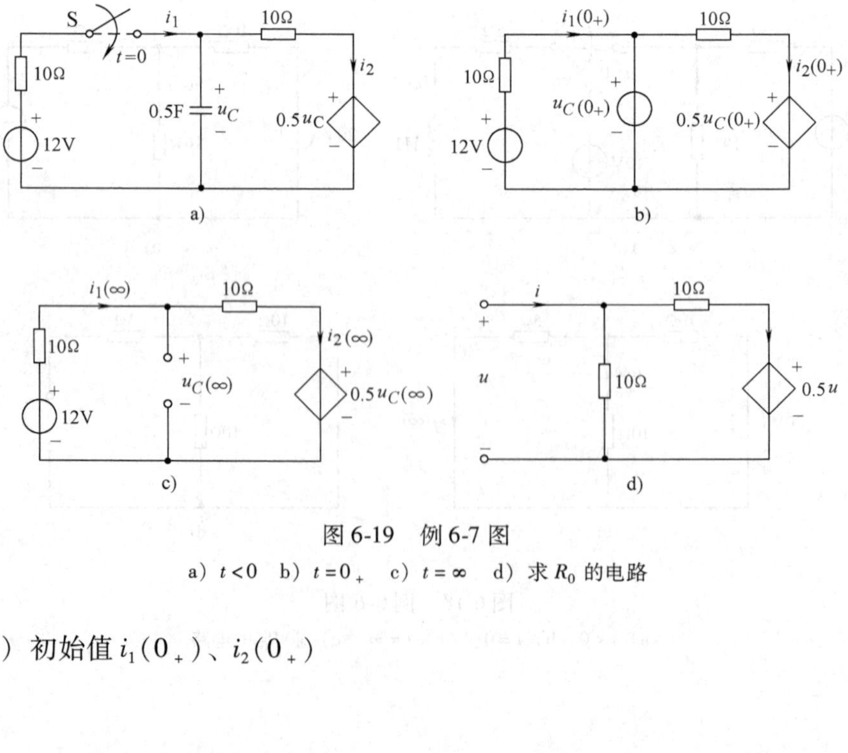

图 6-19 例 6-7 图

a）$t<0$ b）$t=0_+$ c）$t=\infty$ d）求 R_0 的电路

解 （1）初始值 $i_1(0_+)$、$i_2(0_+)$

$$u_C(0_+)=u_C(0)=2\text{V}$$

由图 6-19b 所示 $t=0_+$ 时的置换电路，可得

$$i_1(0_+)=\frac{12\text{V}-u_C(0_+)}{10\Omega}=\frac{12-2}{10}\text{A}=1\text{A}$$

$$i_2(0_+)=\frac{u_C(0_+)-0.5u_C(0_+)}{10\Omega}=\frac{2-1}{10}\text{A}=0.1\text{A}$$

(2) 稳态值 $i_1(\infty)$、$i_2(\infty)$

$t=\infty$ 时电容相当于开路，由图 6-19c 所示电路，可得

$$\begin{cases}i_1(\infty)=i_2(\infty)\\10i_1(\infty)+u_C(\infty)=12\\10i_2(\infty)+0.5u_C(\infty)-u_C(\infty)=0\end{cases}$$

解得
$$i_1(\infty)=i_2(\infty)=0.4\text{A}$$

(3) 电路的时间常数 τ

用外加电压法求解图 6-19d 所示单口网络的戴维南等效电阻

$$i=\frac{u}{10}+\frac{u-0.5u}{10}=\frac{3u}{20}$$

故
$$R_0=\frac{u}{i}=\frac{20}{3}\Omega$$

$$\tau=R_0C=\frac{20}{3}\times\frac{1}{2}\text{s}=\frac{10}{3}\text{s}$$

(4) 由初始值、稳态值和时间常数，写出对应变量的响应

$$i_1(t)=i_1(\infty)+[i_1(0_+)-i_1(\infty)]\text{e}^{-\frac{1}{\tau}t}=(0.4+0.6\text{e}^{-\frac{3}{10}t})\text{A}\qquad t\geqslant 0$$

$$i_2(t)=i_2(\infty)+[i_2(0_+)-i_2(\infty)]\text{e}^{-\frac{1}{\tau}t}=(0.4-0.3\text{e}^{-\frac{3}{10}t})\text{A}\qquad t\geqslant 0$$

6.7 阶跃响应

6.7.1 阶跃函数

到目前为止，每当把一个独立源在 $t=0$ 时刻接入电路时，总是用一个开关在 $t=0$ 时刻的开与关表示。图 6-20a 表示直流电压源在 $t=0$ 时刻接入电路，6-20b 表示直流电流源在 $t=0$ 时刻接入电路。

显然，图示两种情况的激励都在 $t=0$ 处有阶跃，通常把它们表成如下的时间函数式：

$$u(t)=U\varepsilon(t)\tag{6-34}$$

$$i(t)=I\varepsilon(t)\tag{6-35}$$

式中

$$\varepsilon(t)=\begin{cases}0 & t<0\\1 & t>0\end{cases}\tag{6-36}$$

式 (6-36) 定义的函数称为**单位阶跃函数** (Unit Step Function)，其波形如图 6-21a 所

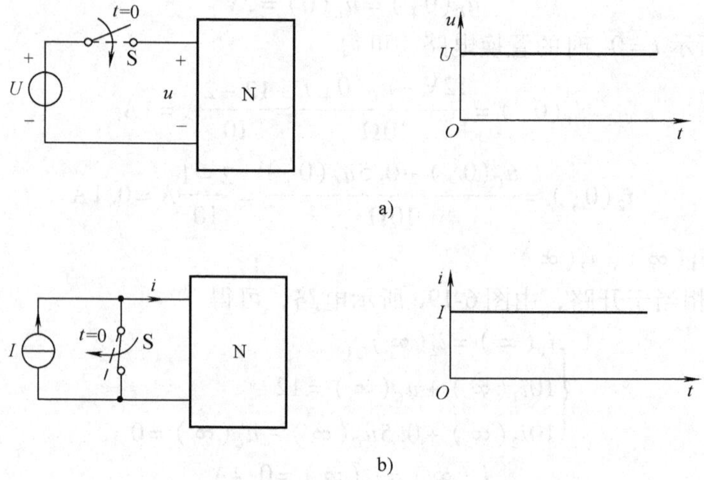

图 6-20　直流电源接入电路与激励波形

示，它起到 $t=0$ 时刻开关的作用。式（6-34）表示的 $u(t)$ 称为幅度为 U 的阶跃函数，式（6-35）表示的 $i(t)$ 称为幅度为 I 的阶跃函数。如果跳变发生在 $t=t_0$ 处则有

$$\varepsilon(t-t_0)=\begin{cases}0 & t<t_0\\ 1 & t>t_0\end{cases} \tag{6-37}$$

式（6-37）称为**延迟单位阶跃函数**，其波形如图 6-21b 所示。

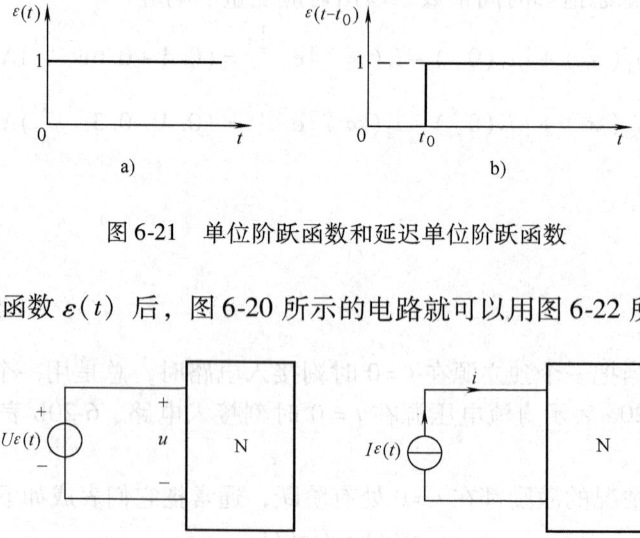

图 6-21　单位阶跃函数和延迟单位阶跃函数

引入单位阶跃函数 $\varepsilon(t)$ 后，图 6-20 所示的电路就可以用图 6-22 所示的电路来表示。

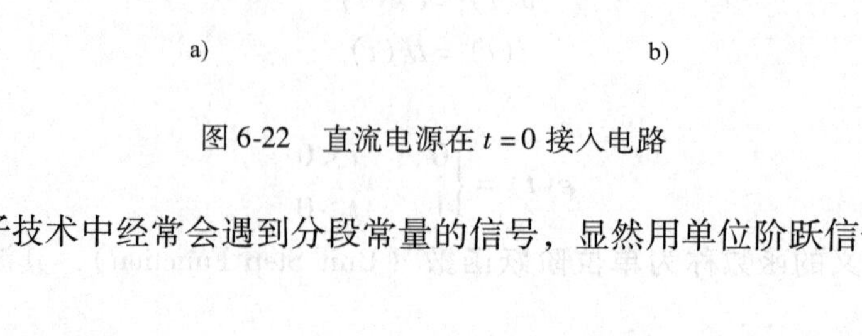

图 6-22　直流电源在 $t=0$ 接入电路

另外，在电子技术中经常会遇到分段常量的信号，显然用单位阶跃信号表示这类信号很

方便。

例 6-8 分段常量信号如图 6-23 所示，试用单位阶跃函数表示该信号。

解 $u(t)=4\varepsilon(t)-7\varepsilon(t-2)+3\varepsilon(t-4)$

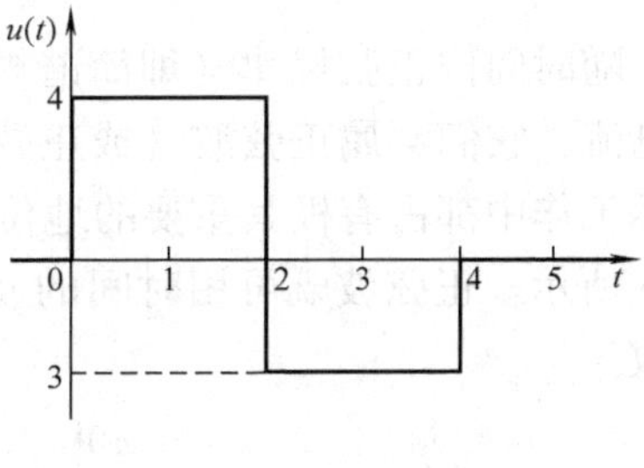

图 6-23 例 6-8 图

6.7.2 一阶电路的阶跃响应

外加激励为单位阶跃信号 $\varepsilon(t)$ 时，电路的零状态响应称为**单位阶跃响应**，记为 $s(t)$。响应可以是电压，也可以是电流。

如果电路的激励为 $A\varepsilon(t)$，则根据零状态响应比例性可知，该电路的阶跃响应为 $As(t)$。对于时不变电路，由于电路的参数不随时间变化，因此，如果在 $\varepsilon(t)$ 作用下的响应为 $s(t)$，则在 $\varepsilon(t-t_0)$ 作用下的响应为 $s(t-t_0)$，这一性质称为**时不变性**。

分段常量信号作用于线性时不变电路时，可将信号分解为阶跃信号的线性组合，分别求出各个阶跃信号作用下的阶跃响应，再运用叠加性即可得分段常量信号作用下的零状态响应。如果电路的初始状态不为零，只需再加上电路的零输入响应，即可求得该电路的全响应。

例 6-9 如图 6-24a 所示电路，$u(t)$ 波形如图 6-24b 所示，求电路的零状态响应 $u_C(t)$。

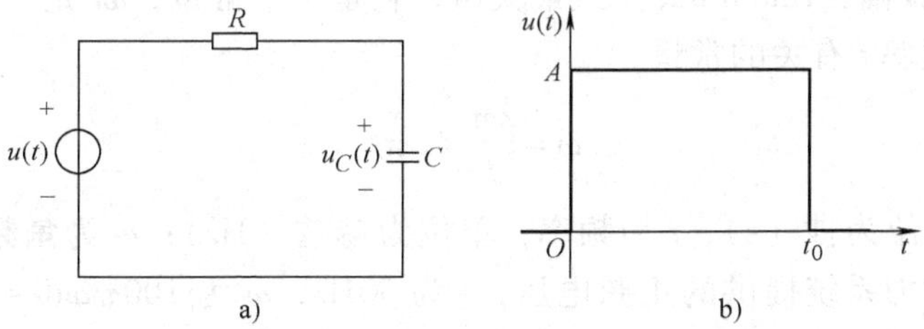

图 6-24 例 6-9 图

解 $u(t)$ 为分段常量信号，可分解两个阶跃信号的线性组合，即

$$u(t)=A\varepsilon(t)-A\varepsilon(t-t_0)$$

$A\varepsilon(t)$ 作用下的零状态响应为

$$u_C'(t)=A(1-\mathrm{e}^{-\frac{t}{\tau}})\varepsilon(t)$$

解答式中的因子 $\varepsilon(t)$ 表明该式仅适用于 $t\geqslant0$。式中 $\tau=RC$。

$-A\varepsilon(t-t_0)$ 作用下的零状态响应为

$$u_C''(t)=-A(1-\mathrm{e}^{-\frac{t-t_0}{\tau}})\varepsilon(t-t_0)$$

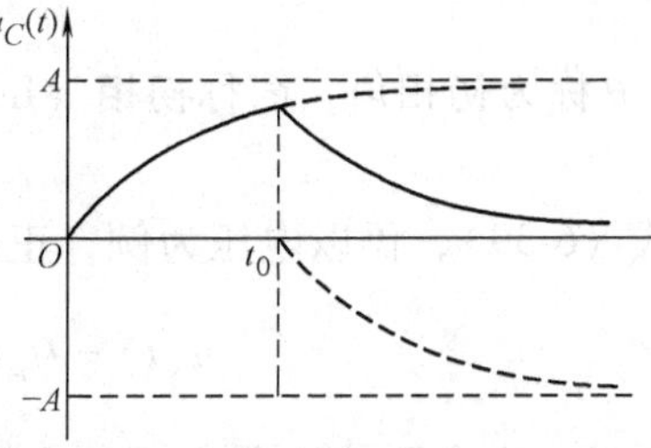

图 6-25 例 6-9 零状态响应 $u_C(t)$ 的波形

根据零状态响应的叠加性可得

$$u_C(t)=u_C'(t)+u_C''(t)=A(1-\mathrm{e}^{-\frac{t}{\tau}})\varepsilon(t)-A(1-\mathrm{e}^{-\frac{t-t_0}{\tau}})\varepsilon(t-t_0)$$

$u_C(t)$ 的波形如图 6-25 所示。

6.8 正弦激励下的一阶动态电路

随时间按正弦规律（即简谐规律）变化的电压和电流称为正弦（Sinusoidal）交流电压和电流，它们都属正弦波（或正弦信号）。正弦波是周期波形的基本形式，在电路理论中和实际工作中都占有极其重要的地位。正弦电压可由发电机、电子振荡器产生。正弦电压如图6-26所示。正弦波既可用时间的 sin 函数表示，也可用时间的 cos 函数表示，本书采用 cos 函数。

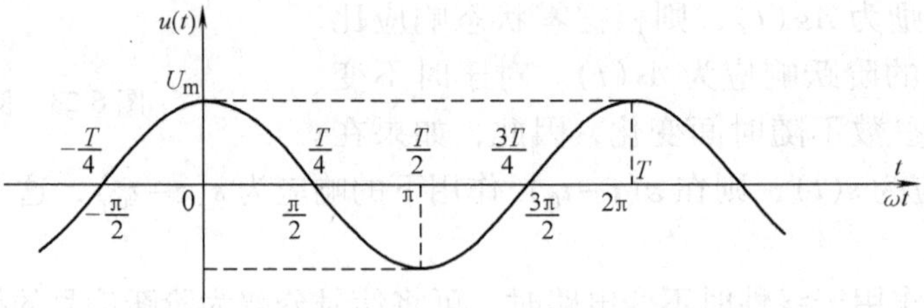

图6-26　正弦电压波形

图6-26所示的正弦电压可表示为

$$u(t)=U_{\mathrm{m}}\cos(\omega t) \tag{6-38}$$

式中，U_{m} 为电压的**振幅**（Amplitude）或最大值，它是一个常量；ωt 是一个随时间变化的角度；ω 则是一个与频率 f 有关的常量

$$\omega=\frac{2\pi}{T}=2\pi f \tag{6-39}$$

式中，T 为周期，单位为秒（s）；f 为频率，单位为赫兹（Hz）；ω 为**角频率**，单位为弧度/秒（rad/s）。我国电力系统提供的正弦电压，f 为 50Hz，ω 为 100πrad/s。在进行理论分析时，常把角频率简称为频率，因此，在进行实际计算时，必须注意到两者的实际区别。

在一般情况下，时间的起点不一定恰好选在正弦波为最大值的瞬间。例如图6-27所示的正弦电压，以角度来计量，时间起点选在离正弦波最大值之后 θ 处，也就是说，当 $\omega t=-\theta$ 时，才有 $u=U_{\mathrm{m}}$。因此，正弦电压的一般表达式为

$$u(t)=U_{\mathrm{m}}\cos(\omega t+\theta) \tag{6-40}$$

式中，θ 称为初相角，简称**初相**（Initial Phase）。它反映了正弦波初始值的大小，即

$$u(0)=U_{\mathrm{m}}\cos(\theta) \tag{6-41}$$

根据式（6-39），仍以电压为例，正弦波还可写为

$$u(t)=U_{\mathrm{m}}\cos(2\pi ft+\theta)=U_{\mathrm{m}}\cos\left(\frac{2\pi}{T}t+\theta\right) \tag{6-42}$$

由此可见，一个正弦波可由三个参数完全确定，这三个参数是：振幅、频率（或角频率或周期）和初相，这三者称为正弦波的三个特征。

下面讨论正弦电源作用于一阶动态电路的响应。

RC 电路如图6-28a所示，正弦电压从 $t=0$ 时刻作用于电路，已知 $u_C(0_+)=0$，求解 $t\geq 0$ 时 $u_C(t)$。

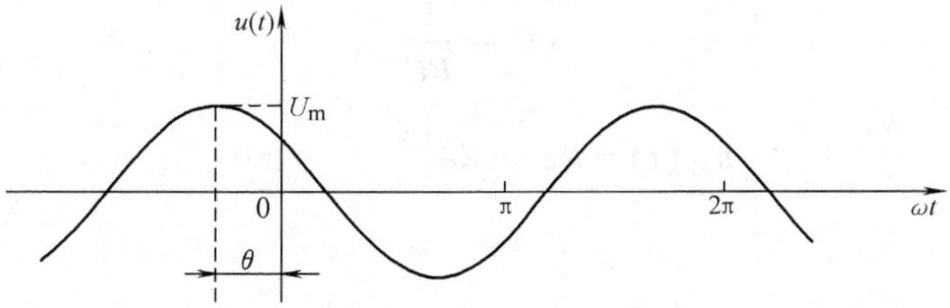

图 6-27 初相角

设输入到 RC 电路的正弦电压为

$$u_s(t) = U_{sm}\cos(\omega t + \theta) \qquad t \geqslant 0 \tag{6-43}$$

波形如图 6-28b 所示，θ 为初相角，取决于正弦电压作用于电路瞬间 u_s 的数值与方向。电路的微分方程为

$$RC\frac{du_C}{dt} + u_C = U_{sm}\cos(\omega t + \theta) \tag{6-44}$$

微分方程的解 $u_C(t)$ 由特解 $u_{Cp}(t)$ 和齐次解 $u_{Ch}(t)$ 组成。

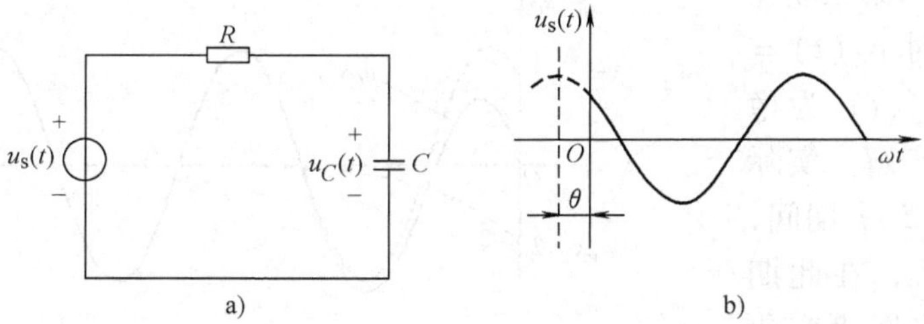

图 6-28 $t=0$ 时，正弦电压作用于 RC 电路

（1）特解。可设 $u_{Cp}(t)$ 为与外加激励同频率的正弦时间函数，即

$$u_{Cp}(t) = U_{Cm}\cos(\omega t + \theta_u) \qquad t \geqslant 0 \tag{6-45}$$

式中，U_{Cm} 和 θ_u 为待定常数。为了确定这两个常数，可把式（6-45）代入式（6-44），可得

$$-RC\omega U_{Cm}\sin(\omega t + \theta_u) + U_{Cm}\cos(\omega t + \theta_u) = U_{sm}\cos(\omega t + \theta) \tag{6-46}$$

将式（6-46）左端两项合并后，得

$$\sqrt{(RCU_{Cm}\omega)^2 + (U_{Cm})^2}\cos[\omega t + \theta_u + \arctan(\omega RC)] = U_{sm}\cos(\omega t + \theta)$$

上式对所有的 t 都应成立，由待定系数法得

$$\begin{cases} \sqrt{(RCU_{Cm}\omega)^2 + (U_{Cm})^2} = U_{sm} \\ \theta_u + \arctan(\omega RC) = \theta \end{cases} \tag{6-47}$$

解得

$$U_{Cm} = \frac{U_{sm}}{\sqrt{1 + (\omega RC)^2}} \tag{6-48a}$$

$$\theta_u = \theta - \arctan(\omega RC) \tag{6-48b}$$

（2）齐次解。由微分方程的特征方程

$$RCs + 1 = 0 \tag{6-49}$$

解得

$$s=-\frac{1}{RC}$$

故 $$u_{Ch}(t)=Ke^{st}=Ke^{-\frac{t}{RC}}\qquad t\geqslant 0 \tag{6-50}$$

式中，K 为待定常数。

（3）全解

$$\begin{aligned}u_C(t)&=u_{Ch}(t)+u_{Cp}(t)\\&=Ke^{-\frac{t}{RC}}+U_{Cm}\cos(\omega t+\theta_u)\qquad t\geqslant 0\end{aligned} \tag{6-51}$$

$t=0$ 时，有

$$u_C(0)=K+U_{Cm}\cos\theta_u \tag{6-52}$$

由初始条件 $u_C(0)=0$，得

$$K=-U_{Cm}\cos(\theta_u)$$

即 $$u_C(t)=U_{Cm}\cos(\omega t+\theta_u)-U_{Cm}\cos(\theta_u)e^{-\frac{t}{RC}}\qquad t\geqslant 0 \tag{6-53}$$

式中，U_{Cm} 和 θ_u 分别由式（6-48a）、式（6-48b）确定。设 $\theta_u<0$ 时 $u_C(t)$ 的波形如图 6-29 所示。

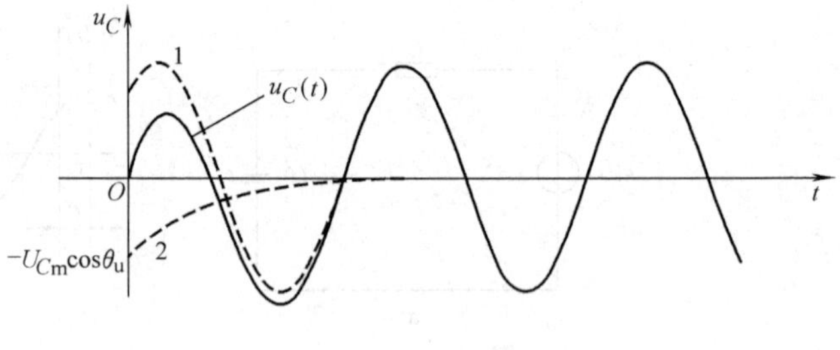

图 6-29 正弦响应 $u_C(t)$ 的波形，$u_C(0)=0$

曲线 1—稳态响应分量

曲线 2—瞬态响应分量

式（6-53）中的第二项在 $t\to\infty$ 趋于零，此时 $u_C(t)=u_{Cp}(t)$，因此称 $u_{Cp}(t)$ 为稳态解，$u_{Ch}(t)$ 为瞬态解。实际上，在 $0<t\leqslant(4\sim5)\tau$ 期间，电路处于过渡过程，在此期间响应不是按正弦规律变化的，如图 6-29 中实线所示；$t>(4\sim5)\tau$ 即可认为电路进入了稳态，这时因为 $u_C(t)=u_{Cp}(t)$，所以响应为与外加激励同频率的正弦信号，这一响应称为正弦稳态响应（Sinusoidal Steady State Response），本书从第 8 章起将专门讨论这一响应。

由式（6-52）可知，如果 $u_C(0)$ 恰好等于 $u_{Cm}\cos\theta_u$，即 $K=0$，电路中将无瞬态响应分量，换路后电路立即进入正弦稳态。在零状态条件下，K 值为零的情况发生在稳态响应分量的初相 $\theta_u=\pm\pi/2$ 时。另外，在零状态条件下，如果换路发生在稳态响应分量的初相 $\theta_u=0$ 或 π 时，$K=-U_{Cm}$ 或 U_{Cm}，达到了可能的最大值，在这种情况下，过渡过程中将出现过电压现象，即电压瞬时值超过稳态电压最大值的现象，如图 6-

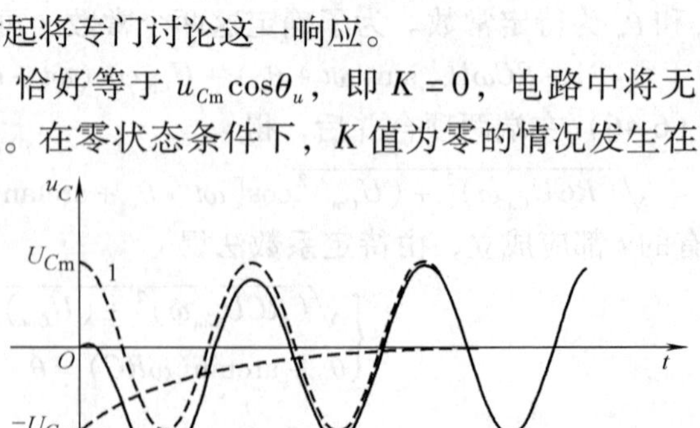

图 6-30 正弦响应 $u_C(t)$ 的波形，$u_C(0)=0$，$\theta_u=0$

曲线 1—稳态响应分量

曲线 2—瞬态响应分量

30 所示。

式（6-53）是在 $u_C(0)=0$ 的条件下得到的，它是图 6-28 所示 RC 电路的零状态响应。如果 $u_C(0)\neq 0$，则在式（6-53）中，还需增加零输入响应 $u_C(0)\mathrm{e}^{-\frac{t}{RC}}$项，即

$$u_C(t)=\underbrace{\overbrace{u_C(0)\mathrm{e}^{-\frac{t}{RC}}}^{\text{零输入响应}}\overbrace{-U_{Cm}\cos(\theta_u)\mathrm{e}^{-\frac{t}{RC}}}^{}}_{\text{瞬态响应}}\overbrace{+\underbrace{U_{Cm}\cos(\omega t+\theta_u)}_{\text{稳态响应}}}^{\text{零状态响应}}\quad t\geqslant 0 \tag{6-54}$$

两种分解方式以及与此相关的四种响应构成了本章的主要内容，通过本章的学习，应对它们的物理意义、计算方法有清晰的认识。

习 题

6-1 图 6-31 所示电路中，$R_1=100\Omega$、$R_2=200\Omega$，$R_3=300\Omega$，$L=2\text{mH}$，$C=10\mu\text{F}$。

（1）把各电路中的除动态元件以外的部分化简为戴维南或诺顿等效电路；

（2）利用化简后的电路列出图中所注明输出量 u 或 i 的微分方程。

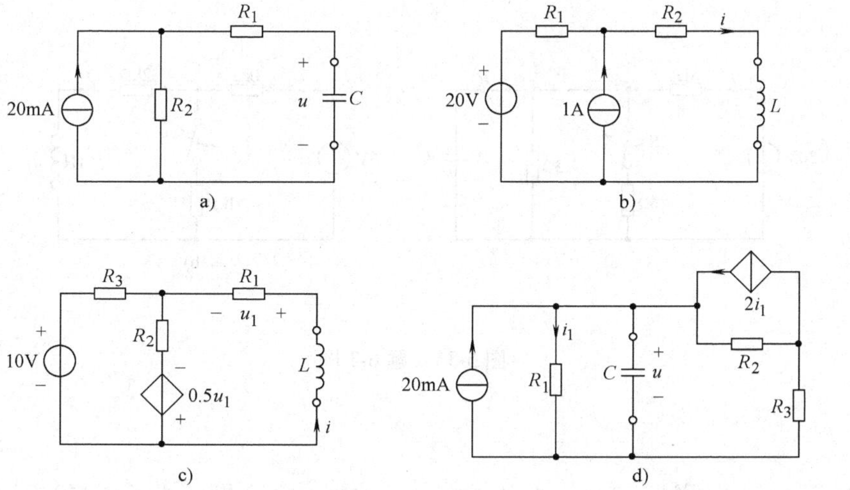

图 6-31 题 6-1 图

6-2 图 6-32 所示电路，$t=0$ 时换路，设换路前电路处于稳态。求换路后瞬间电路所标出的电流、电压的初始值。

6-3 图 6-33 所示电路，$t=0$ 时换路，设换路前电路处于稳态。求换路后瞬间电路所标出的电流、电压的初始值。

6-4 图 6-34 所示电路，$t=0$ 时换路，已知换路前电路已处于稳态。试求 $u_C(t)$、$i(t)$，$t\geqslant 0$。

6-5 电路如图 6-35 所示，已知 $u_C(0)=-2\text{V}$，试求 $u_C(t)$、$u_R(t)$，$t\geqslant 0$。

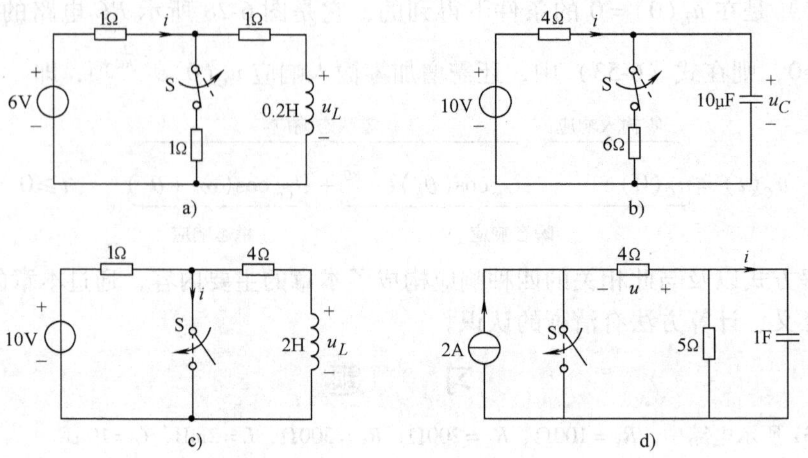

图 6-32　题 6-2 图

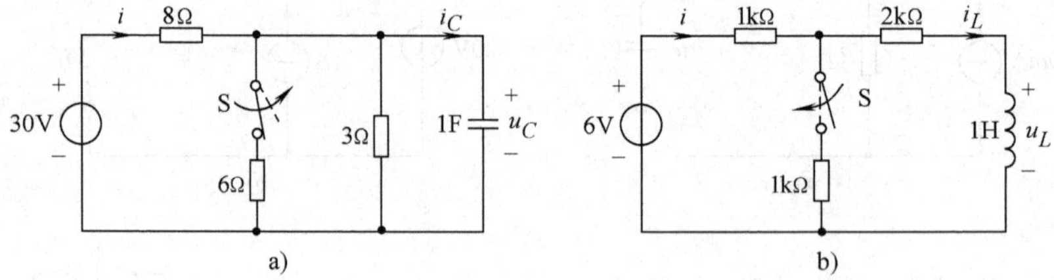

图 6-33　题 6-3 图

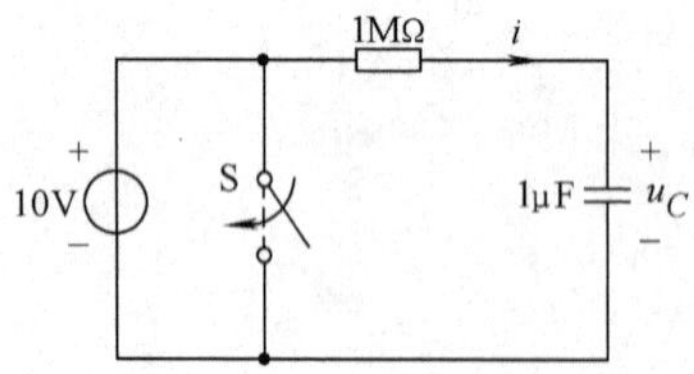

图 6-34　题 6-4 图

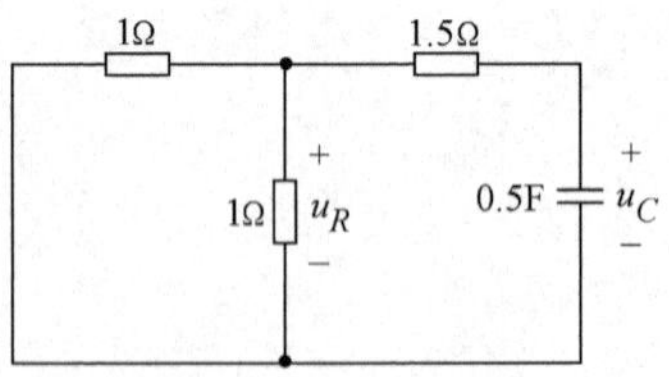

图 6-35　题 6-5 图

6-6　电路如图 6-36 所示，$t=0$ 时换路，已知换路前电路已处于稳态。试求 $u_L(t)$、$i(t)$，$t \geqslant 0$。

6-7　电路如图 6-37 所示，$t=0$ 时换路，已知换路前电路已处于稳态。试求 $i(t)$，$t \geqslant 0$。

6-8　电路如图 6-38 所示，已知 $i(0)=2\text{A}$，试求 $u_L(t)$，$t \geqslant 0$，并画出其波形。

6-9　图 6-39 所示电路，$t=0$ 时换路，已知换路前电路已处于稳态。试求 $u_C(t)$、$i_C(t)$、$u(t)$，$t \geqslant 0$。

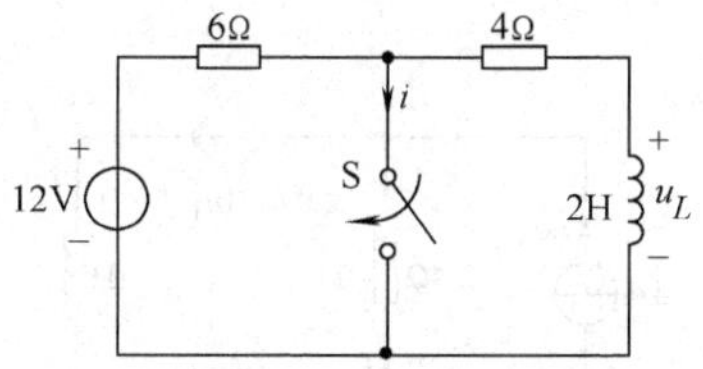

图6-36 题6-6图

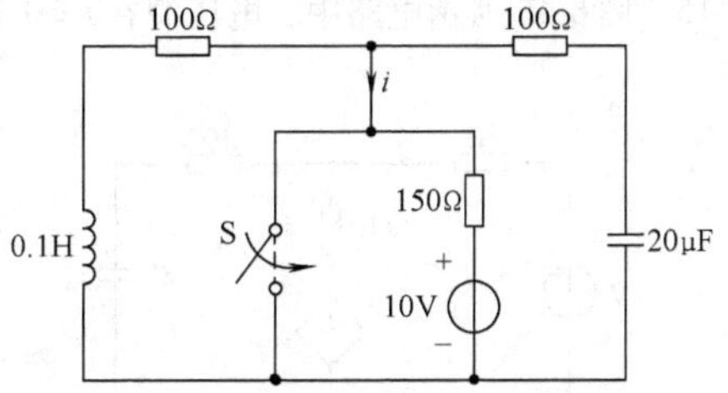

图6-37 题6-7图

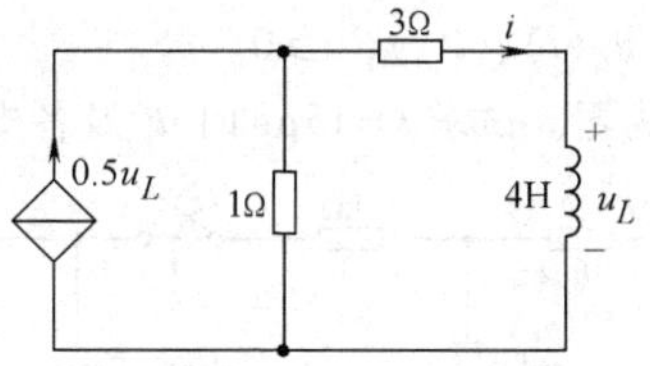

图6-38 题6-8图

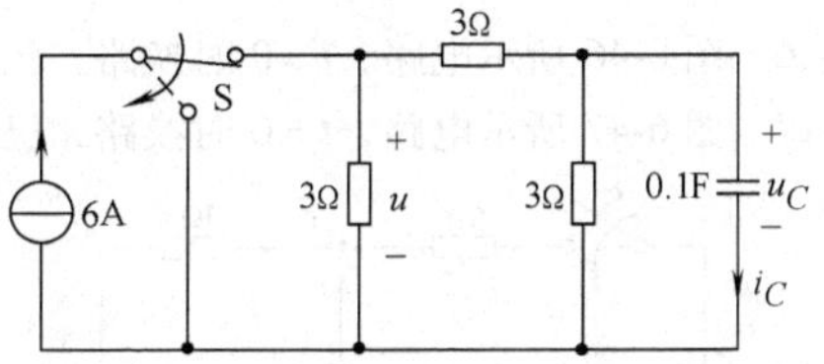

图6-39 题6-9图

6-10 图6-40所示电路，$t=0$时换路，已知电容的初始储能为零。试求$u_C(t)$、$i(t)$，$t \geqslant 0$。

6-11 图6-41所示电路中，各电源均在$t=0$时开始作用于电路，已知电容电压初始值为零。试求$i(t)$，$t \geqslant 0$。

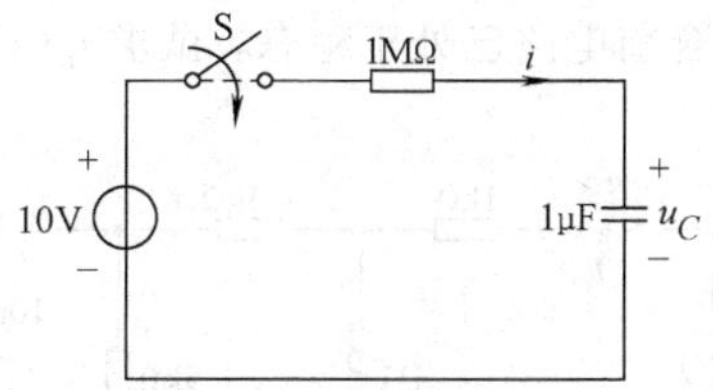

图6-40 题6-10图

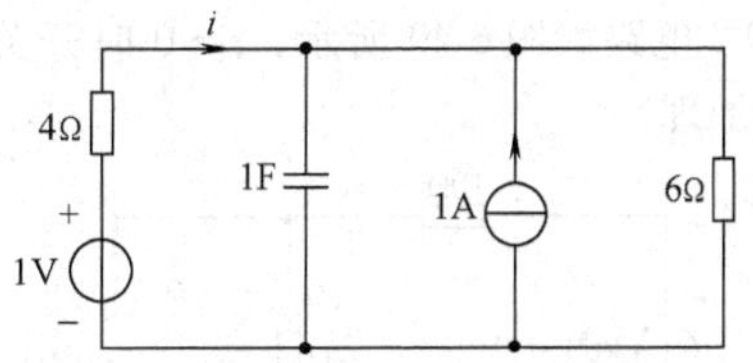

图6-41 题6-11图

6-12 图6-42所示电路，$t=0$时换路，已知电感电流$i_L(0)=0$。试求$i_L(t)$，$t \geqslant 0$，并画出其波形。

6-13 图6-43所示电路，$t=0$时换路，已知换路前电路已处于稳态。试求经过多少时间电流$i_1(t)$与$i_2(t)$相等，这时$i_1(t)$为多大？

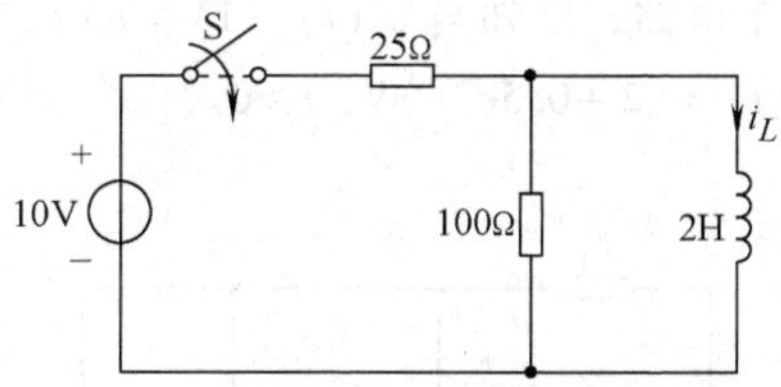

图6-42 题6-12图

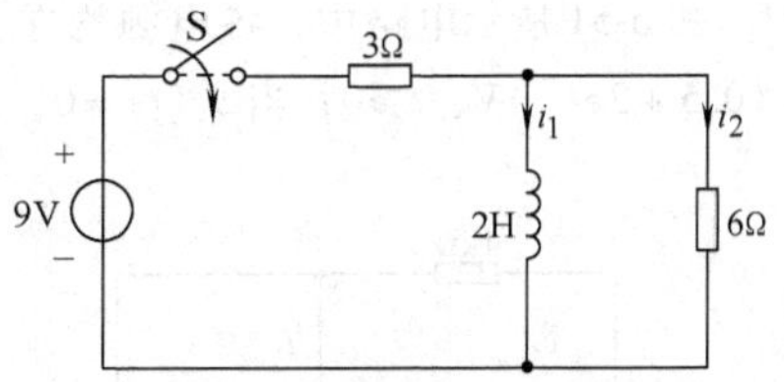

图6-43 题6-13图

6-14 图6-44所示电路中，电压源在$t=0$时开始作用于电路，已知电容电压初始值为零。试求$i(t)$，$t \geqslant 0$。

6-15　图6-45所示电路中，电压源在 $t=0$ 时开始作用于电路，已知电感电流初始值为零。试求 $i(t)$，$t\geqslant0$。

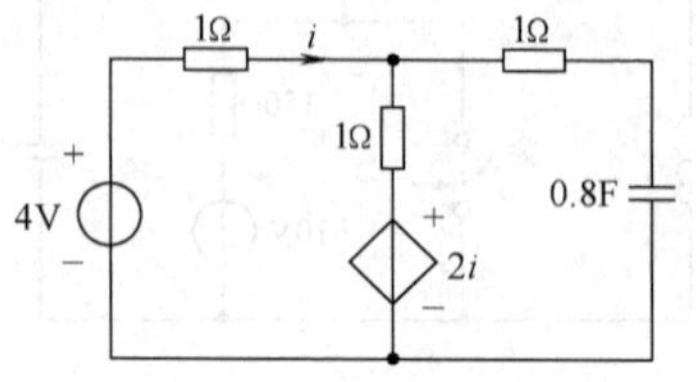

图6-44　题6-14图

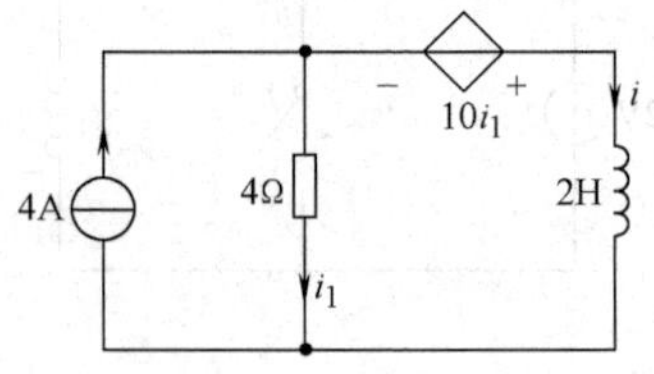

图6-45　题6-15图

6-16　图6-46所示电路，$t=0$ 时换路，已知 $u_C(0)=0$。试求 $u_C(t)$、$i(t)$，$t\geqslant0$。

6-17　图6-47所示电路，$t=0$ 时换路，已知电容电压初始值为零。试求 $t=15\mu s$ 时 u_a 及各支路电流。

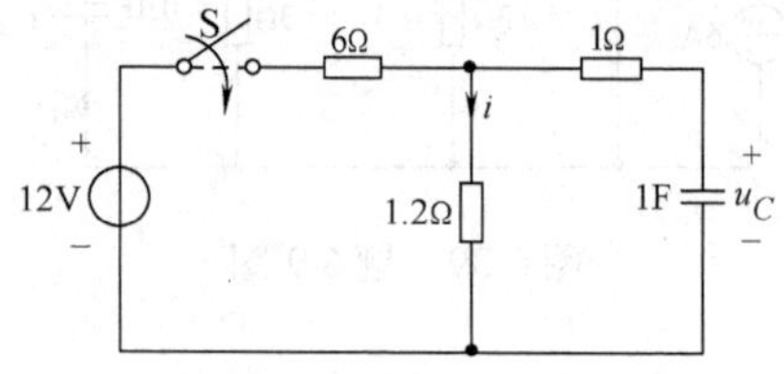

图6-46　题6-16图

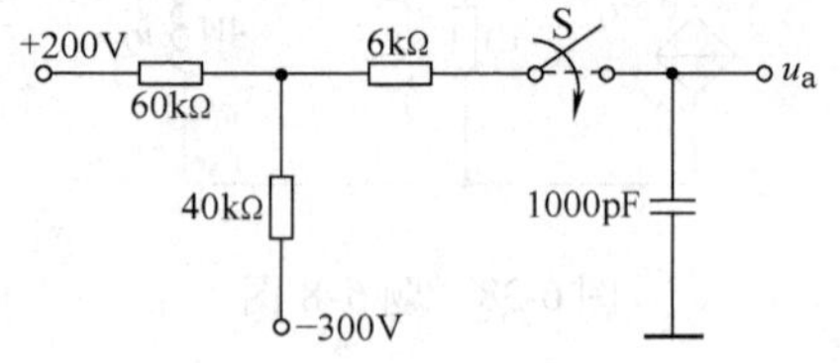

图6-47　题6-17图

6-18　电路如图6-48所示，试求 $i_L(t)$ 的零状态响应；若 $i_L(0_-)=1\text{A}$，试求 $i_L(t)$ 的零输入响应。若 $i_L(0_-)=-1\text{A}$，试求 $i_L(t)$ 的全响应。

6-19　电路如图6-49所示，$t=0$ 时开关闭合，已知开关闭合前电路已处于稳态。试求 $i_L(t)$，$t\geqslant0$。(用叠加原理)

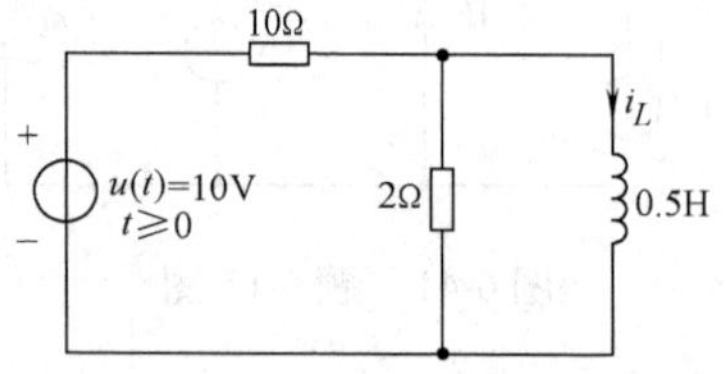

图6-48　题6-18图

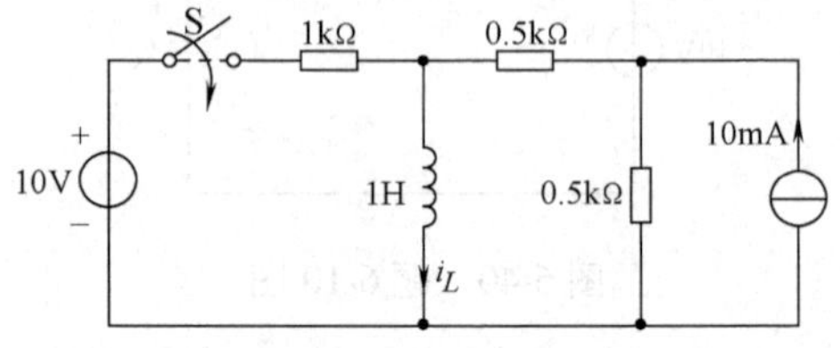

图6-49　题6-19图

6-20　图6-50所示电路中，1V电压源在 $t=0$ 时作用于电路，已知 $i_L(t)=(0.001+0.005e^{-500t})$ A，$t\geqslant0$。问若电压源为2V，$i_L(t)$ 是多少？

6-21　图6-51所示电路中，各电源均在 $t=0$ 时开始作用于电路，已知当 $u_s(t)=1\text{V}$，$i_s(t)=0$ 时，$u_C(t)=(0.5+2e^{-2t})\text{V}$，$t\geqslant0$；当 $u_s(t)=0$，$i_s(t)=1\text{A}$ 时，$u_C(t)=(2+0.5e^{-2t})\text{V}$，$t\geqslant0$。

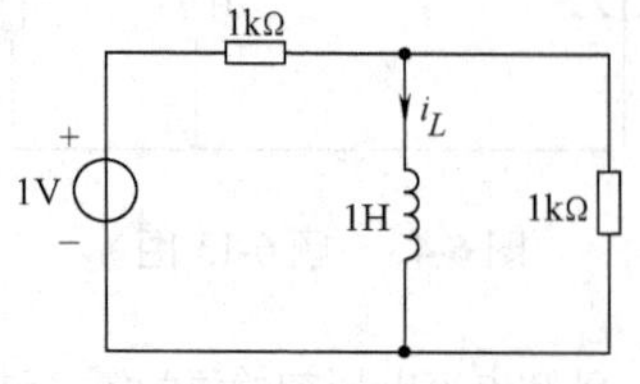

图6-50　题6-20图

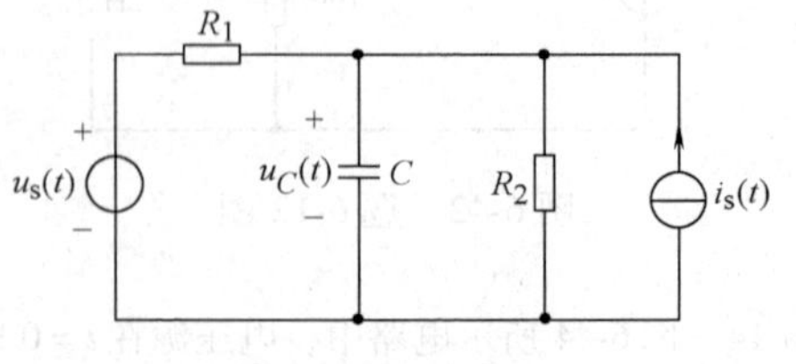

图6-51　题6-21图

（1）求 R_1、R_2 和 C；

（2）当 $u_s(t)=1\text{V}$，$i_s(t)=1\text{A}$ 时，试求 $u_C(t)$，$t\geqslant 0$。

6-22 电路如图6-52所示，在 $t=0$ 时换路，$u_C(0)=1\text{V}$。求 $u_C(t)$ 的零输入响应和零状态响应，稳态响应和瞬态响应。

6-23 电路如图6-53所示，在 $t=0$ 时换路，已知换路前电路已处于稳态。试求电流 i 的稳态响应和瞬态响应，并粗略地画出它们的波形。

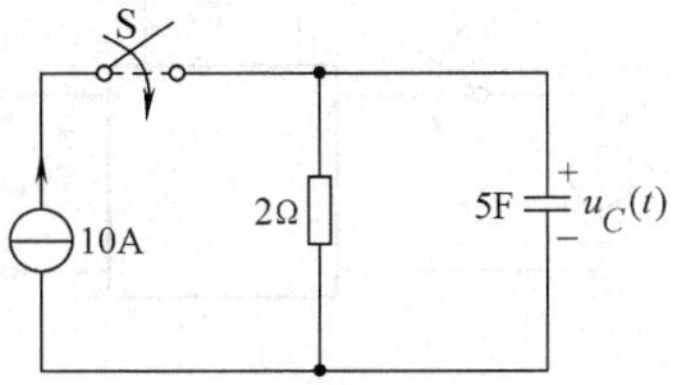

图6-52 题6-22图

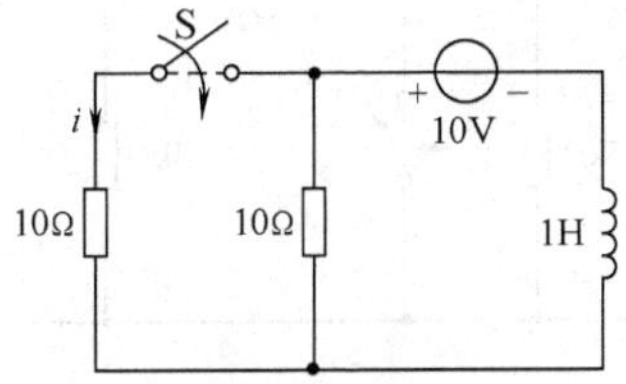

图6-53 题6-23图

6-24 图6-54所示电路，在 $t=0$ 时换路，已知换路前电路处于稳态。试用三要素法求 $u_C(t)$、$i(t)$，$t\geqslant 0$。

6-25 电路如图6-55所示，在 $t=0$ 时换路，换路前电路已处于稳态。试用三要素法求 $i_L(t)$、$i(t)$，$t\geqslant 0$。

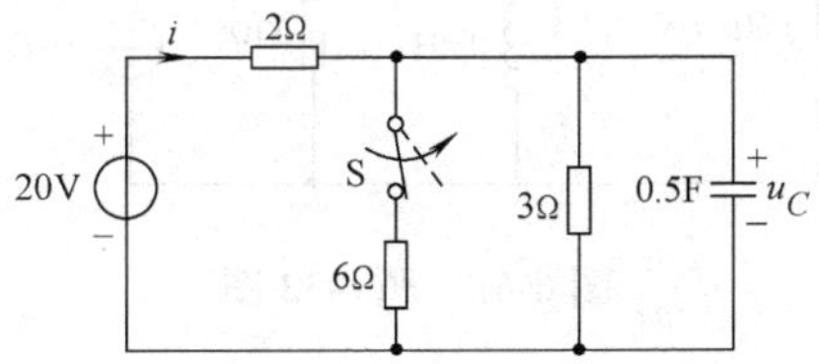

图6-54 题6-24图

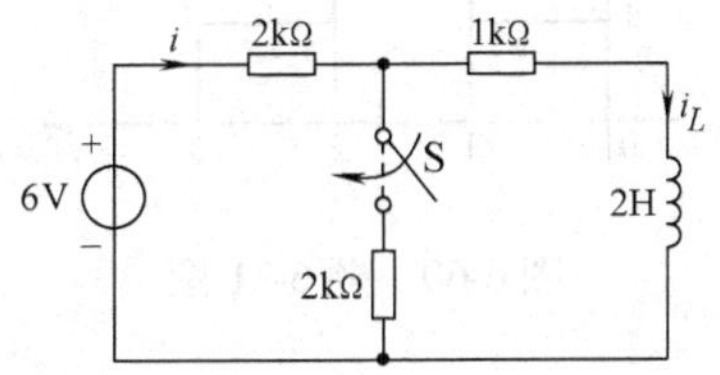

图6-55 题6-25图

6-26 图6-56所示电路中，电流源在 $t=0$ 时开始作用于电路，已知 $u_C(0)=4\text{V}$。试用三要素法求 $u_C(t)$、$i(t)$，$t\geqslant 0$。

6-27 图6-57所示电路中，电压源在 $t=0$ 时开始作用于电路，已知 $i_L(0)=0\text{A}$。试用三要素法求 $i_L(t)$、$i(t)$，$t\geqslant 0$。

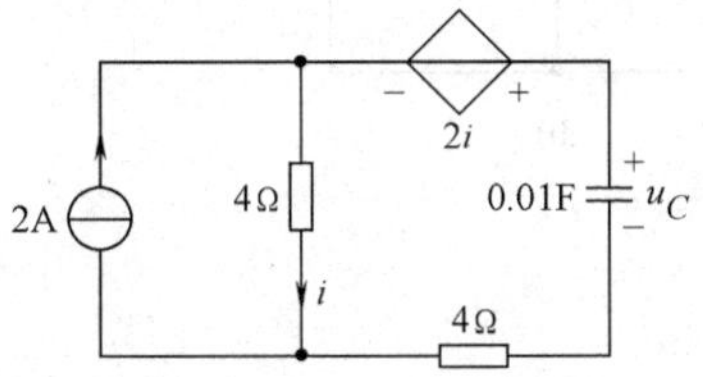

图6-56 题6-26图

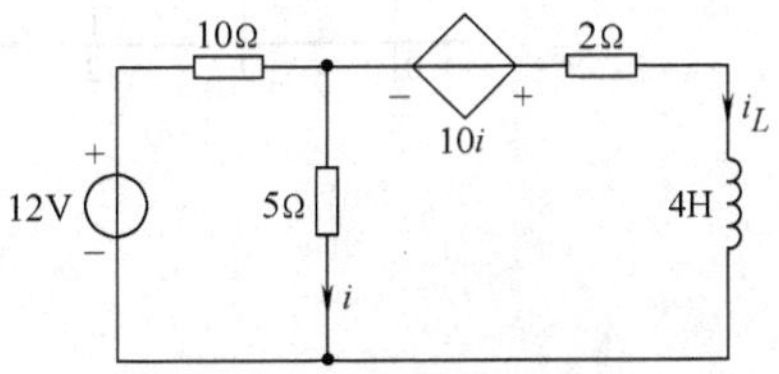

图6-57 题6-27图

6-28 图6-58所示电路，在 $t=0$ 时换路，换路前电路处于稳态。试求 $i(t)$、$u(t)$，$t\geqslant0$。

6-29 图6-59所示电路中，N内部只含电源及电阻，若1V的直流电源在 $t=0$ 开始作用于电路，输出端所得零状态响应为

$$u_o(t)=\left(\frac{1}{2}+\frac{1}{8}e^{-0.25t}\right)V \qquad t\geqslant0$$

若把电路中的电容换成2H的电感，输出端的零状态响应 $u_o(t)$ 将如何？

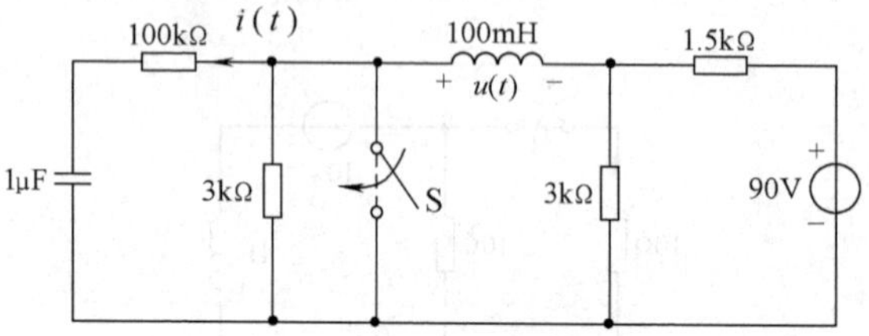

图6-58 题6-28图

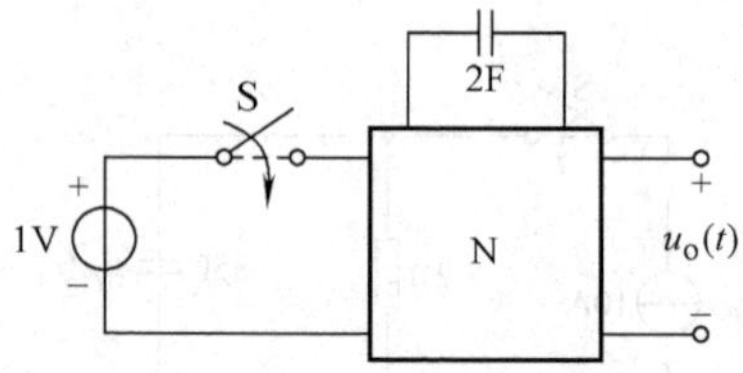

图6-59 题6-29图

6-30 画出下列阶跃函数的波形图：

$$f_1(t)=\varepsilon(-t);\quad f_2(t)=2\varepsilon(t-5);\quad f_3(t)=2\varepsilon(t)-3\varepsilon(t-2)+\varepsilon(t-3)$$

6-31 试用阶跃函数表示图6-60所示分段常量信号。

6-32 试求图6-61所示电路中零状态响应 $i(t)$ 和 $i_L(t)$。

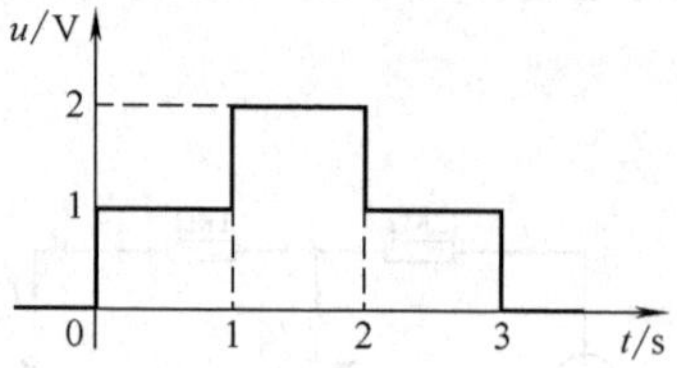

图6-60 题6-31图

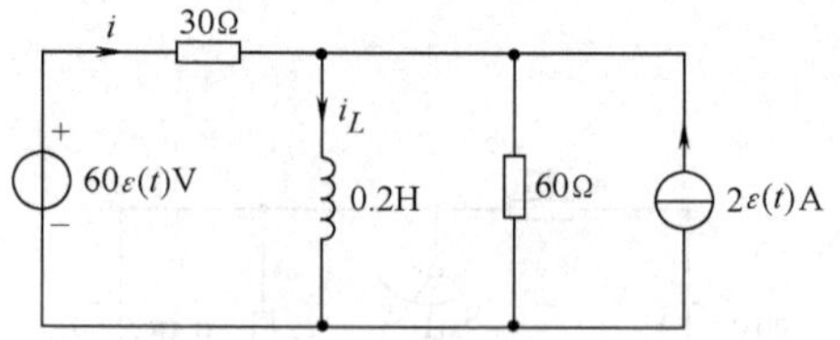

图6-61 题6-32图

6-33 图6-62a所示矩形脉冲电流作用于图6-62b所示电路，已知 $i_L(0)=0$，试求 $i_L(t)$。

6-34 图6-63a所示矩形脉冲电压作用于图6-63b所示电路，已知电容电压的初始值为零。试求 $i(t)$。

6-35 图6-64a所示矩形脉冲序列电压 $u_i(t)$ 从 $t=0$ 开始作用于图6-64b所示电路，已知电容电压的初始值为零。粗略地画出在下列情况下 $u_o(t)$ 的波形。

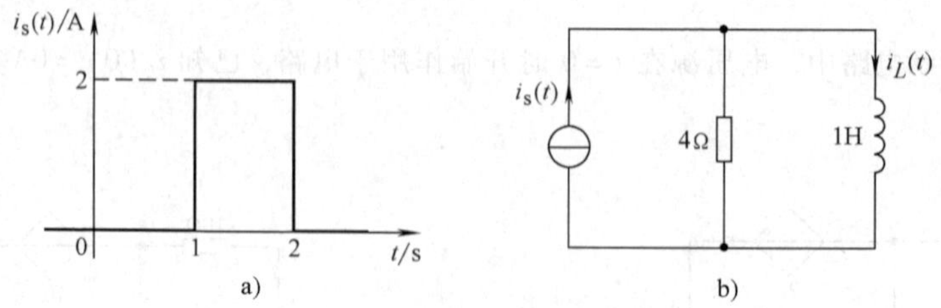

图6-62 题6-33图

（1）$R=100\Omega$；

（2）$R=10k\Omega$。

6-36 图6-65所示电路中，$u_s(t)=17\cos16t$V，在 $t=0$ 时接入电路，已知 $u_C(0)=0$。

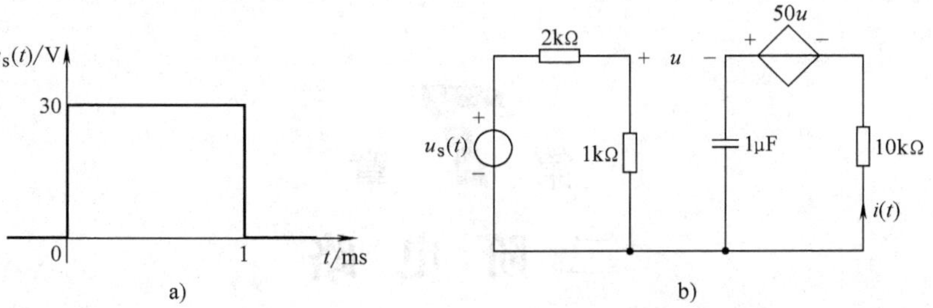

图 6-63　题 6-34 图

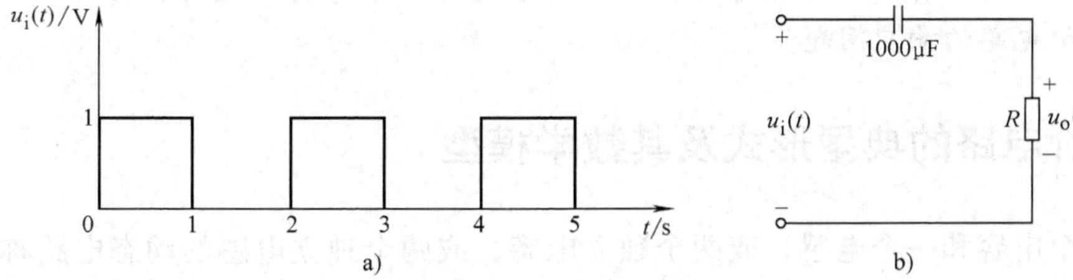

图 6-64　题 6-35 图

（1）列出以电压 $u(t)$ 为求解量的微分方程，$t\geqslant 0$；

（2）求解 $u(t)$ 的稳态响应；

（3）求解 $u(t)$ 的瞬态响应；

（4）求解 $u(t)$，$t\geqslant 0$；

（5）求各支路稳态电压的振幅、角频率、频率和初相角；

（6）列出各支路稳态电压与外加电压 u_s 的相位关系。

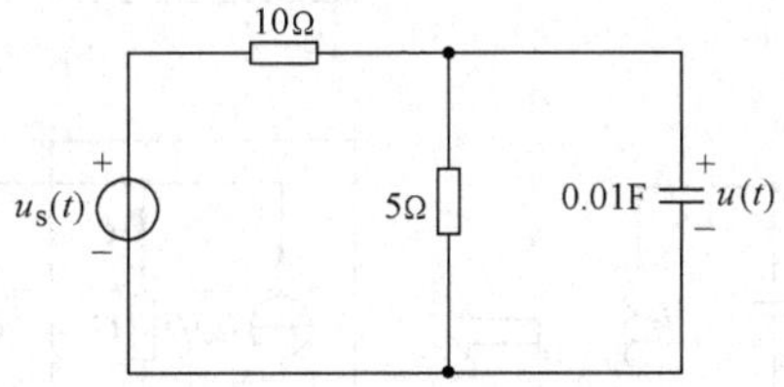

图 6-65　题 6-36 图

第 7 章 二阶电路

用二阶微分方程描述的动态电路称为二阶电路。二阶电路一般都含有两个独立的储能元件，典型的二阶电路有 *RLC* 串联电路和 *GCL* 并联电路。本章将以这两种典型的二阶电路为例，讨论二阶电路的响应问题。

7.1 二阶电路的典型形式及其数学模型

包含一个电容和一个电感，或两个独立电容，或两个独立电感的动态电路称为二阶电路。本章只分析含一个电容和一个电感的二阶电路。这类二阶电路的典型电路如图 7-1a 和 c 所示。对图 7-1a 和 c 所示电路中的含源电阻网络部分，分别利用戴维南定理和诺顿定理化简可得图 7-1b 和 d 所示电路。

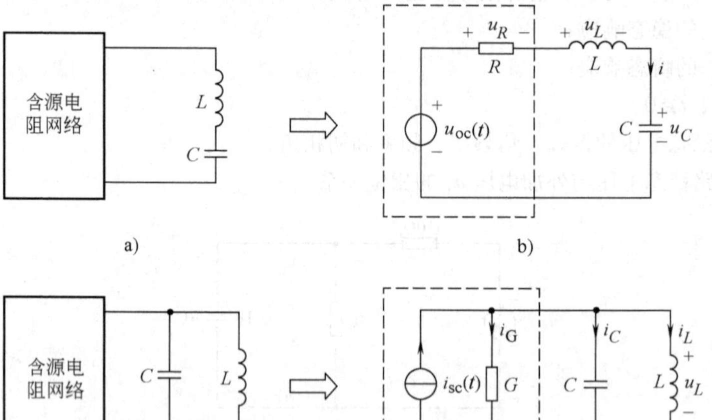

图 7-1 二阶电路的两种典型的电路形式

图 7-1b 是 *RLC* 串联电路，由 KVL 得

$$u_R + u_L + u_C = u_{oc} \tag{7-1}$$

由元件的 VCR，有

$$i = C\frac{\mathrm{d}u_C}{\mathrm{d}t}, \ u_R = Ri = RC\frac{\mathrm{d}u_C}{\mathrm{d}t}, \ u_L = L\frac{\mathrm{d}i}{\mathrm{d}t} = LC\frac{\mathrm{d}^2u_C}{\mathrm{d}t^2} \tag{7-2}$$

把式（7-2）代入式（7-1），得

$$LC\frac{d^2u_C}{dt^2}+RC\frac{du_C}{dt}+u_C=u_{oc}(t) \tag{7-3}$$

图 7-1d 是 *GLC* 并联电路，类似地，利用 KCL 和元件的 VCR，可得

$$LC\frac{d^2i_L}{dt^2}+GL\frac{di_L}{dt}+i_L=i_{sc}(t) \tag{7-4}$$

式（7-3）和式（7-4）分别是 *RLC* 串联电路和 *GLC* 并联电路的数学模型，结合动态元件的初始状态，就可以求解电路中各支路的电流、电压。

7.2　*RLC* 串联电路的零输入响应

零输入响应是在外加激励（也就是独立源）为零的情况下，由动态元件的初始储能引起的响应。如果图 7-1b 所示 *RLC* 串联电路中电压源 $u_{oc}(t)=0$，则求解式（7-3）就是求解 u_C 零输入响应问题。为简便设 $I_{L0}=0$，$U_{C0}=U_0$，则有

$$\left.\begin{aligned}&LC\frac{d^2u_C}{dt^2}+RC\frac{du_C}{dt}+u_C=0 \qquad t\geqslant 0\\&u_C(0)=U_0\\&\left.\frac{du_C}{dt}\right|_{t=0}=\frac{I_L(0)}{C}=0\end{aligned}\right\} \tag{7-5}$$

此时电路的响应完全是由电容的初始储能所引起的。图 7-2 即表征了由式（7-5）描述的零输入响应问题。

式（7-5）中的微分方程又可写成如下形式：

$$\frac{d^2u_C}{dt^2}+\frac{R}{L}\frac{du_C}{dt}+\frac{1}{LC}u_C=0 \tag{7-6}$$

式（7-6）为齐次线性二阶常系数微分方程，可以用特征根法求解，其特征方程为

$$s^2+\frac{R}{L}s+\frac{1}{LC}=0 \tag{7-7}$$

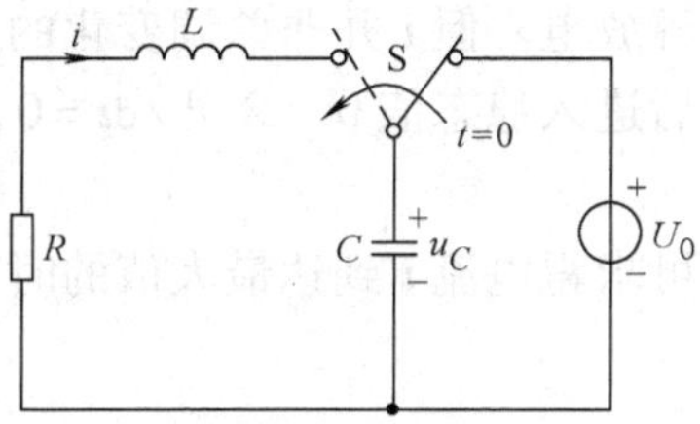

图 7-2　*RLC* 串联电路的零输入响应

解得特征根为

$$s_{1,2}=-\frac{R}{2L}\pm\sqrt{\left(\frac{R}{2L}\right)^2-\frac{1}{LC}} \tag{7-8}$$

令 $\alpha=\dfrac{R}{2L}$，$\omega_0=\dfrac{1}{\sqrt{LC}}$，则

$$s_{1,2}=-\alpha\pm\sqrt{\alpha^2-\omega_0^2} \tag{7-9}$$

特征根 s 又称为电路的固有频率，由于电路元件参数 R、L、C 的数值不同，s_1 和 s_2 可能取不同的值，下面就四种不同的情况分别讨论。

1. 过阻尼情况$\left(\text{即 } R>2\sqrt{\dfrac{L}{C}}\right)$

此时，s_1、s_2 为两个不相等的负实数，令

$$s_1 = -\alpha + \sqrt{\alpha^2 - \omega_0^2} = -(\alpha - \sqrt{\alpha^2 - \omega_0^2}) = -\alpha_1$$

$$s_2 = -\alpha - \sqrt{\alpha^2 - \omega_0^2} = -(\alpha + \sqrt{\alpha^2 - \omega_0^2}) = -\alpha_2$$

式中，$\alpha_2 > \alpha_1 > 0$，方程式（7-6）的通解为

$$u_C(t) = K_1 e^{s_1 t} + K_2 e^{s_2 t} = K_1 e^{-\alpha_1 t} + K_2 e^{-\alpha_2 t} \tag{7-10}$$

根据初始条件，有

$$\begin{cases} u_C(0) = K_1 + K_2 = U_0 \\ \left.\dfrac{du_C}{dt}\right|_{t=0} = -\alpha_1 K_1 - \alpha_2 K_2 = 0 \end{cases}$$

解得

$$K_1 = \frac{\alpha_2 U_0}{\alpha_2 - \alpha_1},\quad K_2 = -\frac{\alpha_1 U_0}{\alpha_2 - \alpha_1}$$

把 K_1、K_2 代入式（7-10），可得

$$u_C(t) = \frac{U_0}{\alpha_2 - \alpha_1}(\alpha_2 e^{-\alpha_1 t} - \alpha_1 e^{-\alpha_2 t}) \tag{7-11}$$

电流 $i(t)$ 为

$$i(t) = C\frac{du_C}{dt} = -C\frac{U_0 \alpha_1 \alpha_2}{\alpha_2 - \alpha_1}(e^{-\alpha_1 t} - e^{-\alpha_2 t}) \tag{7-12}$$

$u_C(t)$ 和 $i(t)$ 的波形如图 7-3 所示。波形图表明，电容电压 u_C 从 $t=0$ 时开始，由初始值 U_0 单调下降，即电容始终在放电。而作为电容充电电流的 i 始终是负值，这也表明了电容放电。但 i 并非单调变化的，它由初始值零开始逐渐增长，到达最大值后又逐渐下降，最后进入稳态值 0。令 $di/dt=0$，即

$$\alpha_1 e^{-\alpha_1 t} - \alpha_2 e^{-\alpha_2 t} = 0$$

可求得电流 i 到达最大值的时刻为

$$t_{max} = \frac{1}{\alpha_2 - \alpha_1}\ln\frac{\alpha_2}{\alpha_1}$$

由图 7-3，可以了解电容放电过程中的能量转换关系。当 $0 < t < t_{max}$，u_C 减小，i 增大，即电容在不断地释放它所储存的电场能量，电阻在不断地增加消耗，电感也在不断增加它的磁场储能。在这段时间，电容所释放的能量，一部分被电阻消耗掉，另一部分转变为电感中磁场的储能。当 $t > t_{max}$ 后，u_C 和 i 都在减小，此时电容和电感同时在释放它们的储能，以供给电阻的消耗，直到所有储能全部释放被电阻消耗掉为止。

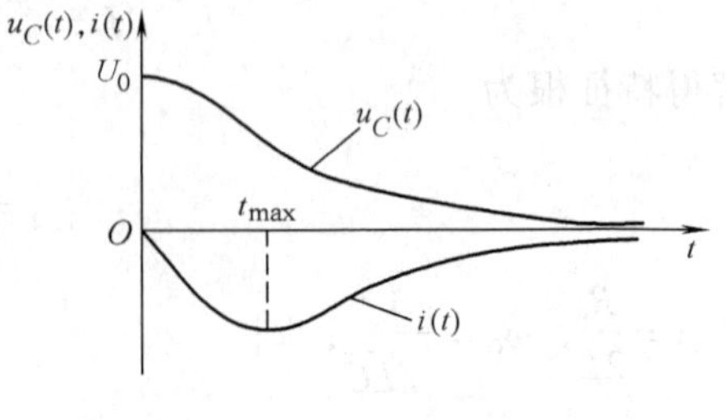

图 7-3 $u_C(t)$、$i(t)$ 波形图

2. 临界阻尼情况 $\left(\text{即 } R = 2\sqrt{\dfrac{L}{C}}\right)$

此时 $s_1=s_2=-\alpha=-\dfrac{R}{2L}$，式（7-6）的解形式为

$$u_C(t)=(K_1+K_2t)\mathrm{e}^{-\alpha t} \tag{7-13}$$

根据初始条件，有

$$\begin{cases}u_C(0)=K_1=U_0\\ \left.\dfrac{\mathrm{d}u_C}{\mathrm{d}t}\right|_{t=0}=K_2-\alpha K_1=0\end{cases}$$

解得

$$K_1=U_0,\ K_2=\alpha U_0$$

于是得

$$u_C(t)=U_0(1+\alpha t)\mathrm{e}^{-\alpha t}$$

$$i(t)=C\frac{\mathrm{d}u_C}{\mathrm{d}t}=-U_0\alpha^2Ct\mathrm{e}^{-\alpha t}$$

此时的 $u_C(t)$、$i(t)$ 波形与过阻尼情况相似，也是非振荡性的。

3. 欠阻尼情况 $\left(\text{即 } R<2\sqrt{\dfrac{L}{C}}\right)$

此时 $\alpha<\omega_0$，但 $\alpha>0$，s_1 和 s_2 为共轭的复数

$$s_1=-\alpha+\mathrm{j}\omega_\mathrm{d},\ s_2=-\alpha-\mathrm{j}\omega_\mathrm{d}$$

式中，$\omega_\mathrm{d}=\sqrt{\omega_0^2-\alpha^2}=\sqrt{\dfrac{1}{LC}-\left(\dfrac{R}{2L}\right)^2}$，此时方程式（7-6）的通解为

$$u_C(t)=\mathrm{e}^{-\alpha t}(K_1\cos\omega_\mathrm{d}t+K_2\sin\omega_\mathrm{d}t) \tag{7-14}$$

根据初始条件，有

$$\begin{cases}u_C(0)=K_1=U_0\\ \left.\dfrac{\mathrm{d}u_C}{\mathrm{d}t}\right|_{t=0}=-\alpha K_1+\omega_\mathrm{d}K_2=0\end{cases}$$

解得

$$K_1=U_0,\ K_2=\frac{\alpha U_0}{\omega_\mathrm{d}}$$

所以

$$u_C(t)=U_0\mathrm{e}^{-\alpha t}\left(\cos\omega_\mathrm{d}t+\frac{\alpha}{\omega_\mathrm{d}}\sin\omega_\mathrm{d}t\right)=U_0\frac{\omega_0}{\omega_\mathrm{d}}\mathrm{e}^{-\alpha t}\cos\left(\omega_\mathrm{d}t-\arctan\frac{\alpha}{\omega_\mathrm{d}}\right)$$

$$i(t)=C\frac{\mathrm{d}u_C}{\mathrm{d}t}=-U_0\frac{\omega_0^2C}{\omega_\mathrm{d}}\mathrm{e}^{-\alpha t}\sin\omega_\mathrm{d}t$$

在欠阻尼的情况下，*RLC* 串联电路的零输入响应为衰减振荡，图 7-4 所示为 $u_C(t)$ 的波形。

欠阻尼情况下，*RLC* 电路中零输入响应的衰减振荡又称为自由振荡，振荡角频率为 $\omega_\mathrm{d}=\sqrt{\omega_0^2-\alpha^2}<\omega_0$，衰减指数 $\alpha=\dfrac{R}{2L}$。

4. 无阻尼情况（即 $R=0$）

此时 s_1、s_2 为共轭的纯虚数，即

$$s_1 = \mathrm{j}\omega_0,\ s_2 = -\mathrm{j}\omega_0$$

此时方程式(7-6)的解为

$$u_C(t) = K_1\cos\omega_0 t + K_2\sin\omega_0 t \tag{7-15}$$

根据初始条件，有

$$\begin{cases} u_C(0) = K_1 = U_0 \\ \left.\dfrac{\mathrm{d}u_C}{\mathrm{d}t}\right|_{t=0} = K_2\omega_0 = 0 \end{cases}$$

解得 $K_1 = U_0$, $K_2 = 0$

所以 $u_C(t) = U_0\cos\omega_0 t$

$$i(t) = C\frac{\mathrm{d}u_C}{\mathrm{d}t} = -\omega_0 C U_0\sin\omega_0 t$$

结果表明，无阻尼情况下电路的响应为等幅振荡，其角频率为 ω_0，$u_C(t)$ 和 $i(t)$ 的波形如图 7-5 所示。

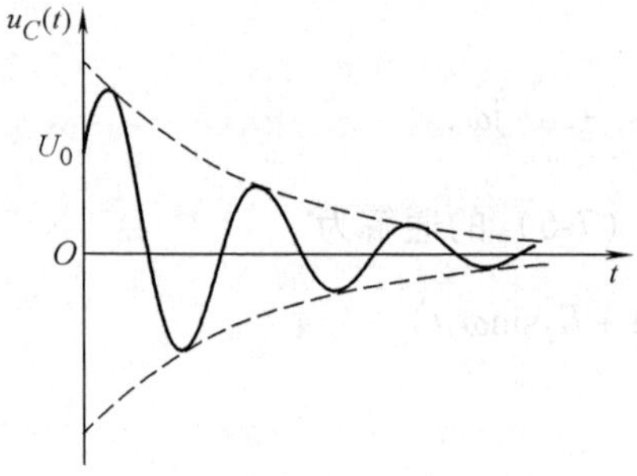

图 7-4 欠阻尼情况下 $u_C(t)$ 波形图

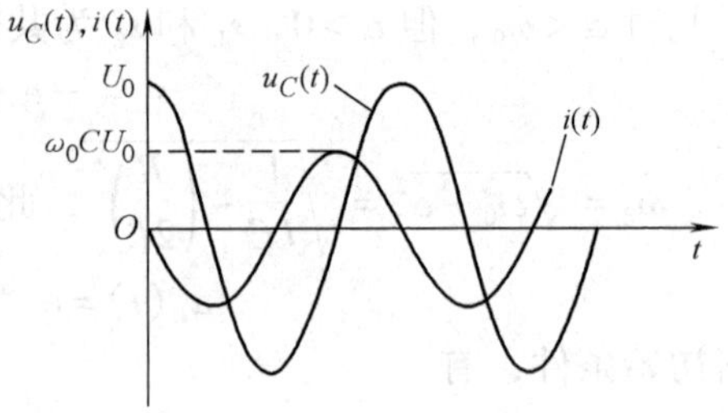

图 7-5 无阻尼情况下 $u_C(t)$、$i(t)$ 波形图

在无阻尼等幅振荡时，电路的瞬时的储能

$$\begin{aligned} W(t) &= \frac{1}{2}Cu_C^2(t) + \frac{1}{2}Li_L^2(t) \\ &= \frac{1}{2}CU_0^2\cos^2\omega_0 t + \frac{1}{2}L\omega_0^2 C^2 U_0^2\sin^2\omega_0 t \\ &= \frac{1}{2}CU_0^2\cos^2\omega_0 t + \frac{1}{2}L\frac{1}{LC}C^2 U_0^2\sin^2\omega_0 t \\ &= \frac{1}{2}CU_0^2(\cos^2\omega_0 t + \sin^2\omega t) \\ &= \frac{1}{2}CU_0^2 = W(0) \end{aligned}$$

这表明在 $t \geqslant 0$ 的任意时刻，电路的瞬时储能恒等于初始时刻储能，能量在电容和电感间往返转移，永不消失。电容储能到达最大值时，电感储能为零；电感储能到达最大值时，电容储能为零。

7.3 *RLC* 串联电路的零状态响应

零状态响应是在动态元件的初始储能为零的情况下，由外加激励（也就是独立源）引起的响应。如果图 7-1b 所示 *RLC* 串联电路中 $i_L(0)=0$、$u_C(0)=0$，则求解式（7-3）就是求解 u_C 零状态响应问题。为了分析方便，设 $u_{oc}(t)=U_s$。则有

$$\left.\begin{aligned}&LC\frac{d^2u_C}{dt^2}+RC\frac{du_C}{dt}+u_C=U_s \qquad t\geqslant 0\\&u_C(0)=0\\&\frac{du_C}{dt}\bigg|_{t=0}=\frac{i_L(0)}{C}=0\end{aligned}\right\} \tag{7-16}$$

此时电路的响应完全是由独立源所引起的。图 7-6 即表征了由式（7-16）描述的零状态响应问题。

式（7-16）中的微分方程的右端不为零，为非齐次方程。非齐次方程的解由两部分组成：其中一部分对应齐次方程的解，称为齐次解；另一部分为非齐次方程的特解。

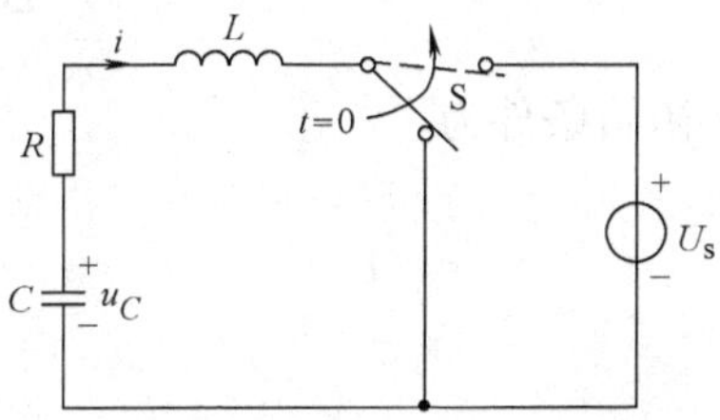

图 7-6 *RLC* 串联电路的零状态响应

齐次解的形式将随特征根的性质而定，如 7.2 节所述。但其中的常数 K_1、K_2，需在微分方程的全解中根据初始条件确定。特解的形式一般与方程右端的函数（即激励）有关。

满足式（7-16）中的微分方程的特解 $u_{Cp}(t)=U_s(t\geqslant 0)$。因此，若以特征根为两个不相等实数的情况为例，电路的响应可表示为

$$u_C(t)=K_1e^{s_1t}+K_2e^{s_2t}+U_s \qquad t\geqslant 0 \tag{7-17}$$

根据该式利用式（7-16）中初始条件可求得 K_1 和 K_2。

例 7-1 图 7-6 所示电路中，$R=3\Omega$，$C=1F$，$L=2H$，$U_s=10V$。求 $t\geqslant 0$ 时的 $u_C(t)$。

解 电路的微分方程为

$$2\frac{d^2u_C}{dt^2}+3\frac{du_C}{dt^2}+u_C=10 \qquad t\geqslant 0$$

方程的特征根

$$s_1=-1,\ s_2=-\frac{1}{2}$$

方程的齐次解

$$u_{Ch}(t)=K_1e^{-t}+K_2e^{-\frac{t}{2}}$$

方程的特解

$$u_{Cp}(t)=10 \qquad t\geqslant 0$$

因此，方程的全解为

$$u_C(t)=K_1e^{-t}+K_2e^{-\frac{t}{2}}+10 \qquad t\geqslant 0$$

根据初始条件

$$\begin{cases} u_C(0)=0 \\ \left.\dfrac{\mathrm{d}u_C}{\mathrm{d}t}\right|_{t=0}=\dfrac{i(0)}{C}=0 \end{cases}$$

解得　$K_1=10$，$K_2=-20$

所以　$u_C(t)=10\mathrm{e}^{-t}-20\mathrm{e}^{-\frac{t}{2}}+10 \qquad t\geqslant 0$

7.4 *RLC* 串联电路的全响应

全响应是由动态元件的初始储能和外加激励（也就是独立源）共同作用引起的响应。在图 7-1b 所示 *RLC* 串联电路中，设 $i_L(0)=I_0$、$u_C(0)=U_0$，$u_{\mathrm{oc}}(t)=U_{\mathrm{s}}(t\geqslant 0)$，则求解式（7-3）就是求解 u_C 的全响应问题。电路的微分方程为

$$LC\frac{\mathrm{d}^2u_C}{\mathrm{d}t^2}+RC\frac{\mathrm{d}u_C}{\mathrm{d}t}+u_C=U_{\mathrm{s}} \qquad t\geqslant 0 \tag{7-18}$$

初始条件为

$$\begin{cases} u_C(0)=U_0 \\ \left.\dfrac{\mathrm{d}u_C}{\mathrm{d}t}\right|_{t=0}=\dfrac{i_L(0)}{C}=\dfrac{I_0}{C} \end{cases}$$

式（7-18）的右端不为零，是非齐次方程。因此，方程的解由齐次解（自由响应解）和特解（强迫响应解）两部分组成。

齐次解的形式将随特征根的性质而定，如 7.2 节所述。但其中的常数 K_1、K_2，需在微分方程的全解中根据初始条件确定。特解的形式，一般与方程右端的函数（即激励）有关。

满足式（7-18）中的微分方程的特解 $u_{C\mathrm{p}}(t)=U_{\mathrm{s}}(t\geqslant 0)$。因此，若以特征根为两个不相等实数的情况为例，电路的响应可表示为

$$u_C(t)=K_1\mathrm{e}^{s_1t}+K_2\mathrm{e}^{s_2t}+U_{\mathrm{s}} \qquad t\geqslant 0$$

根据该式利用初始条件可求得 K_1 和 K_2。

从上述分析可以看到，*RLC* 串联电路的全响应和零状态响应的求解过程区别仅仅是它们使用不同的初始条件确定 K_1 和 K_2。

7.5 *GCL* 并联电路的分析举例

图 7-1c 所示的二阶电路，运用诺顿定理化简后就可得图 7-1d 所示的 *GCL* 并联电路。该电路的微分方程为

$$LC\frac{\mathrm{d}^2i_L}{\mathrm{d}t^2}+GL\frac{\mathrm{d}i_L}{\mathrm{d}t}+i_L=i_{\mathrm{sc}}(t) \tag{7-19}$$

解这个二阶微分方程便可求得 $i_L(t)$。

若把这个二阶微分方程与 RCL 串联电路的方程式（7-3）进行比较就会发现：把串联电路方程中的 u_C 换成 i_L，L 换成 C，C 换成 L，R 换成 G，$u_{oc}(t)$ 换成 $i_{sc}(t)$ 就会得到 GCL 并联电路的方程。这就是说 RCL 串联电路和 GCL 并联电路是具有对偶性质的电路。因此，按照上述的更换法则，不难从已有的串联电路解答得到并联电路的解答。

由式（7-8），运用对偶关系，可得 GCL 并联电路所对应的微分方程的特征根

$$s_{1,2} = -\frac{G}{2C} \pm \sqrt{\left(\frac{G}{2C}\right)^2 - \frac{1}{LC}} \tag{7-20}$$

例 7-2 图 7-7 所示电路，在 $t=0$ 时换路，换路前电路已处于稳态，试求 $i(t)$，$t\geqslant 0$。

解 确定初始条件

$$i(0_+) = i(0_-) = \frac{15}{25}\text{A} = 0.6\text{A}$$

$$u_C(0_+) = u_C(0_-) = 0$$

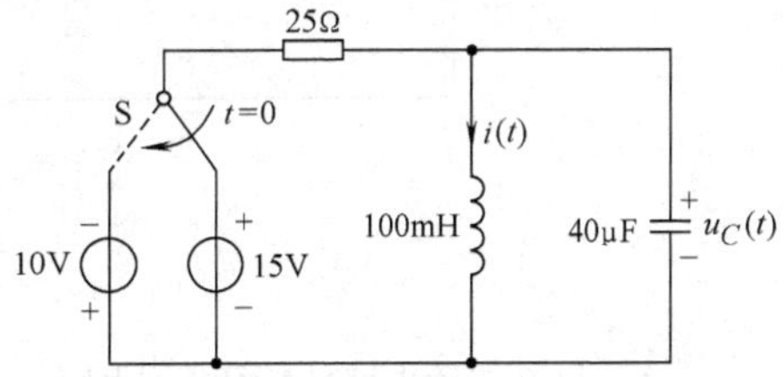

图 7-7 例 7-2 图

换路后 10V 电压源与 25Ω 的串联支路可化为等效电流源与 25Ω 并联电路，对 GCL 并联部分，由式（7-20）可得

$$s_{1,2} = -\frac{G}{2C} \pm \sqrt{\left(\frac{G}{2C}\right)^2 - \frac{1}{LC}} = -500$$

属临界阻尼，固有响应（齐次解）为

$$i_h(t) = (K_1 + K_2 t)\mathrm{e}^{-500t}$$

由换路后的直流稳态可得强迫响应(特解)为

$$i_p(t) = -\frac{10}{25}\text{A} = -0.4\text{A} \qquad t\geqslant 0$$

全响应(全解)为

$$i(t) = i_h(t) + i_p(t) = (K_1 + K_2 t)\mathrm{e}^{-500t} - 0.4 \qquad t\geqslant 0$$

由初始条件

$$i(0) = 0.6, u_C(0) = 0$$

可得 $i(0) = K_1 - 0.4 = 0.6$，$K_1 = 1$

又 $\left.\frac{\mathrm{d}i}{\mathrm{d}t}\right|_{t=0} = \frac{u_C(0)}{L} = \left(-500K_1\mathrm{e}^{-500t} + K_2\mathrm{e}^{-500t} - 500K_2 t\mathrm{e}^{-500t}\right)\Big|_{t=0}$

即 $0 = -500K_1 + K_2, K_2 = 500$

所以 $$i(t) = [(1+500t)\mathrm{e}^{-500t} - 0.4]\text{A} \qquad t\geqslant 0$$

习　题

7-1 图 7-8 所示电路中，判断哪些电路是二阶电路，并指出其中哪些电路的零输入响应可能出现振荡；给出出现振荡的条件。

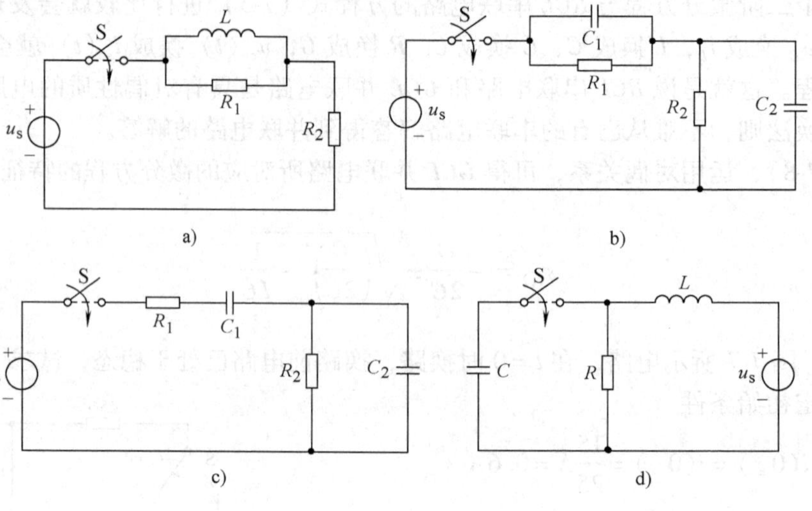

图 7-8　题 7-1 图

7-2　已知二阶电路的特征根分别为

（1）$s_1=-2$，$s_2=-3$；　　（2）$s_1=s_2=-2$；

（3）$s_1=\mathrm{j}2$，$s_2=-\mathrm{j}2$；　　（4）$s_1=-2+\mathrm{j}3$，$s_2=-2-\mathrm{j}3$。

试分别写出电路的零输入响应 $y(t)$ 的一般表达式。

7-3　求下列微分方程的特征根

（1）$\dfrac{\mathrm{d}^2u_C}{\mathrm{d}t^2}+4\dfrac{\mathrm{d}u_C}{\mathrm{d}t}+3u_C=0$

（2）$\dfrac{\mathrm{d}^2i_L}{\mathrm{d}t^2}+5\dfrac{\mathrm{d}i_L}{\mathrm{d}t}+6i_L=0$

7-4　图 7-9 所示电路中，$R=6\Omega$，$L=1\mathrm{H}$，$C=0.2\mathrm{F}$，$u_s=0$，已知 $u(0)=3\mathrm{V}$，$i(0)=1\mathrm{A}$。试求 $u(t)$、$i(t)$，$t\geqslant0$。

7-5　图 7-9 所示电路中，$R=4\Omega$，$L=2\mathrm{H}$，$C=0.5\mathrm{F}$，已知 $u(0)=-4\mathrm{V}$，$i(0)=0\mathrm{A}$。试求零输入响应 $u(t)$、$i(t)$，$t\geqslant0$。

7-6　电路如图 7-10 所示，在 $t=0$ 时换路，换路前电路已处于稳态。试求 $u_C(t)$、$i_L(t)$，$t\geqslant0$。

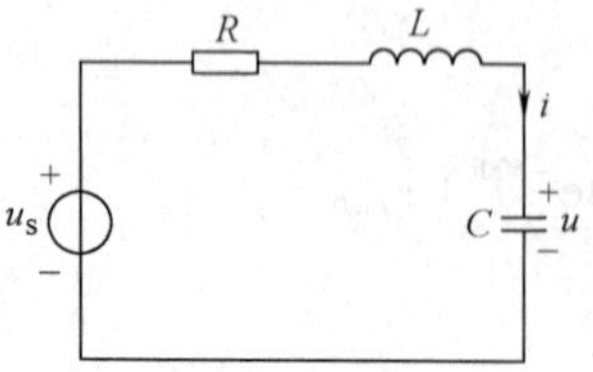

图 7-9　题 7-4 图

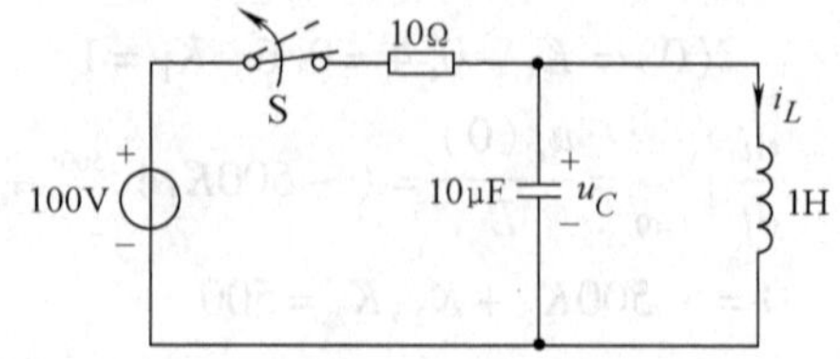

图 7-10　题 7-6 图

7-7　电路如图 7-11 所示，电压源在 $t=0$ 时接入电路，已知 $u_C(0)=0$、$i_L(0)=0$。试求 $u_C(t)$、$i_L(t)$，$t\geqslant0$。

7-8　电路如图 7-12 所示，在 $t=0$ 时换路，若要求开关闭合后电路中不出现过渡过程，则电路的初始状态 $u_C(0)$、$i_L(0)$ 应分别为何值？

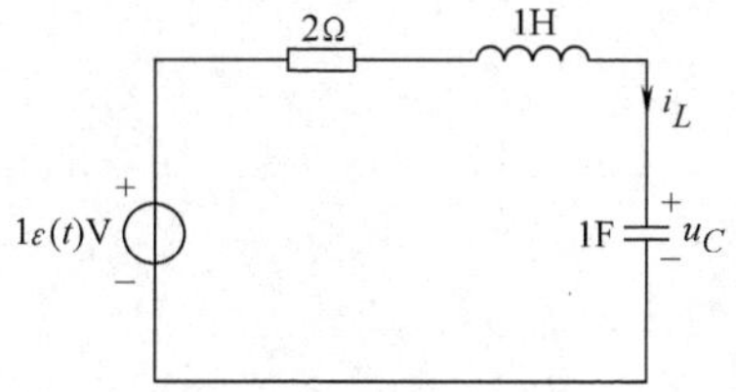

图 7-11 题 7-7 图

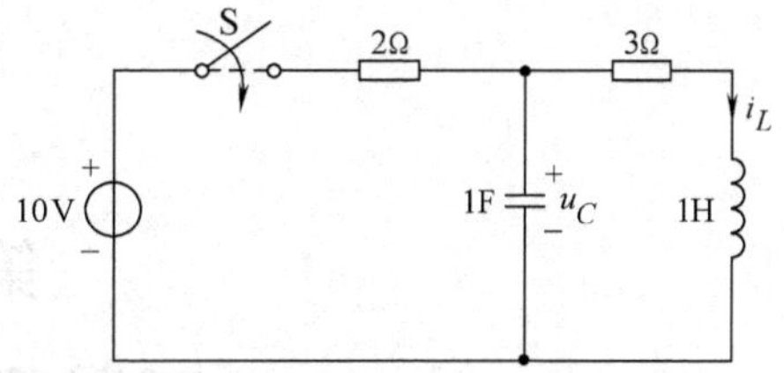

图 7-12 题 7-8 图

7-9 *GCL* 并联电路如图 7-13 所示，已知 $u_C(0)=1\text{V}$、$i_L(0)=2\text{A}$，试求 $u_C(t)$的零输入响应。

7-10 电路如图 7-14 所示，电流源在 $t=0$ 时接入电路，已知 $u_C(0)=0$、$i_L(0)=1\text{A}$，试求 $i_L(t)$的零输入响应、零状态响应和全响应。

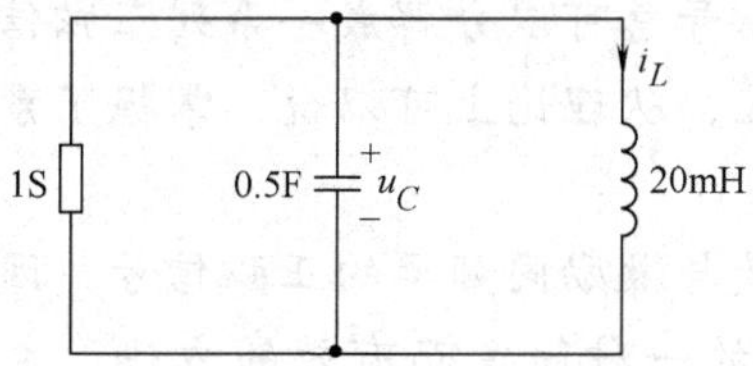

图 7-13 题 7-9 图

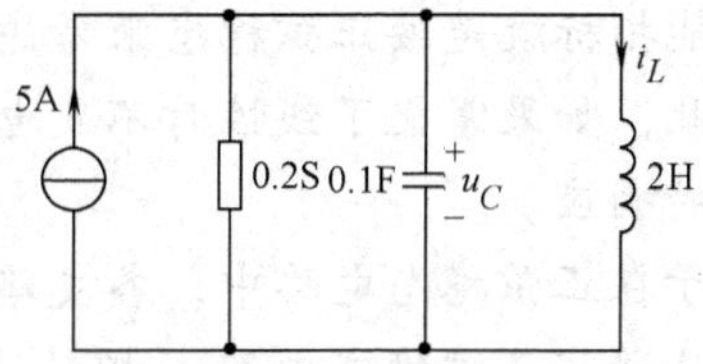

图 7-14 题 7-10 图

7-11 电路如图 7-15 所示，已知 $u_C(0)=5\text{V}$、$i_L(0)=0\text{A}$。

（1）试求 $i_L(t)$，$0\leqslant t\leqslant 1$；

（2）在 $t=1\text{s}$ 时换路，试求 $t\geqslant 1$ 时的 $i_L(t)$。

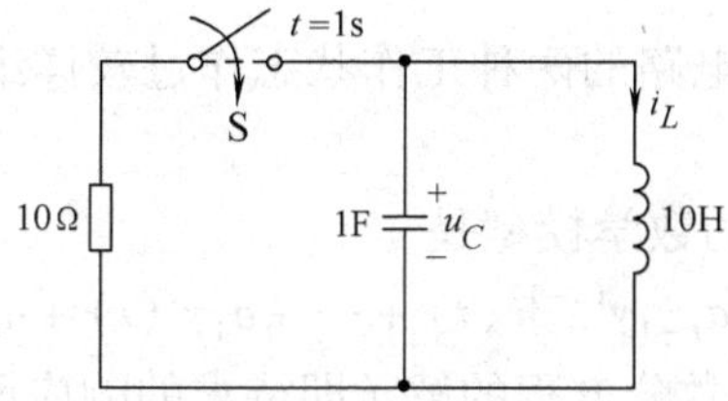

图 7-15 题 7-11 图

第 8 章 正弦稳态电路分析

从本章开始，将重点研究正弦稳态电路的分析方法。不论在实际运用还是理论分析，正弦稳态电路都是非常重要的。很多实际电路主要工作在稳定状态，因此，许多电气设备的设计、性能指标就是按正弦稳态来考虑的。又因为任意信号总可以分解成一系列正弦信号的叠加，因此，如果掌握了线性时不变电路的正弦稳态响应，从理论上可以说，掌握了系统对任意信号的响应。

由于在正弦稳态电路中，各支路的电压、电流都是与激励同频率的正弦信号，因此可以用相量法研究正弦稳态电路。相量法是分析正弦稳态的一种简便而有效的方法，主要内容有：正弦电压、电流的相量表示；两类约束的相量形式；阻抗、导纳及相量模型；电阻电路的分析方法推广应用于分析正弦稳态电路。

8.1 正弦稳态电路

在第 6 章对直流一阶动态电路的两种工作状态作过较详细的讨论，下面重点讨论正弦动态电路的暂态和稳态。

n 阶线性时不变动态电路的数学模型是

$$a_n y^{(n)}(t)+a_{n-1}y^{(n-1)}(t)+\cdots+a_1 y'(t)+a_0 y(t)=e(t) \tag{8-1}$$

式中，$e(t)$ 为激励信号；$y(t)$ 为微分方程的解（即待求的响应函数），它由两部分组成

$$y(t)=y_{\mathrm{h}}(t)+y_{\mathrm{p}}(t) \tag{8-2}$$

其中，$y_{\mathrm{h}}(t)$ 为式（8-1）所示微分方程所对应的齐次方程的通解，由微分方程的特征根决定，特征根一般为复数，但也可以是实数或虚数。在电路分析中特征根又称为电路的固有频率，因此，又称 $y_{\mathrm{h}}(t)$ 为电路的固有响应；$y_{\mathrm{p}}(t)$ 为微分方程的特解，由激励信号 $e(t)$ 的形式决定，称其为电路的强迫响应。

设电路的固有频率都是单根 s_1、s_2、$\cdots$、s_n（以下讨论的结果也适用于有重根的情况），电路的激励 $e(t)=E_{\mathrm{m}}\cos(\omega t+\theta)$ 为单一频率 ω 的正弦信号，且 $\mathrm{j}\omega$ 不是电路的固有频率，则电路的响应函数 $y(t)$ 的一般形式为

$$y(t)=\underbrace{K_1\mathrm{e}^{s_1 t}+K_2\mathrm{e}^{s_2 t}+\cdots+K_n\mathrm{e}^{s_n t}}_{y_{\mathrm{h}}(t)}+\underbrace{Y_{\mathrm{m}}\cos(\omega t+\varphi)}_{y_{\mathrm{p}}(t)} \tag{8-3}$$

如果所有的固有频率（即特征根）均位于**开左半复平面上**，则式（8-3）中的 $y_{\mathrm{h}}(t)$ 随 $t\to\infty$ 而衰减到零，最后 $y(t)$ 只剩下与激励 $e(t)$ 同频率的正弦项，即

$$\lim_{t\to\infty}y(t)=Y_{\mathrm{m}}\cos(\omega t+\varphi) \tag{8-4}$$

把固有频率均位于开左半复平面的电路称之为渐近稳定电路。

由以上分析可得如下重要结论：渐近稳定电路，若电路的激励为单一频率 ω 的正弦信号，则 $t\to\infty$ 时电路的响应也为与激励同频率的正弦信号，此时，称电路进入了正弦稳态。

可以看出：正弦稳态响应即为线性时不变渐近稳定电路在正弦信号激励下的强迫响应（即微分方程的特解）。

正弦动态电路进入稳态后，电路中各支路的电压、电流都是与激励信号同频率的正弦信号。我们用相量法研究正弦稳态电路。

8.2　复数

相量法是建立在把正弦信号用复数表示的基础上的，因此，应用相量法需要运用复数运算。本节对复数作简单介绍。

8.2.1　复数及其表示

一个复数有多种表示形式，设 A 为一复数

$$A = a_1 + ja_2 \tag{8-5}$$

式中，j 为虚数单位，$j=\sqrt{-1}$。在实际应用中，经常只保留复数的实部或虚部，可分别采用 Re 或 Im 两种记号表示取复数的实部或虚部，即

$$\mathrm{Re}[A] = \mathrm{Re}[a_1 + ja_2] = a_1 \tag{8-6}$$

$$\mathrm{Im}[A] = \mathrm{Im}[a_1 + ja_2] = a_2 \tag{8-7}$$

Re 和 Im 可以看作一种"算符"，复数经它们的运算后即分别取出该复数的实部和虚部。需要强调的是：所谓虚部是指 a_2 而不是指 ja_2。

式（8-5）称为复数的直角坐标式，它代表了复平面上坐标为（a_1，a_2）的点 A，如图 8-1 所示。一个复数 A，在复平面上也可以用一条由原点 O 到点 A 的有向线段表示。把这有向线段的长度记作 a，称为复数 A 的模，有向线段和正实轴的夹角 θ 称为复数 A 的辐角。由此，又可以得到复数的另一形式，即

$$A = a(\cos\theta + j\sin\theta) \tag{8-8}$$

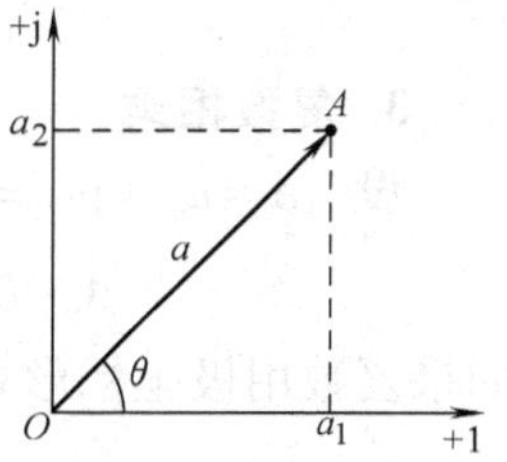

图 8-1　复数的表示

式（8-8）称为复数 A 的三角函数形式，根据欧拉公式

$$e^{j\theta} = \cos\theta + j\sin\theta$$

复数 A 还可以写成

$$A = ae^{j\theta} \tag{8-9}$$

式（8-9）称为复数 A 的极坐标形式。在工程上，常把式（8-9）简写为

$$A = a\angle\theta \tag{8-10}$$

并读为"a 在角度 θ"。

在运用复数分析和计算正弦稳态电路时，常常需要复数的直角坐标形式和极坐标形式间的相互转换，因此，上述两种形式之间的转换关系应熟练掌握。

8.2.2　复数的四则运算

1. 复数的相等

设　$A = a_1 + ja_2 = a\angle\theta_1$，$B = b_1 + jb_2 = b\angle\theta_2$，若

$$a_1 = b_1,\ a_2 = b_2\ (\text{或}\ a = b,\ \theta_1 = \theta_2)$$

则 $A = B$

即两复数的实部和虚部分别相等，则这两复数一定相等，在复平面上代表 A 的矢量与代表 B 的矢量一定完全重合。

2. 复数的加减

几个复数进行加、减运算时就是把它们的实部和虚部分别相加或相减。因此，复数的加、减运算必须用复数的直角坐标形式。

设 $A = a_1 + \mathrm{j}a_2$，$B = b_1 + \mathrm{j}b_2$，则

$$C = A \pm B = (a_1 + \mathrm{j}a_2) \pm (b_1 + \mathrm{j}b_2) = (a_1 \pm b_1) + \mathrm{j}(a_2 \pm b_2) = c_1 + \mathrm{j}c_2$$

复数的加、减运算也可以在复平面上用几何关系表示，图 8-2 和图 8-3 分别表示复数相加和相减的几何运算法则，它们遵循矢量加减的平行四边形法则。

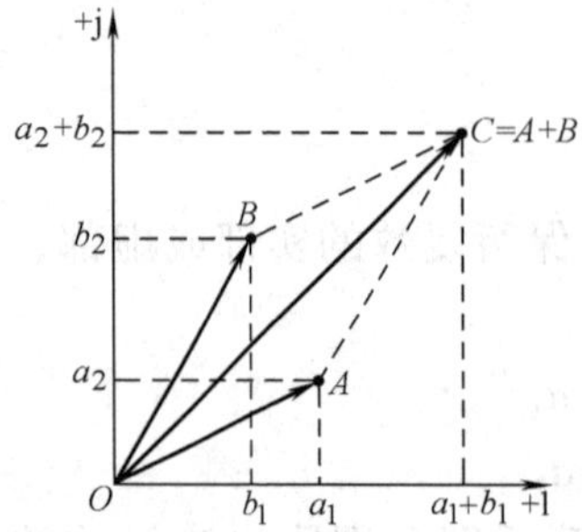

图 8-2 复数相加

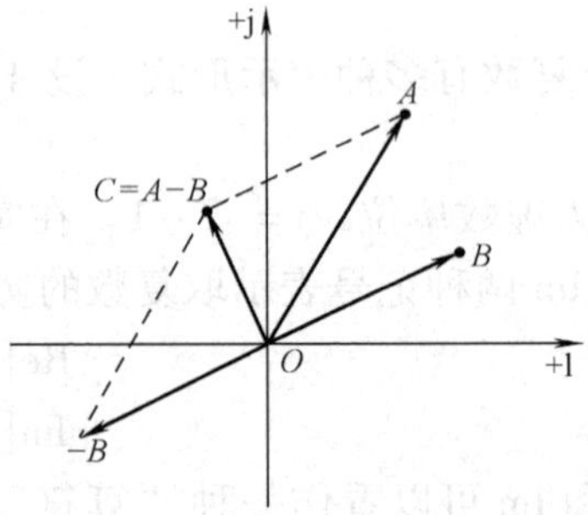

图 8-3 复数相减

3. 复数相乘

设 $A = a_1 + \mathrm{j}a_2 = a\angle\theta_1$，$B = b_1 + \mathrm{j}b_2 = b\angle\theta_2$，则

$$A \cdot B = (a_1 + \mathrm{j}a_2)(b_1 + \mathrm{j}b_2) = (a_1 b_1 - a_2 b_2) + \mathrm{j}(a_2 b_1 + a_1 b_2)$$

如果复数用极坐标形式表示，则有

$$A \cdot B = a\mathrm{e}^{\mathrm{j}\theta_1} b\mathrm{e}^{\mathrm{j}\theta_2} = ab\mathrm{e}^{\mathrm{j}(\theta_1 + \theta_2)} = ab\angle(\theta_1 + \theta_2)$$

即复数相乘时，其模相乘，辐角相加。

4. 复数相除

设 $A = a_1 + \mathrm{j}a_2 = a\angle\theta_1$，$B = b_1 + \mathrm{j}b_2 = b\angle\theta_2$，则

$$\frac{A}{B} = \frac{a_1 + \mathrm{j}a_2}{b_1 + \mathrm{j}b_2} = \frac{(a_1 + \mathrm{j}a_2)(b_1 - \mathrm{j}b_2)}{(b_1 + \mathrm{j}b_2)(b_1 - \mathrm{j}b_2)} = \frac{(a_1 b_1 + a_2 b_2) + \mathrm{j}(a_2 b_1 - a_1 b_2)}{b_1^2 + b_2^2}$$

$$= \frac{a_1 b_1 + a_2 b_2}{b_1^2 + b_2^2} + \mathrm{j}\,\frac{a_2 b_1 - a_1 b_2}{b_1^2 + b_2^2}$$

如果复数用极坐标形式表示,则有

$$\frac{A}{B} = \frac{a\mathrm{e}^{\mathrm{j}\theta_1}}{b\mathrm{e}^{\mathrm{j}\theta_2}} = \frac{a}{b}\mathrm{e}^{\mathrm{j}(\theta_1 - \theta_2)} = \frac{a}{b}\angle(\theta_1 - \theta_2)$$

即复数相除时，其模相除辐角相减。显然，复数的乘、除运算用极坐标形式简便。

5. 复数的共轭

若复数 $A=a_1+\mathrm{j}a_2=a\angle\theta_1$，$A^*=a_1-\mathrm{j}a_2=a\angle-\theta_1$，则称 A 和 A^* 互为共轭复数。即共轭复数之间，其模相等，辐角大小相等符号相反；或者说其实部相等，虚部大小相等符号相反。显然共轭复数满足

$$A\cdot A^*=(a_1+\mathrm{j}a_2)(a_1-\mathrm{j}a_2)=a_1^2+a_2^2=a^2=|A|^2$$

8.3 正弦电压、电流的相量表示

由于在正弦稳态电路中，各支路的电压、电流都是与激励同频率的正弦信号，因此，在已知激励信号的情况下，只需要求解待求正弦信号的振幅和初相即可。相量法是一种分析求解正弦稳态电路的有效方法。

下面讨论如何利用欧拉公式，把给定角频率 ω 的正弦信号表示为复数（即相量）。

如果复数 $A=|A|\mathrm{e}^{\mathrm{j}\theta}$中的辐角 $\theta=\omega t+\varphi$，则 A 就是一个复指数函数，其中 ω 为常量，单位为弧度每秒（rad/s），根据欧拉公式该复数可表示为

$$|A|\mathrm{e}^{\mathrm{j}(\omega t+\varphi)}=|A|\cos(\omega t+\varphi)+\mathrm{j}|A|\sin(\omega t+\varphi) \tag{8-11}$$

显然有

$$\left.\begin{aligned}|A|\cos(\omega t+\varphi)&=\mathrm{Re}[\,|A|\mathrm{e}^{\mathrm{j}(\omega t+\varphi)}\,]\\|A|\sin(\omega t+\varphi)&=\mathrm{Im}[\,|A|\mathrm{e}^{\mathrm{j}(\omega t+\varphi)}\,]\end{aligned}\right\} \tag{8-12}$$

因此，正弦电压可表示为

$$\begin{aligned}u(t)&=U_\mathrm{m}\cos(\omega t+\theta_u)=\mathrm{Re}[U_\mathrm{m}\mathrm{e}^{\mathrm{j}(\omega t+\theta_u)}]\\&=\mathrm{Re}[U_\mathrm{m}\mathrm{e}^{\mathrm{j}\theta_u}\mathrm{e}^{\mathrm{j}\omega t}]=\mathrm{Re}[\dot{U}_\mathrm{m}\mathrm{e}^{\mathrm{j}\omega t}]=\mathrm{Re}[\dot{U}_\mathrm{m}\angle\omega t]\end{aligned} \tag{8-13}$$

$$\dot{U}_\mathrm{m}=U_\mathrm{m}\mathrm{e}^{\mathrm{j}\theta_u}=U_\mathrm{m}\angle\theta_u \tag{8-14}$$

式中，$\dot{U}_\mathrm{m}$ 是一个与时间无关的复常数，该复常数 $\dot{U}_\mathrm{m}$ 称为正弦电压 $u(t)$ 的**振幅相量**，该复常数的模等于该正弦电压的振幅，辐角等于该正弦电压的初相。

同样，正弦电流可表示为

$$\begin{aligned}i(t)&=I_\mathrm{m}\cos(\omega t+\theta_i)=\mathrm{Re}[I_\mathrm{m}\mathrm{e}^{\mathrm{j}(\omega t+\theta_i)}]\\&=\mathrm{Re}[I_\mathrm{m}\mathrm{e}^{\mathrm{j}\theta_i}\mathrm{e}^{\mathrm{j}\omega t}]=\mathrm{Re}[\dot{I}_\mathrm{m}\mathrm{e}^{\mathrm{j}\omega t}]=\mathrm{Re}[\dot{I}_\mathrm{m}\angle\omega t]\end{aligned} \tag{8-15}$$

$$\dot{I}_\mathrm{m}=I_\mathrm{m}\mathrm{e}^{\mathrm{j}\theta_i}=I_\mathrm{m}\angle\theta_i \tag{8-16}$$

式中，$\dot{I}_\mathrm{m}$ 也是与时间无关的复常数，该复常数 $\dot{I}_\mathrm{m}$ 称为正弦电流 $i(t)$ 的振幅相量，该复常数的模等于该正弦电流的振幅，辐角等于该正弦电流的初相。

振幅相量是代表正弦信号的特殊复数，为了和一般复数有所区别，在字母上方加一点来表示，如式（8-14）、式（8-16）所示。

需要注意的是，相量是代表正弦信号的复数，因此相量和正弦信号是对应关系，这种对应关系常用双箭头“↔”表示，即

$$u(t)=U_\mathrm{m}\cos(\omega t+\theta_u)\leftrightarrow\dot{U}_\mathrm{m}=U_\mathrm{m}\mathrm{e}^{\mathrm{j}\theta_u}=U_\mathrm{m}\angle\theta_u \tag{8-17}$$

$$i(t)=I_\mathrm{m}\cos(\omega t+\theta_i)\leftrightarrow\dot{I}_\mathrm{m}=I_\mathrm{m}\mathrm{e}^{\mathrm{j}\theta_i}=I_\mathrm{m}\angle\theta_i \tag{8-18}$$

由以上讨论可看出：振幅相量根据正弦信号的振幅和初相可直接写出，相量不包含正弦信号的角频率 ω，但由于在正弦稳态电路中，各支路电压、电流都是与激励同频率的正弦信号，因此，激励信号为已知的条件下，由相量即可确定其对应的正弦信号。

相量是一复数，在复平面上可用有向线段表示，相量在复平面上的图称为**相量图**。

在式（8-13）中，复值函数 $\dot{U}_m\angle\omega t$ 可在复平面上用以恒定角速度 ω 逆时针旋转的矢量来表示，而相量 $\dot{U}_m=U_m\angle\theta_u$ 为旋转矢量在 $t=0$ 时刻的初始矢量，正弦量 $u(t)=U_m\cos(\omega t+\theta_u)$ 为旋转矢量 $\dot{U}_m\angle\omega t$ 在实轴上的投影。正弦电压与复值函数及相量之间的关系如图 8-4 所示。

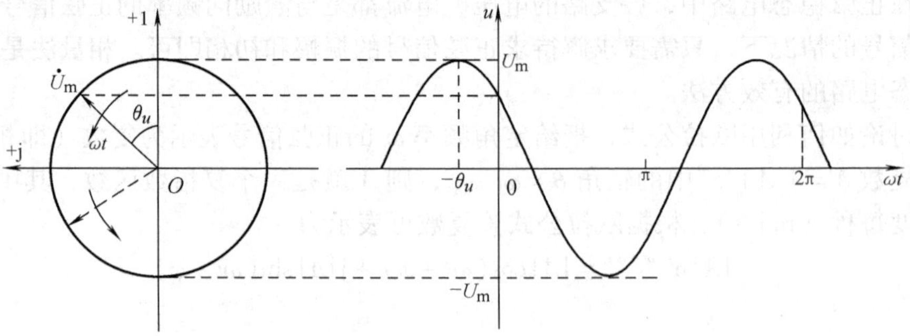

图 8-4 旋转矢量、相量、正弦量的几何关系

例 8-1 三个同频率的正弦电压分别为 $u_1(t)=4\cos(100\pi t+45°)\text{V}$，$u_2(t)=-5\cos(100\pi t-30°)\text{V}$，$u_3(t)=3\sin(100\pi t+30°)\text{V}$。试写出代表它们的振幅相量，并绘相量图。

解 （1）$u_1(t)=4\cos(100\pi t+45°)\text{V}\leftrightarrow\dot{U}_{1m}=4\angle 45°\text{V}$

（2）$u_2(t)=-5\cos(100\pi t-30°)\text{V}$

$$=5\cos(100\pi t-30°+180°)\text{V}\leftrightarrow\dot{U}_{2m}=5\angle 150°\text{V}$$

（3）需要指出：本书是用 $1\angle 0°$ 代表 $\cos\omega t$ 的，因此，以 sin 函数表示的正弦信号，应首先化为 cos 函数后再求其相应的相量。

$$u_3(t)=3\sin(100\pi t+30°)\text{V}$$

$$=3\cos(100\pi t+30°-90°)\text{V}\leftrightarrow\dot{U}_{3m}=3\angle -60°\text{V}$$

图 8-5 为三个正弦电压的相量图。由于它们都对应同频率的正弦信号，所以各相量之间的夹角在任何瞬间都是不变的。

例 8-2 已知振幅相量 $\dot{I}_{1m}=5\angle -60°\text{A}$，$\dot{I}_{2m}=10\angle 36.9°\text{A}$，$f=50\text{Hz}$，求它们所对应的正弦电流。

解 $\omega=2\pi f=100\pi\text{rad/s}$

因振幅相量提供了正弦信号的振幅及初相，由给定的角频率可写出

$$\dot{I}_{1m}=5\angle -60°\text{A}\leftrightarrow i_1(t)=5\cos(100\pi t-60°)\text{A}$$

$$\dot{I}_{2m}=10\angle 36.9°\text{A}\leftrightarrow i_2(t)=10\cos(100\pi t+36.9°)\text{A}$$

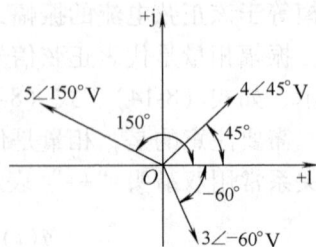

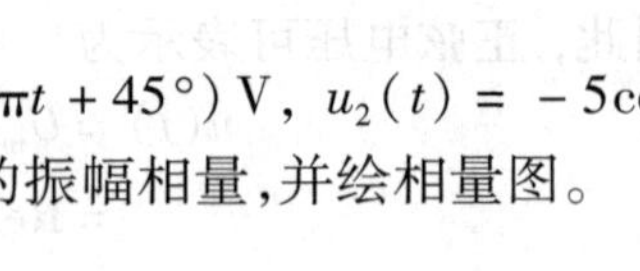

图 8-5 例 8-1 图

8.4 正弦电压、电流的有效值

周期电流、电压的瞬时值是随时间变化的，如何表示其大小呢？如果用瞬时值表示，必须同时给出对应的时刻，这显然不切实际，用平均值也是不合适的，这是因为有些周期信号，在一个周期内的平均值为零。

考虑到周期电压（电流）和直流电压（电流）作用于电阻时，电阻都要消耗电能，周期信号的大小是用它的平均做功能力来衡量的，即用周期信号的平均做功能力与直流电的效果相比较的方法定义周期信号的大小。

设有两个相同阻值的电阻 R，分别通以周期电流 $i(t)$ 和直流电流 I，当周期电流 $i(t)$ 流过一个电阻 R 时，在一个周期 T 内该电阻所消耗的电能为

$$\int_0^T p(t)\,\mathrm{d}t = \int_0^T Ri^2(t)\,\mathrm{d}t = R\int_0^T i^2(t)\,\mathrm{d}t \tag{8-19}$$

当直流电流 I 流过另一电阻 R 时，在相同的时间 T 内该电阻所消耗的电能为

$$PT = RI^2T \tag{8-20}$$

如果在相同的时间 T 内，这两个电阻 R 消耗的电能相等，就平均做功能力来说，这两个电流是等效的，就用该直流电流 I 的数值来表征周期电流 i 做功能力的大小，并且把这一特定值 I 称为周期电流 i 的**有效值**。

令 $RI^2T = R\int_0^T i^2(t)\,\mathrm{d}t$，可得周期电流有效值的定义式，即

$$I = \sqrt{\frac{1}{T}\int_0^T i^2(t)\,\mathrm{d}t} \tag{8-21}$$

类似地，可得周期电压的有效值

$$U = \sqrt{\frac{1}{T}\int_0^T u^2(t)\,\mathrm{d}t} \tag{8-22}$$

周期信号的有效值等于其瞬时值的平方在一个周期内的平均值的平方根，因此，有效值又称为**方均根值**。

对于正弦电流　　$i(t) = I_\mathrm{m}\cos(\omega t + \theta_i)$

其有效值为

$$\begin{aligned} I &= \sqrt{\frac{1}{T}\int_0^T I_\mathrm{m}^2\cos^2(\omega t + \theta_i)\,\mathrm{d}t} \\ &= \sqrt{\frac{1}{T}\int_0^T \frac{I_\mathrm{m}^2}{2}[1 + \cos(2\omega t + 2\theta_i)]\,\mathrm{d}t} \\ &= \sqrt{\frac{I_\mathrm{m}^2}{T}\frac{T}{2}} = \frac{I_\mathrm{m}}{\sqrt{2}} = 0.707I_\mathrm{m} \end{aligned} \tag{8-23}$$

类似地，对于正弦电压可得

$$U = \frac{U_\mathrm{m}}{\sqrt{2}} = 0.707U_\mathrm{m} \tag{8-24}$$

由此可见，正弦信号的有效值为其振幅的 $1/\sqrt{2}$，在实际工程中，经常用有效值作为正弦信号的一个特征，例如，大部分使用于50Hz 的交流仪表测读的数据都是有效值，人们在日常生活中用的交流电为220V 指的就是有效值，其振幅为 $\sqrt{2}\times220\text{V}=311\text{V}$。

引入有效值后，正弦电压、电流及其对应的振幅相量可表示为

$$u(t)=U_{\mathrm{m}}\cos(\omega t+\theta_u)=\sqrt{2}U\cos(\omega t+\theta_u)\leftrightarrow\dot{U}_{\mathrm{m}}=\sqrt{2}U\angle\theta_u \tag{8-25}$$

$$i(t)=I_{\mathrm{m}}\cos(\omega t+\theta_i)=\sqrt{2}I\cos(\omega t+\theta_i)\leftrightarrow\dot{I}_{\mathrm{m}}=\sqrt{2}I\angle\theta_i \tag{8-26}$$

把式(8-25)、式(8-26)中的 $U\angle\theta_u$ 和 $I\angle\theta_i$ 分别定义为电压、电流**有效值相量**。分别记为

$$\dot{U}=U\angle\theta_u \tag{8-27}$$

$$\dot{I}=I\angle\theta_i \tag{8-28}$$

有效值相量简称**相量**,除非有特别声明,本书所说的相量都是指有效值相量。

有效值相量和振幅相量的关系为 $\dot{U}_{\mathrm{m}}=\sqrt{2}\dot{U},\dot{I}_{\mathrm{m}}=\sqrt{2}\dot{I}$。

8.5 基尔霍夫定律的相量形式

线性时不变电路在单一频率的正弦信号激励下进入稳态后，因为各支路电流和电压都是与激励同频率的正弦波，因此可以将 KCL 和 KVL 表示为相量形式。

由式（8-15），在正弦稳态电路中任意时刻，对任意节点的 KCL 方程可表示为

$$\sum_{k=1}^{n}i_k(t)=\sum_{k=1}^{n}\mathrm{Re}[\dot{I}_{k\mathrm{m}}\mathrm{e}^{\mathrm{j}\omega t}]=0 \tag{8-29}$$

式中，$i_k(t)$ 为流入（或流出）该节点的第 k 条支路的正弦电流；$\dot{I}_{k\mathrm{m}}$ 为第 k 条支路正弦电流的振幅相量，$\dot{I}_{k\mathrm{m}}=I_{k\mathrm{m}}\angle\theta_k$；$n$ 为与该节点相连的支路数。

式（8-29）对任何时刻 t 都成立，故有

$$\sum_{k=1}^{n}\dot{I}_{k\mathrm{m}}=0 \tag{8-30}$$

式（8-30）称为 **KCL 的相量形式**。式（8-30）表明：在正弦稳态电路中流进（或流出）节点的电流相量的代数和为零。

同理，在正弦稳态电路中对任意回路的 KVL 方程可表示为

$$\sum_{k=1}^{n}u_k(t)=\sum_{k=1}^{n}\mathrm{Re}[\dot{U}_{k\mathrm{m}}\mathrm{e}^{\mathrm{j}\omega t}]=0 \tag{8-31}$$

式中，$u_k(t)$ 为该回路中第 k 条支路的正弦电压；$\dot{U}_{k\mathrm{m}}$ 为第 k 条支路正弦电压的振幅相量，$\dot{U}_{k\mathrm{m}}=U_{k\mathrm{m}}\angle\theta_k$；$n$ 为该回路所含的支路数。显然 **KVL 的相量形式**为

$$\sum_{k=1}^{n}\dot{U}_{k\mathrm{m}}=0 \tag{8-32}$$

如果电压、电流均用有效值相量表示，则有

$$\sum_{k=1}^{n}\dot{I}_k=0 \tag{8-33}$$

$$\sum_{k=1}^{n} \dot{U}_k = 0 \tag{8-34}$$

由以上讨论可知：在正弦稳态电路中，基尔霍夫定律采用其相量形式可避免繁琐的三角函数运算。

例 8-3　图 8-6 所示为正弦稳态电路中的某一节点，已知：

$$i_1(t) = 20\cos(\omega t + 53.1°)\,\text{A}$$

$$i_2(t) = 6\sqrt{2}\cos(\omega t - 45°)\,\text{A}$$

$$i_3(t) = 10\cos(\omega t - 90°)\,\text{A}$$

求 $i_4(t)$。

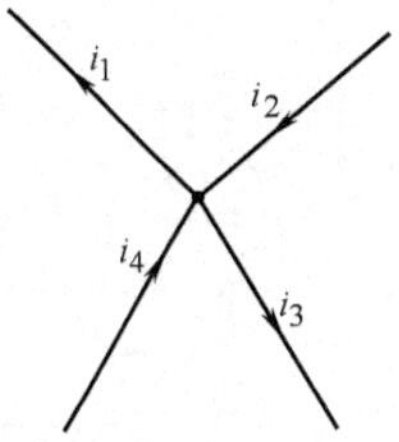

图 8-6　例 8-3 图

解　由 KCL 的相量形式可得

$$\dot{I}_{1m} - \dot{I}_{2m} + \dot{I}_{3m} - \dot{I}_{4m} = 0$$

式中，$\dot{I}_{4m}$为待求正弦电流 $i_4(t)$ 的振幅相量，其他已知正弦电流的振幅相量分别为 $\dot{I}_{1m} = 20\angle 53.1°\text{A}$，$\dot{I}_{2m} = 6\sqrt{2}\angle -45°\text{A}$，$\dot{I}_{3m} = 10\angle -90°\text{A}$。把已知相量代入上式可得

$$\begin{aligned}\dot{I}_{4m} &= \dot{I}_{1m} - \dot{I}_{2m} + \dot{I}_{3m}\\ &= 20\angle 53.1°\text{A} - 6\sqrt{2}\angle -45°\text{A} + 10\angle -90°\text{A}\\ &= (12 + \text{j}16)\text{A} - (6 - \text{j}6)\text{A} - \text{j}10\text{A}\\ &= (6 + \text{j}12)\text{A}\\ &= 6\sqrt{5}\angle 63.4°\text{A}\end{aligned}$$

最后根据正弦信号与相量的对应关系可得

$$i_4(t) = 6\sqrt{5}\cos(\omega t + 63.4°)\,\text{A}$$

例 8-4　图 8-7 所示正弦稳态电路，已知：

$$u_1(t) = 15\cos(\omega t - 126.9°)\,\text{V}$$

$$u_2(t) = \sqrt{5}\cos(\omega t + 63.4°)\,\text{V}$$

$$u_{ab}(t) = 2\sin(\omega t)\,\text{V}$$

求 $u_3(t)$。

图 8-7　例 8-4 图

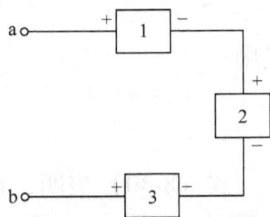

解　由 KVL 的相量形式可得

$$\dot{U}_{1m} + \dot{U}_{2m} - \dot{U}_{3m} - \dot{U}_{abm} = 0$$

式中，$\dot{U}_{3m}$为待求正弦电压 $u_3(t)$ 的振幅相量，其他已知正弦电压的振幅相量分别为 $\dot{U}_{1m} = 15\angle -126.9°\text{V}$，$\dot{U}_{2m} = \sqrt{5}\angle 63.4°\text{V}$，$\dot{U}_{abm} = 2\angle -90°\text{V}$。把已知相量代入上式可得

$$\begin{aligned}\dot{U}_{3m} &= \dot{U}_{1m} + \dot{U}_{2m} - \dot{U}_{abm}\\ &= 15\angle -126.9°\text{V} + \sqrt{5}\angle 63.4°\text{V} - 2\angle -90°\text{V}\\ &= (-9 - \text{j}12)\text{V} + (1 + \text{j}2)\text{V} + \text{j}2\text{V}\\ &= (-8 - \text{j}8)\text{V}\\ &= 8\sqrt{2}\angle -135°\text{V}\end{aligned}$$

最后根据正弦信号与相量的对应关系可得

$$u_3(t)=8\sqrt{2}\cos(\omega t-135^\circ)\,\text{V}$$

8.6 三种基本元件电压电流关系的相量形式

通过前面的讨论已知：三种基本元件在电压、电流取关联参考方向下其 VCR 分别为

$$u_R(t)=Ri(t) \tag{8-35}$$

$$i_C(t)=C\frac{\mathrm{d}u_C(t)}{\mathrm{d}t} \tag{8-36}$$

$$u_L(t)=L\frac{\mathrm{d}i_L(t)}{\mathrm{d}t} \tag{8-37}$$

在正弦稳态电路中，以上三种基本元件的电压、电流都是与激励同频率的正弦信号，因此，这些元件的 VCR 也可以用相量形式表示。下面分别讨论三种基本元件的正弦稳态特性。

8.6.1 电阻元件

1. 电阻元件 VCR 的时域形式

在正弦稳态电路中，线性时不变电阻其电压电流关系也服从欧姆定律。在图 8-8a 所示电阻元件中，设流过电阻元件的电流为

$$i(t)=I_{\mathrm{m}}\cos(\omega t+\theta_i)=\sqrt{2}I\cos(\omega t+\theta_i) \tag{8-38}$$

则由欧姆定律可得电阻两端的电压为

$$\begin{aligned}u(t)&=Ri(t)\\&=RI_{\mathrm{m}}\cos(\omega t+\theta_i)\\&=U_{\mathrm{m}}\cos(\omega t+\theta_u)\\&=\sqrt{2}U\cos(\omega t+\theta_u)\end{aligned} \tag{8-39}$$

式中

$$U=RI \tag{8-40}$$

$$\theta_u=\theta_i \tag{8-41}$$

式（8-40）表明，在正弦稳态下电阻元件上电压的有效值（或振幅）等于电流有效值（或振幅）乘以电阻值。式（8-41）则表明，电阻元件上的电压与电流是同相的，即相位差为零。在正弦稳态下电阻元件电压与电流的波形如图 8-8b 所示。

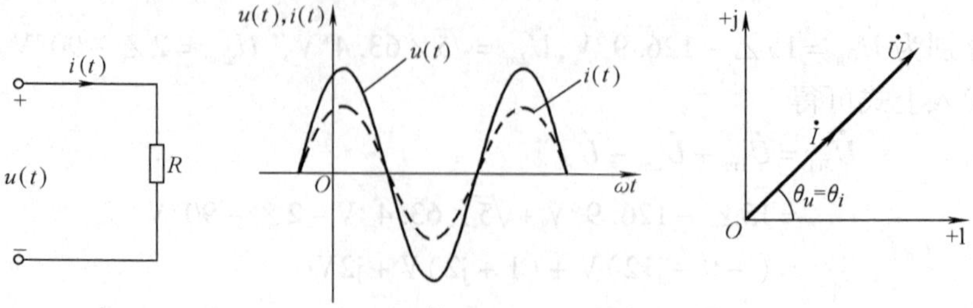

图 8-8 线性时不变电阻的正弦稳态特性

2. 电阻元件 VCR 的相量形式

在正弦稳态下，由式（8-13）和式（8-15），$u(t)=Ri(t)$可改写为

$$\mathrm{Re}[\dot{U}_{\mathrm{m}}\mathrm{e}^{\mathrm{j}\omega t}]=R\mathrm{Re}[\dot{I}_{\mathrm{m}}\mathrm{e}^{\mathrm{j}\omega t}]=\mathrm{Re}[R\dot{I}_{\mathrm{m}}\mathrm{e}^{\mathrm{j}\omega t}] \tag{8-42}$$

根据复值函数的运算关系可得

$$\dot{U}_{\mathrm{m}}=R\dot{I}_{\mathrm{m}} \tag{8-43}$$

称式（8-43）为**电阻元件 VCR 的相量关系式**，如采用有效值相量，则

$$\dot{U}=R\dot{I} \tag{8-44}$$

把式（8-43）改写为

$$U_{\mathrm{m}}\angle\theta_u=RI_{\mathrm{m}}\angle\theta_i \tag{8-45}$$

不难看到：电阻元件 VCR 的相量关系式，既包含了电阻元件电压与电流振幅（或有效值）之间的关系，又包含了电压与电流相位之间的关系，即

$$U_{\mathrm{m}}=RI_{\mathrm{m}}\ (\text{或 } U=RI) \tag{8-46}$$

$$\theta_u=\theta_i \tag{8-47}$$

电阻元件 VCR 的相量图如图 8-8c 所示。

8.6.2 电容元件

1. 电容元件 VCR 的时域形式

在图 8-9a 所示电容元件中，设电容两端的电压为

$$u(t)=U_{\mathrm{m}}\cos(\omega t+\theta_u)=\sqrt{2}U\cos(\omega t+\theta_u) \tag{8-48}$$

则由 $i_C(t)=C\dfrac{\mathrm{d}u_C(t)}{\mathrm{d}t}$可得流过电容的电流为

$$\begin{aligned}i_C(t)&=C\frac{\mathrm{d}u_C(t)}{\mathrm{d}t}=-\omega CU_{\mathrm{m}}\sin(\omega t+\theta_u)\\&=\omega CU_{\mathrm{m}}\cos(\omega t+\theta_u+90^\circ)\\&=I_{\mathrm{m}}\cos(\omega t+\theta_i)\end{aligned} \tag{8-49}$$

式中

$$I_{\mathrm{m}}=\omega CU_{\mathrm{m}} \tag{8-50}$$

$$\theta_i=\theta_u+90^\circ \tag{8-51}$$

式（8-50）表明，在正弦稳态下电容元件的电压与电流振幅（或有效值）之间的关系不仅与电容 C 有关，而且还与角频率 ω 有关。当 C 值一定时，对一定的电压 U_{m} 来说，ω 越高则 I_{m} 就越大，ω 越低则 I_{m} 就越小，当 $\omega=0$（相当于直流激励）时 $I_{\mathrm{m}}=0$ 即电容相当于开路。式（8-51）则表明，在正弦稳态下电容电流超前电压的角度为 90°。在正弦稳态下电容元件电压与电流波形如图 8-9b 所示。

2. 电容元件 VCR 的相量形式

电容电压 $u(t)$ 的相量为 $\dot{U}_{\mathrm{m}}=U_{\mathrm{m}}\angle\theta_u$，由式（8-49）电容电流 $i(t)$ 的相量可表示为

$$\begin{aligned}\dot{I}_{\mathrm{m}}&=\omega CU_{\mathrm{m}}\angle(\theta_u+90^\circ)\\&=\omega CU_{\mathrm{m}}\angle\theta_u\times1\angle90^\circ\\&=\omega C\dot{U}_{\mathrm{m}}\angle90^\circ\\&=\mathrm{j}\omega C\dot{U}_{\mathrm{m}}\end{aligned} \tag{8-52}$$

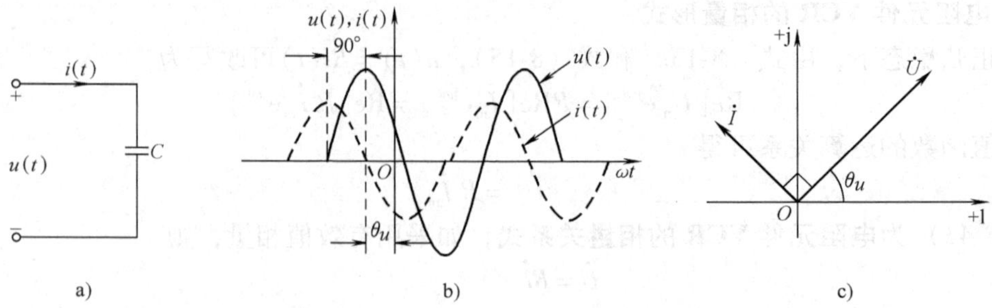

图 8-9 线性时不变电容的正弦稳态特性

式（8-52）反映了电容元件电流相量与电压相量之间的关系，称式（8-52）为**电容元件 VCR 的相量形式**，如采用有效值相量，则

$$\dot{I} = \mathrm{j}\omega C\dot{U} \tag{8-53}$$

把式（8-52）改写为

$$I_{\mathrm{m}}\angle\theta_i = \omega C U_{\mathrm{m}}\angle(\theta_u + 90°) \tag{8-54}$$

不难看到，电容元件 VCR 的相量关系式，既包含了电容元件在正弦稳态下电压与电流振幅（或有效值）之间的关系，又包含了电压与电流相位之间的关系，即

$$I_{\mathrm{m}} = \omega C U_{\mathrm{m}}\ (\text{或 } I = \omega C U) \tag{8-55}$$

$$\theta_i = \theta_u + 90° \tag{8-56}$$

电容元件 VCR 的相量图如图 8-9c 所示。

8.6.3 电感元件

1. 电感元件 VCR 的时域形式

在图 8-10a 所示电感元件中，设电感的电流为

$$i(t) = I_{\mathrm{m}}\cos(\omega t + \theta_i) = \sqrt{2}I\cos(\omega t + \theta_i) \tag{8-57}$$

则由 $u_L(t) = L\dfrac{\mathrm{d}i_L(t)}{\mathrm{d}t}$ 可得电感两端的电压为

$$\begin{aligned} u_L(t) &= L\frac{\mathrm{d}i_L(t)}{\mathrm{d}t} = -\omega L I_{\mathrm{m}}\sin(\omega t + \theta_i) \\ &= \omega L I_{\mathrm{m}}\cos(\omega t + \theta_i + 90°) \\ &= U_{\mathrm{m}}\cos(\omega t + \theta_u) \\ &= \sqrt{2}U\cos(\omega t + \theta_u) \end{aligned} \tag{8-58}$$

式中

$$U_{\mathrm{m}} = \omega L I_{\mathrm{m}} \tag{8-59}$$

$$\theta_u = \theta_i + 90° \tag{8-60}$$

式（8-59）表明，在正弦稳态下电感元件的电压与电流振幅（或有效值）之间的关系不仅与电感 L 有关，而且还与角频率 ω 有关。当 L 值一定时，对一定的电流 I_{m} 来说，ω 越高则 U_{m} 就越大，ω 越低则 U_{m} 就越小。当 $\omega = 0$（相当于直流激励）时 $U_{\mathrm{m}} = 0$ 即电感相当于短

路。式（8-60）则表明，在正弦稳态下电感电流滞后电压的角度为90°。在正弦稳态下电感元件电压与电流波形如图8-10b所示。

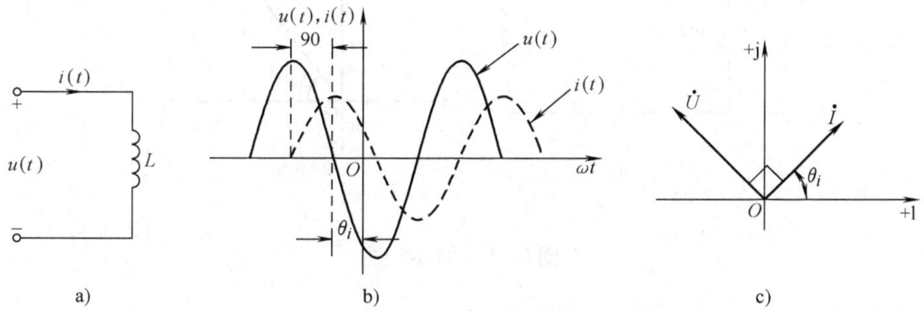

图8-10　线性时不变电感的正弦稳态特性

2. 电感元件VCR的相量形式

电感电流 $i(t)$ 的相量为 $\dot{I}_m = I_m\angle\theta_i$，由式（8-58）电感电压 $u(t)$ 的相量可表示为

$$\begin{aligned}\dot{U}_m &= \omega LI_m\angle(\theta_i+90^\circ)\\ &= \omega LI_m\angle\theta_i\times1\angle90^\circ\\ &= \omega L\dot{I}_m\angle90^\circ\\ &= j\omega L\dot{I}_m\end{aligned}\tag{8-61}$$

式（8-61）反映了电感元件电压相量与电流相量之间的关系，称式（8-61）为**电感元件VCR的相量形式**，如采用有效值相量，则

$$\dot{U} = j\omega L\dot{I}\tag{8-62}$$

把式（8-61）改写为

$$U_m\angle\theta_u = \omega LI_m\angle(\theta_i+90^\circ)\tag{8-63}$$

不难看到，电感元件VCR的相量关系式，既包含了电感元件在正弦稳态下电压与电流振幅（或有效值）之间的关系，又包含了电压与电流相位之间的关系。即

$$U_m = \omega LI_m\ (\text{或}\ U=\omega LI)\tag{8-64}$$

$$\theta_u = \theta_i + 90^\circ\tag{8-65}$$

电感元件VCR的相量图如图8-10c所示。

例8-5　电路如图8-11a所示，已知 $i_s(t)=2\cos(1000t+90^\circ)\text{A}$，$R=10\Omega$，$L=2.5\text{mH}$，$C=100\mu\text{F}$，求 $u(t)$。

解　(1) 先写出电流源的电流相量

$$i_s(t)\leftrightarrow\dot{I}_{sm}=2\angle90^\circ\text{A}=j2\text{A}$$

(2) 根据元件VCR的相量关系得

$$\dot{U}_{Rm}=R\dot{I}_{sm}=j20\text{V}$$

$$\dot{U}_{Lm}=j\omega L\dot{I}_{sm}=-5\text{V}$$

$$\dot{U}_{Cm}=\frac{1}{j\omega C}\dot{I}_{sm}=20\text{V}$$

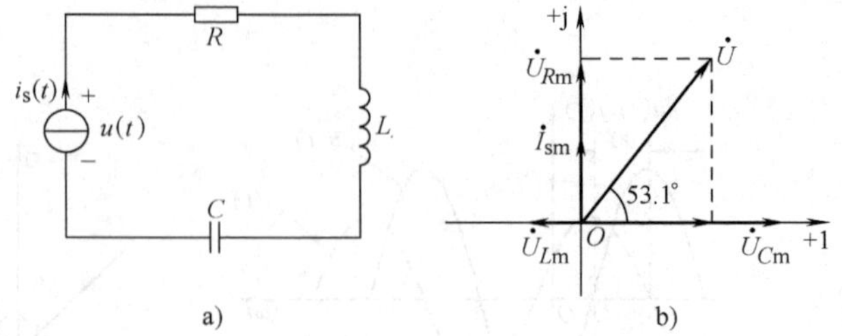

图 8-11 例 8-5 图

(3) 由 KVL 的相量形式可得

$$\dot{U}_{\mathrm{m}}=\dot{U}_{R\mathrm{m}}+\dot{U}_{L\mathrm{m}}+\dot{U}_{C\mathrm{m}}=(15+\mathrm{j}20)\mathrm{V}=25\angle 53.1^{\circ}\mathrm{V}$$

(4) 由正弦信号与相量的对应关系可写出

$$u(t)=25\cos(1000t+53.1^{\circ})\mathrm{V}$$

相量图如图 8-11b 所示。

例 8-6 图 8-12 所示正弦稳态电路中交流电流表均为理想的，其中电流表 A_1 的读数为 3A，A_2 的读数为 8A，A_3 的读数为 4A。求：

(1) 电流表 A 的读数；

(2) 维持电压源的电压大小不变，而把电源的角频率提高一倍，再求电流表 A 的读数。

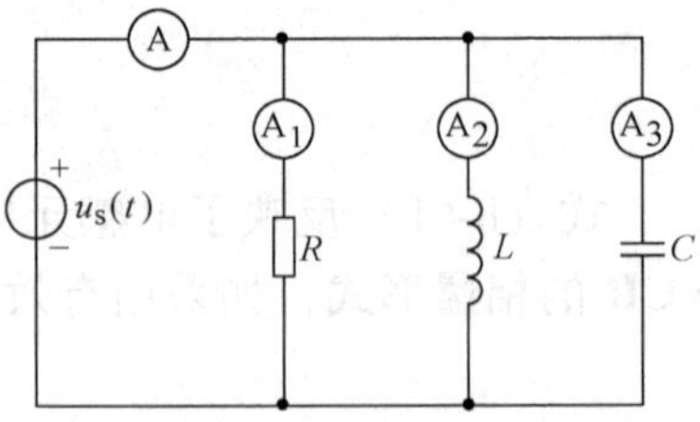

图 8-12 例 8-6 图

解 (1) 各电流表的读数就是所在支路正弦电流的有效值（即电流相量的模）。三个元件是并联的，因此，三个元件的端电压相等。显然，如果选择电压相量为参考相量，即 $\dot{U}_{\mathrm{s}}=U\angle 0^{\circ}\mathrm{V}$，则由三种元件 VCR 的相量形式可很方便地确定各支路电流的相量

$$\dot{I}_1=3\angle 0^{\circ}\mathrm{A},\ \dot{I}_2=8\angle -90^{\circ}=-\mathrm{j}8\mathrm{A},\ \dot{I}_3=4\angle 90^{\circ}=\mathrm{j}4\mathrm{A}$$

根据 KCL 的相量形式可得

$$\dot{I}=\dot{I}_1+\dot{I}_2+\dot{I}_3=(3-\mathrm{j}4)\mathrm{A}=5\angle -53.1^{\circ}\mathrm{A}$$

电流表 A 的读数为电流相量 $\dot{I}$ 的模，即 5A。

(2) 电阻元件的电流只与其两端电压的大小有关而与频率无关，而电感元件和电容元件的电流不仅与其两端电压大小有关而且还与频率有关，因此，当电源电压的大小保持不变而频率发生变化时，电阻的电流维持不变，电感的电流减小一倍，电容的电流则增大一倍，即

$$\dot{I}_1=3\angle 0^{\circ}\mathrm{A},\ \dot{I}_2=4\angle -90^{\circ}\mathrm{A}=\mathrm{j}4\mathrm{A},\ \dot{I}_3=8\angle 90^{\circ}\mathrm{A}=\mathrm{j}8\mathrm{A}$$

$$\dot{I}=\dot{I}_1+\dot{I}_2+\dot{I}_3=(3+\mathrm{j}4)\mathrm{A}=5\angle 53.1^{\circ}\mathrm{A}$$

电流表 A 的读数仍为 5A。

8.7　阻抗、导纳及相量模型

通过上节的讨论已知：三种基本元件在关联参考方向下，其 VCR 的相量形式为

$$\left.\begin{aligned}\dot{U}_R &= R\,\dot{I}_R\\ \dot{U}_C &= \frac{1}{\mathrm{j}\omega C}\dot{I}_C\\ \dot{U}_L &= \mathrm{j}\omega L\,\dot{I}_L\end{aligned}\right\}\tag{8-66}$$

把元件在正弦稳态时电压相量与电流相量之比定义为该元件的阻抗（Impedance），且记为 Z，即

$$\frac{\dot{U}}{\dot{I}} = Z\tag{8-67}$$

由于

$$\frac{\dot{U}_{\mathrm{m}}}{\dot{I}_{\mathrm{m}}} = \frac{\sqrt{2}\dot{U}}{\sqrt{2}\dot{I}} = \frac{\dot{U}}{\dot{I}} = Z$$

因此，元件的阻抗也可定义为电压振幅相量与电流振幅相量之比，显然阻抗的单位为欧姆（Ω）。由阻抗的定义，三种基本元件 VCR 的相量形式可统一为

$$\dot{U} = Z\dot{I}\tag{8-68}$$

把式（8-68）常称为欧姆定律的相量形式，显然，三种基本元件的阻抗分别为

$$\left.\begin{aligned}Z_R &= R\\ Z_C &= \frac{1}{\mathrm{j}\omega C} = -\mathrm{j}\,\frac{1}{\omega C}\\ Z_L &= \mathrm{j}\omega L\end{aligned}\right\}\tag{8-69}$$

把阻抗的倒数定义为导纳（Admittance），且记为 Y，即

$$Y = \frac{1}{Z} = \frac{\dot{I}}{\dot{U}} = \frac{\dot{I}_{\mathrm{m}}}{\dot{U}_{\mathrm{m}}}\tag{8-70}$$

导纳的单位为西门子（S）。由导纳的定义，三种基本元件 VCR 的相量形式还可统一为

$$\dot{I} = Y\,\dot{U}\tag{8-71}$$

式（8-71）也常称为欧姆定律的相量形式，显然，三种基本元件的导纳分别为

$$\left.\begin{aligned}Y_R &= \frac{1}{R} = G\\ Y_C &= \mathrm{j}\omega C\\ Y_L &= \frac{1}{\mathrm{j}\omega L} = -\mathrm{j}\,\frac{1}{\omega L}\end{aligned}\right\}\tag{8-72}$$

阻抗和导纳的引入对正弦稳态电路的分析起着非常重要的作用。由式（8-69）、式（8-72）可知：电容、电感的阻抗和导纳均为虚数。电容和电感的阻抗表示为 $Z = \mathrm{j}X$，并把 X 称为电抗；电容和电感的导纳表示为 $Y = \mathrm{j}B$，并把 B 称为电纳。

对电容来说

$$X = X_C = \mathrm{Im}[Z] = -1/\omega C \tag{8-73}$$

$$B = B_C = \mathrm{Im}[Y] = \omega C \tag{8-74}$$

式中，X_C 称为电容的电抗，$X_C = -1/\omega C$，简称容抗；B_C 称为电容的电纳，$B_C = \omega C$，简称容纳。

对电感来说

$$X = X_L = \mathrm{Im}[Z] = \omega L \tag{8-75}$$

$$B = B_L = \mathrm{Im}[Y] = -1/\omega L \tag{8-76}$$

式中，X_L 称为电感的电抗，$X_L = \omega L$，简称感抗；B_L 称为电感的电纳，$B_L = -1/\omega L$，简称感纳。

通过以上讨论可知：在正弦稳态电路中如果电压、电流用相量表示，元件用阻抗（或导纳）表示，则这些相量必须服从基尔霍夫定律的相量形式和欧姆定律的相量形式，为便于用复数分析正弦稳态电路，有必要引入相量模型的概念。以前所讨论的电路模型中元件是用 R、L、C 等元件参数来表征的，称为时域模型，时域模型在图中记为 N，时域模型反映了电压与电流时间函数之间的关系。对时域模型需要列电路的微分方程。所谓相量模型是一种假想的模型，相量模型和所对应的时域模型具有完全相同的拓扑结构，在相量模型中只是把时域模型中的所有电压、电流均用相量表示，各个元件均用阻抗（或导纳）表示即可。如图 8-13 所示，其中图 8-13b 为图 8-13a 的相量模型。之所以称相量模型是假想的模型，是因为实际上并不存在用复数来计量的电压和电流，也没有一个元件参数会是虚数，相量模型仅仅是一种分析和计算正弦稳态电路的工具。相量模型在图中记为 N_ω。

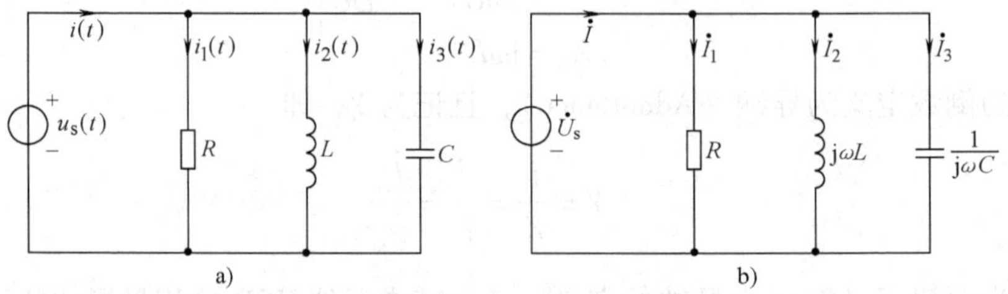

图 8-13

a）时域模型 N　b）相量模型 N_ω

基尔霍夫定律的相量形式和欧姆定律的相量形式，其形式和直流电阻电路中所讨论的同一定律的形式完全相同，其差别仅在于用电压、电流相量代替电阻电路中相应公式的电压、电流；用阻抗（或导纳）代替电阻（或电导）即可。由这一对应关系，计算直流电阻电路的诸公式和方法，都完全可以用到正弦稳态电路的分析中。换句话说，运用相量、阻抗和导纳、相量模型，正弦稳态电路的分析计算可以仿照直流电阻电路的方法来进行。这样，在分析正弦稳态电路时，不仅可以省略列微分方程，同时还可以利用电阻电路的分析方法进行分析。

阻抗及导纳的概念也可推广运用于不含独立源的单口网络，在这种情况下，式（8-67）

及式（8-70）中的 $\dot{U}$ 和 $\dot{I}$ 是指单口网络端钮的电压相量和电流相量，Z 和 Y 则分别为单口网络的输入阻抗和输入导纳。不难得知，若单口网络由 n 个元件串联组成，则该单口网络的阻抗为

$$Z = \sum_{k=1}^{n} Z_k \tag{8-77}$$

若单口网络由 n 个元件并联组成，则该单口网络的导纳为

$$Y = \sum_{k=1}^{n} Y_k \tag{8-78}$$

最后，讨论阻抗 Z（或导纳 Y）所含的物理意义。设不含独立源的单口网络 N_0，在正弦稳态时其端口电压和电流相量分别为 $\dot{U} = U\angle\theta_u$，$\dot{I} = I\angle\theta_i$，且 $\dot{U}$ 和 $\dot{I}$ 取关联参考方向，则单口网络 N_0 的输入阻抗为

$$Z = \frac{\dot{U}}{\dot{I}} = \frac{U\angle\theta_u}{I\angle\theta_i} = \frac{U}{I}\ (\theta_u - \theta_i) = |Z|\ \angle\varphi_z \tag{8-79}$$

式中，$|Z|$ 称为阻抗的模，$|Z| = \dfrac{U}{I} = \dfrac{U_m}{I_m}$；$\varphi_z$ 称为阻抗的辐角，$\varphi_z = \theta_u - \theta_i$。

因为阻抗 Z 是复数，又可以写为

$$Z = \frac{\dot{U}}{\dot{I}} = |Z|\angle\varphi_z = |Z|(\cos\varphi_z + \mathrm{j}\sin\varphi_z) = R + \mathrm{j}X \tag{8-80}$$

其实部为电阻，虚部为电抗。

由式（8-79）可以看出：阻抗的模 $|Z|$ 表明单口网络在正弦稳态时端口电压有效值（或振幅）和电流有效值（或振幅）的比值关系；阻抗的辐角 φ_z 表明单口网络端口电压与电流的相位关系，根据阻抗的辐角 φ_z 的正、负，即可判断端口电压与电流的相位关系。如果 $\varphi_z > 0$，则表明端口电压超前于电流的角度为 $|\varphi_z|$，单口网络阻抗的电抗部分 $X > 0$，即单口网络呈电感性；如果 $\varphi_z < 0$，则表明电压滞后于电流的角度为 $|\varphi_z|$，单口网络阻抗的电抗部分 $X < 0$，即单口网络呈电容性；如果 $\varphi_z = 0$，则表明电压与电流同相，单口网络阻抗的电抗部分 $X = 0$，即单口网络呈电阻性。因此，掌握了单口网络的输入阻抗 Z，也就掌握了该单口网络在正弦稳态时的特性。对输入导纳 Y 也可作出类似的结论。

8.8 正弦稳态简单电路的分析

通过上一节的讨论已知：正弦稳态电路的分析可以仿照直流电阻电路的分析方法，本节将通过串、并、混联电路，具体讨论如何仿照直流电阻电路的分析方法分析正弦稳态电路。

8.8.1 串联电路的分析

例 8-7 *RLC* 串联电路如图 8-14a 所示，已知 $u_s(t) = 10\cos1000t$ V，$R = 3\Omega$，$L = 6$mH，$C = 500\mu$F。试求电流 $i(t)$ 以及各元件的电压。

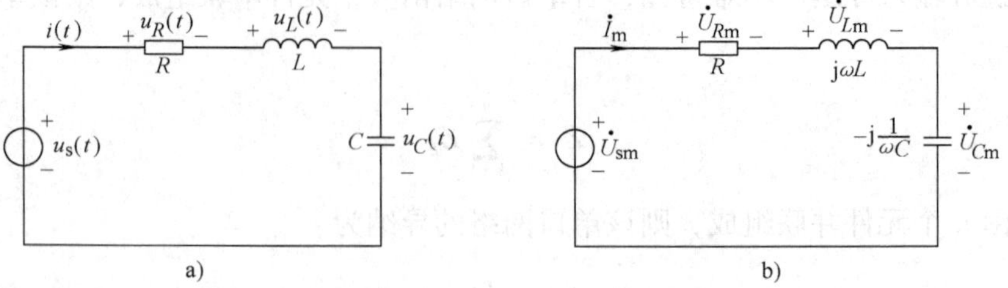

图 8-14 例 8-7 图

a）时域模型 N b）相量模型 N_ω

解 仿照直流电阻电路的分析方法求解正弦稳态电路时需要以下四个步骤：

（1）写出已知正弦信号的相量。本题中对应于电压源 $u_s(t)$ 的振幅相量为

$$\dot{U}_{sm}=10\angle 0°\text{V}$$

（2）作出对应于时域模型的相量模型，如图 8-14b 所示。

（3）由相量模型，仿照直流电阻电路的分析方法，求解待求正弦信号的相量。

该电路三个元件串联的总阻抗为

$$Z=Z_R+Z_L+Z_C=R+\text{j}\omega L+\frac{1}{\text{j}\omega C}=(3+\text{j}6-\text{j}2)\Omega$$

$$=(3+\text{j}4)\Omega=5\angle 53.1°\Omega$$

由欧姆定律的相量形式可得

$$\dot{I}_m=\frac{\dot{U}_{sm}}{Z}=\frac{10\angle 0°}{5\angle 53.1°}\text{A}=2\angle -53.1°\text{A}$$

再由元件 VCR 的相量形式可得

$$\dot{U}_{Rm}=Z_R\dot{I}_m=3\times 2\angle -53.1°\text{V}=6\angle -53.1°\text{V}$$

$$\dot{U}_{Lm}=Z_L\dot{I}_m=\text{j}6\times 2\angle -53.1°\text{V}=12\angle 36.9°\text{V}$$

$$\dot{U}_{Cm}=Z_C\dot{I}_m=-\text{j}2\times 2\angle -53.1°\text{V}=4\angle -143.1°\text{V}$$

每个元件上的电压相量也可仿照直流电阻电路中串联电路的分压关系求得，即

$$\dot{U}_{Rm}=\frac{Z_R}{Z}\dot{U}_{sm}=\frac{3}{5\angle 53.1°}\times 10\angle 0°\text{V}=6\angle -53.1°\text{V}$$

$$\dot{U}_{Lm}=\frac{Z_L}{Z}\dot{U}_{sm}=\frac{\text{j}6}{5\angle 53.1°}\times 10\angle 0°\text{V}=12\angle 36.9°\text{V}$$

$$\dot{U}_{Cm}=\frac{Z_C}{Z}\dot{U}_{sm}=\frac{-\text{j}2}{5\angle 53.1°}\times 10\angle 0°\text{V}=4\angle -143.1°\text{V}$$

（4）最后根据求得的各相量写出相对应的正弦信号

$$\dot{I}_{m} \leftrightarrow i(t) = 2\cos(1000t - 53.1°)\ \text{A}$$

$$\dot{U}_{Rm} \leftrightarrow u_R(t) = 6\cos(1000t - 53.1°)\ \text{V}$$

$$\dot{U}_{Lm} \leftrightarrow u_L(t) = 12\cos(1000t + 36.9°)\ \text{V}$$

$$\dot{U}_{Cm} \leftrightarrow u_C(t) = 4\cos(1000t - 143.1°)\ \text{V}$$

各电压、电流的相量图如图 8-15a、b 所示，相量图一目了然地表明了各相量之间的关系。图 8-15a 和图 8-15b 实质上是一样的，但图 8-15b 更清楚地表明了 $\dot{U}_{sm} = \dot{U}_{Rm} + \dot{U}_{Lm} + \dot{U}_{Cm}$ 这一关系。

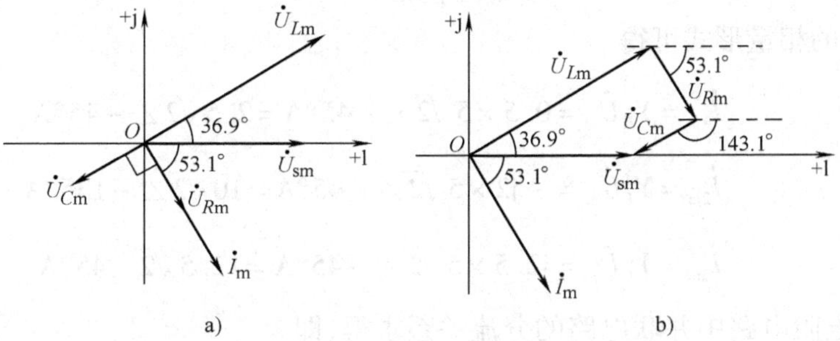

图 8-15　例 8-7 相量图

从计算结果可看到，电感元件两端电压的振幅比电源电压的振幅还大，这在正弦交流电路中是完全可能的，这是因为各电压之间有相位差，它们的最大值并不一定发生在同一时刻。

8.8.2　并联电路的分析

例 8-8　如图 8-16a 所示 GCL 并联电路，已知 $G = 0.5\text{S}$、$L = 50\text{mH}$、$C = 0.25\text{F}$、$i_s(t) = 5\cos 10t\text{A}$。试求电压 $u(t)$ 以及各支路电流。

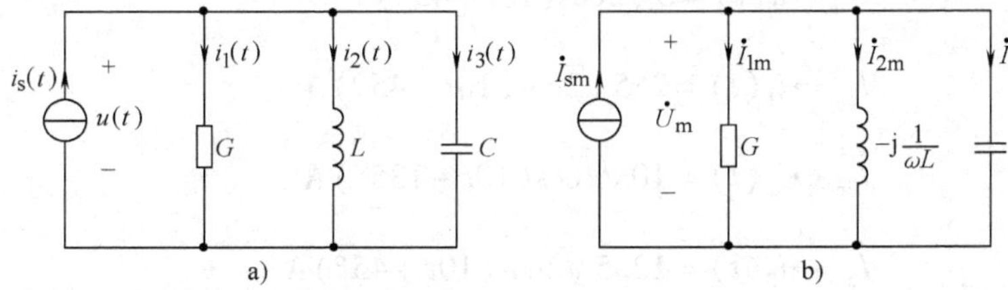

图 8-16　例 8-8 图

a）时域模型 N　b）相量模型 N_ω

解　（1）写出已知正弦量的相量。本例中对应于电流源 $i_s(t)$ 的振幅相量为

$$\dot{I}_{sm} = 5\angle 0°\text{A}$$

(2) 作出对应于时域模型的相量模型，如图 8-16b 所示。

(3) 由相量模型，仿照直流电阻电路的分析方法，求解待求正弦信号的相量。

该电路三个元件并联的总导纳为

$$\begin{aligned} Y &= Y_G + Y_L + Y_C \\ &= \left(G + \frac{1}{j\omega L} + j\omega L\right) = (0.5 - j2 + j2.5)\,\mathrm{S} \\ &= (0.5 + j0.5)\,\mathrm{S} = 0.5\sqrt{2}\angle 45°\,\mathrm{S} \end{aligned}$$

由欧姆定律的相量形式可得

$$\dot{U}_{\mathrm{m}} = \frac{\dot{I}_{\mathrm{sm}}}{Y} = \frac{5\angle 0°}{0.5\sqrt{2}\angle 45°}\mathrm{V} = 5\sqrt{2}\angle -45°\mathrm{V}$$

再由元件 VCR 的相量形式可得

$$\dot{I}_{1\mathrm{m}} = Y_R\dot{U}_{\mathrm{m}} = 0.5 \times 5\sqrt{2}\angle -45°\mathrm{A} = 2.5\sqrt{2}\angle -45°\mathrm{A}$$

$$\dot{I}_{2\mathrm{m}} = Y_L\dot{U}_{\mathrm{m}} = -j2 \times 5\sqrt{2}\angle -45°\mathrm{A} = 10\sqrt{2}\angle -135°\mathrm{A}$$

$$\dot{I}_{3\mathrm{m}} = Y_C\dot{U}_{\mathrm{m}} = j2.5 \times 5\sqrt{2}\angle -45°\mathrm{A} = 12.5\sqrt{2}\angle 45°\mathrm{A}$$

也可仿照直流电阻电路中并联电路的分流关系求得，即

$$\dot{I}_{1\mathrm{m}} = \frac{Y_R}{Y}\dot{I}_{\mathrm{sm}} = \frac{0.5}{0.5\sqrt{2}\angle 45°} \times 5\angle 0°\mathrm{A} = 2.5\sqrt{2}\angle -45°\mathrm{A}$$

$$\dot{I}_{2\mathrm{m}} = \frac{Y_L}{Y}\dot{I}_{\mathrm{sm}} = \frac{-j2}{0.5\sqrt{2}\angle 45°} \times 5\angle 0°\mathrm{A} = 10\sqrt{2}\angle -135°\mathrm{A}$$

$$\dot{I}_{3\mathrm{m}} = \frac{Y_C}{Y}\dot{I}_{\mathrm{sm}} = \frac{j2.5}{0.5\sqrt{2}\angle 45°} \times 5\angle 0°\mathrm{A} = 12.5\sqrt{2}\angle 45°\mathrm{A}$$

(4) 最后根据求得的各相量写出相应的正弦信号

$$\dot{U}_{\mathrm{m}} \leftrightarrow u(t) = 5\sqrt{2}\cos(10t - 45°)\,\mathrm{V}$$

$$\dot{I}_{1\mathrm{m}} \leftrightarrow i_1(t) = 2.5\sqrt{2}\cos(10t - 45°)\,\mathrm{A}$$

$$\dot{I}_{2\mathrm{m}} \leftrightarrow i_2(t) = 10\sqrt{2}\cos(10t - 135°)\,\mathrm{A}$$

$$\dot{I}_{3\mathrm{m}} \leftrightarrow i_3(t) = 12.5\sqrt{2}\cos(10t + 45°)\,\mathrm{A}$$

因为正弦稳态电路的相量模型很容易作出，而且由电压（或电流）相量很容易得到其对应正弦信号，因此，在仿照直流电阻电路的分析方法求解正弦稳态电路时，往往省略前两个例题中的（1）、（2）、（4）步骤，直接对相量模型进行分析和计算。

8.8.3 混联电路的分析

下面通过混联电路进一步说明正弦稳态电路的相量解法。

例 8-9　某一正弦稳态混联电路的相量模型如图 8-17 所示，已知 $\dot{U}_s=100\angle 0°\text{V}$、$R_1=2.16\Omega$、$\text{j}X_L=\text{j}10.88\Omega$、$\text{j}X_C=-\text{j}8\Omega$、$R_2=6\Omega$。试求各支路电流相量以及电压 $\dot{U}$。

解　一般情况下并联的元件，用导纳来表示比较方便，但两个元件并联时往往用下面公式计算其等效阻抗。

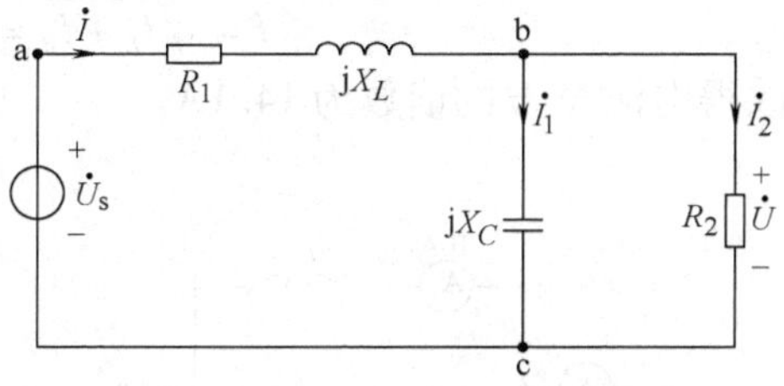

图 8-17　例 8-9 图

$$Z=\frac{Z_1Z_2}{Z_1+Z_2} \tag{8-81}$$

该电路从电源两端看进去的输入阻抗为

$$\begin{aligned}Z&=Z_{ab}+Z_{bc}=(R_1+\text{j}X_L)+\frac{\text{j}X_CR_2}{\text{j}X_C+R_2}\\&=(2.16+\text{j}10.88)\Omega+\frac{-\text{j}8\times 6}{6-\text{j}8}\Omega\\&=(6+\text{j}8)\Omega=10\angle 53.1°\Omega\end{aligned}$$

根据欧姆定律的相量形式，电流 $\dot{I}$ 和电压 $\dot{U}$ 计算如下：

$$\dot{I}=\frac{\dot{U}_s}{Z}=\frac{100\angle 0°}{10\angle 53.1°}\text{A}=10\angle -53.1°\text{A}$$

$$\dot{U}=Z_{bc}\dot{I}=\frac{-\text{j}8\times 6}{6-\text{j}8}\times 10\angle -53.1°\text{V}=48\angle -90°\text{V}$$

利用分流公式可得

$$\dot{I}_1=\frac{R_2}{\text{j}X_C+R_2}\dot{I}=\frac{6}{6-\text{j}8}\times 10\angle -53.1°\text{A}=6\text{A}$$

$$\dot{I}_2=\frac{\text{j}X_C}{\text{j}X_C+R_2}\dot{I}=\frac{-\text{j}8}{6-\text{j}8}\times 10\angle -53.1°\text{A}=-\text{j}8\text{A}$$

8.8.4　正弦稳态电路的相量图解法

前面分析正弦稳态电路时，是由电路的相量模型，根据两类约束的相量关系列出相量（即复数）方程来求解电路的，这种方法称为相量解析法。本节要讨论的相量图法是：在未计算出结果的情况下，利用两类约束的相量关系，在复平面上先定性地画出相量图，然后根据相量图的几何关系来求解电路的方法。下面通过具体例子说明相量图法。

例 8-10　图 8-18a 所示电路中，电流表的指示均为有效值（电流表均为理想的）求电流表 A 的读数。

解　图 8-18a 所示电路的相量模型如图 8-18b 所示，用相量图法求解时可以分以下步骤进行。

（1）首先选取参考相量，画在正实轴上，即图 8-18c 中的①，"①"表示第一笔画。如何选参考相量是定性地绘制相量图的关键一步，一般串联电路宜取电流为参考相量，并联电路宜取电压为参考相量。

（2）利用元件 VCR 的相量关系绘出各元件电压、电流相量，本题中电阻元件的电流 $\dot{I}_R$ 应与两端电压 $\dot{U}$ 同相，即图 8-18c 中的②，其大小即为电流表 A_2 的读数，电感元件的电流

$\dot{I}_L$ 滞后于电压 $\dot{U}$ 的角度为90°，即图8-18c中的③，其大小即为电流表 A_1 的读数。

（3）电流 $\dot{I}$ 根据KCL，由相量图的几何关系可得，如图8-18c中的④，显然

$$I=\sqrt{I_L^2+I_R^2}=\sqrt{2\times 10^2}\text{A}=10\sqrt{2}\text{A}\approx 14.1\text{A}$$

故得电流表A的读数为14.1A。

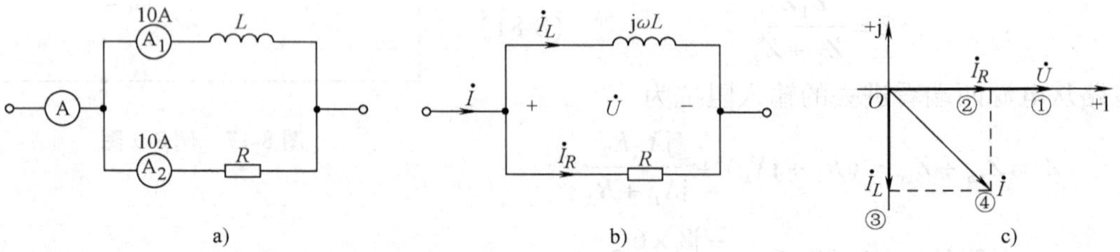

图8-18　例8-10图

例8-11　如图8-19a所示电路，测得 $I=2.2\text{A}$，$I_1=1.6\text{A}$，$I_2=1\text{A}$，已知 $\dot{U}=U\angle 0°\text{V}$，试用相量图法求 $\dot{I}_1$、R_1、$\text{j}\omega L$。

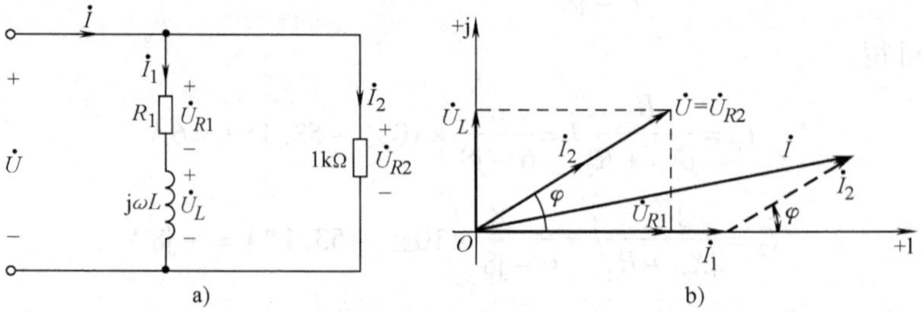

图8-19　例8-11图

解　（1）选取参考相量。该电路既有串联又有并联，至于从何下手，则是一个技巧问题。在这里选取 $\dot{I}_1$ 为参考相量，画在复平面的正实轴上。

（2）定性地画出相量图。由于电阻元件的电压与电流同相，电感电压超前电流90°，所以 $\dot{U}_{R1}$ 与 $\dot{I}_1$ 同相，$\dot{U}_L$ 超前 $\dot{I}_1$ 的角度为90°，再根据KVL，由相量图的几何关系可画出端口电压相量 $\dot{U}$。1kΩ电阻两端电压相量和端口电压相量 $\dot{U}$ 相等，因此，$\dot{I}_2$ 和 $\dot{U}$ 同相，最后根据KCL，由相量图的几何关系可画出端口电流 $\dot{I}$。定性画出的相量图如图8-19b所示。由图可见 $\dot{I}_2$ 和 $\dot{U}$ 同相所以 $\dot{I}_2=1\angle 0°\text{A}$。

（3）由相量图的几何关系，根据余弦定理可得

$$I^2=I_1^2+I_2^2-2I_1I_2\cos(180-\varphi)$$

由上式可解得

$$\varphi=66.4° \qquad \dot{I}_1=1.6\angle -66.4°\text{A} \qquad \dot{I}_2=1\angle 0°\text{A}$$

$$R_1+\mathrm{j}\omega L=\frac{\dot U}{\dot I_1}=\frac{R_2\dot I_2}{I_1\angle-66.4^\circ}=\frac{1000}{1.6}\angle 66.4^\circ\Omega$$
$$=625\angle 66.4^\circ\Omega=(250+\mathrm{j}572)\Omega$$

8.9 相量模型的网孔分析法和节点分析法

对正弦稳态电路的相量模型，也可以运用网孔分析法和节点分析法。下面通过具体例子讨论如何用网孔法和节点法求解正弦稳态电路。

例 8-12 图 8-20a 所示电路中，已知：$u_{s1}(t)=16\cos1000t$ V，$u_{s2}(t)=6\cos(1000t+90^\circ)$V，试用网孔分析法求解 $i_1(t)$、$i_2(t)$。

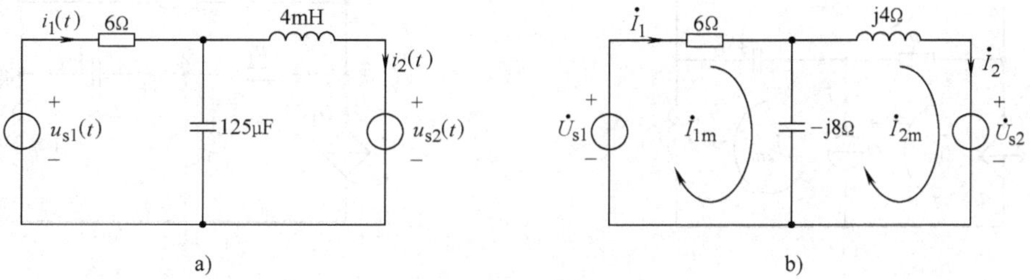

图 8-20 例 8-12 图

解 作相量模型如图 8-20b 所示，网孔电流方向如图中所示，对相量模型仿照直流电阻性电路列网孔方程的方法得

$$(6-\mathrm{j}8)\dot I_{1m}+\mathrm{j}8\dot I_{2m}=16\angle 0^\circ \tag{1}$$

$$\mathrm{j}8\dot I_{1m}-\mathrm{j}4\dot I_{2m}=6\angle -90^\circ \tag{2}$$

联立求解方程得

$$\dot I_{1m}=2\angle -90^\circ\text{A}$$

$$\dot I_{2m}=4.27\angle 110.6^\circ\text{A}$$

最后根据求得的相量写出对应的正弦信号

$$i_1(t)=2\cos(1000t-90^\circ)\text{A}$$

$$i_2(t)=4.27\cos(1000t+110.6^\circ)\text{A}$$

例 8-13 列出如图 8-21 所示相量模型的网孔方程。

解 网孔电流方向如图 8-21 所示，该电路含有受控电流源和理想电流源，仿照直流电阻电路中处理受控电流源和理想电流源的方法，可列得网孔方程

$$\dot I_{1m}=2\dot U_1 \tag{1}$$

$$(\mathrm{j}X_C+\mathrm{j}X_L)\dot{I}_{2\mathrm{m}}+\mathrm{j}X_C\dot{I}_{3\mathrm{m}}=\dot{U} \tag{2}$$

$$R\dot{I}_{1\mathrm{m}}+\mathrm{j}X_C\dot{I}_{2\mathrm{m}}+(R+\mathrm{j}X_C)\dot{I}_{3\mathrm{m}}=\dot{U}_\mathrm{s} \tag{3}$$

$$\dot{I}_{2\mathrm{m}}-\dot{I}_{1\mathrm{m}}=\dot{I}_\mathrm{s} \tag{4}$$

$$\dot{U}_1=\mathrm{j}X_L\dot{I}_{2\mathrm{m}} \tag{5}$$

例 8-14 列出如图 8-22 所示相量模型的节点电压方程。

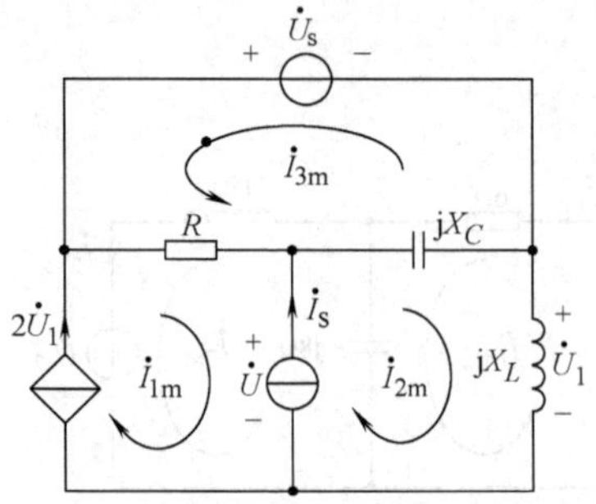

图 8-21 例 8-13 图

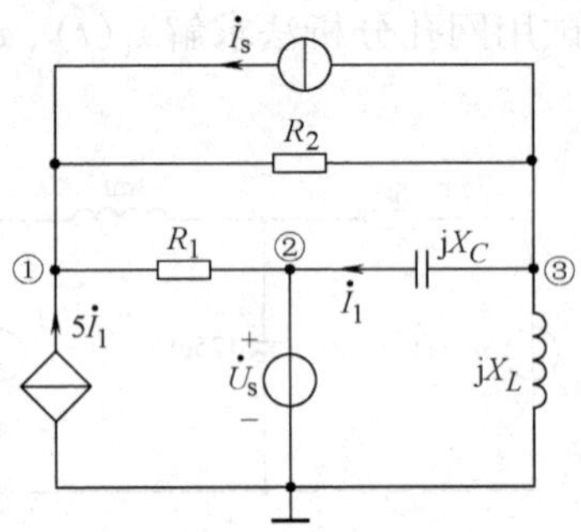

图 8-22 例 8-14 图

解 选参考点如图 8-22 所示,该电路含有受控电流源和理想电压源,仿照直流电阻电路中处理受控电流源和理想电压源的方法,可列得节点电压方程如下(注:列节点方程时元件用导纳表示):

$$\dot{U}_{2\mathrm{n}}=\dot{U}_\mathrm{s}$$

$$\left(\frac{1}{R_1}+\frac{1}{R_2}\right)\dot{U}_{\mathrm{n}1}-\frac{1}{R_1}\dot{U}_{\mathrm{n}2}-\frac{1}{R_2}\dot{U}_{\mathrm{n}3}=5\dot{I}_1+\dot{I}_\mathrm{s}$$

$$-\frac{1}{R_2}\dot{U}_{\mathrm{n}1}-\frac{1}{\mathrm{j}X_C}\dot{U}_{\mathrm{n}2}+\left(\frac{1}{R_2}+\frac{1}{\mathrm{j}X_C}+\frac{1}{\mathrm{j}X_L}\right)\dot{U}_{\mathrm{n}3}=-\dot{I}_\mathrm{s}$$

$$\dot{I}_1=\frac{1}{\mathrm{j}X_C}(\dot{U}_{\mathrm{n}3}-\dot{U}_{\mathrm{n}2})$$

8.10 相量模型的等效

有关等效电路的概念也适用于相量模型。不含独立源的单口网络 N_0 的相量模型如图 8-23a 所示。

在 $\dot{U}$ 和 $\dot{I}$ 取关联参考方向时，单口网络 N_0 的输入阻抗为

$$Z=\frac{\dot{U}}{\dot{I}}=\frac{U\angle\theta_u}{I\angle\theta_i}=\frac{U}{I}(\theta_u-\theta_i)=|Z|\angle\varphi_z \tag{8-82}$$

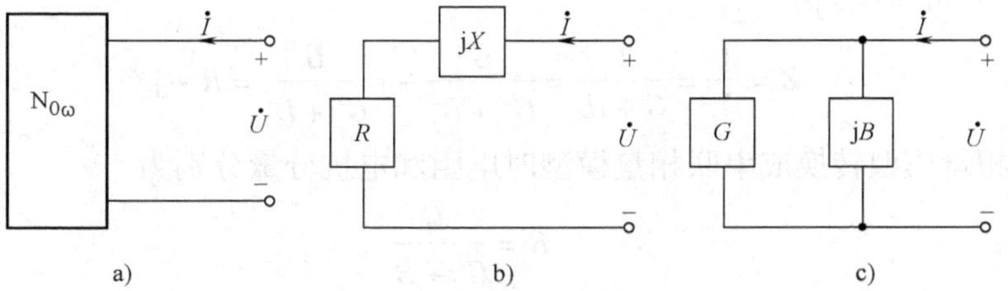

图 8-23　单口网络及其两种等效相量模型

阻抗 Z 是复数，又可以写为

$$Z=\frac{\dot{U}}{\dot{I}}=|Z|\angle\varphi_z=|Z|(\cos\varphi_z+\mathrm{j}\sin\varphi_z)=R+\mathrm{j}X \tag{8-83}$$

由式（8-83）可知，图 8-23a 所示单口网络可等效成如图 8-23b 所示的相量模型。其实部 R 称为输入阻抗的电阻分量，一般来说，输入阻抗的电阻分量 R 并不一定只由网络中的电阻元件确定，它是网络中各元件参数和频率的函数；虚部 X 称为输入阻抗的电抗分量，X 也并不一定只由网络中的动态元件确定，它也是网络中各元件参数和频率的函数。

在 $\dot{U}$ 和 $\dot{I}$ 取关联参考方向时单口网络 N_0 的输入导纳为

$$Y=\frac{\dot{I}}{\dot{U}}=\frac{I\angle\theta_i}{U\angle\theta_u}=\frac{I}{U}(\theta_i-\theta_u)=|Y|\angle\varphi_Y \tag{8-84}$$

导纳 Y 也是复数，又可以写为

$$Y=\frac{\dot{I}}{\dot{U}}=|Y|\angle\varphi_Y=|Y|(\cos\varphi_Y+\mathrm{j}\sin\varphi_Y)=G+\mathrm{j}B \tag{8-85}$$

由式（8-85）可知，图 8-23a 所示单口网络又可等效成如图 8-23c 所示的相量模型。其实部 G 称为输入导纳的电导分量，虚部 B 称为输入导纳的电纳分量，一般来说，G 和 B 也是网络中各元件参数和频率的函数。

图 8-23b 和图 8-23c 是图 8-23a 的两种不同形式的等效相量模型，它们具有完全相同的 VCR，因此，这两种相量模型之间可进行等效转换。

根据 $Z=\dfrac{1}{Y}$这一关系，即可推导出等效变换公式。

设已知　　$Z=R+\mathrm{j}X$

可得　　$$Y=\frac{1}{Z}=\frac{1}{R+\mathrm{j}X}=\frac{R}{R^2+X^2}-\mathrm{j}\frac{X}{R^2+X^2}=G+\mathrm{j}B$$

亦即由串联相量模型转换成并联相量模型时电导和电纳分量分别为

$$G=\frac{R}{R^2+X^2} \tag{8-86}$$

$$B=-\frac{X}{R^2+X^2} \tag{8-87}$$

从式（8-86）、式（8-87）可看出：一般情况下 G 并非是 R 的倒数，B 也并非是 X 的倒数。

设已知 $Y = G + jB$

则可得 $$Z = \frac{1}{Y} = \frac{1}{G + jB} = \frac{G}{G^2 + B^2} - j\frac{B}{G^2 + B^2} = R + jX$$

亦即由并联相量模型转换成串联相量模型时电阻和电抗分量分别为

$$R = \frac{G}{G^2 + B^2} \tag{8-88}$$

$$X = -\frac{B}{G^2 + B^2} \tag{8-89}$$

从式（8-88）、式（8-89）可看出：一般情况下 R 并非是 G 的倒数，X 也并非是 B 的倒数。

需要指出：以上各式中的 R、G、X 及 B 均为频率 ω 的函数。因此，只有在某一特定频率下才能确定 R、G 的数值和 X、B 的数值及其正、负号。等效相量模型也只能用来计算在该频率下的正弦稳态响应。由此得出的时域模型，不能据以列写微分方程来求解原电路的完全响应。

例 8-15 图 8-24a、b 所示为一单口网络及其相量模型，其中 $R = 3\Omega$、$L = 4\text{mH}$，$C = 125\mu\text{F}$。试求当 $\omega_1 = 1000\text{rad/s}$ 及 $\omega_2 = 2000\text{rad/s}$ 时单口网络的等效相量模型。

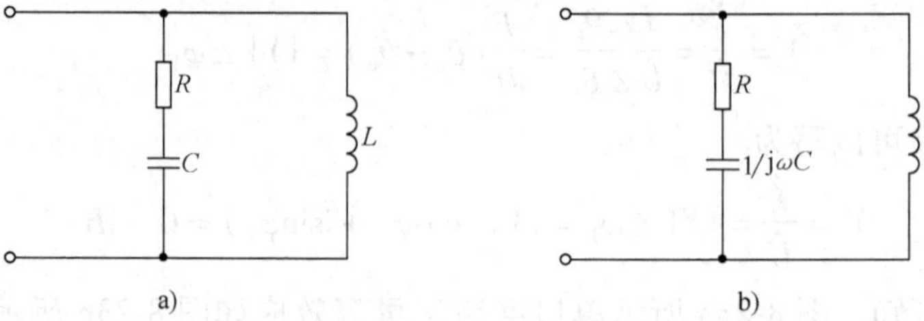

图 8-24 例 8-15 图

解 由相量模型可得输入阻抗的表示式为

$$Z(j\omega) = \frac{\left(R + \frac{1}{j\omega C}\right)j\omega L}{R + \frac{1}{j\omega C} + j\omega L}$$

（1）当 $\omega = \omega_1 = 1000\text{rad/s}$ 时

$$Z(j\omega_1) = \frac{(3 - j8)(j4)}{3 - j8 + j4}\Omega = \frac{32 + j12}{3 - j4}\Omega$$
$$= 6.84\angle 73.7°\Omega = (1.92 + j6.57)\Omega$$

由上式可得，该电路在 $\omega = 1000\text{rad/s}$ 时串联形式的等效相量模型，如图 8-25a 所示。由于阻抗的虚部（即电抗）大于零，所以电抗为感抗，与此相对应的时域模型如图 8-25b 所示。

该电路在 $\omega = 1000\text{rad/s}$ 时等效导纳为

$$Y(j\omega_1) = \frac{1}{Z(j\omega_1)} = \frac{1}{6.84\angle 73.7°}\text{S} = 0.146\angle -73.7°\text{S} = (0.041 - j0.14)\text{S}$$

由此可得该电路在 $\omega=1000\text{rad/s}$ 时并联形式的等效相量模型，如图 8-25c 所示。与此相对应的时域模型如图 8-25d 所示，其中电阻元件的参数也用电阻表示。

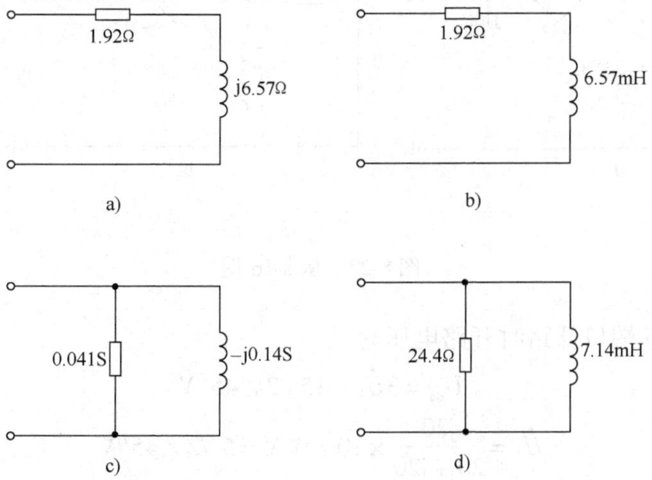

图 8-25　图 8-24a 电路在 $\omega=1000\text{rad/s}$ 时等效相量模型及等效电路

（2）当 $\omega=\omega_2=2000\text{rad/s}$ 时

$$Z(\mathrm{j}\omega_2)=\frac{(3-\mathrm{j}4)(\mathrm{j}8)}{3-\mathrm{j}4+\mathrm{j}8}\Omega=\frac{32+\mathrm{j}24}{3+\mathrm{j}4}\Omega$$
$$=8\angle-16.2°\Omega=(7.68-\mathrm{j}2.23)\Omega$$

由于阻抗的虚部（即电抗）小于零，所以电抗为容抗，由上式可得该电路在 $\omega=2000\text{rad/s}$ 时串联形式的等效相量模型，如图 8-26a 所示。

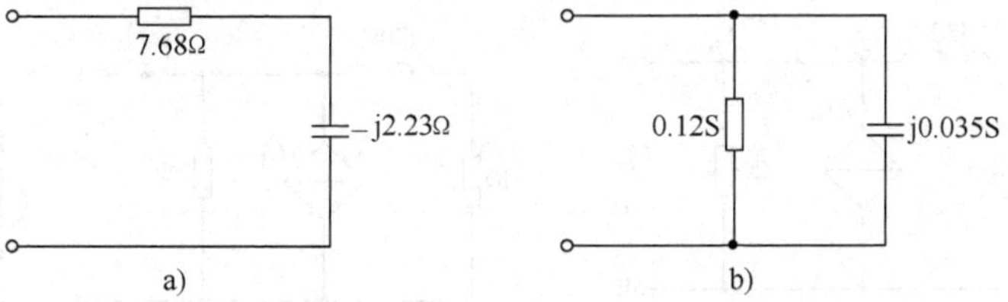

图 8-26　图 8-24a 在 $\omega=2500\text{rad/s}$ 时等效相量模型

该电路在 $\omega=2000\text{rad/s}$ 时等效导纳为

$$Y(\mathrm{j}\omega)=\frac{1}{Z(\mathrm{j}\omega_2)}=\frac{1}{8\angle-16.2°}\mathrm{S}$$
$$=0.125\angle16.2°\mathrm{S}=(0.12+\mathrm{j}0.035)\mathrm{S}$$

该电路在 $\omega=2000\text{rad/s}$ 时并联形式的等效相量模型如图 8-26b 所示。

如果单口网络含有独立源，其等效相量模型可运用戴维南定理或诺顿定理求得。下面举例说明。

例 8-16　求图 8-27a 所示单口网络的等效相量模型。

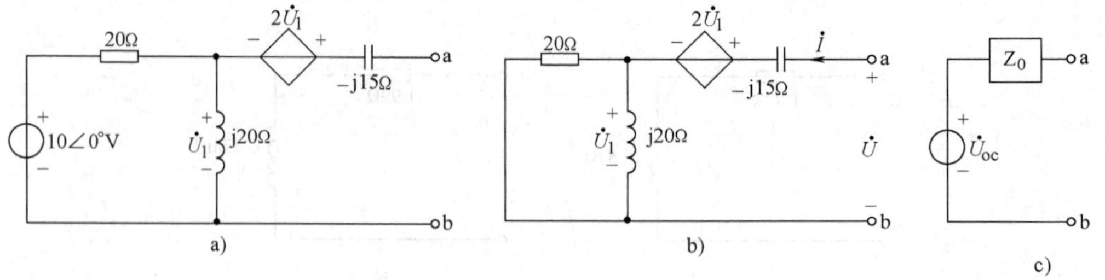

图 8-27 例 8-16 图

解 求 $\dot{U}_{oc}$：ab 端口开路时开路电压为

$$\dot{U}_{oc}=3\dot{U}_1=15\sqrt{2}\angle45°\text{V}$$

式中
$$\dot{U}_1=\frac{\text{j}20}{20+\text{j}20}\times10\angle0°\text{V}=5\sqrt{2}\angle45°\text{V}$$

求 Z_0：对图 8-27b 所示相量模型，用外加电压法求

$$\dot{U}=-\text{j}15\dot{I}+3\dot{U}_1=(30+\text{j}15)\dot{I}$$

式中
$$\dot{U}_1=\frac{20\times\text{j}20}{20+\text{j}20}\dot{I}=(10+\text{j}10)\dot{I}$$

可得 $Z_0=\dot{U}/\dot{I}=(30+\text{j}15)\Omega$

由 $\dot{U}_{oc}$及 Z_0 即可得图 8-27a 所示单口网络的等效相量模型如图 8-27c 所示。

例 8-17 求图 8-28a 所示单口网络的等效相量模型。

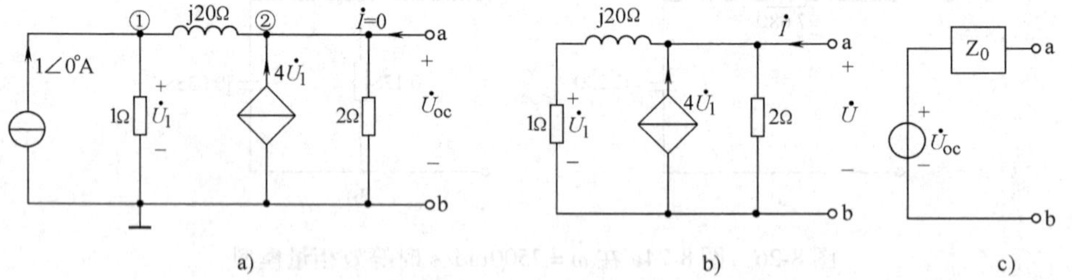

图 8-28 例 8-17 图

解 求 $\dot{U}_{oc}$：在图 8-28a 中，设端口开路，列节点方程得

$$\left(1+\frac{1}{\text{j}20}\right)\dot{U}_{n1}-\frac{1}{\text{j}20}\dot{U}_{n2}=1\angle0°$$

$$-\frac{1}{\text{j}20}\dot{U}_{n1}+\left(\frac{1}{2}+\frac{1}{\text{j}20}\right)\dot{U}_{n2}=4\dot{U}_1=4\dot{U}_{n1}$$

$$\dot{U}_{oc}=\dot{U}_{n2}$$

联立解得 $\dot{U}_{oc}=7.7\angle-15°\text{V}$

求 Z_0：对图 8-28b，用外加电压法求

$$\dot{I}=\frac{\dot{U}}{2}-4\dot{U}_1+\frac{\dot{U}}{1+\text{j}20}=\left(\frac{1}{2}-\frac{3}{1+\text{j}20}\right)\dot{U}$$

式中 $$\dot{U}_1=\frac{1}{1+\text{j}20}\dot{U}$$

可得 $$Z_0=\frac{\dot{U}}{\dot{I}}=1.92\angle-17°\Omega=(1.84-\text{j}0.55)\Omega$$

由 $\dot{U}_{oc}$ 及 Z_0 即可得图 8-28a 所示单口网络的等效相量模型如图 8-28c 所示。

习　题

8-1　把下列复数化为直角坐标形式。

(1) $5\angle36.9°$　(2) $10\angle53.1°$

(3) $15\angle143.1°$　(4) $\sqrt{5}\angle26.6°$

(5) $3\angle90°$　(6) $2\angle180°$

(7) $12\angle30°$　(8) $5\angle-36.9°$

(9) $\sqrt{5}\angle-63.4°$　(10) $10\angle-143.1°$

8-2　把下列复数化为极坐标形式。

(1) $3+\text{j}4$　(2) $1+\text{j}2$

(3) $-9+\text{j}12$　(4) $-2+\text{j}1$

(5) $\text{j}5$　(6) -6

(7) $6-\text{j}10.4$　(8) $4-\text{j}3$

(9) $-16-\text{j}12$　(10) $-6+\text{j}6$

8-3　计算下列各式。

(1) $5\angle36.9°+\sqrt{2}\angle135°-10\angle-53.1°+8\angle-90°$

(2) $[(4+\text{j}3)(1.2+\text{j}1.6)(2-\text{j}2)]/(8-\text{j}6)$

(3) A 为一复数，已知 $\text{Re}[A]=3$ 及 $\text{Im}[(6-\text{j}3)A]=21$，试求 A。

(4) $(9+\text{j}12)/(a+\text{j}b)=(3+\text{j}6)/(2-\text{j})$，求 a 和 b。

8-4　求下列正弦量所对应的振幅相量。

(1) $8\cos3t-5\cos3t+4\sin3t$

(2) $-5\sin(5t-60°)$

(3) $10\cos(2t-53.1°)-5\sin2t+3\cos(2t+180°)$

8-5　求下列振幅相量所对应的正弦量。

(1) $\dot{U}_1=3+\text{j}4$　(2) $\dot{U}_2=1+\text{j}2$

(3) $\dot{U}_3=-9+\text{j}12$　(4) $\dot{U}_4=\text{j}5$

(5) $\dot{U}_5=-6$　(6) $\dot{U}_6=-6+\text{j}6$

8-6　某一节点的 KCL 方程为 $20\cos(\omega t+53.1°)-i_1+10\cos(\omega t-126.9°)=0$，求 $i_1(t)$。（提示：用相量求解）

8-7　图 8-29 中，$i_1(t)=5\cos(\omega t+143.1°)\text{A}$，$i_2(t)=10\cos(\omega t-36.9°)\text{A}$，求 $i(t)$ 并绘相量图。

8-8　图 8-30 中，$u_1(t)=20\cos(\omega t+36.9°)\text{V}$，$u_2(t)=15\cos(\omega t+126.9°)\text{V}$，$u_3(t)=30\cos(\omega t+53.1°)\text{V}$，求 $u(t)$ 并绘相量图。

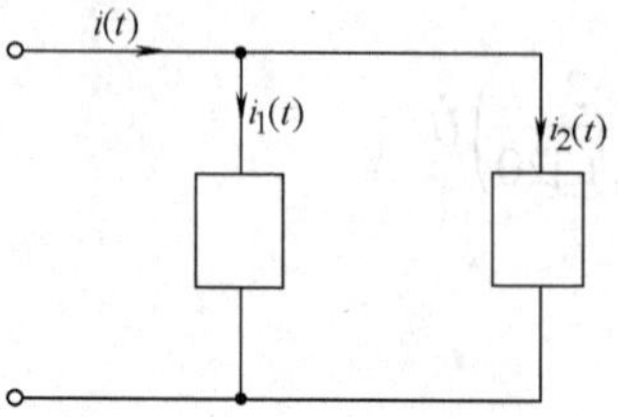

图 8-29 题 8-7 图

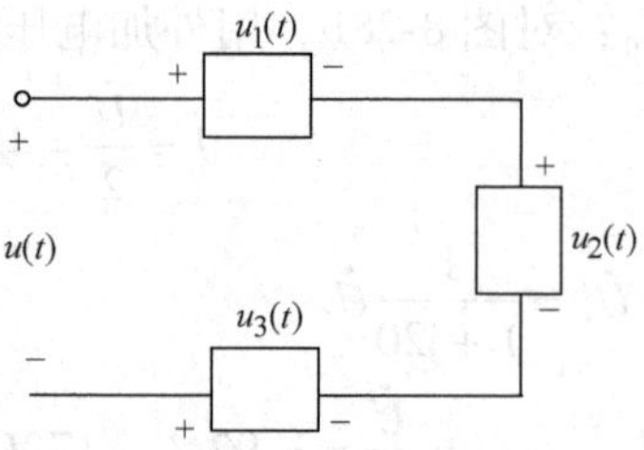

图 8-30 题 8-8 图

8-9 已知元件 A 两端的正弦电压为 $u_A(t)=15\cos(1000t+45°)$V,求流过元件 A 的正弦电流 $i(t)$，若 A 为：(1)$R=3\text{k}\Omega$ 的电阻；(2) $L=5\text{mH}$ 的电感；(3) $C=1\mu\text{F}$ 的电容。

8-10 元件 A 为一电阻或电容或电感,已知元件 A 的正弦电压和正弦电流分别如下,在确定 A 为何种元件的基础上确定其电路参数 R、L、C。

(1) $u_1(t)=100\cos(5000t-30°)$V　　$i_1(t)=10\cos(5000t+60°)$mA

(2) $u_2(t)=100\cos(1000t+60°)$V　　$i_2(t)=5\cos(1000t-30°)$A

(3) $u_3(t)=300\cos(314t+45°)$V　　$i_3(t)=60\cos(314t+45°)$A

(4) $u_4(t)=250\cos(200t+50°)$V　　$i_4(t)=0.5\cos(200t+140°)$A

8-11 图 8-31 所示电路中,电流源的电流 $i_s(t)=8\cos1000t\text{A}+6\sin1000t\text{A}$，已知 $u(t)=40\cos1000t\text{V}$，求 $i_R(t)$、$i_C(t)$、$i_L(t)$及电容参数 C，并绘出相量图。

8-12 图 8-32 所示为某一电路的相量模型，已知 $\dot{U}_s=(18+\text{j}24)$V，求 $\dot{I}_R$、$\dot{I}_C$、$\dot{I}_L$ 及 $\dot{I}$,并绘出相量图。

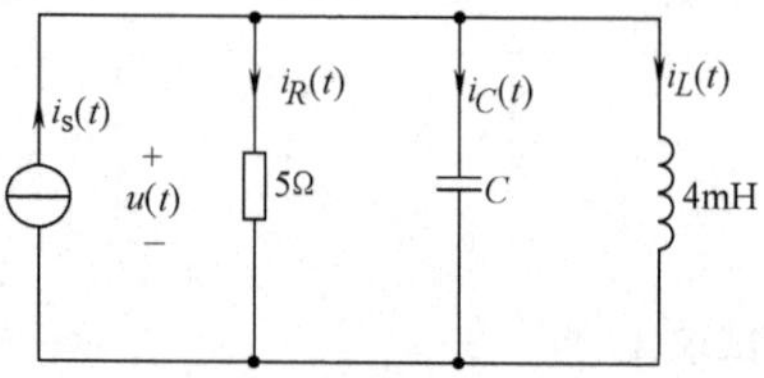

图 8-31 题 8-11 图

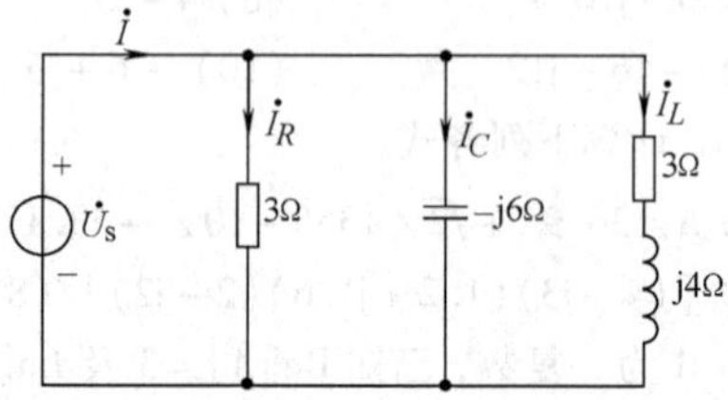

图 8-32 题 8-12 图

8-13 图 8-33 所示无源单口网络端钮上的电压和电流分别如下，试求每种情况时的阻抗及导纳。

(1) $u(t)=120\cos(\omega t+105°)$V

$i(t)=6\cos(\omega t+45°)$A

(2) $u(t)=80\cos(\omega t-36.9°)$V

$i(t)=16\cos(\omega t-90°)$A

(3) $u(t)=20\cos(314t+45°)$V

$i(t)=5\cos(314t+35°)$A

(4) $u(t)=\text{Re}[\text{j}e^{\text{j}2t}]$V

$i(t)=\text{Re}[(1+\text{j})e^{\text{j}(2t+30°)}]$A

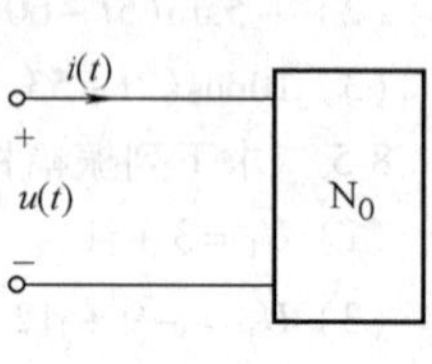

图 8-33 题 8-13 图

8-14 图 8-34 所示电路，已知 $i_s(t)=5\cos10t$ A，$u(t)=\cos(10t-53.1°)$V

(1) 求 R 和 C;

(2) 若电流源改为 $i_s(t)=5\cos5t$ A，求 $u(t)$。

8-15　图 8-35 所示电路，已知 $u(t)=2\cos 4t$ V，试求电源电压 $u_s(t)$。

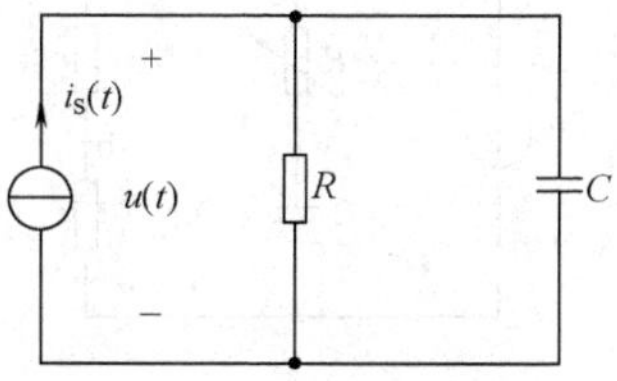

图 8-34　题 8-14 图

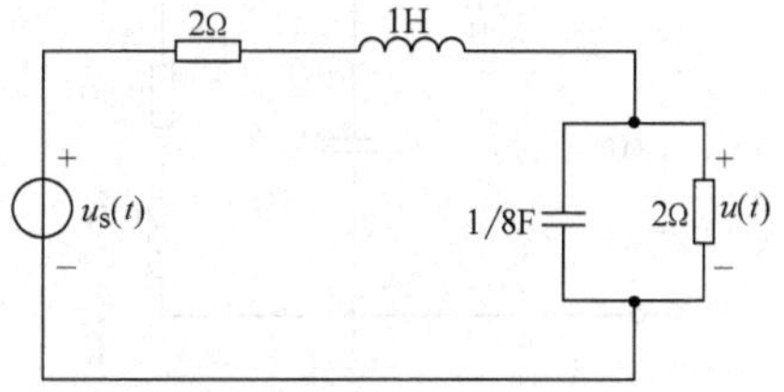

图 8-35　题 8-15 图

8-16　某一电路的相量模型如图 8-36 所示，已知 $\dot{U}_s=20\angle 0°$V，试求各支路电压、电流相量，并分别绘出其相量图。

8-17　图 8-37 所示电路中，已知电容支路电流有效值 $I_C=8$A，电感和电阻串联支路电流有效值 $I_L=10$A，电路端电压 $u(t)$ 和总电流 $i(t)$ 同相，用相量图法求总电流 $i(t)$ 的有效值 I。

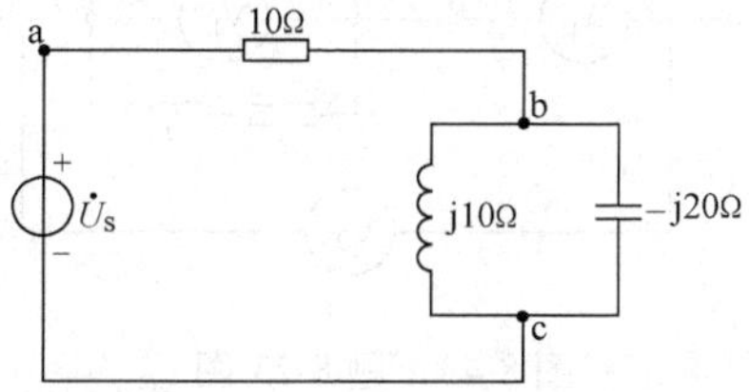

图 8-36　题 8-16 图

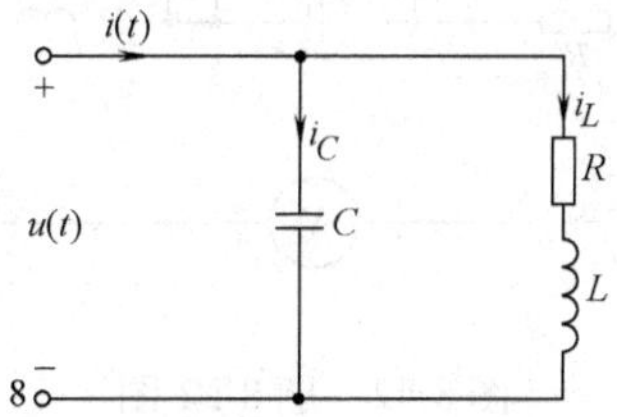

图 8-37　题 8-17 图

8-18　图 8-38 所示相量模型中，已知 $U=220$V，$U_{ab}=108$V，$U_{bc}=165$V，用相量图法求 $\dot{U}$ 与 $\dot{I}$ 的相位差。

8-19　图 8-39 所示相量模型中，已知 $\omega=2$rad/s，用相量图法求电感电压 u_L 与电阻电压 u_R 的相位关系。

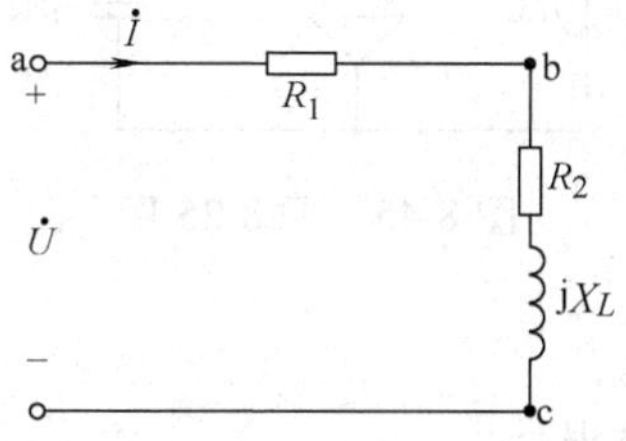

图 8-38　题 8-18 图

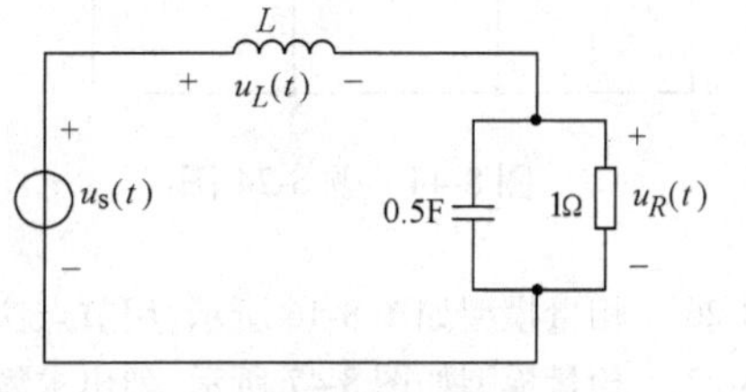

图 8-39　题 8-19 图

8-20　图 8-40 所示正弦稳态电路中，已知 $\omega=1$rad/s，有效值 $U_{ab}=10$V，$I_1=10$A，用相量图法求有效值 I 和 U。

8-21　图 8-41 所示移相电路，证明：

（1）若 $R=1/\omega C$，则电压 u_{ab} 的有效值为外加电压 u_s 有效值的一半，且超前 u_s 的角度为 90°；

（2）改变 R 值，可以改变 u_{ab} 对 u_s 的相位差，但其大小不变。

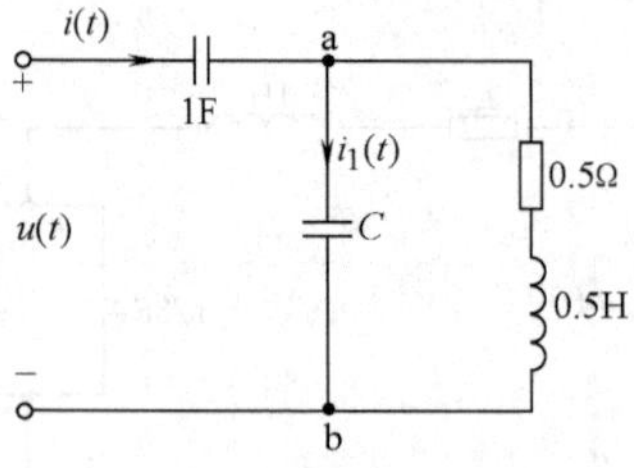

图 8-40　题 8-20 图

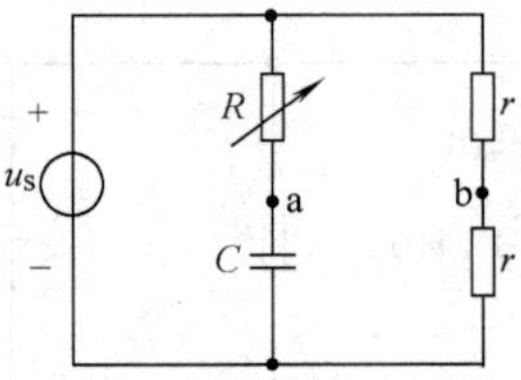

图 8-41　题 8-21 图

8-22　图 8-42 所示电路，已知电压表 $V_1=80\text{V}$，$V_2=30\text{V}$，$V=100\text{V}$，用相量图法求电压表 V_3 读数。

8-23　图 8-43 所示电路，已知 $X_C=-10\Omega$，$R=5\Omega$，$X_L=5\Omega$，A_1 读数为 10A，V_1 读数为 100V，各电表数均为有效值，求电流表 A_0 的读数及电压表 V_0 读数。

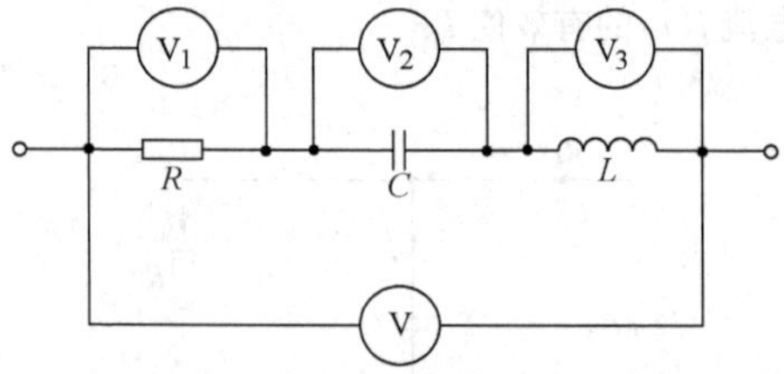

图 8-42　题 8-22 图

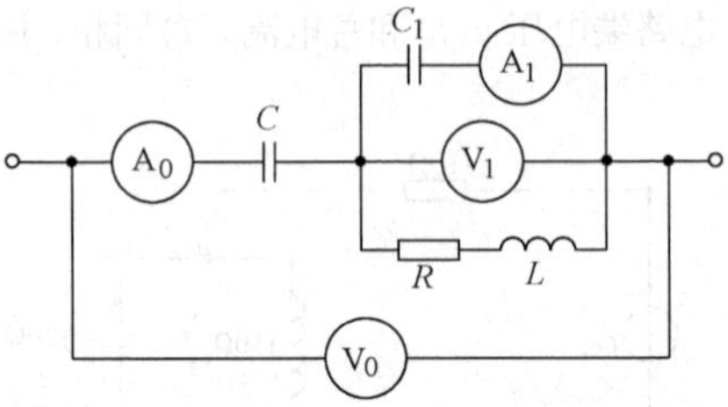

图 8-43　题 8-23 图

8-24　相量模型如图 8-44 所示，用网孔法求流过电容的电流。

8-25　相量模型如图 8-45 所示，列出求解 $\dot{U}_1$ 所需的网孔电流方程。

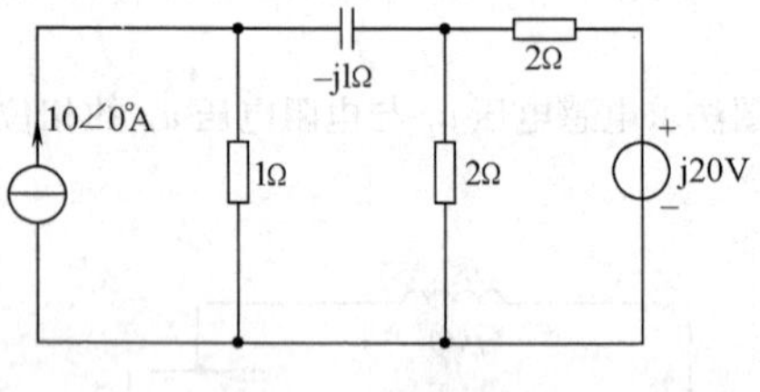

图 8-44　题 8-24 图

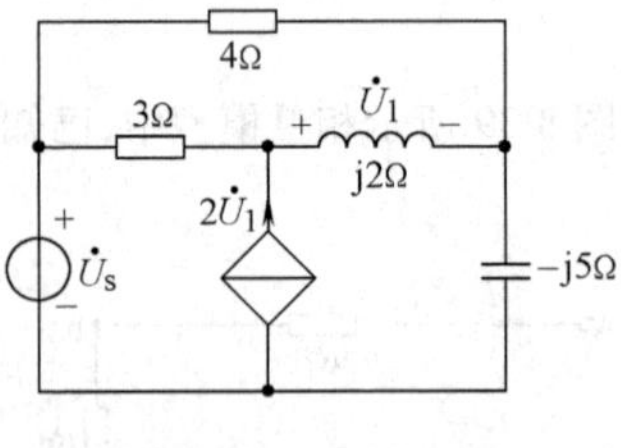

图 8-45　题 8-25 图

8-26　相量模型如图 8-46 所示，用节点法求流过电容的电流 $\dot{I}$。

8-27　相量模型如图 8-47 所示，列出求解 $\dot{I}_1$ 所需的节点电压方程。

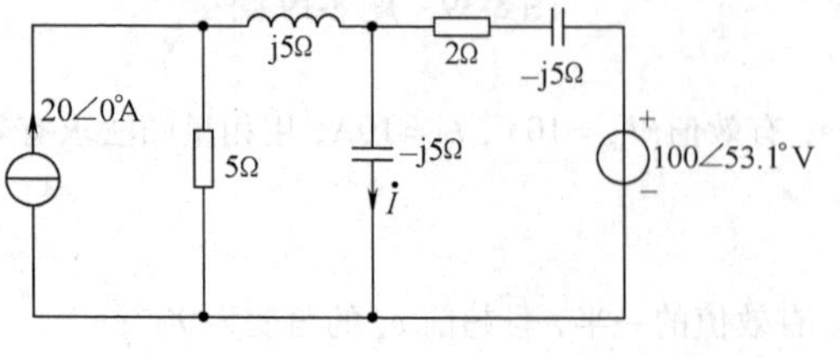

图 8-46　题 8-26 图

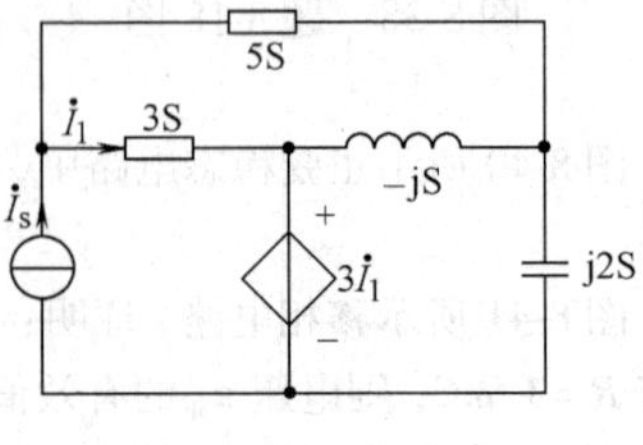

图 8-47　题 8-27 图

8-28　电路如图 8-48 所示，试确定方框内最简单串联组合的元件值。

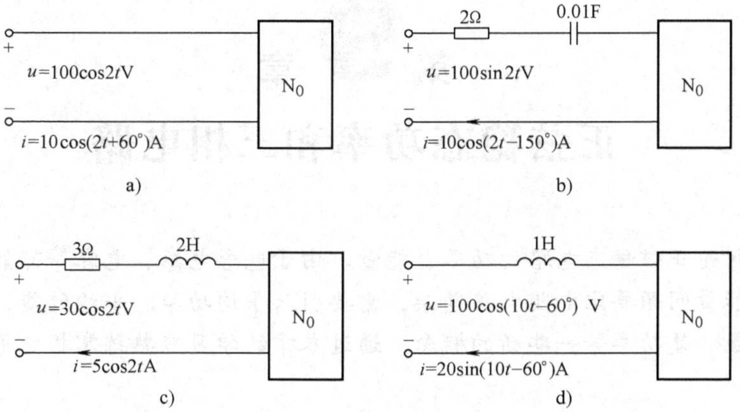

图 8-48　题 8-28 图

8-29　图 8-49 所示相量模型，求 ab 端的等效串联相量模型。

8-30　图 8-50 所示相量模型，求 ab 端的等效串联相量模型。

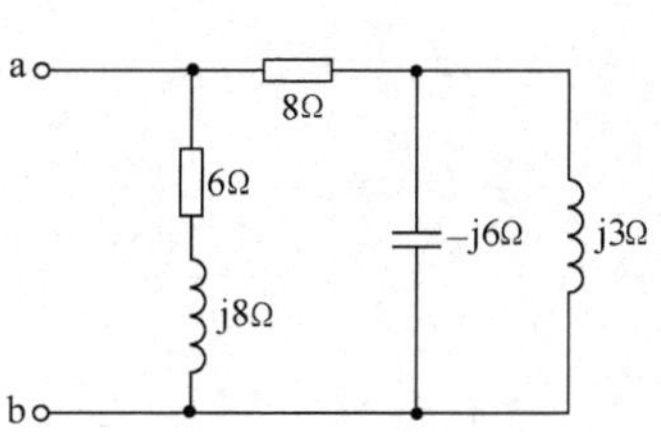

图 8-49　题 8-29 图

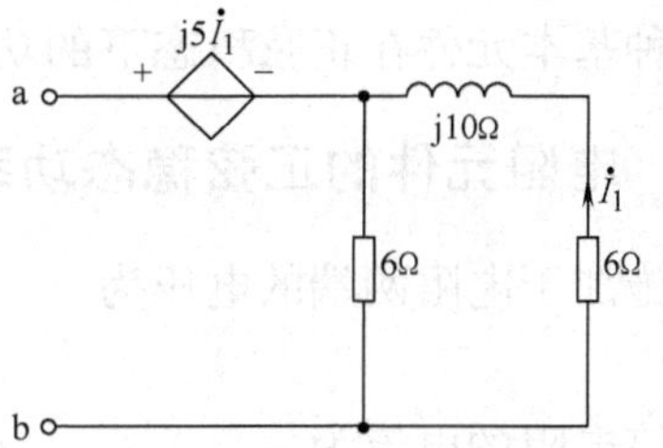

图 8-50　题 8-30 图

8-31　图 8-51 所示相量模型，求 ab 端的戴维南相量模型。

8-32　图 8-52 所示正弦稳态电路，已知 $i_s(t)=4\cos(4t-150°)$A，求其 ab 端的等效相量模型。

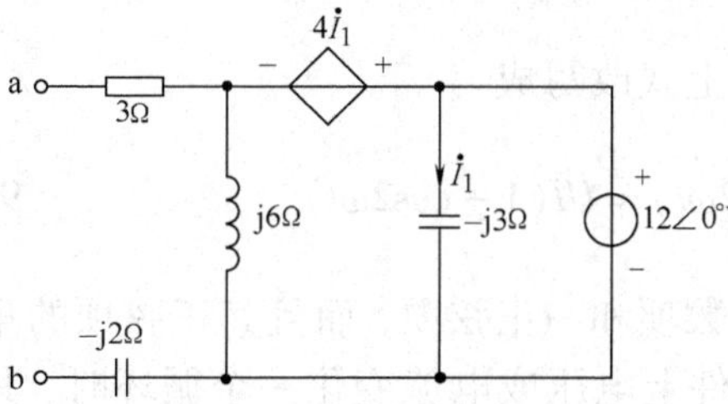

图 8-51　题 8-31 图

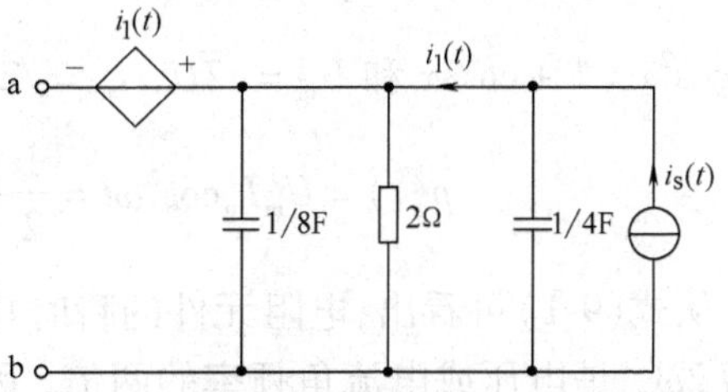

图 8-52　题 8-32 图

第 9 章 正弦稳态功率和三相电路

本章重点讨论正弦稳态电路的功率、能量。由于包含电感、电容等储能元件，正弦稳态电路的功率、能量问题要比电阻电路复杂，需要引入平均功率、平均储能、无功功率、视在功率、功率因数、复功率等一些新的概念。通过本章的学习应熟练掌握它们的定义及计算方法。

在本章的最后，讨论广泛应用于实际的三相电路，三相电路实质上是正弦交流电的一种特殊类型。因此，分析计算的基础仍然是第 8 章讨论过的相量法。

9.1 三种基本元件的正弦稳态功率

有关功率和能量的概念已在前面的有关章节中作过讨论，这一节将在前面的基础上重点讨论三种基本元件在正弦稳态下的功率、能量特点。

9.1.1 电阻元件的正弦稳态功率

设施加于电阻两端的电压为

$$u(t)=U_{\mathrm{m}}\cos\omega t$$

则流过该电阻的电流为

$$i(t)=\frac{u(t)}{R}=\frac{U_{\mathrm{m}}}{R}\cos\omega t=I_{\mathrm{m}}\cos\omega t$$

当电压、电流取关联参考方向时，电阻吸收的瞬时功率为

$$p(t)=u(t)i(t)=U_{\mathrm{m}}\cos\omega t I_{\mathrm{m}}\cos\omega t=U_{\mathrm{m}}I_{\mathrm{m}}\cos^2\omega t$$

由 $2\cos^2x=1+\cos2x$ 和 $U_{\mathrm{m}}=\sqrt{2}U$，$I_{\mathrm{m}}=\sqrt{2}I$ 的关系，把上式改写成

$$p(t)=U_{\mathrm{m}}I_{\mathrm{m}}\cos^2\omega t=\frac{1}{2}U_{\mathrm{m}}I_{\mathrm{m}}(1+\cos2\omega t)=UI(1+\cos2\omega t) \tag{9-1}$$

从式(9-1)可看出，电阻元件的瞬时功率含有一常数项和一正弦项，而且其正弦项的角频率为 2ω，是电压或电流角频率的两倍，因此，电阻元件上电压或电流变化一个循环时，其功率变化两个循环。电阻元件瞬时功率的波形如图 9-1 所示，由图可见，电阻吸收的瞬时功率有时虽为零，但不出现负值，这表明电阻不断从电源吸收功率。

瞬时功率在一周内的平均值称为**平均功率**(Average Power)，记为 P，即

$$P=\frac{1}{T}\int_0^T p(t)\,\mathrm{d}t \tag{9-2}$$

把式(9-1)代入式(9-2)，可得电阻元件的平均功率，即

$$P = \frac{1}{2}U_m I_m = UI \tag{9-3}$$

由式(9-3)可看出：电阻平均功率的大小只与其电压、电流的有效值有关，而与其正弦信号的频率及相位均无关。电阻元件的平均功率也可以由其功率波形求出，如图 9-1 所示。在交流电路中，通常所说的功率，均指平均功率。平均功率又称为**有功功率**。

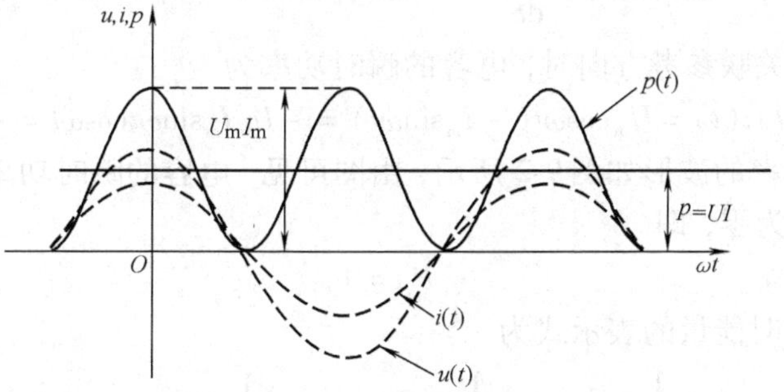

图 9-1　电阻的功率波形

根据电阻元件电压有效值和电流有效值之间的关系 $U = RI$（或 $I = GU$），还可得出其他形式的计算电阻平均功率的公式，即

$$P = UI = (RI)I = RI^2 \tag{9-4}$$

或

$$P = UI = U(GU) = GU^2 \tag{9-5}$$

式(9-4)、式(9-5)与直流电阻电路中计算电阻功率的公式完全相同。这说明，在正弦稳态电路中如果使用有效值，则电阻元件所消耗的功率可按直流电阻电路中的公式来计算。

例 9-1　施加于 10Ω 电阻两端的电压为 $u(t) = 10\cos(100\pi t + 30°)$ V，求电阻吸收的平均功率。

解

$$U = \frac{U_m}{\sqrt{2}} = \frac{10}{\sqrt{2}}\text{V} = 5\sqrt{2}\text{V}$$

由式(9-5)可得

$$P = GU^2 = \frac{1}{10} \times \left(\frac{10}{\sqrt{2}}\right)^2 \text{W} = 5\text{W}$$

例 9-2　正弦电压施加于 5Ω 电阻时，该电阻消耗的平均功率为 80W，求电阻两端电压及电流的有效值。

解　由式(9-5)有

$$P = \frac{U^2}{R} = \frac{U^2}{5\Omega} = 80\text{W}$$

由上式可求得

$$U = 20\text{V}$$

再由电阻元件电压有效值和电流有效值之间的关系可得

$$I = \frac{U}{R} = \frac{20}{5}\text{A} = 4\text{A}$$

9.1.2 电容元件的正弦稳态功率及储能

设施加于电容两端的电压为

$$u(t)=U_{\mathrm{m}}\cos\omega t$$

则流过该电容的电流为

$$i(t)=C\frac{\mathrm{d}u(t)}{\mathrm{d}t}=-\omega CU_{\mathrm{m}}\sin\omega t=-I_{\mathrm{m}}\sin\omega t$$

当电压、电流取关联参考方向时，电容的瞬时功率为

$$p(t)=u(t)i(t)=U_{\mathrm{m}}\cos\omega t(-I_{\mathrm{m}}\sin\omega t)=-U_{\mathrm{m}}I_{\mathrm{m}}\sin\omega t\cos\omega t=-UI\sin 2\omega t \tag{9-6}$$

电容元件瞬时功率的波形如图9-2所示，由图可见，电容的瞬时功率以 2ω 的频率在横轴上下波动，其平均值为零，即

$$P_C=0 \tag{9-7}$$

在正弦稳态下电容瞬时能量的表示式为

$$w_C(t)=\frac{1}{2}Cu_C^2(t)=\frac{1}{2}CU_{\mathrm{m}}^2\cos^2\omega t=\frac{1}{2}CU^2(1+\cos 2\omega t) \tag{9-8}$$

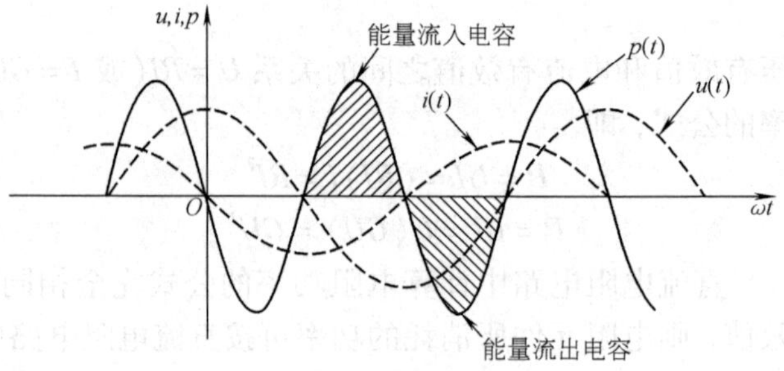

图9-2 电容的功率波形

电容的瞬时能量波形如图9-3所示，由图可见，电容的瞬时储能以 2ω 的频率在其平均值 W_C 上下波动，但在任意时刻 $w_C(t)\geqslant 0$。电容储能平均值为

$$W_C=\frac{1}{2}CU_C^2 \tag{9-9}$$

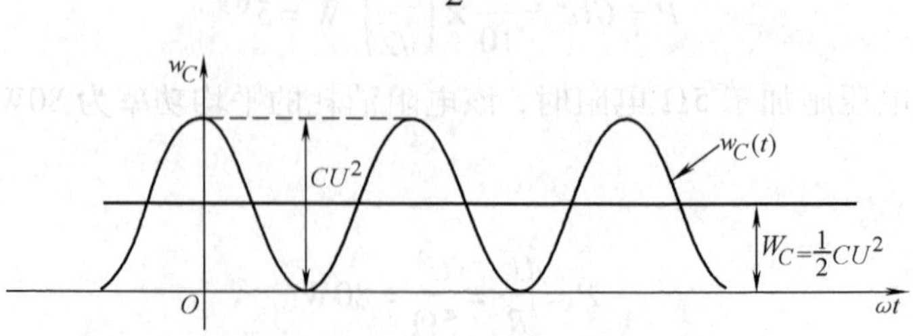

图9-3 电容的能量波形

由图9-2和图9-3不难看出：当 $p(t)>0$ 时能量流入电容，电容储能增加；当 $p(t)<0$ 时能量从电容流出，电容储能减少。这说明在正弦稳态电路中，能量在电容与外电路之间不断

往返，为了表明电容元件与外电路之间能量交换的规模，引入了无功功率的概念。把电容瞬时功率最大值的负值定义为电容的**无功功率**(Reactive Power)，记为 Q_C。即

$$Q_C = -U_C I_C \tag{9-10}$$

式(9-10)表明，电容的无功功率为负值，无功功率虽具有功率的量纲，但它终究不是实际做功的功率，因此，其单位也与有功功率的单位有所区别。无功功率的单位为乏，用 var 表示。

无功功率既然反映电容元件与外电路之间能量交换的规模，那么无功功率与电容的储能之间必然会存在一定的关系，其关系推导如下。把 $I_C=\omega CU_C$ 代入式(9-10)，得

$$Q_C = -U_C I_C = -U_C\omega CU_C = -2\omega\left(\frac{1}{2}CU_C^2\right) = -2\omega W_C \tag{9-11}$$

由式(9-11)可看到，电容的无功功率等于电容平均储能 W_C 的 2ω 倍，该式所表明的物理意义为：电容平均储能越大、频率越高，在单位时间内能量往返的次数越多，则能量交换的规模也就越大。

9.1.3　电感元件的正弦稳态功率及储能

设施加于电感两端的电压为

$$u(t) = U_m\cos\omega t$$

则流过该电感的电流振幅相量为

$$\dot{I}_m = \frac{\dot{U}_m}{j\omega L} = \frac{U_m\angle 0°}{\omega L\angle 90°} = \frac{U_m}{\omega L}\angle -90°$$

由此可得电感电流为

$$i(t) = \frac{U_m}{\omega L}\cos(\omega t-90°) = I_m\sin\omega t$$

当电压、电流取关联参考方向时，电感的瞬时功率为

$$\begin{aligned}p(t) &= u(t)i(t) = U_m\cos\omega t I_m\sin\omega t = U_m I_m\cos\omega t\sin\omega t\\ &= UI\sin 2\omega t\end{aligned} \tag{9-12}$$

电感元件瞬时功率波形如图9-4所示，由图可见，电感的瞬时功率以 2ω 的频率在横轴上下波动，其平均值为零，即

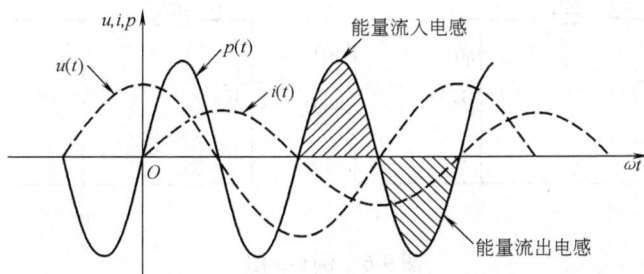

$$P_L = 0 \tag{9-13}$$

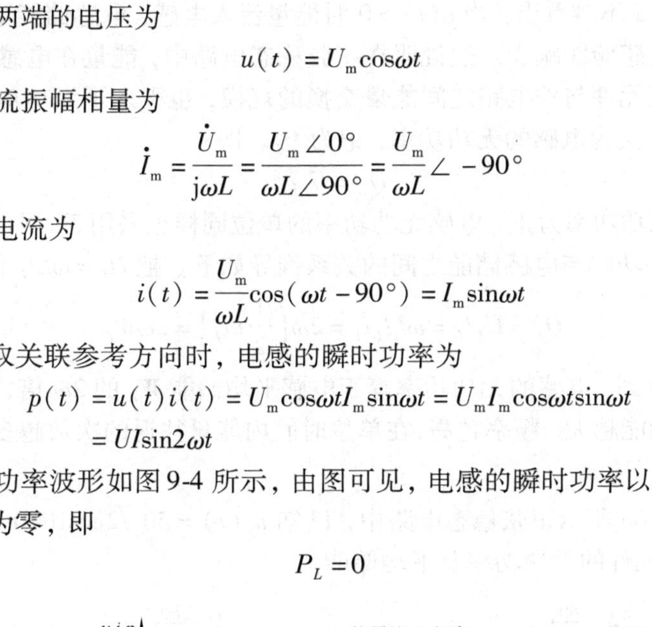

图9-4　电感的功率波形

在正弦稳态下电感瞬时能量表示式为

$$w_L(t)=\frac{1}{2}Li_L^2(t)=\frac{1}{2}LI_m^2\sin^2\omega t=\frac{1}{2}LI^2(1-\cos2\omega t) \tag{9-14}$$

电感的瞬时能量的波形如图 9-5 所示，由图可见，电感的瞬时储能以 2ω 的频率在其平均值 W_L 上下波动，但在任意时刻 $w_L(t)\geqslant0$。电感储能平均值为

$$W_L=\frac{1}{2}LI_L^2 \tag{9-15}$$

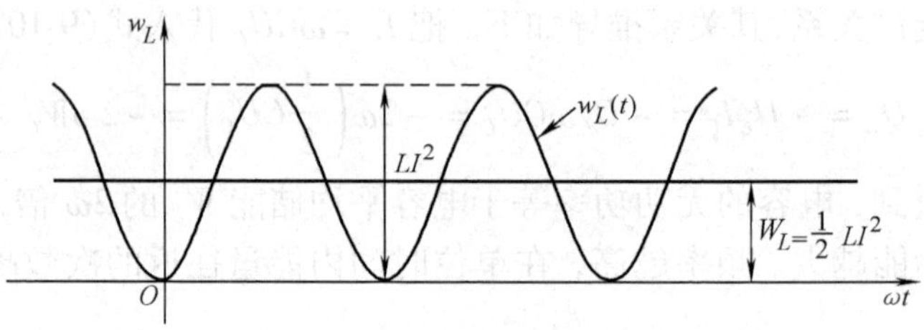

图 9-5 电感的能量波形

由图 9-4 和图 9-5 不难看出：当 $p(t)>0$ 时能量流入电感，电感储能增加；当 $p(t)<0$ 时能量从电感流出，电感储能减少。这说明在正弦稳态电路中，能量在电感与外电路之间不断往返，为了表明电感元件与外电路之间能量交换的规模，也引入了无功功率的概念。把电感瞬时功率的最大值定义为电感的无功功率，记为 Q_L。即

$$Q_L=U_LI_L \tag{9-16}$$

注意：电感的无功功率为正，电感无功功率的单位同样也采用乏，用 var 表示。

电感元件的无功功率与电感储能之间的关系推导如下。把 $U_L=\omega LI_L$ 代入式(9-16)，得

$$Q_L=U_LI_L=\omega LI_LI_L=2\omega\left(\frac{1}{2}LI_L^2\right)=2\omega W_L \tag{9-17}$$

由式(9-17)可看到，电感的无功功率等于电感平均储能 W_L 的 2ω 倍，该式所含的物理意义为：电感的平均储能越大、频率越高，在单位时间内能量往返的次数越多，则能量交换的规模也就越大。

例 9-3 在图 9-6a 所示正弦稳态电路中，已知 $u_s(t)=50\sqrt{2}\cos1000t\text{V}$，求电阻元件的平均功率，电容、电感元件的无功功率及平均储能。

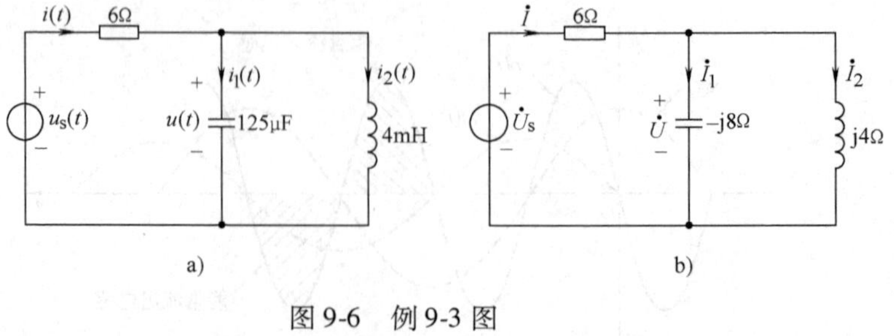

图 9-6 例 9-3 图

解 作相量模型如图 9-6b 所示，对相量模型仿照直流电阻电路的方法可得

$$Z = 6\Omega + \frac{(-j8) \times j4}{-j8 + j4}\Omega = (6 + j8)\Omega = 10\angle 53.1°\Omega$$

$$\dot{I} = \frac{\dot{U}_s}{Z} = \frac{50\angle 0°}{10\angle 53.1°}\Omega = 5\angle -53.1°A$$

$$\dot{I}_1 = \frac{j4}{-j8 + j4}\dot{I} = 5\angle 126.9°A$$

$$\dot{I}_2 = \frac{-j8}{-j8 + j4}\dot{I} = 10\angle -53.1°A$$

$$\dot{U} = \dot{U}_L = \dot{U}_C = j4\Omega \times \dot{I}_2 = 40\angle 36.9°V$$

电阻的平均功率为　$P = RI^2 = 6 \times 5^2 W = 150W$

电感的无功功率为　$Q_L = U_L I_L = UI_2 = 40 \times 10 var = 400 var$

电感的平均储能为　$W_L = \frac{1}{2}LI_2^2 = \frac{1}{2}(4 \times 10^{-3}) \times 10^2 J = 200mJ$

电容的无功功率为　$Q_C = -U_C I_C = -UI_1 = -40 \times 5 var = -200 var$

电容的平均储能为　$W_C = \frac{1}{2}CU^2 = \frac{1}{2}(125 \times 10^{-6}) \times 40^2 J = 100mJ$

9.2　正弦稳态单口网络的功率

上一节讨论了三种基本元件在正弦稳态下的功率及能量，这一节讨论在正弦稳态下单口网络的功率问题。

9.2.1　单口网络的平均功率

设单口网络 N 由正弦电源 G 供电，如图 9-7 所示，设端口上正弦电压、电流分别为

$$u(t) = U_m\cos(\omega t + \theta_u)$$
$$i(t) = I_m\cos(\omega t + \theta_i)$$

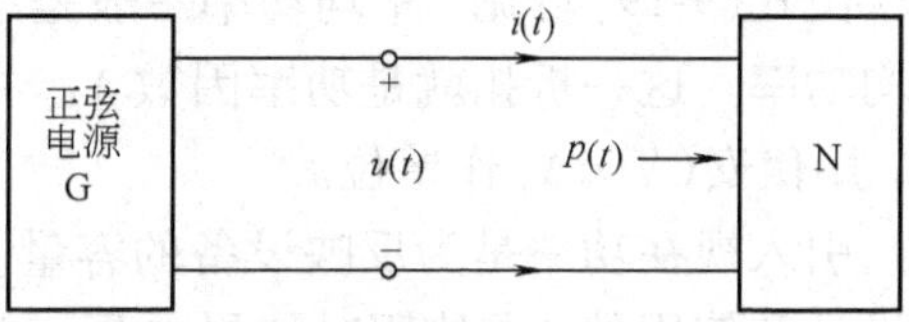

图 9-7　正弦电源供电的单口网络

按图中所设电压及电流的参考方向，单口网络 N 吸收的瞬时功率为

$$\begin{aligned} p(t) &= u(t)i(t) = U_m\cos(\omega t + \theta_u)I_m\cos(\omega t + \theta_i) \\ &= \frac{1}{2}U_m I_m[\cos(\theta_u - \theta_i) + \cos(2\omega t + \theta_u + \theta_i)] \\ &= UI[\cos(\theta_u - \theta_i) + \cos(2\omega t + \theta_u + \theta_i)] \end{aligned}$$

令 $\varphi = (\theta_u - \theta_i)$，有

$$p(t) = UI\cos\varphi + UI\cos(2\omega t + \theta_u + \theta_i) \tag{9-18}$$

其波形如图 9-8 所示。由图可看到，瞬时功率有时为正，有时为负。当 $p > 0$ 时，单口网络吸收功率；当 $p < 0$ 时，单口网络输出功率。在整个循环内 $p > 0$ 的部分大于 $p < 0$ 的部分，因此，平均来看单口网络 N 是吸收功率的。

由式(9-18)可看出，单口网络的瞬时功率含有两个分量：一个是恒定量；另一个是角频

率为 2ω 的正弦量，它在整个周期内的平均值为零。故得单口网络的平均功率为

$$P = UI\cos\varphi \tag{9-19}$$

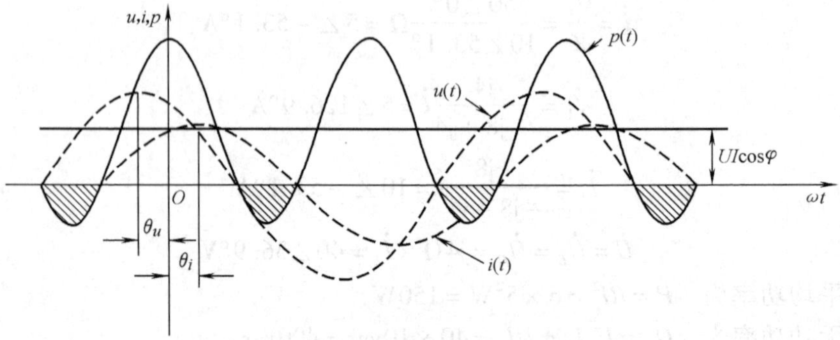

图 9-8 单口网络的功率波形

由式(9-19)可看出，单口网络的平均功率不仅与端口电压、电流有效值的乘积 UI 有关，而且还与电压、电流之间相位差的余弦 $\cos\varphi$ 有关。在电工技术中，把 UI 或者 $\frac{1}{2}U_{\mathrm{m}}I_{\mathrm{m}}$ 称为**视在功率**(Apparent Power)，记为 S，即

$$S = \frac{1}{2}U_{\mathrm{m}}I_{\mathrm{m}} = UI \tag{9-20}$$

把 $\cos\varphi$ 称为**功率因数**(Power Factor)，记为 λ，即

$$\lambda = \cos\varphi = \frac{P}{S} \tag{9-21}$$

由式(9-19)可见，平均功率一般是小于视在功率的，要在视在功率上打一个折扣才等于平均功率。这一折扣就是功率因数 λ。视在功率也具有功率的量纲，但为了与平均功率相区别，用伏安(V · A)作单位。

引入视在功率是为反映设备的容量。例如，发电机是按照一定的额定电压和额定电流值来设计和使用的，在使用时如果电压、电流超过额定值，发电机可能遭到破坏。因此，电器设备都是以额定视在功率来表示其容量的，至于一个发电机对与之相接的负载能提供多大的平均功率，是要看负载的 λ 是多大而定的。

如果单口网络 N 仅含有电阻、电感和电容等无源元件，由阻抗的定义可知，单口网络端钮上电压、电流的相位差即为该单口网络的阻抗角，即 $\varphi = (\theta_u - \theta_i) = \varphi_z$，因此，可把式(9-19)改写为

$$P = UI\cos\varphi_z \tag{9-22}$$

此时，单口网络的平均功率是与阻抗角的余弦成比例的，因此，阻抗角 φ_z 也常称为**功率因数角**。当 $\varphi_z = 0$ 时，单口网络的等效阻抗为纯电阻，$\cos\varphi_z = 1$，此时单口网络吸收的平均功率为 $P = UI$；当 $\varphi_z = \pm\pi/2$ 时，单口网络的等效阻抗为纯电抗，$\cos\varphi_z = 0$，单口网络吸收的平均功率 $P = 0$。这与上一节所讨论的单个元件的情况完全相同，因此，计算单口网络平均功率的公式(9-22)包括了单个元件的情况。

一般情况下单口网络阻抗角的绝对值 $|\varphi_z|$ 在 0 ~ 90°之间，当 $\varphi_z > 0$ 时单口网络的等效阻抗为感性，当 $\varphi_z < 0$ 时单口网络的等效阻抗为容性，但不论 φ_z 是正还是负，$\cos\varphi_z$ 总是正值，

单给出 λ 值是不能体现单口网络阻抗的性质的，因此，在 λ 的后面加上“**超前**”或“**滞后**”的字样来体现单口网络阻抗的性质，如 $\lambda=0.9$(滞后)或 $\lambda=0.8$(超前)。所谓“**滞后**”是指电流滞后电压，即 $\varphi_z>0$ 的情况；所谓“**超前**”是指电流超前电压，即 $\varphi_z<0$ 的情况。

单口网络 N 中，如果除电阻、电感和电容等无源元件外还含有受控源，其阻抗角的绝对值 $|\varphi_z|$ 可能大于 90°，即阻抗的实部可能为负。在这种情况下，单口网络的平均功率为负值，说明该单口网络对外输出功率。

对内部不含独立源的单口网络 N_0，求其平均功率时，除了式(9-22)外，还可以根据阻抗或导纳的定义，导出其他形式的计算公式，现推导如下。

把 $U=|Z|I$ 代入式(9-22)可得

$$P=UI\cos\varphi_z=|Z|II\cos\varphi_z=I^2|Z|\cos\varphi_z=I^2\mathrm{Re}[Z]=I^2R \tag{9-23}$$

考虑到 $I=|Y|U,\varphi_z=-\varphi_Y$，式(9-22)还可以改写成

$$P=UI\cos\varphi_z=UU|Y|\cos(-\varphi_Y)=U^2|Y|\cos\varphi_Y=U^2\mathrm{Re}[Y]=U^2G \tag{9-24}$$

应用式(9-23)、式(9-24)时需要注意，$\mathrm{Re}[Z]\neq 1/\mathrm{Re}[Y]$。

由式(9-23)、式(9-24)还可看出，单口网络的平均功率等于该单口网络等效阻抗的电阻分量所消耗的功率。

单口网络的平均功率还可以用功率守恒法则来计算。即

$$P=UI\cos\varphi_z=\sum_{k=1}^{n}P_k \tag{9-25}$$

式中，P_k 为第 k 个元件的平均功率，由于动态元件的平均功率为零，因此，对单口网络 N_0 来说，其平均功率为

$$P=UI\cos\varphi_z=\sum_{k=1}^{m}P_{Rk} \tag{9-26}$$

即单口网络 N_0 消耗的平均功率，等于单口网络内部所有电阻消耗的平均功率之和。

例 9-4　图 9-9a 所示为某一正弦稳态电路的相量模型，已知 $\dot{U}_s=15\angle 0°\mathrm{V}$，试用不同的方法求该单口网络的平均功率 P。

解　先求该单口网络的等效阻抗

$$Z_{ab}=2\Omega+\frac{(2-\mathrm{j})(1+\mathrm{j})}{(2-\mathrm{j})+(1+\mathrm{j})}\Omega=\left(3+\mathrm{j}\frac{1}{3}\right)\Omega=3.02\angle 6.34°\Omega$$

由等效阻抗可得单口网络的等效相量模型如图 9-9b 所示。

$$\dot{I}=\frac{\dot{U}_s}{Z_{ab}}\approx 4.97\angle -6.34°\mathrm{A}$$

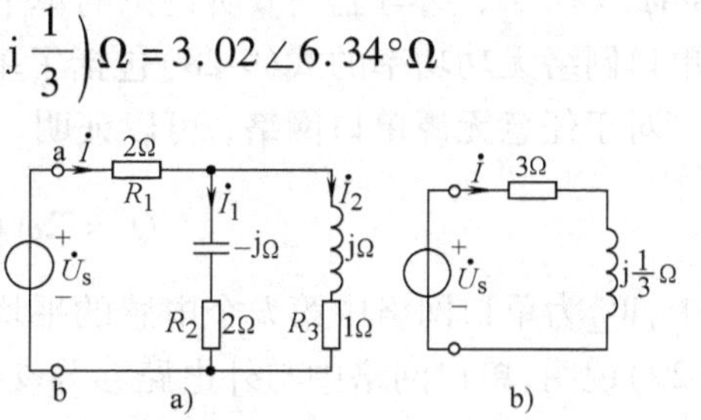

图 9-9　例 9-4 图

解法一　由端口电压和电流来计算，即用式(9-22)

$$P=U_sI\cos\varphi_z=15\times4.97\cos6.34°\mathrm{W}=74.1\mathrm{W}$$

解法二　由等效电路计算，即用式(9-23)

$$P=I^2\mathrm{Re}[Z_{ab}]=I^2R=4.97^2\times3\mathrm{W}=74.1\mathrm{W}$$

解法三　由平均功率守恒来计算，即用式(9-26)，由分流公式可得

$$\dot{I}_1=\frac{1+\mathrm{j}}{(2-\mathrm{j})+(1+\mathrm{j})}\dot{I}=2.34\angle 38.7°\mathrm{A}$$

$$\dot{I}_2=\frac{2-\mathrm{j}}{(2-\mathrm{j})+(1+\mathrm{j})}\dot{I}=3.7\angle -32.9°\mathrm{A}$$

该单口网络吸收的平均功率为单口网络内部三个电阻分别吸收的平均功率之和，即

$$P=P_{R1}+P_{R2}+P_{R3}=I^2R_1+I_1^2R_2+I_2^2R_3=74.1\mathrm{W}$$

9.2.2 单口网络的无功功率

上一节讨论了单个动态元件的无功功率，含有动态元件的单口网络与外电路之间也存在能量往返的现象，为了反映单口网络与外电路之间能量交换的规模，下面引入单口网络无功功率的概念。式(9-18)所示瞬时功率可以改写为

$$\begin{aligned}p(t)&=UI\cos\varphi+UI\cos(2\omega t+\theta_u+\theta_i)=UI\cos\varphi+UI\cos[(2\omega t+2\theta_u)-\varphi]\\&=UI\cos\varphi+UI[\cos(2\omega t+2\theta_u)\cos\varphi+\sin(2\omega t+2\theta_u)\sin\varphi]\\&=UI\cos\varphi[1+\cos2(\omega t+\theta_u)]+UI\sin\varphi\sin2(\omega t+\theta_u)\end{aligned}$$

式中，$\varphi=(\theta_u-\theta_i)$。上式中的第一项始终大于零，其变化规律和电阻元件瞬时功率的形式相同，其平均值为 $UI\cos\varphi$，显然，这一分量是单口网络阻抗的电阻分量所消耗的。另一项是正弦量，其平均值为零，其变化规律和电抗元件瞬时功率的形式完全相同，显然，这一分量反映单口网络阻抗的电抗分量与外电路之间能量交换的情况。把这一分量的振幅定义为单口网络的无功功率 Q，即

$$Q=UI\sin\varphi \tag{9-27}$$

如果单口网络 N 仅含有电阻、电感和电容等无源元件，由阻抗的定义可知，单口网络端钮上电压、电流的相位差即为该单口网络的阻抗角，即 $\varphi=(\theta_u-\theta_i)=\varphi_z$，因此，式(9-27)可改写为

$$Q=UI\sin\varphi_z \tag{9-28}$$

当 $\varphi_z=0$ 时单口网络的等效阻抗为纯电阻，单口网络的无功功率 $Q=0$，单口网络不参与能量交换，当 $\varphi_z=\pm\pi/2$ 时单口网络的等效阻抗为纯电抗，单口网络的无功功率为 $Q=UI\sin\varphi_z=\pm UI$，这与上一节所讨论的单个动态元件无功功率的计算公式完全相同。因此，计算单口网络无功功率的式(9-28)包括了单个动态元件的情况。

对于任意无源单口网络，可以证明

$$Q=2\omega\left(\sum_{k=1}^{n}W_{Lk}-\sum_{l=1}^{m}W_{Cl}\right) \tag{9-29}$$

式中，W_{Lk}为单口网络中第 k 个电感的平均储能；W_{Cl}为单口网络中第 l 个电容的平均储能。式(9-29)说明，单口网络中与外电路参与交换的能量仅为两种储能平均值的差额。如果单口网络中两种储能恰好相等，则外电路并不参与能量交换，两种储能完全在单口网络内部自行交换。由式(9-29)不难得出

$$Q=\sum_{k=1}^{n}Q_k \tag{9-30}$$

式中，Q_k 为第 k 个动态元件的无功功率。需要注意的是，电感的无功功率为正，电容的无功功率为负。

对内部不含独立源的单口网络，求其无功功率时，还可以根据阻抗或导纳的定义导出其他形式的计算公式。把 $U=|Z|I$ 代入式(9-28)可得

$$Q=UI\sin\varphi_z=|Z|II\sin\varphi_z=I^2|Z|\sin\varphi_z=I^2\text{Im}[Z]=I^2X \tag{9-31}$$

考虑到 $I=|Y|U,\varphi_z=-\varphi_Y$，式(9-28)还可以改写成

$$Q=UI\sin\varphi_z=U|Y|U\sin(-\varphi_Y)=-U^2|Y|\sin\varphi_Y=-U^2\text{Im}[Y]=-U^2B \tag{9-32}$$

由式(9-31)、式(9-32)可看出，单口网络的无功功率等于单口网络等效阻抗中电抗分量的无功功率。

单口网络的平均功率 P、无功功率 Q、视在功率 S 之间的关系为

$$P=S\cos\varphi,Q=S\sin\varphi,S=\sqrt{P^2+Q^2} \tag{9-33}$$

例 9-5　接续例 9-4，在图 9-9a 所示相量模型(重画于图 9-10)中，求视在功率 S、功率因数 λ，试用不同的方法求该单口网络的无功功率 Q。

解　在例 9-4 中已求得

$$Z_{ab}=\left(3+j\frac{1}{3}\right)\Omega,\dot{I}=4.97\angle-6.34°\text{A}$$

$$\dot{I}_1=\frac{1+j}{(2-j)+(1+j)}\dot{I}=2.34\angle 38.7°\text{A}$$

$$\dot{I}_2=\frac{2-j}{(2-j)+(1+j)}\dot{I}=3.7\angle-32.9°\text{A}$$

$$P=U_sI\cos\varphi_z=74.1\text{W}$$

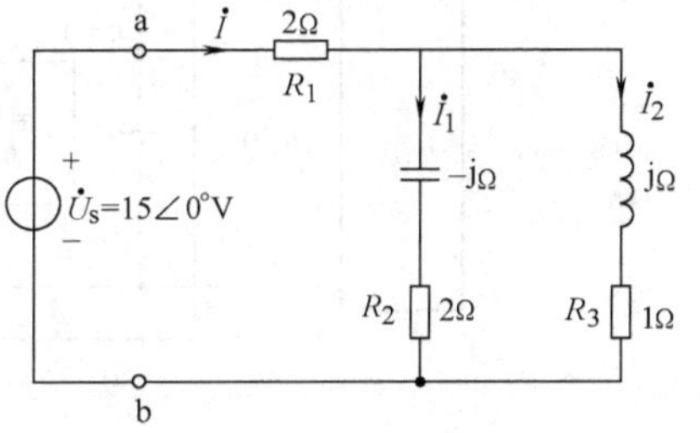

图 9-10　例 9-5 图

直接利用以上计算结果可求得

(1) $S=U_sI=15\times4.97\text{V}\cdot\text{A}=74.6\text{V}\cdot\text{A}$；

(2) $\lambda=\cos6.34°=\dfrac{P}{S}=0.994$(滞后)；

(3) 用不同的方法求无功功率 Q。

解法一　由端口电压和电流来计算，即用式(9-28)

$$Q=U_sI\sin\varphi_z=15\times4.97\sin6.34°\text{var}=8.23\text{var}$$

解法二　由等效阻抗计算，即用式(9-31)

$$Q=I^2\text{Im}[Z]=I^2X=4.97^2\times\frac{1}{3}\text{var}=8.23\text{var}$$

解法三　由无功功率守恒来计算，即用式(9-30)，该单口网络的无功功率为单口网络内部两个动态元件的无功功率之和，即

$$\begin{aligned}Q&=Q_C+Q_L=-U_CI_1+U_LI_2=I_1^2X_C+I_2^2X_L\\&=-2.34^2\times1\text{var}+3.7^2\times1\text{var}=8.23\text{var}\end{aligned}$$

解法四　$Q=\sqrt{S^2-P^2}=\sqrt{74.6^2-74.1^2}\text{var}=8.23\text{var}$

9.2.3　功率因数的提高

一个电源设备在额定容量的情况下，对负载能提供多大的平均功率，取决于负载功率因数 λ 的大小。例如一台容量为 100000kV·A 的发电机，若负载的功率因数为 $\lambda=0.85$，则能

输出85000kW的平均功率，若 $\lambda=0.6$，则只能输出60000kW的平均功率。可见，负载的功率因数太低，电源设备的容量不能被充分利用，有一部分则被无功功率所占有而参与能量交换，因此，应设法提高与电源相接的负载的功率因数。

另外，在实际电路中往往负载的平均功率和电源电压是一定的，在这种情况下功率因数越大，则在输电线中的电流 $I=P/U\cos\varphi_z$ 就越小，消耗在输电线上的功率 $P_l=I^2R_l$（其中 R_l 为输电线的电阻）也就越小。可见，提高功率因数还可以提高传输效率，有很大的经济意义。

实际大多用电设备为电感性负载，提高功率因数的基本原理可用图9-11表示。其基本思想是：在保证负载获得的平均功率不变的情况下，在负载两端并联电容来减小与电源相接的等效单口网络N（即电源的等效负载）的阻抗角。

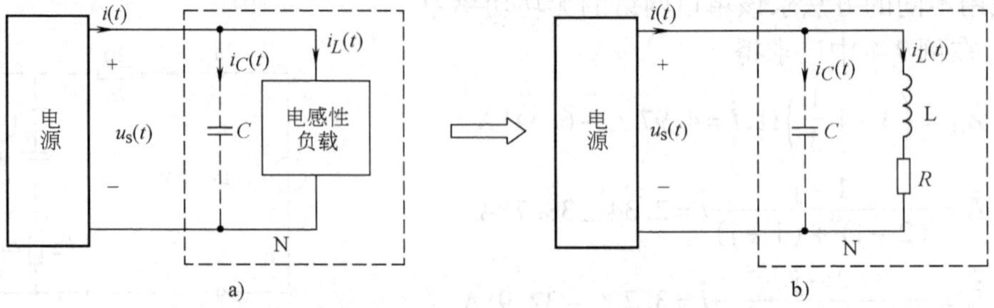

图9-11 提高功率因数的基本原理

由图9-11可看出，并联电容后，对电感性负载来说两端所加的电压没有发生变化，因此其电流、平均功率、无功功率与并联电容之前完全相同，但对电源来说电感性负载和所并电容共同构成了其等效负载，如图虚线框所示。由于电容元件的无功功率为负值，而电感性负载的无功功率为正值，因此，电源等效负载的无功功率为它们的差值，无功功率减小，即功率因数得到了提高。此时只有两种储能的差值与电源发生能量交换，如果两种储能完全相同，单口网络不与电源发生能量交换，两种储能完全在单口网络内部自行交换。

例9-6 一平均功率 $P=10\text{kW}$、功率因数 $\lambda=0.6$（滞后）的感应电动机接在220V、50Hz的正弦电源上，如图9-12a中实线所示。

（1）求此时电源提供电流的有效值 I 和无功功率 Q；

（2）为使 $\lambda=1$，负载两端需要并联多大的电容？

（3）为使 $\lambda=0.9$（滞后），负载两端需要并多大的电容？求此时电源提供的电流和无功功率。

解 等效电路如图9-12b所示。

（1）由 $P=UI\cos\varphi_z$ 可得

$$I=I_L=\frac{P_L}{U_s\cos\varphi_z}=\frac{10\times10^3}{220\times0.6}\text{A}=75.8\text{A}$$

$$Q_L=U_sI_L\sin\varphi_z=U_sI_L\sqrt{1-\cos^2\varphi_z}=220\times75.8\sqrt{1-0.6^2}\text{var}=13.3\text{kvar}$$

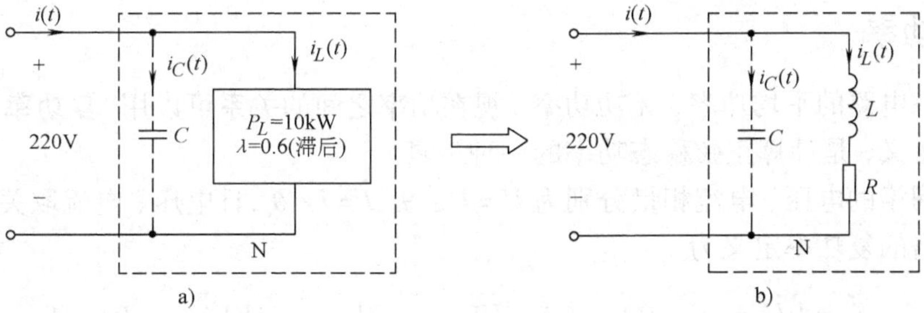

图9-12　例9-6图

（2）负载两端并联电容 C，使之成为电源等效负载的一个组成部分，此时 $\dot{I}_L$ 没有变，故负载的 P_L 不变，Q_L 不变，但因电源等效负载的功率因数 $\lambda=1$，电源不再提供无功功率，两种能量在虚线框内的等效负载中自行交换，即

$$Q=Q_C+Q_L=0$$

因此有

$$Q_C=-Q_L=-13.3\text{kvar}$$

由电容无功功率的定义式(9-10)可得

$$Q_C=-U_CI_C=-U_C(\omega CU_C)=-\omega CU_C^2$$

故得

$$C=-\frac{Q_C}{\omega U_C^2}=\frac{13.3\times10^3}{100\pi\times220^2}\text{F}=875\mu\text{F}$$

此时，电路中电源电压相量和各电流相量之间的关系如图9-13a所示。

（3）负载两端并联电容使等效负载的功率因数提高到 $\lambda=0.9$（滞后），此时，两种能量部分在虚线框内的等效负载中自行交换，而它们的差值仍和电源发生能量交换。

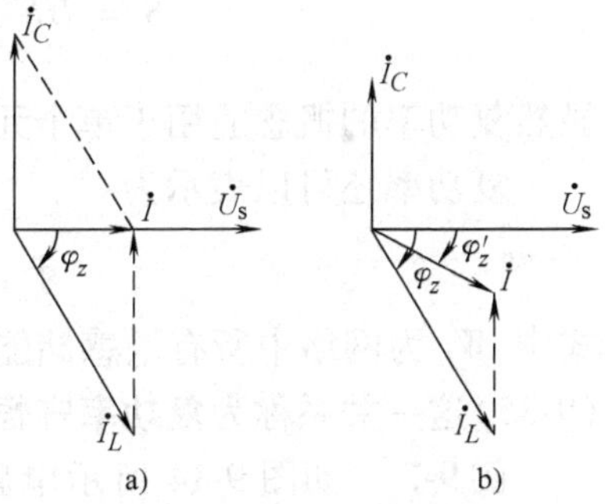

图9-13　例9-6相量图

$$I=|\dot{I}_C+\dot{I}_L|=\frac{P_L}{U_s\cos\varphi_z'}=\frac{10\times10^3}{220\times0.9}\text{A}=50.5\text{A}$$

$$Q=U_sI\sin\varphi_z'=U_sI\sqrt{1-\cos^2\varphi_z'}=220\times50.5\sqrt{1-0.9^2}\text{var}=4.84\text{kvar}$$

$$Q=Q_C+Q_L=4.84\text{kvar}$$

因此有

$$Q_C=4840\text{var}-13300\text{vra}=-8460\text{var}$$

由于

$$Q_C=-\omega CU_C^2$$

故得

$$C=-\frac{Q_C}{\omega U_C^2}=\frac{8460}{100\pi\times220^2}\text{F}=556.7\mu\text{F}$$

此时，电路中电源电压相量和各电流相量之间的关系如图9-13b所示。

比较(2)和(3)的结果可看出，电路的功率因数由0.9提高到1所需要增加的电容值是很大的，在实际应用中，考虑各种因素，功率因数通常提高到0.9左右。

9.2.4 复功率

正弦稳态电路的平均功率、无功功率、视在功率之间的关系可以用“**复功率**”描述。复功率没有物理意义，是计算正弦稳态功率的一种工具。

设单口网络的电压、电流相量分别为 $\dot{U}=U\angle\theta_u$，$\dot{I}=I\angle\theta_i$，且电压、电流取关联参考方向，则该单口网络的复功率定义为

$$\tilde{S}=\dot{U}\dot{I}^*=UI\angle(\theta_u-\theta_i)=UI\angle\varphi=UI\cos\varphi+\mathrm{j}UI\sin\varphi=P+\mathrm{j}Q \tag{9-34}$$

式中，$\dot{I}^*$ 为 $\dot{I}$ 的共轭复数，复功率将正弦稳态中三个功率的计算统一为一个公式。由式(9-34)可看出，复功率的模为视在功率 S，实部为平均功率 P，虚部为无功功率 Q，即

$$P=\mathrm{Re}[\tilde{S}],Q=\mathrm{Im}[\tilde{S}],S=\sqrt{P^2+Q^2}$$

复功率是电压相量和电流共轭相量的乘积，所以复功率也叫“相量功率”。复功率的单位仍用 V·A。

由平均功率守恒和无功功率守恒可知，在式(9-34)中，复功率的实部 P 为单口网络中各电阻消耗功率平均的总和，虚部为单口网络中各动态元件无功功率的代数和。设单口网络含有 n 条支路，第 k 条支路的平均功率和无功功率分别设为 P_k 和 Q_k，则第 k 条支路的复功率为 $\tilde{S}_k$，由此，式(9-34)还可以改写为

$$\tilde{S}=\dot{U}\dot{I}^*=P+\mathrm{j}Q=\sum_{k=1}^{n}P_k+\mathrm{j}\sum_{k=1}^{n}Q_k=\sum_{k=1}^{n}\tilde{S}_k \tag{9-35}$$

显然复功率的概念适用于单个元件或任何一条支路。

复功率还可以表示为

$$\tilde{S}=\dot{U}\dot{I}^*=P+\mathrm{j}Q=P+\mathrm{j}2\omega(W_L-W_C) \tag{9-36}$$

式中，W_L 为网络中所有电感储能平均值的总和；W_C 为网络中所有电容储能平均值的总和。式(9-35)这一关系称为**复功率守恒**。

例 9-7 如图 9-14 所示电路，已知 $u_s(t)=220\sqrt{2}\cos(314t+30°)$ V。求电路吸收的复功率及电源电流的有效值 I。

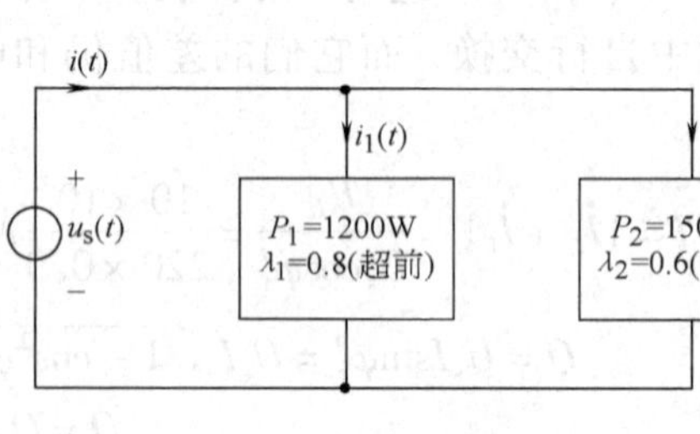

图 9-14 例 9-7 图

解 利用复功率守恒来计算，为此，先分别求每一支路的复功率

$$S_1=\frac{P_1}{\lambda_1}=\frac{1200}{0.8}\mathrm{V\cdot A}=1500\mathrm{V\cdot A}$$

$$Q_1=S_1\sin\varphi_{z1}=-1500\sqrt{1-0.8^2}\mathrm{var}=-900\mathrm{var}$$

$$\tilde{S}_1=P_1+\mathrm{j}Q_1=(1200-\mathrm{j}900)\mathrm{V\cdot A}$$

$$S_2=\frac{P_2}{\lambda_2}=\frac{1500}{0.6}\mathrm{V\cdot A}=2500\mathrm{V\cdot A}$$

$$Q_2=S_2\sin\varphi_{z2}=2500\sqrt{1-0.6^2}\mathrm{var}=2000\mathrm{var}$$

$$\tilde{S}_2 = P_2 + jQ_2 = (1500 + j2000)\,V \cdot A$$

得总复功率为

$$\tilde{S} = \tilde{S}_1 + \tilde{S}_2 = (2700 + j1100)\,V \cdot A = 2915\angle 22.2°V \cdot A$$

由

$$S = U_s I = |\tilde{S}_1 + \tilde{S}_2| = 2915V \cdot A$$

得

$$I = \frac{S}{U_s} = \frac{2915}{220}A = 13.25A$$

例 9-8　如图 9-15 所示电路，已知 $\dot{U}_s = 100\angle 0°V$，求 P、Q、S、λ。

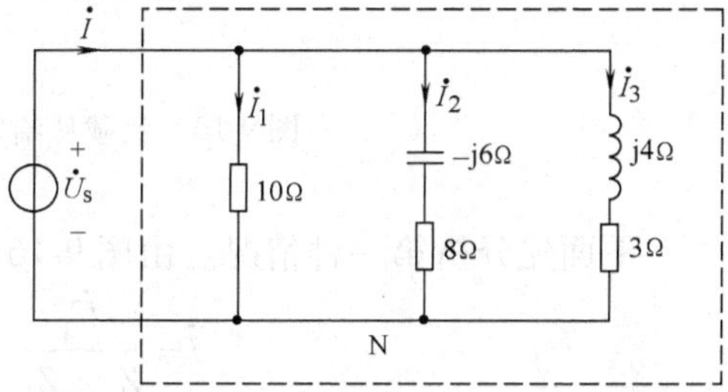

图 9-15　例 9-8 图

解　利用复功率守恒来计算

$$\dot{I}_1 = \frac{\dot{U}_s}{R} = 10\angle 0°A,\ \tilde{S}_1 = \dot{U}_s \dot{I}_1^* = 1000\angle 0°V \cdot A$$

$$\dot{I}_2 = \frac{\dot{U}_s}{Z_2} = \frac{100\angle 0°}{8 - j6}A = 10\angle 36.9°A$$

$$\tilde{S}_2 = \dot{U}_s \dot{I}_2^* = 1000\angle -36.9°V \cdot A = (800 - j600)\,V \cdot A$$

$$\dot{I}_3 = \frac{\dot{U}_s}{Z_3} = \frac{100\angle 0°}{3 + j4}A = 20\angle -53.1°A$$

$$\tilde{S}_3 = \dot{U}_s \dot{I}_3^* = 2000\angle 53.1°V \cdot A = (1200 + j1600)\,V \cdot A$$

$$\tilde{S} = \dot{U}_s \dot{I}^* = \tilde{S}_1 + \tilde{S}_2 + \tilde{S}_3 = P + jQ = (3000 + j1000)\,V \cdot A = 3162\angle 18.4°V \cdot A$$

由此可得

$$P = 3000W,\ Q = 1000var,\ S = 3162V \cdot A$$

$$\lambda = \cos 18.4° = 0.95（滞后）$$

本例如不用复功率守恒，计算过程会遇到很繁琐的复数运算。

9.3　正弦稳态最大功率传递定理

在实际系统（如通信系统，电子电路等）中，当传输的功率比较小而不计较传输效率时，常常要研究使负载获得最大功率的条件，负载获得最大功率的条件取决于电路中何者为定值、何者为变量。本节主要讨论在正弦稳态下，负载从给定的单口网络 N 获得最大功率的条件，如图 9-16a 所示。根据戴维南定理，可把给定的单口网络 N 化简为如图 9-16b 所示的等效电路进行讨论。

图 9-16b 中，内阻抗为 $Z_s = R_s + jX_s$，负载阻抗则为 $Z_L = R_L + jX_L'$，其中 X_L' 表示负载的电抗。因为单口网络 N 是给定的，所以在图 9-16b 中 $\dot{U}_s$ 和 Z_s 是定值，而负载阻抗 Z_L 为变量，下面分两种情况进行讨论：①负载 Z_L 的电阻 R_L 及电抗 X_L' 均可独立变化；②负载的阻抗角固定而模可以改变。

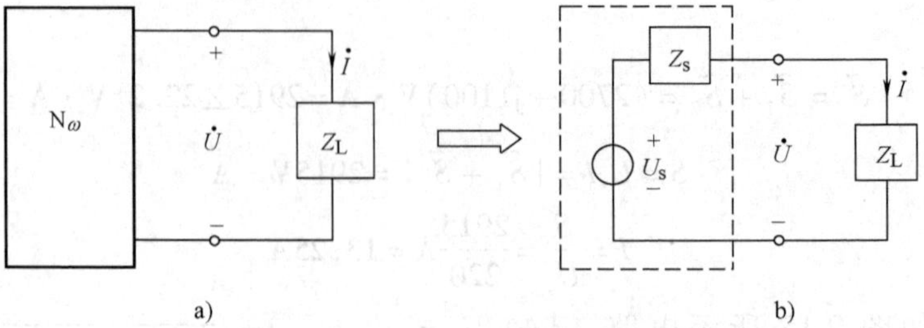

图 9-16 负载从给定的单口网络获得最大功率的条件

下面先分析第一种情况。由图 9-16b 可得

$$\dot{I}=\frac{\dot{U}_s}{Z_s+Z_L}=\frac{\dot{U}_s}{(R_s+R_L)+j(X_s+X_L')}$$

电流有效值则为

$$I=\frac{U_s}{\sqrt{(R_s+R_L)^2+(X_s+X_L')^2}}$$

由此可得负载的平均功率为

$$P_L=I^2R_L=\frac{U_s^2R_L}{(R_s+R_L)^2+(X_s+X_L')^2}$$

上式中，由于 X_L' 只出现在分母中，显然，对任何 R_L 来说，当 $X_L'=-X_s$ 时分母的值最小，满足此条件时，功率为

$$P_L=\frac{U_s^2R_L}{(R_s+R_L)^2}$$

上式对 R_L 求导数并令其为零，即

$$\frac{dP_L}{dR_L}=U_s^2\frac{(R_s+R_L)^2-2(R_s+R_L)R_L}{(R_s+R_L)^4}=0$$

由此可得 $R_L=R_s$

综合上述分析，在第一种情况下，负载获得最大功率的条件是

$$Z_L=R_s-jX_s=Z_s^* \tag{9-37}$$

把上述负载获得最大功率的条件称为最大功率匹配或**共轭匹配**，此时负载获得的最大功率为

$$P_{Lmax}=\frac{U_s^2}{4R_s} \tag{9-38}$$

在第二种情况下，设负载阻抗为

$$Z_L=|Z|\angle\varphi=|Z|\cos\varphi+j|Z|\sin\varphi$$

此时，流过负载的电流则为

$$\dot{I}=\frac{\dot{U}_s}{(R_s+|Z|\cos\varphi)+j(X_s+|Z|\sin\varphi)}$$

负载的平均功率为

$$P_L=\frac{U_s^2|Z|\cos\varphi}{(R_s+|Z|\cos\varphi)^2+(X_s+|Z|\sin\varphi)^2}$$

上式中变量为$|Z|$，上式对$|Z|$求导数，并令其为零，可得

$$(R_s+|Z|\cos\varphi)^2+(X_s+|Z|\sin\varphi)^2-2|Z|\cos\varphi(R_s+|Z|\cos\varphi)-2|Z|\sin\varphi(X_s+|Z|\sin\varphi)=0$$

解上式可得

$$|Z|^2=(R_s^2+X_s^2)$$

即

$$|Z|=\sqrt{(R_s^2+X_s^2)} \tag{9-39}$$

可看出，在第二种情况下，负载获得最大功率的条件是：负载阻抗的模等于电源内阻抗的模，此时，负载获得最大功率的条件称为**模匹配**。在实际电路中，用理想变压器来实现负载获得最大功率就属于这种情况。当负载是纯电阻时，即 $Z_L=R_L$ 时，负载获得最大功率的条件是 $R_L=\sqrt{(R_s^2+X_s^2)}$。显然，在第二种情况下负载获得的功率要比第一种共轭匹配时要小。

例 9-9　电路的相量模型如图 9-17a 所示，求下列情况下负载获得的功率。

(1) 负载 Z_L 与内阻抗共轭匹配；

(2) 负载 Z_L 为纯电阻且与内阻抗模匹配；

(3) $Z_L=4\Omega$。

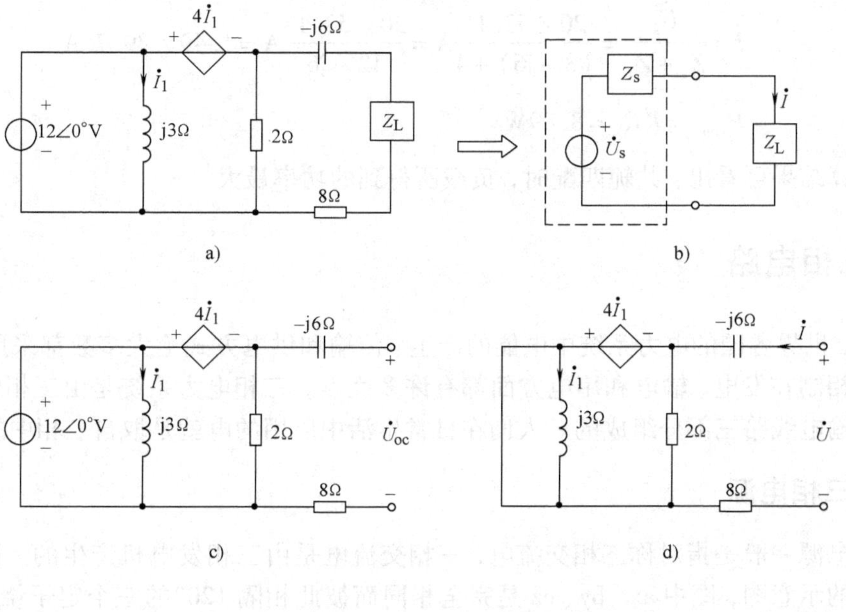

图 9-17　例 9-9 图

解　对图 9-17a 先求出从负载向左看进去的等效相量模型，如图 9-17b 所示。其中，求

$\dot{U}_s = \dot{U}_{oc}$和 Z_s 时所对应的相量模型分别如图 9-17c、d 所示。

由图 9-17c 可求得

$$\dot{U}_s = \dot{U}_{oc} = -4\Omega \times \dot{I}_1 + 12\angle 0°\text{V} = 12\angle 0°\text{V} - 4 \times \frac{12\angle 0°}{\text{j}3}\text{V} = (12 + \text{j}16)\text{V} = 20\angle 53.1°\text{V}$$

由图 9-17d 可得

$$Z_s = \frac{\dot{U}}{\dot{I}} = (8 - \text{j}6)\Omega = 10\angle -36.9°\Omega$$

（1）负载 Z_L 与内阻抗共轭匹配

$$Z_L = Z_s^* = (8 + \text{j}6)\Omega = 10\angle 36.9°\Omega$$

$$P_{L\max} = \frac{U_s^2}{4R_0} = \frac{20^2}{4 \times 8}\text{W} = 12.5\text{W}$$

（2）负载 Z_L 为纯电阻且与内阻抗模匹配

$$Z_L = R_L = |Z_s| = \sqrt{8^2 + 6^2}\Omega = 10\Omega$$

$$\dot{I} = \frac{\dot{U}_s}{Z_s + Z_L} = \frac{20\angle 53.1°}{(8 - \text{j}6) + 10}\text{A} = \frac{20\angle 53.1°}{18 - \text{j}6}\text{A} = 1.054\angle 71.5°\text{A}$$

$$P_{L\max} = I^2 R_L = 11.1\text{W}$$

（3）$Z_L = 4\Omega$

$$\dot{I} = \frac{\dot{U}_s}{Z_s + Z_L} = \frac{20\angle 53.1°}{(8 - \text{j}6) + 4}\text{A} = \frac{20\angle 53.1°}{12 - \text{j}6}\text{A} = 1.49\angle 79.7°\text{A}$$

$$P_{L\max} = I^2 R_L = 8.89\text{W}$$

从计算结果可看出：共轭匹配时，负载所得到的功率最大。

9.4 三相电路

目前，世界各国的电力系统中电能的产生、传输和供电方式绝大多数都采用三相制。这是由于三相制在发电、输电和用电方面都有许多优点。三相电力系统是由三相电源、三相负载和三相输电线路三部分组成的。人们在日常生活中所用的电就是取自三相中的一相。

9.4.1 三相电源

三相电源一般是指对称三相交流电，三相交流电是由三相发电机产生的。图 9-18a 为三相发电机的示意图，图中 ax、by、cz 是完全相同而彼此相隔 120°的三个定子绕组，分别称 a 相、b 相和 c 相绕组，其中 a、b、c 端称为始端，而 x、y、z 端称为末端。当转子(即磁铁)以角速度 ω 匀速旋转时，磁通依次穿过这三个定子绕组，三个绕组分别感应出振幅和频率相同而相位相差 120°的正弦电压。其波形如图 9-18b 所示。

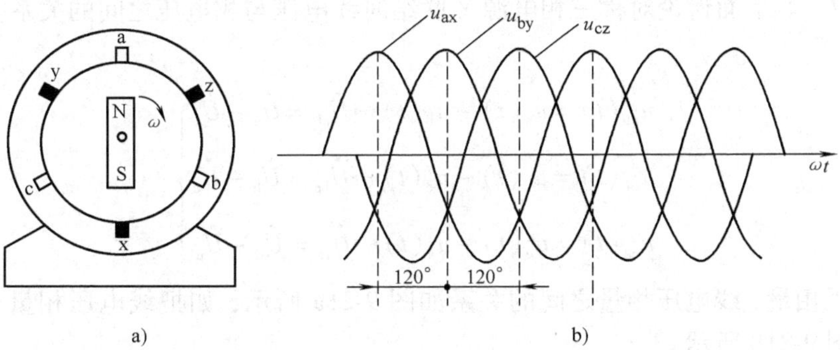

图 9-18　三相发电机示意及三相正弦电压波形

三相发电机产生的电压可分别表示为

$$\left.\begin{aligned} u_a(t) &= U_{pm}\cos\omega t \\ u_b(t) &= U_{pm}\cos(\omega t - 120°) \\ u_c(t) &= U_{pm}\cos(\omega t + 120°) \end{aligned}\right\} \tag{9-40}$$

式中，u_a、u_b、u_c 分别为 u_{ax}、u_{by}、u_{cz} 的简写。可看出：发电机的三个绕组实际上相当于三个独立的正弦电压源，对应于这三个电压源的电压相量分别为

$$\left.\begin{aligned} u_a(t) &\leftrightarrow \dot{U}_a = U_p\angle 0° \\ u_b(t) &\leftrightarrow \dot{U}_b = U_p\angle -120° \\ u_c(t) &\leftrightarrow \dot{U}_c = U_p\angle 120° \end{aligned}\right\} \tag{9-41}$$

式中，U_p 为相电压（即每一绕组端电压）的有效值，即 $U_p = U_{pm}/\sqrt{2}$。三个电压源的电压相量图如图 9-19 所示。

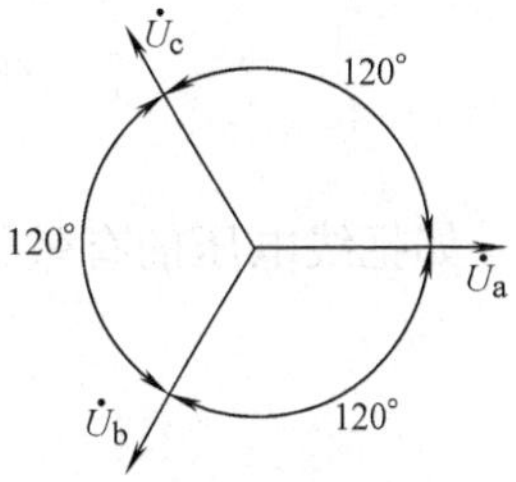

图 9-19　相量图

对称三相电源电压满足

$$u_a(t) + u_b(t) + u_c(t) = 0 \tag{9-42}$$

或

$$\dot{U}_a + \dot{U}_b + \dot{U}_c = 0 \tag{9-43}$$

式(9-42)和式(9-43)可由相量图很容易得到证明。

上述三个正弦电压达到最大值的先后顺序称为相序，图 9-18a 所示发电机以角速度 ω 顺时针旋转时其相序为 a—b—c，逆时针旋转时其相序为 a—c—b。上面所讨论的三相电源其所示波形及相应的公式、相量图均代表 a—b—c 相序。

9.4.2　三相电源的联结

1. Y 联结

如果把三相发电机的定子绕组末端连在一个公共点 n 上，就构成了对称 Y 联结的三相电源，如图 9-20 所示。Y 联结也叫星形联结，公共点 n 称中性点，a、b、c 三个始端与输电线相接输送能量至负载，这三根输电线通常称为**相线**（或端线，俗称火线），每个电源（即发电机示意图中每一个定子绕组）的电压称为**相电压**，相线之间的电压称为**线电压**，分别用 $u_{ab}(t)$、$u_{bc}(t)$、$u_{ca}(t)$ 表示，对应于这三个线电压的相量分别

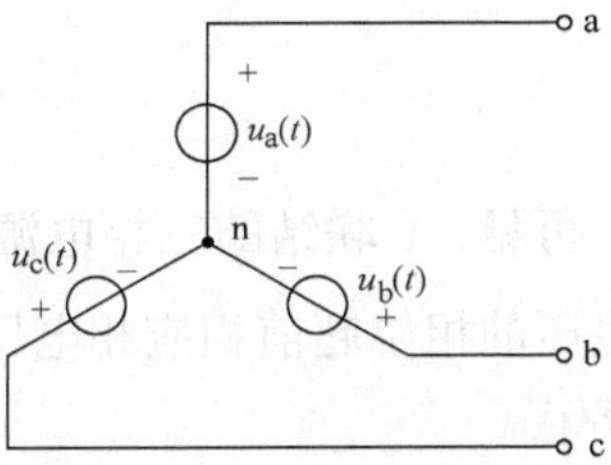

图 9-20　Y 联结的三相电源

为 $\dot{U}_{ab}$、$\dot{U}_{bc}$、$\dot{U}_{ca}$。下面讨论对称三相电源Y联结时线电压与相电压之间的关系。根据KVL可得

$$\left.\begin{aligned} u_{ab}(t)=u_a(t)-u_b(t)&\leftrightarrow\dot{U}_{ab}=\dot{U}_a-\dot{U}_b\\ u_{bc}(t)=u_b(t)-u_c(t)&\leftrightarrow\dot{U}_{bc}=\dot{U}_b-\dot{U}_c\\ u_{ca}(t)=u_c(t)-u_a(t)&\leftrightarrow\dot{U}_{ca}=\dot{U}_c-\dot{U}_a \end{aligned}\right\} \tag{9-44}$$

各相电压相量、线电压相量之间的关系如图9-21a所示，如把线电压相量平移，相量图也可绘成如图9-21b所示。

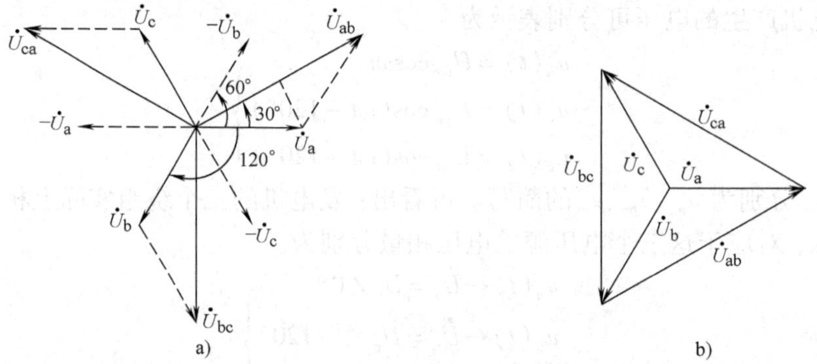

图9-21 Y联结的三相电源相电压和线电压的相量图

如把线电压的有效值用 U_l 表示，相电压的有效值用 U_p 表示，由相量图的几何关系可得

$$\frac{1}{2}U_l=U_p\cos30°$$

即

$$U_l=\sqrt{3}U_p \tag{9-45}$$

由 $\dot{U}_a=U_p\angle0°$可得

$$\left.\begin{aligned} \dot{U}_{ab}&=\sqrt{3}\dot{U}_a\angle30°=\sqrt{3}U_p\angle30°\\ \dot{U}_{bc}&=\sqrt{3}\dot{U}_b\angle30°=\sqrt{3}U_p\angle-90°\\ \dot{U}_{ca}&=\sqrt{3}\dot{U}_c\angle30°=\sqrt{3}U_p\angle150° \end{aligned}\right\} \tag{9-46}$$

可见，Y联结的三相电源的线电压也是对称的，且线电压有效值是相电压有效值的$\sqrt{3}$倍，线电压的相位超前相应相电压30°，如果相电压有效值为220V，则线电压有效值为$\sqrt{3}\times220V=380V$。

2. △联结

如果把三相发电机定子绕组的始、末端依次相接构成一个回路，再从三个端子a、b、c

分别引出端线，就构成了△联结的三相电源，如图9-22a所示。△联结也叫**三角形联结**。

很显然，△联结时线电压等于相电压。即

$$\left.\begin{aligned} u_{ab}(t)&=u_a(t)\leftrightarrow\dot{U}_{ab}=\dot{U}_a\\ u_{bc}(t)&=u_b(t)\leftrightarrow\dot{U}_{bc}=\dot{U}_b\\ u_{ca}(t)&=u_c(t)\leftrightarrow\dot{U}_{ca}=\dot{U}_c \end{aligned}\right\}\tag{9-47}$$

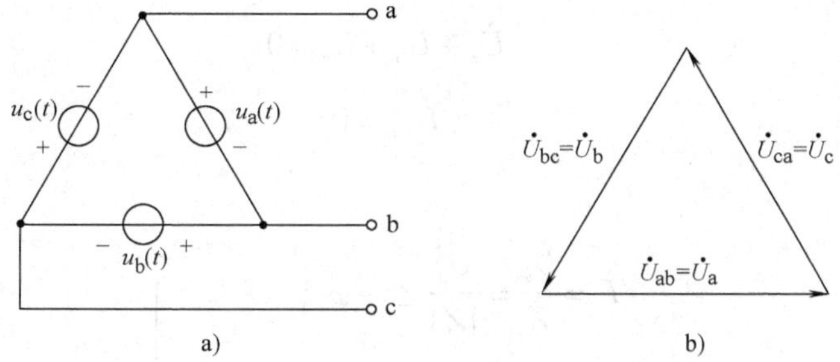

图9-22　△联结的三相电源及其电压相量图

其相量图如图9-22b所示。

三相电源△联结时，闭合回路中电压满足 $u_a(t)+u_b(t)+u_c(t)=0$，因此，在这种接法中，如果任何一相绕组接反，三个相电压之和将不等于零，而在△联结的闭合回路中将产生极大的电流，造成很严重的后果。

9.4.3　三相电路的联结及计算

由三相电源供电的负载称为三相负载，**三相负载**一般分为两类：一类为负载必须同时接在三相电源的三个相线上才能工作，如三相交流电动机、大功率三相电阻炉等，这类负载的特点是三相负载的阻抗相等，称为**对称三相负载**；另一类负载只需接在三相中的一相电源上即可工作，如照明电灯、家用电器等，这类三相负载的阻抗一般不可能相等，属于不对称负载，实际电路中，许多这样的负载大致平均分配到三相电源的三个相线上。

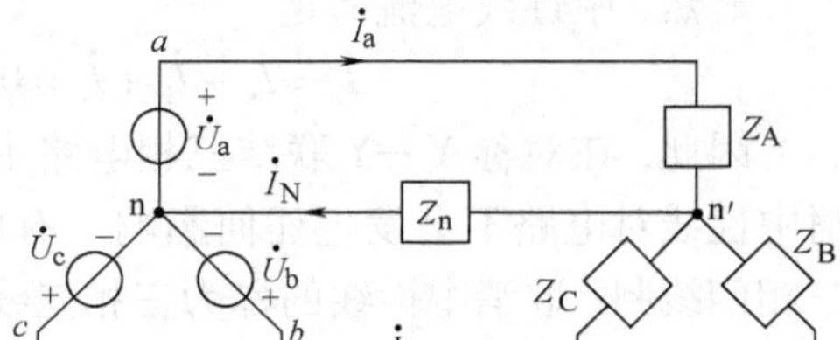

图9-23　Y—Y联结对称三相电路

在三相电路中，负载也有Y联结和△联结两种形式。因此，三相电路有Y—Y、Y—△，△—Y、△—△四种可能的联结方式。实际三相电路中，三相电源是对称的，但负载不一定是对称的。所谓对称三相电路是指电源和负载均对称，不对称三相电路是指电源对称而负载不对称。

1. 三相负载的Y联结

三相电路的Y—Y联结，如图9-23所示。每一个负载构成三相负载的一相。当负载对称

时有 $Z_A = Z_B = Z_C = Z$。设每相负载的阻抗为 $Z = |Z| \angle \varphi_z$，电源的公共点 n 与负载的公共点 n′的连接线称为中性线，设中性线的阻抗为 Z_n。

以 n 点为参考点对 n′点列节点电压方程可得

$$\dot{U}_{n'n}(3/Z + 1/Z_n) - \left(\frac{\dot{U}_a}{Z} + \frac{\dot{U}_b}{Z} + \frac{\dot{U}_c}{Z}\right) = 0$$

即
$$\dot{U}_{n'n} = \frac{(\dot{U}_a + \dot{U}_b + \dot{U}_c)/Z}{3/Z + 1/Z_n} \tag{9-48}$$

由于
$$\dot{U}_a + \dot{U}_b + \dot{U}_c = 0$$

故得
$$\dot{U}_{n'n} = 0 \tag{9-49}$$

由此可解得

$$\left.\begin{aligned}
\dot{I}_a &= \frac{\dot{U}_a}{Z} = \frac{U_p}{|Z|} \angle -\varphi_z \\
\dot{I}_b &= \frac{\dot{U}_b}{Z} = \frac{U_p}{|Z|} \angle (-120^\circ - \varphi_z) \\
\dot{I}_c &= \frac{\dot{U}_c}{Z} = \frac{U_p}{|Z|} \angle (120^\circ - \varphi_z)
\end{aligned}\right\} \tag{9-50}$$

其相量图如图 9-24 所示。把每一相的电流称为相电流，而流过相线的电流称为线电流。可看出：在 Y—Y 联结中，线电流即为相电流。由于三相电源和三相负载均对称，所以三相电流也是对称的。由相量图可知，三个相电流满足

$$\dot{I}_a + \dot{I}_b + \dot{I}_c = 0$$

显然，中性线电流满足

$$\dot{I}_n = \dot{I}_a + \dot{I}_b + \dot{I}_c = 0 \tag{9-51}$$

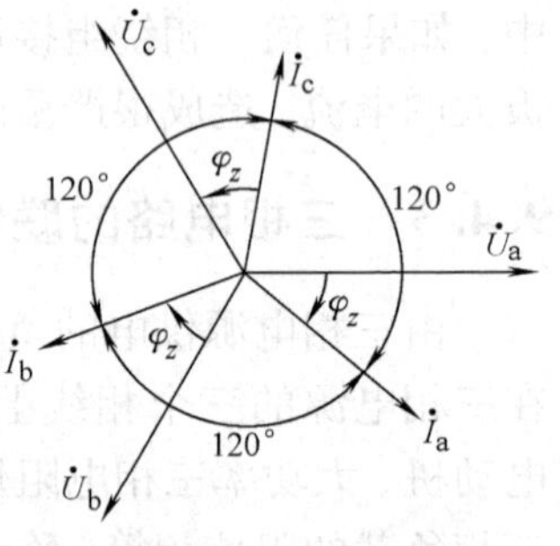

图 9-24　Y—Y 联结电路的相量图

因此，在对称 Y—Y 联结三相电路中，中性线如同开路，取消中性线对电路不会发生任何影响。有中性线的三相电路称为三相四线制，取消中性线的称为三相三线制，常用的三相电动机和三相变压器都采用三相三线制。这是由于在对称三相电路中不论有没有中性线，也不论中性线阻抗是多少，$\dot{U}_{n'n}$总是等于零，因此，在分析这类电路时，都可以把 nn′用短路线代替后，直接用式(9-50)计算各相电流。

例 9-10　Y 联结对称负载，接在电压为 380V 的正相序对称三相电源上，每相负载阻抗为 $Z = (9.4 + j8.8)\Omega$。求流过负载的电流。

解　在三相电路中，如不加说明，电压都是指线电压，且为有效值，线电压为 380V，则相电压应为 $380/\sqrt{3}\text{V} = 220\text{V}$。

设 $\dot{U}_a = 220\angle 0^\circ \text{V}$

则
$$\dot{I}_a=\frac{\dot{U}_a}{Z}=\frac{220\angle 0°}{9.4+j8.8}A=17.08\angle -43.1°A$$

按对称关系可推知其余两相电流分别为

$$\dot{I}_b=17.08\angle(-43.1°-120°)A=17.08\angle -163.1°A$$
$$\dot{I}_c=17.08\angle(-43.1°+120°)A=17.08\angle 76.9°A$$

例 9-11　如图 9-23 所示三相四线制电路中，已知正相序对称三相电源的线电压为 380V，负载分别为 $Z_A=(30+j40)\Omega, Z_B=(50+j50)\Omega, Z_C=40\Omega$，中性线阻抗可忽略不计。求 $\dot{I}_A$、$\dot{I}_B$、$\dot{I}_C$、$\dot{I}_N$。

解　由于中性线阻抗可忽略，中性线相当于短路线，即 $\dot{U}_{n'n}=0$，三相电源电压仍分别加在三个负载上，各相电流仍然可按单相电路的方法来计算。

线电压为 380V，则相电压应为 $380/\sqrt{3}V=220V$。

设 $\dot{U}_a=220\angle 0°V$

$$\dot{I}_A=\frac{\dot{U}_a}{Z_A}=\frac{220\angle 0°}{30+j40}A=4.4\angle -53.1A$$

$$\dot{I}_B=\frac{\dot{U}_b}{Z_B}=\frac{220\angle -120°}{50+j50}A=2.2\sqrt{2}\angle -165°A$$

$$\dot{I}_C=\frac{\dot{U}_c}{Z_C}=\frac{220\angle 120°}{40}A=5.5\angle 120°A$$

$$\dot{I}_N=\dot{I}_A+\dot{I}_B+\dot{I}_C=3.14\angle 172°A\neq 0$$

从本例可知：三相不对称负载用 Y 联结时，由于中性线电流不为零，中性线不能省去。由于中性线阻抗甚小，中性线的作用能使三相电路成为三个互不影响的独立电路，即在三相负载不对称时，仍能使各相负载上的电压保持对称，各相电压与电流之间的关系仍然可按单相电路的方法来计算。

例 9-12　接续上例，如果取消中性线，试求三相负载的电压 $\dot{U}_{an'}$、$\dot{U}_{bn'}$、$\dot{U}_{cn'}$。

解　在取消中性线后的电路中，由节点法求得

$$\dot{U}_{n'n}=\frac{\dot{U}_a/Z_A+\dot{U}_b/Z_B+\dot{U}_c/Z_C}{1/Z_A+1/Z_B+1/Z_C}=58.5\angle -159°V$$

$$\dot{U}_{an'}=\dot{U}_a-\dot{U}_{n'n}=220\angle 0°V-58.5\angle -159°V=275.4\angle 4.4V$$

$$\dot{U}_{bn'}=\dot{U}_b-\dot{U}_{n'n}=220\angle -120°V-58.5\angle -159°V=178.3\angle -108.1°V$$

$$\dot{U}_{cn'}=\dot{U}_c-\dot{U}_{n'n}=220\angle 120°V-58.5\angle -159°V=218.6\angle 104.6°V$$

由本例可知：不对称 Y 联结负载电路，如无中性线，三相负载上的相电压是不对称的，有的负载所承受的电压高于其额定电压，有的负载所承受的电压低于其额定电压，负载不能正常工作，严重时甚至会烧毁电器或供电设备。为了防止上述现象及其他不正常的情况发生，在三相四线制中，规定中性线不准安装熔断器和开关，有时中性线还采用钢芯导线以增强其

机械强度。

2. 三相负载的△联结

在分析对称三相电源与三相负载组成的电路时，如果只对三相负载的电压和电流感兴趣，则只需要知道线电压和负载的联结方式，而不必追究电源的具体联结方式。对称三相负载的△联结如图 9-25 所示。很显然，各相负载直接接在线电压上，负载的相电压与线电压相等，即 $U_l = U_p$。当负载对称时有 $Z_A = Z_B = Z_C = Z$。

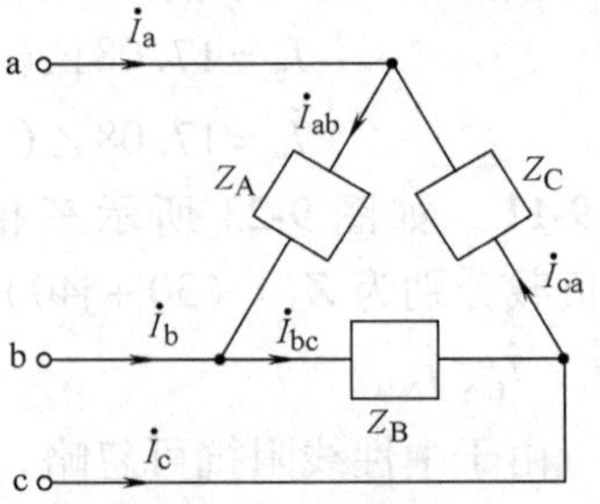

图 9-25 △形联结的对称负载

设线电压为 $\dot{U}_{ab} = U_l \angle 0°$，$\dot{U}_{bc} = U_l \angle -120°$，$\dot{U}_{ca} = U_l \angle 120°$，$Z = |Z| \angle \varphi_z$，则负载的相电流分别为

$$\left.\begin{aligned}\dot{I}_{ab} &= \frac{\dot{U}_{ab}}{Z} = \frac{U_l}{|Z|}\angle -\varphi_z = I_p \angle -\varphi_z \\ \dot{I}_{bc} &= \frac{\dot{U}_{bc}}{Z} = \frac{U_l}{|Z|}\angle(-120° - \varphi_z) = I_p \angle(-\varphi_z - 120°) \\ \dot{I}_{ca} &= \frac{\dot{U}_{ca}}{Z} = \frac{U_l}{|Z|}\angle(120° - \varphi_z) = I_p \angle(-\varphi_z + 120°)\end{aligned}\right\} \tag{9-52}$$

根据 KCL 可得

$$\left.\begin{aligned}\dot{I}_a &= \dot{I}_{ab} - \dot{I}_{ca} \\ \dot{I}_b &= \dot{I}_{bc} - \dot{I}_{ab} \\ \dot{I}_c &= \dot{I}_{ca} - \dot{I}_{bc}\end{aligned}\right\} \tag{9-53}$$

其各相量之间的关系如图 9-26 所示。显然，负载对称时相电流、线电流都是对称的。如把线电流的有效值用 I_l 表示，相电流的有效值用 I_p 表示，由相量图的几何关系可得

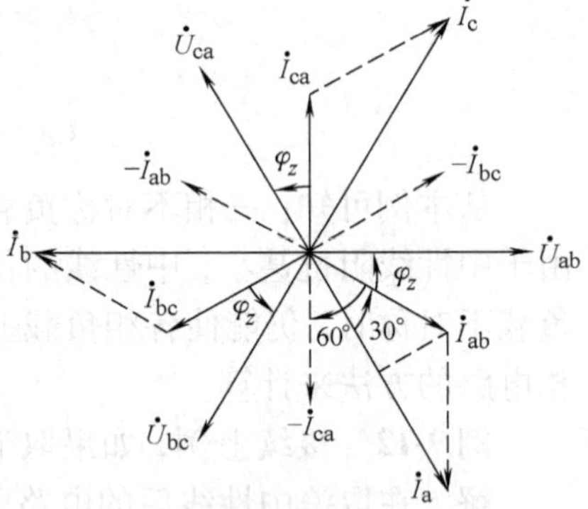

图 9-26 △形联结对称负载相量图

$$\frac{1}{2}I_l = I_p \cos 30°$$

即

$$I_l = \sqrt{3} I_p \tag{9-54}$$

由相量图可得，△联结时相电流与线电流的关系为

$$\left.\begin{aligned}\dot{I}_a &= \sqrt{3}\dot{I}_{ab}\angle -30° = \sqrt{3}I_p \angle(-\varphi_z - 30°) \\ \dot{I}_b &= \sqrt{3}\dot{I}_{bc}\angle -30° = \sqrt{3}I_p \angle(-\varphi_z - 150°) \\ \dot{I}_c &= \sqrt{3}\dot{I}_{ca}\angle -30° = \sqrt{3}I_p \angle(-\varphi_z + 90°)\end{aligned}\right\} \tag{9-55}$$

可见，对称负载△联结时，线电流也是对称的，且线电流的有效值是负载相电流有效值的$\sqrt{3}$倍，其相位滞后相应相电流 30°。

例 9-13 正序对称三相电源与对称三相负载为 Y—△ 联结，已知电源相电压 $\dot{U}_a = 220\angle 30°\text{V}$，负载阻抗为 $Z = (8 + \text{j}6)\Omega$，试求负载的相电流和线电流。

解 根据 $\dot{U}_a = 220\angle 30°\text{V}$ 可知 $\dot{U}_b = 220\angle -90°\text{V}$，$\dot{U}_c = 220\angle 150°\text{V}$，又根据相电压和线电

压的关系可得

$$\dot{U}_{ab}=\sqrt{3}\dot{U}_a\angle 30°\text{V}=380\angle 60°\text{V}$$

故得

$$\dot{I}_{ab}=\frac{\dot{U}_{ab}}{Z}=\frac{380\angle 60°}{8+\text{j}6}\text{A}=38\angle 23.1°\text{A}$$

根据相电流对称的关系可推得

$$\dot{I}_{bc}=38\angle(23.1°-120°)\text{A}=38\angle -96.9°\text{A}$$

$$\dot{I}_{ca}=38\angle(23.1°+120°)\text{A}=38\angle 143.1°\text{A}$$

又根据相电流和线电流的关系式(9-55)可得

$$\dot{I}_a=\sqrt{3}\dot{I}_{ab}\angle -30°=65.8\angle -6.9°\text{A}$$

$$\dot{I}_b=\dot{I}_a\angle -120°=65.8\angle -126.9°\text{A}$$

$$\dot{I}_c=\dot{I}_a\angle 120°=65.8\angle 113.1°\text{A}$$

9.4.4 三相电路的功率

在三相电路中，其中一相负载的平均功率为

$$P=U_pI_p\cos\varphi_z \tag{9-56}$$

式中，φ_z 为负载的阻抗角。在对称三相电路中，对称三相负载总的平均功率为

$$P=3U_pI_p\cos\varphi_z \tag{9-57}$$

对称负载Y联结时，有

$$U_l=\sqrt{3}U_p,\ I_l=I_p$$

对称负载△联结时，有

$$U_l=U_p,\ I_l=\sqrt{3}I_p$$

因此，若用线电压、线电流来计算平均功率，无论负载是Y联结还是△联结，对称三相负载的平均功率均可表示为

$$P=\sqrt{3}U_lI_l\cos\varphi_z \tag{9-58}$$

式(9-57)和式(9-58)都可用来计算对称三相电路的功率，但因为线电压和线电流容易测量，在实际中多采用式(9-58)。

类似地，可推导出对称三相电路的无功功率为

$$Q=3U_pI_p\sin\varphi_z=\sqrt{3}U_lI_l\sin\varphi_z \tag{9-59}$$

例 9-14 正序对称三相电源与对称三相负载为Y—Y联结，已知相电压 $\dot{U}_a=220\angle 0°\text{V}$，负载阻抗为 $Z=(6+\text{j}8)\Omega$。

(1)试求线电流 $\dot{I}_a$、$\dot{I}_b$、$\dot{I}_c$ 及三相功率；

(2)条件同上，但三相电路改成Y—△联结；

(3)条件同上，但三相电路改成△—△联结。

解 (1)因为Y—Y联结，所以有

$$U_l=\sqrt{3}U_p=380\text{V},\ I_l=I_p$$

又因为负载对称，所以三相电流也对称，由此可得

$$\dot{I}_a = \frac{\dot{U}_a}{Z} = \frac{220\angle 0°}{6+j8}\text{A} = 22\angle -53.1°\text{A}$$

$$\dot{I}_b = \frac{\dot{U}_b}{Z} = \frac{220\angle -120°}{6+j8}\text{A} = 22\angle -173.1°\text{A}$$

$$\dot{I}_c = \frac{\dot{U}_c}{Z} = \frac{220\angle 120°}{6+j8}\text{A} = 22\angle 66.9°\text{A}$$

三相功率为

$$P = 3U_pI_p\cos\varphi_z = 3\times 220\times 22\cos 53.1°\text{W} = 8.71\text{kW}$$

(2)因为 Y—△联结，所以有

$$U_p = U_l = 380\text{V}, I_l = \sqrt{3}I_p$$

又因为负载对称，所以三相电流也对称，由此可得

$$\dot{I}_{ab} = \frac{\dot{U}_{ab}}{Z} = \frac{380\angle 30°}{6+j8}\text{A} = 38\angle -23.1°\text{A}$$

$$\dot{I}_{bc} = \frac{\dot{U}_{bc}}{Z} = \frac{380\angle -90°}{6+8j}\text{A} = 38\angle -143.1°\text{A}$$

$$\dot{I}_{ca} = \frac{\dot{U}_{ca}}{Z} = \frac{380\angle 150°}{6+j8}\text{A} = 38\angle 96.9°\text{A}$$

根据对称负载△联结时线电流与相电流的关系，可得

$$\dot{I}_a = \sqrt{3}\dot{I}_{ab}\angle -30°\text{A} = 65.8\angle -53.1°\text{A}$$

$$\dot{I}_b = \sqrt{3}\dot{I}_{bc}\angle -30°\text{A} = 65.8\angle -173.1°\text{A}$$

$$\dot{I}_c = \sqrt{3}\dot{I}_{ca}\angle -30°\text{A} = 65.8\angle 66.9°\text{A}$$

三相功率为

$$P = 3U_pI_p\cos\varphi_z = 3\times 380\times 38\cos 53.1°\text{W} = 26\text{kW}$$

或 $P = \sqrt{3}U_lI_l\cos\varphi_z = \sqrt{3}\times 380\times 65.8\cos 53.1°\text{W} = 26\text{kW}$

(3) 因为△—△联结,所以有

$$U_p = U_l = 220\text{V}\ I_l = \sqrt{3}I_p$$

又因为负载对称，所以三相电流也对称，由此可得

$$\dot{I}_{ab} = \frac{\dot{U}_{ab}}{Z} = \frac{220\angle 0°}{6+j8}\text{A} = 22\angle -53.1°\text{A}$$

$$\dot{I}_{bc} = \frac{\dot{U}_{bc}}{Z} = \frac{220\angle -120°}{6+j8}\text{A} = 22\angle -173.1°\text{A}$$

$$\dot{I}_{ca} = \frac{\dot{U}_{ca}}{Z} = \frac{220\angle 120°}{6+j8}\text{A} = 22\angle 66.9°\text{A}$$

根据对称△形负载线电流与相电流的关系，可得

$$\dot{I}_a = \sqrt{3}\dot{I}_{ab}\angle -30° = 38\angle -83.1°\text{A}$$

$$\dot{I}_{\mathrm{b}}=\sqrt{3}\dot{I}_{\mathrm{bc}}\angle-30°=38\angle156.9°\mathrm{A}$$

$$\dot{I}_{\mathrm{c}}=\sqrt{3}\dot{I}_{\mathrm{ca}}\angle-30°=38\angle36.9°\mathrm{A}$$

三相功率为

$$P=3U_{\mathrm{p}}I_{\mathrm{p}}\cos\varphi_z=3\times220\times22\cos53.1°\mathrm{W}=8.71\mathrm{kW}$$

最后讨论对称三相电路瞬时功率的特点。每一相瞬时功率分别为

$$p_{\mathrm{a}}(t)=u_{\mathrm{a}}(t)i_{\mathrm{a}}(t)=U_{\mathrm{pm}}\cos\omega t\ I_{\mathrm{pm}}\cos(\omega t-\varphi_z)$$
$$=U_{\mathrm{p}}I_{\mathrm{p}}[\cos\varphi_z+\cos(2\omega t-\varphi_z)]$$
$$p_{\mathrm{b}}(t)=u_{\mathrm{b}}(t)i_{\mathrm{b}}(t)=U_{\mathrm{pm}}\cos(\omega t-120°)I_{\mathrm{pm}}\cos(\omega t-120°-\varphi_z)$$
$$=U_{\mathrm{p}}I_{\mathrm{p}}[\cos\varphi_z+\cos(2\omega t-240°-\varphi_z)]$$
$$p_{\mathrm{c}}(t)=u_{\mathrm{c}}(t)i_{\mathrm{c}}(t)=U_{\mathrm{pm}}\cos(\omega t+120°)I_{\mathrm{pm}}\cos(\omega t+120°-\varphi_z)$$
$$=U_{\mathrm{p}}I_{\mathrm{p}}[\cos\varphi_z+\cos(2\omega t+240°-\varphi_z)]$$

三相电路的瞬时功率为各相瞬时功率之和，即

$$p(t)=p_{\mathrm{a}}(t)+p_{\mathrm{b}}(t)+p_{\mathrm{c}}(t)$$

每相瞬时功率中都含有一个振幅相同、频率相同、相位互差120°的交变分量，这三个交变分量相加之和等于零。因此可得

$$p(t)=p_{\mathrm{a}}(t)+p_{\mathrm{b}}(t)+p_{\mathrm{c}}(t)=3U_{\mathrm{p}}I_{\mathrm{p}}\cos\varphi_z=P \tag{9-60}$$

式(9-60)表明，对称三相电路的瞬时功率是一个不随时间变化的常量，其值等于三相电路的平均功率。这是对称三相电路突出的优点，如果三相负载是电动机，由于三相总瞬时功率是定值，因而电动机的转矩是恒定的，运行平稳。

习　　题

9-1　正弦电压 $u(t)=20\cos10t\mathrm{V}$ 施加于 4Ω 的电阻两端。

（1）求电阻吸收的瞬时功率；

（2）电阻吸收的平均功率。

9-2　正弦电压 $u(t)=50\sqrt{2}\cos10t\mathrm{V}$ 施加于1H的电感两端。

（1）求电感吸收的瞬时功率；

（2）电感的瞬时储能；

（3）电感的平均储能；

（4）电感的无功功率。

9-3　正弦电压 $u(t)=100\cos10t\mathrm{V}$ 施加于0.001F的电容两端。

（1）求电容吸收的瞬时功率；

（2）电容的瞬时储能；

（3）电容的平均储能；

（4）电容的无功功率。

9-4　电路如图9-27所示，已知 $\dot{U}_{\mathrm{s}}=50\angle0°\mathrm{V}$。分别求两电阻的平均功率、电容的无功功率及电感的无功功率。

9-5　电路如图 9-28 所示，已知 $\dot{U}_s=50\angle 0°\text{V}, Z_1=(0.5-\text{j}3.5)\Omega, Z_2=-\text{j}5\Omega, Z_3=5\angle 53.1°\Omega$。

(1)求 $\dot{I}$；

(2)求整个电路吸收的平均功率、无功功率及功率因数。

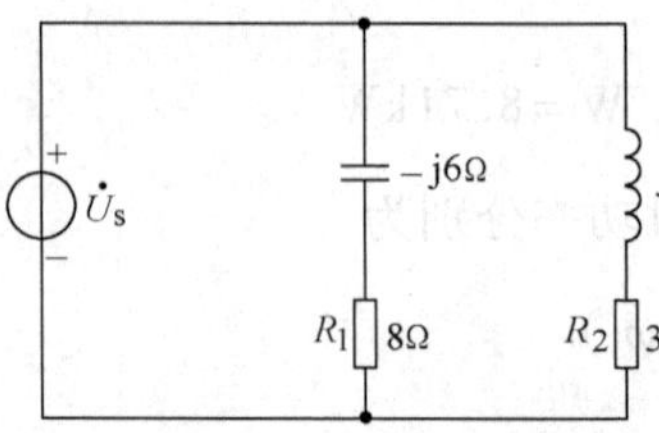

图 9-27　题 9-4 图

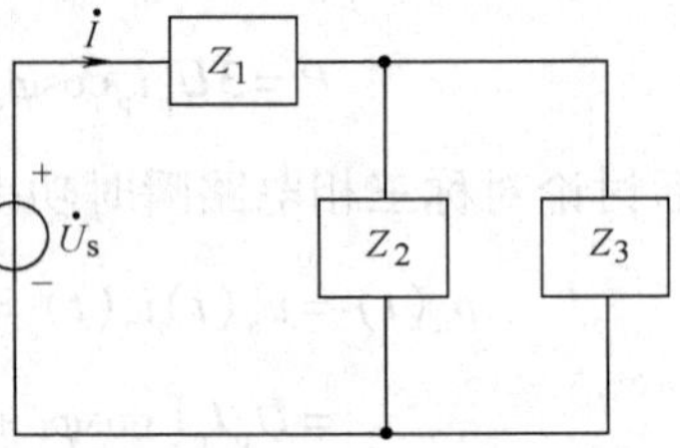

图 9-28　题 9-5 图

9-6　电路如图 9-29 所示，已知负载两端电压 $\dot{U}=240\angle 0°\text{V}$，负载的功率因数为 0.8(电容性)，负载获得的功率为 2kW。

(1) 求电源电压 $\dot{U}_s$；

(2)负载的等效相量模型。

9-7　电路如图 9-30 所示，已知 $\dot{U}_{s1}=100\angle 60°\text{V}$，$\dot{U}_{s2}=100\angle 0°\text{V}$，求每个电源的功率，并指出每一电源对电路是提供功率还是消耗功率。

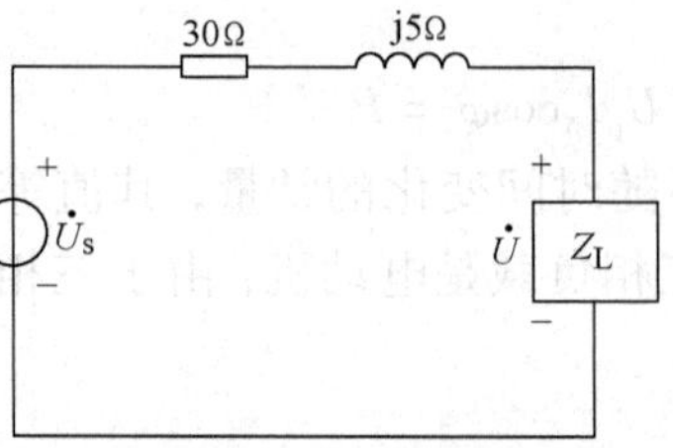

图 9-29　题 9-6 图

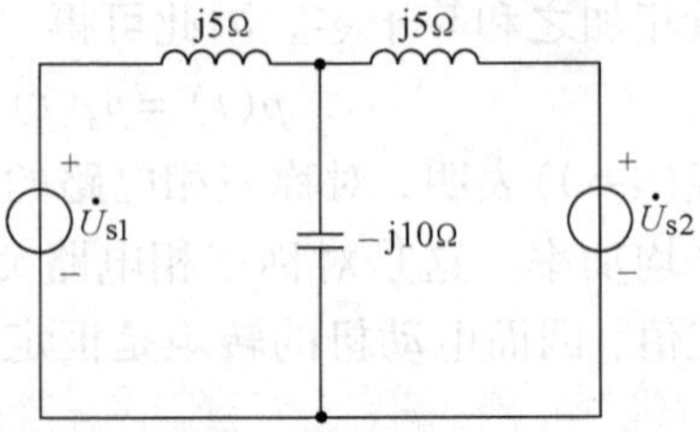

图 9-30　题 9-7 图

9-8　电路如图 9-31 所示，已知 $\dot{U}_a=10\angle -30°\text{V}, \dot{U}_b=5\angle -120°\text{V}$，试计算负载 Z_L 的阻抗及吸收的功率。

9-9　电路如图 9-32 所示，已知 $\dot{U}_s=150\angle 0°\text{V}$，求与电源相接的单口网络的功率因数及吸收平均功率。

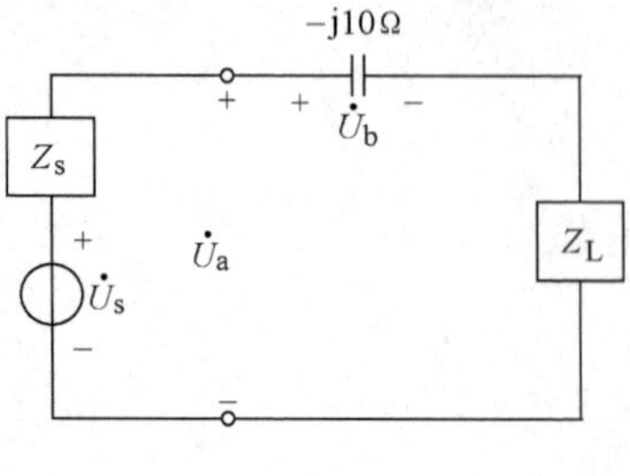

图 9-31　题 9-8 图

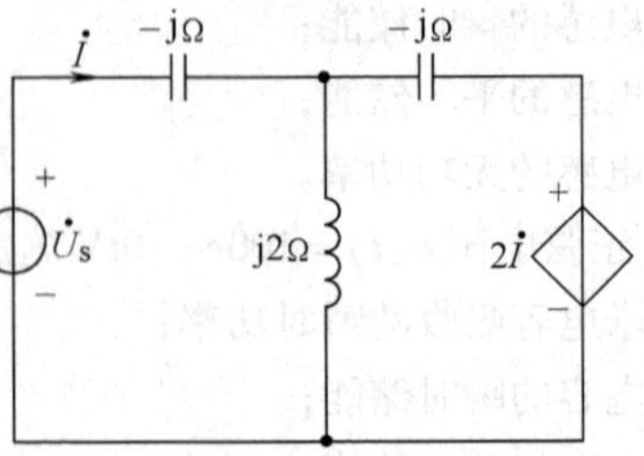

图 9-32　题 9-9 图

9-10　电路如图 9-33 所示，已知 $u_s(t)=50\sqrt{2}\cos 314t\mathrm{V}$，求与电源相接的单口网络的 S、P、Q、λ 及流过电源的电流 $i(t)$。

9-11　电路如图 9-34 所示，已知 $R_1=R_2=10\Omega$，$L=0.25\mathrm{H}$，$C=10^{-3}\mathrm{F}$，$\dot{U}_2=20\angle 0°\mathrm{V}$，电路吸收的功率为 120W，求 $\dot{U}_s$ 及电源发出的复功率 $\tilde{S}$。

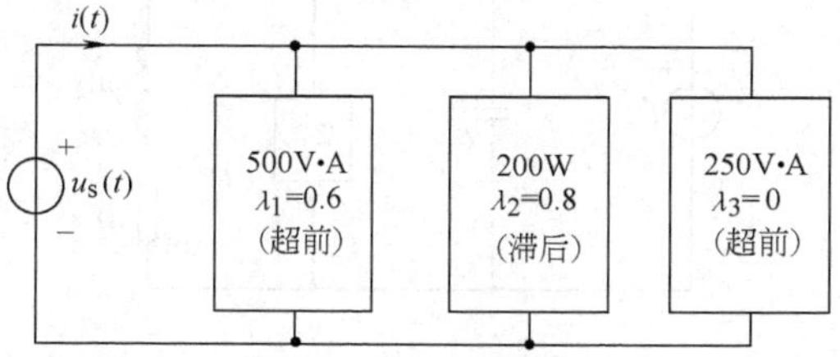

图 9-33　题 9-10 图

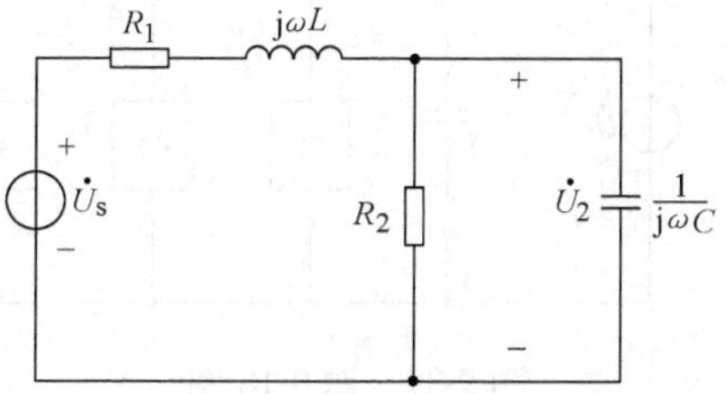

图 9-34　题 9-11 图

9-12　电路如图 9-35 所示，已知 $R=1\Omega$，$\dfrac{1}{\omega C_2}=1.5\omega L$，$U_s=10\mathrm{V}$，$I_1=30\mathrm{A}$，求 I_2、电路吸收的平均功率 P 及电路的输入阻抗 z_i。

9-13　电路如图 9-36 所示，已知 $\dot{U}_s=50\angle 0°\mathrm{V}$，试用平均功率守恒、无功功率守恒来计算该电路的 P、Q。

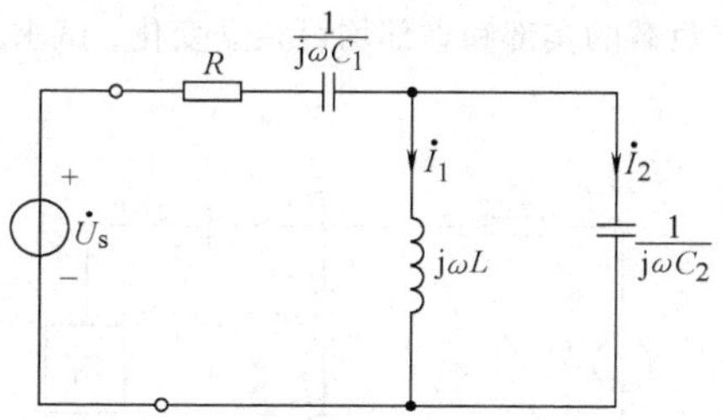

图 9-35　题 9-12 图

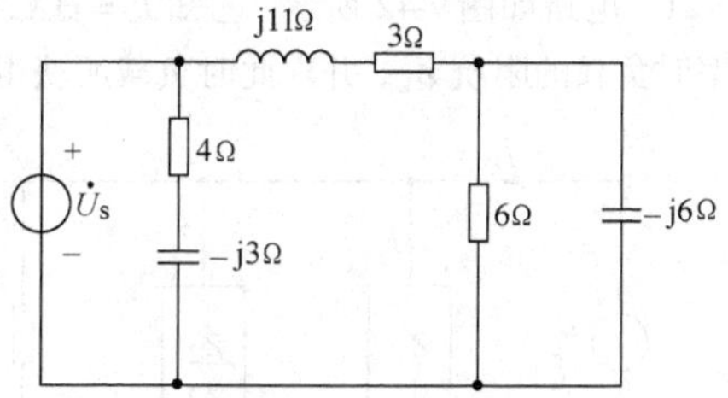

图 9-36　题 9-13 图

9-14　电路如图 9-37 所示，已知 $\dot{I}_s=10\angle 0°\mathrm{A}$，分别求出三条支路的复功率。

9-15　电路如图 9-38 所示，已知 $i_s(t)=0.2\sqrt{2}\cos 100t\mathrm{A}$，$g=10^{-3}\mathrm{S}$ 求电阻、受控源及独立源吸收的平均功率，并求电容的平均储能。

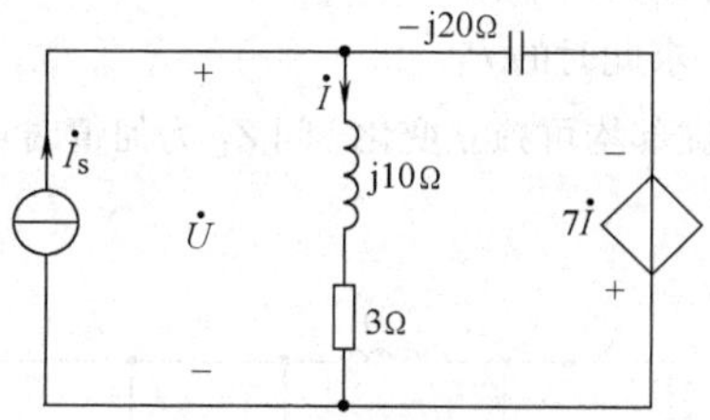

图 9-37　题 9-14 图

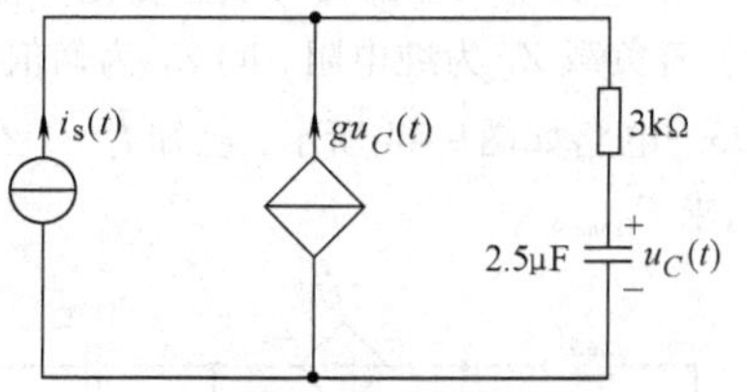

图 9-38　题 9-15 图

9-16　已知某一负载两端所加的正弦电压 $u_s(t)=100\cos 100t\mathrm{V}$，负载的平均功率和无功功率分别为 $P=16\mathrm{W}$，$Q=12\mathrm{var}$，如果要使功率因数提高到 1，应并多大电容？

9-17　功率为 60W，功率因数为 0.5（感性）的荧光灯与功率为 100W 的白炽灯各 50 只并联在电压为 220V 频率为 50Hz 的正弦电源上。如果要把电路的功率因数提高到 0.92（感性），应并多大的电容？

9-18 电路如图9-39所示，已知 $\dot{U}_s$ 如 $=10\angle0°$，$Z_1=(3-j4)\Omega$，$Z_2=5\angle90°\Omega$，$Z_3=10\angle36.9°\Omega$，电源角频率为 $\omega=10^3\text{rad/s}$，求：

（1）P、Q、S、λ；

（2）欲使电源不提供无功功率，应并多大电容？

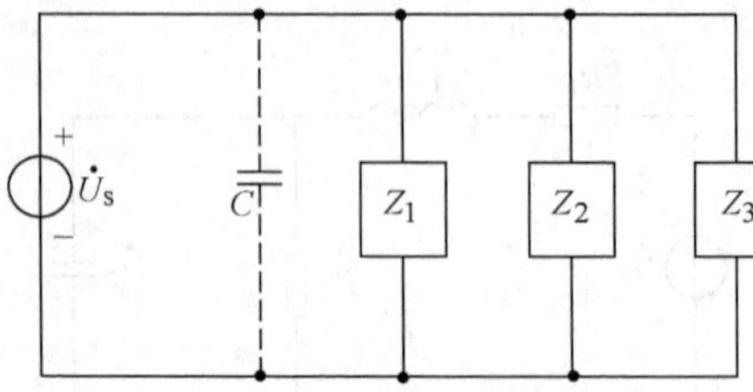

图9-39 题9-18图

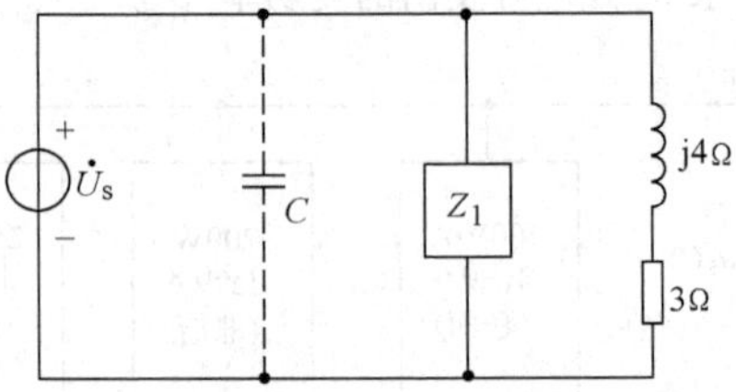

图9-40 题9-19图

9-19 电路如图9-40所示，已知 $p=450\text{W}$，$Q=200\text{var}$，$\dot{U}_s=50\angle0°\text{V}$，电源角频率为1000rad/s。

（1）求 Z_1；

（2）欲使电源不提供无功功率，应并多大电容？

9-20 电路如图9-41所示，已知 $I_1=10\text{A}$，$I_2=20\text{A}$，$U_s=100\text{V}$，$\lambda_1=0.8$(超前)，$\lambda_2=0.5$(滞后)。

（1）求 I、电路的功率因数及吸收的平均功率；

（2）若电源的额定电流为30A，还能并联多大的电阻？求并联该电阻后电路的功率及功率因数。

9-21 电路如图9-42所示，已知 $\dot{I}_s=j3\text{A}$，$\dot{U}_s=16\angle0°\text{V}$。负载的实部和虚部均可独立变化，试求获得最大功率时负载的阻抗 Z_L，并求此时负载所获得的功率。

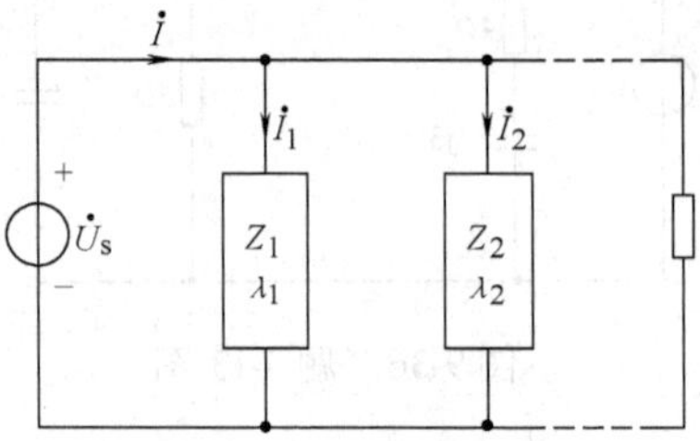

图9-41 题9-20图

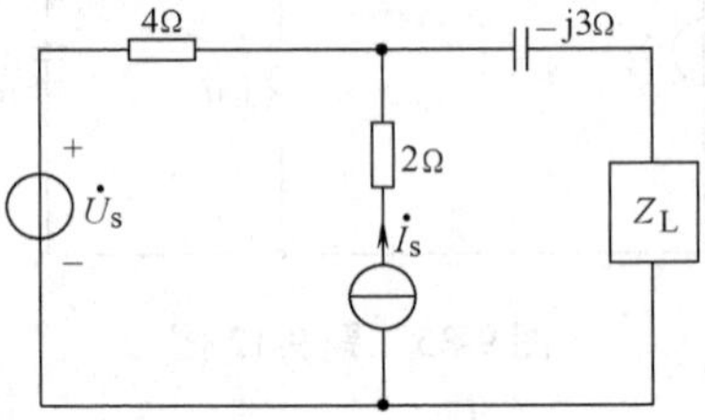

图9-42 题9-21图

9-22 电路如图9-43所示，已知 $\dot{U}_s=30\angle-45°\text{V}$，$\dot{I}_s=15\angle45°\text{A}$。

（1）Z_L 的实部和虚部均可独立变化，问 Z_L 为何值时可获得最大功率，求 P_{Lmax}；

（2）若负载 Z_L 为纯电阻，问 Z_L 为何值时可获得最大功率，求此时的 P_{Lmax}。

9-23 电路如图9-44所示，已知 $\dot{I}_s=1\angle0°\text{A}$。$Z_L$ 的实部和虚部均可独立变化，问 Z_L 为何值时可获得最大功率，求 P_{Lmax}。

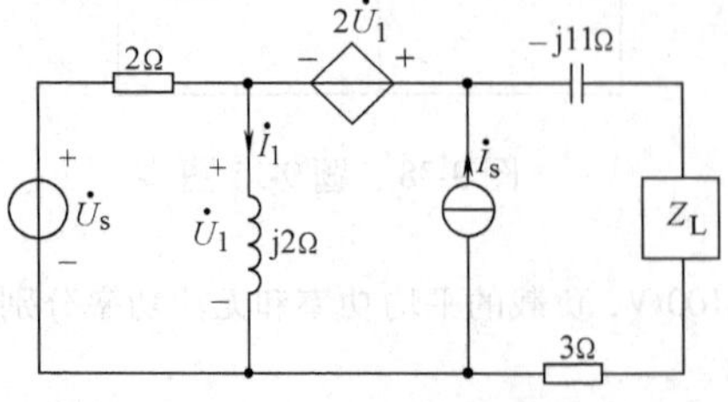

图9-43 题9-22图

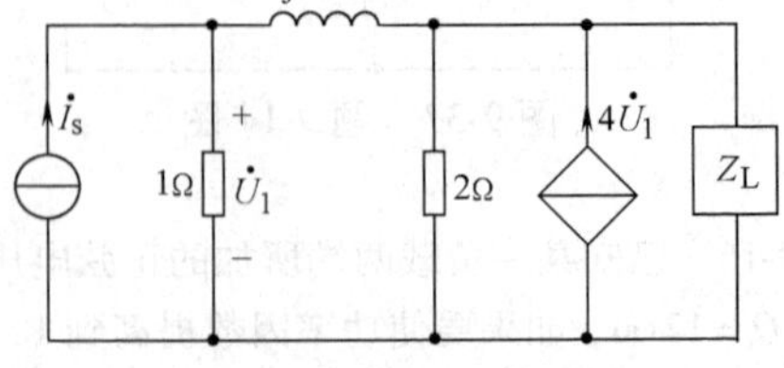

图9-44 题9-23图

9-24 对称 Y—Y 联结三相电路，已知 $\dot{U}_c = 240\angle 0°V$，各相负载为 $Z = 100\angle 20°\Omega$，相序为 a—b—c，求各线电流。

9-25 Y—Y 联结三相四线制电路，电源对称，正序，线电压有效值为 240V，各相负载阻抗分别为 $Z_a = 3\angle 0°\Omega$，$Z_b = 4\angle 60°\Omega$，$Z_c = 5\angle 90°\Omega$，试求各相电流及中性线电流。

9-26 对称△形联结负载，相序为负，若已知 $\dot{I}_a = 35\angle -20°A$，求 $\dot{I}_{ab}$、$\dot{I}_{bc}$、$\dot{I}_{ca}$。

9-27 对称三相电路的线电压 $U_l = 380V$，负载阻抗 $Z = 20\angle 30°\Omega$。试求：

（1）负载 Y 联结时线电流、相电流及三相负载吸收的总功率；

（2）负载△联结时线电流、相电流及三相负载吸收的总功率；

（3）比较（1）和（2）的结果能得到什么结论？

9-28 一对称三相电路如图 9-45 所示，电源线电压 $U_l = 380V$，负载阻抗 $Z_1 = 30\angle 30°\Omega$，$Z_2 = 60\angle 60°\Omega$。试求：

（1）电流表的读数；

（2）负载吸收的总功率。

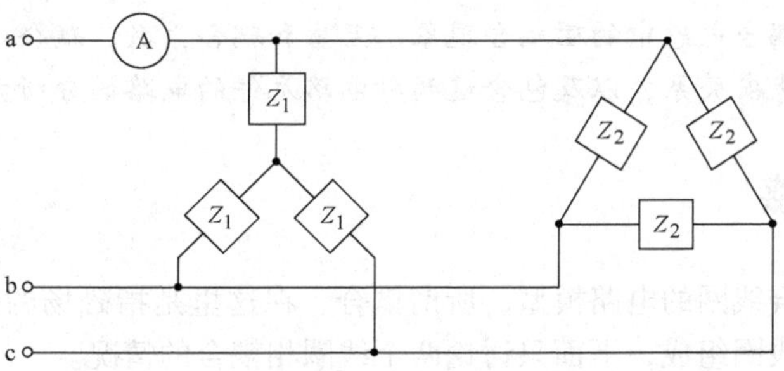

图 9-45 题 9-28 图

9-29 图 9-46 所示三相电路中，当开关 S 闭合时各电流表的读数均为 3.8A，若将开关 S 打开，问各电流表读数为多少？设此时对称三相电源电压不变。

9-30 图 9-47 所示三相电路，对称三相电源线电压 $U_l = 380V$。

试求：

（1）开关 S 闭合时的 U_{an}、U_{bn}、U_{cn}；

（2）开关 S 打开时的 U_{an}、U_{bn}、U_{cn}。

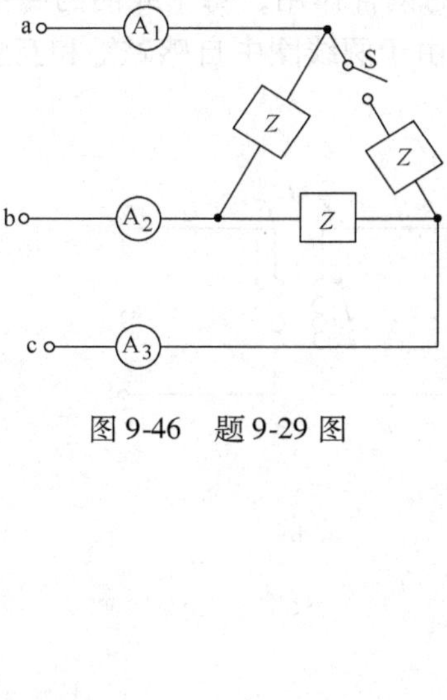

图 9-46 题 9-29 图

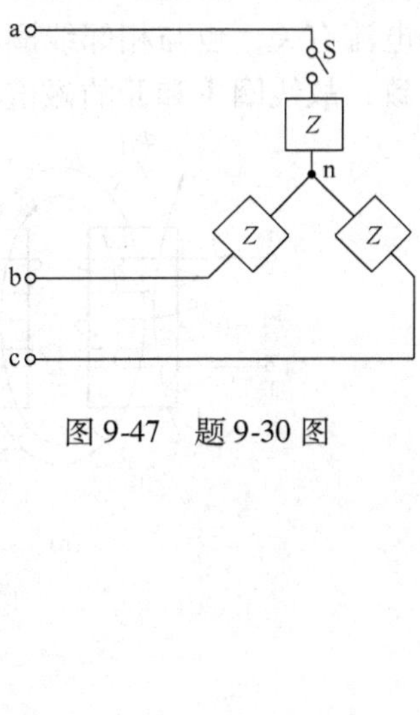

图 9-47 题 9-30 图

第10章 耦合电感和理想变压器

本章将讨论两种电路元件——耦合电感和理想变压器，它们的基本结构都是由两条以上的支路构成。其中，一支路的电压、电流与其他支路的电压、电流直接有关。从这个意义上说，这两种电路元件与受控源有相似之处，即耦合电感、理想变压器及受控源同属耦合元件。

在本章将讨论耦合电感中的磁耦合现象、互感和耦合系数，耦合电感的同名端，耦合电感和理想变压器的伏安关系，以及包含这两种电路元件的电路的分析方法。

10.1 耦合电感

耦合电感是耦合线圈的电路模型。所谓耦合，在这里是指磁场的耦合。在一般情况下，耦合线圈是由多个线圈组成，下面只讨论两个线圈相耦合的情况。

10.1.1 互感及同名端的概念

在图10-1a所示的两个相邻线圈中，分别通以电流 i_1 和 i_2，根据两个线圈的绕向、相对位置及电流的参考方向，按右手螺旋法则可确定两电流分别产生的磁通的参考方向，如图中所示。设电流 i_1 产生的磁通为 Φ_{11}，其中与线圈Ⅱ相耦合的磁通为 Φ_{21}，则 Φ_{11} 穿过自身线圈Ⅰ所产生的自感磁链为 Ψ_{11}，穿过另一线圈Ⅱ所产生互感磁链为 Ψ_{21}；设电流 i_2 产生的磁通为 Φ_{22}，其中与线圈Ⅰ相耦合的磁通为 Φ_{12}，则 Φ_{22} 穿过自身线圈Ⅱ所产生的自感磁链为 Ψ_{22}，穿过另一线圈Ⅰ所产生互感磁链为 Ψ_{12}。可见由于磁场的耦合作用，每个线圈的磁链不仅与本线圈的电流有关，也与相邻线圈的电流有关。在此，由于两线圈中自感磁链和互感磁链参考方向一致，故线圈Ⅰ和Ⅱ的磁链分别为

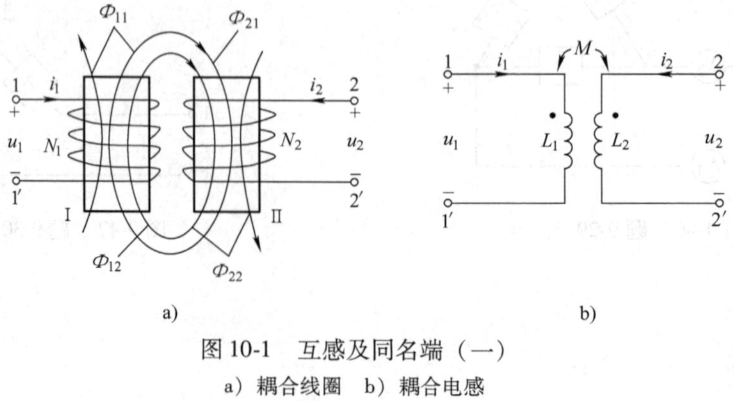

图10-1 互感及同名端（一）

a）耦合线圈 b）耦合电感

$$\left.\begin{aligned}\Psi_1 &= \Psi_{11} + \Psi_{12}\\ \Psi_2 &= \Psi_{21} + \Psi_{22}\end{aligned}\right\} \tag{10-1}$$

当线圈周围的媒质为线性磁介质时，磁链与产生它的电流成正比，设比例系数分别为 L_1、L_2、M_{12}、M_{21}，则式（10-1）可表示为

$$\left.\begin{aligned}\Psi_1 &= L_1 i_1 + M_{12} i_2\\ \Psi_2 &= M_{21} i_1 + L_2 i_2\end{aligned}\right\} \tag{10-2}$$

式中，L_1、L_2 称自感系数，简称**自感**，单位为 H；M_{12}、M_{21} 称互感系数，简称**互感**，单位为 H。

可以证明 $M_{12}=M_{21}=M$，因此在后面的讨论中将不再加下标，互感一律用 M 表示。由以上分析可见：为描述耦合电感的特性需要用 L_1、L_2、M 三个电路参数。

如果两线圈中自感磁链和互感磁链的参考方向不一致，如图 10-2a 所示，则线圈Ⅰ和Ⅱ的磁链分别为

$$\left.\begin{aligned}\Psi_1 &= \Psi_{11} - \Psi_{12} = L_1 i_1 - M i_2\\ \Psi_2 &= -\Psi_{21} + \Psi_{22} = -M i_1 + L_2 i_2\end{aligned}\right\} \tag{10-3}$$

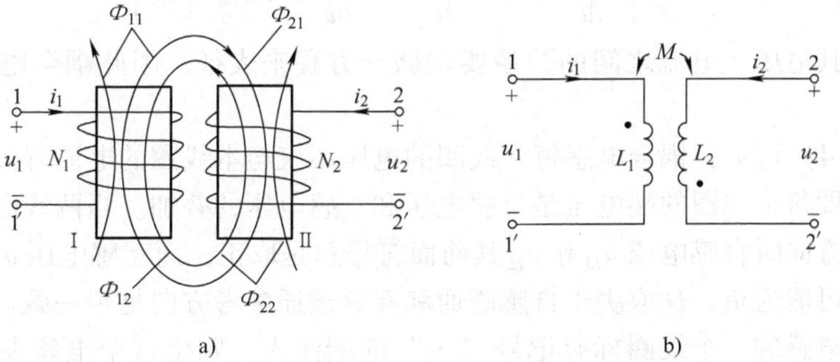

a)　　b)

图 10-2　互感及同名端（二）

a）耦合线圈　b）耦合电感

由式（10-2）和式（10-3）可见：若互感磁链和自感磁链的参考方向一致，互感的作用使线圈的磁场加强，M 前符号取“+”；若互感磁链和自感磁链的参考方向相反，互感的作用使线圈的磁场减弱，M 前符号取“−”。

对于耦合线圈，为了确定 M 前的正、负号，需要给出两个线圈的绕向、相对位置及电流的参考方向。显然，在电路图中画出线圈的绕向和相对位置是很不方便的。为此在耦合线圈的电路模型中采用一种“**同名端**”标记的方法来解决这一矛盾。图 10-1b 和图 10-2b 分别为图 10-1a 和 10-2a 所示两耦合线圈的电路模型。

同名端在电路模型中用记号“·”（或“*”）标出。例如，在图 10-1b 中标“·”的端钮 1、2 为同名端，另一对没有标记号的 1′、2′端也是同名端，而端钮 1、2′或 1′、2 则为一对异名端；在图 10-2b 中端钮 1、2′（或 1′、2）为一对同名端，而端钮 1、2 或 1′、2′则为一对异名端。

比较图 10-1a、b（或图 10-2a、b），可得同名端的定义如下：**线圈中若 i_1 和 i_2 产生的自感磁通和互感磁通参考方向一致，则把这两个电流流入的端定义为同名端，反之为异名端。**

换言之，在电路模型中如果 i_1 和 i_2 都从同名端流入时（见图 10-1b），则每一线圈的自感磁通和互感磁通参考方向一定一致，M 前的符号为正，否则当 i_1 和 i_2 从异名端流进时（见图 10-2b），自感磁通和互感磁通参考方向相反，M 前的符号为负。因此，只要在电路模型中给出电流参考方向对同名端的关系即可确定 M 前的正、负号。

以上讨论了耦合电感的互感现象及同名端的概念，下面讨论耦合电感端钮上的电压、电流关系。

10.1.2 耦合电感的伏安关系

两线圈分别通以交变电流 i_1 和 i_2，且两线圈的电压、电流均采用关联参考方向，亦即沿线圈绕组电压降的参考方向和电流的参考方向与磁通的参考方向均符合右手螺旋法则，则根据电磁感定律，由式（10-2）和式（10-3）可得耦合电感的 VCR 为

$$\left.\begin{aligned} u_1 &= \frac{\mathrm{d}\Psi_1}{\mathrm{d}t} = L_1\frac{\mathrm{d}i_1}{\mathrm{d}t} \pm M\frac{\mathrm{d}i_2}{\mathrm{d}t} = u_{L1} \pm u_{1M} \\ u_2 &= \frac{\mathrm{d}\Psi_2}{\mathrm{d}t} = \pm M\frac{\mathrm{d}i_1}{\mathrm{d}t} + L_2\frac{\mathrm{d}i_2}{\mathrm{d}t} = \pm u_{2M} + u_{L2} \end{aligned}\right\} \tag{10-4}$$

可见耦合电感其电压、电流之间的关系要用微分方程来表征，因此耦合电感是一种动态元件。

由式（10-4）可见：耦合电感每一线圈的电压不仅与本线圈的电流有关，也与另一线圈的电流有关，即每个线圈的端电压是自感电压和互感电压的叠加。当两线圈的电压、电流均采用关联参考方向时自感电压 u_{L1} 和 u_{L2} 其前面符号总是取正，而互感电压 u_{1M} 和 u_{2M} 前面符号可能为正，也可能为负，这取决于自感磁通和互感磁通参考方向是否一致。如果某一电流参考方向由耦合电感的一个线圈标有记号“·”的端流入，则由这个电流在另一线圈两端产生的互感电压参考方向的“+”端也在另一线圈标有记号“·”的端。换言之，**互感电压与产生它的电流参考方向对同名端一致。**

在图 10-1b 中，自感电压 u_{L1}、u_{L2} 其参考方向均上正下负；由于互感电压与产生它的电流参考方向对同名端一致，故互感电压 u_{1M} 和 u_{2M} 参考方向也均上正下负。由于 u_1 和 i_1、u_2 和 i_2 的参考方向是关联的，故可得其 VCR 为

$$\left.\begin{aligned} u_i &= L_1\frac{\mathrm{d}i_1}{\mathrm{d}t} + M\frac{\mathrm{d}i_2}{\mathrm{d}t} \\ u_2 &= M\frac{\mathrm{d}i_1}{\mathrm{d}t} + L_2\frac{\mathrm{d}i_2}{\mathrm{d}t} \end{aligned}\right\} \tag{10-5}$$

在图 10-2b 中，自感电压 u_{L1}、u_{L2} 其参考方向均上正下；由于互感电压与产生它的电流参考方向对同名端一致，故互感电压 u_{1M} 和 u_{2M} 参考方向均下正上负。由于 u_1 和 i_1、u_2 和 i_2 的参考方向是关联的，故可得其 VCR 为

$$\left.\begin{aligned} u_1 &= L_1\frac{\mathrm{d}i_1}{\mathrm{d}t} - M\frac{\mathrm{d}i_2}{\mathrm{d}t} \\ u_2 &= -M\frac{\mathrm{d}i_1}{\mathrm{d}t} + L_2\frac{\mathrm{d}i_2}{\mathrm{d}t} \end{aligned}\right\} \tag{10-6}$$

由以上讨论可知：在电路模型中只要给出耦合电感的同名端及电流、电压的参考方向，就能正确地写出耦合电感的 VCR 表示式。

在正弦稳态电路中，耦合电感 VCR 的相量形式为

$$\left.\begin{aligned}\dot{U}_1 &= \mathrm{j}\omega L_1\dot{I}_1 \pm \mathrm{j}\omega M\dot{I}_2\\ \dot{U}_2 &= \pm\mathrm{j}\omega M\dot{I}_1 + \mathrm{j}\omega L_2\dot{I}_2\end{aligned}\right\}\tag{10-7}$$

例 10-1　图 10-3 所示耦合电感，写出其 VCR。

解　在图 10-3 中，u_1 和 i_1 的参考方向关联，L_1 的自感电压 u_{L1} 前符号为正；u_2 和 i_2 的参考方向非关联，L_2 的自感电压 u_{L2} 前符号为负。由于互感电压与产生它的电流参考方向对同名端一致，因此互感电压 u_{1M} 和 u_{2M} 参考方向均为下正上负。根据 u_1 和 i_1 的参考方向及 u_2 和 i_2 参考方向，可得其 VCR 为

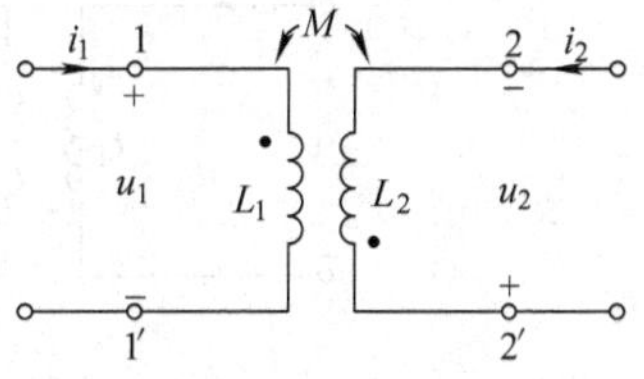

图 10-3　例 10-1 图

$$u_1 = L_1\frac{\mathrm{d}i_1}{\mathrm{d}t} - M\frac{\mathrm{d}i_2}{\mathrm{d}t}$$

$$u_2 = M\frac{\mathrm{d}i_1}{\mathrm{d}t} - L_2\frac{\mathrm{d}i_2}{\mathrm{d}t}$$

例 10-2　电路如图 10-4 所示，分别求下列情况下的 u_1、u_2。(1) $i_1 = 5\cos10t\mathrm{A}$，$i_2 = 0$；(2) $i_1 = 0$，$i_2 = 2\cos10t\mathrm{A}$；(3) $i_1 = 3\cos10t\mathrm{A}$，$i_2 = 2\cos10t\mathrm{A}$。

解　由同名端及电压、电流的参考方向写出该耦合电感的 VCR 为

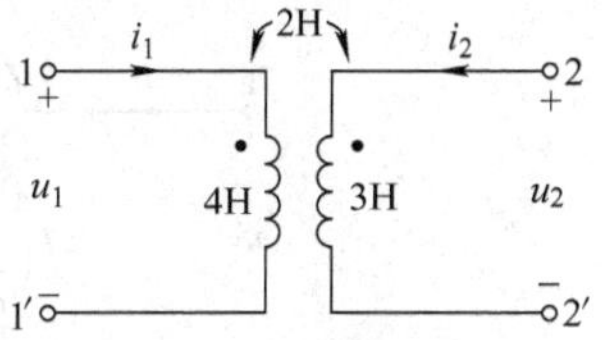

图 10-4　例 10-2 图

$$u_1 = 4\frac{\mathrm{d}i_1}{\mathrm{d}t} + 2\frac{\mathrm{d}i_2}{\mathrm{d}t}$$

$$u_2 = 2\frac{\mathrm{d}i_1}{\mathrm{d}t} + 3\frac{\mathrm{d}i_2}{\mathrm{d}t}$$

(1) 当 $i_1 = 5\cos10t\mathrm{A}$，$i_2 = 0$ 时，u_1 只有自感电压，而 u_2 只有互感电压，即

$$u_1 = 4\frac{\mathrm{d}i_1}{\mathrm{d}t} = -200\sin10t\mathrm{V};\ u_2 = 2\frac{\mathrm{d}i_1}{\mathrm{d}t} = -100\sin10t\mathrm{V}$$

(2) 当 $i_1 = 0$，$i_2 = 2\cos10t\mathrm{A}$ 时，u_2 只有自感电压，而 u_1 只有互感电压，即

$$u_1 = 2\frac{\mathrm{d}i_2}{\mathrm{d}t} = -40\sin10t\mathrm{V};\ u_2 = 3\frac{\mathrm{d}i_2}{\mathrm{d}t} = -60\sin10t\mathrm{V}$$

(3) 当 $i_1 = 3\cos10t\mathrm{A}$，$i_2 = 2\cos10t\mathrm{A}$ 时

$$u_1 = 4\frac{\mathrm{d}i_1}{\mathrm{d}t} + 2\frac{\mathrm{d}i_2}{\mathrm{d}t} = -160\sin10t\mathrm{V};\ u_2 = 2\frac{\mathrm{d}i_1}{\mathrm{d}t} + 3\frac{\mathrm{d}i_2}{\mathrm{d}t} = -120\sin10t\mathrm{V}$$

10.2　耦合电感的串并联及耦合系数

图 10-5a 所示的耦合电感和图 10-5b 所示电路，显然两者 VCR 完全相同，即

$$u_1 = L_1\frac{\mathrm{d}i_1}{\mathrm{d}t} + M\frac{\mathrm{d}i_2}{\mathrm{d}t}$$

$$u_2 = M\frac{\mathrm{d}i_1}{\mathrm{d}t} + L_2\frac{\mathrm{d}i_2}{\mathrm{d}t}$$

这说明它们互为等效电路，在图 10-5b 所示的等效电路中把耦合电感的互感电压看成是电路中的一个附加“电压源”，附加电压源的极性要根据耦合电感电流参考方向和同名端的位置确定。在分析计算含耦合电感的电路时可以先用图 10-5b 所示等效电路来代替图 10-5a 所示耦合电感后再进行分析计算，以避免遗漏互感的作用。

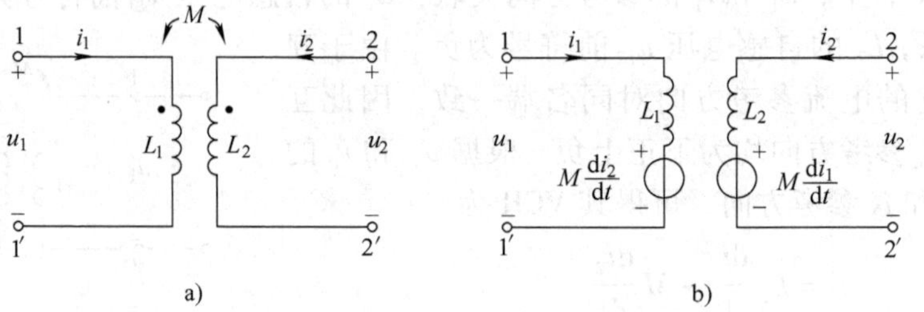

图 10-5　用附加电压源来表示互感的影响（一）

同理，图 10-6a 所示耦合电感，可以用图 10-6b 所示等效电路来代替。

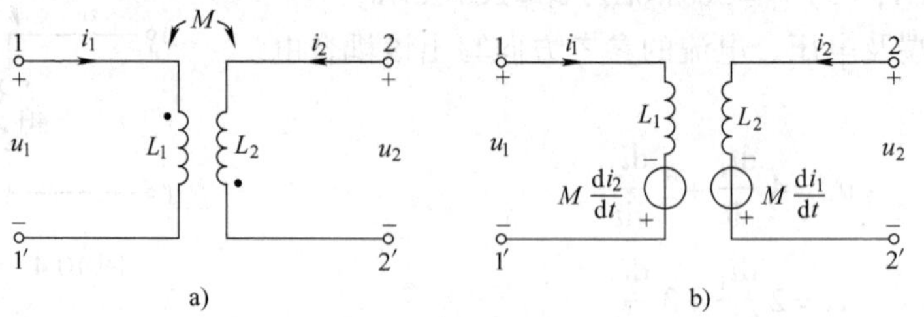

图 10-6　用附加电压源来表示互感的影响（二）

10.2.1　耦合电感的串联

实际应用中，有时将耦合电感的两个线圈串联，作为一个等效电感来使用。耦合电感的串联有两种方式——顺串和反串。所谓顺串就是异名端相接，这种情况下，电流从耦合电感的同名端流入，如图 10-7a 所示。把互感电压看作附加电压源后可得等效电路如图 10-7b 所示，由图可得

$$u(t) = L_1\frac{\mathrm{d}i}{\mathrm{d}t} + M\frac{\mathrm{d}i}{\mathrm{d}t} + L_2\frac{\mathrm{d}i}{\mathrm{d}t} + M\frac{\mathrm{d}i}{\mathrm{d}t}$$

$$= (L_1 + L_2 + 2M)\frac{\mathrm{d}i}{\mathrm{d}t} = L\frac{\mathrm{d}i}{\mathrm{d}t} \tag{10-8}$$

式中

$$L = L_1 + L_2 + 2M \tag{10-9}$$

由此可知：耦合电感线圈顺串时可以用一个 $L = L_1 + L_2 + 2M$ 的等效电感代替，如图 10-7c所示。

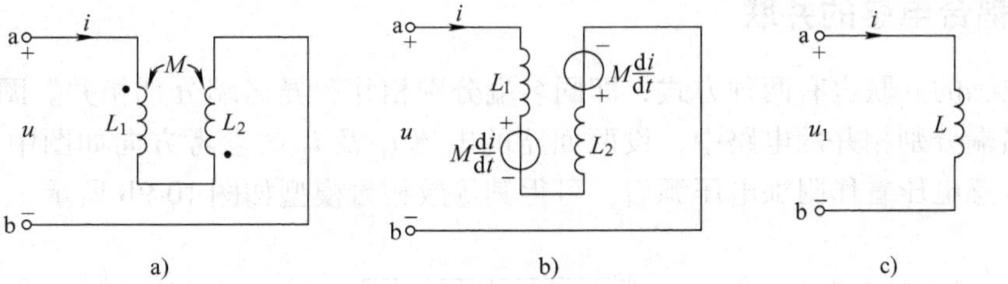

图 10-7　耦合电感的顺串

耦合电感的另一种串接方式是反串。反串就是同名端相接，如图 10-8a 所示。把互感电压看作附加电压源后得等效电路如图 10-8b 所示，由图可得

$$u(t) = L_1\frac{\mathrm{d}i}{\mathrm{d}t} - M\frac{\mathrm{d}i}{\mathrm{d}t} + L_2\frac{\mathrm{d}i}{\mathrm{d}t} - M\frac{\mathrm{d}i}{\mathrm{d}t}$$

$$= (L_1 + L_2 - 2M)\frac{\mathrm{d}i}{\mathrm{d}t} = L\frac{\mathrm{d}i}{\mathrm{d}t} \tag{10-10}$$

式中

$$L = L_1 + L_2 - 2M \tag{10-11}$$

由此可知：耦合电感线圈反串时可以用一个 $L = L_1 + L_2 - 2M$ 的等效电感代替，如图 10-8c 所示。

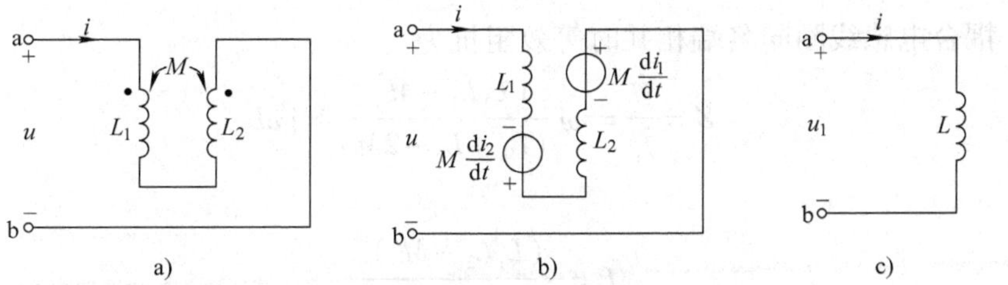

图 10-8　耦合电感的反串

在正弦稳态电路中，由式（10-8）、式（10-10）分别可得

$$\dot{U} = (\mathrm{j}\omega L_1 + \mathrm{j}\omega L_2 + 2\mathrm{j}\omega M)\dot{I} \tag{10-12}$$

$$\dot{U} = (\mathrm{j}\omega L_1 + \mathrm{j}\omega L_2 - 2\mathrm{j}\omega M)\dot{I} \tag{10-13}$$

故得顺串时的等效阻抗为

$$Z = \mathrm{j}\omega L_1 + \mathrm{j}\omega L_2 + 2\mathrm{j}\omega M = Z_1 + Z_2 + 2Z_M \tag{10-14}$$

反串时的等效阻抗为

$$Z = \mathrm{j}\omega L_1 + \mathrm{j}\omega L_2 - 2\mathrm{j}\omega M = Z_1 + Z_2 - 2Z_M \tag{10-15}$$

式中，Z_M 称耦合阻抗，$Z_M = \mathrm{j}\omega M$。

由此可见，在正弦稳态电路中，求耦合电感两线圈串接的等效阻抗，不能简单把两个电感的自阻抗相加而求得，在运用阻抗、导纳等概念来分析含有耦合电感的正弦稳态电路时，必须考虑耦合阻抗。

10.2.2 耦合电感的并联

耦合电感的并联也有两种方式，即同名端分别相并和异名端分别相并。图 10-9a 所示耦合电感同名端分别相并的电路中，设两回路的电流 i_1 及 i_2 的参考方向如图中所示。正弦稳态时，把互感电压看作附加电压源后，可得其等效相量模型如图 10-9b 所示。

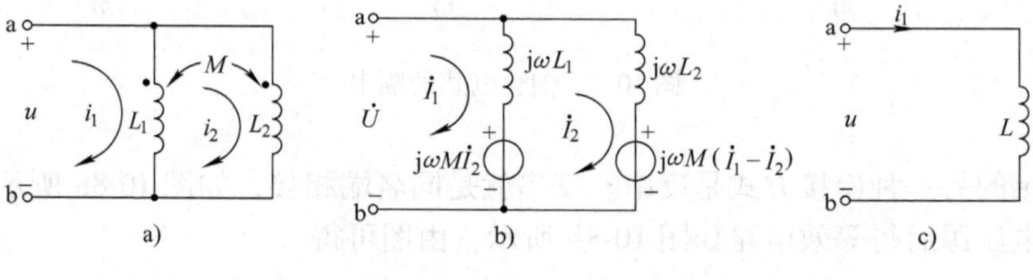

图 10-9　耦合电感的同名端并联

对图 10-9b 列网孔方程可得

$$\left.\begin{aligned}&\mathrm{j}\omega L_1\dot{I}_1-\mathrm{j}\omega L_1\dot{I}_2+\mathrm{j}\omega M\dot{I}_2=\dot{U}\\&(-\mathrm{j}\omega L_1+\mathrm{j}\omega M)\dot{I}_1+(\mathrm{j}\omega L_1+\mathrm{j}\omega L_2-2\mathrm{j}\omega M)\dot{I}_2=0\end{aligned}\right\}\tag{10-16}$$

解式（10-16）可得

$$\dot{I}_1=\frac{\dot{U}(L_1+L_2-2M)}{\mathrm{j}\omega(L_1L_2-M^2)}\tag{10-17}$$

由此可得，耦合电感线圈同名端相并时等效阻抗为

$$Z=\frac{\dot{U}}{\dot{I}_1}=\mathrm{j}\omega\frac{(L_1L_2-M^2)}{(L_1+L_2-2M)}=\mathrm{j}\omega L\tag{10-18}$$

式中

$$L=\frac{(L_1L_2-M^2)}{(L_1+L_2-2M)}\tag{10-19}$$

由此可知：耦合电感线圈同名端相并时可以用一个电感值为 L 的等效电感代替，如图 10-9c 所示。

耦合电感的另一种并联方式是异名端并联，如图 10-10a 所示。把互感电压看作附加电压源后，可得其等效相量模型如图 10-10b 所示。

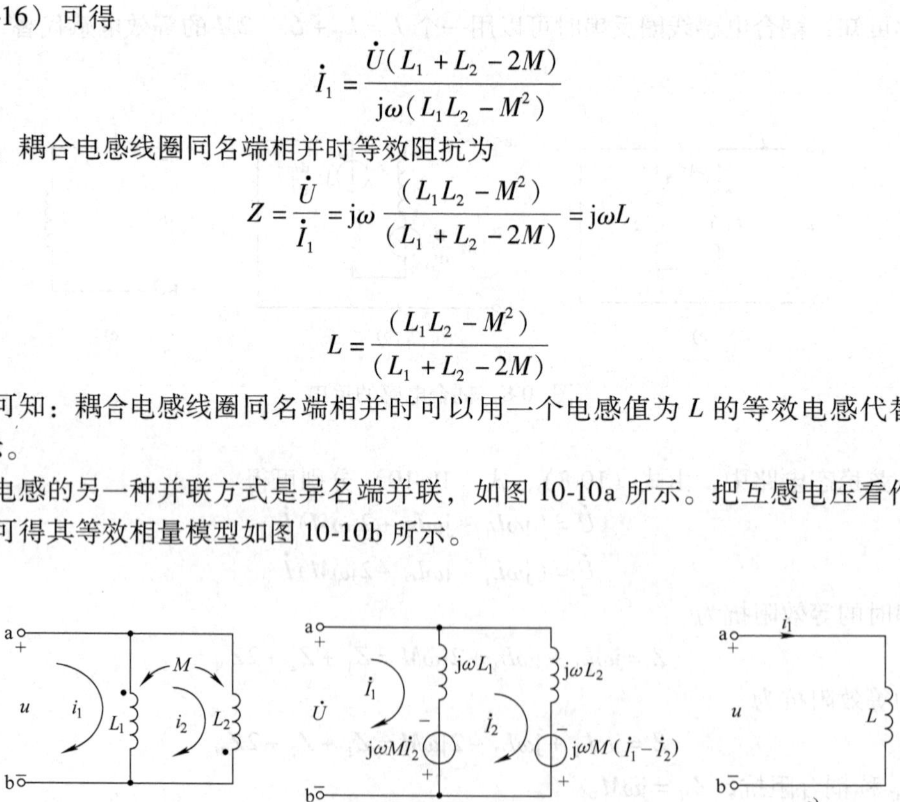

图 10-10　耦合电感的异名端并联

对图 10-10b 按上面的分析方法可得，耦合电感异名端并联时其等效阻抗为

$$Z = \mathrm{j}\omega \frac{(L_1 L_2 - M^2)}{(L_1 + L_2 + 2M)} = \mathrm{j}\omega L \tag{10-20}$$

式中

$$L = \frac{(L_1 L_2 - M^2)}{(L_1 + L_2 + 2M)} \tag{10-21}$$

由此可知：耦合电感异名端相并时也可以用一个等效电感 L 代替，如图 10-10c 所示 。

10.2.3 耦合系数

耦合电感经常用耦合系数 k 来反映两线圈间磁通相耦合的程度。由于耦合线圈串、并联的等效电感 L 不可能为负，所以由式（10-11）、式（10-18）可得

$$\left.\begin{aligned} L_1 + L_2 - 2M \geqslant 0 \\ L_1 L_2 - M^2 \geqslant 0 \end{aligned}\right\} \tag{10-22}$$

即互感系数 M 不可以任意取值，它的取值受式（10-22）的约束。由式（10-22）得

$$M_{\max} = \sqrt{L_1 L_2} \tag{10-23}$$

把耦合电感的实际 M 值与 $M_{\max}$ 之比定义为耦合系数，记为 k

$$k = \frac{M}{M_{\max}} = \frac{M}{\sqrt{L_1 L_2}} \tag{10-24}$$

显然，M 越大 k 就越大，即耦合程度越强，k 的最大值为 1，而最小值为 0。$k=1$ 时，互感达到最大值，这就意味着由一个线圈的电流所产生的磁通全部与另一线圈交链；而 $k=0$ 时两线圈间无互感。$k=1$ 时称为全耦合，k 接近于 1 时称为紧耦合，k 值较小时称为松耦合。

例 10-3 电路如图 10-11a 所示，已知 $i_s(t) = 15\sqrt{2}\cos 200t\,\mathrm{A}$，$L_1 = 2\mathrm{H}$，$L_2 = 10\mathrm{H}$，$M = 2\mathrm{H}$，$R = 150\Omega$，$C = 25\mu\mathrm{F}$，试求 i 及 u。

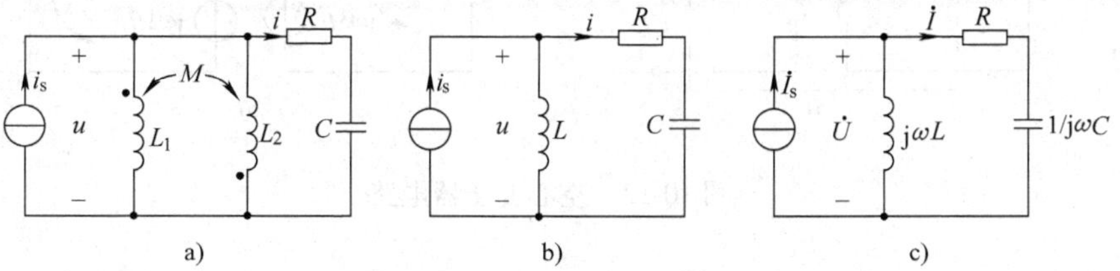

图 10-11 例 10-3 图

解 由耦合电感异名端相并时等效电感公式（10-21）求得

$$L = \frac{(L_1 L_2 - M^2)}{(L_1 + L_2 + 2M)} = 1\mathrm{H}$$

图 10-11b 所示电路的相量模型如图 10-11c 所示，其中

$$\dot{I}_s = 15\angle 0°\mathrm{A},\ \mathrm{j}\omega L = \mathrm{j}200\Omega,\ 1/\mathrm{j}\omega C = -\mathrm{j}200\Omega$$

由图 10-11c 可得

$$\dot{U} = [(R + 1/\mathrm{j}\omega C) // \mathrm{j}\omega L]\dot{I}_s = 5000\angle 36.9°\mathrm{V}$$

由分流公式可得

$$\dot{I} = \frac{\mathrm{j}200}{(150 - \mathrm{j}200) + \mathrm{j}200}\dot{I}_s = 20\angle 90°\mathrm{A}$$

由正弦信号与相量关系得

$$\dot{I} \leftrightarrow i(t) = 20\sqrt{2}\cos(200t + 90°)\mathrm{A}$$

$$\dot{U} \leftrightarrow u(t) = 5000\sqrt{2}\cos(200t + 36.9°)\mathrm{V}$$

10.3 空心变压器电路的分析

变压器是电工电子技术中常用的器件，它通常由两个绕组绕在一个共同的心子上制成的。其中一个绕组接电源，称为一次绕组；另一绕组接负载，称为二次绕组。能量是通过磁场的耦合由电源传递给负载。变压器心子可以用铁心，也可以不用铁心，通常把不用铁心的变压器称空心变压器。铁心变压器的耦合系数可接近于1，属于紧耦合；空心变压器的耦合系数则较小，属于松耦合。

变压器是利用电磁感应原理制作的，考虑绕组的损耗，空心变压器可以用耦合电感和电阻的组合来构成其电路模型，如图10-12a中虚线框所示。其中 R_1、R_2 分别为变压器一、二次绕组的电阻，R_L 为负载电阻。若电源有内阻 R_s，分析计算时可以并入 R_1 中。下面重点讨论空心变压器电路的正弦稳态分析方法。

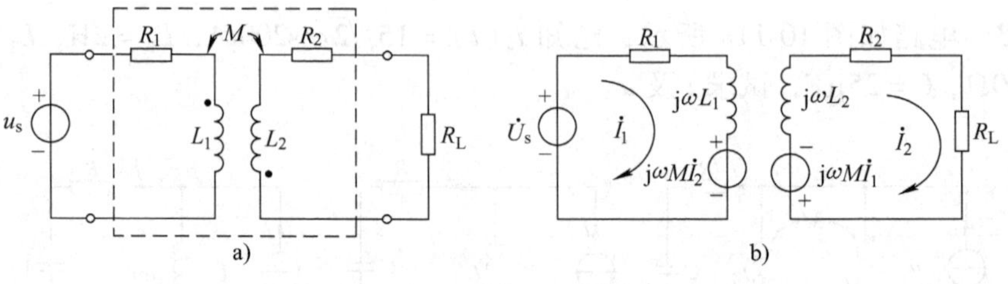

图10-12 空心变压器电路

在图10-12a中，设 u_s 为正弦输入电压，把互感电压用附加电压源来计及后，所得相量模型如图10-12b所示，列出回路方程可得

$$\left.\begin{aligned}(R_1 + \mathrm{j}\omega L_1)\dot{I}_1 + \mathrm{j}\omega M\dot{I}_2 &= \dot{U}_s \\ \mathrm{j}\omega M\dot{I}_1 + (R_2 + \mathrm{j}\omega L_2 + R_L)\dot{I}_2 &= 0\end{aligned}\right\} \quad (10\text{-}25)$$

或写为

$$\left.\begin{aligned}Z_{11}\dot{I}_1 + Z_{12}\dot{I}_2 &= \dot{U}_s \\ Z_{21}\dot{I}_1 + Z_{22}\dot{I}_2 &= 0\end{aligned}\right\} \quad (10\text{-}26)$$

式中，$Z_{11} = R_1 + \mathrm{j}\omega L_1$，$Z_{12} = Z_{21} = \mathrm{j}\omega M = Z_M$，$Z_{22} = R_2 + \mathrm{j}\omega L_2 + R_L$。

由式（10-25）解得一、二次电流相量分别为

$$\dot{I}_1=\frac{Z_{22}\dot{U}_s}{Z_{11}Z_{22}-Z_{12}Z_{21}}=\frac{R_2+j\omega L_2+R_L}{(R_1+j\omega L_1)(R_2+j\omega L_2+R_L)+(\omega M)^2}\dot{U}_s \tag{10-27}$$

$$\dot{I}_2=\frac{-Z_{21}\dot{U}_s}{Z_{11}Z_{22}-Z_{12}Z_{21}}=\frac{-j\omega M}{(R_1+j\omega L_1)(R_2+j\omega L_2+R_L)+(\omega M)^2}\dot{U}_s \tag{10-28}$$

显然，如果同名端的位置与图 10-12a 所示不同，则 $Z_{12}=Z_{21}=-j\omega M$，在式（10-27）、式（10-28）中，$j\omega M$ 前应加负号。对一次电流 $\dot{I}_1$ 来说，由于 $j\omega M$ 在式中以平方的形式出现，不管 $j\omega M$ 前的符号是正还是负，算得 $\dot{I}_1$ 都是一样的。但二次电流 $\dot{I}_2$ 却不同，随着 $j\omega M$ 前面符号的改变 $\dot{I}_2$ 的符号也改变。也就是说，如把变压器二次绕组接负载的两个端钮对调一下，负载电流的相位将改变 180°。因此，在应用变压器耦合电路时，如果对输出电流的相位有一定要求，应注意绕组的相对绕向及负载的接法。

由式（10-27）可求得空心变压器的输入阻抗为

$$Z_i=\frac{\dot{U}_s}{\dot{I}_1}=Z_{11}-\frac{Z_{12}Z_{21}}{Z_{22}}=Z_{11}+\frac{\omega^2M^2}{Z_{22}}=Z_{11}+Z'_{11} \tag{10-29}$$

可见输入阻抗由两部分组成：$Z_{11}=R_1+j\omega L_1$ 为一次侧的自阻抗；$Z'_{11}=\frac{(\omega M)^2}{Z_{22}}=\frac{(\omega M)^2}{R_2+j\omega L_2+R_L}$ 为二次侧在一次侧的反映阻抗（Reflected Impedance）。当二次侧开路，即 $\dot{I}_2=0$ 时，由式（10-26）可知，$Z_i=Z_{11}$；当 $\dot{I}_2\neq 0$ 时，在输入阻抗中就存在反映阻抗这一项。也就是说，二次侧对一次侧的影响可以用反映阻抗来计及。一次侧的等效电路如图 10-13 所示。当只需要求解一次侧的电流时，可利用这一等效电路迅速求得结果。

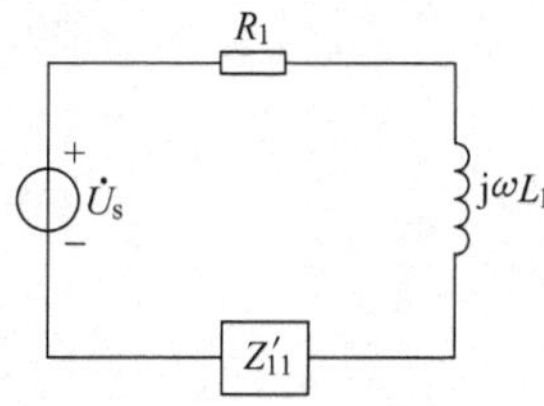

图 10-13　一次回路的等效电路

由式（10-28）可得

$$\dot{I}_2=\frac{(-j\omega M\dot{U}_s)/Z_{11}}{Z_{22}+(\omega M)^2/Z_{11}}=\frac{\dot{U}'_s}{Z_{22}+Z'_{22}} \tag{10-30}$$

据式（10-30）得出的二次侧的等效电路如图 10-14 所示。其中，等效电源电压为

$$\dot{U}'_s=-j\omega M\frac{\dot{U}_s}{Z_{11}}=\dot{U}_{oc} \tag{10-31}$$

式中，$\dot{U}'_s$ 为二次侧开路时一次电流在二次绕组上的感应电压，亦即二次侧的开路电压 $\dot{U}_{oc}$。一次侧在二次侧中的反映阻抗为

$$Z'_{22}=\frac{(\omega M)^2}{Z_{11}} \tag{10-32}$$

当只需要求解二次电流 $\dot{I}_2$ 时，可利用图 10-14 所示等效电路迅速求得结果。

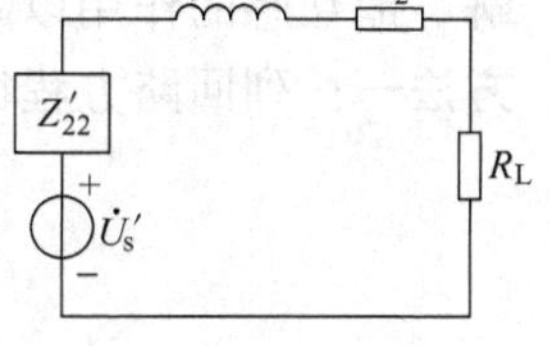

图 10-14　二次侧的等效电路

另外，由式（10-27）和式（10-28）还可以求得一次电流与二次电流之比、电源电压与负载电压之比，即

$$\frac{\dot{I}_2}{\dot{I}_1}=\frac{-Z_M}{Z_{22}}=\frac{-\mathrm{j}\omega M}{R_2+\mathrm{j}\omega L_2+R_\mathrm{L}} \tag{10-33}$$

$$\frac{\dot{U}_2}{\dot{U}_\mathrm{s}}=\frac{R_\mathrm{L}\dot{I}_2}{\dot{U}_\mathrm{s}}=\frac{-\mathrm{j}\omega MR_\mathrm{L}}{(R_1+\mathrm{j}\omega L_1)(R_2+\mathrm{j}\omega L_2+R_\mathrm{L})+(\omega M)^2} \tag{10-34}$$

式（10-33）也可由式（10-26）得出，即

$$\dot{I}_2=\frac{-Z_{21}\dot{I}_1}{Z_{22}}=\frac{-\mathrm{j}\omega M\dot{I}_1}{R_2+\mathrm{j}\omega L_2+R_\mathrm{L}} \tag{10-35}$$

式（10-35）所示的结果很容易理解，其中 $-\mathrm{j}\omega M\dot{I}_1$ 为一次电流 $\dot{I}_1$ 通过互感在二次绕组中产生的感应电压。因此，它除以二次侧的总阻抗 Z_{22} 即得二次电流 $\dot{I}_2$。若用一次侧的等效电路求出 $\dot{I}_1$ 后，可利用式（10-35）求得 $\dot{I}_2$。

从计算反映阻抗 Z'_{11} 或 Z'_{22} 公式都可以看到反映阻抗的性质。设二次侧的阻抗为 $Z_{22}=R_{22}+\mathrm{j}X_{22}$，则二次侧阻抗反映到一次侧的阻抗为

$$Z'_{11}=\frac{(\omega M)^2}{Z_{22}}=\frac{(\omega M)^2}{R_{22}+\mathrm{j}X_{22}}=\frac{(\omega M)^2}{|Z_{22}|^2}(R_{22}-\mathrm{j}X_{22})$$

$$=\frac{(\omega M)^2}{|Z_{22}|^2}R_{22}-\mathrm{j}\frac{(\omega M)^2}{|Z_{22}|^2}X_{22}=R'_{11}+\mathrm{j}X'_{11}$$

式中

$$R'_{11}=\frac{(\omega M)^2}{|Z_{22}|^2}R_{22} \tag{10-36}$$

$$X'_{11}=-\frac{(\omega M)^2}{|Z_{22}|^2}X_{22} \tag{10-37}$$

R'_{11} 为二次侧在一次侧的反映电阻，从式（10-36）可以看到，二次侧的电阻反映到一次侧仍为电阻，其值为正值。X'_{11} 为二次侧在一次侧中的反映电抗，从式（10-37）可以看到，二次侧的电抗反映到一次侧仍为电抗但符号相反。若二次侧的电抗为感抗，反映到一次侧中则为容抗；而容抗反映到一次侧中则为感抗。

例 10-4 电路如图 10-15a 所示，已知 $u_\mathrm{s}(t)=30\sqrt{2}\cos 1000t\,\mathrm{V}$，$L_1=6\mathrm{mH}$，$L_2=8\mathrm{mH}$，$M=5\mathrm{mH}$，$C=100\mu\mathrm{F}$，$R_1=3\Omega$，$R_2=2\Omega$，$R_L=4\Omega$，分别用回路法和等效电路求稳态电流 i_2 及负载的平均功率 P_L。

解 把互感的作用以附加电压源代替后得等效相量模型如图 10-15b 所示。

方法一：列回路方程得

$$\begin{cases}(R_1+\mathrm{j}\omega L_1+1/\mathrm{j}\omega C)\dot{I}_1-\mathrm{j}\omega M\dot{I}_2=\dot{U}_\mathrm{s}\\ -\mathrm{j}\omega M\dot{I}_1+(R_2+R_\mathrm{L}+\mathrm{j}\omega L_2)\dot{I}_2=0\end{cases}$$

其中，$\mathrm{j}\omega L_1=\mathrm{j}6\Omega$，$\mathrm{j}\omega L_2=\mathrm{j}8\Omega$，$\mathrm{j}\omega M=\mathrm{j}5\Omega$，$1/\mathrm{j}\omega C=-\mathrm{j}10\Omega$，代入解方程得

$$\begin{cases}(3-\mathrm{j}4)\dot{I}_1-\mathrm{j}5\,\dot{I}_2=30\angle 0^\circ\\-\mathrm{j}5\,\dot{I}_1+(6+\mathrm{j}8)\dot{I}_2=0\end{cases}$$

解得

$$\dot{I}_2=\mathrm{j}2\,\mathrm{A}$$

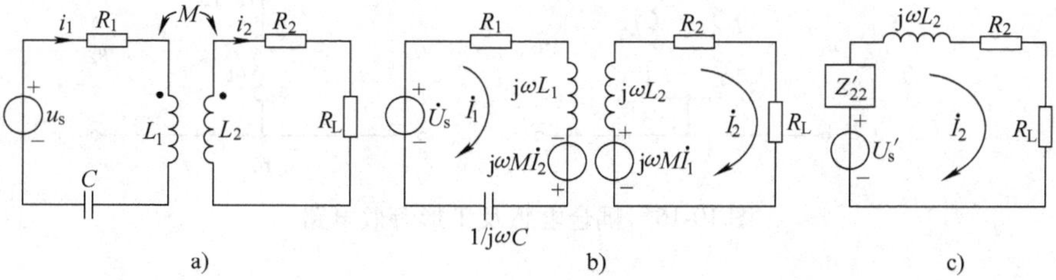

图 10-15　例 10-4 图

方法二：二次侧的等效相量模型如图 10-15c 所示，其中：

等效电源电压为

$$\dot{U}'_s=\mathrm{j}\omega M\frac{\dot{U}_s}{Z_{11}}=\mathrm{j}5\,\frac{30\angle 0^\circ}{3-\mathrm{j}4}\mathrm{V}=30\angle 143.1^\circ\mathrm{V}$$

反映阻抗为

$$Z'_{22}=\frac{(\omega M)^2}{Z_{11}}=\frac{25}{3-\mathrm{j}4}\Omega=(3+\mathrm{j}4)\,\Omega$$

$$\dot{I}_2=\frac{\dot{U}'_s}{Z_{22}+Z'_{22}}=\frac{30\angle 143.1^\circ}{(6+\mathrm{j}8)+(3+\mathrm{j}4)}\mathrm{A}=2\angle 90^\circ\mathrm{A}$$

最后，由电流相量可得

$$\dot{I}_2\leftrightarrow i_2(t)=2\sqrt{2}\cos(1000t+90^\circ)\,\mathrm{A}$$

$$P_L=I_2^2R_L=16\mathrm{W}$$

10.4　耦合电感的去耦等效电路

前面已经讨论了把耦合电感的互感作用以附加电压源代替的等效电路，本节讨论耦合电感另一形式的等效电路。把如图 10-16a 所示一对同名端相连的耦合电感，可以用三个电感组成的 T 形网络来等效，如图 10-16b 所示。根据等效的定义，这两个电路其端钮上的 VCR 完全相同。下面讨论其等效条件。

图 10-16a 所示的耦合电感，其端钮 VCR 为

$$\left.\begin{aligned} u_1 &= L_1\frac{\mathrm{d}i_1}{\mathrm{d}t} + M\frac{\mathrm{d}i_2}{\mathrm{d}t} \\ u_2 &= M\frac{\mathrm{d}i_1}{\mathrm{d}t} + L_2\frac{\mathrm{d}i_2}{\mathrm{d}t} \end{aligned}\right\} \tag{10-38}$$

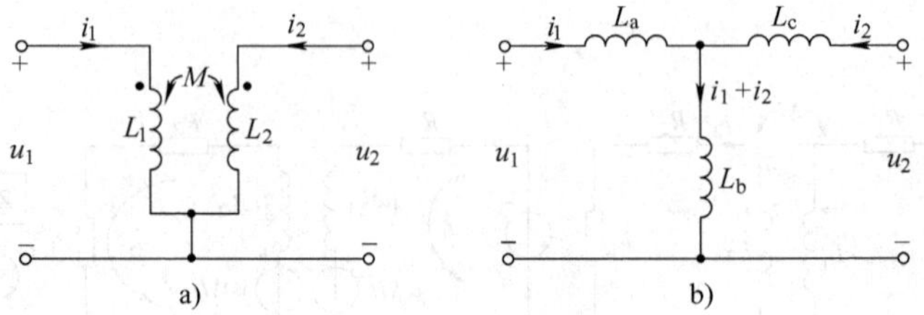

图 10-16 耦合电感及 T 形等效电路

对于如图 10-16b 所示的 T 形电路，可得其 VCR 为

$$\left.\begin{aligned} u_1 &= L_a\frac{\mathrm{d}i_1}{\mathrm{d}t} + L_b\frac{\mathrm{d}(i_1+i_2)}{\mathrm{d}t} = (L_a+L_b)\frac{\mathrm{d}i_1}{\mathrm{d}t} + L_b\frac{\mathrm{d}i_2}{\mathrm{d}t} \\ u_2 &= L_c\frac{\mathrm{d}i_2}{\mathrm{d}t} + L_b\frac{\mathrm{d}(i_1+i_2)}{\mathrm{d}t} = L_b\frac{\mathrm{d}i_1}{\mathrm{d}t} + (L_b+L_c)\frac{\mathrm{d}i_2}{\mathrm{d}t} \end{aligned}\right\} \tag{10-39}$$

为使图 10-16a、b 所示两电路等效，式（10-38）和式（10-39）中 $\mathrm{d}i_1/\mathrm{d}t$ 和 $\mathrm{d}i_2/\mathrm{d}t$ 的系数必须满足

$$\left.\begin{aligned} L_a &= L_1 - M \\ L_b &= M \\ L_c &= L_2 - M \end{aligned}\right\} \tag{10-40}$$

式（10-40）就是图 10-16a 和图 10-16b 所示两电路等效的条件。

如果耦合电感是一对异名端相连，则在式（10-38）中 M 前面的符号相应改变。因此式（10-40）中 M 前面的符号也相应改变。

由于在图 10-16b 中，各元件间不再出现相互耦合的现象，因此称其为图 10-16a 所示耦合电感的去耦等效电路。去耦等效电路即可作为一般无互感电路进行分析。

这种方法只有当两线圈有一对端相连时才能使用，因此其使用范围要受限制。

例 10-5 电路如图 10-17a 所示，$L_1=1\mathrm{H}$，$L_2=0.5\mathrm{H}$，$M=0.2\mathrm{H}$，$C_1=2.5\mu\mathrm{F}$，$C_2=1\mu\mathrm{F}$，$R=150\Omega$，求当正弦激励信号的角频率为 $\omega=10^3\mathrm{rad/s}$ 时，ab 端的输入阻抗。

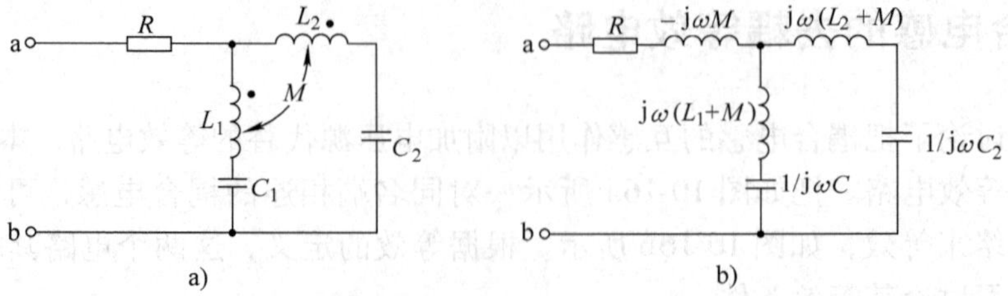

图 10-17 例 10-5 图

解　利用 T 形等效变换，得去耦等效电路的相量模型如图 10-17b 所示，注意：因为耦合电感的一对异名端相连，在去耦等效电路中 M 前的符号与式（10-40）中的相反。

由图 10-17b 可得

$$Z_{ab}=R-j\omega M+\frac{[j\omega(L_1+M)+1/j\omega C_1][j\omega(L_2+M)+1/j\omega C_2]}{[j\omega(L_1+M)+1/j\omega C_1]+[j\omega(L_2+M)+1/j\omega C_2]}$$

代入数据得

$$Z_{ab}=\left\{150-j200+\frac{[j1200-j400][j700-j1000]}{[j1200-j400]+[j700-j1000]}\right\}\Omega=(150-j680)\Omega$$

例 10-6　电路如图 10-18a 所示，求 $u(t)$。已知 $L_1=10\text{mH}$，$L_2=1\text{mH}$，$M=2\text{mH}$，$i_s(t)=2\cos1000t\text{A}$。

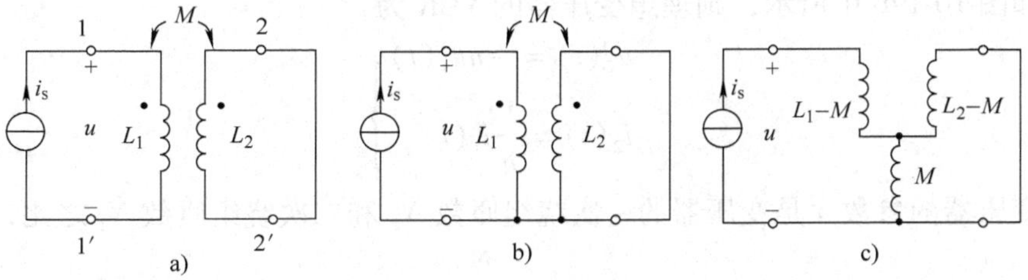

图 10-18　例 10-6 图

解　图 10-18a 所示电路虽然没有直接相连的公共端，但可把它看成图 10-18b 所示具有公共端钮的耦合电感，而并不影响其工作状态，因此可用去耦等效电路求解。去耦等效电路如图 10-18c 所示。

由图 10-18c 可得电流源两端的等效电感为

$$L=L_1-M+\frac{(L_2-M)M}{(L_2-M)+M}=L_1-\frac{M^2}{L_2}=6\text{mH}$$

由电感的 VCR 可得

$$u(t)=L\frac{\text{d}i_s}{\text{d}t}=12\cos(1000t+90°)\text{ V}$$

10.5　理想变压器

10.5.1　理想变压器的 VCR

理想变压器是从实际变压器抽象出来的理想化的电路元件。理想变压器也是一种耦合元件，其电路模型如图 10-19 所示，理想变压器与耦合电感的电路图形符号相同，但这两种元件其电路参数则完全不同，理想变压器唯一的参数是一个称之为电压比（或匝比）的常数 n，而耦合电感的参数是 L_1、L_2 和 M，因此它们是两个完全不同的电路元件。

在图 10-19a 中所示同名端和电压、电流的参考方向下，理想变压器的 VCR 为

$$\left.\begin{aligned} u_2(t) &= nu_1(t) \\ i_2(t) &= -\frac{1}{n}i_1(t) \end{aligned}\right\} \tag{10-41}$$

理想变压器不论在何时刻，也不论其端钮接什么元件，都具有按照式（10-41）的关系改变电压、电流的能力。由式（10-41）可见，理想变压器的VCR是通过一个参数n描述的代数方程，显然，理想变压器不是动态元件。

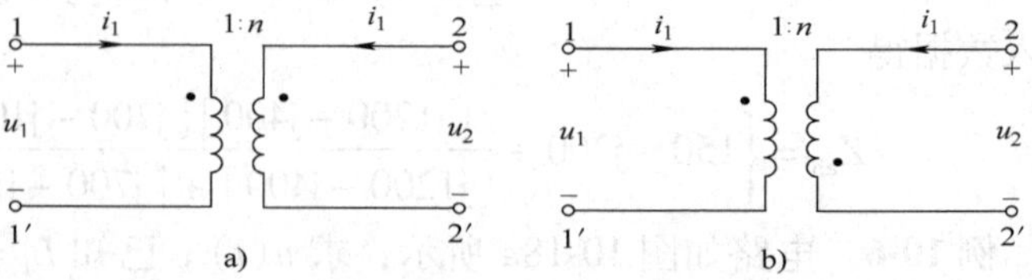

图 10-19　理想变压器的电路模型

如果同名端及电压、电流的参考方向如图10-19b中所示，则理想变压器的VCR为

$$\left.\begin{aligned} u_2(t) &= -nu_1(t) \\ i_2(t) &= \frac{1}{n}i_1(t) \end{aligned}\right\} \tag{10-42}$$

理想变压器的参数n是变压器的一次绕组匝数N_1和二次绕组匝数N_2之比，即

$$n = \frac{N_2}{N_1} \tag{10-43}$$

由式（10-41）和式（10-42）可见：若理想变压器两电压的参考方向分别对同名端一致则$u_2(t)=nu_1(t)$，不一致则$u_2(t)=-nu_1(t)$；而电流恰相反，若两电流的参考方向对同名端一致则$i_2(t)=-(1/n)i_1(t)$，不一致则$i_2(t)=(1/n)i_1(t)$。

不论是式（10-41）还是式（10-42），理想变压器在任意时刻t都满足

$$u_1(t)i_1(t)+u_2(t)i_2(t)=0 \tag{10-44}$$

即理想变压器的瞬时功率等于零，可见理想变压器不消耗能量也不存储能量，在任意时刻t，从一次绕组输入的功率全部都能从二次绕组输出到负载。这表明：在信号传输过程中，理想变压器仅仅将电压、电流按电压比进行数值变换。

在正弦稳态时，理想变压器的VCR用相应的相量形式。

例 10-7　分别写出图10-20a、b所示两理想变压器的VCR。

解　（1）在图10-20a中$n=10$，u_1、u_2参考方向对同名端一致，i_1、i_2参考方向对同名端不一致，因此其VCR为

$$u_2 = nu_1 = 10u_1$$
$$i_2 = (1/n)i_1 = 0.1i_1$$

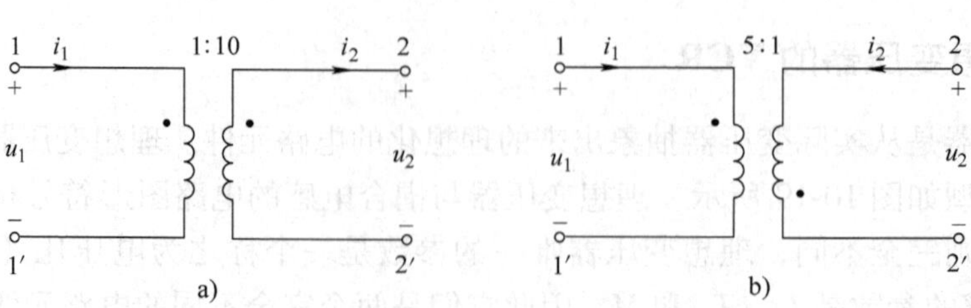

图 10-20　例 10-7 图

（2）图 10-20b 中 $n=1/5$，u_1、u_2 参考方向对同名端不一致，i_1、i_2 参考方向对同名端也不一致，因此其 VCR 为

$$u_2=-nu_1=-0.2u_1$$
$$i_2=(1/n)i_1=5i_1$$

10.5.2　理想变压器的阻抗变换性质

由前面讨论已知：理想变压器具有改变电压及电流大小的作用，这种作用还可以反映在改变电阻或阻抗上。如图 10-21a 所示电路，在理想变压器二次侧接有电阻 R_L 的电路，11′端口的等效电阻为 $R_i=u_1/i_1$，根据理想变压器的 VCR，把 R_i 可表示成

$$R_i=\frac{u_1}{i_1}=\frac{u_2/n}{-ni_2}=\frac{u_2/n}{-n\dfrac{-u_2}{R_L}}=\frac{R_L}{n^2} \tag{10-45}$$

式（10-45）表明：把电阻 R_L 接在理想变压器的二次侧，则从变压器一次侧得到的电阻为 R_L/n^2，如图 10-21b 所示，即理想变压器起了改变电阻大小的作用，把 R_L 变换为 R_L/n^2 的电阻。通常把 R_L/n^2 的电阻称二次侧电阻 R_L 对一次侧的折合（Referred）电阻，由式（10-45）可见，折合电阻只取决于变压器的电路参数 n 而与同名端无关。

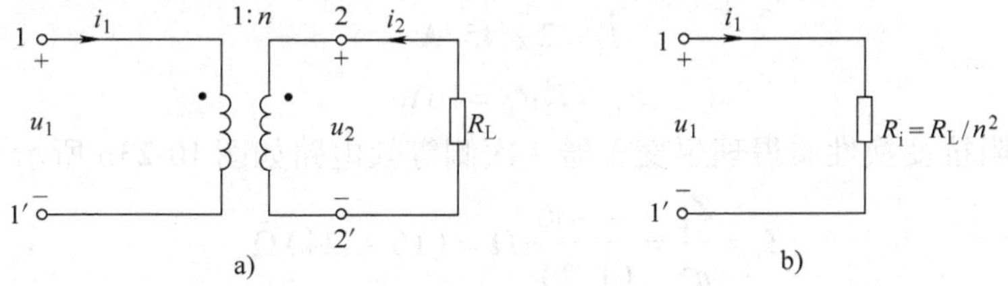

图 10-21　理想变压器的电阻变换作用

对于图 10-22a 所示电路，根据理想变压器的 VCR 及 KVL 可得

$$u_2=nu=n(u_1-Ri_1)=n[u_1-R(-ni_2)]=nu_1+(n^2R)i_2 \tag{10-46}$$

式（10-46）表明：原来在一次侧的串联电阻 R 转移到二次侧，以电阻 n^2R 出现，如图 10-22b 中所示。通常把在图 10-22b 中 n^2R 的电阻称为一次侧电阻 R 对二次侧的折合电阻。

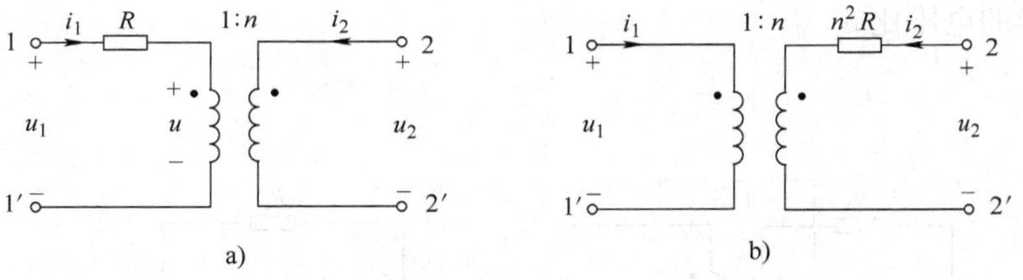

图 10-22　理想变压器的电阻变换作用

在正弦稳态时，把式（10-45）及式（10-46）中电阻相应换成阻抗即可，比如二次侧所接的阻抗为 $Z_L(j\omega)$，则在一次侧得到的折合阻抗（即输入阻抗）为

$$Z_i(j\omega)=\frac{1}{n^2}Z_L(j\omega) \tag{10-47}$$

在电子技术中，常利用变压器的这种电阻（或阻抗）变换性质来实现阻抗匹配。

例 10-8 图 10-23a 所示电路中，$\dot{U}_s=24\sqrt{2}\angle 0°V$，求 $\dot{I}_2$ 及负载 R_L 获得的功率。

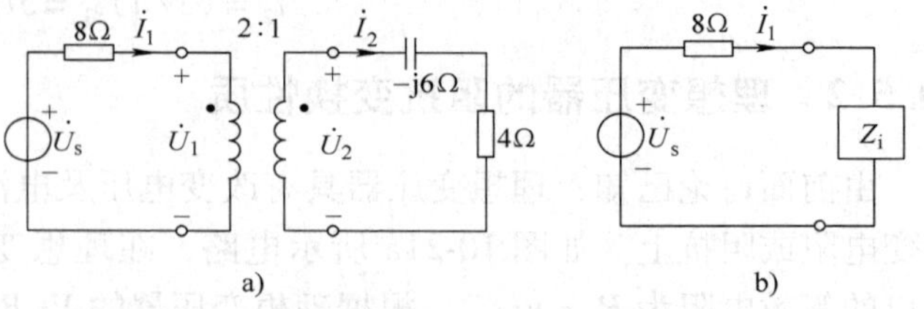

图 10-23 例 10-8 图

解 方法一： 设理想变压器电压、电流参考方向如图 10-23a 中所示，分别对一、二次侧列 KVL 方程可得

$$8\dot{I}_1+\dot{U}_1=\dot{U}_s \tag{1}$$

$$(4-j6)\dot{I}_2-\dot{U}_2=0 \tag{2}$$

根据电压、电流参考方向可得理想变压器的 VCR 为

$$\left.\begin{aligned}\dot{U}_1&=2\dot{U}_2\\ \dot{I}_1&=(1/2)\dot{I}_2\end{aligned}\right\} \tag{3}$$

将式（3）代入式（1）、式（2）解得

$$\dot{I}_2=2\angle 45°A$$

$$P_L=I_2^2R_L=16W$$

方法二： 由阻抗变换性质得理想变压器一次侧等效电路如图 10-23b 所示，其中

$$Z_i=\frac{Z_L}{n^2}=\frac{4-j6}{(1/2)^2}\Omega=(16-j24)\Omega$$

$$\dot{I}_1=\frac{\dot{U}_s}{8+Z_i}=\frac{24\sqrt{2}\angle 0°}{24-j24}A=1\angle 45°A$$

由理想变压器的 VCR 得

$$\dot{I}_2=\frac{1}{n}\dot{I}_1=2\angle 45°A$$

例 10-9 已知信号源的内阻 $R_s=20k\Omega$，负载 $R_L=8\Omega$，为使负载能从电源获得最大功率在信号源和负载之间插入一理想变压器进行阻抗匹配，电路如图 10-24a 所示，求此时所需的理想变压器的电压比 n。

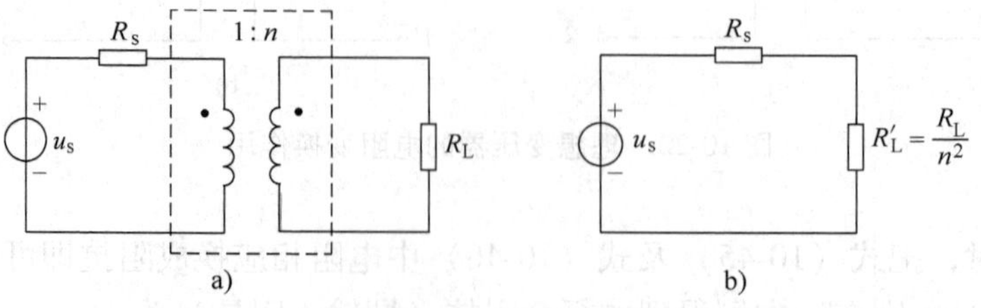

图 10-24 例 10-9 图

解　由理想变压器阻抗变换性质，可得一次回路的等效电路如图 10-24b 所示。根据最大功率传递定理，负载从电源获得最大功率的条件如下：

$$R_{\mathrm{L}}' = R_{\mathrm{s}} = \frac{1}{n^2}R_{\mathrm{L}} = 20\mathrm{k}\Omega$$

$$n^2 = \frac{R_{\mathrm{L}}}{R_{\mathrm{L}}'} = \frac{8}{20 \times 10^3} = \frac{1}{2500}$$

即

$$n = \frac{N_2}{N_1} = \frac{1}{\sqrt{2500}} = \frac{1}{50}$$

10.6　全耦合变压器及理想变压器的实现

如果耦合电感的耦合系数 k 等于 1，则称其为全耦合变压器。因此，全耦合变压器是 $k=1$ 的耦合电感而不是新的电路元件。实际的耦合线圈当一、二次绕组间耦合很紧，耦合系数 k 接近于 1 时，可近似看成全耦合变压器。全耦合要求每一个绕组电流所产生的磁通全部与另一绕组相交链，即没有只与一个绕组相交链的漏磁通。如用 Φ_{11} 表示 i_1 产生的全部磁通，Φ_{21} 表示 i_1 产生并与第二个绕组相交链的磁通；Φ_{22} 表示 i_2 产生的全部磁通，Φ_{12} 表示 i_2 产生并与第一个绕组相交链的磁通，则全耦合时应有

$$\left.\begin{aligned}\Phi_{11} &= \Phi_{21}\\ \Phi_{22} &= \Phi_{12}\end{aligned}\right\} \tag{10-48}$$

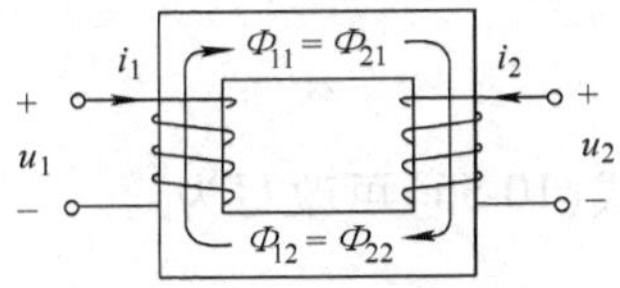

图 10-25　全耦合示意

图 10-25 即为这一情况下磁通分布的示意。显然，穿过两绕组的磁通 Φ 是一样的，即

$$\Phi = \Phi_{11} + \Phi_{22} \tag{10-49}$$

磁通 Φ 称为互磁通或主磁通，互磁通在两绕组中分别产生感应电压 u_1 和 u_2。

由于 $u_1 = N_1\dfrac{\mathrm{d}\Phi}{\mathrm{d}t}$，$u_2 = N_2\dfrac{\mathrm{d}\Phi}{\mathrm{d}t}$，因此有

$$\frac{u_2(t)}{u_1(t)} = \frac{N_2}{N_1} = n \tag{10-50}$$

式中，N_1 与 N_2 分别为一次绕组与二次绕组的匝数，故电压比即为二次侧对一次侧的匝比 n。显然，式（10-50）为理想变压器的电压关系式。

由于全耦合满足 $\Phi_{11} = \Phi_{21}$、$\Phi_{22} = \Phi_{12}$、$M = \sqrt{L_1L_2}$，由已知的自感及互感的定义，即

$$\left.\begin{aligned}\Psi_{11} = N_1\Phi_{11} = L_1i_1，\quad \Psi_{12} = N_1\Phi_{12} = Mi_2\\ \Psi_{21} = N_2\Phi_{21} = Mi_1，\quad \Psi_{22} = N_2\Phi_{22} = L_2i_2\end{aligned}\right\} \tag{10-51}$$

不难得出

$$\frac{N_1}{N_2} = \frac{L_1}{M} = \frac{M}{L_2} = \sqrt{\frac{L_1}{L_2}} = \frac{1}{n} \tag{10-52}$$

由此可得，在全耦合条件下，耦合电感的 VCR 可表示为

$$\frac{u_1}{L_1}=\frac{\mathrm{d}i_1}{\mathrm{d}t}+\frac{M}{L_1}\frac{\mathrm{d}i_2}{\mathrm{d}t}=\frac{\mathrm{d}i_1}{\mathrm{d}t}+\frac{N_2}{N_1}\frac{\mathrm{d}i_2}{\mathrm{d}t} \tag{10-53a}$$

$$\frac{u_2}{L_2}=\frac{M}{L_2}\frac{di_1}{dt}+\frac{di_2}{dt}=\frac{N_1}{N_2}\frac{di_1}{dt}+\frac{di_2}{dt} \tag{10-53b}$$

式（10-53a）可表为

$$\frac{\mathrm{d}i_1}{\mathrm{d}t}=\frac{u_1}{L_1}-n\frac{\mathrm{d}i_2}{\mathrm{d}t} \tag{10-54}$$

对式（10-54）积分后可得

$$i_1(t)=\frac{1}{L_1}\int_0^t u_1(\xi)\mathrm{d}\xi-ni_2(t)+A \tag{10-55}$$

式中，A 为积分常数，不随时间而变，就时变部分论，有

$$i_1(t)=\frac{1}{L_1}\int_0^t u_1(\xi)\mathrm{d}\xi-ni_2(t) \tag{10-56}$$

可见，全耦合变压器的输入电流由两个分量组成，设

$$i_{\Phi1}(t)=\frac{1}{L_1}\int_0^t u_1(\xi)\mathrm{d}t \tag{10-57}$$

$$i_1'(t)=-ni_2(t) \tag{10-58}$$

则式(10-56)可改写为

$$i_1(t)=i_{\Phi1}(t)+i_1'(t) \tag{10-59}$$

式中，$i_{\Phi1}(t)$ 为流过一次绕组的电感性电流分量；i_1'是由于二次电流 i_2 而相应出现的电流分量，i_1'与 i_2 符合理想变压器的电流关系式。因此，根据式（10-50）和式（10-58）可得出全耦合变压器的等效电路如图 10-26b 所示。

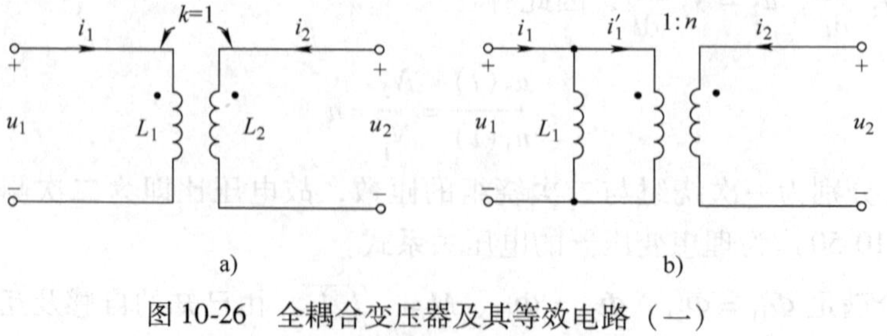

图 10-26 全耦合变压器及其等效电路（一）

a) $M=\sqrt{L_1L_2}$ b) $n=\sqrt{L_2/L_1}=N_2/N_1$

由式（10-53b），可得

$$i_2(t)=\frac{1}{L_2}\int_0^t u_2(\xi)\mathrm{d}\xi-\frac{1}{n}i_1(t)=i_{\Phi2}(t)+i_2'(t) \tag{10-60}$$

根据式（10-50）及式（10-60）还可得出全耦合变压器的等效电路，如图 10-27b 所示。

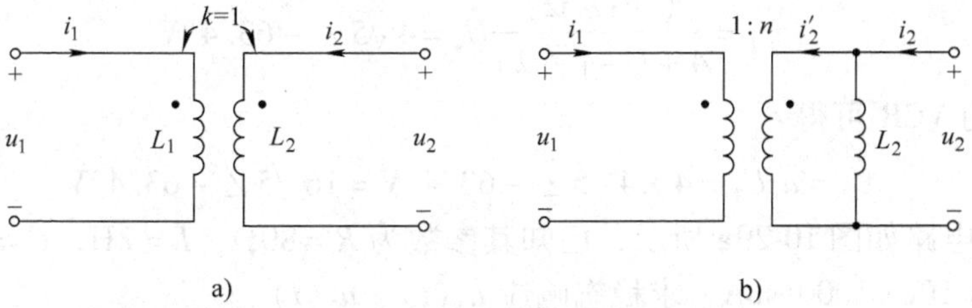

图 10-27　全耦合变压器及其等效电路（二）

a）$M=\sqrt{L_1L_2}$　b）$n=\sqrt{L_2/L_1}=N_2/N_1$

如果全耦合变压器的 L_1、L_2 为无限大（但其比值 L_1/L_2 为有限值），由式（10-53）的任一式均可得

$$\frac{\mathrm{d}i_1}{\mathrm{d}t}=-n\frac{\mathrm{d}i_2}{\mathrm{d}t} \tag{10-61}$$

积分后可得

$$i_1(t)=-ni_2(t)+A \tag{10-62}$$

式中，A 为积分常数不随时间而变，就时变部分论

$$i_1(t)=-ni_2(t) \tag{10-63}$$

由此可见，理想变压器可看成是耦合系数 $k=1$，L_1、L_2 均为无限大的耦合电感元件。这就为理想变压器的实现提供了一条途径。实际上是不可能实现耦合系数为 1 和电感为无限大这两个条件，人们通常使用磁导率高的磁性材料作耦合线圈的心子使耦合系数尽可能接近 1，并且尽可能增加电感线圈的匝数（电感与匝数的平方成正比）使电感量尽可能大来近似满足理想变压器的两个条件。设计精良并近似能体现出理想变压器 VCR 的铁心变压器可以用理想变压器构成其电路模型。

例 10-10　电路如图 10-28a 所示，其中 $\dot{U}_s=20\angle 0°\text{V}$ 试求电压 $\dot{U}_2$。

解　该电路含有一全耦合变压器，因为全耦合变压器实际上是 $k=1$ 的耦合电感，因此，含全耦合变压器的电路可以用回路法和反映阻抗等概念来计算。现利用全耦合变压器的等效电路来计算，其等效电路如图 10-28b 所示，其中

$$n=\sqrt{\frac{L_2}{L_1}}=\sqrt{\frac{\omega L_2}{\omega L_1}}=\sqrt{\frac{32}{2}}=4$$

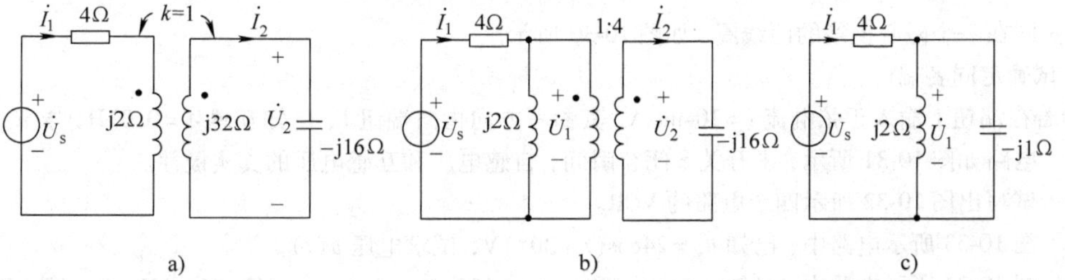

图 10-28　例 10-10 图

利用理想变压器的阻抗变换性质得一次侧的等效电路如图 10-28c 所示。其中

$$\dot{U}_1=\frac{(-j/\!/j2)}{4+(-j/\!/j2)}\dot{U}_s=4\sqrt{5}\angle-63.4°\text{V}$$

由理想变压器的 VCR 可得

$$\dot{U}_2=n\dot{U}_1=4\times4\sqrt{5}\angle-63.4°\text{V}=16\sqrt{5}\angle-63.4°\text{V}$$

例 10-11 电路如图 10-29a 所示，已知其参数为 $R=80\Omega$，$L=2\text{H}$，$C=0.25\mu\text{F}$。$n=N_2/N_1=10$，$i_s(t)=10\cos1000t$ mA，求稳态响应 $u_1(t)$、$u_2(t)$。

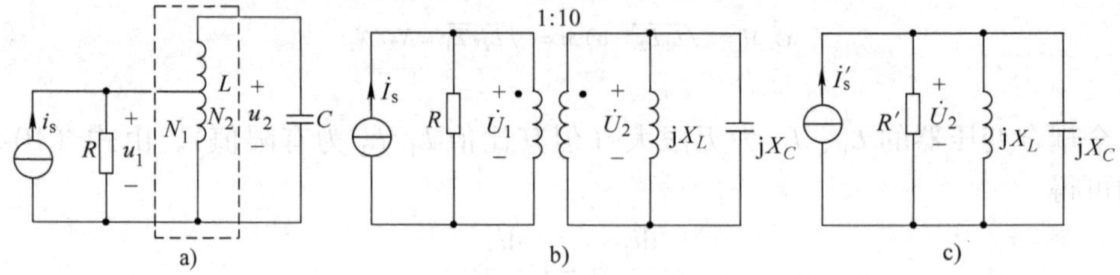

图 10-29 例 10-11 图

解 在电子工程中常用到密集地绕在高频磁心上且带有抽头的绕组，如图 10-29a 中虚线框所示，这种绕组可用全耦合自耦变压器构成其电路模型，其等效相量模型如图 10-29b 所示。

运用诺顿定理可得理想变压器二次侧等效电路如图 10-29c 所示。其中

$$R'=n^2R=8\text{k}\Omega,\ \dot{I}'_s=\frac{1}{n}\dot{I}_s=1\angle0°\text{mA},\ jX_L=j2\text{k}\Omega,\ jX_C=-j4\text{k}\Omega$$

由图 10-29c 易求得

$$\dot{U}_2=(R'/\!/jX_L/\!/jX_C)\dot{I}_s=1.6\sqrt{5}\angle63.4°\text{V}$$

由理想变压器的 VCR 可得

$$\dot{U}_1=\frac{1}{n}\dot{U}_2=0.16\sqrt{5}\angle63.4°\text{V}$$

由正弦信号与相量的关系可得

$$\dot{U}_1\leftrightarrow u_1(t)=0.16\sqrt{5}\cos(1000t+63.4°)\text{V}$$

$$\dot{U}_2\leftrightarrow u_2(t)=1.6\sqrt{5}\cos(1000t+63.4°)\text{V}$$

习 题

10-1 同在一个磁心上绕的两线圈，如图 10-30 所示。

(1) 试确定同名端；

(2) 若在端钮 1 输入正弦电流 $i=10\sin t$ A，其参考方向指向端钮 1，已知互感 $M=0.01\text{H}$，求 u_{34}。

10-2 电路如图 10-31 所示，求开关 S 闭合瞬间，自感电压和互感电压的真实极性。

10-3 试写出图 10-32 所示四个电路的 VCR。

10-4 图 10-33 所示电路中，已知 $u_s=24\cos(t+30°)$ V，试求电压 $u(t)$。

10-5 图 10-34 所示电路中，已知 $u_s(t)=100\cos(t+15°)$ V，$L_1=L_2=2\text{H}$，$M=1\text{H}$，$C=1\text{F}$，$R_1=R_2=1\Omega$。试求电压 $u_C(t)$。

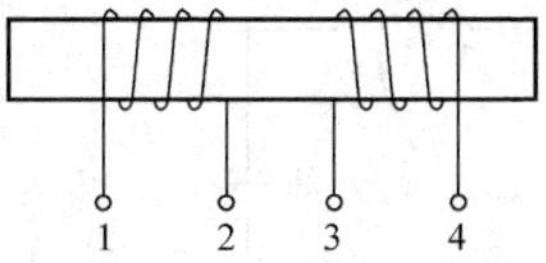

图 10-30　题 10-1 图

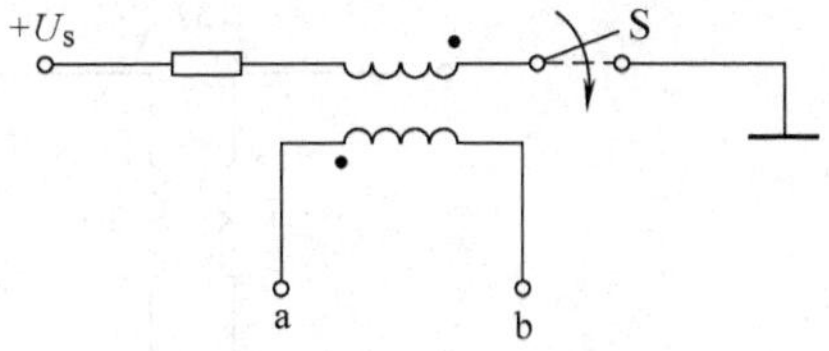

图 10-31　题 10-2 图

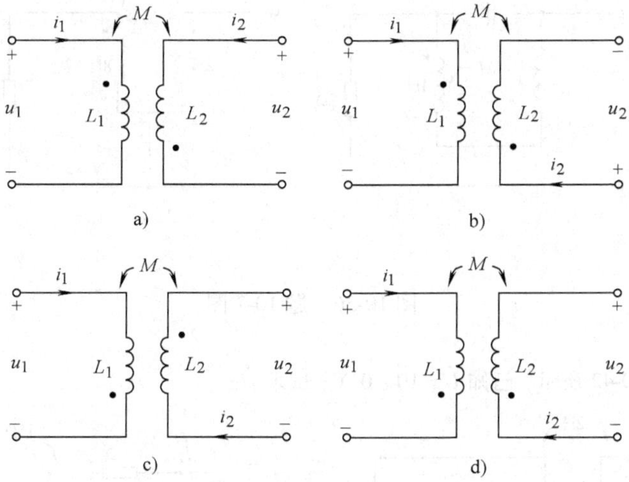

图 10-32　题 10-3 图

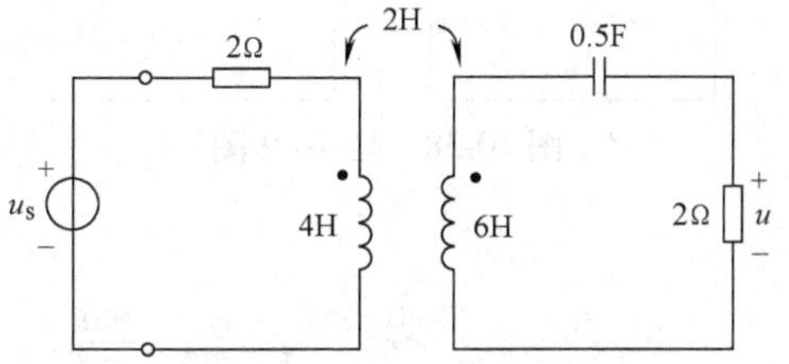

图 10-33　题 10-4 图

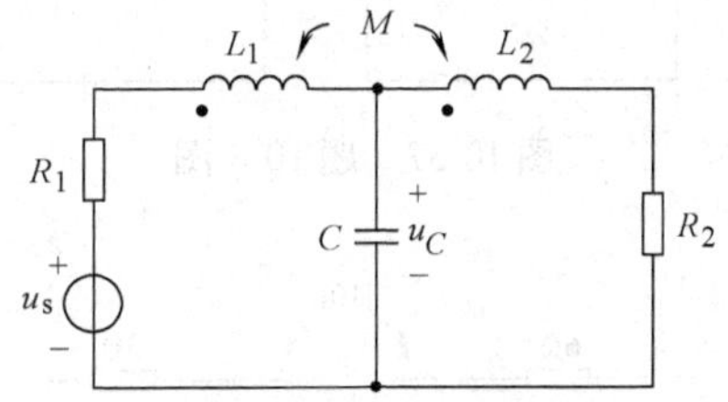

图 10-34　题 10-5 图

10-6　图 10-35 所示电路中，耦合系数 $k=0.5$，求输出电压 $\dot{U}_2$。各阻抗的单位为 Ω。

10-7　求图 10-36 所示各电路的输入阻抗。已知各图耦合系数：图 a，$k=0.8$；图 b，$k=0.9$；图 c，$k=0.5$；图 d，$k=0.25$。

10-8　电路如图 10-37 所示，已知 $u_s=10\sqrt{2}\cos 10t$ V，试用反映阻抗的方法求解 $i_1(t)$。

10-9　电路如图 10-38 所示，已知 $\dot{U}_s=100\angle 0°$V，试求 $\dot{I}_1$、$\dot{I}_2$。

10-10　图 10-39 所示电路 Z_L 的实部虚部可独立变化，负载为何值时能获得最大功率。（提示：用二次侧等效电路）

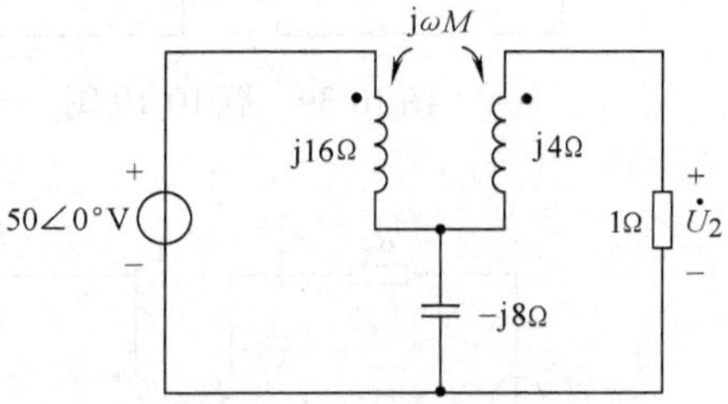

图 10-35　题 10-6 图

10-11　求图 10-40 所示电路中的 i_1 和 i_2，已知 $u_s(t)=100\cos(10^3t+30°)$ V。

10-12　图 10-41 所示电路，已知 $\dot{I}_2=0$ 时 $\dot{U}_2=5\angle 0°$V，$\dot{U}_2=0$ 时 $\dot{I}_2=2\angle 0°$A，试确定 $\dot{U}_s$、R_s 的值。

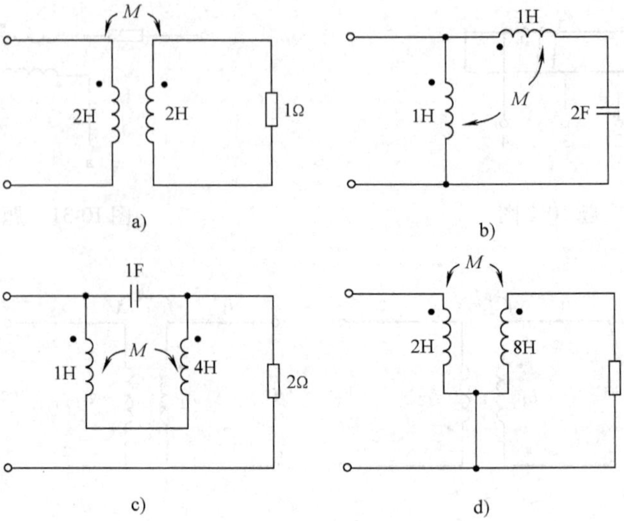

图 10-36　题 10-7 图

10-13　电路如图 10-42 所示，已知 $\dot{U}=10\angle 0°\text{V}$，试求 $\dot{U}_{\text{s}}$。

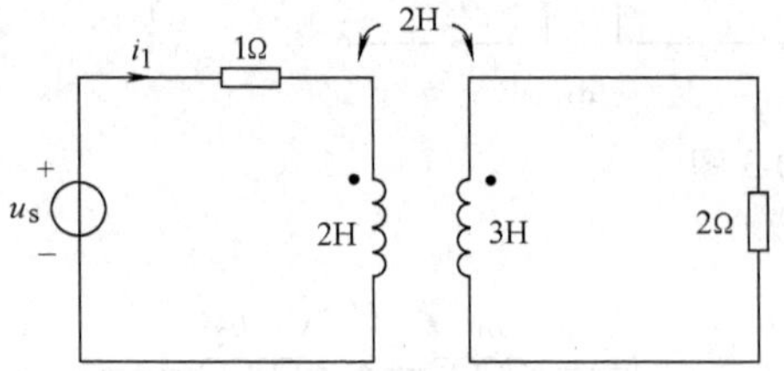

图 10-37　题 10-8 图

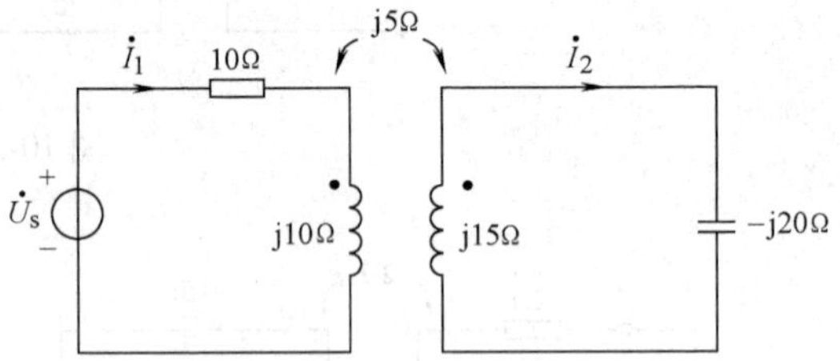

图 10-38　题 10-9 图

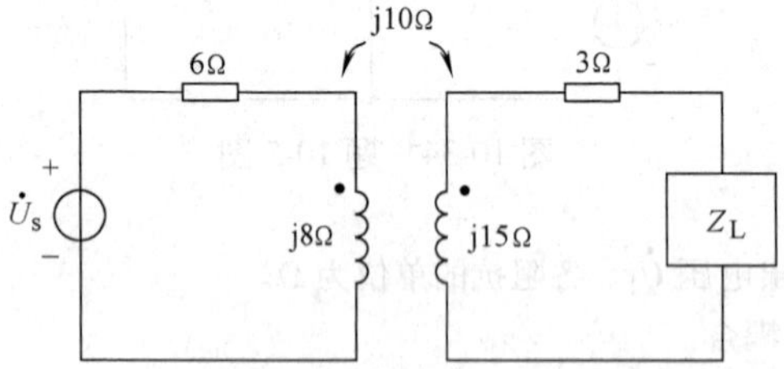

图 10-39　题 10-10 图

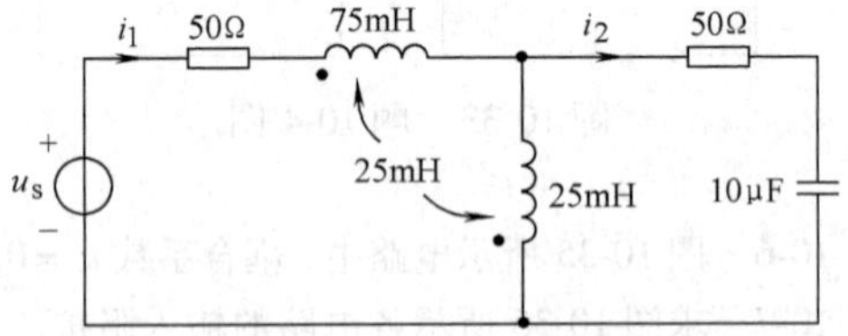

图 10-40　题 10-11 图

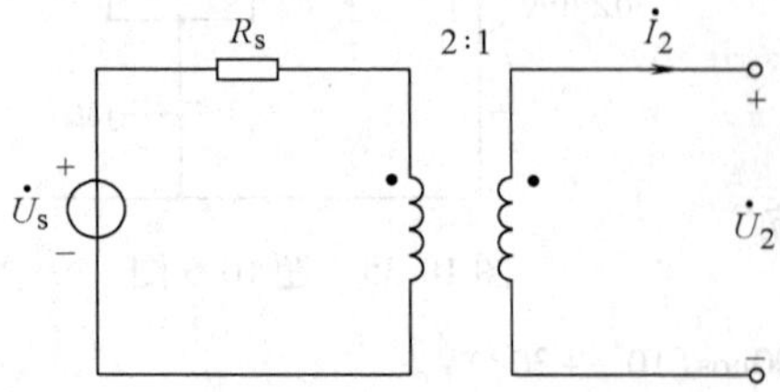

图 10-41　题 10-12 图

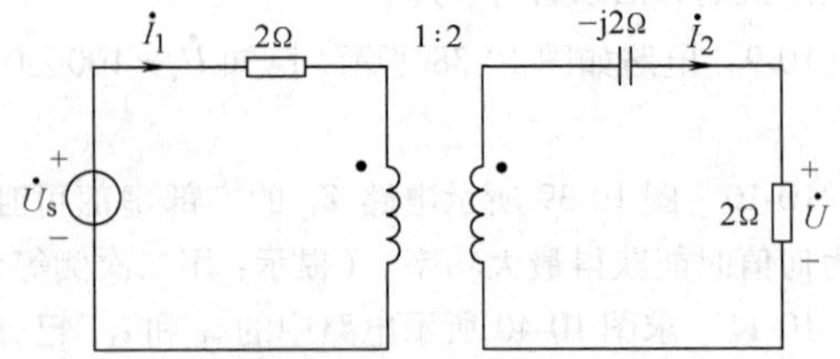

图 10-42　题 10-13 图

10-14　图 10-43 所示电路中理想变压器由电流源激励，试求输出电压 $\dot{U}$。

10-15　电路如图 10-44 所示，为了使 10Ω 电阻能获得最大功率，试确定理想变压器的电压比 n。

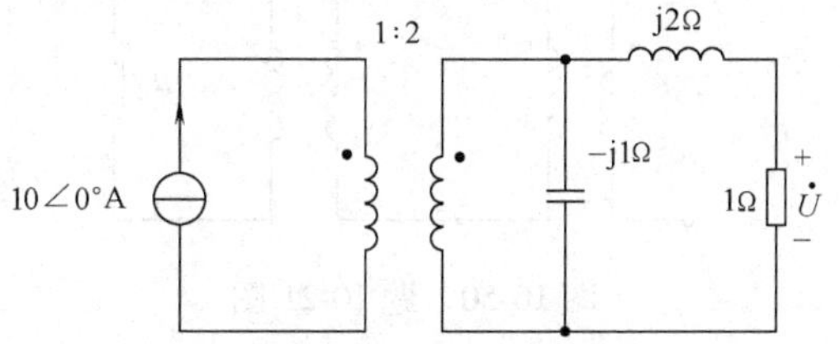

图 10-43　题 10-14 图

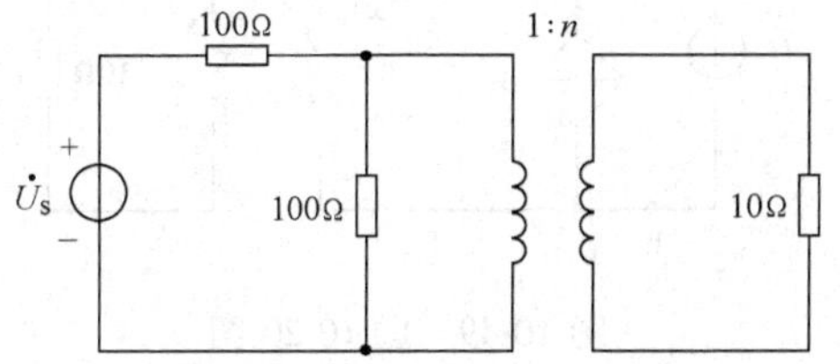

图 10-44　题 10-15 图

10-16　电路如图 10-45 所示，试求 ab 左侧的戴维南等效电路，并由此求解 $\dot{I}_2$。

10-17　电路如图 10-46 所示，试求：

（1）试选择电压比 n 使传输到负载的功率为最大；

（2）求 1Ω 电阻获得的最大功率。

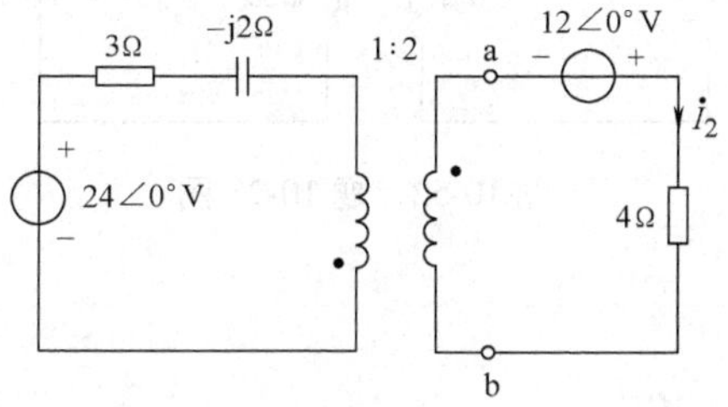

图 10-45　题 10-16 图

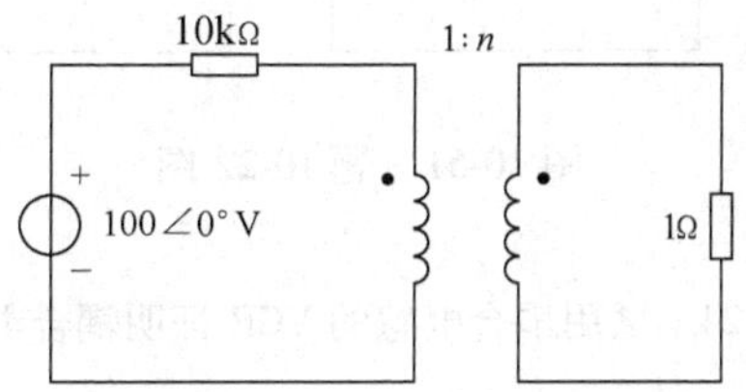

图 10-46　题 10-17 图

10-18　在图 10-47 所示 T 形去耦合电路中，耦合系数 $k=1$，故 $M=\sqrt{L_1L_2}$。试导出 $\dot{U}_2/\dot{U}_1=\sqrt{L_2/L_1}$。

10-19　图 10-48 所示电路中，理想变压器的电压比 $n=2$。$R_1=R_2=10\Omega$，$1/\omega C=50\Omega$，$\dot{U}=50\angle 0°\text{V}$。求流过 R_2 的电流。

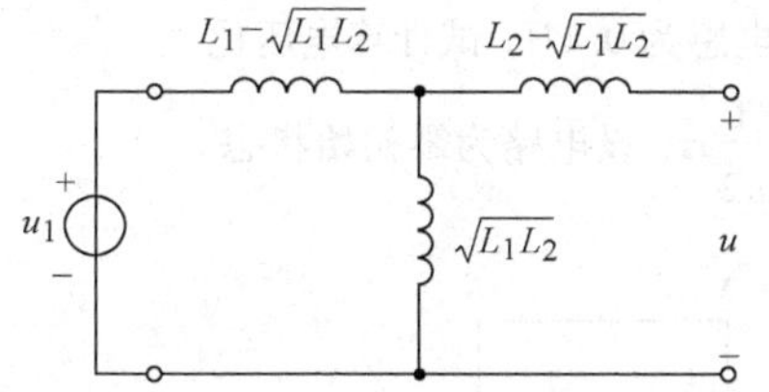

图 10-47　题 10-18 图

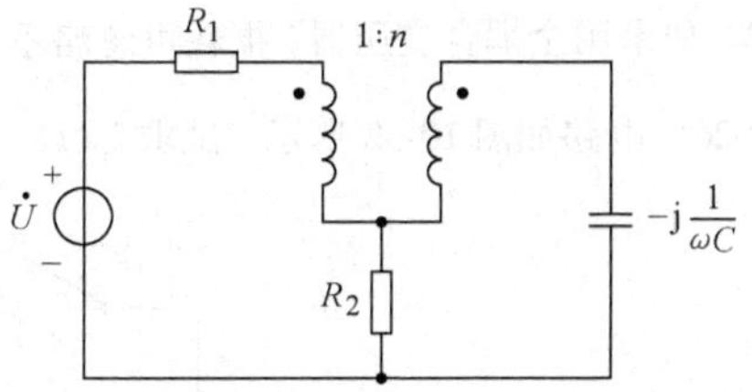

图 10-48　题 10-19 图

10-20　求图 10-49 所示电路中理想变压器的电压比 n。若：

（1）10Ω 电阻的功率为 2Ω 电阻功率的 25%；

（2）$\dot{U}_2=\dot{U}_s$；

（3）ab 端的输入电阻为 8Ω。

10-21　求图 10-50 所示电路的输入阻抗。

10-22　电路如图 10-51 所示，试求：

（1）ab 端的戴维南等效电路；

（2）ab 端的短路电流。

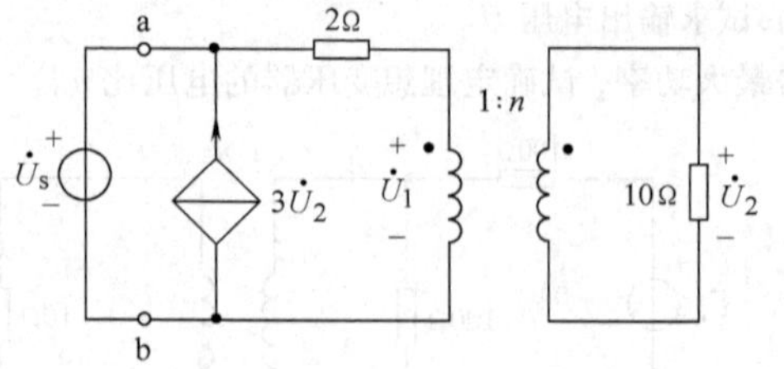

图 10-49 题 10-20 图

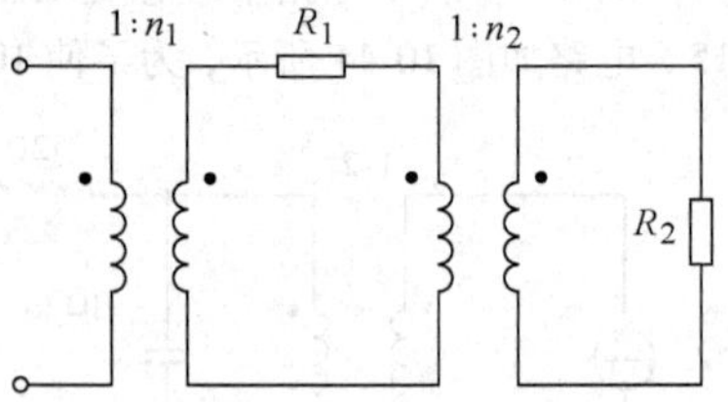

图 10-50 题 10-21 图

10-23 电路如图 10-52 所示，试求输入电流 $\dot{I}_1$ 和输出电压 $\dot{U}_2$。

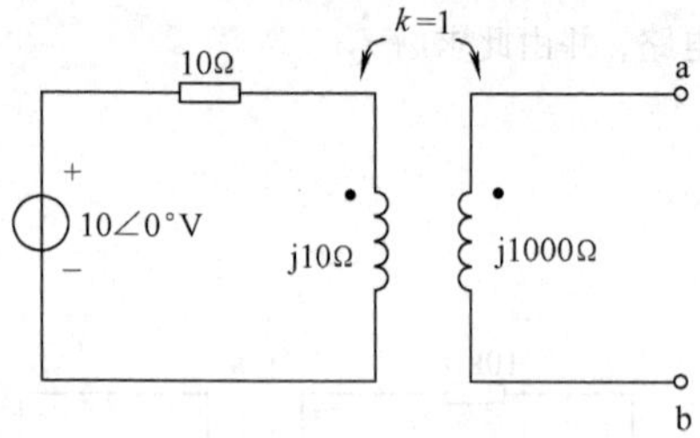

图 10-51 题 10-22 图

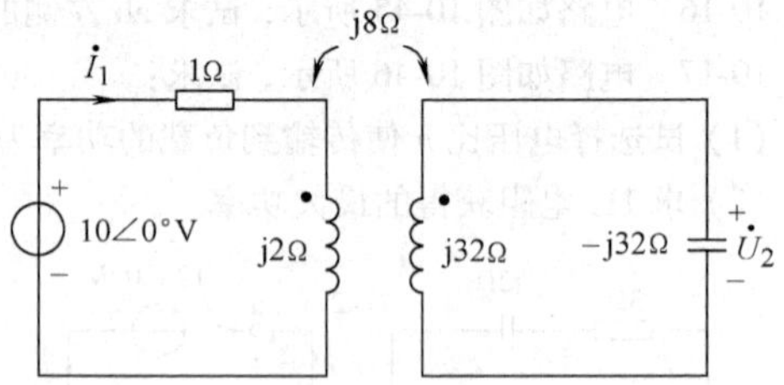

图 10-52 题 10-23 图

10-24 试用耦合电感的 VCR 证明耦合电感的储能为

$$W_m = \frac{1}{2}L_1 i_1^2 + \frac{1}{2}L_2 i_2^2 \pm M i_1 i_2$$

并表明在全耦合时

$$W_m = \frac{1}{2}(\sqrt{L_1}\,i_1 \pm \sqrt{L_2}\,i_2)^2$$

10-25 1000Hz 信号源的内阻为 500Ω，负载电阻为 10Ω。

（1）如果用一个理想变压器使负载能获得最大功率，求变压器的电压比；

（2）如果用全耦合变压器，损耗可忽略不计，一次绕组的电感为 0.1H，试计算电压比。

10-26 电路如图 10-53 所示，试求 $i_1(t)$，$t>0$。已知 $M=\frac{1}{\sqrt{2}}$H，设电路为零初始状态。

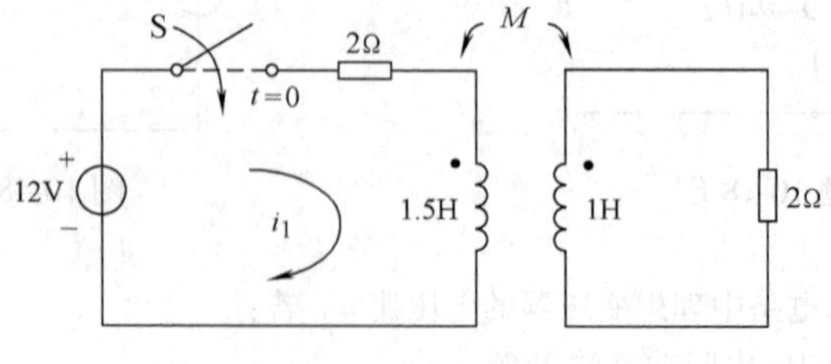

图 10-53 题 10-26 图

第 11 章 双口网络

本章介绍双口网络的基本概念及其参数方程，双口网络常用的 Y 参数、Z 参数、A 参数、H 参数及它们之间的关系，双口网络的 T 形和 Π 形等效电路、双口网络的连接、含双口网络的电路分析等。

11.1 双口网络的基本概念

前面讨论了单口网络的概念，把一组元件的组合作为一个整体来看，当这个整体只有两个端钮和外电路相连且进出这两个端钮的电流为同一电流时，称这一组元件的组合为单口（或二端口）网络。在电路分析中，当只对与单口网络连接的外部电路的情况感兴趣时，可把单口网络用戴维南或诺顿等效电路替代，然后计算所感兴趣的电压和电流。

在工程实际中，还常常遇到两对端钮的网络。例如滤波器、放大器、反馈网络等，在这种网络中，网络的一对端钮作为信号的输入端钮，这对端钮称为输入端对（或输入端口）；而被处理后的信号取自网络的另一对端钮，这对端钮称为输出端对（或输出端口）。这种具有两个端口的网络称为双口网络（或二端对网络），如图 11-1a、b、c 所示。双口网络常用图 11-2a 所示方框表示。

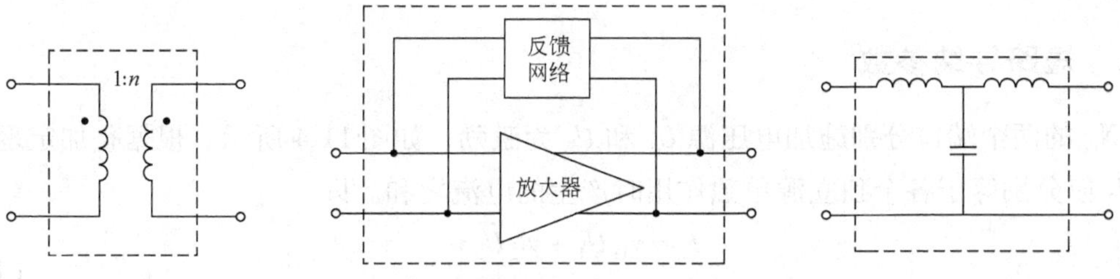

a)　　b)　　c)

图　11-1

由图 11-2a 可看出：双口网络的两对端钮满足 $i_1=i_1'$，$i_2=i_2'$，即从端钮 1 流入的电流等于从端钮 1′流出的电流；同时，从端钮 2 流入的电流也等于从端钮 2′流出的电流。需要注意：对外有 4 个端钮的网络不一定是双口网络，如图 11-2b 中的 N，它的 4 个端钮有各自不同的电流而不满足端口条件。此时 N 是四端网络而不是双口网络。

如果组成双口网络的所有元件都是线性元件，则称这一网络为线性双口网络。如果网络

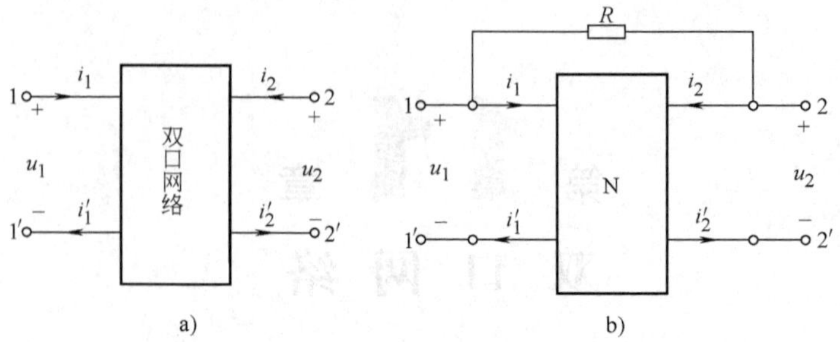

图 11-2

内部所有的元件都是无源元件，则称其为无源双口网络。

本章主要讨论：由线性电阻、电感（包括耦合电感）、电容和线性受控源、变压器组成的双口网络。

11.2 双口网络的方程和参数

当用双口网络的概念分析电路时，双口网络两端口处的电流、电压之间的关系（即双口网络的 VCR）可以通过一些参数表示，而这些参数只决定于构成双口网络本身的元件及它们之间的连接方式。双口网络的每一个端口都有一个电压变量和一个电流变量，即双口网络的端口共有四个变量，用下标 1 表示输入端口的变量，用下标 2 表示输出端口的变量。在正弦稳态下，把图 11-2a 所示时域模型用相应的相量模型表示，并假定每个端口上电压、电流都取关联参考方向，如图 11-3 所示。其中 $N_{0\omega}$表示无独立源的双口网络的相量模型。为了确定双口网络端口的 VCR，可设四个端口变量中的任意两个为自变量，其余两个为因变量，即可得到六组可能的伏安关系方程，相应的双口网络参数必然也有六组。下面重点讨论常用的四种参数。

11.2.1 短路导纳参数

设 $N_{0\omega}$的两个端口分别施加电压源 $\dot{U}_1$ 和 $\dot{U}_2$ 为激励，如图 11-4 所示。根据叠加定理，响应 $\dot{I}_1$、$\dot{I}_2$ 应分别等于各个独立源单独作用时产生的电流之和。即

$$\left.\begin{aligned}\dot{I}_1 &= y_{11}\dot{U}_1 + y_{12}\dot{U}_2\\ \dot{I}_2 &= y_{21}\dot{U}_1 + y_{22}\dot{U}_2\end{aligned}\right\}\tag{11-1}$$

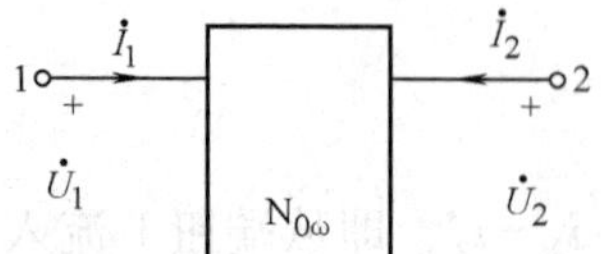

图 11-3

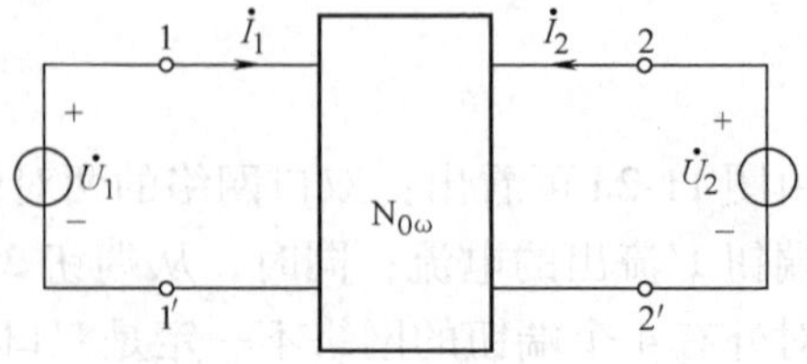

图 11-4

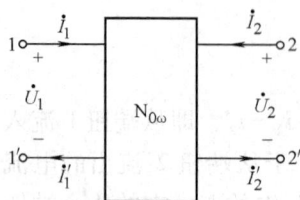

式中，y_{11}、y_{12}、y_{21}、y_{22}与双口网络的内部结构、元件参数及激励信号的频率有关，是一组表征双口网络特性的参数，称为双口网络的 **Y 参数**。而式（11-1）称为双口网络的 **Y 参数方程**。不难看出 Y 参数具有导纳的量纲，Y 参数可以由式（11-1）和图 11-5 所示电路计算或测量求得

$$y_{11}=\frac{\dot{I}_1}{\dot{U}_1}\bigg|_{\dot{U}_2=0}\qquad y_{12}=\frac{\dot{I}_1}{\dot{U}_2}\bigg|_{\dot{U}_1=0}$$

$$y_{21}=\frac{\dot{I}_2}{\dot{U}_1}\bigg|_{\dot{U}_2=0}\qquad y_{22}=\frac{\dot{I}_2}{\dot{U}_2}\bigg|_{\dot{U}_1=0}$$

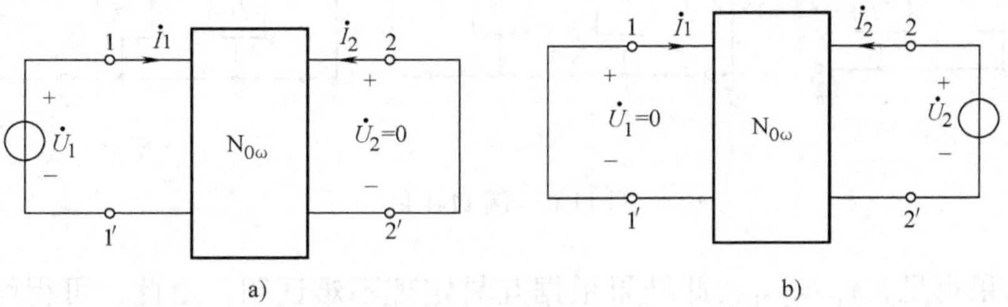

图 11-5

可见，y_{11}表示端口 2－2′短路时，端口 1－1′处的输入导纳（或驱动点导纳）；y_{21}表示端口 2－2′短路时，端口 2－2′与端口 1－1′之间的转移导纳，称其为转移导纳是因为 y_{21}是$\dot{I}_2$与$\dot{U}_1$ 的比值，它表示双口网络中一个端口的电流与另一个端口的电压之间的关系。同理，y_{12}表示端口 1－1′短路时，端口 1－1′与端口 2－2′之间的转移导纳；y_{22}表示端口 1－1′短路时，端口 2－2′处的输入导纳。由于 Y 参数都是在一个端口短路时通过计算或测量得到，所以，又称之为短路导纳参数。

Y 参数方程还可以写成如下矩阵形式：

$$\begin{bmatrix}\dot{I}_1\\ \dot{I}_2\end{bmatrix}=\begin{bmatrix}y_{11} & y_{12}\\ y_{21} & y_{22}\end{bmatrix}\begin{bmatrix}\dot{U}_1\\ \dot{U}_2\end{bmatrix}=\boldsymbol{Y}\begin{bmatrix}\dot{U}_1\\ \dot{U}_2\end{bmatrix} \tag{11-2}$$

式中，$\boldsymbol{Y}=\begin{bmatrix}y_{11} & y_{12}\\ y_{21} & y_{22}\end{bmatrix}$ （11-3）

称为双口网络的 Y 参数矩阵，或短路导纳矩阵。

例 11-1 求图 11-6a 所示双口网络的 Y 参数。

解 求 y_{11}、y_{21}时，把端口 2－2′短路，如图 11-6b 所示，可求得

$$\dot{I}_1=\dot{U}_1(Y_1+Y_2)$$

$$\dot{I}_2=-\dot{U}_1Y_2$$

根据式（11-1）可得

$$y_{11}=\frac{\dot{I}_1}{\dot{U}_1}\bigg|_{\dot{U}_2=0}=Y_1+Y_2,\quad y_{21}=\frac{\dot{I}_2}{\dot{U}_1}\bigg|_{\dot{U}_2=0}=-Y_2$$

求 y_{12}、y_{22}时，把端口 1 - 1′短路，如图 11-6c 所示，可求得

$$\dot{I}_1 = -\dot{U}_2 Y_2$$
$$\dot{I}_2 = \dot{U}_2 (Y_2 + Y_3)$$

根据式（11-1）可得

$$y_{12} = \left.\frac{\dot{I}_1}{\dot{U}_2}\right|_{\dot{U}_1=0} = -Y_2, \quad y_{22} = \left.\frac{\dot{I}_2}{\dot{U}_2}\right|_{\dot{U}_1=0} = Y_2 + Y_3$$

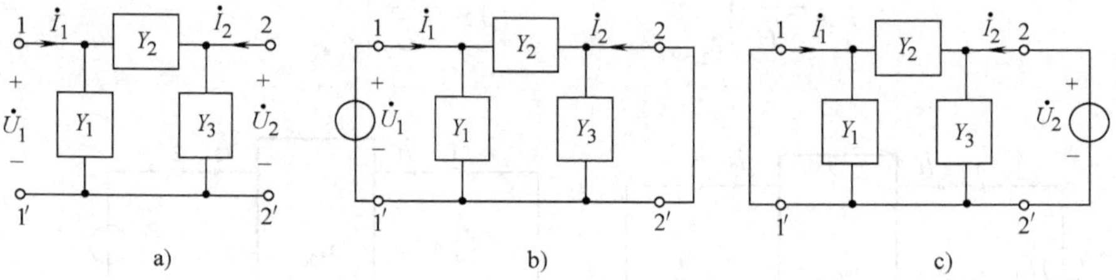

图 11-6　例 11-1 图

由以上结果可见，$y_{12} = y_{21}$，此结果根据互易定理不难证明。由此，可得结论：任何一个无源线性双口网络只有三个独立的参数。

如果一个双口网络的 Y 参数，在满足 $y_{12} = y_{21}$ 的同时还有 $y_{11} = y_{22}$，则此双口网络的两个端口 1 - 1′和 2 - 2′互换位置后与外电路相连，其端口特性不会有任何变化。满足这种特性的双口网络称为对称双口网络，显然，对称双口网络只有两个独立的 Y 参数。

11.2.2　开路阻抗参数

设 $N_{0\omega}$ 的两个端口分别施加电流源 $\dot{I}_1$ 和 $\dot{I}_2$ 为激励，如图 11-7 所示。根据叠加定理，响应 $\dot{U}_1$、$\dot{U}_2$ 应分别等于各个独立源单独作用时产生的电压之和。即

$$\left.\begin{aligned} \dot{U}_1 &= Z_{11}\dot{I}_1 + Z_{12}\dot{I}_2 \\ \dot{U}_2 &= Z_{21}\dot{I}_1 + Z_{22}\dot{I}_2 \end{aligned}\right\} \tag{11-4}$$

式中，Z_{11}、Z_{12}、Z_{21}、Z_{22} 与双口网络的内部结构、元件参数及激励信号的频率有关，是一组表征双口网络特性的参数，称为双口网络的 **Z 参数**。而式（11-4）称为双口网络的 **Z 参数方程**。不难看出 Z 参数具有阻抗的量纲，Z 参数可以由式（11-4）和图 11-8 所示电路计算或测量求得

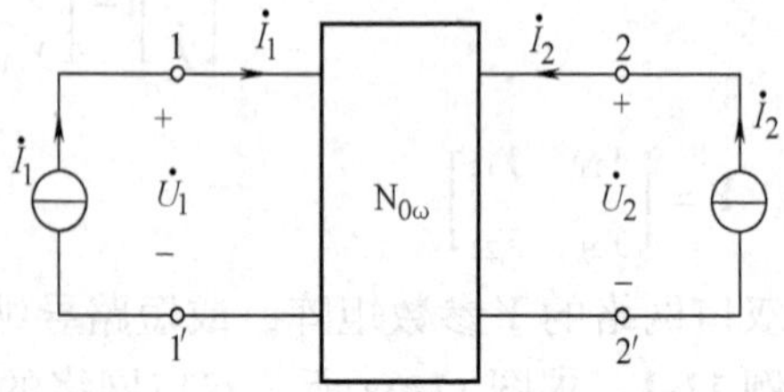

图　11-7

$$Z_{11} = \left.\frac{\dot{U}_1}{\dot{I}_1}\right|_{\dot{I}_2=0} \qquad Z_{12} = \left.\frac{\dot{U}_1}{\dot{I}_2}\right|_{\dot{I}_1=0}$$

$$Z_{21} = \left.\frac{\dot{U}_2}{\dot{I}_1}\right|_{\dot{I}_2=0} \qquad Z_{22} = \left.\frac{\dot{U}_2}{\dot{I}_2}\right|_{\dot{I}_1=0}$$

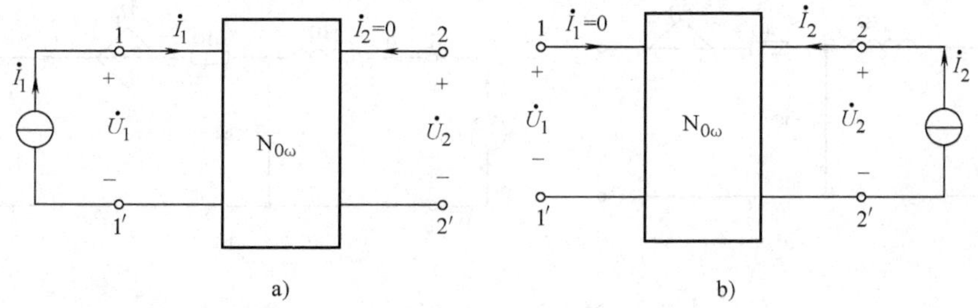

图 11-8

可见，Z_{11}表示端口2－2′开路时，端口1－1′处的输入阻抗（或驱动点阻抗）；Z_{21}表示端口2－2′开路时，端口2－2′与端口1－1′之间的转移阻抗，称其为转移阻抗是因为Z_{21}是$\dot{U}_2$与$\dot{I}_1$的比值，它表示双口网络中一个端口电压与另个端口电流的之间的关系。同理，Z_{12}表示端口1－1′开路时，端口1－1′与端口2－2′之间的转移阻抗；Z_{22}表示端口1－1′开路时，端口2－2′处的输入阻抗。由于Z参数都是在一个端口开路时通过计算或测量得到，所以，又称之为开路阻抗参数。

式（11-4）所示Z参数方程还可以写成如下矩阵形式：

$$\begin{bmatrix}\dot{U}_1\\ \dot{U}_2\end{bmatrix}=\begin{bmatrix}Z_{11} & Z_{12}\\ Z_{21} & Z_{22}\end{bmatrix}\begin{bmatrix}\dot{I}_1\\ \dot{I}_2\end{bmatrix}=\boldsymbol{Z}\begin{bmatrix}\dot{I}_1\\ \dot{I}_2\end{bmatrix} \tag{11-5}$$

式中，$\boldsymbol{Z}=\begin{bmatrix}Z_{11} & Z_{12}\\ Z_{21} & Z_{22}\end{bmatrix}$ (11-6)

称为双口网络的Z参数矩阵，或开路阻抗矩阵。

例11-2 求图11-9a所示双口网络的Z参数。

解 求Z_{11}、Z_{21}时，把端口2－2′开路，如图11-9b所示，可求得

$$\dot{U}_1=(\mathrm{j}2-\mathrm{j})\dot{I}_1=\mathrm{j}\dot{I}_1$$

$$\dot{U}_2=2\dot{I}_1-\mathrm{j}\dot{I}_1=(2-\mathrm{j})\dot{I}_1$$

根据式（11-4）可得

$$Z_{11}=\left.\frac{\dot{U}_1}{\dot{I}_1}\right|_{\dot{I}_1}=\mathrm{j}\Omega,\quad Z_{21}=\left.\frac{\dot{U}_2}{\dot{I}_1}\right|_{\dot{I}_2=0}=(2-\mathrm{j})\Omega$$

求Z_{12}、Z_{22}时，把端口1－1′开路，如图11-9c所示，可求得

$$\dot{U}_1=-\mathrm{j}\dot{I}_2$$

$$\dot{U}_2=4\dot{I}_2-\mathrm{j}\dot{I}_2=(4-\mathrm{j})\dot{I}_2$$

根据式（11-4）可得

$$Z_{12}=\left.\frac{\dot{U}_1}{\dot{I}_2}\right|_{\dot{I}_1=0}=-\mathrm{j}\Omega,\quad Z_{22}=\left.\frac{\dot{U}_2}{\dot{I}_2}\right|_{\dot{I}_1=0}=(4-\mathrm{j})\Omega$$

当双口网络含有受控源时，双口网络为非互易网络，可见，在这种情况下$Z_{12}\neq Z_{21}$。此时，双口网络的特性用四个独立的参数来描述。

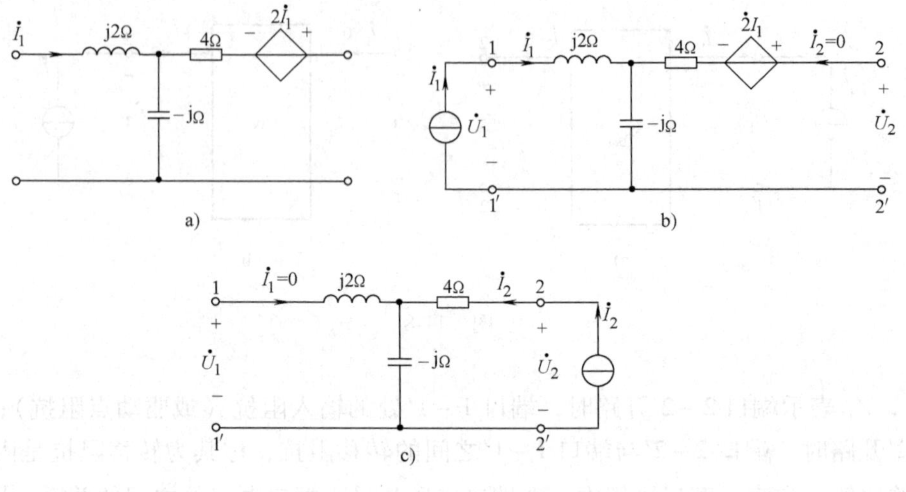

图 11-9 例 11-2 图

11.2.3 混合参数

设在双口网络 $N_{0\omega}$ 的 1－1′端口施加电流源 $\dot{I}_1$，在 2－2′端口施加电压源 $\dot{U}_2$ 为激励，如图 11-10 所示。根据叠加定理，可得响应 $\dot{U}_1$、$\dot{I}_2$ 分别等于

$$\left.\begin{aligned}\dot{U}_1 &= h_{11}\dot{I}_1 + h_{12}\dot{U}_2\\ \dot{I}_2 &= h_{21}\dot{I}_1 + h_{22}\dot{U}_2\end{aligned}\right\} \tag{11-7}$$

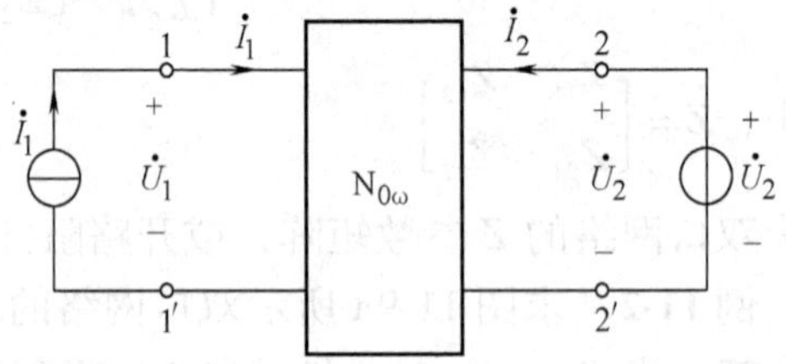

图 11-10

式中，h_{11}、h_{12}、h_{21}、h_{22} 与双口网络的内部结构、元件参数及激励信号的频率有关，是一组表征双口网络特性的参数，称为双口网络的 ***H*** 参数。而式（11-7）称为双口网络的 ***H*** 参数方程。*H* 参数可由式（11-7）求得

$$h_{11} = \left.\frac{\dot{U}_1}{\dot{I}_1}\right|_{\dot{U}_2=0} \qquad h_{12} = \left.\frac{\dot{U}_1}{\dot{U}_2}\right|_{\dot{I}_1=0}$$

$$h_{21} = \left.\frac{\dot{I}_2}{\dot{I}_1}\right|_{\dot{U}_2=0} \qquad h_{22} = \left.\frac{\dot{I}_2}{\dot{U}_2}\right|_{\dot{I}_1=0}$$

可见，h_{11}表示端口 2－2′短路时端口 1－1′处的输入阻抗；h_{21}表示端口 2－2′短路时正向电流增益；h_{12}表示端口 1－1′开路时反向电压增益；h_{22}表示端口 1－1′开路时端口 2－2′处的输出导纳。不难看出 *H* 参数没有统一的量纲，h_{11}、h_{22} 的量纲分别是欧姆（Ω）和西门子（S），而 h_{12}、h_{21}是无量纲的比例常数，为此 *H* 参数也常称为混合参数。

式（11-7）所示 *H* 参数方程还可以写成如下矩阵形式：

$$\begin{bmatrix}\dot{U}_1\\ \dot{I}_2\end{bmatrix} = \begin{bmatrix}h_{11} & h_{12}\\ h_{21} & h_{22}\end{bmatrix}\begin{bmatrix}\dot{I}_1\\ \dot{U}_2\end{bmatrix} = \boldsymbol{H}\begin{bmatrix}\dot{I}_1\\ \dot{U}_2\end{bmatrix} \tag{11-8}$$

式中，$$\boldsymbol{H} = \begin{bmatrix}h_{11} & h_{12}\\ h_{21} & h_{22}\end{bmatrix} \tag{11-9}$$

H 参数在晶体管电路中得到广泛的应用。

例 11-3 求图 11-11a 所示双口网络的 H 参数。

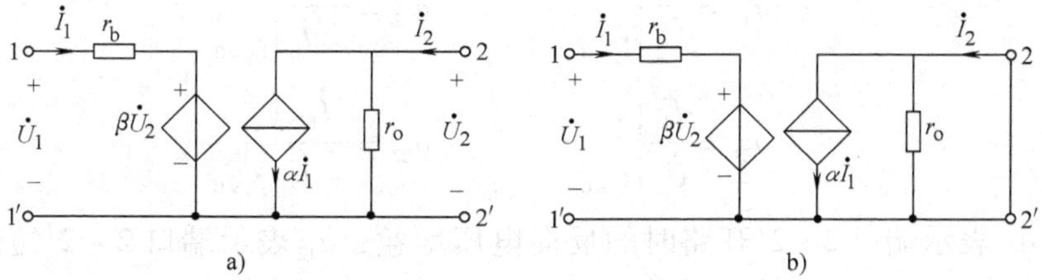

图 11-11 例 11-3 图

解 图 11-11a 为晶体管共射放大器的等效电路，将输出端口短路（$\dot{U}_2=0$），如图 11-11b 所示，根据定义有

$$h_{11}=\left.\frac{\dot{U}_1}{\dot{I}_1}\right|_{\dot{U}_2=0}=r_b \qquad h_{21}=\left.\frac{\dot{I}_2}{\dot{I}_1}\right|_{\dot{U}_2=0}=\alpha$$

将输入端口开路（$\dot{I}_1=0$），根据定义有

$$h_{12}=\left.\frac{\dot{U}_1}{\dot{U}_2}\right|_{\dot{I}_1=0}=\beta \qquad h_{22}=\left.\frac{\dot{I}_2}{\dot{U}_2}\right|_{\dot{I}_1=0}=\frac{1}{r_o}$$

可直接写出端口 1－1′和端口 2－2′的电压电流关系式

$$\begin{cases}\dot{U}_1=r_b\dot{I}_1+\beta\dot{U}_2\\ \dot{I}_2=\alpha\dot{I}_1+\dfrac{1}{r_o}\dot{U}_2\end{cases}$$

上式与式（11-7）所示 H 参数方程比较可直接得出其混合参数。

11.2.4 传输参数

在工程实际中，常常需要以双口网络输出端口的电压和电流 $\dot{U}_2$、$\dot{I}_2$ 为自变量，输入端口的电压和电流 $\dot{U}_1$、$\dot{I}_1$ 为因变量的伏安关系，因为不可能在同一端口既加电压源同时又加电流源，所以这种伏安关系不能用外加激励的方法求出。因此，在图 11-12 中直接以 $\dot{U}_2$、$\dot{I}_2$ 为自变量，$\dot{U}_1$、$\dot{I}_1$ 为因变量列出相应的方程可得

$$\left.\begin{aligned}\dot{U}_1&=a_{11}\dot{U}_2+a_{12}(-\dot{I}_2)\\ \dot{I}_1&=a_{21}\dot{U}_2+a_{22}(-\dot{I}_2)\end{aligned}\right\}\qquad(11\text{-}10)$$

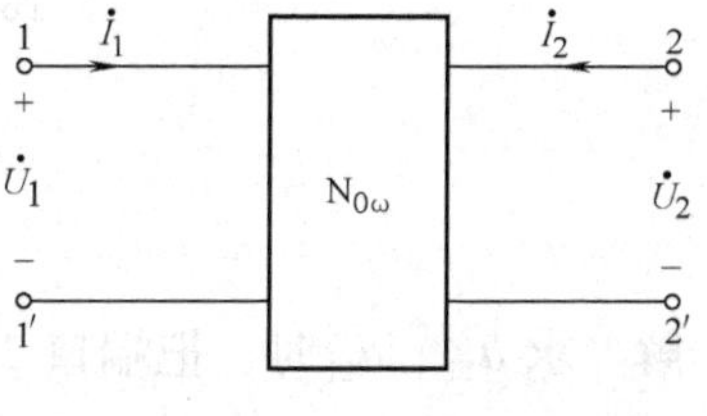

图 11-12

式中，a_{11}、a_{12}、a_{21}、a_{22} 与双口网络的内部结构、元件参数及激励信号的频率有关，也是一组表征双口网络特性的参数，称为双口网络的 **A 参数**。而式（11-10）称为双口网络的 **A 参数方程**（或传输参数方程）。

式（11-10）中 $\dot{I}_2$ 前面的负号，是由于在图 11-12 中设 $\dot{I}_2$ 的参考方向是流入双口网络的缘故，以传输能量或信号到后一级的角度来看，设输出端口的电流由端口流出更方便，$-\dot{I}_2$

即表示流出端口的电流。

A 参数可由式（11-10）求得

$$a_{11}=\left.\frac{\dot U_1}{\dot U_2}\right|_{\dot I_2=0} \qquad a_{12}=\left.\frac{\dot U_1}{-\dot I_2}\right|_{\dot U_2=0}$$

$$a_{21}=\left.\frac{\dot I_1}{\dot U_2}\right|_{\dot I_2=0} \qquad a_{22}=\left.\frac{\dot I_1}{-\dot I_2}\right|_{\dot U_2=0}$$

可见，a_{11}表示端口 2－2′开路时的反向电压增益；a_{12}表示端口 2－2′短路时转移阻抗；a_{21}表示端口 2－2′开路时的转移导纳；a_{22}表示端口 2－2′短路时反向电流增益。A 参数也没有统一的量纲，a_{11}、a_{22}是无量纲的比例常数，而 a_{12}、a_{21}的量纲分别是欧姆（Ω）和西门子（S）。

式（11-10）所示 A 参数方程还可以写成如下矩阵形式：

$$\begin{bmatrix}\dot U_1\\ \dot I_1\end{bmatrix}=\begin{bmatrix}a_{11} & a_{12}\\ a_{21} & a_{22}\end{bmatrix}\begin{bmatrix}\dot U_2\\ -\dot I_2\end{bmatrix}=\boldsymbol{A}\begin{bmatrix}\dot U_2\\ -\dot I_2\end{bmatrix} \tag{11-11}$$

式中，$\boldsymbol{A}=\begin{bmatrix}a_{11} & a_{12}\\ a_{21} & a_{22}\end{bmatrix}$。 (11-12)

例 11-4 求图 11-13a 所示双口网络的 A 参数。

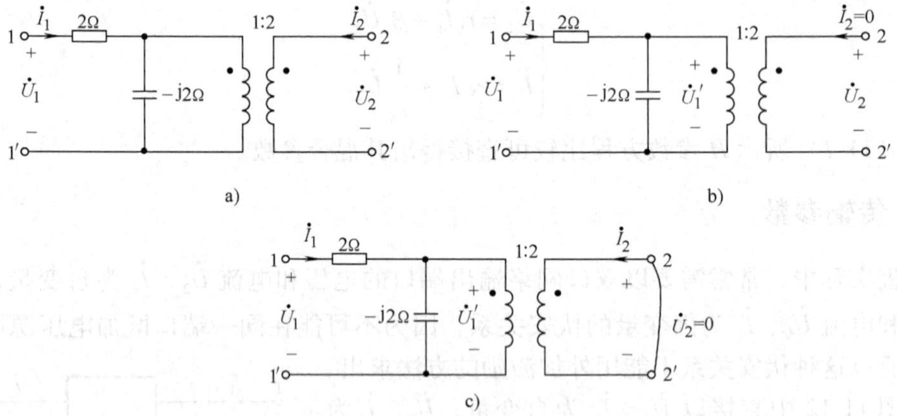

图 11-13 例 11-4 图

解 求 a_{11}、a_{21}时，把端口 2－2′开路，如图 11-13b 所示，可求得

$$\dot U_2=2\dot U_1'=2\left(\frac{-\mathrm{j}2}{2-\mathrm{j}2}\dot U_1\right)=(\sqrt{2}\angle-45°)\dot U_1$$

$$\dot U_2=2(\dot U_1')=2(-\mathrm{j}2\dot I_1)=-\mathrm{j}4\dot I_1$$

根据式（11-10）可得

$$a_{11}=\left.\frac{\dot{U}_1}{\dot{U}_2}\right|_{\dot{I}_2=0}=\frac{1}{\sqrt{2}}\angle 45°,\quad a_{21}=\left.\frac{\dot{I}_1}{\dot{U}_2}\right|_{\dot{I}_2=0}=\frac{1}{-\mathrm{j}4}=0.25\angle 90°\mathrm{S}$$

求 a_{12}、a_{22}时，把端口 $2-2'$短路，如图 11-13c 所示，可求得

$$\dot{I}_2=-\frac{1}{2}\dot{I}_1=-\frac{1}{2}\left(\frac{\dot{U}_1}{2}\right)=-\frac{1}{4}\dot{U}_1$$

根据（11-10）式可得

$$a_{12}=\left.\frac{\dot{U}_1}{-\dot{I}_2}\right|_{\dot{U}_2=0}=4\Omega,\quad a_{22}=\left.\frac{\dot{I}_1}{-\dot{I}_2}\right|_{\dot{U}_2=0}=2$$

双口网络的参数除了上述四种外，还有 G 参数和 T 参数两种。G 参数和 T 参数方程分别是，把 H 参数和 A 参数方程矩阵形式中等号两边的端口变量互换位置即可。由此可知 G 参数矩阵和 H 参数矩阵互为逆矩阵，A 参数矩阵和 T 参数矩阵互为逆矩阵，即有 $[G]=[H]^{-1}$, $[T]=[A]^{-1}$。

11.3 双口网络参数间的关系

一般情况下，一个双口网络可用六组参数来描述。从理论来说，只要这组参数存在，采用哪一组参数来描述其特性都可以。因此，对同一个双口网络来说各组参数之间一定存在确定的关系，换句话说，可由双口网络的某一组参数得到该双口网络的其他一组参数。

比如，由某双口网络的 Y 参数求其 A 参数，已知其 Y 参数方程为

$$\begin{cases}\dot{I}_1=y_{11}\dot{U}_1+y_{12}\dot{U}_2 & (1)\\ \dot{I}_2=y_{21}\dot{U}_1+y_{22}\dot{U}_2 & (2)\end{cases}$$

由式（2）得

$$\dot{U}_1=-\frac{y_{22}}{y_{21}}\dot{U}_2+\frac{1}{y_{21}}\dot{I}_2 \tag{3}$$

将式（3）代入式（1）得

$$\dot{I}_1=\left(y_{12}-\frac{y_{11}y_{22}}{y_{21}}\right)\dot{U}_2+\frac{y_{11}}{y_{21}}\dot{I}_2 \tag{4}$$

把式（3）、式（4）与式（11-10）比较可得 A 参数与 Y 参数的关系为

$$\left.\begin{aligned}a_{11}&=-\frac{y_{22}}{y_{21}} & a_{12}&=-\frac{1}{y_{21}}\\ a_{21}&=y_{12}-\frac{y_{11}y_{22}}{y_{21}} & a_{22}&=-\frac{y_{11}}{y_{21}}\end{aligned}\right\} \tag{11-13}$$

类似，可推导出其他各组参数间的转换关系，如表 11-1 所示。表中，Δ_z 为 Z 参数的行列式，Δ_y 为 Y 参数的行列式，Δ_h 为 H 参数的行列式，Δ_A 为 A 参数的行列式。表中任一行的各矩阵相等。

表 11-1

	Z	Y	H	A
Z	$\begin{matrix} z_{11} & z_{12} \\ z_{21} & z_{22} \end{matrix}$	$\begin{matrix} \frac{y_{22}}{\Delta_y} & \frac{-y_{12}}{\Delta_y} \\ \frac{-y_{21}}{\Delta_y} & \frac{y_{11}}{\Delta_y} \end{matrix}$	$\begin{matrix} \frac{\Delta_h}{h_{22}} & \frac{h_{12}}{h_{22}} \\ -\frac{h_{21}}{h_{22}} & \frac{1}{h_{22}} \end{matrix}$	$\begin{matrix} \frac{a_{11}}{a_{21}} & \frac{\Delta_A}{a_{21}} \\ \frac{1}{a_{21}} & \frac{a_{22}}{a_{21}} \end{matrix}$
Y	$\begin{matrix} \frac{z_{22}}{\Delta_z} & \frac{-z_{12}}{\Delta_z} \\ \frac{-z_{21}}{\Delta_z} & \frac{z_{11}}{\Delta_z} \end{matrix}$	$\begin{matrix} y_{11} & y_{12} \\ y_{21} & y_{22} \end{matrix}$	$\begin{matrix} \frac{1}{h_{11}} & -\frac{h_{12}}{h_{11}} \\ \frac{h_{21}}{h_{11}} & \frac{\Delta_h}{h_{11}} \end{matrix}$	$\begin{matrix} \frac{a_{22}}{a_{12}} & \frac{-\Delta_A}{a_{12}} \\ -\frac{1}{a_{12}} & \frac{a_{11}}{a_{12}} \end{matrix}$
H	$\begin{matrix} \frac{\Delta_z}{z_{22}} & \frac{z_{12}}{z_{22}} \\ \frac{-z_{21}}{z_{22}} & \frac{1}{z_{22}} \end{matrix}$	$\begin{matrix} \frac{1}{y_{11}} & -\frac{y_{12}}{y_{11}} \\ \frac{y_{21}}{y_{11}} & \frac{\Delta_y}{y_{11}} \end{matrix}$	$\begin{matrix} h_{11} & h_{12} \\ h_{21} & h_{22} \end{matrix}$	$\begin{matrix} \frac{a_{12}}{a_{22}} & \frac{\Delta_A}{a_{22}} \\ \frac{-1}{a_{22}} & \frac{a_{21}}{a_{22}} \end{matrix}$
A	$\begin{matrix} \frac{z_{11}}{z_{21}} & \frac{\Delta_z}{z_{21}} \\ \frac{1}{z_{21}} & \frac{z_{22}}{z_{21}} \end{matrix}$	$\begin{matrix} -\frac{y_{22}}{y_{21}} & -\frac{1}{y_{21}} \\ -\frac{\Delta_y}{y_{21}} & -\frac{y_{11}}{y_{21}} \end{matrix}$	$\begin{matrix} -\frac{\Delta_h}{h_{21}} & -\frac{h_{11}}{h_{21}} \\ -\frac{h_{22}}{h_{21}} & -\frac{1}{h_{21}} \end{matrix}$	$\begin{matrix} a_{11} & a_{12} \\ a_{21} & a_{22} \end{matrix}$

11.4 双口网络的等效电路

如同单口网络求其等效电路一样，一个复杂的双口网络也可以用一个简单的双口网络等效。双口网络的等效条件是：等效前后两双口网络端口的伏安关系完全相等。因此，求双口网络的等效电路，就是要先求出给定双口网络的某一参数，然后根据该参数方程画出与之对应的电路图，使根据这一电路图写出的端口电压、电流关系与等效前双口网络的参数方程相同。

实际的双口网络，其内部结构可能比较复杂，而且往往看不到其内部结构，但其网络参数可以通过测量得到。在这种情况下，如果能根据测出的参数画出其等效电路，会给分析带来很大的方便。

由于一个双口网络有六组可能的参数，因此，也应该有六种可能的等效电路。在电子技术中，Y 参数、Z 参数、H 参数的等效电路较为常用，本节以 Y 参数和 Z 参数的等效电路为例，介绍求双口网络等效电路的方法。

11.4.1 Y 参数等效电路

设双口网络的 Y 参数方程为

$$\begin{cases} \dot{I}_1 = y_{11}\dot{U}_1 + y_{12}\dot{U}_2 \\ \dot{I}_2 = y_{21}\dot{U}_1 + y_{22}\dot{U}_2 \end{cases}$$

直接根据上式，可画出含双受控源的 Y 参数等效电路，如图 11-14a 所示。

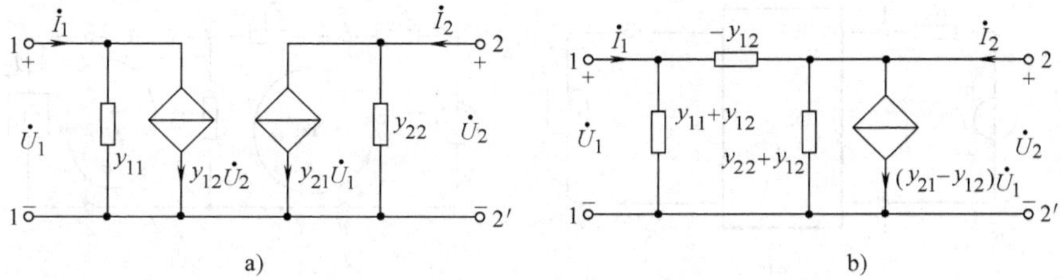

图 11-14

如果把 Y 参数方程改写为如下形式：

$$\begin{cases}\dot{I}_1=(y_{11}+y_{12})\dot{U}_1-y_{12}(\dot{U}_1-\dot{U}_2)\\ \dot{I}_2=(y_{21}-y_{12})\dot{U}_1+(y_{22}+y_{12})\dot{U}_2-y_{12}(\dot{U}_2-\dot{U}_1)\end{cases}$$

则可得只含一个受控源的 Y 参数等效电路，如图 11-14b 所示。对于互易网络，由于 $y_{12}=y_{21}$，则受控电流源输出为零，即 $(y_{21}-y_{12})\dot{U}_1=0$，此时，图 11-14b 所示电路将成为典型的 Π 形等效电路。这表明，互易双口网络，可用不含受控源的简单 Π 形电路等效。

11.4.2 Z 参数等效电路

设双口网络的 Z 参数方程为

$$\begin{cases}\dot{U}_1=Z_{11}\dot{I}_1+Z_{12}\dot{I}_2\\ \dot{U}_2=Z_{21}\dot{I}_1+Z_{22}\dot{I}_2\end{cases}$$

直接根据上式，可画出含双受控源的 Z 参数等效电路，如图 11-15a 所示。

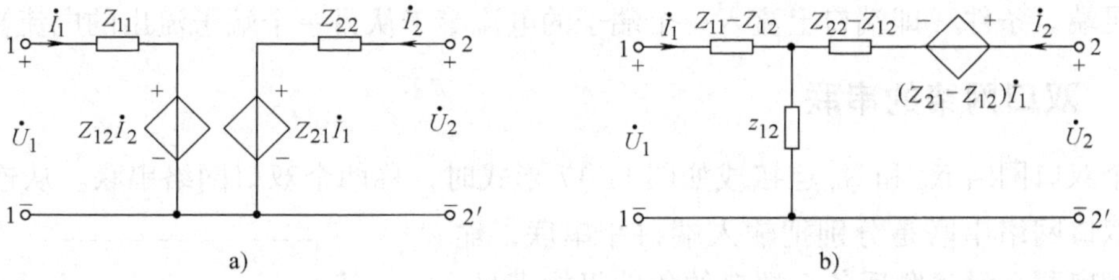

图 11-15

如果把 Z 参数方程改写为如下形式：

$$\begin{cases}\dot{U}_1=(Z_{11}-Z_{12})\dot{I}_1+Z_{12}(\dot{I}_1+\dot{I}_2)\\ \dot{U}_2=Z_{12}(\dot{I}_1+\dot{I}_2)+(Z_{22}-Z_{12})\dot{I}_2+(Z_{21}-Z_{12})\dot{I}_1\end{cases}$$

则可得只含一个受控源的 Z 参数等效电路，如图 11-15b 所示。对于互易网络，由于 $Z_{12}=Z_{21}$，则受控电压源输出为零，即 $(Z_{21}-Z_{12})\dot{I}_1=0$，此时，图 11-15b 所示电路将成为典型的 T 形等效电路。这表明，互易双口网络，可用不含受控源的简单 T 形电路等效。

例 11-5 图 11-16a 所示电路中，已知信号源的 $R_s=2\Omega$；$\dot{U}_s=50\angle0°\text{V}$；双口网络 $N_{0\omega}$ 的 Z 参数为 $Z_{11}=(4+\text{j}3)\Omega$，$Z_{12}=Z_{21}=4\Omega$，$Z_{22}=(4-\text{j}6)\Omega$；负载阻抗 $Z_L=(4+\text{j}6)\Omega$。试求输出电流 $\dot{I}_2$。

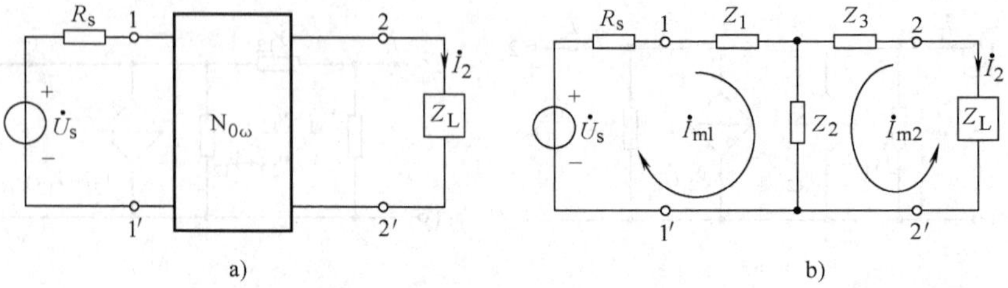

图 11-16 例 11-5 图

解 用 Z 参数等效电路代替双口网络 $N_{0\omega}$ 得到 11-16b 所示电路，其中 $Z_1=Z_{11}-Z_{12}=\mathrm{j}3\Omega$，$Z_2=Z_{12}=4\Omega$，$Z_3=Z_{22}-Z_{12}=-\mathrm{j}6\Omega$。列网孔方程可得

$$\begin{cases}(6+\mathrm{j}3)\dot{I}_{m1}+4\dot{I}_{m2}=50\angle 0^\circ\\ 4\dot{I}_{m1}+8\dot{I}_{m2}=0\end{cases}$$

解得

$$\dot{I}_2=-\dot{I}_{m2}=5\angle-36.9^\circ\mathrm{A}$$

11.5 复合双口网络的网络参数

一个复杂的双口网络往往看成由两个或若干个简单的子双口网络按某种方式连接而成。这种把简单的子双口网络按一定方式连接起来的双口网络称复合双口网络。

双口网络的连接方式有串联、并联、串并联、并串联、级联等，本节只讨论串联、并联、级联三种。其中最常用的连接方式为级联。需要指出的是：双口网络的连接必须满足有效连接条件，所谓有效连接是指子双口网络按一定方式连接后各子双口网络和复合双口网络仍能满足端口条件（即端口上流入一个端子的电流等于从另一个端子流出的电流）。

11.5.1 双口网络的串联

两个双口网络 N_a 和 N_b 连接成如图 11-17 形式时，称两个双口网络串联。从连接方式可看出：双口网络串联是分别把输入端口相串联，输出端口相串联。设串联后各个端口的条件仍能满足，则有

$$\begin{bmatrix}\dot{I}_1\\ \dot{I}_2\end{bmatrix}=\begin{bmatrix}\dot{I}_{1a}\\ \dot{I}_{2a}\end{bmatrix}=\begin{bmatrix}\dot{I}_{1b}\\ \dot{I}_{2b}\end{bmatrix} \tag{11-14}$$

$$\begin{bmatrix}\dot{U}_1\\ \dot{U}_2\end{bmatrix}=\begin{bmatrix}\dot{U}_{1a}+\dot{U}_{1b}\\ \dot{U}_{2a}+\dot{U}_{2b}\end{bmatrix}=\begin{bmatrix}\dot{U}_{1a}\\ \dot{U}_{2a}\end{bmatrix}+\begin{bmatrix}\dot{U}_{1b}\\ \dot{U}_{2b}\end{bmatrix} \tag{11-15}$$

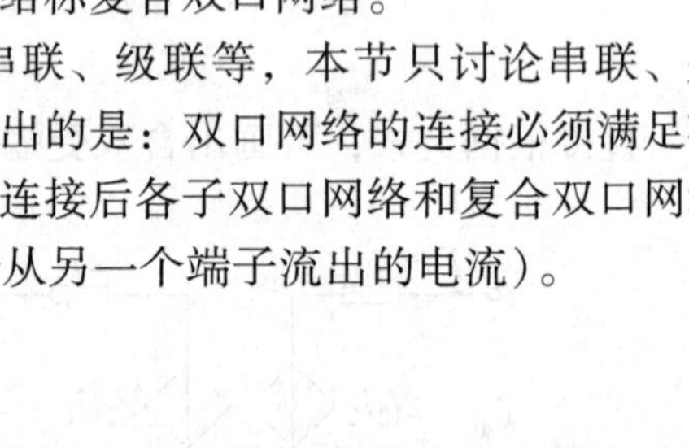

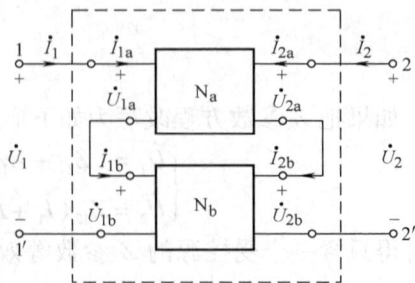

图 11-17 双口网络的串联

设双口网络 N_a、N_b 的 Z 参数矩阵分别为 $\mathbf{Z}_a$、$\mathbf{Z}_b$，则有

$$\begin{bmatrix}\dot{U}_{1a}\\ \dot{U}_{2a}\end{bmatrix}=\mathbf{Z}_a\begin{bmatrix}\dot{I}_{1a}\\ \dot{I}_{2a}\end{bmatrix},\quad \begin{bmatrix}\dot{U}_{1b}\\ \dot{U}_{2b}\end{bmatrix}=\mathbf{Z}_b\begin{bmatrix}\dot{I}_{1b}\\ \dot{I}_{2b}\end{bmatrix} \tag{11-16}$$

对图11-17虚线框内 N_a、N_b 串联组成的复合双口网络，由式（11-14）～式（11-16）可得

$$\begin{bmatrix}\dot{U}_1\\ \dot{U}_2\end{bmatrix}=\begin{bmatrix}\dot{U}_{1a}\\ \dot{U}_{2a}\end{bmatrix}+\begin{bmatrix}\dot{U}_{1b}\\ \dot{U}_{2b}\end{bmatrix}=\boldsymbol{Z}_a\begin{bmatrix}\dot{I}_{1a}\\ \dot{I}_{2a}\end{bmatrix}+\boldsymbol{Z}_b\begin{bmatrix}\dot{I}_{1b}\\ \dot{I}_{2b}\end{bmatrix}$$
$$=\{\boldsymbol{Z}_a+\boldsymbol{Z}_b\}\begin{bmatrix}\dot{I}_1\\ \dot{I}_2\end{bmatrix}=\boldsymbol{Z}\begin{bmatrix}\dot{I}_1\\ \dot{I}_2\end{bmatrix} \tag{11-17}$$

式（11-17）表明，由两个子双口网络串联而成的复合双口网络的 Z 参数，等于两个子双口网络的 Z 参数之和，即

$$\boldsymbol{Z}=\boldsymbol{Z}_a+\boldsymbol{Z}_b=\begin{bmatrix}Z_{11a}+Z_{11b} & Z_{12a}+Z_{12b}\\ Z_{21a}+Z_{21b} & Z_{22a}+Z_{22b}\end{bmatrix} \tag{11-18}$$

11.5.2　双口网络的并联

两个双口网络 N_a 和 N_b 连接成如图11-18形式时，称两个双口网络并联。从连接方式可看出：双口网络并联是分别把输入端口相并联，输出端口相并联。设并联后各个端口的条件仍能满足，则有

$$\begin{bmatrix}\dot{U}_1\\ \dot{U}_2\end{bmatrix}=\begin{bmatrix}\dot{U}_{1a}\\ \dot{U}_{2a}\end{bmatrix}=\begin{bmatrix}\dot{U}_{1b}\\ \dot{U}_{2b}\end{bmatrix} \tag{11-19}$$

$$\begin{bmatrix}\dot{I}_1\\ \dot{I}_2\end{bmatrix}=\begin{bmatrix}\dot{I}_{1a}+\dot{I}_{1b}\\ \dot{I}_{2a}+\dot{I}_{2b}\end{bmatrix}=\begin{bmatrix}\dot{I}_{1a}\\ \dot{I}_{2a}\end{bmatrix}+\begin{bmatrix}\dot{I}_{1b}\\ \dot{I}_{2b}\end{bmatrix} \tag{11-20}$$

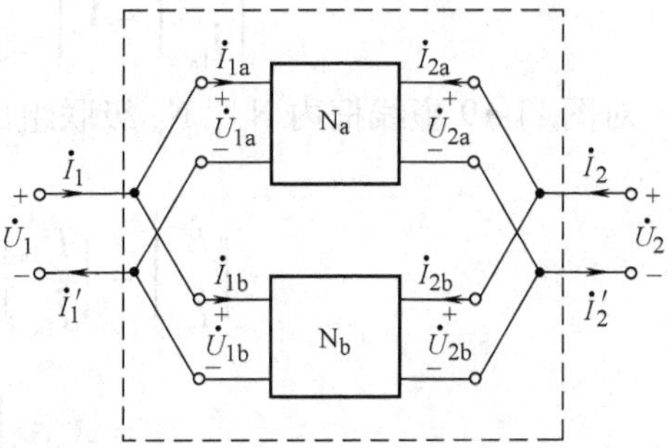

图11-18　双口网络的并联

设双口网络 N_a、N_b 的 Y 参数矩阵分别为 $\boldsymbol{Y}_a$、$\boldsymbol{Y}_b$，则有

$$\begin{bmatrix}\dot{I}_{1a}\\ \dot{I}_{2a}\end{bmatrix}=\boldsymbol{Y}_a\begin{bmatrix}\dot{U}_{1a}\\ \dot{U}_{2a}\end{bmatrix},\quad \begin{bmatrix}\dot{I}_{1b}\\ \dot{I}_{2b}\end{bmatrix}=\boldsymbol{Y}_b\begin{bmatrix}\dot{U}_{1b}\\ \dot{U}_{2b}\end{bmatrix} \tag{11-21}$$

对图11-18虚线框内 N_a、N_b 并联组成的复合双口网络，由式（11-19）～式（11-21）可得

$$\begin{bmatrix}\dot{I}_1\\ \dot{I}_2\end{bmatrix}=\begin{bmatrix}\dot{I}_{1a}\\ \dot{I}_{2a}\end{bmatrix}+\begin{bmatrix}\dot{I}_{1b}\\ \dot{I}_{2b}\end{bmatrix}=\boldsymbol{Y}_a\begin{bmatrix}\dot{U}_{1a}\\ \dot{U}_{2a}\end{bmatrix}+\boldsymbol{Y}_b\begin{bmatrix}\dot{U}_{1b}\\ \dot{U}_{2b}\end{bmatrix}$$
$$=\{\boldsymbol{Y}_a+\boldsymbol{Y}_b\}\begin{bmatrix}\dot{U}_1\\ \dot{U}_2\end{bmatrix}=\boldsymbol{Y}\begin{bmatrix}\dot{U}_1\\ \dot{U}_2\end{bmatrix} \tag{11-22}$$

式（11-22）表明，由两个子双口网络并联而成的复合双口网络的 Y 参数，等于两个子双口网络的 Y 参数之和，即

$$\boldsymbol{Y}=\boldsymbol{Y}_a+\boldsymbol{Y}_b=\begin{bmatrix}y_{11a}+y_{11b} & y_{12a}+y_{12b}\\ y_{21a}+y_{21b} & y_{22a}+y_{22b}\end{bmatrix} \tag{11-23}$$

11.5.3 双口网络的级联

两个双口网络 N_a 和 N_b 连接成如图 11-19 形式时，称两个双口网络级联。从连接方式可看出：双口网络级联是把一个双口网络的输出端口与另一个双口网络的输入端口相连接。

级联时有

$$\begin{bmatrix}\dot{U}_1\\ \dot{I}_1\end{bmatrix}=\begin{bmatrix}\dot{U}_{1a}\\ \dot{I}_{1a}\end{bmatrix},\ \begin{bmatrix}\dot{U}_{2a}\\ \dot{I}_{2a}\end{bmatrix}=\begin{bmatrix}\dot{U}_{1b}\\ -\dot{I}_{1b}\end{bmatrix},\ \begin{bmatrix}\dot{U}_2\\ \dot{I}_2\end{bmatrix}=\begin{bmatrix}\dot{U}_{2b}\\ \dot{I}_{2b}\end{bmatrix} \tag{11-24}$$

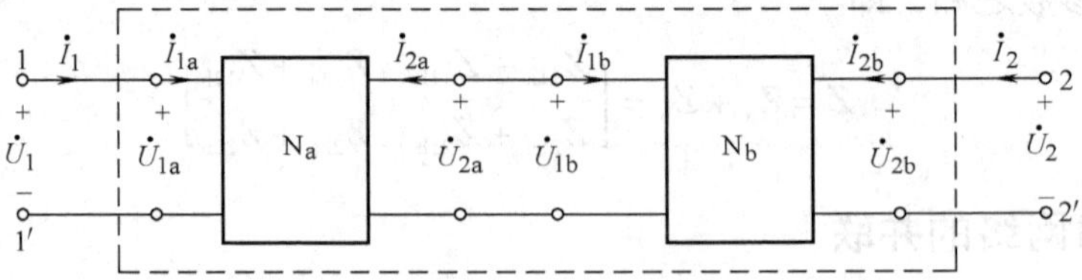

图 11-19　双口网络的级联

设双口网络 N_a、N_b 的 A 参数矩阵分别为 $\boldsymbol{A}_a$、$\boldsymbol{A}_b$，则有

$$\begin{bmatrix}\dot{U}_{1a}\\ \dot{I}_{1a}\end{bmatrix}=\boldsymbol{A}_a\begin{bmatrix}\dot{U}_{2a}\\ -\dot{I}_{2a}\end{bmatrix},\quad \begin{bmatrix}\dot{U}_{1b}\\ \dot{I}_{1b}\end{bmatrix}=\boldsymbol{A}_b\begin{bmatrix}\dot{U}_{2b}\\ -\dot{I}_{2b}\end{bmatrix} \tag{11-25}$$

对图 11-19 虚线框内 N_a、N_b 级联组成的复合双口网络，由式（11-24）、式（11-25）可得

$$\begin{aligned}\begin{bmatrix}\dot{U}_1\\ \dot{I}_1\end{bmatrix}&=\begin{bmatrix}\dot{U}_{1a}\\ \dot{I}_{1a}\end{bmatrix}=\boldsymbol{A}_a\begin{bmatrix}\dot{U}_{2a}\\ -\dot{I}_{2a}\end{bmatrix}=\boldsymbol{A}_a\begin{bmatrix}\dot{U}_{1b}\\ \dot{I}_{1b}\end{bmatrix}\\ &=\boldsymbol{A}_a\boldsymbol{A}_b\begin{bmatrix}\dot{U}_{2b}\\ -\dot{I}_{2b}\end{bmatrix}=\boldsymbol{A}\begin{bmatrix}\dot{U}_2\\ -\dot{I}_2\end{bmatrix}\end{aligned} \tag{11-26}$$

式（11-26）表明，由两个子双口网络级联而成的复合双口网络的 A 参数，等于两个子双口网络 A 参数的矩阵之乘积，即

$$\boldsymbol{A}=\boldsymbol{A}_a\boldsymbol{A}_b=\begin{bmatrix}a_{11a} & a_{12a}\\ a_{21a} & a_{22a}\end{bmatrix}\begin{bmatrix}a_{11b} & a_{12b}\\ a_{21b} & a_{22b}\end{bmatrix} \tag{11-27}$$

例 11-6　求图 11-20a 所示双口网络的 A 参数。

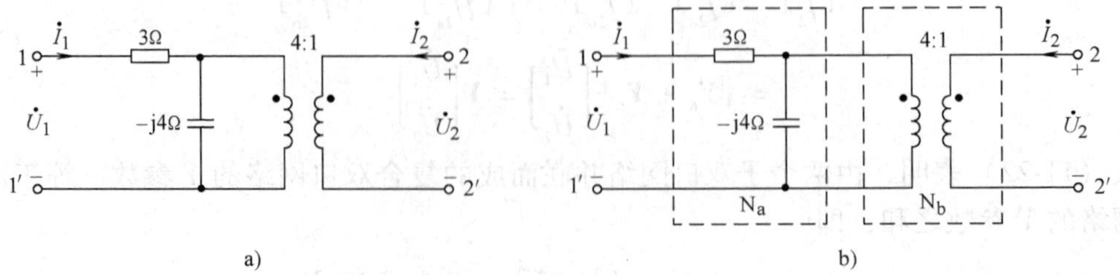

图 11-20　例 11-6 图

解　把双口网络分解成如图 11-20b 所示两个子双口网络的级联，分别求每个双口网络的 A 参数，可得

$$\boldsymbol{A}_a=\begin{bmatrix}1+j0.75 & 3\\ j0.25 & 1\end{bmatrix}\qquad \boldsymbol{A}_b=\begin{bmatrix}4 & 0\\ 0 & 1/4\end{bmatrix}$$

$$\boldsymbol{A}=\boldsymbol{A}_a\boldsymbol{A}_b=\begin{bmatrix}1+j0.75 & 3\\ j0.25 & 1\end{bmatrix}\begin{bmatrix}4 & 0\\ 0 & 1/4\end{bmatrix}=\begin{bmatrix}4+j3 & 3/4\\ j & 1/4\end{bmatrix}$$

11.5.4　双口网络有效连接的检验方法

两个双口网络以某种方式连接时，原来网络的端口条件仍能满足，才能用前述的方法计算复合双口网络的参数。因此，为了保证把子双口网络按一定方式连接后仍能满足端口条件，应该进行连接的有效性检验。对于双口网络的级联，端口条件一定满足，无需检验。下面介绍串联和并联连接的有效性检验方法。图 11-21 所示为串联连接的有效性检验原理图。

如图 11-21a 所示电路，显然，两对输入端口都能分别满足端口定义，即 $\dot{I}_{1a}=\dot{I}'_{1a}$，$\dot{I}_{1b}=\dot{I}'_{1b}$，此时，如果 $\dot{U}_m=0$，则短接 2a′与 2b 从而形成两双口网络串联时，2a′、2b 短路线上电流为零，这说明两双口网络串联后，不会影响到各电流的大小，因而两个输入端口仍能分别满足端口条件。类似地，可采用图 11-21b 对输出端口作有效性检验。当输入端口、输出端口均满足端口条件，即 $\dot{U}_m=\dot{U}_n=0$ 时，双口网络串联连接是有效的。

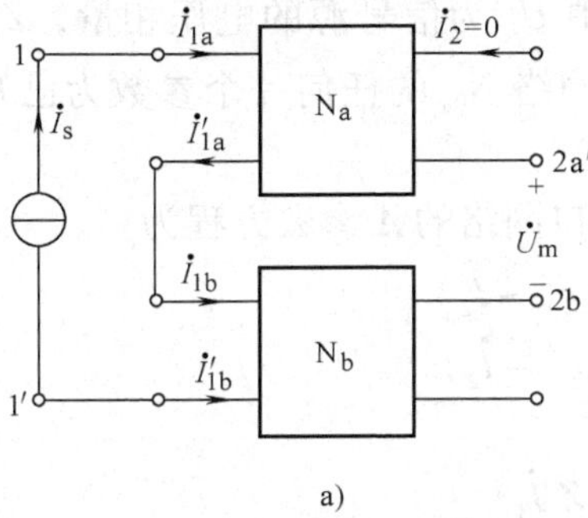

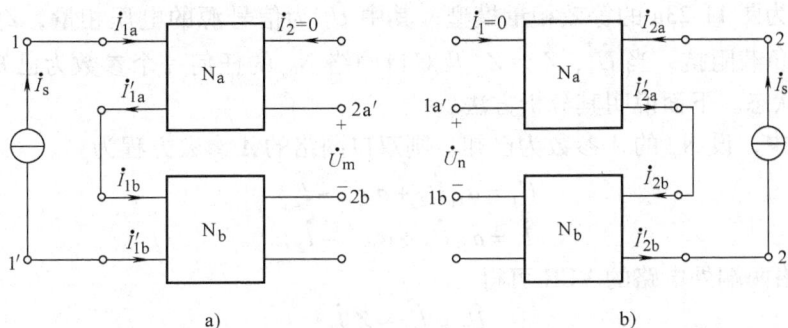

图 11-21　双口网络串联连接的有效性检验原理图

图 11-22 所示为并联连接的有效性检验原理图。其中图 11-22a 为输入端口的检验原理图，图 11-22b 为输出端口的检验原理图

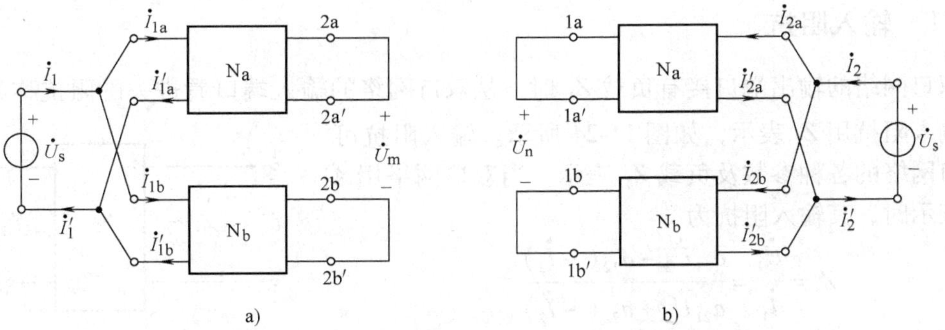

图 11-22　双口网络并联连接的有效性检验原理图

在图 11-22a 中，有 $\dot{I}_{1a}=\dot{I}'_{1a}$，$\dot{I}_{1b}=\dot{I}'_{1b}$，从而有 $\dot{I}_1=\dot{I}'_1$，此时如果 $\dot{U}_m=0$，则表明并联后双口网络各端口电流不变，保证输入端口并联是有效的。类似地，可采用图 11-22b 对输出端口作有效性检验。当输入端口、输出端口均满足端口条件，即 $\dot{U}_m=\dot{U}_n=0$ 时并联是有效的。

11.6 含双口网络的电路分析

在实际应用中，双口网络往往是电路的一部分，通常把双口网络接在信号源和负载之间，如图 11-23a 所示，可把双口网络看成一个“大元件”。通过前面的讨论已知，双口网络的特性（即伏安关系）是通过双口网络的各种参数来描述的，而双口网络的参数与负载及激励大小均无关。

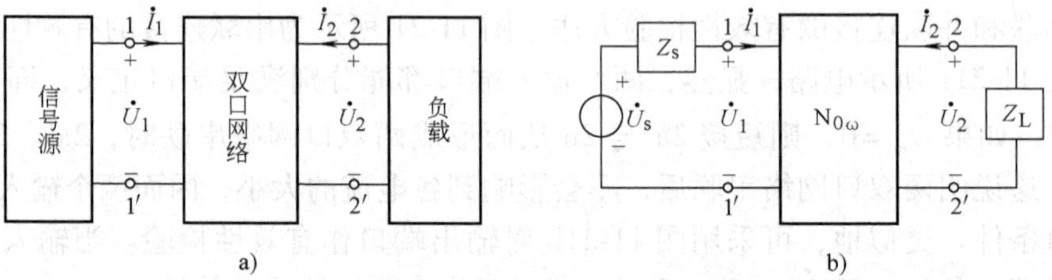

图 11-23

图 11-23b 为图 11-23a 的等效相量模型，其中 $\dot{U}_s$ 为信号源的电压相量，Z_s 为信号源的内阻抗，Z_L 为负载阻抗。当 $\dot{U}_s$、Z_s、Z_L 及双口网络 $N_{0\omega}$ 的任何一个参数为已知时，就可完全确定其工作状态。下面说明其分析方法。

图 11-23b 中，设 $N_{0\omega}$ 的 A 参数为已知，则双口网络的 A 参数方程为

$$\dot{U}_1=a_{11}\dot{U}_2+a_{12}(-\dot{I}_2) \tag{1}$$

$$\dot{I}_1=a_{21}\dot{U}_2+a_{22}(-\dot{I}_2) \tag{2}$$

由双口网络两端外电路的 VCR 可得

$$\dot{U}_1=\dot{U}_s-Z_s\dot{I}_1 \tag{3}$$

$$\dot{U}_2=-Z_L\dot{I}_2 \tag{4}$$

联立以上 4 个方程，即可解出 $\dot{U}_1$、$\dot{U}_2$、$\dot{I}_1$、$\dot{I}_2$ 四个端口变量。

对含双口网络的电路，经常用网络参数和端口的其他条件推导出各种网络函数。下面讨论几种常用的网络函数。

11.6.1 输入阻抗

双口网络的输出端口接有负载 Z_L 时，从双口网络的输入端口看进去的阻抗称为输入阻抗，输入阻抗用 Z_i 表示，如图 11-24 所示。输入阻抗可用双口网络的各种参数及负载 Z_L 表示。当双口网络用 A 参数表示时，其输入阻抗为

$$Z_i=\frac{\dot{U}_1}{\dot{I}_1}=\frac{a_{11}\dot{U}_2+a_{12}(-\dot{I}_2)}{a_{21}\dot{U}_2+a_{22}(-\dot{I}_2)}$$

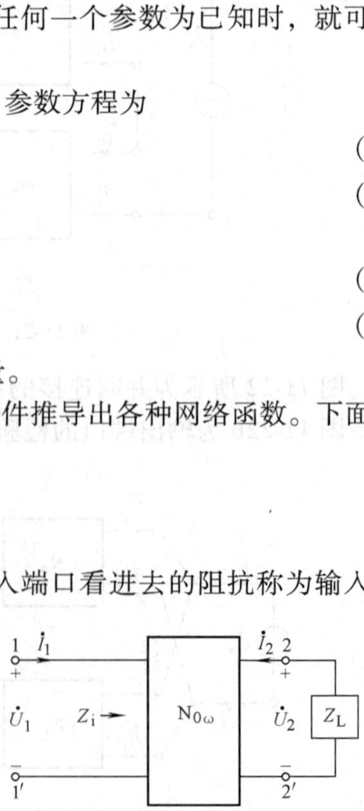

图 11-24

把 $\dot{U}_2=-Z_L\dot{I}_2$ 代入上式可得

$$Z_i = \frac{\dot{U}_1}{\dot{I}_1} = \frac{a_{11}Z_L + a_{12}}{a_{21}Z_L + a_{22}} \tag{11-28}$$

由式（11-28）可看出，双口网络的输入阻抗 Z_i 与网络参数、负载阻抗有关，而与信号源的大小及内阻抗无关。

11.6.2 输出阻抗

双口网络的输入端口所接信号源为零时，从输出端口看过去的阻抗称为输出阻抗，输出阻抗用 Z_o 表示，如图 11-25 所示（输出阻抗即为戴维南等效电路的内阻抗）。输出阻抗可用双口网络的各种参数及信号源的内阻抗 Z_s 表示。当双口网络用 A 参数表示时，由 A 参数方程可得

$$\frac{\dot{U}_1}{\dot{I}_1} = \frac{a_{11}\dot{U}_2 + a_{12}(-\dot{I}_2)}{a_{21}\dot{U}_2 + a_{22}(-\dot{I}_2)}$$

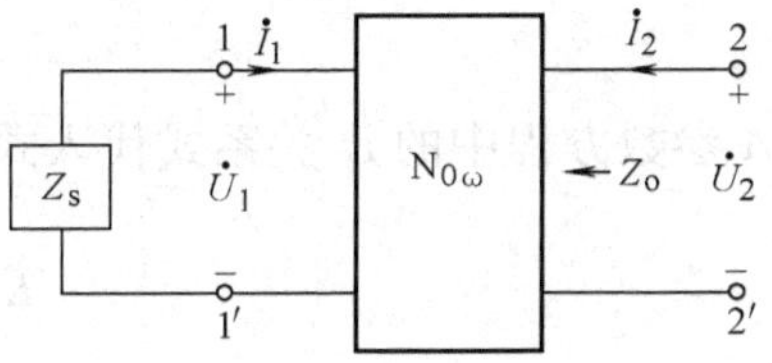

图 11-25

把 $\dot{U}_1 = -Z_s\dot{I}_1$ 代入上式可得

$$\frac{\dot{U}_1}{\dot{I}_1} = -Z_s = \frac{a_{11}\dot{U}_2 + a_{12}(-\dot{I}_2)}{a_{21}\dot{U}_2 + a_{22}(-\dot{I}_2)}$$

根据输出阻抗的定义整理上式可得

$$Z_o = \frac{\dot{U}_2}{\dot{I}_2} = \frac{a_{22}Z_s + a_{12}}{a_{21}Z_s + a_{11}} \tag{11-29}$$

由式（11-29）可看出，双口网络的输出阻抗 Z_o 与网络参数、信号源内阻抗有关。

11.6.3 开路电压

开路电压即为图 11-26 所示电路 22′端戴维南等效电路的电压源电压。当双口网络用 A 参数表示时，在 $\dot{I}_2 = 0$ 的条件下，由 A 参数方程和输入端口的 VCR 可得

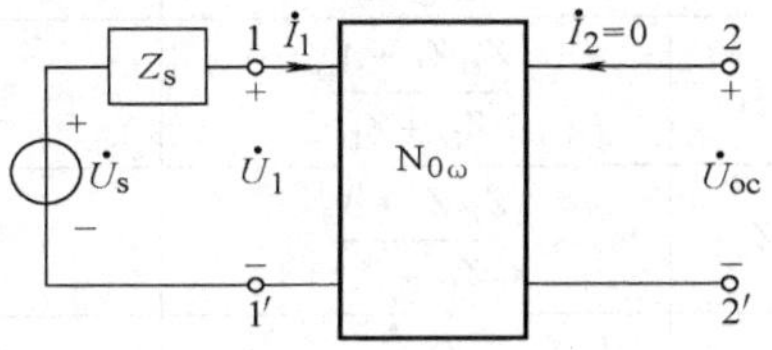

图 11-26

$$\dot{U}_{oc} = \dot{U}_2 \bigg|_{\dot{I}_2=0} = \frac{\dot{U}_1}{a_{11}} = \frac{\dot{U}_s - Z_s\dot{I}_1}{a_{11}} \tag{1}$$

$$\dot{U}_{oc} = \dot{U}_2 \bigg|_{\dot{I}_2=0} = \frac{\dot{I}_1}{a_{21}} \tag{2}$$

由式（2）可得 $\dot{I}_1 = a_{21}\dot{U}_{oc}$，代入式（1），整理可得

$$\dot{U}_{oc} = \frac{\dot{U}_s}{a_{11} + a_{21}Z_s} \tag{11-30}$$

11.6.4 电压传输函数

图 11-27 所示电路的电压传输函数定义为

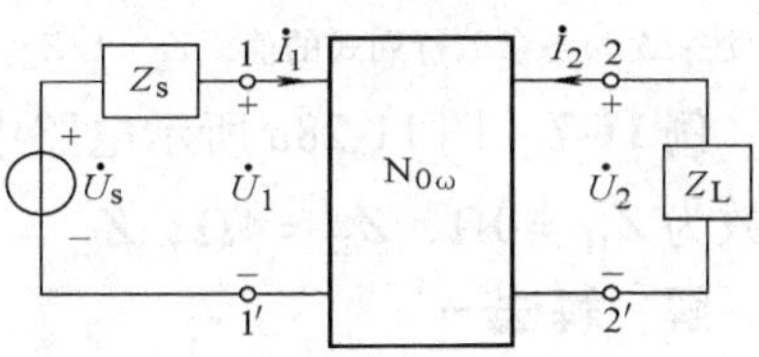

图 11-27

$$K_u = \frac{\dot{U}_2}{\dot{U}_1} \tag{11-31}$$

将 A 参数方程中的 $\dot{U}_1$ 关系式代入式（11-31）可得

$$K_u=\frac{\dot{U}_2}{a_{11}\dot{U}_2+a_{12}(-\dot{I}_2)}$$

把 $\dot{I}_2=-\dfrac{\dot{U}_2}{Z_L}$ 代入上式可得

$$K_u=\frac{Z_L}{a_{11}Z_L+a_{12}} \tag{11-32}$$

11.6.5 电流传输函数

图 11-27 所示电路的电流传输函数定义为

$$K_i=\frac{\dot{I}_2}{\dot{I}_1} \tag{11-33}$$

将 A 参数方程中的 $\dot{I}_1$ 关系式代入式（11-33）可得

$$K_i=\frac{\dot{I}_2}{\dot{I}_1}=\frac{\dot{I}_2}{a_{21}\dot{U}_2+a_{22}(-\dot{I}_2)}$$

把 $\dot{U}_2=-Z_L\dot{I}_2$ 代入上式可得

$$K_i=\frac{\dot{I}_2}{\dot{I}_1}=\frac{-1}{a_{21}Z_L+a_{22}} \tag{11-34}$$

从以上分析可看到：各种网络函数可以用双口网络的 A 参数、信号源的电压 $\dot{U}_s$、内阻抗 Z_s 及负载阻抗 Z_L 来表示。用类似的方法可得到采用其他网络参数的网络函数。为便于使用，表 11-2 列出了用其他参数表示的各种网络函数的表达式。

表 11-2 网络函数的表达式

	Z 参数	Y 参数	H 参数	A 参数
Z_i	$\dfrac{Z_{11}Z_L+\Delta_z}{Z_{22}+Z_L}$	$\dfrac{y_{22}+Y_L}{y_{11}Y_L+\Delta_y}$	$\dfrac{h_{11}Y_L+\Delta_h}{Y_L+h_{22}}$	$\dfrac{a_{11}Z_L+a_{12}}{a_{21}Z_L+a_{22}}$
Z_o	$\dfrac{Z_{22}Z_s+\Delta_z}{Z_{11}+Z_s}$	$\dfrac{y_{11}+Y_s}{y_{22}Y_s+\Delta_y}$	$\dfrac{h_{11}+Z_s}{h_{22}Z_s+\Delta_h}$	$\dfrac{a_{22}Z_s+a_{12}}{a_{21}Z_s+a_{11}}$
$\dot{U}_{oc}$	$\dfrac{Z_{21}\dot{U}_s}{Z_{11}+Z_s}$	$\dfrac{-y_{21}\dot{U}_s}{y_{22}+\Delta_y Z_s}$	$\dfrac{-h_{21}\dot{U}_s}{h_{22}Z_s+\Delta_h}$	$\dfrac{\dot{U}_s}{a_{11}+a_{21}Z_s}$
K_u	$\dfrac{Z_{21}Z_L}{Z_{11}Z_L+\Delta_s}$	$\dfrac{-y_{21}}{y_{22}+Y_L}$	$\dfrac{-h_{21}Z_L}{h_{11}+Z_L\Delta_h}$	$\dfrac{Z_L}{a_{12}+a_{11}Z_L}$
K_i	$\dfrac{-Z_{21}}{Z_{22}+Z_L}$	$\dfrac{y_{21}Y_L}{y_{11}Y_L+\Delta_y}$	$\dfrac{h_{21}Y_L}{h_{22}+Y_L}$	$\dfrac{-1}{a_{22}+a_{21}Z_L}$

注：Δ 为各参数行列式的值，$Y_L=1/Z_L$。

例 11-7 图 11-28a 所示电路中，已知 $\dot{U}_s=5\angle45°\text{V}$，$Z_s=5\Omega$，$Z_L=10\Omega$，双口网络的 Z 参数为 $Z_{11}=0\Omega$，$Z_{12}=4\Omega$，$Z_{21}=-100\Omega$，$Z_{22}=10\Omega$，求 $\dot{U}_2$。

解 **解法一**

列双口网络的 Z 参数方程可得

$$\dot{U}_1=Z_{11}\dot{I}_1+Z_{12}\dot{I}_2 \tag{1}$$

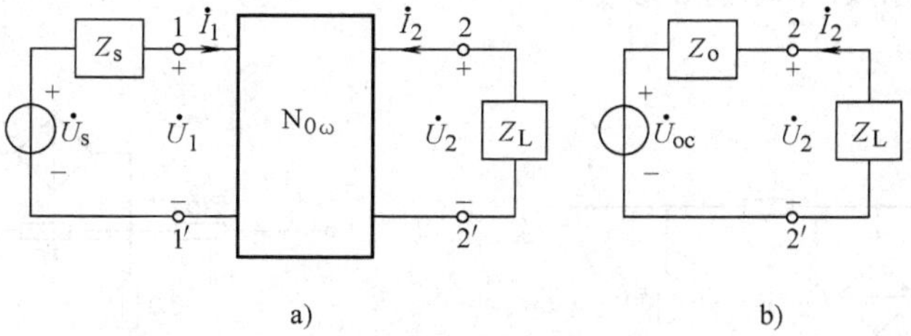

图 11-28 例 11-7 图

$$\dot U_2 = Z_{21}\dot I_1 + Z_{22}\dot I_2 \tag{2}$$

列两个端口的 VCR 可得

$$\dot U_1 = \dot U_s - Z_s\dot I_1 \tag{3}$$

$$\dot U_2 = -Z_L\dot I_2 \tag{4}$$

联立以上 4 个方程可解得

$$\dot U_2 = 10\angle -135°\text{V}$$

解法二

求图 11-28a 所示电路 22′端的戴维南等效电路，如图 11-28b 所示。

由表 11-2 可得

$$\dot U_{oc} = \frac{Z_{21}\dot U_s}{Z_{11}+Z_s} = \frac{-100(5\angle 45°)}{5}\text{V} = 100\angle -135°\text{V}$$

$$Z_o = \frac{Z_{22}Z_s + \Delta_z}{Z_{11}+Z_s} = \frac{10\times 5 + 400}{5}\Omega = 90\angle 0°\Omega$$

$$\dot U_2 = \frac{Z_L}{Z_o + Z_L}\dot U_{oc} = \frac{10}{90+10}\times 100\angle -135°\text{V} = 10\angle -135°\text{V}$$

习 题

11-1 求图 11-29 所示双口网络的 Y 参数。

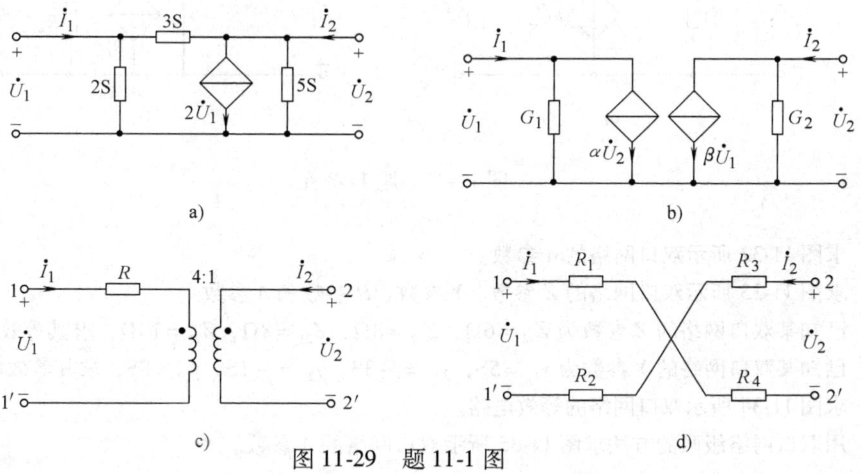

图 11-29 题 11-1 图

11-2 求图 11-30 所示双口网络的 Z 参数。

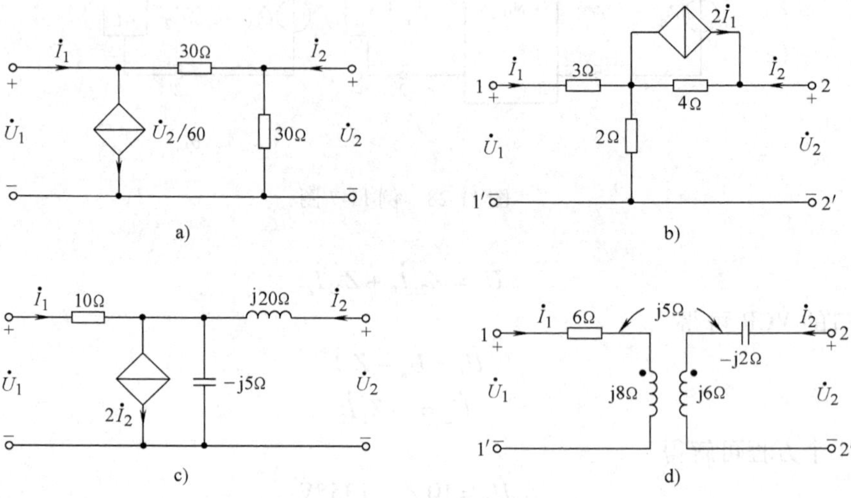

题 11-30 题 11-2 图

11-3 求图 11-31 所示双口网络的 H 参数。

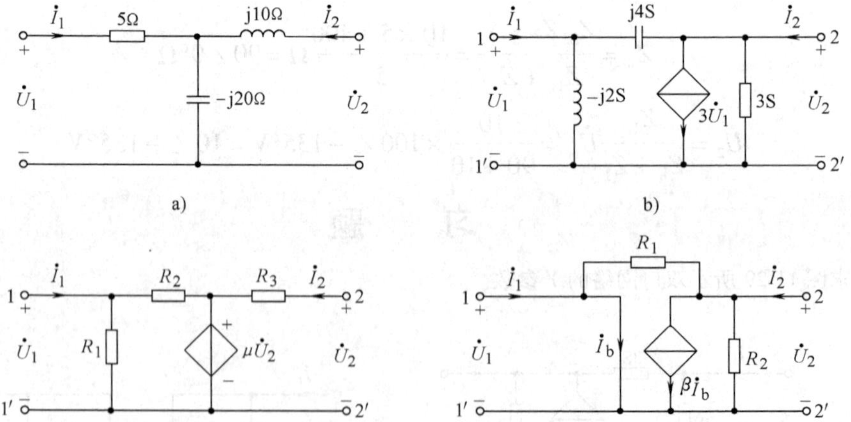

图 11-31 题 11-3 图

11-4 求图 11-32 所示双口网络的 A 参数。

11-5 求图 11-33 所示双口网络的 Z 参数、Y 参数、H 参数和 A 参数。

11-6 已知某双口网络的 Z 参数为 $Z_{11}=6\Omega$，$Z_{12}=8\Omega$，$Z_{21}=8\Omega$，$Z_{22}=10\Omega$，求其等效电路。

11-7 已知某双口网络的 Y 参数为 $y_{11}=5\text{S}$，$y_{12}=-3\text{S}$，$y_{21}=-1\text{S}$，$y_{22}=8\text{S}$，求其等效电路。

11-8 求图 11-34 所示双口网络的等效电路。

11-9 用双口网络级联的方法求图 11-35 所示双口网络的 A 参数。

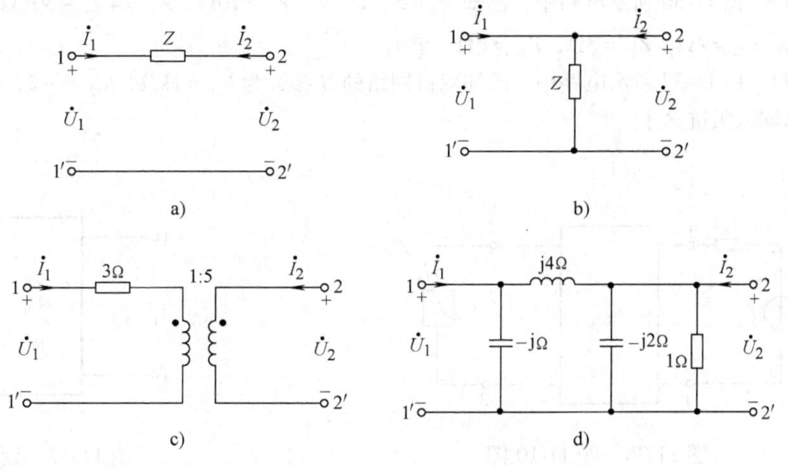

图 11-32　题 11-4 图

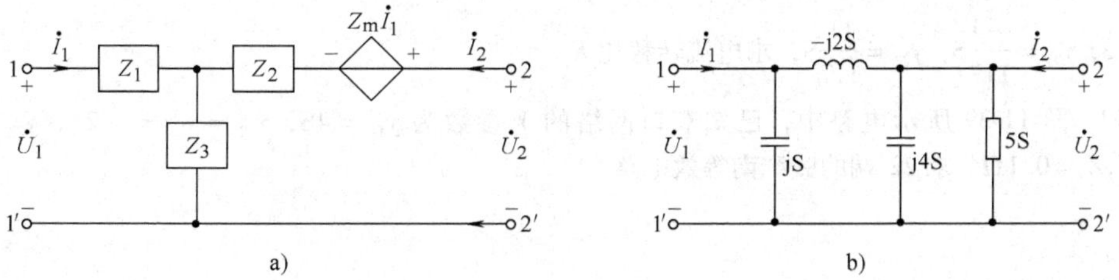

图 11-33　题 11-5 图

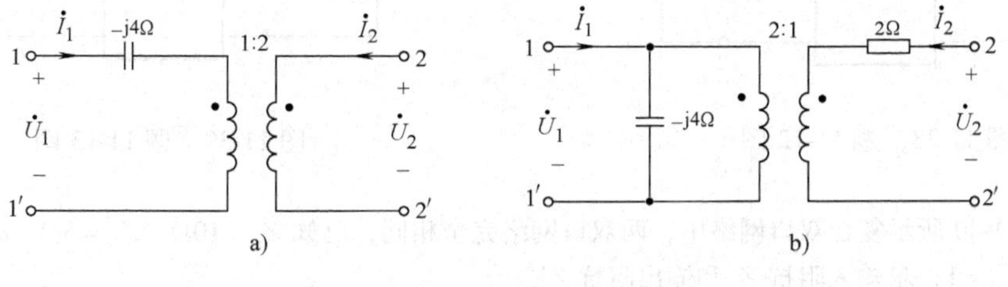

图 11-34　题 11-8 图

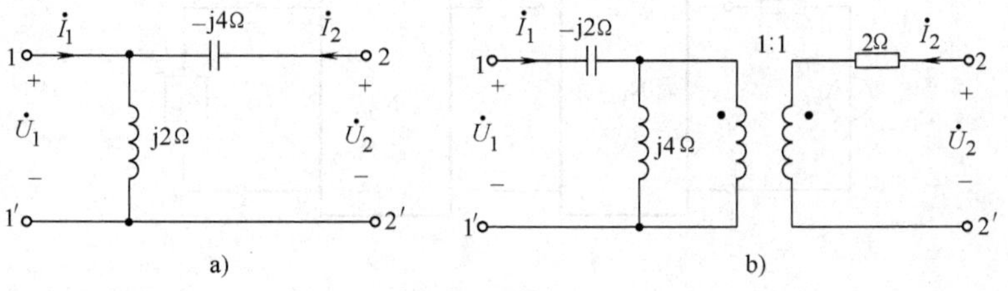

图 11-35　题 11-9 图

11-10 图 11-36 所示电路中，已知 $\dot{U}_s = 5\angle 20°\mathrm{V}$，$Z_s = 10\Omega$，$Z_L = 4\angle -30°\Omega$，双口网络的 Z 参数为 $Z_{11} = 5\Omega$，$Z_{12} = 2\Omega$，$Z_{21} = 3\Omega$，$Z_{22} = 6\Omega$，求 $\dot{I}_2$。

11-11 图 11-37 所示电路中，已知双口网络的 H 参数为 $h_{11} = 1\mathrm{k}\Omega$，$h_{12} = -2$，$h_{21} = 3$，$h_{22} = 6\mathrm{mS}$，$Z_L = 1\mathrm{k}\Omega$，求输入阻抗 Z_i。

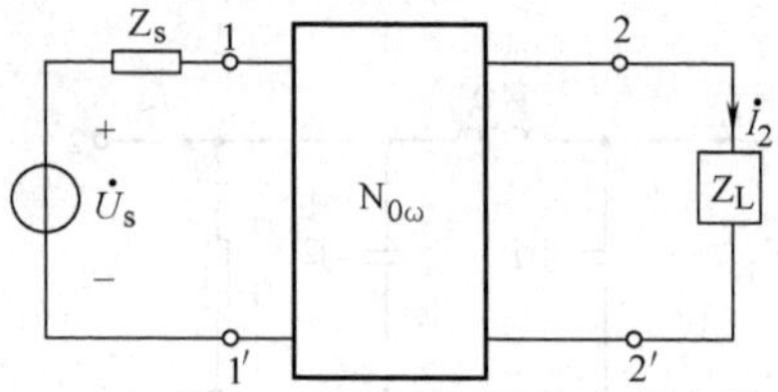

图 11-36 题 11-10 图

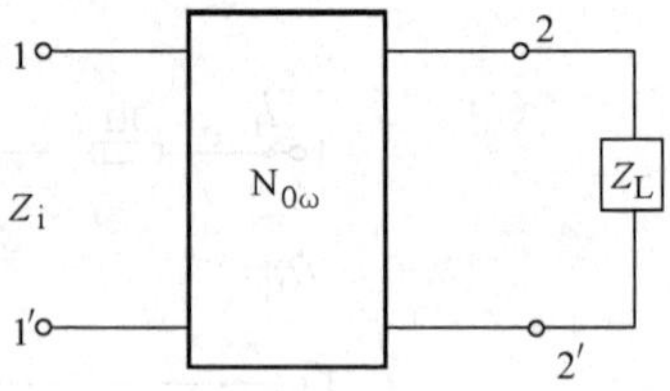

图 11-37 题 11-11 图

11-12 图 11-38 所示电路中，已知 $\dot{U}_s = 30\mathrm{V}$，$Z_s = 30\Omega$，$Z_L = 15\Omega$，双口网络的 Y 参数为 $y_{11} = \frac{4}{117}\mathrm{S}$，$y_{12} = \frac{-1}{117}\mathrm{S}$，$y_{21} = \frac{-1}{117}\mathrm{S}$，$y_{22} = \frac{11}{117}\mathrm{S}$，求电流转移比 K_i。

11-13 图 11-39 所示电路中，已知双口网络的 Y 参数为 $y_{11} = 4\mathrm{S}$，$y_{12} = y_{21} = -2\mathrm{S}$，$y_{22} = 5\mathrm{S}$，$\dot{U}_s = 33\angle 0°\mathrm{V}$，$Z_s = 0.1\Omega$。求 22′端的戴维南等效电路。

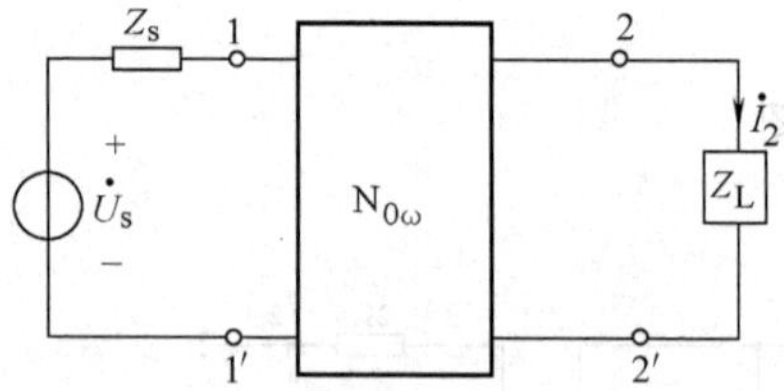

图 11-38 题 11-12 图

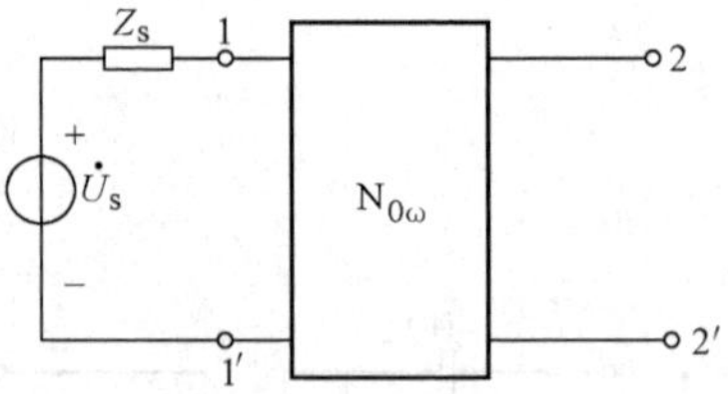

图 11-39 题 11-13 图

11-14 图 11-40 所示复合双口网络中，两双口网络完全相同，已知 $Z_s = 10\Omega$，$Z_L = 5\Omega$，$a_{11} = 1$，$a_{12} = 4\Omega$，$a_{21} = 2\mathrm{S}$，$a_{22} = 1$，求输入阻抗 Z_i 和输出阻抗 Z_o。

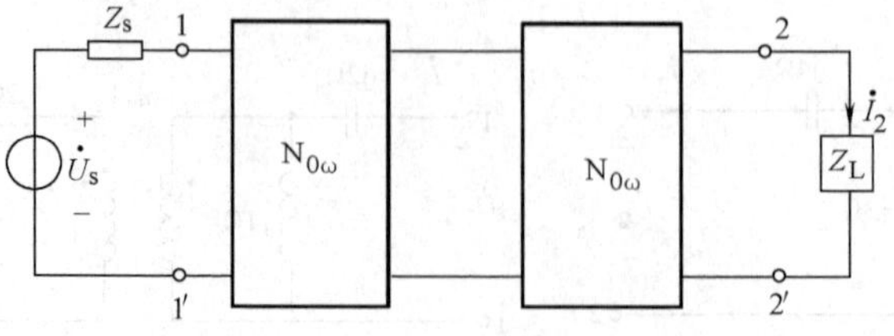

图 11-40 题 11-14 图

11-15 图 11-41 所示电路中，已知 $\dot{U}_s = 2\angle 0°\text{V}$，$Z_s = 1\Omega$，$Z_L = 12\Omega$。

(1) 求虚线框所示复合双口网络的 A 参数；

(2) 11′端输入阻抗 Z_i 和 22′端的戴维南等效电路。

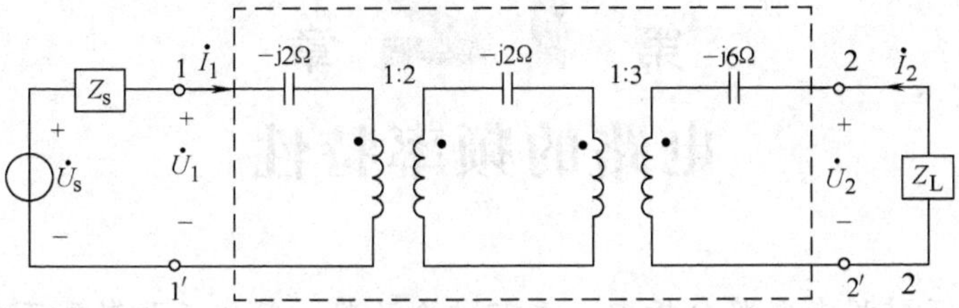

图 11-41 题 11-15 图

第 12 章 电路的频率特性

在以上几章的正弦稳态电路分析中，着重讨论了单一频率正弦激励下电路的稳态响应和能量、功率等问题。由于在交流动态电路中电容元件的容抗和电感元件的感抗均与频率有关，因此，在动态电路中即使正弦激励信号的幅值不变，而其频率改变时，同一电路的响应也会有相应的改变。在正弦稳态下，这种响应与频率有关的现象称为电路的频率特性或频率响应。

动态电路对不同频率的正弦激励产生不同响应的特性，在无线电技术中得到广泛应用，如滤波、选频、移相等。

频率特性可由网络函数来描述，为此，本章将引入正弦稳态网络函数的概念，并运用网络函数的概念讨论简单 RC 电路的频率特性，串、并联谐振电路及耦合双谐振电路的频率特性等。

12.1 正弦稳态网络函数

12.1.1 网络函数的定义

在仅有一个激励源的动态电路中，该电路的稳态响应 $r(t)$ 的相量$\dot{R}$与激励信号 $e(t)$（输入）的相量$\dot{E}$之比定义为该网络的正弦稳态网络函数，用 $H(\mathrm{j}\omega)$ 表示，即

$$H(\mathrm{j}\omega)=\frac{\dot{R}}{\dot{E}}=|H(\mathrm{j}\omega)|\angle\varphi(\omega) \tag{12-1}$$

网络函数 $H(\mathrm{j}\omega)$ 是复数，反映网络的稳态响应与输入信号频率之间的关系，包括幅度随频率变化的特性$|H(\mathrm{j}\omega)|$（简称幅频特性）及相位随频率变化的特性 $\varphi(\omega)$（简称相频特性）。因此，只要给出网络函数 $H(\mathrm{j}\omega)$ 就可求得在频率为 ω 的正弦激励 $e(t)$ 作用下的稳态响应 $r(t)$。

若已知某一电路的激励信号为 $e(t)=\sqrt{2}E\cos(\omega t+\theta_e)$，则由式（12-1）可得，该电路在 $e(t)$作用下的稳态响应 $r(t)$ 的相量为

$$\dot{R}=H(\mathrm{j}\omega)\dot{E} \tag{12-2}$$

由此可得

$$\begin{aligned}r(t)&=\sqrt{2}E\,|H(\mathrm{j}\omega)|\cos[\omega t+\theta_e+\varphi(\omega)]\\&=\sqrt{2}R\cos(\omega t+\theta_r)\end{aligned} \tag{12-3}$$

式中，$R = E|H(\mathrm{j}\omega)|$ (12-4)

$\theta_r = \theta_e + \varphi(\omega)$ (12-5)

幅频特性$|H(\mathrm{j}\omega)|$和相频特性 $\varphi(\omega)$ 常用曲线来表示，它们分别称为幅频特性曲线和相频特性曲线。

12.1.2　网络函数的分类

按照激励和响应的类型，网络函数可分为两类六种形式。

1. 策动点函数

当电路中只有一个激励源时，连接激励源的端口称为策动点（或驱动点）。若网络的响应与激励都在电路的同一端口，则相应的网络函数称为策动点函数。策动点函数有以下两种形式。

（1）策动点阻抗函数。如图 12-1 所示，当激励为电流，其响应为同一端口的电压时，该电路的网络函数即为策动点阻抗函数，其定义为

$$H(\mathrm{j}\omega) = Z(\mathrm{j}\omega) = \frac{\dot{U}}{\dot{I}} = |Z(\mathrm{j}\omega)| \angle \varphi_z(\omega) \tag{12-6}$$

（2）策动点导纳函数。如图 12-2 所示，当激励为电压，其响应为同一端口的电流时，该电路的网络函数即为策动点导纳函数，其定义为

$$H(\mathrm{j}\omega) = Y(\mathrm{j}\omega) = \frac{\dot{I}}{\dot{U}} = |Y(\mathrm{j}\omega)| \angle \varphi_Y(\omega) \tag{12-7}$$

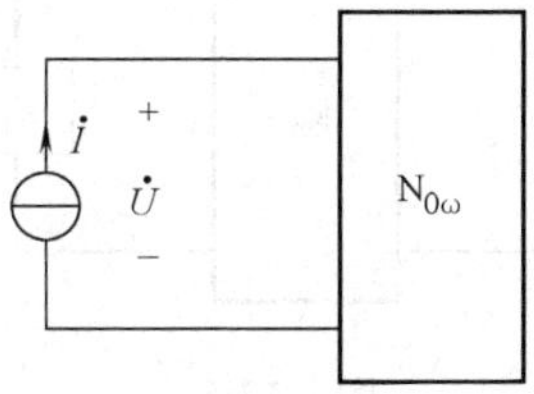

图　12-1

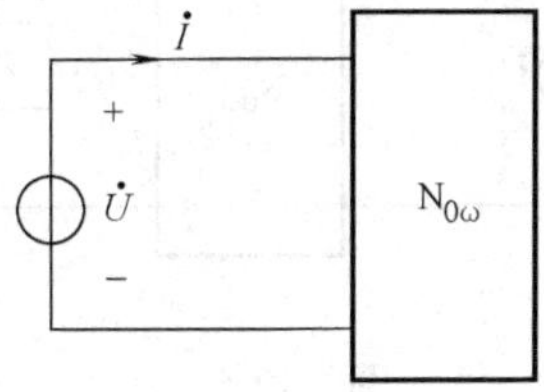

图　12-2

2. 转移函数

如果响应不在策动点上，即响应和激励分别在不同的端口，则网络函数被称为转移函数或传输函数。转移函数有以下四种形式。

（1）转移阻抗函数。如图 12-3 所示，当激励为电流，其响应为另一端口的电压时，该电路的网络函数即为转移阻抗函数，其定义为

$$H(\mathrm{j}\omega) = Z_{\mathrm{T}}(\mathrm{j}\omega) = \frac{\dot{U}_2}{\dot{I}_1} = |Z_{\mathrm{T}}(\mathrm{j}\omega)| \angle \varphi_{z_{\mathrm{T}}}(\omega) \tag{12-8}$$

（2）转移导纳函数。如图 12-4 所示，当激励为电压，其响应为另一端口的电流时，该电路的网络函数即为转移导纳函数，其定义为

$$H(\mathrm{j}\omega) = Y_{\mathrm{T}}(\mathrm{j}\omega) = \frac{\dot{I}_2}{\dot{U}_1} = |Y_{\mathrm{T}}(\mathrm{j}\omega)| \angle \varphi_{Y_{\mathrm{T}}}(\omega) \tag{12-9}$$

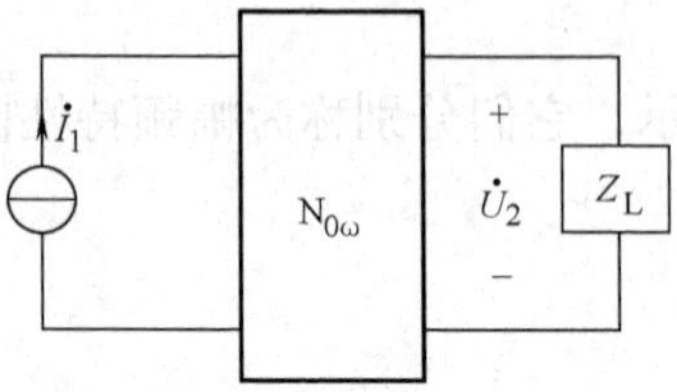

图 12-3

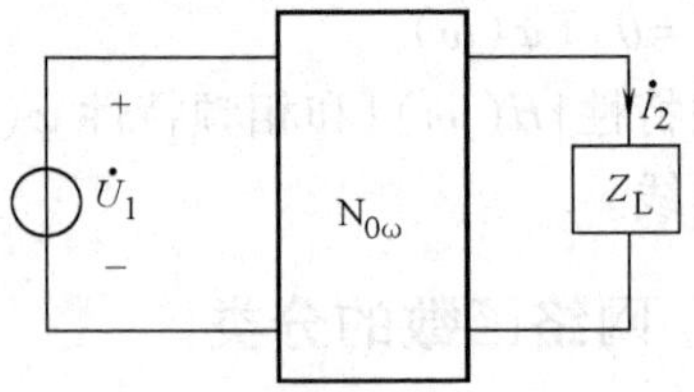

图 12-4

(3) 电压转移函数。如图 12-5 所示，当激励为电压，其响应为另一端口的电压时，该电路的网络函数即为电压转移函数，其定义为

$$H(j\omega)=A_u(j\omega)=\frac{\dot{U}_2}{\dot{U}_1}=|A_u(j\omega)|\angle\varphi_u(\omega) \tag{12-10}$$

(4) 电流转移函数。如图 12-6 所示，当激励为电流，其响应为另一端口的电流时，该电路的网络函数即为电流转移函数，其定义为

$$H(j\omega)=A_i(j\omega)=\frac{\dot{I}_2}{\dot{I}_1}=|A_i(j\omega)|\angle\varphi_i(\omega) \tag{12-11}$$

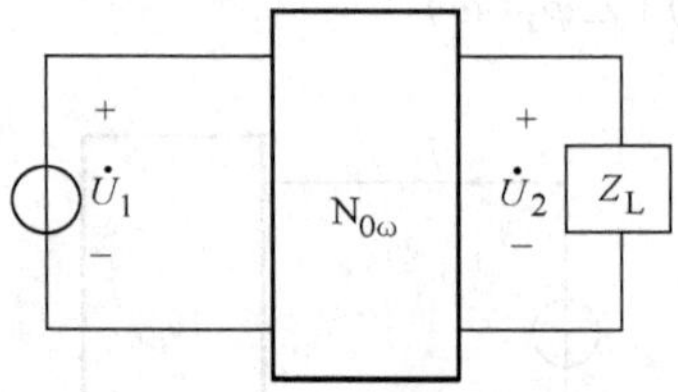

图 12-5

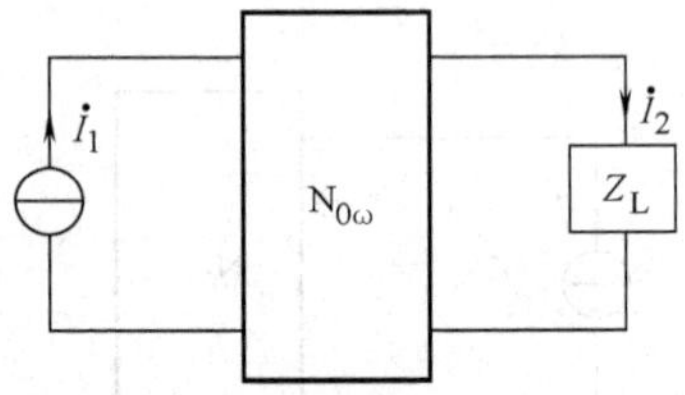

图 12-6

网络函数 $H(j\omega)$ 只与电路本身的特性有关，即与给定电路的结构和元件参数有关。下面举例说明网络函数的求法。

例 12-1 求图 12-7 所示电路的网络函数。

解 该电路的激励信号为 $i_s(t)$，响应为 $u(t)$，相应的相量分别为$\dot{I}_s$、$\dot{U}$，显然，该电路的网络函数为策动点阻抗函数，即

$$H(j\omega)=Z(j\omega)=\frac{\dot{U}}{\dot{I}_s}=\frac{1}{G+j\omega C+\dfrac{1}{j\omega L}}$$

$$=\frac{1}{\sqrt{G^2+\left(\omega C-\dfrac{1}{\omega L}\right)^2}}\angle-\arctan\frac{\omega C-\dfrac{1}{\omega L}}{G}$$

$$=|Z(j\omega)|\angle\varphi(\omega)$$

显然，$|Z(\mathrm{j}\omega)|$和$\varphi(\omega)$都是频率的函数，根据网络的阻抗$Z(\mathrm{j}\omega)$即可知道该网络在各个不同频率下的正弦稳态表现。因此，单口网络的输入阻抗函数$Z(\mathrm{j}\omega)$可用于研究该网络的频率响应。

例 12-2 如图 12-8 所示电路，激励为$u_s(t)$，响应为$u_C(t)$，求网络函数。

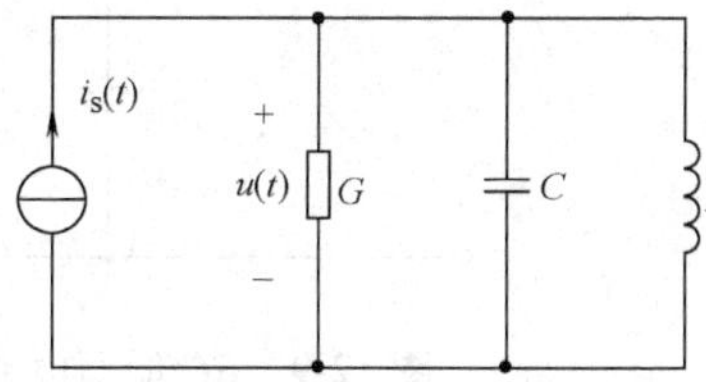

图 12-7 例 12-1 图

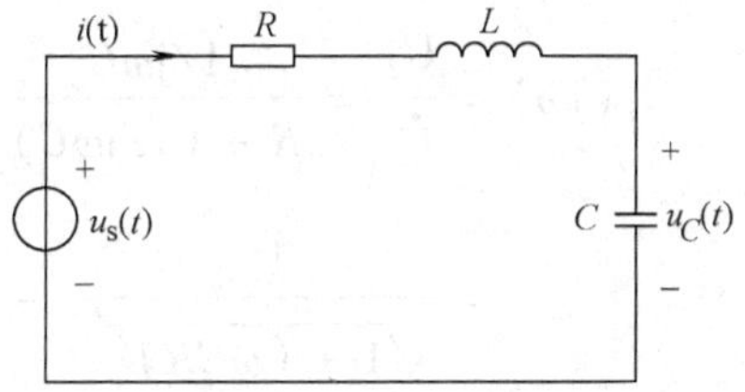

图 12-8 例 12-2 图

解 该电路的激励和响应均为电压，相应的相量分别为$\dot{U}_s$、$\dot{U}_C$，显然，该电路的网络函数为电压转移函数

$$\dot{U}_C=\frac{\frac{1}{\mathrm{j}\omega C}}{R+\mathrm{j}\omega L+\frac{1}{\mathrm{j}\omega C}}\dot{U}_s$$

由式（12-10）可得

$$H(\mathrm{j}\omega)=A_u(\mathrm{j}\omega)=\frac{\dot{U}_C}{\dot{U}_s}=\frac{1/(\mathrm{j}\omega C)}{R+\mathrm{j}\omega L+1/(\mathrm{j}\omega C)}$$

$$=\frac{1}{\mathrm{j}\omega CR-\omega^2LC+1}$$

$$=\frac{1}{\sqrt{(1-\omega^2LC)^2+(\omega CR)^2}}\angle-\arctan\frac{\omega CR}{1-\omega^2LC}$$

$$=|A_u(\mathrm{j}\omega)|\angle\varphi(\omega)$$

显然，$|A_u(\mathrm{j}\omega)|$和$\varphi(\omega)$都是频率的函数。根据网络函数$A_u(\mathrm{j}\omega)$即可知道该网络在各个不同频率下输出电压对输入电压的相对关系。

频率响应也可用实验的方法确定，在电路内部结构及元件参数并不清楚而输入、输出端钮可以触及的情况下，改变外施正弦激励的频率测得不同频率下的输出与输入的比值，输出对输入的相位差角，就可绘出电路的频率响应曲线。

12.1.3 频率特性的分析举例

动态电路对不同频率的正弦激励产生不同响应的特性，在无线电技术中得到广泛的应用。例如，我们能从众多的广播电台、电视台的节目中选出想听、想看的节目；能从传输系统中选取所需要的信号；能从观测的信号中去除干扰等，都是利用了动态电路的频率特性。在输入信号中去掉一部分频率成分而保留另一部分频率成分的特性称为滤波特性。滤波有低通、高通、带通、带阻等。下面讨论 RC 低通和 RC 高通选频电路。

1. *RC* 低通电路

RC 低通电路如图 12-9 所示，图中 u_1 为外加激励，u_2 为响应电压，该电路的激励和响应均为电压，显然，该电路的网络函数为电压转移函数，相应的相量分别为 $\dot{U}_1$、$\dot{U}_2$，由相量模型，利用分压关系即可得出该电路的电压转移函数，即

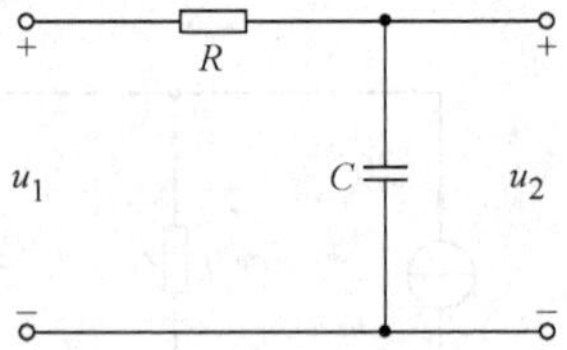

图 12-9 RC 低通电路

$$A_u(\mathrm{j}\omega)=\frac{\dot{U}_2}{\dot{U}_1}=\frac{1/\mathrm{j}\omega C}{R+(1/\mathrm{j}\omega C)}=\frac{1}{1+\mathrm{j}\omega CR}$$

$$=\frac{1}{\sqrt{1+(\omega CR)^2}}\angle-\arctan(\omega CR)$$

$$|A_u(\mathrm{j}\omega)|=\frac{1}{\sqrt{1+(\omega CR)^2}}=\frac{1}{\sqrt{1+(\omega/\omega_c)^2}} \tag{1}$$

$$\varphi(\omega)=\theta_2-\theta_1=-\arctan(\omega CR)=-\arctan(\omega/\omega_c) \tag{2}$$

式（1）、式（2）中，$\omega_c=1/RC=1/\tau$，由式（1）可绘出幅频特性曲线如图 12-10a 所示。当 $\omega=0$（直流）时，$|A_u(\mathrm{j}\omega)|=1$；当 $\omega\to\infty$ 时，$|A_u(\mathrm{j}\omega)|\to0$；而当 $\omega=\omega_c$ 时，$|A_u(\mathrm{j}\omega)|=1/\sqrt{2}$。由幅频特性可知，对同样大小的输入电压来说，频率越高输出电压幅值越小，而在直流时，输出电压最大且等于输入电压。可看出：低频的正弦信号要比高频的正弦信号更容易通过这一电路，因此，称图 12-9 所示电路为低通电路。由式（2）可知，当 ω 由零向 ∞ 趋近时，相移角 φ 由 0°单调地趋向 −90°。相频特性曲线如图 12-10b 所示。φ 总为负值，说明输出电压总是滞后于输入电压，滞后的角度介于 0°与 −90°之间，因此又称这一电路为滞后网络。

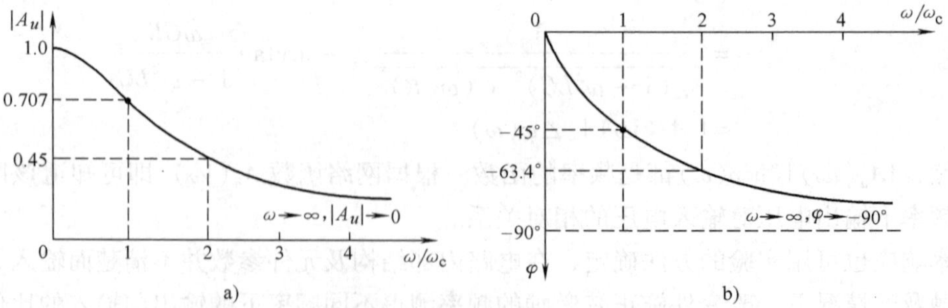

图 12-10 RC 低通电路的频率特性

从幅频特性曲线看，图 12-9 所示电路作为低通滤波电路时，通与阻的频率界限并不明显，但在工程上，把从零到 ω_c 的频率范围定义为低通滤波器的通频带，而 ω_c 称为低通滤波器的截止频率（Cut-off Frequency），低通滤波器的通频带 BW 为 $0\sim\omega_c$。在频率响应中 ω_c 有特殊的意义，当 $\omega=\omega_c$ 时，输出电压降低到最大输出电压的 $1/\sqrt{2}$。由于功率与电压的平方成正比，所以当 $\omega=\omega_c$ 时功率降低一半，因此，ω_c 又称为半功率点频率。

RC 低通电路常用于电子设备的整流电路，以滤除整流后电源电压的交流分量，或用于检波电路滤除检波后的高频分量。

2. *RC* 高通电路

如图 12-11 所示电路，图中 u_1 为外加激励，u_2 为电路响应，同样的 *RC* 电路，如取电阻 *R* 上的电压作为输出电压，便成为 *RC* 高通电路，由相量模型，利用分压关系即可得该电路的电压转移函数，即

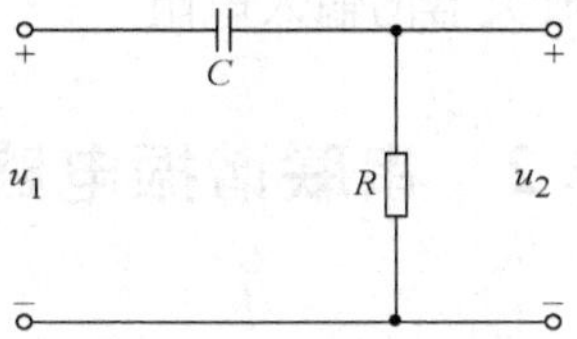

图 12-11 *RC* 高通电路

$$A_u(\mathrm{j}\omega)=\frac{\dot{U}_2}{\dot{U}_1}=\frac{R}{R+(1/\mathrm{j}\omega C)}$$

$$=\frac{\mathrm{j}\omega}{\mathrm{j}\omega+(1/RC)}=\frac{\mathrm{j}\omega}{\mathrm{j}\omega+\omega_c}=\frac{\omega}{\sqrt{\omega^2+\omega_c^2}}\angle\left[\frac{\pi}{2}-\arctan(\omega/\omega_c)\right]$$

$$=\frac{\omega/\omega_c}{\sqrt{1+(\omega/\omega_c)^2}}\angle\left[\frac{\pi}{2}-\arctan(\omega/\omega_c)\right]$$

$$|A_u|=\frac{\omega/\omega_c}{\sqrt{1+(\omega/\omega_c)^2}} \tag{1}$$

$$\varphi(\omega)=\theta_2-\theta_1=\frac{\pi}{2}-\arctan(\omega/\omega_c) \tag{2}$$

式（1）、式（2）中，$\omega_c=1/RC=1/\tau$，由式（1）可绘出幅频特性曲线如图 12-12a 所示。当 $\omega=0$（直流）时，$|A_u(\mathrm{j}\omega)|=0$；当 $\omega\to\infty$ 时，$|A_u(\mathrm{j}\omega)|\to1$；而当 $\omega=\omega_c$ 时 $|A_u(\mathrm{j}\omega)|=1/\sqrt{2}$。由幅频特性可知，对同样大小的输入电压来说，频率越高输出电压幅值越大。可看出：高频的正弦信号要比低频的正弦信号更容易通过这一电路，因此称图 12-11 所示电路为高通电路。由式（2）可知，当 ω 由零向∞趋近时，相移角 φ 由 90°趋向 0°，相频特性曲线如图 12-12b 所示。φ 总为正值，说明输出电压总是超前于输入电压，因此又称这一电路为超前网络，超前的角度介于 90°与 0°之间。

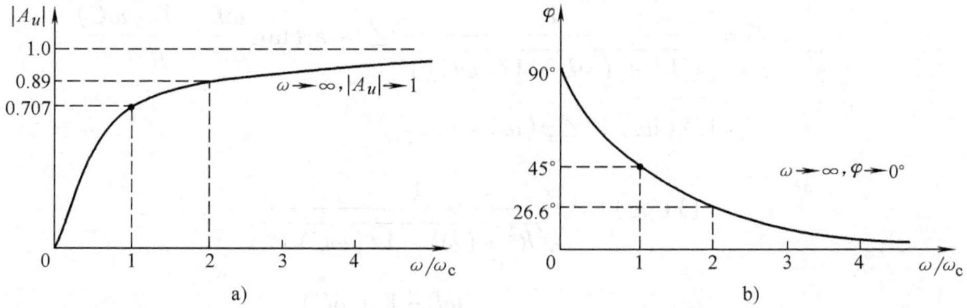

图 12-12 *RC* 高通电路的频率特性

从幅频特性曲线看，图 12-11 所示电路作为高通滤波电路时，通与阻的频率界限也并不明显，在工程上，同样把半功率点频率 ω_c 作为高通滤波器的截止频率。高通滤波器的通频带 *BW* 为 $\omega_c\sim\infty$。

RC 高通滤波电路常用于电子电路中放大器的级间耦合，前一级放大器输出的信号电压，通过这一 *RC* 耦合电路，输送到下一级放大器。电容 *C* 称为级间耦合电容，电阻一般为下一级放大器的输入电阻。

12.2 串联谐振电路

12.2.1 串联谐振电路及谐振时的特性

1. 串联谐振电路的谐振现象及谐振频率

实际的串联谐振电路由电感线圈、电容器与信号源相串联而成，其电路模型如图 12-13a 所示，图中设信号源为理想的，其内阻为零，R_L 为电感线圈的损耗，R_C 为电容器的损耗，因为电容器的损耗很小，常忽略不计，可得串联谐振电路如图 12-13b 所示。

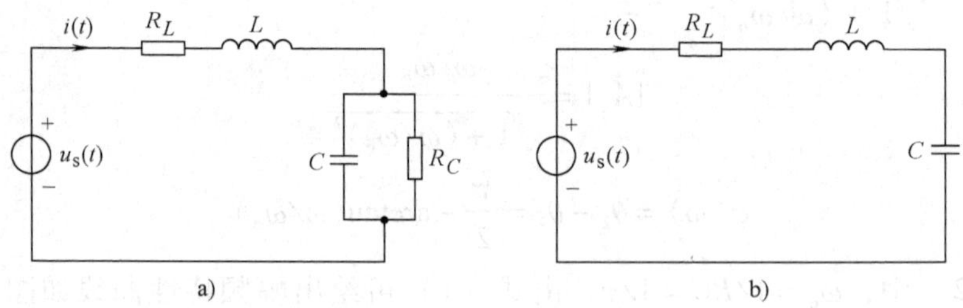

图 12-13 串联谐振电路

对于图 12-13b 所示电路，根据相量分析法，其策动点导纳函数为

$$Y(\mathrm{j}\omega) = \frac{\dot{I}}{\dot{U}_s} = \frac{1}{R + \mathrm{j}(\omega L - 1/\omega C)} = \frac{1}{Z(\mathrm{j}\omega)}$$

$$= \frac{1}{\sqrt{R^2 + (\omega L - 1/(\omega C))^2}} \angle -\arctan\frac{\omega L - 1/(\omega C)}{R}$$

$$= |Y(\mathrm{j}\omega)| \angle \varphi(\omega) \tag{12-12}$$

式中

$$|Y(\mathrm{j}\omega)| = \frac{1}{\sqrt{R^2 + (\omega L - 1/(\omega C))^2}} \tag{12-13}$$

$$\varphi(\omega) = -\arctan\frac{\omega L - 1/(\omega C)}{R} \tag{12-14}$$

由式（12-13）、式（12-14）可绘出串联谐振电路的策动点导纳函数 $Y(\mathrm{j}\omega)$ 的幅频特性和相频特性曲线，分别如图 12-14a、b 所示。由式（12-12）可知，当信号源电压大小一定而频率改变时，*RLC* 串联谐振电路中电流的变化规律将与其策动点导纳的频率特性相似，由该频率特性可看出该电路对 $\omega = 1/\sqrt{LC}$ 附近的频率响应强烈，显然该电路具有带通的特性。

在 RLC 串联谐振电路中，当信号源的频率 ω 使电路满足条件

$$\omega L-\frac{1}{\omega C}=0 \tag{12-15}$$

即

$$\omega=\frac{1}{\sqrt{LC}}=\omega_0 \tag{12-16}$$

时，RLC 串联电路总的电抗为零而输入阻抗呈纯电阻性，即电路中电流和信号源电压同相。此现象即为谐振（Resonance）现象。此时，称 RLC 串联电路发生了串联谐振。由以上讨论可知，式（12-15）为 RLC 串联谐振电路发生**谐振的条件**，由此条件解出的 ω 即为串联谐振电路的**谐振频率** ω_0。

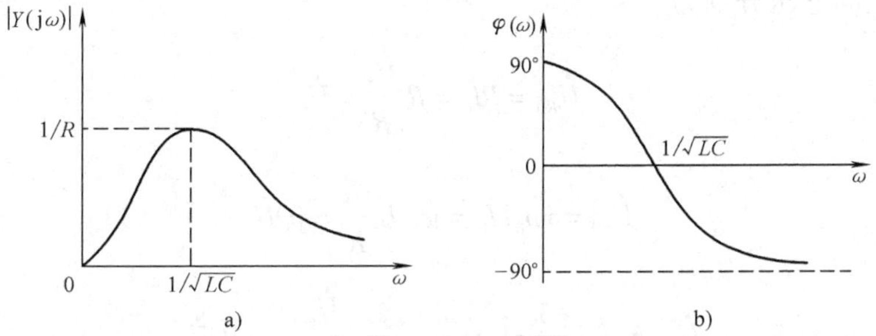

图 12-14　串联谐振电路导纳的频率特性

2. 串联谐振电路的参数

由式（12-16）可见，谐振频率 ω_0 仅由电路的元件参数 L、C 决定，称 ω_0 为串联谐振电路的参数。元件值一般称为一次参数，而由元件值约束的参数习惯上称为二次参数。串联谐振电路的分析中还经常用到其他二次参数。发生串联谐振时，由式（12-15）和式（12-16）可得

$$\omega_0 L=\frac{1}{\omega_0 C}=\sqrt{\frac{L}{C}}=\rho \tag{12-17}$$

式（12-17）表明，RLC 串联谐振电路发生谐振时，感抗和容抗在数值上相等，而且其值也是由串联谐振电路的元件参数 L、C 决定，习惯上称它为串联谐振电路的特性阻抗，用希腊字母 ρ 表示。

在串联谐振电路的分析中，另一个常用的二次参数是串联谐振电路的品质因数 Q，其定义为

$$Q=\frac{\rho}{R}=\frac{\omega_0 L}{R}=\frac{1}{\omega_0 CR}=\frac{1}{R}\sqrt{\frac{L}{C}} \tag{12-18}$$

式（12-18）中的 R 一般来说应该是串联谐振电路中线圈的损耗和电容器损耗的总合，由式（12-18）可见，电路的品质因数 Q 也是由电路的元件参数 R、L、C 决定的，由于实际电路中 R 值很小，因此 Q 值一般很大。

由以上讨论可知：串联谐振电路的谐振频率 ω_0、特性阻抗 ρ、品质因数 Q 均由电路中的元件参数决定，是串联谐振电路的固有参数。

3. 串联谐振时的电路特性

为了强调谐振时的电路特性，将谐振时的有关变量加下标“0”来表示，由于发生谐振时，电路的总电抗为零，所以策动点导纳最大（即阻抗最小）且为纯实数，即

$$Y_0 = Y(\mathrm{j}\omega_0) = \frac{1}{Z(\mathrm{j}\omega_0)} = \frac{1}{R} \tag{12-19}$$

因而，在发生谐振时电路中的电流最大且与信号源电压同相，即

$$\dot{I}_0 = Y_0\dot{U}_s = \frac{\dot{U}_s}{R} \tag{12-20}$$

谐振时各元件上的电压分别为

$$\dot{U}_{R0} = R\dot{I}_0 = R\frac{\dot{U}_s}{R} = \dot{U}_s \tag{12-21}$$

$$\dot{U}_{L0} = \mathrm{j}\omega_0 L\dot{I}_0 = \mathrm{j}\omega_0 L\frac{\dot{U}_s}{R} = \mathrm{j}Q\dot{U}_s \tag{12-22}$$

$$\dot{U}_{C0} = -\mathrm{j}\frac{1}{\omega_0 C}\dot{I}_0 = -\mathrm{j}\frac{1}{\omega_0 C}\frac{\dot{U}_s}{R} = -\mathrm{j}Q\dot{U}_s \tag{12-23}$$

可见，RLC 串联谐振电路发生谐振时信号源电压全部加在电阻元件两端，电感和电容元件两端电压大小相等，相位相反，大小均为信号源电压的 Q 倍。

再看谐振时的能量特性，电阻在一个周期内消耗的能量为

$$W_{R0} = P_{R0}T_0 = I_0^2RT_0 \tag{12-24}$$

电感和电容的瞬时储能为

$$W_{L0}(t) = \frac{1}{2}Li_0^2(t) = \frac{1}{2}L\left(\frac{U_m}{R}\right)^2\cos^2\omega_0 t \tag{12-25}$$

$$W_{C0}(t) = \frac{1}{2}Cu_{C0}^2(t) = \frac{1}{2}C\left[\frac{U_m}{\omega_0 CR}\cos(\omega_0 t - 90^\circ)\right]^2$$
$$= \frac{1}{2}L\left(\frac{U_m}{R}\right)^2\sin^2\omega_0 t \tag{12-26}$$

$$W_{X0}(t) = W_{L0}(t) + W_{C0}(t) = \frac{1}{2}L\left(\frac{U_m}{R}\right)^2 = LI_0^2 \tag{12-27}$$

而信号源在一个周期内提供的能量为

$$W_s = U_sI_0T_0 = (I_0R)I_0T_0 = I_0^2RT_0 \tag{12-28}$$

由以上分析可见，串联谐振时，电感的磁场能量和电容的电场能量相互交换，任意瞬间电路中储存的总能量是常数，其值也是每一电抗元件瞬时储能的最大值。

从物理概念上理解串联谐振电路的谐振现象，其实 LC 电路本身能产生自由振荡，振荡电流及动态元件上电压的幅度仅决定于电路储存的能量，信号源的任务仅是补充电路中电阻 R 所消耗的能量。因此，只要振荡电路的损耗足够小，微弱的激励信号就能维持相当大的振荡电流。

根据上面所得到的谐振电路的能量关系，说明电路品质因数 Q 的物理意义，由式（12-18）可得

$$\begin{aligned} Q &= \frac{\omega_0 L}{R} = 2\pi f_0 \frac{LI_0^2}{RI_0^2} \\ &= 2\pi \frac{LI_0^2}{RI_0^2 T_0} = 2\pi \frac{W_{L0}(t) + W_{C0}(t)}{W_{R0}} \\ &= 2\pi \times \frac{\text{谐振时电路的储能}}{\text{谐振时每周期消耗的能量}} \end{aligned} \tag{12-29}$$

由式（12-29）可以看出，电路的品质因数 Q 实质上是反映电路的储能与耗能之间的关系。

一个实际的电感线圈，也经常用品质因数来衡量其本身储能与损耗之间的关系，线圈的品质因数定义为

$$\begin{aligned} Q_L &= 2\pi \times \frac{\text{电感线圈的最大储能}}{\text{一周期中线圈的损耗}} \\ &= 2\pi \frac{LI_m^2/2}{TR_L I^2} = 2\pi f \frac{LI^2}{R_L I^2} = \frac{\omega L}{R_L} \end{aligned} \tag{12-30}$$

由式（12-30）可见，线圈的品质因数 Q_L 越高，则其模型的等效串联电阻 R_L 越小。一般电感线圈的品质因数在几百的数量级。式（12-29）与式（12-30）从形式上看很相像，但其中使用的频率却不同，在电路品质因数的定义中用的频率为 ω_0，而在线圈品质因数定义中用的频率为 ω。

与电感线圈类似，电容器也可用品质因数来衡量其本身储能与损耗之间的关系，电容器的品质因数定义为

$$\begin{aligned} Q_C &= 2\pi \times \frac{\text{电容器的最大储能}}{\text{一周期中电容器的损耗}} \\ &= 2\pi \frac{CU_m^2/2}{TU^2/R_C} = 2\pi f \frac{CU^2}{U^2/R_C} = \omega C R_C \end{aligned} \tag{12-31}$$

式中，R_C 为电容器的等效损耗电阻。由式（12-31）可见，电容器的品质因数 Q_C 越高其损耗就越小，即其模型的等效并联电阻 R_C 越大。一般电容器的并联电阻 R_C 很大，其品质因数 Q_C 可达几千的数量级。

由于谐振时电路的储能是常数，其大小和电感线圈的最大储能相等，而且电容器的损耗

相对于线圈的损耗来说要小得多，故在工程计算或设计中，常把线圈的品质因数作为谐振电路的品质因数，即 $Q \approx Q_L = \omega_0 L / R_L$。

下面简单介绍调谐的方法。对于 L、C 为固定值的谐振电路，调节信号源的频率 f 使信号源的频率等于电路的谐振频率 f_0 而使电路达到谐振，即 $f = f_0$，这种调谐方法多用在仪器设备上；对于固定频率的信号源，一般固定电感 L 值而调节电容 C 使电路的谐振频率 f_0 等于信号源的频率 f 而使电路达到谐振，即 $f_0 = f$，而这种调谐方法多用在收音机或电视机等输入电路上。

例 12-3 串联谐振电路，现调节电容使电路达到谐振。已知 $L = 200\mu\text{H}$，$U_{C0} = 1\text{V}$，$u_s(t) = 0.01\sqrt{2}\cos\omega t\text{V}, \omega_0 = 5 \times 10^6 \text{rad/s}$，试求 C、Q、R 及 I_0。

解
$$C = \frac{1}{\omega_0^2 L} = \frac{1}{(5 \times 10^6)^2 \times 200 \times 10^{-6}}\text{F} = 200\text{pF}$$

$$Q = \frac{U_{C0}}{U_s} = \frac{1}{0.01} = 100$$

$$I_0 = \omega_0 C U_{C0} = 5 \times 10^6 \times 200 \times 10^{-12} \times 1\text{A} = 1\text{mA}$$

$$R = \frac{U_s}{I_0} = \frac{0.01}{1 \times 10^{-3}}\Omega = 10\Omega$$

12.2.2 串联谐振电路的频率特性及选择性

串联谐振电路作为传输信号的通道，通过的信号都占有一定的频带，如中波调幅广播中每个频道（即每套节目）的带宽为 9kHz，当收听某一电台的节目时，实际上谐振电路只对其中的某一个频率发生谐振，而对其余频率并非处于谐振状态。当信号源的频率不等于谐振频率时，称谐振电路对于信号源处在失谐或失调状态。研究谐振电路的频率特性，主要研究谐振电路处于谐振和失谐状态下谐振电路电流及动态元件上电压随失谐大小变化的规律。

为了便于分析，往往使用二次参数来描述谐振电路的频率特性，由式（12-12）、式（12-18）、式（12-20）可得

$$\begin{aligned}\dot{I} = Y(\text{j}\omega)\dot{U}_s &= \frac{\dot{U}_s}{R + \text{j}(\omega L - 1/(\omega C))} = \frac{\dot{U}_s/R}{1 + \text{j}\left(\dfrac{\omega L}{R} - \dfrac{1}{\omega CR}\right)} \\ &= \frac{\dot{I}_0}{1 + \text{j}\left(\dfrac{\omega_0 L\omega}{R\omega_0} - \dfrac{1 \cdot \omega_0}{\omega_0 CR\omega}\right)} = \frac{\dot{I}_0}{1 + \text{j}Q\left(\dfrac{\omega}{\omega_0} - \dfrac{\omega_0}{\omega}\right)}\end{aligned} \tag{12-32}$$

当选择相对频率 ω/ω_0 为自变量时，式（12-32）可作为一个通用关系式，适用于研究具有任意参数的串联谐振电路的频率特性。

由于在一定信号源电压作用下，谐振电路电流与导纳的频率特性相似，于是由式（12-32）可得

$$\frac{\dot{I}}{\dot{I}_0}=\frac{Y(\mathrm{j}\omega)}{Y_0}=\frac{1}{1+\mathrm{j}Q\left(\frac{\omega}{\omega_0}-\frac{\omega_0}{\omega}\right)}=\frac{I}{I_0}\angle\varphi(\omega)$$

$$=\frac{1}{\sqrt{1+Q^2\left(\frac{\omega}{\omega_0}-\frac{\omega_0}{\omega}\right)^2}}\angle-\arctan Q\left(\frac{\omega}{\omega_0}-\frac{\omega_0}{\omega}\right)\qquad(12\text{-}33)$$

由式（12-33）可作出不同 Q 值的串联谐振电路的频率特性曲线。电流相对值 I/I_0 随相对频率 ω/ω_0 变化的曲线通常称为谐振曲线，如图 12-15a 所示。从图可见，Q 值越高，谐振曲线越尖锐。$\varphi(\omega)$ 为电路电流超前于信号源电压的角度随相对频率 ω/ω_0 变化的曲线，称为相频特性曲线，如图 12-15b 所示。由图可见，当 $\omega<\omega_0$ 时，电路呈电容性；当 $\omega>\omega_0$ 时，电路呈电感性；在谐振频率附近，相位随频率的变化近于直线关系，Q 值越高，这一段相频特性曲线也越陡峭，但同时这一近于直线段的频率范围也就越小。

谐振电路选出所需信号而抑制不需要信号的能力，称为电路的选择性。从谐振电路的谐振曲线可看出，电路的 Q 值越高，谐振曲线越尖锐，它的选择性也就越强。Q 值对选择性的影响很大，但在实际电路中并非 Q 值越高越好，其原因留待下面讨论。

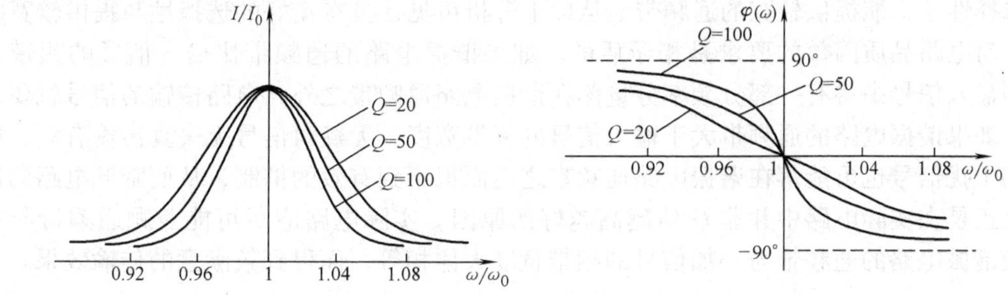

图 12-15　串联谐振电路的频率特性曲线
a）谐振曲线　b）相频特性曲线

12.2.3　串联谐振电路的通频带

串联谐振电路作为带通滤波电路，应具有上下两个截止频率。串联谐振电路的谐振曲线是连续变化的，其选择特性没有明显的通与阻的界限，在工程上，同样把谐振电路的电流下降到最大电流 $1/\sqrt{2}$ 的频率定义为截止频率，由式（12-33）可得

$$\frac{I}{I_0}=\frac{1}{\sqrt{1+Q^2\left(\frac{\omega}{\omega_0}-\frac{\omega_0}{\omega}\right)^2}}=\frac{1}{\sqrt{2}}$$

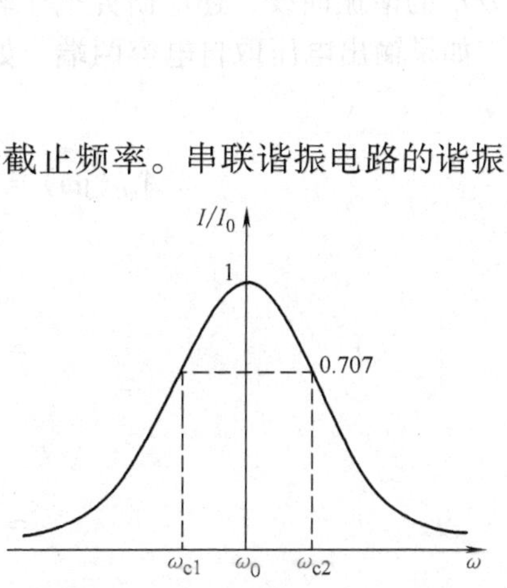

图 12-16　串联谐振电路的通频带

即 $$Q\left(\frac{\omega}{\omega_0}-\frac{\omega_0}{\omega}\right)=\pm 1$$

解上式可得

$$\omega=\pm\frac{\omega_0}{2Q}\pm\frac{1}{2}\sqrt{\frac{\omega_0^2}{Q^2}+4\omega_0^2}$$

取其中的两个正值频率，设上截止频率为 ω_{c2}，下截止频率为 ω_{c1}，如图 12-16 所示。式中

$$\omega_{c2}=\left[\frac{1}{2Q}+\sqrt{\frac{1}{4Q^2}+1}\right]\omega_0 \qquad \omega_{c1}=\left[-\frac{1}{2Q}+\sqrt{\frac{1}{4Q^2}+1}\right]\omega_0$$

因此，串联谐振电路的通频带为

$$BW=\omega_{c2}-\omega_{c1}=\frac{\omega_0}{Q}=\frac{R}{L} \tag{12-34}$$

或

$$\frac{BW}{\omega_0}=\frac{1}{Q} \tag{12-35}$$

由式（12-34）可见，RLC 串联谐振电路，其通频带也是由电路的元件参数决定，因此通频带也是电路的固有参数。通频带与电路的品质因数 Q 成反比，若电路的品质因数大，谐振曲线尖锐，选择性强，但只能提供较窄的通频带；若电路的品质因数小，谐振曲线平缓，选择性差，能提供较宽的通频带。从以上分析可见，具有良好的选择性与提供较宽的通频带，对电路品质因数的要求是相矛盾的。如果谐振电路的通频带比输入信号的频带宽度小，则输入信号中将有一部分频率分量落在谐振电路通频带之外，电路传输的信号就要产生失真；如果谐振电路的通频带大于输入信号的频带宽度，无疑对信号无失真传输有利，但不需要的干扰信号也可能落在谐振电路通频带之内而得不到有效的抑制，从而降低电路的选择性。这正是在实际电路中并非 Q 值越高越好的原因。实际电路应尽可能兼顾通频带与选择性，使谐振电路的通频带与外加信号的频带宽度大体相等，而得到较满意的传输效果。

12.2.4 串联谐振电路的电压传输函数

谐振电路的输出往往是电容或电感两端的电压，因此，对谐振电路不仅要研究电流相对比 I/I_0 的谐振曲线，还应研究电压转移函数的频率特性。

如果输出电压取自电容两端，如图 12-17 所示，则谐振电路的电压转移函数为

$$A_{uC}(\mathrm{j}\omega)=\frac{\dot{U}_C}{\dot{U}_s}=\frac{-\mathrm{j}\dfrac{1}{\omega C}}{R+\mathrm{j}\left(\omega L-\dfrac{1}{\omega C}\right)}$$

$$=-\mathrm{j}\frac{\omega_0}{\omega}\frac{1}{\omega_0 CR\left[1+\mathrm{j}Q\left(\dfrac{\omega}{\omega_0}-\dfrac{\omega_0}{\omega}\right)\right]}$$

$$=\frac{\omega_0}{\omega}\frac{-\mathrm{j}Q}{1+\mathrm{j}Q\left(\dfrac{\omega}{\omega_0}-\dfrac{\omega_0}{\omega}\right)} \tag{12-36}$$

$$|A_u|_C = \frac{\omega_0}{\omega}\frac{Q}{\sqrt{1 + Q^2\left(\dfrac{\omega}{\omega_0} - \dfrac{\omega_0}{\omega}\right)^2}} \tag{12-37}$$

式（12-37）对 ω 求极值，可求得使$|A_u|_C$为最大的频率 ω_{Cm}，即

$$\omega_{Cm} = \omega_0\sqrt{1 - \frac{1}{2Q^2}} \tag{12-38}$$

可见，使$|A_u|_C$为最大的频率 ω_{Cm} 低于谐振频率 ω_0，即 $\omega_{Cm} < \omega_0$，把式（12-38）代入式（12-37）可得

$$|A_u|_{Cm} = \frac{Q}{\sqrt{1 - (1/2Q)^2}} \tag{12-39}$$

显然，电容电压的最大值 U_{Cm} 大于谐振时的电容电压 U_{C0}，即 $U_{Cm} > U_{C0}$。

如果输出电压取自电感两端，如图 12-18 所示，则谐振电路的电压转移函数为

$$A_{uL}(j\omega) = \frac{\dot{U}_L}{\dot{U}_s} = \frac{j\omega L}{R + j\left(\omega L - \dfrac{1}{\omega C}\right)}$$

$$= \frac{\omega}{\omega_0}\frac{jQ}{1 + jQ\left(\dfrac{\omega}{\omega_0} - \dfrac{\omega_0}{\omega}\right)} \tag{12-40}$$

$$|A_u|_L = \frac{\omega}{\omega_0}\frac{Q}{\sqrt{1 + Q^2\left(\dfrac{\omega}{\omega_0} - \dfrac{\omega_0}{\omega}\right)^2}} \tag{12-41}$$

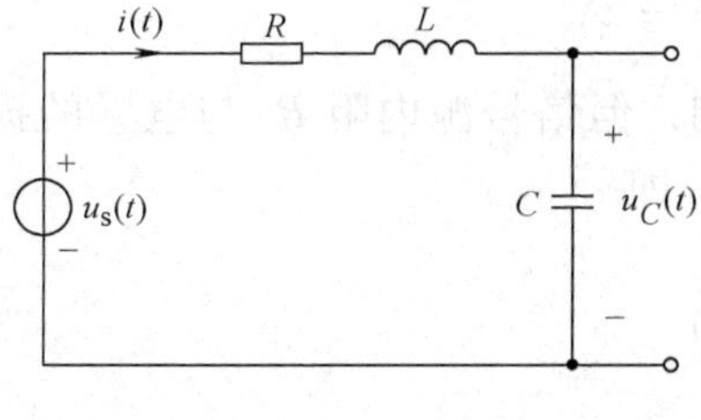

图 12-17　输出电压取自电容

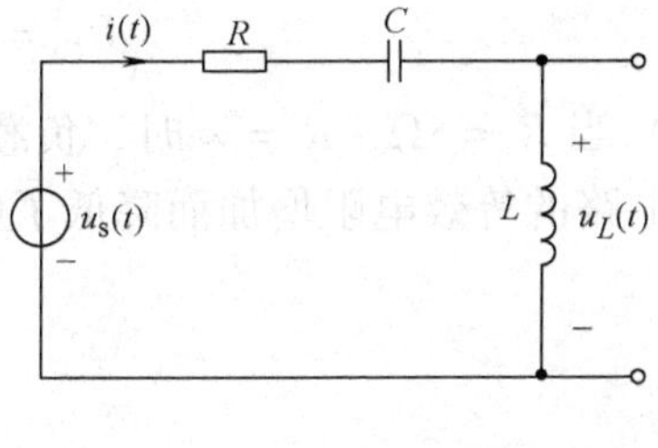

图 12-18　输出电压取自电感

式（12-41）对 ω 求极值，可求得使$|A_u|_L$为最大的频率 ω_{Lm}，即

$$\omega_{Lm} = \omega_0\Bigg/\sqrt{1 - \frac{1}{2Q^2}} \tag{12-42}$$

由式（12-42）可见，使$|A_u|_L$为最大的频率 ω_{Lm} 高于谐振频率 ω_0，即 $\omega_{Lm} > \omega_0$，把式（12-

42）代入式（12-41）可得

$$|A_u|_{Lm}=\frac{Q}{\sqrt{1-(1/2Q)^2}} \tag{12-43}$$

显然，电感电压的最大值 U_{Lm} 大于谐振时的电压 U_{L0}，即 $U_{Lm}>U_{L0}$。

在高 Q 值的电路中，由式（12-38）、式（12-42）可知，$\omega_{Cm}\approx\omega_0$，$\omega_{Lm}\approx\omega_0$，由式（12-39）、式（12-43）可知，$U_{Cm}\approx U_{C0}$，$U_{Lm}\approx U_{L0}$，这就是说，对于高 Q 值的谐振电路，动态元件上电压随频率变化的曲线与电路电流随频率变化的曲线近乎一致。

12.2.5 信号源内阻及负载电阻对串联谐振电路的影响

串联谐振电路作为选频电路，只是传输信号的通道，必须有输入和输出。因此，在分析谐振电路时必须考虑信号源内阻和负载的影响。信号源可以用戴维南等效电路表示，信号源的内阻一般为纯电阻，负载在一般情况下是后一级的输入电阻 R_i。图 12-19 所示电路为考虑信号源内阻 R_s 和输出电压取自电容两端时后一级输入电阻 R_i（即负载）影响后的谐振电路。下面通过具体例子说明信号源内阻和负载电阻对谐振电路的影响。

例 12-4 图 12-19 所示串联谐振电路，已知 $C=200\text{pF}$，$L=200\mu\text{H}$，$R_L=5\Omega$，$U_s=0.01\text{V}$，信号源的频率 ω 等于电路的谐振频率 ω_0。试求：

（1）当 $R_s=0$，$R_i=\infty$ 时的 ω_0、Q、U_{C0}；

（2）当 $R_s=5\Omega$，$R_i=\infty$ 时的 Q'、U'_{C0}；

（3）当 $R_s=5\Omega$，$R_i=200\text{k}\Omega$ 时的 Q''、U''_{C0}。

解（1） $\omega_0=\frac{1}{\sqrt{LC}}=5\times10^6\text{rad/s}$

因为 $R_s=0$，$R_i=\infty$，所以信号源和负载对谐振电路没有影响，此时电路的品质因数即为电感线圈的品质因数，即

$$Q=Q_L=\frac{\omega_0 L}{R_L}=200$$

$$U_{C0}=QU_s=200\times0.01\text{V}=2\text{V}$$

（2）当 $R_s=5\Omega$，$R_i=\infty$ 时，负载对电路没有影响，但信号源内阻 R_s 与电感的损耗 R_L 串联，电路的等效电阻增加而降低了电路的品质因数。即

$$Q'=\frac{\omega_0 L}{R_s+R_L}=100$$

$$U'_{C0}=Q'U_s=100\times0.01\text{V}=1\text{V}$$

如果信号源的内阻 R_s 过高，谐振电路的 Q 值降低到不能容许的程度，会使谐振电路失去选频能力，因此，串联谐振电路适用于低内阻的信号源。

（3）当 $R_s=5\Omega$，$R_i=200\text{k}\Omega$ 时，信号源内阻 R_s 和负载电阻 R_i 对谐振电路都有影响。为了分析方便，将电容 C 与电阻 R_i 并联的模型转换为串联模型（注：在谐振电路的分析中常作这种等效变换），电路如图 12-20 所示。

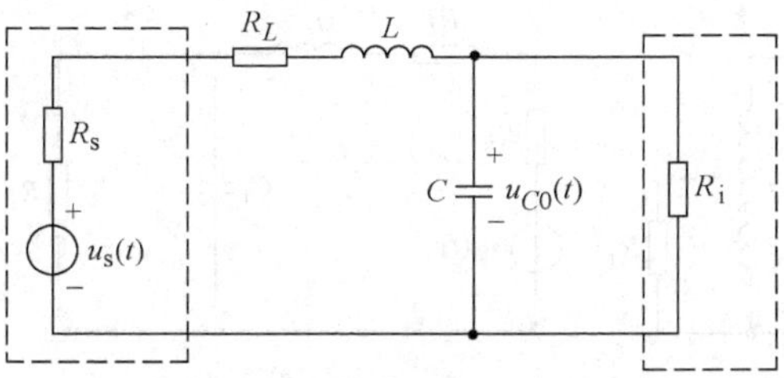

图 12-19　考虑信号源和负载的谐振电路

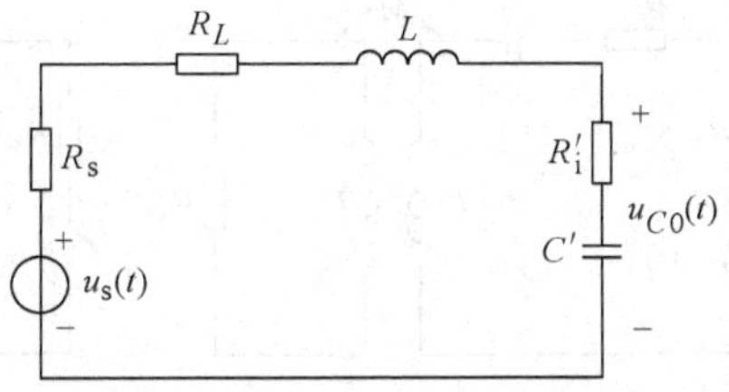

图 12-20　例 12-4 图

电容 C 与电阻 R_i 并联的阻抗为

$$Z=\frac{R_i[1/(j\omega_0 C)]}{R_i+[1/(j\omega_0 C)]}=\underbrace{\frac{R_i[1/(\omega_0 C)]^2}{R_i^2+[1/(\omega_0 C)]^2}}_{R_i'}-j\underbrace{\frac{R_i^2/\omega_0 C}{R_i^2+[1/(\omega_0 C)]^2}}_{\frac{1}{\omega_0 C'}}$$

$$=R_i'-j\frac{1}{\omega_0 C'}$$

由于 $R_i >> \frac{1}{\omega_0 C}=1\text{k}\Omega$，故得

$$R_i'\approx\left(\frac{1}{\omega_0 C}\right)^2\Big/R_i=5\Omega$$

$$C'\approx C=200\text{pF}$$

在图 12-19 中，如果把负载电阻 R_i 当成电容的等效损耗，电容的品质因数可表示为 $Q_C'=\omega_0 CR_i$，等效串联电阻 R_i'为

$$R_i'\approx R_i/Q_C'^2=5\Omega$$

此时谐振电路的品质因数为

$$Q''=\frac{\omega_0 L}{R_s+R_L+R_i'}\approx 67$$

$$U_{C0}''=Q''U_s=67\times 0.01\text{V}=0.67\text{V}$$

负载电阻对谐振电路的影响也是使谐振电路的 Q 值降低。可看出：负载电阻 R_i 越大，即负载从电路取得的功率越小，对串联谐振电路的影响也就越小。从以上分析可看到，信号源内阻及负载电阻，均加大了谐振电路的等效电阻，从而使电路的 Q 值降低。把谐振电路在不考虑信号源内阻和负载电阻而得到的 Q 值称为谐振电路的**无载 Q 值**或固有 Q 值，把信号源内阻及负载电阻都折算成电路电阻后得到的 Q 值称为谐振电路的**有载 Q 值**，电路 Q 值的降低将使电路的选择性变差。

在实际电路中负载电阻 R_i 往往是固定的，当负载电阻 R_i 过小时，如果把负载直接和谐振电路相接，谐振电路的 Q 值将降低到不能容许的程度，会使谐振电路失去选频能力。因此，应想办法尽可能减小负载对谐振电路的影响，通常采用互感耦合、自耦变压器耦合或电容耦合等方法，如图 12-21 所示。

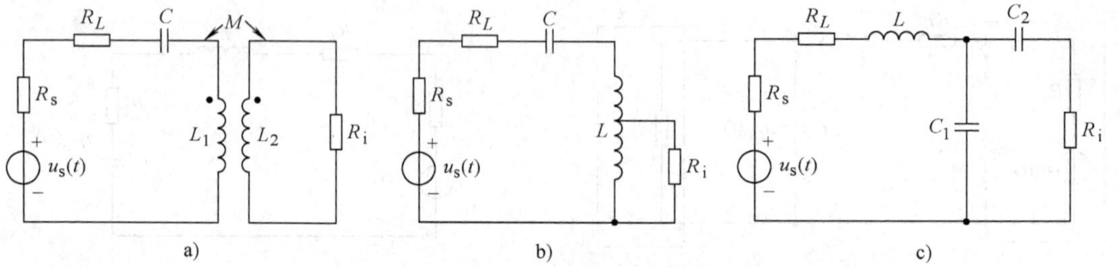

图 12-21　串联谐振电路与信号源和负载的连接方法

a）互感耦合　b）自耦变压器耦合　c）电容耦合

例 12-5　某一串联谐振电路，由 $\omega=6\times10^6\text{rad/s}$，$R_s=5\Omega$ 的信号源和 $L_1=300\mu\text{H}$，$R_L=15\Omega$ 的电感线圈与一电容量可调节的电容器组成，现调节电容使电路谐振。已知负载电阻 $R_i=1000\Omega$，通过 L_1 与 L_2 的互感耦合接于电路，如图 12-22a 所示。已知 $L_2=30\mu\text{H}$，求电路的有载 Q 值不低于 50 时的耦合系数 k。

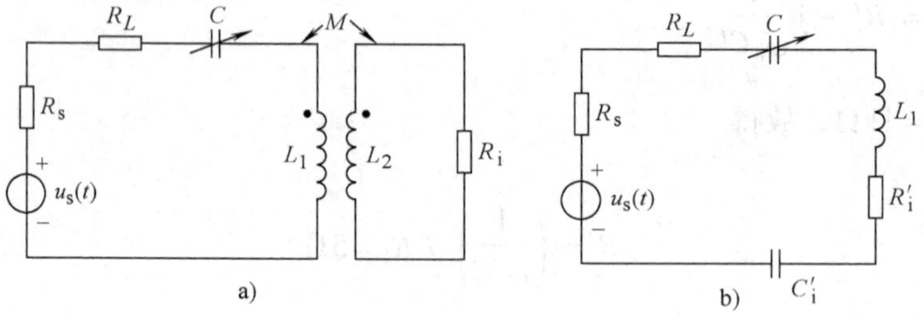

图 12-22　例 12-5 图

解　图 12-22a 的等效电路如图 12-22b 所示，其中 R_i'、C_i'为二次电路阻抗反映到一次电路的阻抗对应的参数，此时，电路的有载 Q 值为

$$Q'=\frac{\omega_0L_1}{R_s+R_L+R_i'}$$

由于要求谐振电路的有载 Q 值不低于 50，由此可求出

$$R_s+R_L+R_i'=\frac{\omega_0L_1}{Q'}=\frac{6\times10^6\times300\times10^{-6}}{50}\Omega=36\Omega$$

进而可得反映电阻

$$R_i'=36\Omega-(R_s+R_L)=16\Omega$$

由反映电阻的计算公式

$$R_i'=\frac{(\omega M)^2}{|Z_{22}|^2}R_i=\frac{(\omega M)^2}{R_i^2+(\omega L_2)^2}R_i=16\Omega$$

可解得　$M_{max}=21.4\mu\text{H}$

所以

$$k_{max}=\frac{M_{max}}{\sqrt{L_1L_2}}=0.226$$

即

$$0<k<0.226$$

12.3　并联谐振电路

12.3.1　并联谐振电路及谐振时的特性

串联谐振电路只适用于低内阻的信号源，但在实际系统中，信号源往往具有较高的内阻，在这种情况下，就必须采用在谐振频率及其附近频率范围内具有高内阻的并联谐振电路来实现选频功能。

1. 并联谐振电路的典型形式

实际的并联谐振电路是由电感线圈、电容器与信号源相并联而成，考虑电感线圈和电容器的损耗可得其电路模型如图 12-23a 所示。图中，R_L 为电感线圈的损耗，R_C 为电容器的损耗，由于电感线圈和电容器是并联的，所以电感的等效损耗电阻用并联形式表示便于分析。为此，把电感 L 与电阻 R_L 的串联支路等效转换成电感 L' 与电阻 R_p 的并联，如图 12-23b 所示。

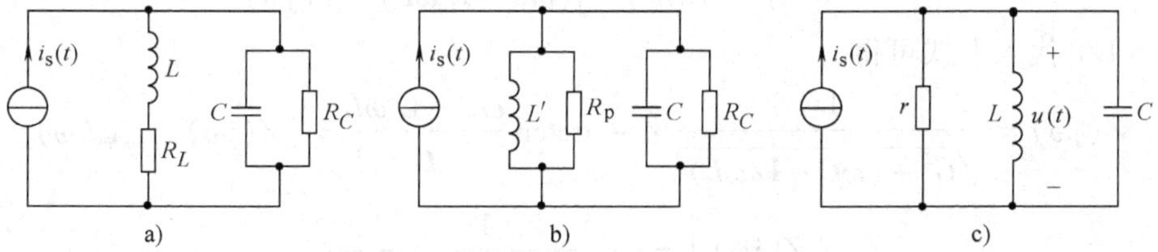

图 12-23　并联谐振电路的电路模型

图 12-23b 中的 L' 及 R_p 是一组等效参数，可用阻抗和导纳的关系求得，即

$$Y(j\omega)=1/Z(j\omega)=\frac{1}{R_L+j\omega L}=\frac{R_L}{R_L^2+(\omega L)^2}-j\frac{\omega L}{R_L^2+(\omega L)^2}$$

$$=\frac{1}{R_p}-j\frac{\omega L}{R_L^2+(\omega L)^2}$$

$$=G-j\frac{1}{\omega L'}$$

式中　$R_p=\dfrac{R_L^2+(\omega L)^2}{R_L}=R_L(1+Q_L^2)$

$$L'=\frac{R_L^2+(\omega L)^2}{\omega^2 L}=L\left(1+\frac{1}{Q_L^2}\right)$$

上两式中只要 Q_L 的值不小于 10，就可把上式改写成

$$R_p=\frac{R_L^2+(\omega L)^2}{R_L}=R_L(1+Q_L^2)\approx Q_L^2R_L=\frac{(\omega L)^2}{R_L}\tag{12-44}$$

$$L' = \frac{R_L^2 + (\omega L)^2}{\omega^2 L} = L\left(1 + \frac{1}{Q_L^2}\right) \approx L \tag{12-45}$$

在图 12-23b 中合并两个电阻 R_p 及 R_C 可得并联谐振电路的典型形式，如图 12-23c 所示。因为电容器的损耗比电感线圈的损耗小得多（即 R_C 很大），常忽略不计，此时并联谐振电路的损耗电阻 $r = R_p$。

这里需要强调，实际的并联谐振电路只有电容器和电感线圈两条支路，并联电阻 r 是等效损耗电阻。如果所要分析的电路模型不是典型电路，可利用式（12-44）、式（12-45），先将电路转换成图 12-23c 所示的 r、L、C 并联的典型形式后再进行分析。由于等效电路参数 L'及 R_p 是近似的，这样的转换会对分析结果带来误差，但只要电路的品质因数足够高，其差别可完全不予考虑，本节主要对典型并联谐振电路进行分析。

2. 并联谐振电路的谐振特性

如图 12-23c 所示谐振电路中，输入为电流 $i_s(t)$，输出为电压 $u(t)$ 根据网络函数的定义可得

$$Z(\mathrm{j}\omega) = \frac{\dot{U}}{\dot{I}_s} = \frac{1}{(1/r) + \mathrm{j}(\omega C - 1/\omega L)} = \frac{1}{Y(\mathrm{j}\omega)}$$

把 $G = 1/r$ 代入上式可得

$$Z(\mathrm{j}\omega) = \frac{1}{\sqrt{G^2 + (\omega C - 1/\omega L)^2}} \angle -\arctan\frac{\omega C - 1/\omega L}{G} = |Z(\mathrm{j}\omega)| \angle \varphi(\omega) \tag{12-46}$$

式中

$$|Z(\mathrm{j}\omega)| = \frac{1}{\sqrt{G^2 + (\omega C - 1/\omega L)^2}} \tag{12-47}$$

$$\varphi(\omega) = -\arctan\frac{\omega C - 1/\omega L}{G} \tag{12-48}$$

将式（12-46）与式（12-12）相比较，可发现两者具有完全相同的形式，这是由于 *GCL* 并联电路与 *RLC* 串联电路是互为对偶电路，因此，并联谐振电路的相应特性与串联谐振电路存在对偶关系，现将它们之间的对偶关系列于表 12-1 中，以便相互对照。

表 12-1

电路形式	*RLC* 串联	*GCL* 并联
网络函数	$Y(\mathrm{j}\omega) = \frac{1}{R + \mathrm{j}(\omega L - 1/(\omega C))}$	$Z(\mathrm{j}\omega) = \frac{1}{G + \mathrm{j}(\omega C - 1/(\omega L))}$
谐振条件	$\omega L - 1/(\omega C) = 0$	$\omega C - 1/(\omega L) = 0$
谐振频率	$\omega_0 = 1/\sqrt{LC}$	$\omega_0 = 1/\sqrt{CL}$
品质因数	$Q = \frac{\omega_0 L}{R} = \frac{1}{\omega_0 CR} = \frac{1}{R}\sqrt{\frac{L}{C}}$	$Q = \frac{\omega_0 C}{G} = \frac{1}{\omega_0 LG} = \frac{1}{G}\sqrt{\frac{C}{L}}$
谐振特性	$Y_0 = 1/R, Z_0 = R$（最小） $\dot{I}_0 = \dot{U}_s/R$ $\dot{U}_{L0} = \mathrm{j}Q\dot{U}_s, \dot{U}_{C0} = -\mathrm{j}Q\dot{U}_s$	$Y_0 = G, Z_0 = 1/G = r$（最大） $\dot{U}_0 = \dot{I}_s/G = r\dot{I}_s$ $\dot{I}_{C0} = \mathrm{j}Q\dot{I}_s, \dot{I}_{L0} = -\mathrm{j}Q\dot{I}_s$

（续）

电路形式	*RLC* 串联	*GCL* 并联
频率响应特性	$\dfrac{I}{I_0}=\dfrac{1}{\sqrt{1+Q^2\left(\dfrac{\omega}{\omega_0}-\dfrac{\omega_0}{\omega}\right)^2}}$ $\varphi(\omega)=-\arctan Q\left(\dfrac{\omega}{\omega_0}-\dfrac{\omega_0}{\omega}\right)$	$\dfrac{U}{U_0}=\dfrac{1}{\sqrt{1+Q^2\left(\dfrac{\omega}{\omega_0}-\dfrac{\omega_0}{\omega}\right)^2}}$ $\varphi(\omega)=-\arctan Q\left(\dfrac{\omega}{\omega_0}-\dfrac{\omega_0}{\omega}\right)$
通频带	$BW=\dfrac{\omega_0}{Q}=\dfrac{R}{L}$	$BW=\dfrac{\omega_0}{Q}=\dfrac{G}{C}$

并联谐振电路在发生谐振时对外呈现的阻抗为一高电阻，其值为 r，称其为**谐振阻抗**，并用 Z_{0p} 表示，即

$$Z_{0p}=r$$

谐振阻抗 Z_{0p} 与 Q 值的关系为

$$Z_{0p}=r=Q\rho \tag{12-49}$$

并联谐振与串联谐振电路的频率特性的表示式的形式也完全相同，因此其谐振曲线及相位特性曲线也完全相同。它们之间的区别仅在于串联谐振电路频率特性表示在电压源激励下响应电流的频率特性，并联谐振电路的频率特性则表示在电流源激励下响应电压的频率特性。串联谐振电路的 φ 为电流超前于电压的角度，并联谐振电路的 φ 则为电压超前电流的角度。由于谐振曲线相同，关于电路选择性及通频带的结论也完全一样，具有完全相同的计算公式。

例 12-6 如图 12-23c 所示并联谐振电路，现调解电容使电路达到谐振。已知 $C=200\text{pF}$，$I_{C0}=1\text{A}$，$i_s(t)=0.01\sqrt{2}\cos\omega t\text{A}$，$\omega=5\times10^6\text{rad/s}$。试求 L、Q、r、U_0、BW。

解
$$L=\frac{1}{\omega_0^2C}=\frac{1}{(5\times10^6)^2\times200\times10^{-12}}\text{H}=200\mu\text{H}$$

$$Q=\frac{I_{C0}}{I_s}=\frac{1}{0.01}=100$$

$$r=Q\rho=Q\frac{1}{\omega_0C}=100\times\frac{1}{5\times10^6\times200\times10^{-12}}\Omega=100\text{k}\Omega$$

$$U_0=rI_s=10^5\times0.01\text{V}=1000\text{V}$$

$$BW=\frac{\omega_0}{Q}=\frac{G}{C}=5\times10^4\text{rad/s}$$

例 12-7 图 12-24a 所示并联谐振电路，已知 $L=2\text{mH}$，$C=500\text{pF}$，$R_L=10\Omega$，试求电路的谐振频率 f_0、品质因数 Q 和谐振阻抗 Z_{0p}。

解 先将图 12-24a 所示电路转换成 12-24b 所示的并联谐振电路的典型形式。由式（12-45）可得

$$L'=L=2\text{mH}$$

由此可得谐振频率
$$f_0=\frac{1}{2\pi\sqrt{LC}}=159.2\text{kHz}$$

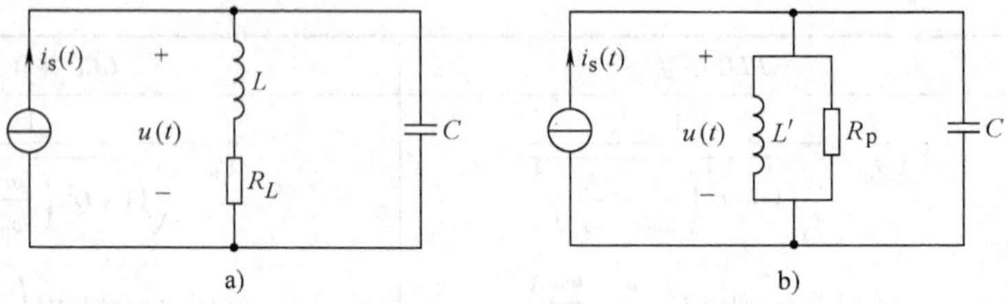

图 12-24　例 12-7 图

电感的线圈品质因数为

$$Q_L=\frac{\omega_0 L}{R_L}=\frac{2\pi\times159.2\times10^3\times2\times10^{-3}}{10}=200$$

由式（12-44）可得并联的等效电阻为

$$R_p=Q_L^2R_L=200^2\times10\Omega=4\times10^5\Omega$$

谐振阻抗为　$Z_{0p}=R_p=4\times10^5\Omega$

品质因数　$Q=\dfrac{R_p}{\omega_0 L}=\omega_0 CR_p=200$

此时电路的损耗即为电感的损耗，因此电路的品质因数即为电感的品质因数，即 $Q=Q_L=200$。

12.3.2　谐振电路品质因数与电路元件品质因数的关系

尽管谐振电路的品质因数与元件的品质因数，从其物理意义来看都是表示储能与耗能之间的关系，但谐振电路的品质因数是由电路的元件参数决定的，是谐振电路的固有参数。然而元件的品质因数是与元件的工作频率有关的，同一元件在不同频率下所呈现的储能、耗能并不相同，所以两种品质因数不能混为一谈。下面讨论电路的品质因数 Q 与组成谐振电路的电感线圈与电容器的品质因数 Q_L、Q_C 的关系。图 12-25a 所示串联谐振电路，在 $\omega=\omega_0$ 时可得

线圈的品质因数　$Q_L=\dfrac{\omega_0 L}{R_L}=\dfrac{\rho}{R_L}$

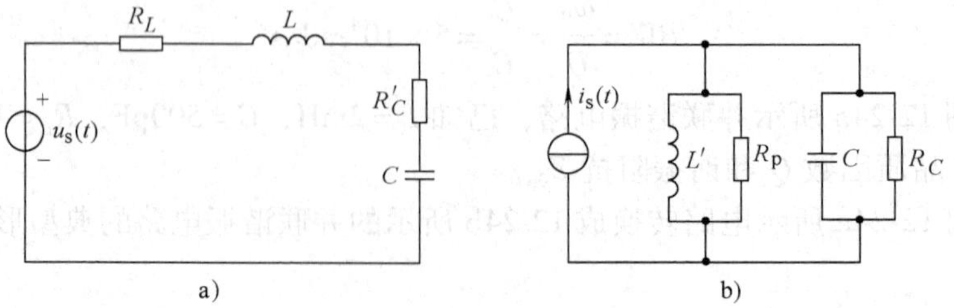

图　12-25

电容器的品质因数
$$Q_C = \frac{1}{\omega_0 C R_C'} = \frac{\rho}{R_C'}$$

则电路的品质因数
$$Q = \frac{\omega_0 L}{R_L + R_C'} = \frac{\rho}{\dfrac{\rho}{Q_L} + \dfrac{\rho}{Q_C}} = \frac{Q_C Q_L}{Q_C + Q_L} \tag{12-50}$$

图 12-25b 所示并联谐振电路，在 $\omega = \omega_0$ 时可得

线圈的品质因数
$$Q_L = \frac{R_p}{\omega_0 L} = \frac{R_p}{\rho}$$

电容器的品质因数
$$Q_C = \omega_0 C R_C = \frac{R_C}{\rho}$$

则电路的品质因数
$$Q = \frac{r}{\omega_0 L} = \frac{\dfrac{R_p R_C}{R_p + R_C}}{\rho} = \frac{\dfrac{\rho Q_L \rho Q_C}{\rho Q_L + \rho Q_C}}{\rho} = \frac{Q_L Q_C}{Q_L + Q_C} \tag{12-51}$$

可看出，不论是串联谐振电路还是并联谐振电路，谐振电路的品质因数与元件品质因数的关系式相同。如果电容器的损耗为零，则电容器的品质因数 Q_C 为无穷大，因此，不论是式（12-50）、式（12-51）都可以改写为 $Q = Q_L$，即电路的品质因数等于电感的品质因数，这和前面得到的结论完全一致。

12.3.3　信号源内阻及负载电阻对并联谐振电路的影响

在前面对并联谐振电路谐振特性的分析中，没有考虑信号源和负载对谐振电路的影响，实际的谐振电路中，信号源内阻和负载电阻都与谐振电路的电阻 r 并联，从而减小了谐振电路的等效并联电阻值，使谐振电路的有载 Q 值降低。信号源内阻和负载电阻值越低，这一影响就越大。前面曾提到并联谐振电路，只适用于高内阻的信号源，其原因也在于此。

下面通过具体例子看信号源内阻和负载电阻对并联谐振电路的影响。

例 12-8　图 12-26a 所示并联谐振电路，电容器的损耗为零。其中 R_s 为信号源的内阻，R_L'为负载阻抗，现调节电容使电路达到谐振，已知 $L = 100\mu\text{H}$，$R_L = 2.5\Omega$。$C = 400\text{pF}$，$I_s = 10\text{mA}$。试求：

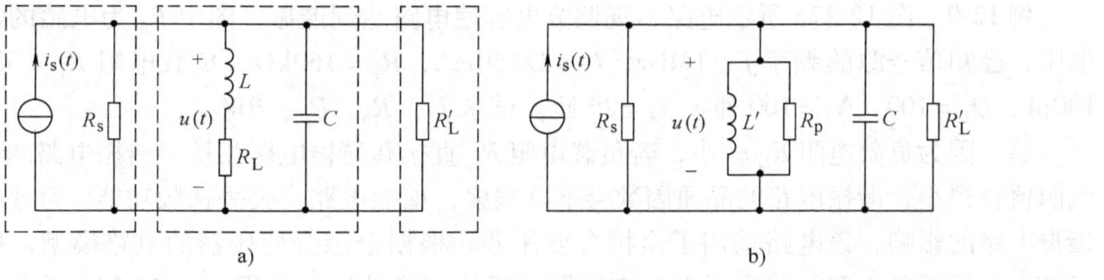

图 12-26　例 12-8 图

（1）电路的谐振频率 ω_0，谐振阻抗 Z_{0p}；

（2）当 $R_s = R_L' = \infty$ 时电路的 Q、U_0、BW。

（3）当 $R_s = 100\text{k}\Omega$，$R_L' = 200\text{k}\Omega$ 时电路的 Q'、U_0'、BW'。

解 现将图 12-26a 中的电感串联电阻支路转换成并联支路，如图 12-26b 所示。由式（12-44）、式（12-45）可得

$$L' = L = 100\mu\text{H}$$

$$R_p = \frac{(\omega_0 L)^2}{R_L} = 100\text{k}\Omega$$

（1）电路的谐振频率 $$\omega_0 = \frac{1}{\sqrt{LC}} = 5\times10^6\text{rad/s}$$

谐振阻抗 $$Z_{0p} = R_p = 100\text{k}\Omega$$

（2）因为信号源内阻和负载均为无穷大，对谐振电路没有影响，此时，谐振电路的损耗就等于电感的损耗，即

$$Q = \frac{R_p}{\omega_0 L} = \omega_0 C R_p = 200 = Q_L$$

$$U_0 = I_s Z_{0p} = 1000\text{V}$$

$$BW = \frac{\omega_0}{Q} = \frac{G}{C} = 2.5\times10^4\text{rad/s}$$

（3）当 $R_s = 100\text{k}\Omega$，$R_L' = 200\text{k}\Omega$ 时，信号源内阻 R_s 和负载电阻 R_L'对谐振电路都有影响。此时，谐振电路的等效损耗电阻为 R_s、R_L'及 R_p 三个电阻的并联值。即

$$r = R_s /\!/ R_p /\!/ R_L' = 40\text{k}\Omega$$

$$Q' = \frac{r}{\omega_0 L} = \omega_0 C r = 80$$

$$U_0' = I_s r = 400\text{V}$$

$$BW' = \frac{\omega_0}{Q'} = \frac{G'}{C} = 6.25\times10^4\text{rad/s}$$

从以上分析可看到，信号源内阻和负载电阻对谐振电路的影响是使谐振电路的 Q 值降低，使通频带变宽，选择性变差。在实际电路中，通常采用互感耦合、自耦变压器耦合或电容耦合等方法减小信号源内阻和负载电阻对谐振电路 Q 值的影响。

例 12-9 图 12-27a 所示电路，现调节电容使电路达到谐振，图中 R_p 为电感的等效损耗电阻，已知信号源的频率 $f = 1\text{MHz}$，$I_s = 1/160\text{mA}$，$R_s = 160\text{k}\Omega$，负载电阻 $R_L = 5\text{k}\Omega$，$C = 100\text{pF}$，$Q_L = 100$，$N_1 = 100$ 匝，$N_2 = 25$ 匝。试求 L_1、R_p、U_0、BW。

解 因为负载电阻 R_L 较小，若负载电阻 R_L 直接和谐振电路相接，谐振电路的等效并联电阻值会很小，谐振电路的品质因数会下降很多，谐振电路将失去选频功能。为减小负载对谐振电路的影响，该电路采用了全耦合变压器。根据全耦合变压器的电路模型，可得如图 12-27b 所示等效电路，又根据理想变压器的阻抗变换性质，可得如图 12-27c 所示的等效电路，其中

$$R_L' = \frac{R_L}{n^2} = 5\times4^2\text{k}\Omega = 80\text{k}\Omega$$

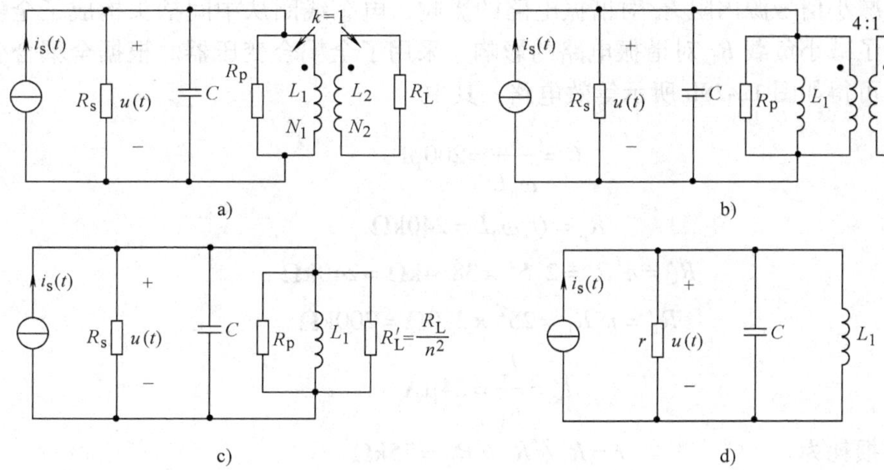

图 12-27　例 12-9 图

$$L_1=\frac{1}{\omega_0^2 C}=254\mu\text{H}$$

$$R_p=\omega_0 L Q_L\approx 160\text{k}\Omega$$

电路总的损耗为　$r=R_s /\!/ R_p /\!/ R_L'=40\text{k}\Omega$

电路的有载品质因数为　$Q'=\frac{r}{\omega_0 L_1}=\omega_0 Cr=25$

谐振时电路电压　$U_0=I_s r=(1/160)\times 10^{-3}\times 40\times 10^3\text{V}=\frac{1}{4}\text{V}$

电路的通频带　$BW_f=\frac{f_0}{Q'}=\frac{10^6}{25}\text{Hz}=40\text{kHz}$

例 12-10　某晶体管收音机的一级中放电路如图 12-28a 所示，现调节电容使电路达到谐振，已知信号源的频率为 465kHz，$I_s=60\mu\text{A}$，$R_s=38.4\text{k}\Omega$，$L=586\mu\text{H}$，$Q_L=140$，$R_L=320\Omega$，$n_1=\frac{N_1+N_2}{N_1}=2.5$，$n_2=\frac{N_1+N_2}{N_3}=25$。试求 C、U_2、BW_f。

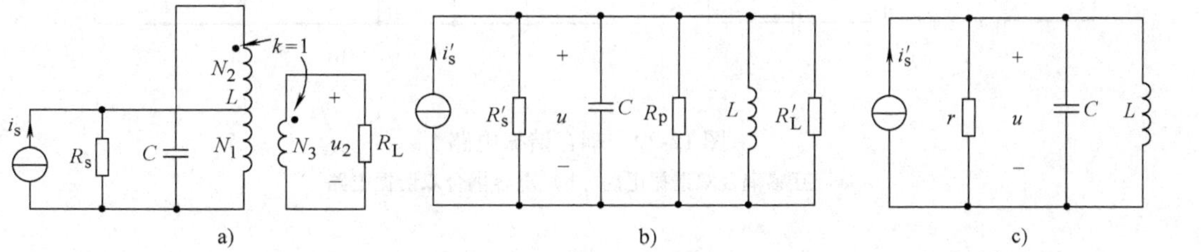

图 12-28　例 12-10 图

解 为了减小信号源内阻 R_s 对谐振电路的影响，电感线圈从中间抽头构成了全耦合自耦变压器，为了减小负载 R_L 对谐振电路的影响，采用了全耦合变压器。根据全耦合变压器的电路模型，可得如图 12-28b 所示等效电路，其中

$$C=\frac{1}{\omega_0^2 L}=200\text{pF}$$

$$R_p=Q_L\omega_0 L=240\text{k}\Omega$$

$$R_s'=n_1^2R_s=2.5^2\times 38.4\text{k}\Omega=240\text{k}\Omega$$

$$R_L'=n_2^2R_L=25^2\times 320\Omega=200\text{k}\Omega$$

$$I_s'=\frac{I_s}{n_1}=24\mu\text{A}$$

电路总的损耗为 $$r=R_s/\!/R_p/\!/R_L'=75\text{k}\Omega$$

电路的有载品质因数为 $$Q'=r/\omega_0 L=44$$

电路的通频带 $$BW_f=\frac{f_0}{Q'}=\frac{465}{44}\times 10^3\text{Hz}=10.6\text{kHz}$$

谐振时电路电压 $$U=I_s'r=24\times 10^{-6}\times 75\times 10^3\text{V}=1.8\text{V}$$

$$U_2=\frac{U}{n_2}=72\text{mV}$$

12.4 耦合双谐振电路

从前面对串联谐振电路及并联谐振电路的分析可以看到，由一个电感线圈与一个电容器组成的单谐振电路，其谐振曲线，在通带内对所有频率分量不能均匀地通过，而对于通带外的信号则抑制得不够。而且品质因数 Q 越高，通频带与选择性的矛盾就越突出。为了改善单谐振电路的谐振曲线，常采用两个单谐振电路相耦合的方法。最常用的耦合谐振电路有**互感耦合双谐振电路**及**电容耦合双谐振电路**，如图 12-29 所示。

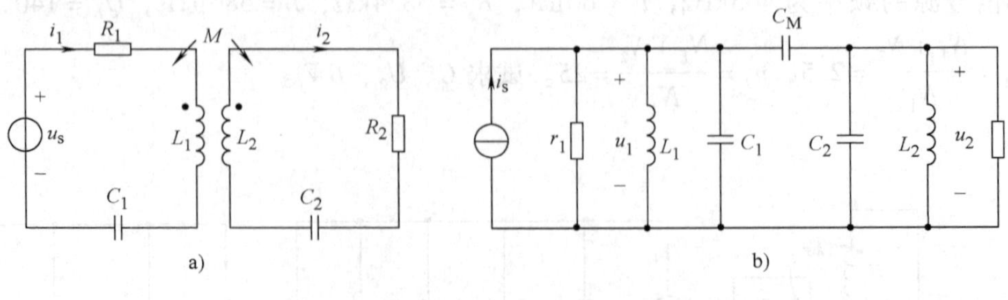

图 12-29 耦合谐振电路

a）互感耦合双谐振电路 b）电容耦合双谐振电路

耦合谐振电路由一次回路和二次回路组成，与信号源相接的电路称一次回路，接负载的电路称二次回路。图 12-29a 中两回路均为串联谐振电路，信号源为电压源，其内阻计入一

次回路的等效串联电阻 R_1 内，负载电阻与二次回路相串联，并计入二次回路的等效串联回阻 R_2 内，两回路之间由互感 M 相耦合。图 12-29b 中两电路均为并联谐振电路，信号源为电流源，其内阻计入一次电路的等效并联电阻 r_1 内，负载电阻与二次电路相并联，并计入二次电路的等效并联电阻 r_2 内，两电路之间由电容 C_M 相耦合。

12.4.1　耦合电路的耦合方式及耦合系数

在分析耦合谐振电路之前，首先对耦合的物理概念、耦合方式及耦合强弱等问题作一些讨论。所谓耦合是指两个回路存在共有的阻抗，使两个回路的工作互相产生影响。在第 10 章曾对互感耦合电路进行过分析，耦合电路除互感耦合外还有其他形式，一般耦合元件都使用电抗元件，其他常见的耦合电路，其相量模型如图 12-30 所示。

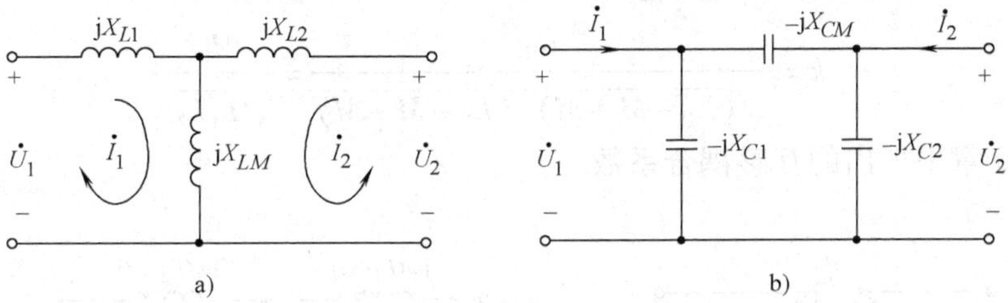

图 12-30　常用耦合电路的相量模型

下面讨论耦合的定义及耦合系数的计算公式。对图 12-30a 所示电路，利用回路电流法可得

$$\left.\begin{aligned}\mathrm{j}(X_{L1}+X_{LM})\dot{I}_1+\mathrm{j}X_{LM}\dot{I}_2=\dot{U}_1\\ \mathrm{j}X_{LM}\dot{I}_1+\mathrm{j}(X_{L2}+X_{LM})\dot{I}_2=\dot{U}_2\end{aligned}\right\}\tag{12-52}$$

从式（12-52）可看出，$\dot{I}_1$ 对回路 2 的影响及 $\dot{I}_2$ 对回路 1 的影响都是通过两回路共有的阻抗 $\mathrm{j}X_{LM}$ 产生的，把这一共有的阻抗 $\mathrm{j}X_{LM}$ 称电路 1、2 的耦合阻抗。

当单考虑回路 1 对回路 2 的影响时

$$\dot{U}_2\big|_{\dot{I}_2=0}=\mathrm{j}X_{LM}\dot{I}_1=\frac{X_{LM}}{X_{L1}+X_{LM}}\dot{U}_1$$

其耦合系数为

$$k_1=\frac{\dot{U}_2}{\dot{U}_1}\bigg|_{\dot{I}_2=0}=\frac{X_{LM}}{X_{L1}+X_{LM}}$$

当单考虑回路 2 对回路 1 的影响时

$$\dot{U}_1\big|_{\dot{I}_1=0}=\mathrm{j}X_{LM}\dot{I}_2=\frac{X_{LM}}{X_{L2}+X_{LM}}\dot{U}_2$$

其耦合系数为

$$k_2=\frac{\dot{U}_1}{\dot{U}_2}\bigg|_{\dot{I}_1=0}=\frac{X_{LM}}{X_{L2}+X_{LM}}$$

则两个回路的工作互相产生影响时，其耦合系数定义为

$$k=\sqrt{k_1k_2}=\frac{X_{LM}}{\sqrt{(X_{L1}+X_{LM})(X_{L2}+X_{LM})}}=\frac{L_M}{\sqrt{(L_1+L_M)(L_2+L_M)}} \tag{12-53}$$

耦合系数表明两回路之间的耦合度，因此耦合系数越大，两回路相互之间的影响就越大。

对图 12-30b 所示电路，其耦合系数为

$$k=\sqrt{k_1k_2}=\frac{C_M}{\sqrt{(C_1+C_M)(C_2+C_M)}} \tag{12-54}$$

请读者按上述方法自行推导。

对于互感耦合电路，如将其转换为去耦等效电路，其电路结构与图 12-30a 所示形式完全相同，如图 12-31b 所示，因此可得

$$k=\frac{L_M}{\sqrt{(L_1-M+M)\ (L_2-M+M)}}=\frac{M}{\sqrt{L_1L_2}}$$

该式即为第 10 章中得出的互感耦合系数。

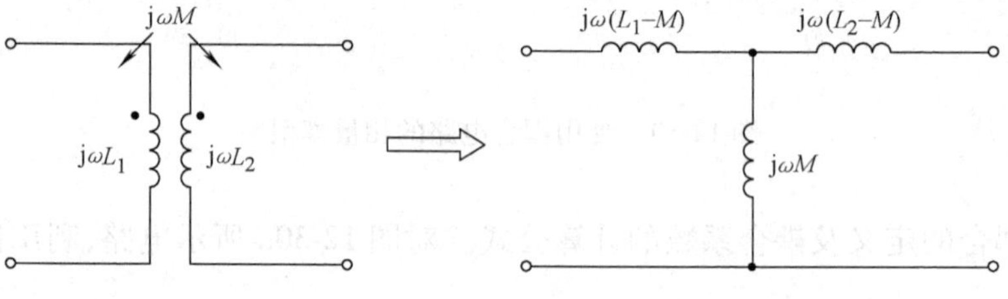

图 12-31　互感耦合转换为等效的电感耦合

12.4.2　互感耦合双谐振电路的谐振现象

对于耦合谐振电路，凡是达到一次侧等效电路的电抗为零，或二次侧等效电路的电抗为零或一、二次回路的电抗同时为零，均称电路达到了谐振。调谐的方法可以是调节一次回路的电抗、调节二次回路的电抗及两回路间的耦合程度。对于互感耦合双谐振电路，由于一次、二次回路通过反映阻抗相互影响，因而其谐振现象比单谐振电路要复杂。根据调节的参数不同，耦合谐振电路的谐振条件也不同。由于耦合谐振电路的两个谐振回路一般都调谐在同一中心频率上，因此下面对互感耦合双谐振电路的分析也仅局限在这一条件下，即一、二次两个谐振回路均调谐在同一谐振频率 ω_0 上。

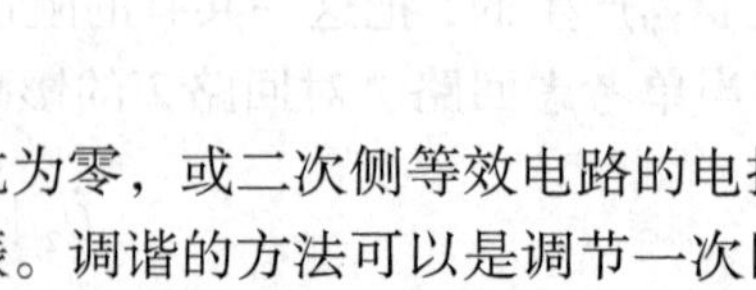

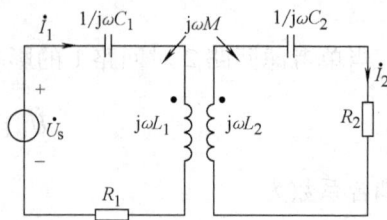

图 12-32　互感耦合双谐振电路

对图 12-32 所示互感耦合双谐振电路，调节一次回路的电抗及二次回路的电抗，使两个回路都单独的与信号源频率达到谐振，即

$$X_{11}=\omega L_1-\frac{1}{\omega C_1}=0$$

$$X_{22}=\omega L_2-\frac{1}{\omega C_2}=0$$

此时称耦合谐振电路达到全谐振。在全谐振的条件下，两个回路阻抗均呈电阻性，即

$$Z_{11}=R_1,\ Z_{22}=R_2$$

此时一、二次回路电流分别为

$$\dot{I}_1=\frac{\dot{U}_s}{R_1+R_1'}=\frac{\dot{U}_s}{R_1+\frac{(\omega M)^2}{R_2}}=\frac{R_2\dot{U}_s}{R_1R_2+(\omega M)^2} \tag{12-55}$$

$$\dot{I}_2=\frac{\mathrm{j}\omega M\frac{\dot{U}_s}{R_1}}{R_2+R_2'}=\frac{\mathrm{j}\omega M\frac{\dot{U}_s}{R_1}}{R_2+\frac{(\omega M)^2}{R_1}}=\frac{\mathrm{j}\omega M\dot{U}_s}{R_1R_2+(\omega M)^2} \tag{12-56}$$

如果在全谐振的基础上再调节耦合量，使电路达到匹配，即

$$R_1'=\frac{(\omega M)^2}{R_2}=R_1$$

$$\omega M=\sqrt{R_1R_2} \tag{12-57}$$

将式（12-57）代入式（12-56）可得

$$\dot{I}_2=\frac{\mathrm{j}\sqrt{R_1R_2}\dot{U}_s}{R_1R_2+R_1R_2}=\frac{\mathrm{j}\dot{U}_s}{2\sqrt{R_1R_2}}=\dot{I}_{2\max} \tag{12-58}$$

此时二次回路电流达到可能达到的最大值。

耦合谐振电路的耦合阻抗等于式（12-57）的数值时，称一、二次回路达到**临界耦合**。临界耦合的耦合系数用 k_c 表示。对于互感耦合谐振电路，因为耦合系数为

$$k=\frac{M}{\sqrt{L_1L_2}}=\frac{\omega M}{\sqrt{\omega L_1\omega L_2}}$$

故临界耦合系数为
$$k_c=\frac{\sqrt{R_1R_2}}{\sqrt{\omega L_1\omega L_2}}=1\bigg/\sqrt{\frac{\omega L_1}{R_1}\frac{\omega L_2}{R_2}}$$

由于耦合谐振电路信号占有的频带集中在谐振电路的谐振频率附近，故上式可写成

$$k_c\approx\frac{1}{\sqrt{Q_1Q_2}} \tag{12-59}$$

当两个电路具有相同的 Q 值时，则有

$$k_c=\frac{1}{Q} \tag{12-60}$$

从式（12-60）可见，对于 Q 值较高的谐振电路，临界耦合系数很小。把耦合谐振电路两回路间的实际耦合系数与临界耦合系数之比

$$A=\frac{k}{k_c} \tag{12-61}$$

称为**耦合因数**，在耦合谐振电路的分析中，耦合因数 A 是表示耦合谐振电路耦合相对强弱的一个重要参数。

12.4.3 耦合谐振电路的谐振曲线及通频带

上面对互感耦合谐振电路在谐振条件下的工作情况作了分析，然而谐振电路作为选频网络需要通过一定频带宽度的信号，因此，还必须研究谐振电路处于失谐状态下的工作情况。对互感耦合谐振电路，主要分析在不同频率的信号源 u_s 激励下二次电路电流 i_2 的幅值与相位随工作频率变化的特性。由于一般耦合谐振电路都调谐在同一中心频率上，因此，下面的分析也局限在两个谐振电路都调谐在同一谐振频率 ω_0 这一条件，而且为了分析简单，设两回路有相同的 Q 值。

1. 互感耦合谐振电路的谐振曲线

对图 12-32 所示互感耦合双谐振电路列电路方程可得

$$\left.\begin{aligned}\left[R_1+\mathrm{j}\left(\omega L_1-\frac{1}{\omega C_1}\right)\right]\dot{I}_1-\mathrm{j}\omega M\dot{I}_2&=\dot{U}_s\\ -\mathrm{j}\omega M\dot{I}_1+\left[R_2+\mathrm{j}\left(\omega L_2-\frac{1}{\omega C_2}\right)\right]\dot{I}_2&=0\end{aligned}\right\} \tag{12-62}$$

令 $Q_1=Q_2=Q$，$\omega_{01}=\omega_{02}$可得

$$\frac{\omega L_1-\dfrac{1}{\omega C_1}}{R_1}=\frac{\omega L_2-\dfrac{1}{\omega C_2}}{R_2}=Q\left(\frac{\omega}{\omega_0}-\frac{\omega_0}{\omega}\right)=\xi \tag{12-63}$$

ξ 是用来衡量信号源频率 ω 与电路谐振频率 ω_0 偏离的程度，也就是表示失谐程度的量，而且不论是信号源频率变化还是谐振电路的参量（Q 或 ω_0）变化引起的失谐，都能在 ξ 值中得到反映，因此称 ξ 为**一般失谐**。

由 $M=k\sqrt{L_1L_2}$ 及式（12-59）、式（12-61）可得

$$\begin{aligned}\omega M&=k\sqrt{\omega L_1\omega L_2}=k\sqrt{R_1R_2}\sqrt{\frac{\omega L_1\omega L_2}{R_1R_2}}\\&=k\sqrt{R_1R_2}\sqrt{Q_1Q_2}=\frac{k}{k_c}\sqrt{R_1R_2}=A\sqrt{R_1R_2}\end{aligned} \tag{12-64}$$

将式（12-63）、式（12-64）式代入式（12-62），整理后得

$$\left.\begin{aligned}R_1(1+\mathrm{j}\xi)\dot{I}_1-\mathrm{j}A\sqrt{R_1R_2}\dot{I}_2&=\dot{U}_s\\ -\mathrm{j}A\sqrt{R_1R_2}\dot{I}_1+R_2(1+\mathrm{j}\xi)\dot{I}_2&=0\end{aligned}\right\} \tag{12-65}$$

由式（12-65）解出 $\dot{I}_2$

$$\dot{I}_2=\frac{\mathrm{j}A\sqrt{R_1R_2}\dot{U}_s}{R_1R_2(1+\mathrm{j}\xi)(1+\mathrm{j}\xi)+A^2R_1R_2}=\frac{\mathrm{j}A\dot{U}_s}{\sqrt{R_1R_2}[(1+\mathrm{j}\xi)^2+A^2]}$$

根据式(12-58)，上式可写成

$$\dot{I}_2=\frac{\mathrm{j}A\dot{U}_s}{\sqrt{R_1R_2}[(1+\mathrm{j}\xi)^2+A^2]}=\frac{2A\dot{I}_{2max}}{(1+\mathrm{j}\xi)^2+A^2}$$

由此得到

$$\frac{\dot{I}_2}{\dot{I}_{2max}}=\frac{2A}{(1+\mathrm{j}\xi)^2+A^2}=\frac{2A}{(1+A^2-\xi^2)+\mathrm{j}2\xi}=\left|\frac{\dot{I}_2}{\dot{I}_{2max}}\right|\angle\varphi \quad (12\text{-}66)$$

式中

$$\left|\frac{\dot{I}_2}{\dot{I}_{2max}}\right|=\frac{I_2}{I_{2max}}=\frac{2A}{\sqrt{(1+A^2-\xi^2)^2+4\xi^2}} \quad (12\text{-}67)$$

式（12-67）为二次电路电流相对于其在临界耦合下全谐振时电流的谐振曲线方程。

$$\varphi=-\arctan\frac{2\xi}{1+A^2-\xi^2} \quad (12\text{-}68)$$

式（12-68）为二次电路电流滞后于其在临界耦合下全谐振时电流的相位特性方程。

由式（12-67），可以画出以 A 为参变量的一组谐振曲线。如图 12-33 所示。下面对谐振曲线方程式（12-67）进行分析，令 $\frac{\mathrm{d}(I_2/I_{2max})}{\mathrm{d}\xi}=0$ 可解得谐振曲线方程的极值点，即

$$\xi_1=0,\ \xi_2=\sqrt{A^2-1},\ \xi_3=-\sqrt{A^2-1}$$

从上面得到的结果看，极值点和 A 有关。下面分 3 种情况讨论。

（1）当 $A<1$ 时，ξ_2、ξ_3 是虚数，没有意义，因此在 $\xi=0$ 处只有一个极大值，即谐振曲线呈单峰，峰值出现在 $\omega=\omega_0$ 处，此时，峰值 $I_2/I_{2max}=\frac{2A}{1+A^2}<1$。峰值点即为弱耦合下的全谐振情况，耦合越弱，二次电流峰值越小，曲线也越尖锐而狭窄，这种情况没有实际应用意义。

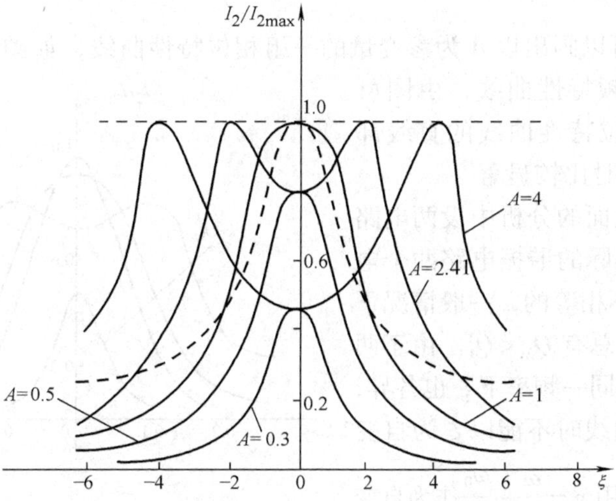

图 12-33　耦合谐振电路的谐振曲线 $\omega_{01}=\omega_{02}$，$Q_1=Q_2$

（2）当 $A=1$ 时，$\xi_1=\xi_2=\xi_3=0$，因此在 $\xi=0$ 处也只有一个极大值，即曲线呈单峰，峰值出现在 $\omega=\omega_0$ 处，此时，峰值为 $I_2/I_{2\max}=\dfrac{2A}{1+A^2}=1$。峰值点即为临界耦合下的全谐振情况。这一曲线与具有相同 Q 值的单谐振电路相比（图中虚线所示），峰顶比较平坦，两侧曲线下降比较陡峭，因而具有较好的频率响应特性。

（3）当 $A>1$ 时，在 $\xi=0$，$\xi=\pm\sqrt{A^2-1}$处出现极值，在 $\xi=0$ 即 $\omega=\omega_0$ 处，$I_2/I_{2\max}=\dfrac{2A}{1+A^2}<1$ 成为谷值，而且 A 值越大其谷值就越小；而在 $\xi=\pm\sqrt{A^2-1}$处出现双峰，而且 A 值越大双峰间的距离越远，但峰值不变，均为 $I_2/I_{2\max}=1$，此时，谐振曲线具有双峰（双峰所在点的频率上，耦合谐振电路的初、次级等效电路发生谐振），即一、二次侧等效电路对 $\omega<\omega_0$ 的某一频率和 $\omega>\omega_0$ 的某一频率发生谐振。其原理留给读者分析。

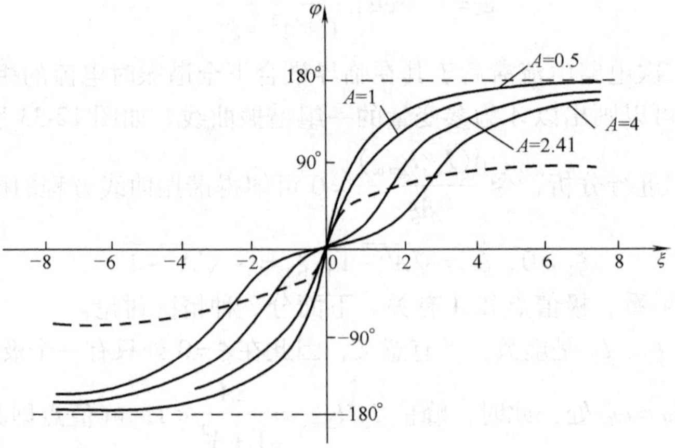

图 12-34　耦合谐振电路的相频特性曲线 $\omega_{01}=\omega_{02}$，$Q_1=Q_2$

由式（12-68），可以画出以 A 为参变量的一组相位特性曲线，如图 12-34 所示。图中虚线为单谐振电路的相频特性曲线，由图可见耦合谐振电路的相位特性曲线的直线部分较宽，尤其是 $A=1$ 时比较显著。

为分析简便，在上面的分析中设两电路的品质因数相等，但实际的谐振电路两个电路的品质因数 Q 值是不相等的，一般情况下由于二次电路接负载，总有 $Q_2<Q_1$。由于两个电路的 Q 值不同，在同一频率下 ξ 也各异，因此在绘制频率特性曲线时不能以 ξ 为自变量，在这种情况下可以用 $\varepsilon=\dfrac{\omega}{\omega_0}-\dfrac{\omega_0}{\omega}$作为自变量。谐振曲线如图 12-35 所示。图中 $k_c=1/$

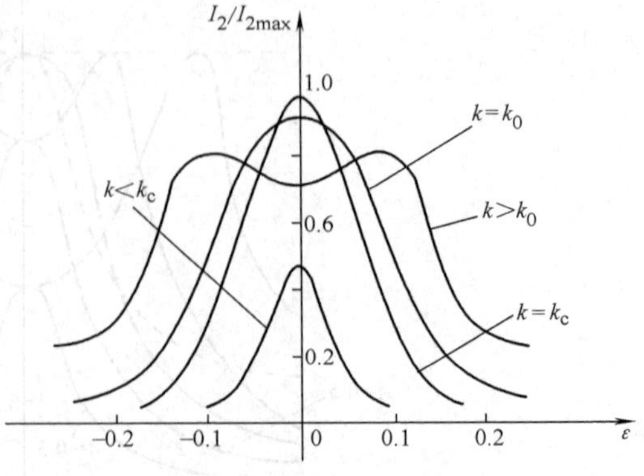

图 12-35　耦合谐振电路的谐振曲线 $\omega_{01}=\omega_{02}$，$Q_2<Q_1$

$\sqrt{Q_1Q_2}$为临界耦合系数，$k_0=\sqrt{\frac{1}{2}\left(\frac{1}{Q_1^2}+\frac{1}{Q_2^2}\right)}$为**最佳耦合**系数，不难看出 $k_0>k_c$。

从图 12-35 可见，当电路间的耦合为最佳耦合时，由于不匹配，在全谐振时二次电路电流 $I_2<I_{2max}$，但谐振曲线较临界耦合时更平坦，通频带也更宽，这对实际应用更为有利。在这里不再进行具体分析。

2. 耦合谐振电路的通频带

下面讨论耦合谐振电路的通频带，在这里只讨论全谐振条件下的耦合谐振电路。耦合谐振电路的通频带定义为，二次电路电流 I_2 不小于其最大值 I_{2max} 的 $1/\sqrt{2}$的频率范围。因为耦合因数 A 为谐振曲线方程式的参变量，通频带也和 A 有关。由图 12-33 所示波形可见，当 $A<1$ 时谐振曲线呈单峰，选频特性还不如单谐振电路，实际应用中一般都不采用，下面分两种情况讨论。

（1）当 $A=1$ 时，由式（12-67）可得

$$\frac{I_2}{I_{2max}}=\frac{2}{\sqrt{\xi^4+4}}$$

根据通频带的定义，在通频带的两个边界频率上应满足

$$\frac{I_2}{I_{2max}}=\frac{2}{\sqrt{\xi^4+4}}=\frac{1}{\sqrt{2}}$$

由上式可得　$\xi=\pm\sqrt{2}$，即 $\xi=Q\left(\frac{\omega}{\omega_0}-\frac{\omega_0}{\omega}\right)=\pm\sqrt{2}$，由此可解得通频带为

$$\frac{BW}{\omega_0}=\frac{BW_f}{f_0}=\frac{\xi}{Q}=\frac{\sqrt{2}}{Q} \tag{12-69}$$

可见，其通频带为相同 Q 值单谐振电路通频带的$\sqrt{2}$倍。

（2）当 $A>1$ 时，谐振曲线出双峰，在 $\xi=0$ 处成为谷值，而且 A 值越大其谷值就越小，根据通频带的定义，这一谷值不能小于 $1/\sqrt{2}$，即在 $\xi=0$ 处式（12-67）应满足

$$I_2/I_{2max}=\frac{2A}{1+A^2}\geqslant\frac{1}{\sqrt{2}}$$

由此可解得 $A\leqslant2.41$，此时，在通频带的两个边界频率上式（12-67）应满足

$$\frac{I_2}{I_{2max}}=\frac{2A}{\sqrt{(1+A^2-\xi^2)^2+4\xi^2}}=\frac{1}{\sqrt{2}}$$

由上式可解得

$$\xi_{1,2}=\pm\sqrt{A^2+2A-1}$$

由此可得 $1<A\leqslant2.41$ 的情况下通频带的计算公式为

$$BW=\frac{\omega_0}{Q}\sqrt{A^2+2A-1} \tag{12-70}$$

当 $A=2.41$ 时

$$\xi_{1,2}=\pm\sqrt{A^2+2A-1}=\pm3.14$$

由此可解得耦合谐振电路的最大通频带为（见图 12-36）

$$\frac{BW}{\omega_0}=\frac{BW_f}{f_0}=\frac{3.14}{Q} \tag{12-71}$$

可见，耦合谐振电路的通频带，最大可达到相同 Q 值单谐振电路通频带的 3.14 倍。

在实际应用中，为使在通频带内曲线较平坦，一般把 A 调节到略大于 1。

例 12-11 图 12-37 所示电路中，已知 $L_1=L_2=L=100\mu\text{H}$，$U_s=1\text{V}$，一、二次电路的品质因数 $Q_1=Q_2=50$，信号源的工作频率为 $f=10^6\text{Hz}$。现调节 C_1、C_2 及 M 使电路达到临界耦合下的全谐振。求 C_1，C_2、M、$I_{2\max}$ 及 BW_f。

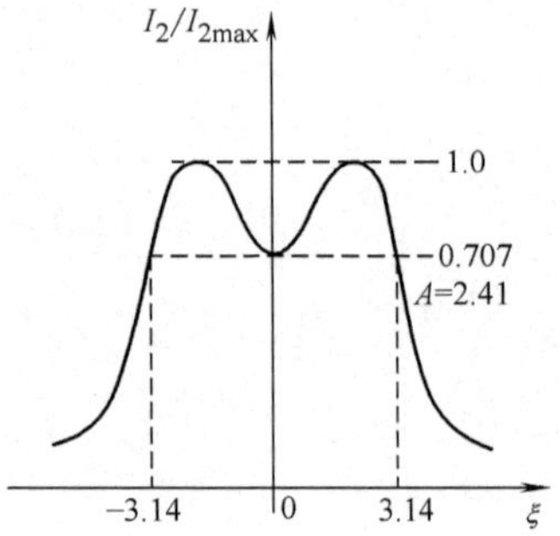

图 12-36 耦合谐振电路的最大通频带

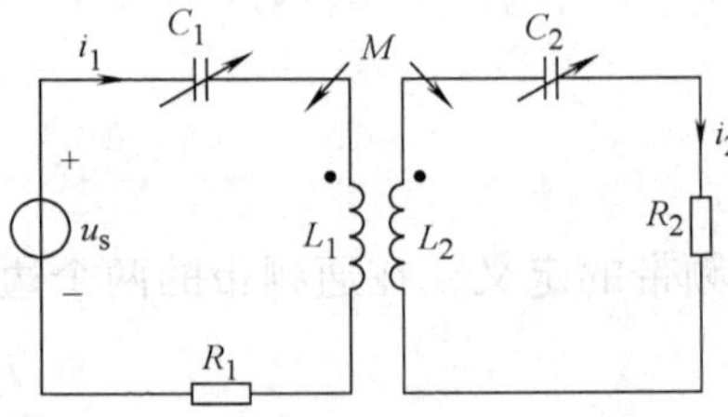

图 12-37 例 12-11 图

解 由全谐振的条件

$$X_{11}=\omega L_1-\frac{1}{\omega C_1}=0 \quad X_{22}=\omega L_2-\frac{1}{\omega C_2}=0$$

可得 $C_1=C_2=\dfrac{1}{\omega^2 L}=253.5\text{pF}$

由临界耦合条件 $k=k_c=\dfrac{1}{Q}=\dfrac{M}{\sqrt{L_1L_2}}$可得

$$M=\frac{\sqrt{L_1L_2}}{Q}=2\mu\text{H}$$

因为 $Q_1=Q_2=50$，所以 $R_1=R_2=\omega_0L/Q$。

由式（12-58）可得

$$I_{2\max}=\frac{U_s}{2\sqrt{R_1R_2}}=\frac{U_s}{2(\omega_0L/Q)}=39.8\text{mA}$$

临界耦合时 $A=1$，由式（12-69）可得

$$BW_f=\sqrt{2}\frac{f_0}{Q}=28.2\times10^3\text{Hz}$$

12.4.4　电容耦合双谐振电路

上面对互感耦合双谐振电路作了较详细的讨论，在电子电路中，耦合谐振电路更多采用电容耦合，其等效电路如图 12-29b 所示，为便于讨论重画于图 12-38。图中 i_s 为信号源电流，电流源内阻计入一次电路的等效并联电阻 r_1 内。二次电路电压 u_2 为电路的响应，负载电阻与二次电路相并联，也计入二次电路的等效并联电阻 r_2 内。两电路之间由电容 C_M 相耦合，其耦合系数前面已讨论过，即

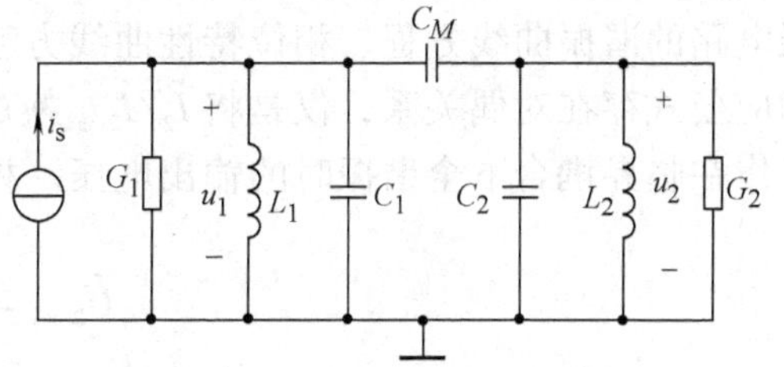

图 12-38　电容耦合双谐振电路

$$k=\frac{C_M}{\sqrt{(C_1+C_M)(C_2+C_M)}} \tag{12-72}$$

对电容耦合双谐振电路，主要分析在不同频率的信号源 i_s 激励下二次电路电压 u_2 的幅值与相位随工作频率变化的特性。由于一般耦合谐振电路都调谐在同一中心频率上，因此，下面分析也局限在两个谐振电路都调谐在同一谐振频率，即 $\omega_0=\omega_{01}=\omega_{02}$ 这一条件，而且为分析简单设两电路有相同的品质因数，即 $Q_1=Q_2=Q$。

对图 12-38 所示电路，列节点电压方程可得

$$\left.\begin{aligned}&\left[G_1+\mathrm{j}\omega(C_1+C_M)-\mathrm{j}\frac{1}{\omega L_1}\right]\dot{U}_1-\mathrm{j}\omega C_M\dot{U}_2=\dot{I}_s\\&-\mathrm{j}\omega C_M\dot{U}_1+\left[G_2+\mathrm{j}\omega(C_2+C_M)-\mathrm{j}\frac{1}{\omega L_2}\right]\dot{U}_2=0\end{aligned}\right\} \tag{12-73}$$

令 $C_1'=C_1+C_M$，$C_2'=C_2+C_M$，$\omega_{01}=1/\sqrt{L_1C_1'}$，$\omega_{02}=1/\sqrt{L_2C_2'}$，$Q_1=\dfrac{r_1}{\omega_0L_1}$，$Q_2=\dfrac{r_2}{\omega_0L_2}$，可得

$$\frac{\omega C_1'-\dfrac{1}{\omega L_1}}{G_1}=\frac{\omega C_2'-\dfrac{1}{\omega L_2}}{G_2}=Q\left(\frac{\omega}{\omega_0}-\frac{\omega_0}{\omega}\right)=\xi \tag{12-74}$$

由式（12-72），耦合阻抗 ωC_M 可表示为

$$\begin{aligned}\omega C_M&=k\sqrt{\omega(C_1+C_M)\omega(C_2+C_M)}=k\sqrt{\omega C_1'\omega C_2'}\\&=k\sqrt{G_1G_2}\sqrt{\frac{\omega C_1'\omega C_2'}{G_1G_2}}=k\sqrt{G_1G_2}\sqrt{Q_1Q_2}\\&=\frac{k}{k_c}\sqrt{G_1G_2}=A\sqrt{G_1G_2}\end{aligned} \tag{12-75}$$

式中，k_c 为临界耦合系数，$k_c=\dfrac{1}{\sqrt{Q_1Q_2}}$。

将式（12-74）、式（12-75）代入式（12-73）并整理，可得

$$\left.\begin{aligned}G_1(1+\mathrm{j}\xi)\dot{U}_1-\mathrm{j}A\sqrt{G_1G_2}\dot{U}_2=\dot{I}_\mathrm{s}\\-\mathrm{j}A\sqrt{G_1G_2}\dot{U}_1+G_2(1+\mathrm{j}\xi)\dot{U}_2=0\end{aligned}\right\}\tag{12-76}$$

对照式（12-76）与式（12-65）可见，这两组方程式具有对偶关系，因而，电容耦合双谐振电路的谐振曲线方程、相位特性曲线方程及通频带的计算公式也与电感耦合双谐振电路的相应公式存在对偶关系，仅是将 $\dot{I}_2/\dot{I}_{2\max}$ 换成 $\dot{U}_2/\dot{U}_{2\max}$ 即可。这里 $\dot{U}_{2\max}$ 为电容耦合双谐振电路工作在临界耦合下全谐振时的输出电压。根据对偶关系可得

$$\dot{U}_{2\max}=\frac{\mathrm{j}\dot{I}_\mathrm{s}}{2\sqrt{G_1G_2}}\tag{12-77}$$

$$\frac{\dot{U}_2}{\dot{U}_{2\max}}=\frac{2A}{(1+\mathrm{j}\xi)^2+A^2}=\frac{2A}{(1+A^2-\xi^2)+\mathrm{j}2\xi}\tag{12-78}$$

其中，式（12-77）与式（12-58）对偶，式（12-78）与式（12-66）对偶，其他的公式也完全可用对偶关系确定，在这不再赘述。

例 12-12 某电视机的图像中放的等效电路如图 12-39 所示，电路调谐在信号源的中心频率。已知两个线圈的品质因数 $Q_{L1}=Q_{L2}=50$，$C_1=C_2=33\text{pF}$，$C_M=3\text{pF}$，$R_\mathrm{s}=R_\mathrm{L}=4\text{k}\Omega$，信号源的中心频率为 $f=31.5\text{MHz}$，$I_\mathrm{s}=2\text{mA}$。求 L_1、L_2、A、BW_f 及谐振时的二次电压 U_{20}。

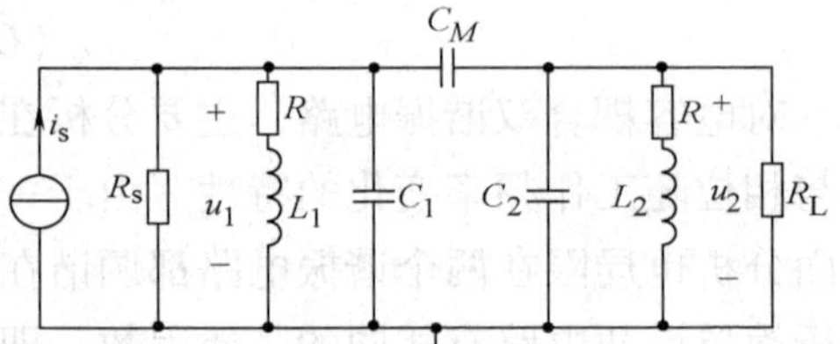

图 12-39 例 12-12 图

解 由全谐振的条件可得

$$L_1=L_2=\frac{1}{\omega^2C'}=\frac{1}{\omega^2(C_1+C_M)}=0.7\mu\text{H}$$

由 $Q_L=\dfrac{R_\mathrm{p}}{\omega_0L}=50$ 可得线圈的并联等效损耗电阻

$$R_\mathrm{p}=Q_L\omega_0L=7\text{k}\Omega$$

谐振电路的一、二次侧等效电阻为 $r=R_\mathrm{p}/\!/R_\mathrm{s}=R_\mathrm{p}/\!/R_\mathrm{L}=2.55\text{k}\Omega$

电路的有载品质因数 $Q'=\dfrac{r}{\omega_0L}\approx18.4$

由 $k_\mathrm{c}=\dfrac{1}{\sqrt{Q_1'Q_2'}}=\dfrac{1}{Q'}$ 和电容耦合系数的计算公式可得

$$A=\frac{k}{k_\mathrm{c}}=kQ'=\frac{C_M}{C_1+C_M}Q'=\frac{3}{36}\times18.4=1.53$$

用对偶关系，由式（12-70）可得

$$BW=\frac{f_0}{Q'}\sqrt{A^2+2A-1}=4.26\text{MHz}$$

由式（12-78）可得［注：发生谐振时，式（12-78）中 $\xi=0$］

$$U_{20}=\frac{2A}{1+A^2}U_{2\max}=\frac{2A}{1+A^2}\frac{I_s r}{2}=2.34\text{V}$$

习　　题

12-1　求图 12-40 所示电路的策动点阻抗函数 $Z(j\omega)$。并求 $\omega=0$、1、∞ rad/s 时阻抗的模和辐角，对 $\omega=0$和 $\omega=\infty$ 的阻抗值如何理解。

12-2　求图 12-41 所示电路的策动点导纳函数 $Y(j\omega)$。

12-3　图 12-42 所示电路中，已知电压源 $u_s(t)=12\cos 2t$V，单口网络 N 的输入阻抗为$Z(j\omega)$，求电流 $i(t)$。其中 $Z(j\omega)=\dfrac{j\omega[(j\omega)^2+16]}{4\omega+j(\omega^2-4)}$。

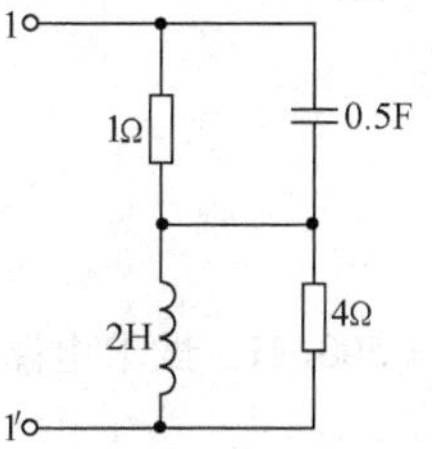

图 12-40　题 12-1 图

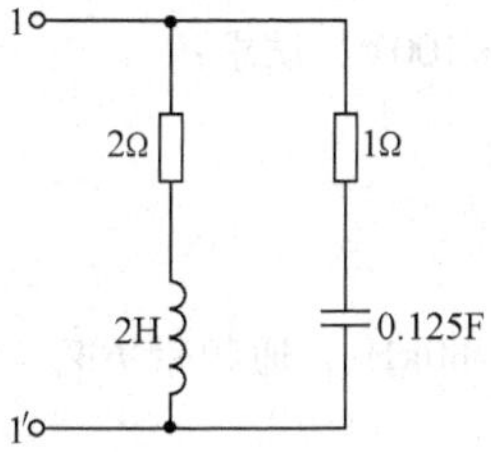

图 12-41　题 12-2 图

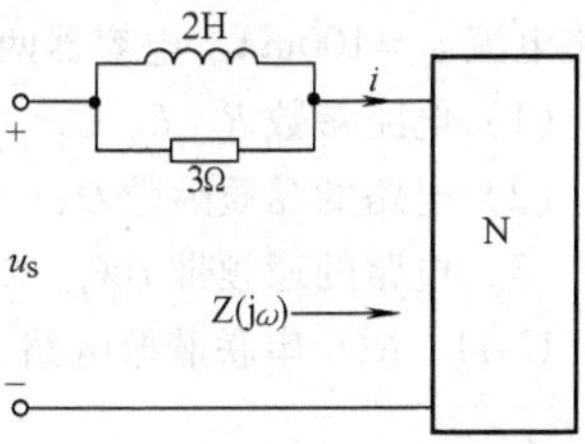

图 12-42　题 12-3 图

12-4　在电子电路中多级放大器常用图 12-43 所示电路进行级间耦合。若 $R=1.5\text{k}\Omega$，$C=10\mu\text{F}$，求该电路的通频带。若增大电容对通频带有何影响?

12-5　在图 12-43 所示电路中，$R=10\text{k}\Omega$，$C=0.01\mu\text{F}$，问：

（1）输入电压 u_1 的频率为多少时能使输出电压 u_2 的相移恰好超前于输入电压 45°?

（2）若输入电压 u_1 的频率为 600Hz，振幅为 1V，问输入与输出的相位差为多少度，输出电压的振幅为多少?

12-6　试总结出一阶低通电路和一阶高通电路电压转移函数 $A_u(j\omega)$ 的一般形式。分别求图 12-44a、b 所示电路的电压转移函数 $A_u(j\omega)$，粗略画出幅频特性曲线和相频特性曲线，并说明两电路分别具有何种滤波特性。

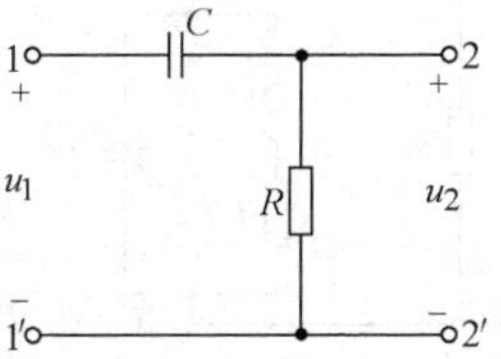

图 12-43　题 12-4 图

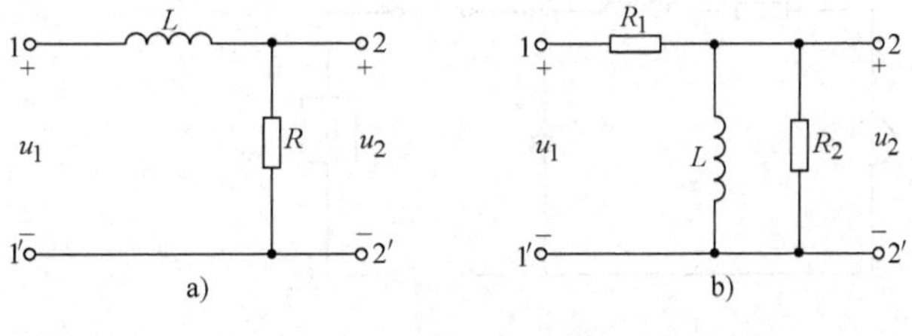

图 12-44　题 12-6 图

12-7　求图 12-45 所示电路的电压转移函数 $A_u(j\omega)$。

12-8　图 12-46 所示电路是一种相位滞后网络，可以补偿输出电压相位比输入电压相位超前而引起的误差，求当 $f=50\text{Hz}$ 时，输出对输入的相移是多少?

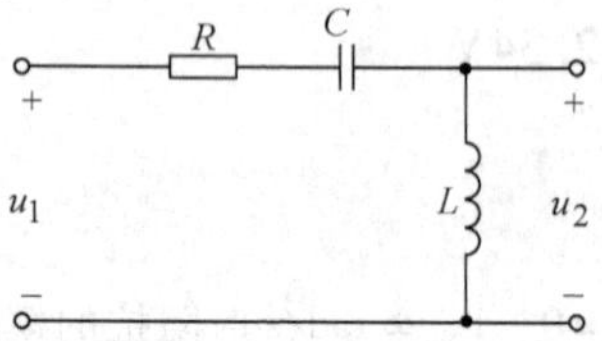

图 12-45　题 12-7 图

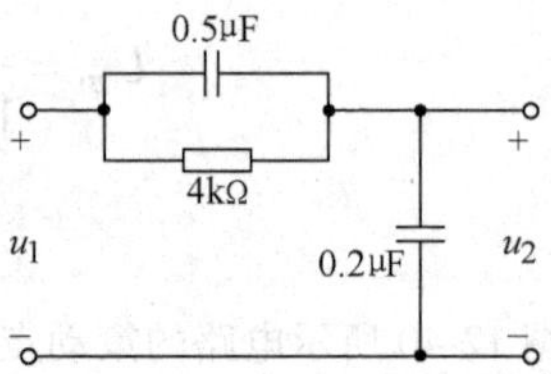

图 12-46　题 12-8 图

12-9　*RLC* 串联谐振电路中，已知 $R=10\Omega$，$L=0.2\text{mH}$，$C=5\text{nF}$，求：

（1）ω_0、Q、BW；

（2）电流为其谐振时电流的 80% 的频率值。

12-10　*RLC* 串联谐振电路，已知信号源电压 $U_s=1\text{V}$，频率 $f=1\text{MHz}$，现调节电容使电路达谐振，这时电路电流 $I_0=100\text{mA}$，电容器两端电压 $U_{C0}=100\text{V}$，试求：

（1）电路参数 R、L、C；

（2）电路的品质因数 Q；

（3）电路的通频带 BW_f。

12-11　*RLC* 串联谐振电路谐振频率为 480kHz、通频带 $BW_f=6\text{kHz}$。已知 $L=500\mu\text{H}$，试求电路的 Q、C、R。

12-12　*RLC* 串联谐振电路中，已知 $R=10\Omega$，$L=159\mu\text{H}$，谐振时电路电流 $I_0=100\text{mA}$，电感两端电压 $U_{L0}=100\text{V}$。求信号源电压有效值 U_s，电路品质因数 Q、ω_0、C。

12-13　*RLC* 串联谐振电路的谐振频率 $f_0=475\text{kHz}$，半功率点频率分别为 $f_1=472\text{kHz}$，$f_2=478\text{kHz}$，$L=500\mu\text{H}$，求电路品质因数 Q、C。

12-14　*RLC* 串联谐振电路中，已知信号源电压 $U_s=2\text{V}$，当电源频率 $f=f_0=100\text{kHz}$ 时，电路的谐振电流 $I_0=200\text{mA}$；当电源频率变为 $f_1=101\text{kHz}$ 时，电路电流 $I_1=141.4\text{mA}$。

（1）问电源频率为 $f_1=101\text{kHz}$ 时，电路对电源呈感性还是容性；

（2）求电路品质因数 Q 及参数 R、L、C。

12-15　在图 12-47 所示电路中，信号源电压 $U_s=0.1\text{V}$，频率为 $f=1\text{MHz}$，有耗线圈以 L 与 R 的串联作为其模型，当可变电容器 C 调到 80pF 时，电路达谐振，此时电容器两端电压 $U_{C0}=10\text{V}$。然后在 C 上并联一个导纳 Y_x，再调节 C 达谐振，此时 $C=60\text{pF}$，电容器两端电压 $U_{C0}=8\text{V}$，试求 Y_x、线圈的电感量 L 及品质因数 Q_L。

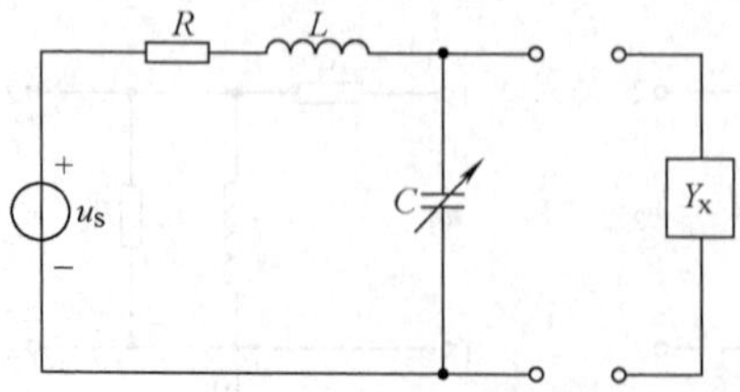

图 12-47　题 12-15 图

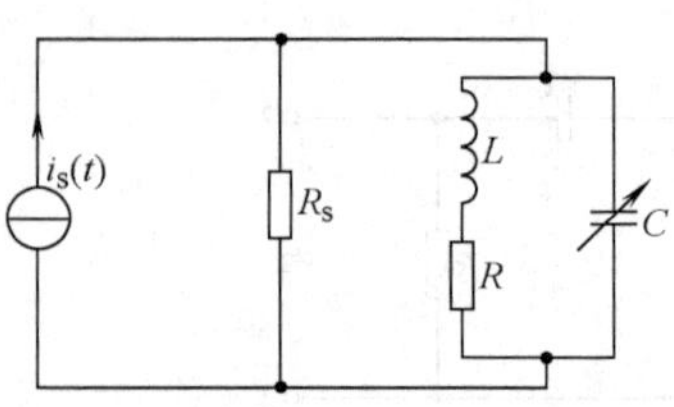

图 12-48　题 12-16 图

12-16　在图 12-48 所示电路中，已知信号源电流 $I_s=10\text{mA}$，内阻 $R_s=100\text{k}\Omega$，线圈电感 $L=100\mu\text{H}$，串联电阻 $R=10\Omega$，电容 $C=400\text{pF}$，设并联谐振电路对信号源已达谐振。试求：

（1）信号源的频率及并联谐振阻抗 Z_{0p}；

（2）电路的有载品质因数和通频带；

（3）谐振电路的功率损耗。

12-17　rLC 并联谐振电路谐振频率为 10^7rad/s，通频带为 10^5rad/s，$r=100\text{k}\Omega$，试求 Q、L、C 及上、下半功率点频率。

12-18　实际并联谐振电路，由电感线圈和电容器与信号源并联而成。电容器损耗很小可略不计，电感线圈由电感与损耗电阻串联而成，其电路模型如图 12-49 所示。已知 $R=10\Omega$，$L=100\mu\text{H}$，$I_s=1\text{mA}$，电源角频率为 10^7rad/s，并联电路已达谐振。求 Q、C、U_0。（提示：先把电阻串电感支路等效变换成电感并电阻支路）

12-19　在图 12-50 所示电路中，已知 $U_s=2\text{V}$，$f_s=1\text{MHz}$，$R_s=160\text{k}\Omega$，谐振电路已调谐于信号源。$C=100\text{pF}$，电路无载品质因数 $Q_0=100$，$N_1=100$ 匝，$N_2=25$ 匝，一、二次侧可视为全耦合，$R_L=5\text{k}\Omega$，求电路的有载品质因数 Q'、R_L 上的电压及电路的通频带。

12-20　某一收音机的中频放大电路如图 12-51 所示，已知电路的谐振频率 $f_0=465\text{kHz}$，线圈的品质因数 $Q_L=100$，$N=160$ 匝，$N_1=40$ 匝，$N_2=10$ 匝，$C=200\text{pF}$，$R_s=16\text{k}\Omega$，$R_L=1\text{k}\Omega$。求 L、电路的有载品质因数 Q' 和通频带 BW_f。

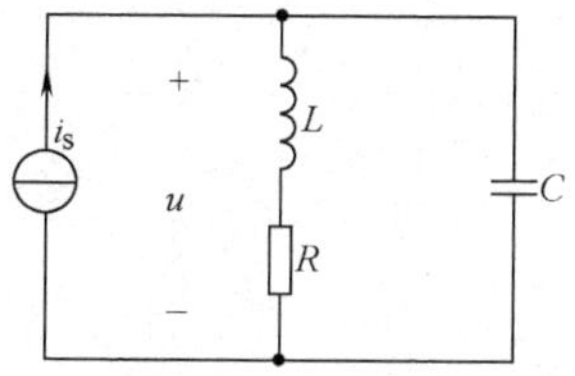

图 12-49　题 12-18 图

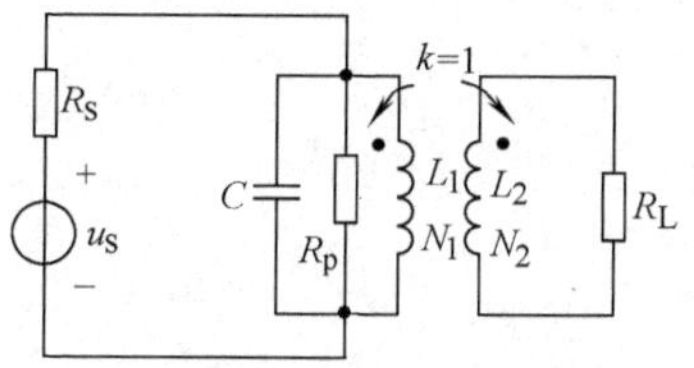

图 12-50　题 12-19 图

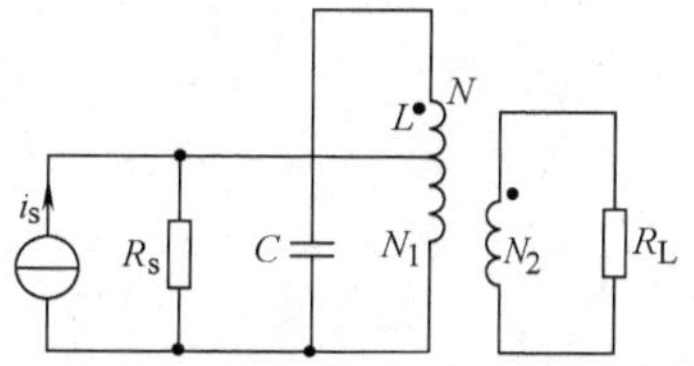

图 12-51　题 12-20 图

12-21　在图 12-52 所示电路中，已知 $L_1=200\mu\text{H}$，$L_2=125\mu\text{H}$，$\dot{U}_s=10\text{V}$，信号源的角频率 $\omega=10^7$rad/s，$R_1=20\Omega$，$R_2=80\Omega$。现调节 C_1、C_2 及 M 使电路达到临界耦合下的全谐振。求：

（1）C_1、C_2 及 M；

（2）此时一、二次电流 I_1、I_2 及二次电路获得的功率 P。

12-22　某一耦合谐振电路，测出谐振曲线的 3 个点电流如图 12-53 中所示，已知两个峰值点所对应的频率分别为 $f_1=28.82\text{MHz}$，$f_2=31.18\text{MHz}$，谷点对应的频率 $f_0=30\text{MHz}$，求该耦合谐振电路的通频带 BW_f。

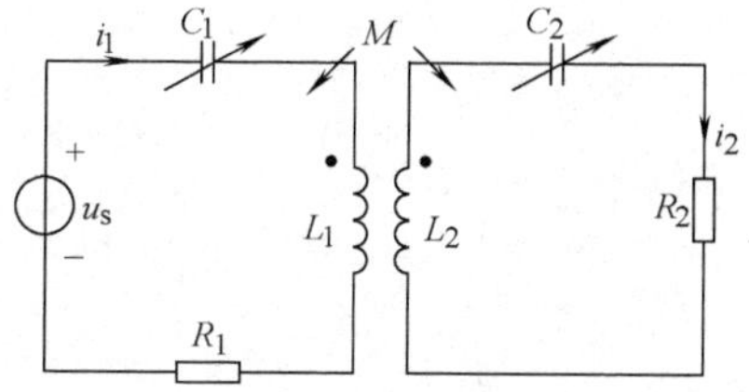

图 12-52　题 12-21 图

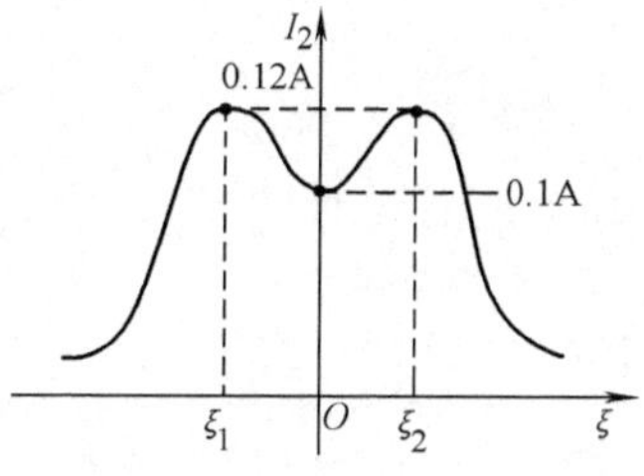

图 12-53　题 12-22 图

12-23　某一耦合谐振电路的谐振曲线谷点处的 $I_2/I_{2\max}=0.8$，谷点对应的频率 $f_0=40\text{MHz}$，一、二次电路的品质因数 $Q_1=Q_2=50$。求通频带 BW_f 及两个峰值点对应的频率。

12-24　某一电容耦合双谐振电路如图 12-54 所示，已知 $L_1=L_2=98\mu\text{H}$，$Q_1=Q_2=50$，信号源的角频率 $\omega=10^7$rad/s，$I_s=1\text{mA}$，现调节 C_1、C_2 及 C_M 使电路达到临界耦合下的全谐振。求 C_1、C_2、C_M、BW_f 及 U_2。

12-25　图 12-55 所示电路中，现调节 C_1、C_2 及 C_M 使电路达到临界耦合下的全谐振。已知 $f_0=465\text{kHz}$，$C_1=C_2=330\text{pF}$，$C_M=6.8\text{pF}$，$Q_L=120$，$R_s=30\text{k}\Omega$，$R_L=800\Omega$，一、二次侧有载品质因数相等。求两个自耦变压器的电压比 $n_1=N_2/N_1$、$n_2=N_3/N_4$，耦合系数 k，通频带 BW_f。

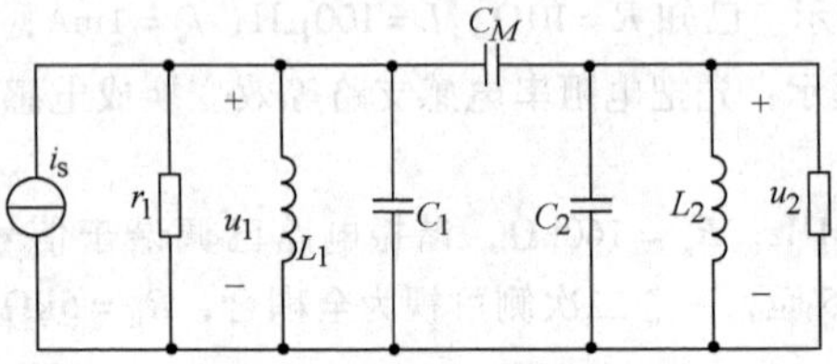

图 12-54　题 12-24 图

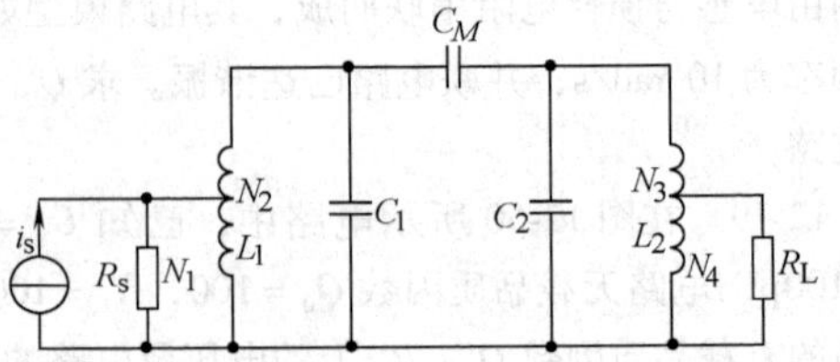

图 12-55　题 12-25 图

附录 PSpice 简介

A.1 概述

Spice 是 Simulation Program with Integrated Circuit Emphasis 的缩写，意思为侧重于集成电路的模拟程序。它能分析和模拟一般条件下的各种电路特性。Spice 发展到现在已有 30 多年的历史，它是美国加州大学伯克利分校于 20 世纪 70 年代开发的。1988 年 Spice2G. 6 版被定为美国国家工业标准，至今已成为世界范围内大学和研究机构普遍使用的电路分析程序。目前在通用性、模拟精度等方面还没有超过 Spice 的软件。一些常用的电子电路 CAD 软件的仿真精度仍以 Spice 为比照标准。PSpice 即 Personal SPICE，是在 PC 上使用的 Spice 程序。

PSpice 是 Spice 家族中的一员，其主要算法与 Spice 相同。它是由美国 Microsim 公司在 Spice 基础上开发的，主要用于 PC 上电子电路的模拟仿真。随着 PC 性能的提高，PSpice 功能也不断完善，可以进行较大电路的分析和设计，已经成为一个具有很高使用价值的计算机辅助设计工具。应用 PSpice 工具可实现在实际制作电路前对电路的各种性能，如对直流、交流、瞬态等特性进行分析；对由元器件变化、温度变化等对电路的影响进行容差分析和最坏情况分析；对噪声进行分析；此外，还可利用 Spice 软件对电路设计进行优化；同时可以从仿真后的电路得到相应的印制电路板图。

PSpice 的程序结构由 5 部分组成：输入部分、元件模型处理部分、建立电路方程部分、求解电路方程部分和输出部分。它是一个包含多个应用程序的大型软件包，通常包括以下程序：管理程序（Manager）、电路图输入程序（Schematics）、模拟和数字电路的计算程序（PSpice A/D）、输出绘图程序（Probe）、电路文件编辑程序（Text Editor）、元件模型参数提取程序（Parts）、激励源编辑程序（Stimulus Editor）、电路优化程序（Optimizer）、制作印制电路板的程序（PCBoards）。这些程序都可以独立运行。PSpice 还提供了示范电路和帮助文件。示范电路在文件夹 EXAMPLE 中。由于 PSpiceA/D 高超的电路仿真能力，Microsim 公司被 EDA 领域最负盛名的 OrCAD 公司并购，从此更名为 OrCAD-PSpiceA/D，版本也升至 9.0 版。目前市场上已经是 10.0 版。

PSpice6. 0 以上的版本是以 Windows 为平台的，称为窗口版。窗口版的 PSpice 可采用两种输入方式：电路图输入方式和文本输入方式。文本输入方式适用 PSpice 所有版本。作为本书的附录，只介绍文本输入方式；且限于篇幅，只能是最基本的和本书所涉及的方面。电路图输入方式建立在文本输入方式的基础上，弄清楚文本输入方式后，通过自学就不难掌握电路图输入方式。采用文本形式输入电路时，PSpice 是根据电路输入文件来仿真的，因此首先要编写电路输入文件。电路输入文件应说明要仿真电路的结构、要进行的分析及对输出的要求。具体说来包括以下内容：电路的名称（标题）、元件及拓扑结构、元件的参数和模型、要进行的分析（如直流、交流、瞬态等）、激励源、输出形式及输出变量、结束标志。

电路输入文件的规定有：

第一行为标题行，可以用“*”引导标题行。它是由字母和字符串组成的，它不参与程序的运行。电路描述行必须从第二行或其后才能开始。最后一行必须是以“.END”命令语句为结束行。在标题行和结束行之间是电路的描述段。描述段中各语句的顺序（除接续行外）是任意的。

以“*”开头的行为注释行，“*”必须写在第一列。注释行只起注释作用，在输出时被原样打印出来。在修改或调试程序及缩减文本示出时可使用。

以“.”开始的语句为命令语句。

每条语句用一行表示，如一行不够时接续行应在第一列加续行号“+”开始。

电路的元件通过节点相互连接，每个节点都有一个编号，节点的编号为0~9999间的正整数。0号节点规定为接地点。每一个电路必须有一个接地点，每一个节点都必须有一个直流通路与接地点相连；当这个条件不满足时，可以从该节点接一个大电阻（例如1GΩ）到地。PSpice程序不允许电路中含有悬空的节点或元件端口，每个节点至少和其他两个节点相连接。

A.2 电路输入文件中的语句

在电路输入文件中有3类语句：元件的描述语句、用于电路分析的命令语句和用于控制程序运行的命令语句。下面分别加以介绍。

A.2.1 元件的描述语句

电路中每一个元件的描述都必须单独占一行。元件描述的语句格式为

<元件名称><节点号>［模型名］<元件值>

其中，< >表示必有项，[ ]表示可选项。这一规定适用于所有语句。元件名称的首字母是PSpice程序规定的元件的属性代号。元件名称不得超过8个字符或数字。PSpice程序中的语句中不允许使用希腊文，所以常用的字母“μ”用字母“u”代替。常用的MHz中的“M”必须用比例应子“MEG”代替。元件值后可有物理单位，也可以没有。

A.2.1.1 无源器件的描述语句

PSpice程序中的无源器件包括：电阻、电容、电感、互感、传输线和模拟开关。下面只介绍电路分析中要用到的最基本的电阻、电容、电感和互感。

1. 电阻

电阻的描述格式为

R<名称><正节点><负节点>［模型名］<电阻值>

例如：
```
R1  2  3  10k
RLOAD  12  11  RMOD  200k
.MODEL  RMOD  RES（R=1  TC1=0.02  TC2=0.05）
```

其中，电阻值不能为零。电阻的模型参数可通过.MODEL命令设置。RMOD为模型名，应与对应的电阻描述语句中的模型名一致。RES为电阻模型的关键字，括号内为电阻的模型参

数，其中，R 为电阻值的倍率，TC1、TC2 分别为电阻的一阶、二阶温度系数。

2. 电容

电容的描述格式为

C <名称> <正节点> <负节点> [模型名] <电容值> [IC = 初始值]

例如：C1　1　2　10UF

C2　3　4　5PF　IC = 2.5V

CM　1　2　CMOD　200pF

. MODEL　CMOD　CAP（C = 1　VC1 = 0.01　VC2 = 0.002　TC1 = 0.02　TC2 = 0.0057）

其中，可选项［IC = 初始值］是指电容的初始电压值，可用 . IC 命令设置，在瞬态分析命令中设置 UIC 时起作用。电容的模型参数可通过 . MODEL 命令设置。CMOD 为模型名，应与对应的电容描述语句中的模型名一致。CAP 为电容模型的关键字，括号内为电容模型参数，其中，C 为电容值的倍率，TC1、TC2 分别为电容的一阶、二阶温度系数，VC1、VC2 分别为电容的一阶、二阶电压系数。

3. 电感

电感的描述格式为

L <名称> <正节点> <负节点> [模型名] <电感值> [IC = 初始值]

例如：L1　1　2　5mH

L2　3　4　10mH　IC = 0.05mA

LM　1　2　LMOD　200uH

. MODEL　LMOD　IND（L = 1　IL1 = 0.1　IL2 = 0.02　TC1 = 0.02　TC2 = 0.005）

其中，可选项［IC = 初始值］是指电感的初始电流值，可通过 . IC 命令设置，在瞬态分析命令中设置 UIC 时起作用。电感的模型参数可通过 . MODEL 命令设置。LMOD 为模型名，应与对应的电感描述语句中的模型名一致。IND 为电感模型的关键字。括号内为电感模型参数，其中，L 为电感值的倍率，TC1、TC2 分别为电感的一阶、二阶温度系数，IL1、IL2 分别为电感的一阶、二阶电流系数。

4. 互感（变压器）

互感（变压器）的描述格式为

K <名称> <L1 名称> <L2 名称>... <耦合系数> [模型名称] [尺寸]

如果互感（变压器）有两个或多个线圈时，应有相应语句来描述所有电感对之间的耦合。当互感（变压器）为线性元件时，描述语句中没有模型名称。当描述语句中有模型名称时，表示此互感（变压器）为非线性磁性元件。

例如：K1　L1　L2　0.8

互感（变压器）K1 为线性元件，描述语句中没有模型名称。

例如：L1　1　0　10UH

L2　2　0　10UH

K12　L1　L2　0.99　KMOD

. MODEL　KMOD　CORE（MS = 420E3　ALPHA = 2E5）

其中，按 PSpice 规定电感语句中节点的顺序从同名端开始描述。第 1、2、3 句描述的是互感（变压器）一、二次绕组分别为 L1、L2，同名端为 1，2 两端。它的模型名为 KMOD。它的模型参数可通过 .MODEL 命令设置，应与对应的描述语句中的模型名一致。CORE 为互感（变压器）模型的关键字。括号内为其模型参数。

A.2.1.2 电压源和电流源的描述语句

1. 独立电压源和独立电流源

独立电压源和独立电流源在不同的电路分析中应采用不同的描述方式。

独立电压源和独立电流源描述格式为

V/I <名称> <正节点> <负节点> [[DC] <值>] [AC <幅度值> [相位值]] [瞬态描述]

其中，电流源的正电流方向定义为从正节点流入，经过电流源，流向负节点。

DC 项定义电源为直流电源。字符 DC 可以省略，即在节点后直接输入电源的电压值或电流值。DC 后数值也可省略，隐含值为零。

AC 项定义电源为交流正弦电源。字符 AC 不能省略，幅度值的隐含值为 1V，相位值的隐含值为 0。

[瞬态描述] 是对电路进行瞬态分析时，定义瞬态电源的类型。

PSpice 程序提供 5 种类型的瞬态源：脉冲源、正弦型、分段线性源、指数源和单频调频源。这里只介绍正弦源：

正弦电压源/电流源的描述格式为

V/I <名称> <正节点> <负节点> SIN (VO/IO VA/IA FREQ TD THETA PHASE)

例如：VIN 2 3 SIN (0 1 5MEG)

2. 线性受控源

PSpice 程序中有 4 种线性受控源：电压控制电压源（VCVS）、电流控制电流源（CCCS）、电压控制电流源（VCCS）、电流控制电压源（CCVS）。

（1）电压控制电压源（VCVS） 电压控制电压源的函数关系是 Vo = E * Vi，它的描述格式为

E <名称> <正节点> <负节点> <正控制节点> <负控制节点> <电压增益>

（2）电流控制电流源（CCCS） 流控制电流源的函数关系是 Io = F * Ii，它的描述格式为

F <名称> <正节点> <负节点> <控制电流流过的电压源名称> <电流增益>

（3）电压控制电流源（VCCS） 电压控制电流源的函数关系是 Io = G * Vi，它的描述格式为

G <名称> <正节点> <负节点> <正控制节点> <负控制节点> <跨导增益>

（4）电流控制电压源（CCVS） 电流控制电压源的函数关系是 Vo = H * Ii，它的描述格式为

H <名称> <正节点> <负节点> <控制电流流过的电压源名称> <互阻增益>

A.2.2 用于电路分析的命令语句

A.2.2.1 直流分析中的命令语句

1. 计算直流工作点的命令

在电路分析中，确定直流工作点是很重要的。PSpice 程序在电路分析之前，都先计算直流工作点。从而确定电路中半导体元件的参数和模型。计算直流工作点的命令为

.OP

.OP 命令表示要输出直流工作点。其中包含输出所有节点的电压和所有独立源的电流和功耗、半导体元件的直流工作点和相关的模型参数。PSpice 程序在作直流分析时把电路中的电感视为短路，电容视为开路。

2. 直流扫描分析的命令

直流扫描分析是在一定的范围内，当一个或两个独立源或元件的参数发生变化时，通过计算得到直流输出变量的变化曲线。直流扫描分析命令的基本格式为

.DC <扫描类型> <扫描变量名称> <起始值> <终止值> <步长/扫描点数> [扫描嵌套]

其中，各项的含义如下：

（1）扫描类型。在 PSpice 程序中有 4 种扫描类型：

1）LIN：按线性扫描。扫描变量线性地按步长从起始值变化到终止值。这是隐含的扫描类型。

2）OCT：按倍频程扫描。扫描变量按倍频程进行扫描，每倍频程中所取的点数由扫描点数决定。

3）DEC：按十进位扫描。扫描变量按十进位进行扫描，每十进位中所取的点数由扫描点数决定。

4）LIST：列表扫描，是对 LIST 后的数值依次进行扫描。

（2）扫描变量。在 PSpice 程序中 4 种扫描变量：

1）独立源：独立电压源和独立电流源的电压值或电流值。

2）模型参数：包括在 .MODEL 命令中所有的模型参数，如电阻、电容、电感等所设置的参数值和半导体元件所设置的各种参数。

3）温度：用 TEMP 作扫描变量后，则温度被设置为扫描值。每扫到一个温度值时，电路中所有受温度影响的元件的模型参数都改变到此温度下的值。

4）参数：参数 PARAM 也可作为扫描变量，同时应有相应的 .PARAM 命令对要扫描的参数进行设置。

例如：

```
.DC  LIN  VIN  1  10  1
.DC  VCE  1  10  1  IB  0  100u  20u
.DC  RES  RMOD (R)  1  5  0.5
.DC  DEC  NPN  QMOD (IS)  1E-18  1E-14  10
.DC  TEMP  LIST  0  20  27  50
.DC  PARAM  RL  1  10  1
```

其中，第 1 行是电压源 VIN 的电压从 1V 线性扫到 10V，增量为 1V。

第2行是嵌套扫描，电压源VCE从1V线性扫到10V，增量为1V，是内循环；电流源IB从0线性扫到100μA，增量为20μA。

第3行是对电阻模型RMOD中设置的电阻值倍率R从1线性扫到5，增量为0.5。

第4行是对一个NPN管反向饱和电流从10^{-18}到10^{-14}进行十进位扫描。在每个十进位中取10个扫描点，如从10^{-18}到10^{-17}之间取1×10^{-18}、2×10^{-18}、3×10^{-18}、…、10×10^{-18}共10个扫描点。所以从10^{-18}到10^{-14}共计有40个扫描点。

第5行是列表扫描，按表中列出的值对扫描变量温度的值进行扫描。

第6行是参数扫描，用PARAM作扫描变量，对定义的参数RL的值从1Ω线性扫到5Ω，增量为1Ω。

当直流扫描结束后，扫描变量又回到开始前的值。扫描的起始值可以大于或小于终止值，但步长不能为零或负值。

A.2.2.2 交流小信号分析中的命令语句

PSpice程序中最常用也是最有用的功能之一就是交流扫描分析，即分析电路的频率响应。频率响应是在整个规定的扫描频率范围内计算并输出电路的幅频响应和相频响应或频域传输函数。交流小信号分析不但可以计算电路的频率响应还可以计算电路的输入阻抗和输出阻抗。在电路中只有一个交流信号源时，常将其幅度设置为单位1，初始相位设置为0，则输出变量值即为输出对输入的增益值。交流扫描分析命令格式为

.AC [LIN/OCT/DEC] <扫描点值> <起始频率> <终止频率>

其中，LIN、OCT、DEC与直流扫描中含义一样，在交流分析中必须指定其中一个。

A.2.2.3 瞬态分析中的命令

1. 瞬态分析命令

PSpice程序中进行电路分析时运用比较多、运行最复杂的而且最耗时的就是瞬态分析。瞬态分析是一种非线性时域分析。瞬态分析时电路的初始状态可以由用户设置。如果用户没有设置，程序会自动进行直流分析，用得到的结果作为初始状态值。瞬态分析命令的格式为

.TRAN [/OP] <TSTEP> <TSTOP> [<TSTART> <TMAX>] [UIC]

例如：.TRAN 1NS 100NS

.TRAN/OP 1NS 100NS 20NS UIC

其中，<TSTEP>是打印步长，是打印或绘制瞬态分析结果即输出波形的时间间隔值；<TSTOP>是瞬态分析的终止时间；<TSTART>是输出的起始时间，它的隐含值为零；<TMAX>是瞬态分析时的最大步长，它的隐含值=MIN {TMAX，(TSTOP-TSTART) /50}。

瞬态分析中的计算使用的是内部步长，它可以自动调整，以减少计算时间。在电路响应变化很少的区间，内部步长增大；在电路响应变化剧烈的区间，内部步长减小。由于内部步长与打印步长不同，所以计算的结果与打印结果在时间上是不同的，PSpice采用二阶多项式内插法来获得打印结果。

[UIC]是User Initial Conditions的缩写，意思为由用户设置初始条件。如果用户在描述电容、电感或非线性元件时，用[IC=初始值]设置了初始条件，或者用.IC命令设置了节点的初始电压，则应在瞬态分析命令中设置[UIC]。在这种情况下，PSpice程序将按照用户设置的初始条件进行瞬态分析。

当在.TRAN命令中包含[/OP]时，则可打印偏置工作点的细节。

2. 初始条件设置命令

初始条件设置命令的格式为

. IC V(节点1) = <值1> V(节点2) = <值2>...

例如：IC V(1) =2.5

此命令把节点1的电压初值设为2.5V。

. IC命令用于在瞬态分析时设置初始条件。此命令与 . NODESET命令功能不同。如果在瞬态分析的命令中设置了UIC的值，则.IC命令中设置的节点电压值就用来计算电容、电感或半导体元件的端电压或电流的初值。此时仍可以在元件描述语句中设置IC = <值>，而且将优先执行。如果在瞬态分析的命令中没有设置了UIC的值，则.IC命令中设置的节点电压值将仅作为求直流解时的初值。

A.2.2.4 综合分析命令

综合分析是指配合直流、交流、瞬态分析一起使用的分析,共有4种:蒙特卡罗分析、最坏情况分析、参数扫描分析和温度分析。这里只介绍在电路分析中常用到的参数扫描分析命令。

参数扫描分析可以与直流、交流、瞬态等分析结合使用,可以对电路中的各种参数如电压、电流、信号频率或幅值、模型参数等的变化进行扫描,从而分析这些参数对电路特性的影响。程序在执行参数扫描分析命令时是在每扫描一步扫描变量时,都要进行与之配合的直流、交流、瞬态等分析命令,当对所有扫描值分析都结束后输出结果。参数扫描分析命令使用户在想观察多次改变电路参数,分析电路特性的变化时,不用一次次地修改电路输入文件,而是可以对它们进行批处理,因此为用户提供更有效的手段。参数扫描分析命令的格式有3种:

1) . STEP [LIN] <变量名> <起始值> <终止值> <步长>

2) . STEP [OCT] [DEC] <变量名> <起始值> <终止值> <扫描点数>

3) . STEP <变量名> LIST <扫描值>

其中，LIN、OCT、DEC含义与直流扫描中相同，默认时为LIN。

例如：. STEP LIN V1 1 10 1

. STEP DEC NPN QMOD (IS) 1E-18 1E-14 10

. STEP TEMP LIST 0 20 27 50

. STEP PARAM AMP LIST 1M 2M 3

. PARAM AMP = 1M

VIN 1 2 SIN (0 {AMP} 1MEG)

上述前3行的情况和直流扫描时相同,不再解释。第4行包括3个语句,是.STEP命令和参数定义命令.PARAM相配合,对设置为全局参数AMP的输入信号VIN幅度进行参数扫描。

A.3 用于控制的命令

A.3.1 参数定义命令

在PSpice程序中允许定义用字符串或表达式的参数，参数和表达式必须用大括号“{}”括起来，并且用参数定义命令设值，用 . DC或 . STEP命令作扫描。参数定义命令的格式为

.PARAM <参数1> = <值1>，<参数2> = <值2>···

或 .PARAM <参数1> = <表达式1>，<参数2> = <表达式2>…

例如：.PARAM RVAL=1

R1 1 2 {RVAL}

.DC PARAM RVAL 10 50 10

此例表明由 .PARAM 命令定义的参数 RVAL 在直流扫描时从 10Ω 到 50Ω，增量为 10Ω。

A.3.2 结束命令

在电路输入文件的最后一行必须使用结束命令。结束命令的格式为

.END

A.3.3 输出控制命令

PSpice 程序的输出包括 5 个方面：电路的描述的输出；分析结果的直接输出；图表打印的输出；运行统计的输出；出错信息的输出。PSpice 程序的输出分别用文本文件和绘图文件两种形式存放。前者是 *.OUT 的 ASCII 码文件，后者是 *.DAT 的二进制码文件。.OP、.TF、.SENS、.NOISE、.FOUR 等命令执行后可以直接输出，不需要使用打印或绘图命令就可以得到这些分析的结果。

PSpice 程序中有 3 个用于输出的命令：文本打印命令 .PRINT、文本绘图命令 .PLOT 和绘图程序调用命令 .PROBE。这里只介绍 .PROBE 命令。

绘图程序 Probe 是 PSpice 软件中包含的一个图形后处理程序。Probe 具有较强的图形处理能力和灵活多样的显示功能，是一个可以独立运行的程序，格式为

.PROBE 或 .PROBE <输出变量1> <输出变量2>…

其中，第 1 种格式中无输出变量，.PROBE 命令将所有的节点电压和元件电流值都存到 *.DAT文件中，供 Probe 程序绘图使用。第 2 种格式中说明了输出变量，.PROBE 命令将只把指定的输出变量的相关数据存到 *.DAT 文件中，供 Probe 程序绘图使用。这种有限制的输出格式可以减小 *.DAT 文件的容量，适用于较大规模的电路的情况。

例如：.PROBE

.PROBE V (2) I (R2)

A.4 PSpice 仿真举例

例 A-1 用 PSpice 软件求图 A-1 所示电路中的节点电压。（圆圈数字是为了描述方便而标出的，下同）

解 输入文件如下：

```
Simple Resistor Circuit
V1 1 0 24
R1 1 2 4
R2 2 0 2
R3 2 3 2
```

```
R4  2  4  1
R5  4  0  8
R6  4  0  4
E1  4  3  4  0  3
.OP
.END
```

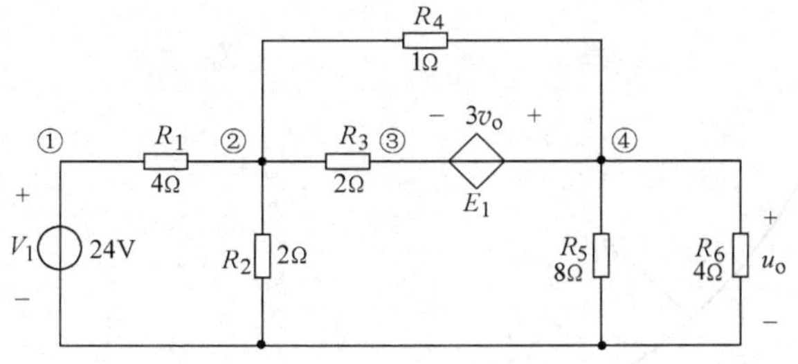

图 A-1

```
NODE VOLTAGE NODE VOLTAGE NODE VOLTAGE NODE VOLTAGE
[ 1] 24.0000 [ 2] 2.6667 [ 3] -21.3330 [ 4] 10.6670

  VOLTAGE SOURCE CURRENTS
  NAME      CURRENT

  V1      -5.333E+00

  TOTAL POWER DISSIPATION 1.28E+02 WATTS
```

图 A-2

仿真结果输出保存在 *.out 文件中，部分内容如图 A-2 所示。

例 A-2 二阶电路如图 A-3 所示。若 $L_1=1\text{H}$，$C_1=2500\mu\text{F}$，$u_C(0)=2\text{V}$，$i_L(0)=0$，用 PSpice 软件观察在不同 R_1 值时电容两端的电压波形。

（1）$R_1=2\text{k}\Omega$；（2）$R_1=400\Omega$；

（3）$R_1=4\Omega$；（4）$R_1=0.0004\Omega$。

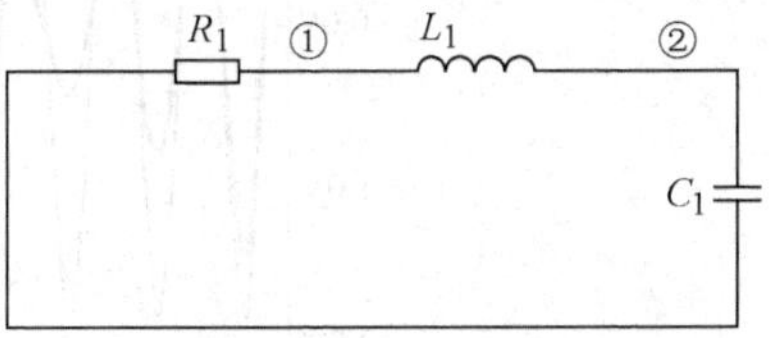

图 A-3 二阶电路

解 输入文件如下：

```
A Two-order  Circuit
L1  1  2  1  IC=0                 ; IC=0 是定义电感电流的初始值为 0
C1  2  0  2500u  IC=2             ; IC=2 是定义电容电压的初始值为 2V
R1  1  0  {Rval}                  ; 定义电阻为一个变量，变量需用 {} 表示，其值由后
                                    面定义
.OP
.PARAM  Rval=2k                   ; 设置变量值为 2k
.tran  20ns  30s
.STEP  PARAM  Rval  LIST  2k  400  4  0.0004   ; 参数扫描分析。在这里对变量
```

Rval 设置了 4 个值：2kΩ、400Ω、4Ω、0.0004Ω

```
.probe
.END
```

仿真结果如图 A-4、图 A-5 所示。

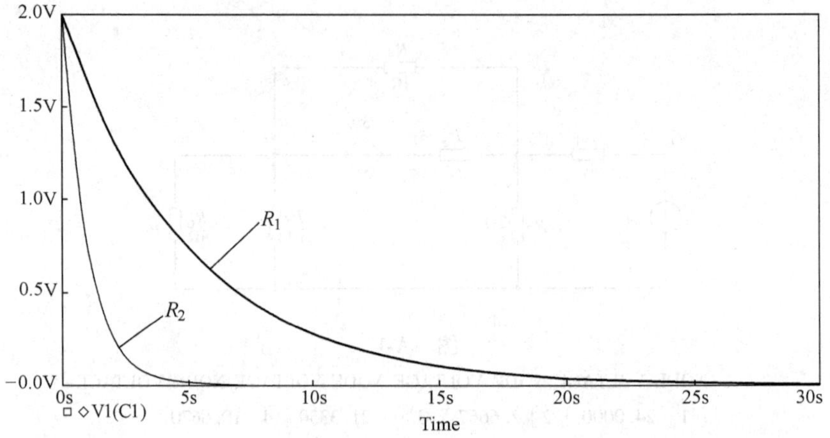

图 A-4　$R_1=2\text{k}\Omega$ 和 $R_2=400\Omega$ 时电容两端的电压波形

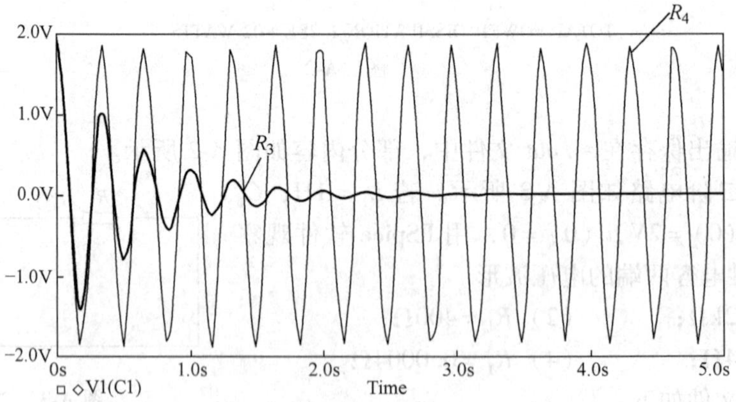

图 A-5　$R_3=4\Omega$ 和 $R_4=0.0004\Omega$ 时电容两端的电压波形

例 A-3　串联谐振电路如图 A-6 所示，用 PSpice 软件仿真该电路的频率响应特性，并与理论计算值作比较。

解　电路输入文件如下：

```
A Series Resonant Circuit
C1      0  1   4u
L1      2  1   10mH
```

```
R1      3  2  2
V1      3  0   AC  1V  0      ；设置交流源，其值通常设为 1V
. ac    LIN  50  300  3k      ；交流分析，扫描方式为线性扫描。即分析该电路在不同频率信号的作用下输出电压与输入电压的比值（电压传输函数或电压增益），通常信号源电压选 1V（如本例），此时输出电压的值即为电压传输函数的值
. probe
. END
```

仿真结果如图 A-7 所示。由图中可以读出谐振频率为 795. 918Hz，最大增益为 27. 957dB。则根据带宽的定义，即传输函数（或增益）下降 3dB，取 24. 957dB（由于受精度影响，图上取 24. 947dB），此时对应的两个频率如图所示，所以带宽为 810Hz − 780. 1Hz ≈ 30Hz。

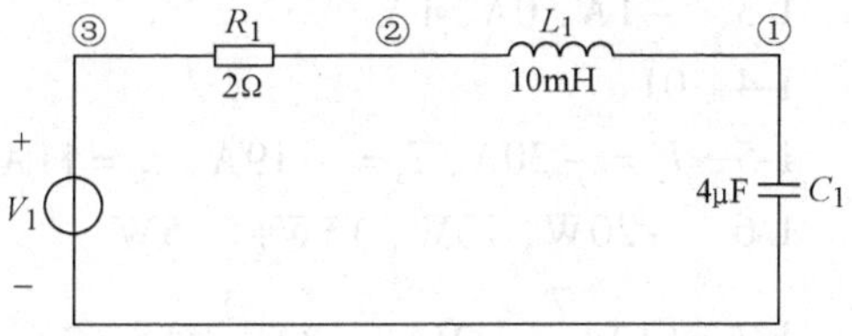

图 A-6 串联谐振电路

由理论分析易知

$$f_0 = \frac{1}{2\pi\sqrt{L_1C_1}} = \frac{1}{2\pi\sqrt{10\times10^{-3}\times4\times0^{-6}}}\text{Hz} = 795.8\text{Hz}$$

与仿真结果在误差范围内吻合

$$BW_f = \frac{R}{2\pi L} = \frac{2}{2\pi\times10\times10^{-3}}\text{Hz} \approx 31.8\text{Hz}$$

与仿真结果在误差范围内吻合。

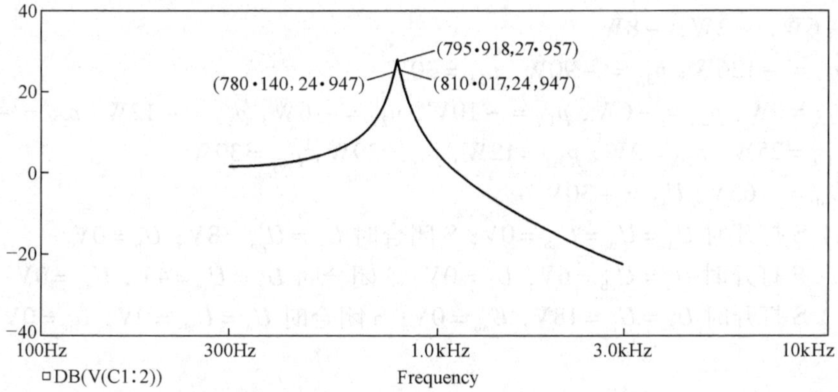

图 A-7

部分习题参考答案

习题 1

1-1　5mW, －5μW, 2kV, 2V, 1mA, －1mA, $-2\cos tA$, $4e^{-t}W$

1-2　(1) 错　(2) 对

1-3　－1A, 0A, 1A

1-4　0J

1-5　$I_2=-30A$, $I_5=-19A$, $I_6=11A$, $I_8=-3A$, $I_9=-2A$, $I_{11}=-24A$, $I_{12}=-5A$

1-6　－20W, 10W, 15W, －5W

1-7　(1) $\frac{7}{4}\cos 2tA$　(2) $\frac{1}{3}\Omega$　(3) $\frac{9}{5}\cos^2 2tW$

1-8　(1) $u_1=20V$　(2) $u_2=8V$　(3) $u_3=6V$　(4) $u_4=-2V$

1-9　90V, －11A

1-10　a) 8A　b) 0V　c) －40V　d) 8A　e) －2V　f) 2A

1-11　(1) 30W　(2) －2A

1-12　40W, －20W, －20W

1-13　0.5W, 1W, 1.5W, －5W, 2W

1-14　0

1-15　8V, －1.5A, －12W

1-16　－6W, －2W, －8W

1-17　$p_{6A}=-126W$, $p_{3A}=-90W$, $p_{5A}=30W$

1-18　$p_{5A}=0W$, $p_{2A}=-6W$, $p_{1A}=-10W$, $p_{2V}=-6W$, $p_{3V}=-12W$, $p_{5V}=-5W$, $p_{1\Omega}=25W$, $p_{2\Omega}=2W$, $p_{3\Omega}=12W$, $p_{耗}=39W$, $p_{供}=39W$

1-19　$U_{s1}=-65V$, $U_{s2}=-30V$

1-20　a) S 打开时 $U_a=U_b=U_{ab}=0V$；S 闭合时 $U_a=U_{ab}=8V$；$U_b=0V$

b) S 打开时 $U_a=U_{ab}=6V$, $U_b=0V$；S 闭合时 $U_a=U_b=4V$, $U_{ab}=0V$

c) S 打开时 $U_a=U_b=18V$, $U_{ab}=0V$；S 闭合时 $U_a=U_{ab}=9V$, $U_b=0V$

习题 2

2-1　a) 7.5Ω, 1mA　b) 0.8MΩ, 5μA

2-2　1A, 1A

2-3　9Ω

2-4　R_2, R_3

2-5　(1) $u_2=u_1-R_1i_1$, $i_2=i_1-\frac{u_2}{R_2}$

（2）$u_2 = u_1 \dfrac{R_2}{R_1 + R_2}$

（3）$u_2 = u_1$

（4）$i_2 = i_1$，$i_2 = i_1\left(1 + \dfrac{R_1}{R_2}\right)$

2-10 -5V

2-11 0.125A

2-12 35Ω

2-13 1A，2V

2-15 $u = 11.25 + 12.5i$

2-17 8V，2A

2-18 0.833A

2-19 10A

2-20 1.4V，-1A

2-21 $\cos 4t$mA

2-22 $(R_2 + R_3 + R_4)/R_3$

习题3

3-1 （1，2，6，8，10），（1，4，7，8，11）

3-4 对，错，错，对，对

3-6 3A，-3V

3-7 -4A，0，4A

3-8 -3.83A

3-9 672W

3-10 4A，2A，1A，3A，5A，8V

3-11 a）20V b）30V

3-12 0.5A，-2W

3-13 $\frac{6}{7}$A，$\frac{12}{7}$A，$\frac{10}{7}$A，$\frac{4}{7}$A

3-14 11A，4A

3-17 32V

3-20 20V

3-21 3.2A

3-22 -1A，2A，1A，0A，1A；-4V，4V，-8V，0V，4V

3-23 3A，5A，1A，-1A

3-24 $-\frac{8}{3}$A，3A

3-25 5A，3A，7A

习题 4

4-1 (1) 2A, 45V (2) 2.2A

4-2 2A

4-3 4A

4-4 (1) −5A (2) 10/3A (3) 1.45A

4-5 130W(提供)

4-6 15/11A

4-7 1.4A

4-8 5A

4-9 8A

4-10 8V

4-11 0.5A, 0.7A, 5A, 1.2A

4-12 1V

4-13 $\sqrt{50}\Omega$

4-14 4V, −2A, 3A; 1V, 1A, 1.5A

4-15 0.237A, 2.434A

4-16 1.5A, 30Ω

4-17 0.5A, $\frac{40}{6-\alpha}\Omega$

4-18 1.645A

4-19 10V, 5Ω

4-20 0.9A

4-21 $-\frac{4}{15}$V, $-\frac{8}{15}\Omega$

4-22 $u_{oc}=\frac{1}{16}$V, $i_{sc}=\frac{1}{7}$A, $R_0=\frac{7}{16}\Omega$

4-23 −2A, −1.5Ω

4-24 (1) 230mW (2) 306mW (3) 59.2kΩ 或 16.88kΩ

4-25 (1) 2.4Ω (2) 735W (3) −3450W (4) −318.75W (5) $\eta=19.5\%$

4-26 10Ω, 1.6W

4-27 20V, 5Ω

4-28 −0.8A

4-29 10V, 5kΩ

4-30 (1) 6V, 2kΩ (2) 1) 2/7Ω 2) −1mA

4-31 6V, 4Ω, 2.25W

4-32 $i_1=2$A $i_2=4$A

4-33 $i=-1$A

4-34 $i=1$A

4-35 $u=4V$

习题 5

5-1 (1) $-0.1\sin1000t$A (2) $-10e^{-100t}$V

5-4 (1) 2μF (2) 4μC (3) 0 (4) 4μJ

5-5 9.6V, 192mW, 1.152mJ; 16V, 0, 3.20mJ

5-8 (1) $15e^{-10^4t}$V (2) 15V

5-9 (1) 3H (2) $(6t^2-12t+6)$J

5-10 (1) $(1-t)e^{-t}$A, $(t-2)e^{-t}$V

(2) $t=1s, W_{C\max}=\frac{1}{2}e^{-2}$J

5-11 $2e^{-3t}$A, $-1.2e^{-3t}$A, $\left(\frac{8}{3}-\frac{8}{3}e^{-3t}\right)$A, $\left(\frac{8}{3}-\frac{28}{15}e^{-3t}\right)$A

5-12 1.5Ω, 0.5H, 1F

习题 6

6-3 a) $u(0_+)=6V$, $i(0_+)=3A$, $i_C(0_+)=1A$

b) $i_L(0_+)=2mA$, $i(0_+)=4mA$, $u_L(0_+)=-2V$

6-4 $10e^{-t}$V $t\geqslant0$, $-10^{-5}e^{-t}$A $t\geqslant0$

6-5 $-2e^{-t}$V $t\geqslant0$, $-0.5e^{-t}$V $t\geqslant0$

6-6 $-4.8e^{-2t}$V $t\geqslant0$, $(2-1.2e^{-2t})$A $t\geqslant0$

6-7 $0.04(e^{-500t}-e^{-1000t})$A $t\geqslant0$

6-8 $-16e^{-2t}$V $t\geqslant0$

6-9 $6e^{-5t}$V $t\geqslant0$, $-3e^{-5t}$A $t\geqslant0$, $3e^{-5t}$V $t\geqslant0$

6-10 $10(1-e^{-t})$V $t\geqslant0$, $10^{-5}e^{-t}$A $t\geqslant0$

6-11 $\left(-\frac{1}{2}+\frac{3}{4}e^{-\frac{5}{12}t}\right)$A $t\geqslant0$

6-12 $0.4(1-e^{-10t})$A $t\geqslant0$

6-14 $(1+0.6e^{-t})$A $t\geqslant0$

6-15 $4(1-e^{-7t})$A $t\geqslant0$

6-16 $2(1-e^{-\frac{t}{2}})$V $t\geqslant0$, $\frac{5}{6}(2-e^{-\frac{t}{2}})$A $t\geqslant0$

6-17 −39.35V, 2.02mA, 4.19mA, 6.21mA

6-18 $(1-e^{-3.33t})$A, $e^{-3.33t}$A, $1-2e^{-3.33t}$A

6-19 $15-10e^{-500t}$mA

6-20 $(2+4e^{-500t})$mA

6-21 (1) 4Ω, 4Ω, 0.25F (2) 2.5V $t\geqslant0$

6-22 $e^{-0.1t}$V, $20(1-e^{-0.1t})$V, 20V, $-19e^{-0.1t}$V

6-23 1A, $-0.5e^{-5t}$A

6-24 $(12-2e^{-\frac{5}{3}t})\text{V}\quad t\geqslant 0$, $(4+e^{-\frac{5}{3}t})\text{A}\quad t\geqslant 0$

6-26 $(2-0.8e^{-10t})\text{A}\quad t\geqslant 0$

6-27 $\left(\frac{2}{15}+\frac{2}{3}e^{-3t}\right)\text{A}\quad t\geqslant 0$

6-28 $-45e^{-10t}\text{mA}\quad t\geqslant 0$, $-45e^{-10^4t}\text{V}\quad t\geqslant 0$

6-29 $\left(\frac{5}{8}-\frac{1}{8}e^{-t}\right)\text{V}$

6-32 $\left(2-\frac{8}{3}e^{-100t}\right)\varepsilon(t)\text{A}$, $4(1-e^{-100t})\varepsilon(t)\text{A}$

6-34 $50[e^{-5.1t}\varepsilon(t)-e^{-5.1(t-1)}\varepsilon(t-1)]\text{mA}$

6-36 (1) $u'(t)+30u(t)=10u_s(t)$ (4) $-4.41e^{-30t}\text{V}+5\cos(16t-28.1°)\text{V}$

习题 7

7-2 (1) $K_1e^{-2t}+K_2e^{-3t}$ (2) $(K_1+K_2t)e^{-2t}$

(3) $K_1\cos 2t+K_2\sin 2t$ (4) $e^{-2t}(K_1\cos 3t+K_2\sin 3t)$

7-3 (1) $s_1=-1$, $s_2=-3$ (2) $s_1=-2$, $s_2=-3$

7-4 $(5e^{-t}-2e^{-5t})\text{V}$, $(2e^{-5t}-e^{-t})\text{A}$

7-5 $2te^{-t}\text{A}$

7-6 $u_C(t)=-3160\sin 316t\text{V}$, $i_L(t)=10\cos 316t\text{A}$

7-7 $1-(1+t)e^{-t}\text{V}$, $te^{-t}\text{A}$

7-9 $e^{-t}[\cos(10t)-0.5\sin(10t)]\text{V}$

7-10 $1.12e^{-t}\cos(2t-26.6°)\text{A}$, $5-5.6e^{-t}\cos(2t-26.6°)\text{A}$,

$5-4.5e^{-t}\cos(2t-26.6°)\text{A}$

7-11 (1) $1.58\sin 0.316t\text{A}$ (2) $1.68e^{-0.05(t-1)}\cos[0.312(t-1)-73°]\text{A}$

习题 8

8-1 (1) $4+\text{j}3$ (2) $6+\text{j}8$ (3) $-12+\text{j}9$ (4) $2+\text{j}1$ (5) $\text{j}3$

(6) -2 (7) $10.4+\text{j}6$ (8) $4-\text{j}3$ (9) $1-\text{j}2$ (10) $-8-\text{j}6$

8-2 (1) $5\angle 53.1°$ (2) $\sqrt{5}\angle 63.4°$ (3) $15\angle 126.9°$ (4) $\sqrt{5}\angle 153.4°$ (5) $5\angle 90°$

(6) $6\angle 180°$ (7) $12\angle -60°$ (8) $5\angle -36.9°$ (9) $20\angle -143.1°$ (10) $6\sqrt{2}\angle 135°$

8-3 (1) $5\angle 36.9°+\sqrt{2}\angle 135°-10\angle -53.1°+8\angle -90°=5\angle 126.9°$

(2) $[(4+\text{j}3)(1.2+\text{j}1.6)(2-\text{j}2)]/(8-\text{j}6)=2\sqrt{2}\angle 81.9°$

(3) $A=3+\text{j}5$

(4) $a=4$, $b=-3$

8-4 (1) $3-\text{j}4=5\angle -53.1°$ (2) $5\angle 30°$ (3) $3-\text{j}3=3\sqrt{2}\angle -45°$

8-5 (1) $u_1=5\cos(\omega t+53.1°)$ (2) $u_2=\sqrt{5}\cos(\omega t+63.4°)$

(3) $u_3=15\cos(\omega t+126.9°)$ (4) $u_4=5\cos(\omega t+90°)$

(5) $u_5=6\cos(\omega t\pm180°)$　　(6) $u_6=6\sqrt{2}\cos(\omega t+135°)$

8-6　$10\cos(\omega t+53.1°)$ A

8-7　$5\cos(\omega t-36.9°)$ A

8-8　$11\cos(\omega t\pm180°)$ V

8-9　(1) $5\cos(1000t+45°)$ mA　(2) $3\cos(1000t-45°)$ A　(3) $15\cos(1000t+135°)$ mA

8-10　$C=0.02\mu F$, $L=20mH$, $R=5\Omega$, $C=10\mu F$

8-11　$i_R(t)=8\cos1000t$ A, $i_C(t)=4\cos(1000t+90°)$ A

$i_L(t)=10\cos(1000t-90°)$ A, $C=100\mu F$

8-12　$\dot{I}_R=(6+j8)$ A, $\dot{I}_C=(-4+j3)$ A, $\dot{I}_L=6$ A, $\dot{I}=(8+j11)$ A

8-13　(1) $20\angle60°\Omega$, $0.05\angle-60°S$　(2) $5\angle53.1°\Omega$, $0.2\angle-53.1°S$

(3) $4\angle10°\Omega$, $0.25\angle-10°S$　(4) $0.707\angle15°\Omega$, $\sqrt{2}\angle-15°S$

8-14　(1) $R=1/3\Omega$, $C=0.4F$　(2) $u(t)=\frac{5}{\sqrt{13}}\cos(5t-33.69°)$ V

8-15　$u_s(t)=6\cos(4t+90°)$ V

8-16　$\dot{I}_R=0.894\angle-63.4°$ A, $\dot{I}_C=0.894\angle116.6°$ A

$\dot{I}_L=1.786\angle-63.4°$ A, $\dot{U}_R=8.94\angle-63.4°$ V

$\dot{U}_C=\dot{U}_L=17.86\angle26.6°$ V

8-17　$I=6A$

8-18　46.3°

8-19　电感电压超前电阻电压135°

8-20　$I=10A$, $U=14.14V$

8-22　V_3 的读数为90V

8-23　A_0 的读数为10A, V_0 的读数为141.4V

8-24　$6.313\angle-18.44°$ A

8-26　$6.33\angle71.6°$ A

8-28　a) 5Ω, 0.057F　　b) 3Ω, 29.33H

c) 3Ω, 0.125F　　d) 0.02F

8-29　$Z=\left(\frac{25}{7}+j\frac{25}{7}\right)\Omega$

8-30　$Z_0=3\Omega$

8-31　$\dot{U}_{oc}=20\angle-53.1°$ V, $Z_0=(3-j2)\Omega$

8-32　$\dot{U}_{ocm}=1.789\angle93.4°$ V, $Z_0=0.894\angle-26.6°\Omega$

习题9

9-1　(1) $p(t)=50(1+\cos20t)$ W　　(2) $P=50W$

9-2　(1) $p(t)=250\sin20t$ W　　(2) $w(t)=12.5(1-\cos20t)$ J

(3) $W=12.5J$　　(4) $Q=250var$

9-3　(1) $p(t)=-50\sin20t$ W　　(2) $w(t)=2.5(1+\cos20t)$ J

(3) $W=2.5\text{J}$ (4) $Q=-50\text{var}$

9-4 $P_{R_1}=200\text{W}$, $P_{R_2}=300\text{W}$, $Q_C=-150\text{var}$, $Q_L=400\text{var}$

9-5 (1) $\dot{I}=5\angle 36.9°\text{A}$ (2) $P=200\text{W}$, $Q=-150\text{var}$, $\lambda=0.8$(超前)

9-6 (1) $\dot{U}_s=512.8\angle 26.6°\text{V}$ (2) $Z_L=23\angle -36.9°\Omega$

9-7 $P_{u_{s1}}=-1155\text{W}$(提供), $P_{u_{s2}}=1155\text{W}$(消耗)

9-8 $Z_L=22.36\angle 26.6°\Omega=(20+j10)\Omega$, $P_L=5\text{W}$

9-9 $\lambda=0.8$(超前), $P=3600\text{W}$

9-10 $P=500\text{W}$, $Q=-500\text{var}$, $S=500\sqrt{2}\text{V}\cdot\text{A}$, $\lambda=0.707$(超前),
$i(t)=20\cos(314t+45°)\text{A}$

9-11 $\dot{U}_s=70.7\angle 98.1°\text{V}$, $\tilde{S}=200\angle 53.1°\text{V}\cdot\text{A}$

9-12 $I_2=20\text{A}$, $P=100\text{W}$, $Z_i=1\angle 0°\Omega$

9-13 $P_1=400\text{W}$, $Q_1=-300\text{var}$, $P_2=75\text{W}$, $Q_2=275\text{var}$, $P_3=75\text{W}$, $Q_3=-75\text{var}$, $P=P_1+P_2+P_3=550\text{W}$, $Q=Q_1+Q_2+Q_3=-100\text{var}$

9-14 $\tilde{S}_1=1480\angle -151.7°\text{V}\cdot\text{A}$, $\tilde{S}_2=2093\angle 73.3°\text{V}\cdot\text{A}$, $\tilde{S}_3=1480\angle -61.7°\text{V}\cdot\text{A}$

9-15 $P_s=30.5\text{W}$, $P_R=7.1\text{W}$, $P_{受}=-37.6\text{W}$, $W_C=0.047\text{J}$

9-16 $C=24\mu\text{F}$

9-17 $C=117.4\mu\text{F}$

9-18 (1) $P=20\text{W}$, $Q=10\text{var}$, $S=10\sqrt{5}\text{V}\cdot\text{A}$, $\lambda=\dfrac{2}{\sqrt{5}}$(滞后) (2) $C=100\mu\text{F}$

9-19 (1) $Z_1=10\angle -53.1°\Omega$ (2) $C=80\mu\text{F}$

9-20 (1) $I=21.3\text{A}$, $P=1800\text{W}$, $Q=1132\text{var}$, $\lambda=0.846$(滞后)
(2) $R=10.23\Omega$, $P=2778\text{W}$, $\lambda=0.926$(滞后)

9-21 (1) $\dot{U}_{oc}=20\angle 36.9°\text{V}$, $Z_L=Z_s^*=(4+j3)\Omega$, $P_{Lmax}=25\text{W}$

9-22 (1) $\dot{U}_{oc}=90\angle 45°\text{V}$, $Z_L=Z_s^*=(6+j8)\Omega=10\angle 53.1°\Omega$, $P_{Lmax}=337.5\text{W}$
(2) $Z_L=|Z_s|=10\Omega$, $P_{Lmax}=253\text{W}$

9-23 $\dot{U}_{oc}=7.7\angle -15°\text{V}$, $Z_L=Z_s^*=(1.84+j0.55)\Omega=1.92\angle 17°\Omega$, $P_{Lmax}=8.1\text{W}$

9-24 $\dot{I}_a=2.4\angle -140°\text{A}$, $\dot{I}_b=2.4\angle 100°\text{A}$, $\dot{I}_c=2.4\angle -20°\text{A}$

9-25 $\dot{I}_a=46.19\angle 0°\text{A}$, $\dot{I}_b=34.64\angle -180°\text{A}$, $\dot{I}_c=27.71\angle 30°\text{A}$, $\dot{I}_n=38.15\angle 21.3°\text{A}$

9-26 $\dot{I}_{ab}=20.2\angle -50°\text{A}$, $\dot{I}_{bc}=20.2\angle 70°\text{A}$, $\dot{I}_{ca}=20.2\angle -170°\text{A}$

9-27 (1) $I_p=I_l=11\text{A}$, $P=6270\text{W}$ (2) $I_p=19\text{A}$, $I_l=\sqrt{3}I_p=33\text{A}$, $P=18810\text{W}$

9-28 (1) 17.73A (2) $P=7795\text{W}$

9-29 A_1 的读数为 2.2A, A_2 的读数为 3.8A, A_3 的读数为 2.2A

9-30 (1) $U_{an}=U_{bn}=U_{cn}=220\text{V}$ (2) $U_{an}=329\text{V}$, $U_{bn}=U_{cn}=190\text{V}$

习题 10

10-1 (1) 1、4 或 2、3 (2) $-0.1\cos t\text{V}$

10-2 左正、b 正

10-4　$5.36\angle 3.4°\text{V}$
10-5　$70.7\cos(t-30°)\text{V}$
10-6　$4.11\angle -99.46°\text{V}$
10-10　$(9-\text{j}7)\Omega$
10-11　$\sqrt{2}\cos(10^3 t-15°)\text{A}$, 0
10-12　10V，10Ω
10-13　$25.5\angle -11.31°\text{V}$
10-14　$3.54\angle -135°\text{V}$
10-15　0.447
10-16　$-48\angle 0°\text{V}$，$(12-\text{j}8)\Omega$，$-2.01\angle 26.56°\text{A}$
10-17　（1）1/100　（2）1/4W
10-19　$\sqrt{2}\angle 45°\text{A}$
10-20　（1）4.47　（2）1.38 或 3.62　（3）40.0
10-21　$\left[\frac{1}{n_1^2}\left(R_1+\frac{R_2}{n_2^2}\right)\right]$
10-22　$\dot{U}_{oc}=70.7\angle 45°\text{V}$，$Z_0=707\angle 45°\Omega$，$0.1\angle 0°\text{A}$
10-23　$\dot{I}_1=0$，$\dot{U}_2=40\angle 0°\text{V}$
10-25　（1）0.14　　（2）0.16
10-26　$(6-4\text{e}^{-t}-2\text{e}^{-4t})\text{A}$

习题 11

11-1　a）$y_{11}=5\text{S}$，$y_{12}=-3\text{S}$，$y_{21}=-1\text{S}$，$y_{22}=8\text{S}$
　　b）$y_{11}=G_1$，$y_{12}=\alpha$，$y_{21}=\beta$，$y_{22}=G_2$
　　c）$y_{11}=\frac{1}{R}$，$y_{12}=-\frac{4}{R}$，$y_{21}=-\frac{4}{R}$，$y_{22}=\frac{16}{R}$
　　d）$y_{11}=y_{12}=y_{21}=y_{22}=\frac{1}{R_1+R_2+R_3+R_4}$
11-2　a）$Z_{11}=40\Omega$，$Z_{12}=10\Omega$，$Z_{21}=20\Omega$，$Z_{22}=20\Omega$
　　b）$Z_{11}=5\Omega$，$Z_{12}=2\Omega$，$Z_{21}=10\Omega$，$Z_{22}=6\Omega$
　　c）$Z_{11}=(10-\text{j}5)\Omega$，$Z_{12}=\text{j}5\Omega$，$Z_{21}=-\text{j}5\Omega$，$Z_{22}=\text{j}25\Omega$
　　d）$Z_{11}=(6+\text{j}8)\Omega$，$Z_{12}=\text{j}5\Omega$，$Z_{21}=\text{j}5\Omega$，$Z_{22}=\text{j}4\Omega$
11-3　a）$h_{11}=(5+\text{j}20)\Omega$，$h_{12}=2$，$h_{21}=-2$，$h_{22}=\text{j}0.1\text{S}$
　　b）$h_{11}=-\text{j}0.5\Omega$，$h_{12}=2$，$h_{21}=-2-\text{j}1.5$，$h_{22}=(9-\text{j}4)\text{S}$
　　c）$h_{11}=\frac{R_1R_2}{R_1+R_2}\Omega$，$h_{12}=\frac{\mu R_1}{R_1+R_2}$，$h_{21}=0$，$h_{22}=\frac{1-\mu}{R_3}$
　　d）$h_{11}=0\Omega$，$h_{12}=0$，$h_{21}=\beta$，$h_{22}=\left[\frac{1}{R_2}+\frac{1+\beta}{R_1}\right]$
11-4　a）$a_{11}=1$，$a_{12}=Z$，$a_{21}=0$，$a_{22}=1$

b) $a_{11}=1$, $a_{12}=0$, $a_{21}=1/Z$, $a_{22}=1$

c) $a_{11}=\frac{1}{5}$, $a_{12}=15\Omega$, $a_{21}=0$, $a_{22}=5$

d) $a_{11}=-1+j4$, $a_{12}=j4\Omega$, $a_{21}=(-3-j0.5)S$, $a_{22}=-3$

11-5 a) $Z_{11}=Z_1+Z_3$, $Z_{12}=Z_3$, $Z_{21}=Z_1+Z_m$, $Z_{22}=Z_2+Z_3$

b) $y_{11}=-jS$, $y_{12}=j2S$, $y_{21}=j2S$, $y_{22}=(5+j2)S$

11-9 a) $a_{11}=1$, $a_{12}=-j4\Omega$, $a_{21}=-j0.5S$, $a_{22}=-1$

b) $a_{11}=0.5$, $a_{12}=(1-j2)\Omega$, $a_{21}=-j0.25S$, $a_{22}=1-j0.5$

11-10 $\dot{I}_2=107\angle 32.4°\text{mA}$

11-11 $Z_i=1.86\text{k}\Omega$

11-12 $K_i=-0.105$

11-13 $\dot{U}_{oc}=10\angle 0°\text{V}$, $Z_0=0.212\Omega$

11-14 $Z_i=\frac{53}{29}\Omega$, $Z_0=2\Omega$

11-15 (1) $a_{11}=1/6$, $a_{12}=-j16$, $a_{21}=0$, $a_{22}=6$

(2) $Z_i=\left(\frac{1}{3}-j\frac{8}{3}\right)\Omega$, $\dot{U}_{oc}=12\angle 0°\text{V}$, $Z_0=(36-j96)\Omega$

习题 12

12-1 $Z(j\omega)=\frac{2+j4\omega}{2+j\omega}$

$Z(0)=1\Omega$, $Z(j1)=2\angle 36.9°\Omega$, $Z(\infty)=4\Omega$

12-2 $Y(j\omega)=\frac{3\omega+j(2\omega^2-8)}{20\omega+j(2\omega^2-16)}$

$Y(0)=1/2S$, $Y(\infty)=1S$

12-3 $i(t)=5\cos(2t-36.9°)\text{A}$

12-4 $\omega_c=\frac{200}{3}\text{rad/s}$，通频带变宽

12-5 $\omega=10^4\text{rad/s}$, $\varphi=69.3°$, $U_{2m}=0.353\text{V}$

12-6 $A_u(j\omega)=\frac{a_1(j\omega)+a_0}{j\omega+b_0}$, $a_1=0$ 低通，$a_0=0$ 高通

a) $A_u(j\omega)=\frac{K}{1+j\frac{\omega}{\omega_c}}$, $K=1$, $\omega_c=\frac{R}{L}$，低通

b) $A_u(j\omega)=\frac{K}{1-j\frac{\omega_c}{\omega}}$, $K=\frac{R_2}{R_1+R_2}$, $\omega_c=\frac{R_1R_2}{(R_1+R_2)L}$，高通

12-7 $A_u(j\omega)=\dfrac{-\omega^2LC}{(1-\omega^2LC)+j\omega RC}$

12-8 $\varphi=-9.2°$

12-9 (1) $\omega_0=10^6\text{rad/s}$, $Q=20$, $BW=5\times10^4\text{rad/s}$

(2) $\omega_1=0.981\times10^6\text{rad/s}$, $\omega_2=1.019\times10^6\text{rad/s}$

12-10 (1) $R=10\Omega$, $L=159\mu\text{H}$, $C=159\text{pF}$ (2) $Q=100$ (3) $BW_f=10\text{kHz}$

12-11 $Q=80$, $C=216\text{pF}$, $R=18.84\Omega$

12-12 $U_s=1\text{V}$, $Q=100$, $\omega_0=6.28\times10^6\text{rad/s}$, $C=159\text{pF}$

12-13 $Q=79$, $C=224\text{pF}$

12-14 (1) 感性 (2) $Q=50$, $R=10\Omega$, $L=796\mu\text{H}$, $C=3183\text{pF}$

12-15 $Q_L=100$, $L=0.316\text{mH}$, $Y_x=(1.25\times10^{-6}+j1.256\times10^{-4})\text{S}$

12-16 (1) $\omega=\omega_0=5\times10^6\text{rad/s}$, $Z_{0p}=25\text{k}\Omega$

(2) $Q'=40$, $BW=125\times10^3\text{rad/s}$ (3) $P=1.6\text{W}$

12-17 $Q=100$, $L=100\mu\text{H}$, $C=100\text{pF}$, $\omega_1=9.95\times10^6\text{rad/s}$, $\omega_2=10.05\times10^6\text{rad/s}$

12-18 $Q=Q_L=100$, $C=100\text{pF}$, $U_0=100\text{V}$

12-19 $Q'=25$, $U_{R_L}=0.125\text{V}$, $BW_f=40\text{kHz}$

12-20 $L=585\mu\text{H}$, $Q'=43$, $BW_f\approx10\text{kHz}$

12-21 (1) $C_1=50\text{pF}$, $C_2=80\text{pF}$, $M=4\mu\text{H}$ (2) $I_1=0.25\text{A}$, $I_2=0.125\text{A}$, $P=1.25\text{W}$

12-22 $BW_f=3.82\text{MHz}$

12-23 $BW_f=2.12\text{MHz}$, $f_1=39.307\text{MHz}$, $f_2=40.693\text{MHz}$

12-24 $C_1=C_2=100\text{pF}$, $C_M=2.04\text{pF}$, $BW=2.82\times10^5\text{rad/s}$, $U_2=25\text{V}$

12-25 $n_1=1.67$, $n_2=10.3$, $BW_f=\sqrt{2}(f_0/Q')=13\text{kHz}$, $k=1/Q'$

($r_L=122\text{k}\Omega$, $r'=1/\omega C_M=r_L/\!/n_1^2R_s=r_L/\!/n_2^2R_L=50\text{k}\Omega$, $Q'=50$)

参 考 文 献

［1］ 许信玉，德宝音，等．电路分析［M］．北京：北京广播学院出版社，2002.

［2］ 李瀚荪．电路分析基础［M］．北京：高等教育出版社，2006.

［3］ Allan H Robbins．电路分析［M］．北京：科学出版社，2006.

［4］ 邱关源．电路分析基础［M］．北京：高等教育出版社，1999.

［5］ 刘源．电路分析基础［M］．北京：电子工业出版社，2006.

［6］ 江缉光．电路原理［M］．北京：清华大学出版社，2001.

［7］ C A 狄苏尔，葛守仁．电路基本理论［M］．林争辉，译．北京：高等教育出版社，1979.

［8］ 张永瑞，等．电路分析基础［M］．北京：电子工业出版社，2003.

［9］ 胡翔俊．电路分析［M］．北京：高等教育出版社，2001.

［10］ 骆新全，黄玲玲．电路仿真与 PCB 设计［M］．北京：北京航空航天大学出版社，2004.

［11］ 高文焕，汪蕙．模拟电路的计算机分析与设计——PSpice 程序应用［M］．北京：清华大学出版社，1999.